昆虫図鑑
北海道の
蝶と蛾

昆虫図鑑

北海道の蝶[チョウ]と蛾[ガ]

堀 繁久　櫻井正俊
HORI Shigehisa　SAKURAI Masatoshi

北海道新聞社

はじめに

　子どもは虫が好きだ。目の前で動く、触れられる。こんな面白い生き物に興味をひかれるのは当然だ。しかし成長するにしたがって、虫から関心が離れていってしまう。親や教師の虫嫌いの影響もあるだろうし、成長するにつれ他のモノに興味が移ることも多いと思う。中には自分の見つけた虫の名前を、大人に聞いても図鑑を見ても分からないことでがっかりしてしまい、虫への興味がなくなることもあるだろう。

　人は自分の知らない新しいものに出合うと、それが何なのか知りたくなる。それが何か分かると、さらに詳しく知りたくなる。一般の昆虫図鑑は本州を基準にして作られているため、それを開いても北海道で見つかる昆虫の多くは載っていない。小さな虫たちとの出合いは子どもたちにとって"自然科学の扉を開く鍵"の一つだと思う。小さな入り口ではあるが、昆虫を通して、その興味の芽を育てることができたら、自然科学に興味を持つ人が増えてくれるのではないだろうか。

　北海道には、膨大な数の生き物が暮らしている。その中で最も種類が多いのが昆虫だ。中でもよく見かけるのが鱗翅目と呼ばれる蝶や蛾の仲間。現在までに北海道から記録された鱗翅目の種数は、あいまいなものを含め3,500種を少し超える。北海道の記録種数は調査や研究が進展することで、今後まだまだ増えていくことになる。昆虫の世界はこれからも新たな発見があり、我々の好奇心をかきたて続けてくれるだろう。

　本書は、北海道産鱗翅目3,216種（蝶類138種、大蛾類1,503種、小蛾類1,575種）を掲載し、北海道で記録のある蝶類と大蛾類については、ほぼすべての種を網羅している。さらに、普段なかなか見る機会のない小蛾類もかなりの割合で収録しており、昆虫調査の仕事や研究にかかわる方々にも有用な図鑑となっている。この本を片手にフィールドに出て、今まで見過ごしてきた蝶や蛾の名前を調べてみていただきたい。きっと、知らなかった世界が広がるはずだ。

　この図鑑の刊行によって、北海道の昆虫に興味を持ってくれる人が一人でも多く誕生することを願っている。

2015年3月

著　者

目次

はじめに …………………………………………001
この図鑑の使い方 ………………………………005
体や翅の名称 ……………………………………007
蝶類・大蛾類・小蛾類について ………………010

蝶類

アゲハチョウ科 Papilionidae …………………012
シロチョウ科 Pieridae …………………………022
シジミチョウ科 Lycaenidae ……………………031
タテハチョウ科 Nymphalidae …………………050
セセリチョウ科 Hesperiidae ……………………082

大蛾類

カレハガ科 Lasiocampidae ……………………092
オビガ科 Eupterotidae …………………………094
カイコガ科 Bombycidae …………………………094
ヤママユガ科 Saturniidae ………………………095
イボタガ科 Brahmaeidae …………………………098
スズメガ科 Sphingidae …………………………099
イカリモンガ科 Callidulidae …………………106
カギバガ科 Drepanidae …………………………106
アゲハモドキガ科 Epicopeiidae ………………109
ツバメガ科 Uraniidae …………………………109
シャクガ科 Geometridae …………………………110
シャチホコガ科 Notodontidae …………………140
ドクガ科 Lymantriidae …………………………148
ヒトリガ科 Arctiidae ……………………………152
アツバモドキガ科 Micronoctuidae ……………157
コブガ科 Nolidae …………………………………157
ヤガ科 Noctuidae …………………………………161

小蛾類

コバネガ科 Micropterigidae ……………………212
スイコバネガ科 Eriocraniidae …………………212

コウモリガ科 Hepialidae	212
モグリチビガ科 Nepticulidae	214
ヒラタモグリガ科 Opostegidae	215
ツヤコガ科 Heliozelidae	215
ヒゲナガガ科 Adelidae	215
ホソヒゲマガリガ科 Prodoxidae	217
マガリガ科 Incurvariidae	217
ムモンハモグリガ科 Tischeriidae	218
ヒロズコガ科 Tineidae	218
ミノガ科 Psychidae	219
ヒカリバコガ科 Roeslerstammiidae	219
チビガ科 Bucculatricidae	219
ホソガ科 Gracillariidae	220
スガ科 Yponomeutidae	226
ニセスガ科 Praydidae	228
クチブサガ科 Ypsolophidae	229
コナガ科 Plutellidae	230
アトヒゲコガ科 Acrolepiidae	230
ホソハマキモドキガ科 Glyphipterigidae	230
マイコガ科 Heliodinidae	231
ヒルガオハモグリガ科 Bedelliidae	231
ハモグリガ科 Lyonetiidae	231
科所属不明 Family incertae sedis	231
スヒロキバガ科 Ethmiidae	232
ヒラタマルハキバガ科 Depressariidae	232
クサモグリガ科 Elachistidae	233
オビマルハキバガ科 Deuterogoniidae	234
ヒロバキバガ科 Xyloryctidae	234
キヌバコガ科 Scythrididae	234
メスコバネキバガ科 Chimabachidae	234
マルハキバガ科 Oecophoridae	235
ヒゲナガキバガ科 Lecithoceridae	236
ホソキバガ科 Batrachedridae	236
ニセマイコガ科 Stathmopodidae	236

ツツミノガ科 Coleophoridae ……………………………237
エダモグリガ科 Parametriotidae …………………………240
アカバナキバガ科 Momphidae ……………………………240
ネマルハキバガ科 Blastobasidae …………………………241
ミツボシキバガ科 Autostichidae …………………………241
エグリキバガ科 Peleopodidae ……………………………241
カザリバガ科 Cosmopterigidae …………………………241
キバガ科 Gelechiidae ……………………………………242
イラガ科 Limacodidae ……………………………………249
マダラガ科 Zygaenidae …………………………………250
スカシバガ科 Sesiidae ……………………………………251
ボクトウガ科 Cossidae ……………………………………252
ハマキガ科 Tortricidae ……………………………………253
ハマキモドキガ科 Choreutidae ……………………………285
ホソマイコガ科 Schreckensteiniidae ………………………285
ササベリガ科 Epermeniidae ………………………………286
ニジュウシトリバガ科 Alucitidae …………………………286
トリバガ科 Pterophoridae …………………………………286
シンクイガ科 Carposinidae ………………………………288
セセリモドキガ科 Hyblaeidae ……………………………289
マドガ科 Thyrididae ………………………………………289
メイガ科 Pyralidae ………………………………………289
ツトガ科 Crambidae ………………………………………297

北海道産鱗翅目総目録 ……………………………………311
主な参考文献 ………………………………………………386
おわりに ……………………………………………………387
索引 …………………………………………………………388
著者略歴 ……………………………………………………422

この図鑑の使い方

　この図鑑は北海道で確認されている、蝶類138種、大蛾類1,503種、小蛾類1,575種の合計3,216種の鱗翅目標本をカラー写真で紹介し、種の特徴や同定のポイント等の説明を加えたものである。なるべく、斑紋や体の部位の名称を知らなくてもわかるように、直接その区別点になる場所へ引き出し線を引いて特徴や区別点を解説した。

　また、北海道に記録のある、または記録される予定の鱗翅目全種を学名をつけて北海道産鱗翅目総目録として掲載したので、ご活用いただきたい。なお、天然記念物等の採集が規制されている種の標本は、許可を得て作成された標本、博物館や大学等の所蔵標本を使用した。

[凡例] カラー図版内
標本写真

種番号（0001〜3216）、写真枝番号（a.b.c・・・）、種名、♂・♀、季節型や色彩型等、裏（標本が裏面なのを示す、表は省略）、使用標本の開張○○mm、標本の採集地（道内は市町村名から、道外は県名から記述）、採集月（飼育個体の場合は、羽化月またはその種の標準的な発生月）、蛾類は、その下に特記事項を記述。

種の特徴や、近似種との区別点を引き出し線を引いて青文字で記した。

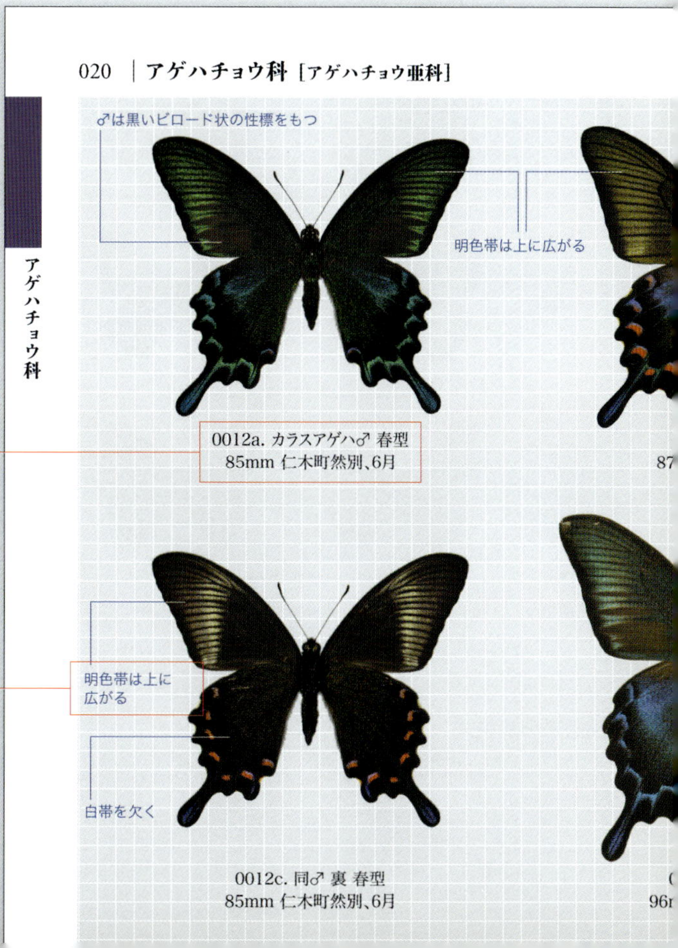

この図鑑の使い方

　基本的な分類、配列に関しては、日本産蝶類標準図鑑（学習研究社）、日本産蛾類標準図鑑Ⅰ～Ⅳ（学研教育出版）、日本の鱗翅類（東海大学出版会）に従った。

　なお、同定の際は、色彩だけでなく翅形や斑紋形態を細かく見ることを心がけていただきたい。とくに蛾類は似た種が多いので慎重な同定が必要である。マダラエダシャク類、ショウブヨトウ類、ギンガ類など翅の斑紋等で区別が困難な種も存在する。そのような外部形態で区別が難しい種については、交尾器の形態等で同定することが必要不可欠である。参考文献に掲載した専門書の交尾器図等をあわせて参照して同定いただきたい。

図版内に標本の表示縮尺を％で表示。背景の格子の白線は 5mm 間隔のマス目を示す。

図版下の解説文

蝶類に関しては、各図版ページ下部に種の解説があり、種番号、種名、[期]：主な成虫の発生月（道内での発生回数）、[生]：道内分布および過去の記録地、そのチョウの生態や同定の注意点などの特記事項、[食]：主な食草・食樹を記している。
蛾類に関しては、北海道未記録、日本未記録など重要な記録の概要を記した。これらは、後日正式に専門誌に報告される予定である。また【要精査】に外部形態で区別することが困難で、交尾器等を調べることが欠かせない種の種番号を記した。

体や翅の名称

[体の名称]

[翅脈（蝶類）]

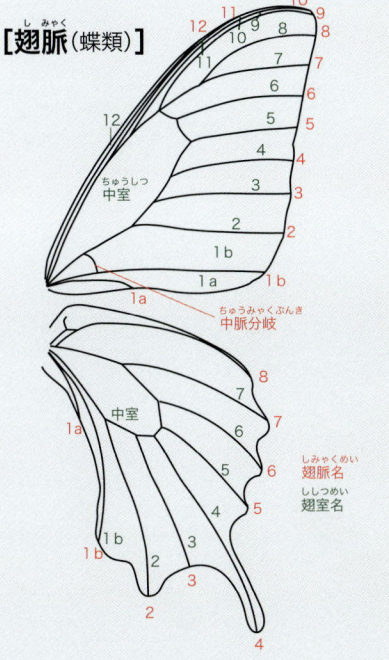

[翅脈（蛾類）]

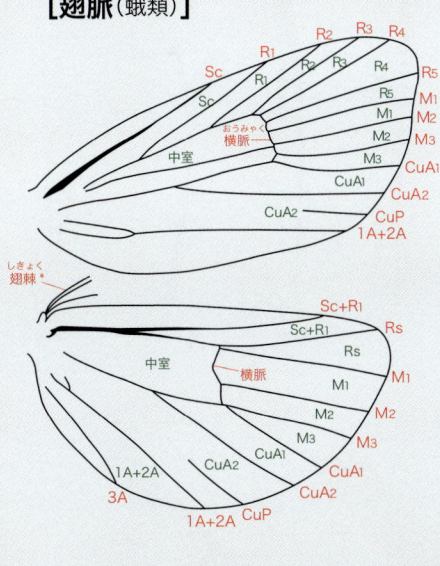

A taxonomic review of the genus Grapholita and allied genera in the Palaearctic region (Komai, 2000) をもとに作図。

＊翅棘
鱗翅目は蝶類など例外的なグループを除き翅棘をもつ。
通常♂は1本、♀は数本で、前翅と後翅を連結する機能がある。

008 | 体や翅の名称

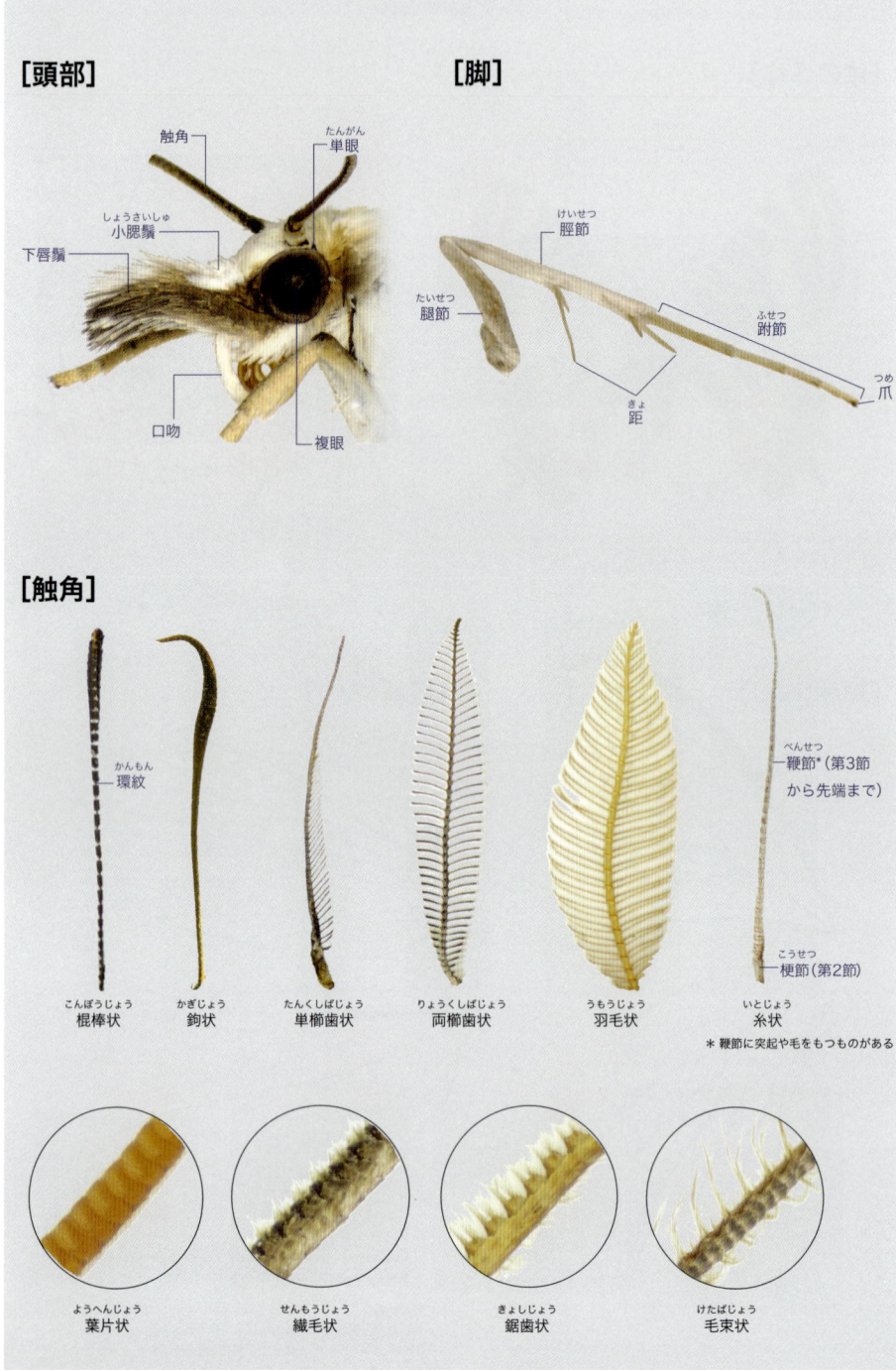

体や翅の名称 | 009

[大蛾類の斑紋]

0484 ヘリジロヨツメアオシャク

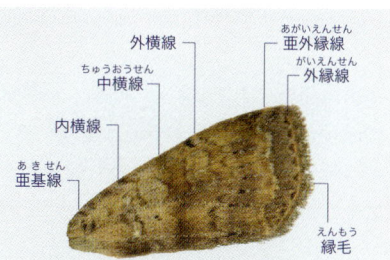
1616 エゾオオバコヤガ

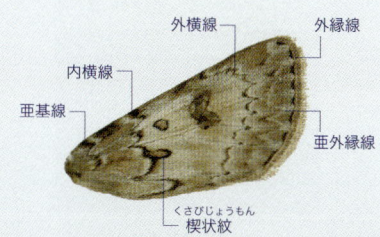
1596 ホッキョクモンヤガ

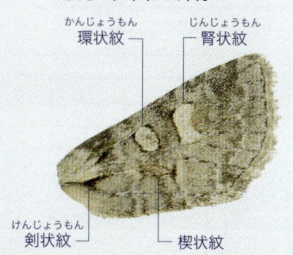
1448 ヌカビラネジロキリガ

[小蛾類の斑紋]

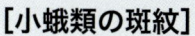

1805 ミスジキンモンホソガ

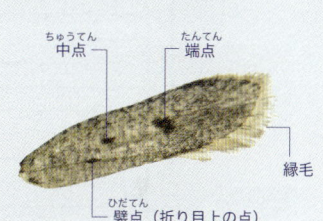
2149 ソバカスキバガ

2441 アカトビハマキ

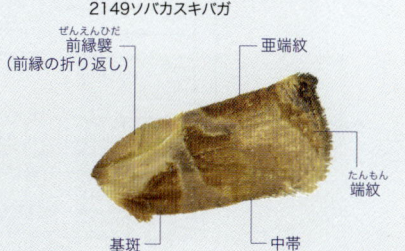
2414 カタカケハマキ

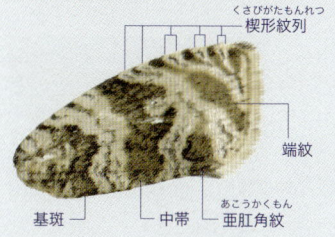
2537 キスジオビヒメハマキ

2753 エゾシタジロヒメハマキ

蝶類・大蛾類・小蛾類について

本書は使いやすさを考え、蝶類・大蛾類・小蛾類に分けている。鱗翅目をこのように分けるのは便利なのでよく使われるが、正式な分け方ではない。下の図のように、大蛾類は大型鱗翅類から蝶類を除いたものであり、小蛾類は鱗翅目全体から大型鱗翅類を除いたものを指す。

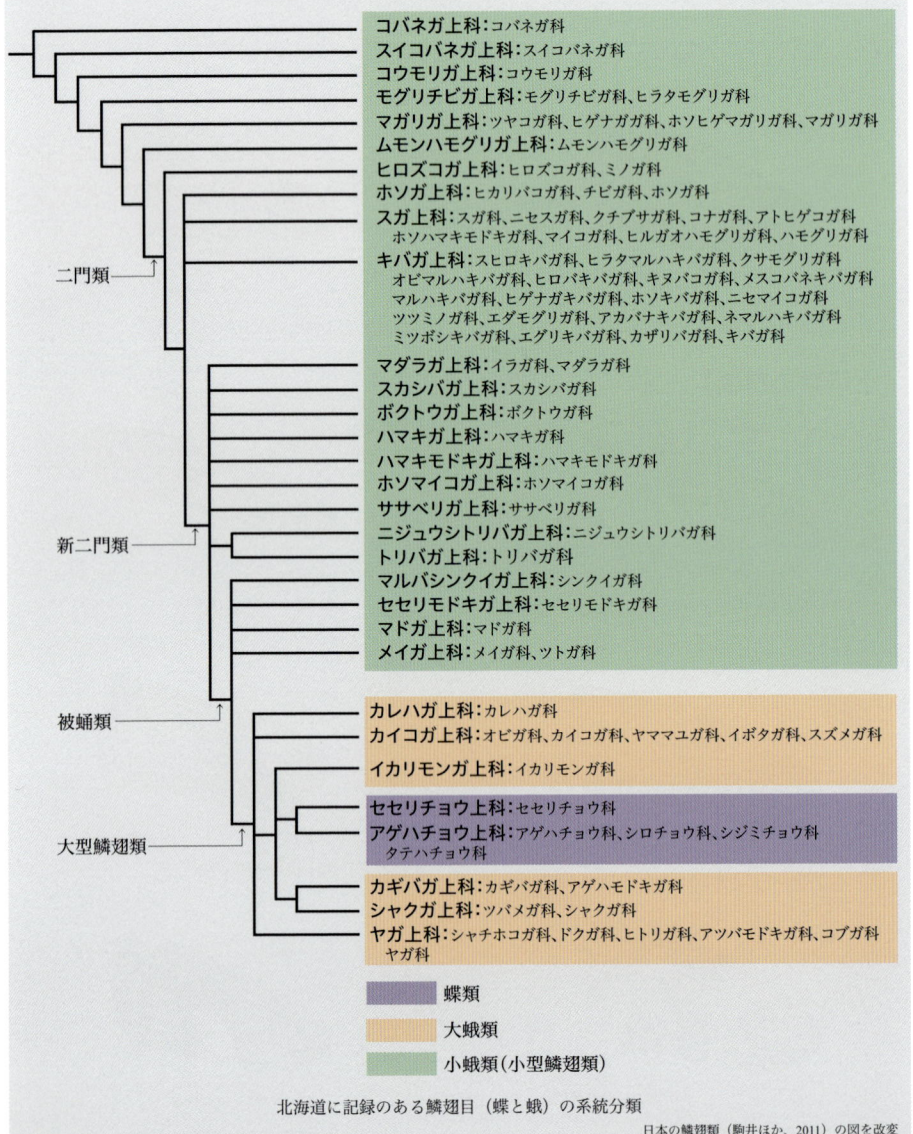

北海道に記録のある鱗翅目（蝶と蛾）の系統分類

日本の鱗翅類（駒井ほか、2011）の図を改変

[アゲハチョウ科]
Papilionidae

[シジミチョウ科]
Lycaenidae

[シロチョウ科]
Pieridae

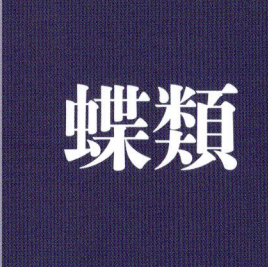
蝶類

[タテハチョウ科]
Nymphalidae

[セセリチョウ科]
Hesperiidae

Scale:100%

012 アゲハチョウ科 [ウスバアゲハ亜科]

アゲハチョウ科
ウスバアゲハ亜科
タイスアゲハ族

0001a. ヒメギフチョウ♂
51mm 石狩市浜益区雄冬、5月

0001b. 同♀
52mm 石狩市浜益区雄冬、5月

0001c. 同♂裏
48mm 旭川市旭山、4月
♂の腹部は毛深く腹端の毛は黄褐色

0001d. 同♀裏
52mm 石狩市浜益区雄冬、5月

0001e. 同♂
50mm 新ひだか町静内双川、4月

0001f. 同♀
52mm 増毛町暑寒別、5月

0001g. 同♂
50mm 新ひだか町静内双川、4月
肛角紋がオレンジ色の型はイエローテールと呼ばれる

0001h. 同♂裏
50mm 新ひだか町静内双川、4月
この斑紋がオレンジ色の型はイエローテールと呼ばれる

0001i. 同♀裏
50mm 新ひだか町静内双川、5月
交尾後の♀は黄褐色の交尾嚢をつける

scale:70%

0001. ヒメギフチョウ [期] 4-7月。石狩低地帯より東側の主に丘陵や低山を中心にやや局地的に分布。[生] 蛹越冬で、雪が解けた場所から羽化し、雪解けの遅い道北の山地では発生が遅れる。前翅の黒帯が太いことや尾状突起が短いことから、北海道亜種とされる。後翅の赤紋が黄紋になるタイプ (0001g-i) は、通称イエローテール型と呼ばれている。[食] オクエゾサイシン。

アゲハチョウ科 [ウスバアゲハ亜科] | 013

0002. ウスバシロチョウ（ウスバアゲハ）[期] 5下-7月。[生] 北海道南西部と釧路根室地方、奥尻島に分布。産地はやや局地的で、一部地域でヒメウスバシロチョウとの混生地が知られている。オスは体毛の色で迷うことはないが、メスの同定は次種との区別に注意が必要。[食] エゾエンゴサク、ムラサキケマン。

014 | アゲハチョウ科 [ウスバアゲハ亜科]

scale:65%

0003. ヒメウスバシロチョウ（ヒメウスバアゲハ）[期] 5下-7月。**[生]** 渡島半島南部と釧路根室地方を除く広い範囲と、離島では利尻島、千島に分布。日本では北海道のみに生息。利尻島産は、小型で黒化することから利尻島亜種（0003f-g）として分けられることもある。**[食]** エゾエンゴサク。

アゲハチョウ科 [ウスバアゲハ亜科・アゲハチョウ亜科] | 015

0004a. ウスバキチョウ♂ 52mm 大雪山、7月 — ♂腹部は黄色の毛で覆われる／後翅に赤紋をもつ
0004b. 同♀ 54mm 大雪山、7月
0004c. 同♂裏 52mm 大雪山、7月
0004d. 同♀裏 52mm 上川町小泉岳、7月 — ♀の腹部は毛は少なく、交尾嚢をつけていることが多い

アゲハチョウ亜科
アオスジアゲハ族

0005a. アオスジアゲハ♂ 58mm 沖縄県本部町、10月 — 黒地に水色の帯をもつ／♂は後翅内縁が反り返り、内側に淡色の長毛をもつ
0005b. 同♀ 63mm 沖縄県西表島白浜、9月
0005c. 同♂裏 58mm 沖縄県本部町、10月

scale:65%

0004. ウスバキチョウ（キイロウスバアゲハ）[期] 6-7月。[生] 日本では北海道の大雪山高山帯の風衝地に分布は限られる。成虫は、イワウメやミネズオウなどの花でよく吸蜜する。天然記念物。[食] コマクサ。**0005. アオスジアゲハ [期]** 夏に記録されている。[生] 北海道には分布しないチョウであるが、過去に函館市、苫小牧市、札幌市、石狩市浜益、留萌市などで確認されている。[食] クスノキ科を食べることが知られているが、北海道から幼虫は未発見。

016　アゲハチョウ科 [アゲハチョウ亜科]

アゲハチョウ族

前翅中室基部は黄色と黒の縞模様
地色は薄い黄白色

0006a. アゲハ♂ 春型
62mm 小樽市桜、6月

0006b. 同♀ 春型
60mm 小樽市桜、6月

0006c. 同♂ 裏 春型
62mm 小樽市桜、6月

前翅中室基部は黄色と黒の縞模様

♂夏型は黒紋が発達

0006d. 同♂ 夏型
85mm 小樽市桜、7月

前翅中室基部は黄色と黒の縞模様

0006e. 同♀ 夏型
85mm 小樽市桜、8月

0006f. 同♀裏 夏型
85mm 小樽市桜、8月

scale:60%

0006. アゲハ [期] 5-9月（年2〜3化）。[生] 全道に分布するが、北部や東部では個体数は少ない。離島では利尻島、奥尻島、南千島から記録されている。人家周辺や農地など人手の加わった環境で見かけることが多い。春型は小型。[食] サンショウ、キハダなど。

アゲハチョウ科 [アゲハチョウ亜科] | 017

0007a. キアゲハ♂ 春型
63mm 江別市大麻、5月

0007b. 同♀ 春型
71mm 滝川市朝日町、6月

地色はやや濃い黄色
前翅の基部は黒色

0007c. 同♂裏 春型
63mm 江別市大麻、5月

0007d. 同♂ 夏型
78mm 上川町銀泉台、7月

前翅の基部は黒色

0007e. 同♀ 夏型
75mm 仁木町然別、7月

0007f. 同♀裏 夏型
75mm 仁木町然別、7月

前翅の基部は黒色

scale:60%

0007. キアゲハ [期] 5-9月（年2〜3化）。[生] 周辺離島を含め北海道全域に分布し、海岸から高山まで様々な環境で見られる。オスは、山頂に集まる性質がある。[食] オオハナウド、エゾニュウ、オオバセンキュウ、ハクサンボウフウ、ミツバ、セリ、ニンジンなど。

018 | アゲハチョウ科 [アゲハチョウ亜科]

0008a. ナガサキアゲハ♂　96mm 山口県岩国市、4月
0008b. 同♀　105mm 山口県岩国市、4月
0008c. 同♂裏　112mm 札幌市北海道大学、9月
基本的に尾状突起を欠く
♂・♀ともに前後翅基部裏面に赤紋をもつ

0009a. モンキアゲハ♂　99mm 宮崎県高岡町、4月
0009b. 同♀　108mm 宮崎県高岡町、4月
0009c. 同♂裏　99mm 宮崎県高岡町、4月
♂・♀ともに後翅に白紋をもつ
♀の地色はやや薄い黒色

0010a. シロオビアゲハ♂　79mm 沖縄県与那国島、10月
0010b. 同♀　78mm 沖縄県玉城村、5月
0010c. 同♀　81mm 沖縄県本部町、10月
0010d. 同♂裏　68mm 函館市広野町、8月
白紋と赤紋をもつ第2型（ベニモン型）♀
白色帯の第1型（シロオビ型）♀
♂は後翅中央に白色帯をもつ型のみ
scale:50%

0008. ナガサキアゲハ 2009年9月2日に札幌市北大構内で捕獲された1オスが、北海道唯一の記録である（0008c）。
0009. モンキアゲハ【期】7月と8月に記録されている。【生】北海道には分布しないチョウであるが、過去に乙部町館浦と札幌市円山公園での確認例が報告されている。**0010. シロオビアゲハ** 2010年8月18日に函館市広野町で1オス捕獲されたのが北海道唯一の記録である（0010d）。※ 0008-0010の3種のアゲハはいずれも北海道には土着していない種で、飛来か人為的な移入か、来歴は不明である。幼虫はミカン科を食べることが知られているが、北海道からは未発見。

アゲハチョウ科 [アゲハチョウ亜科] | 019

0011. オナガアゲハ [期] 5下-8月（年2化）。[生] 北海道西部を中心に分布し、離島では利尻島、奥尻島から記録がある。道北、道東など寒冷地ではまれとなる。山地の渓流沿いや林道などで見られる。夏型の出現は南西部に限られ、出現個体数は少ない。タニウツギやツツジ類、クサギなどの花を訪れる。[食] ツルシキミ。

020 | アゲハチョウ科 [アゲハチョウ亜科]

♂は黒いビロード状の性標をもつ
明色帯は上に広がる

0012a. カラスアゲハ♂ 春型
85mm 仁木町然別、6月

0012b. 同♀ 春型
87mm 仁木町然別、6月

明色帯は上に広がる
白帯を欠く

0012c. 同♂ 裏 春型
85mm 仁木町然別、6月

♂は黒いビロード状の性標をもつ

0012d. 同♂ 夏型
96mm 新十津川町、8月

0012e. 同♀ 夏型
95mm 余市町栄町、7月

明色帯は上に広がる
白帯を欠く

0012f. 同♀裏 夏型
95mm 余市町栄町、7月

scale:50%

0012. カラスアゲハ [期] 5下-9月（年2化）。**[生]** 周辺離島を含め北海道全域に分布。アザミ、ユリ、ツツジなどの花を訪れる。オスは林道の水たまりや河原などで吸水する習性をもつ。**[食]** キハダ、サンショウ、ツルシキミなど。

アゲハチョウ科 [アゲハチョウ亜科] | 021

0013a. ミヤマカラスアゲハ♂ 春型
71mm 仁木町然別、6月

0013b. 同♀ 春型
75mm 仁木町然別、6月

0013c. 同♂裏 春型
71mm 仁木町然別、6月

0013d. 同♂ 夏型
111mm 上ノ国町桂岡、8月

0013e. 同♀ 夏型
105mm 小樽市毛無山、8月

0013f. 同♀裏 夏型
105mm 小樽市毛無山、8月

♂は黒いビロード状の性標をもつ
明色帯はあまり広がらない
白帯をもつ

scale:50%

0013. ミヤマカラスアゲハ [期] 5-9月（年2化）。[生] 周辺離島を含め北海道全域に分布。オスは林道の水たまりや河原などで吸水する習性をもつ。北海道産の春型オスは、緑色が鮮やかで、色彩変異もあり、大変美しい。[食] キハダ。

022 | シロチョウ科 [トンボシロチョウ亜科]

0014. ヒメシロチョウ [期] 4-9月（年2〜3化）。**[生]** 道南、胆振、日高、十勝地方に局地的に分布。全国的に草地の減少によって減ってきている。次種との区別は翅形がやや長く角ばるほか、同性の同季節型での比較が必要。**[食]** ツルフジバカマ。

シロチョウ科 [トンボシロチョウ亜科] | 023

0015. エゾヒメシロチョウ [期] 4-9月（年2～3化）。[生] 道北部を除き、道内に広く分布するが、産地はやや局地的。日本では北海道のみに分布。前種との区別は翅形が丸みを帯びるほか、同性の同季節型での比較が必要。[食] クサフジ、ヒロハクサフジ、エゾノレンリソウなど。

024 | シロチョウ科 [モンシロチョウ亜科]

0016. ツマキチョウ [期] 5-6月。**[生]** 全道に分布するが、近年生息地が減少傾向にあり、札幌市近郊の山では、全く姿が見られなくなりつつある。**[食]** コンロンソウ、オオバタネツケバナ、ハタザオ、スカシタゴボウ、セイヨウアブラナなど。
0017. オオモンシロチョウ [期] 4-10月（年3化程度）。**[生]** 1995年に北海道で初めて確認され、以降周辺離島を含め北海道全域にその分布を広げた。侵入直後は、急激に個体数増加したが、近年は個体数は減少しつつある。モンシロチョウよりも力強く飛翔し、山地や林内にも入ってくる。**[食]** キャベツ、ダイコン、セイヨウワサビなど。

シロチョウ科 [モンシロチョウ亜科] | 025

0018. **モンシロチョウ** [期] 4-10月（年3化程度）。[生] 周辺離島を含め北海道全域の人手がやや加わった環境に生息する。畑や庭など明るい開けた環境を好み、あまり林内には入り込まない。[食] アブラナ科の栽培種を好み、キャベツ、ダイコン、ブロッコリー、ハクサイ、セイヨウアブラナ、コンロンソウ、グンバイナズナ、セイヨウワサビ、ハルザキヤマガラシ、スカシタゴボウなど。

026 | シロチョウ科 [モンシロチョウ亜科]

0019. エゾスジグロシロチョウ 【期】4-10月（年2〜3化）。【生】周辺離島を含め北海道全域に分布し、石狩低地帯より南西部のものはDNAを用いた遺伝子解析等の結果からヤマトスジグロシロチョウとして別種とする説もあるが、形態での確実な区別が困難なこと、石狩低地帯を挟んだ両地域個体群の交配実験から別種に分化していないという報告があることから、本書では区別しない。次種との区別は同性の同季節型での比較が必要。【食】アブラナ科の野生種を好み、ハタザオ、ハマハタザオ、ミヤマハタザオ、コンロンソウ、ジャニンジン、セイヨウアブラナ、ハルザキヤマガラシ、スカシタゴボウ、キレハイヌガラシなど。

シロチョウ科 [モンシロチョウ亜科] | 027

0020. スジグロシロチョウ [期] 5-10月（年2〜3化）。[生] 全道に分布し、離島では利尻島、天売島、焼尻島、奥尻島、松前小島、南千島から記録されている。雌雄、季節型によって大きさや斑紋が変わるので、前種との区別は同性の同季節型での比較が必要。[食] アブラナ科の野生種を好み、コンロンソウ、オオバタネツケバナ、ハタザオ、スカシタゴボウ、キレハイヌガラシ、セイヨウワサビ、セイヨウアブラナなど。

028 | シロチョウ科 [モンシロチョウ亜科]

0021. チョウセンシロチョウ [期] 5-9月。[生] 北海道には分布しないチョウであるが、過去に深川市、雨竜町、新十津川市、滝川市、留萌市、雄武町、札幌市、江別市、蘭越町、登別市などで記録がある。[食] 北海道で発生した時は、スカシタゴボウから多数の幼虫が確認された。0022. エゾシロチョウ [期] 6-7月。[生] 全道に分布し、札幌市の中心街などでも発生し、市街地から、河原、農村、高山まで様々な環境で見られる。離島では利尻島と南千島から記録がある。日本では北海道のみに分布。幼虫は食樹の枝に集団で糸を張って越冬する。[食] シウリザクラ、ナシ、エゾノコリンゴ、エゾヤマザクラなど栽培種を含めバラ科を広く食べる。

シロチョウ科 [モンキチョウ亜科] 029

0023. キタキチョウ [期] 8-9月に記録されている。[生] 北海道には分布しないチョウであるが、過去に函館市、乙部町 (0023f)、八雲町などで記録されている。[食] 本州以南では、ネムノキやメドハギなどのマメ科を食べることが知られているが、北海道から幼虫は未発見。0024. ダイダイモンキチョウ（フィールドモンキチョウ） 2011年8月17日にせたな町で捕獲された1メスが、北海道唯一の記録である (0024b、d)。[食] 国外ではマメ科を食べることが知られているが、北海道から幼虫は未発見。

♂の地色は黄色

0025a. モンキチョウ♂ 春型
38mm 新ひだか町静内双川、4月

♀の地色は基本的に灰白色

0025b. 同♀ 春型
42mm むかわ町穂別、5月

0025c. 同♂裏 春型
38mm 新ひだか町静内双川、4月

0025d. 同♀裏 春型
42mm むかわ町穂別、5月

0025e. 同♂ 夏型
47mm 滝上町、8月

0025f. 同♀ 夏型
50mm 滝上町、8月

0025g. 同♂裏 夏型
47mm 滝上町、8月

0025h. 同♀ 夏型
50mm 小樽市塩谷、9月

黄色タイプの♀

0025i. 同♀裏 夏型
50mm 小樽市塩谷、9月

scale:80%

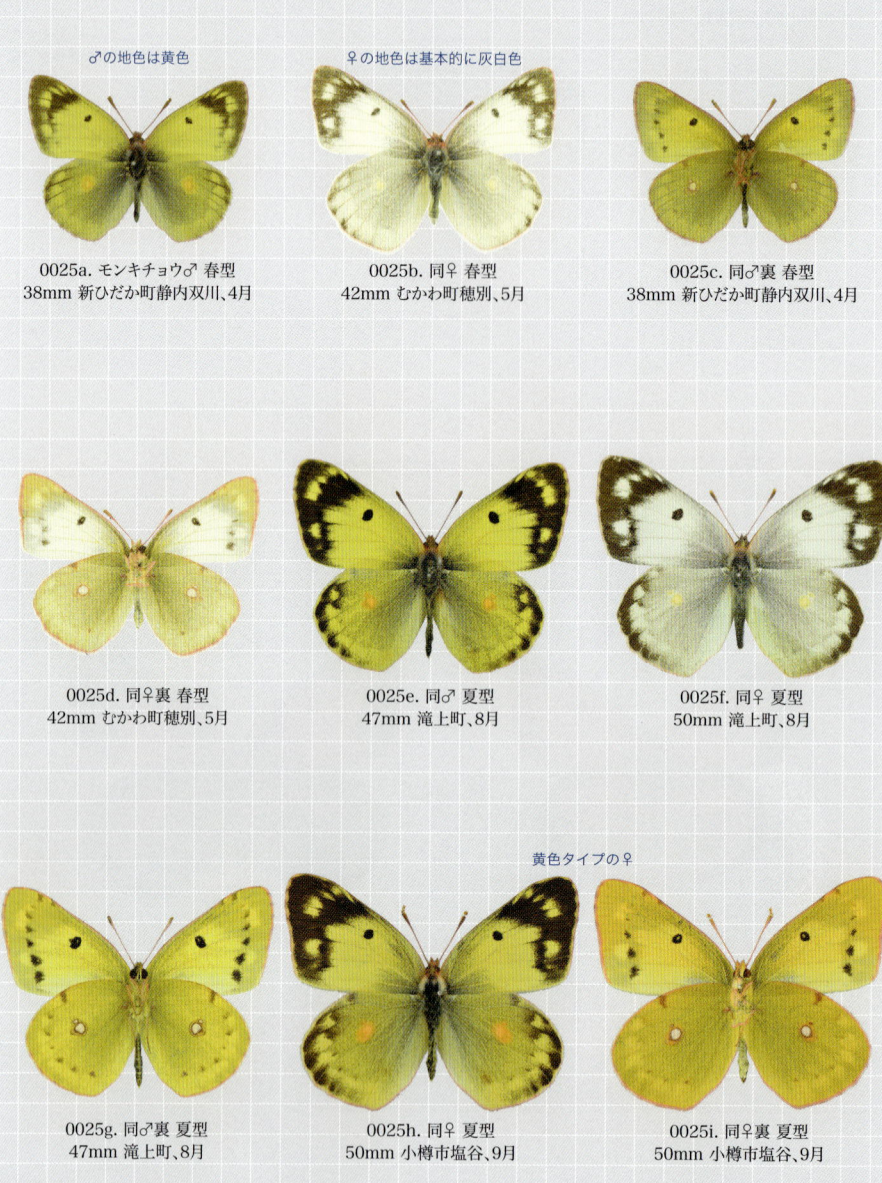

0025. モンキチョウ [期] 4-11月（年3～4化）。**[生]** 周辺離島を含め全道に分布し、春から秋遅くまで各地の公園や芝地で普通に見られる。通常、オスは黄色でメスは白色であるが、黄色タイプのメスも少数出現する。セイヨウタンポポ、コウリンタンポポ、シロツメクサなどの花でよく吸蜜する。**[食]** センダイハギ、アカツメクサ、シロツメクサ、クサフジ、ムラサキウマゴヤシ、シナガワハギなどマメ科。

シジミチョウ科 [アシナガシジミ亜科・シジミチョウ亜科] | 031

0026. ゴイシシジミ [期] 6-10月（年2〜3化）。[生] 奥尻島を含む北海道の南西部を中心に分布。幼虫が肉食という特殊な生態をしているため、その発生はかなり局地的で、長く続かない。成虫はササの葉裏のアブラムシ集団に固執し、そこで甘露を吸汁する姿がよく見つかり、産卵もそこで行う。[食] ササ類に発生するタケツノアブラムシを食う。0027. ウラゴマダラシジミ [期] 7-8月。[生] 北海道全域に分布。オスもメスも発生地からあまり離れずに、主に午後活動する。イボタノキの花が咲く頃にその周りで普通に観察できる。産卵は食樹の低い枝に数卵かためて産む。[食] イボタノキ、ミヤマイボタ、ハシドイなど。

032 シジミチョウ科 [シジミチョウ亜科]

0028. **ムモンアカシジミ** [期] 8-9月。[生] 道内に広く分布するが、発生地は局地的。離島では奥尻島から記録がある。発生木が限定されるので、通常はその周囲からあまり離れず、午後の時間帯に活発に飛び回る。[食] ミズナラ、ハルニレなどの葉とアブラムシ、カイガラムシなどを食べる半肉食性。0029. **ウラキンシジミ** [期] 7-8月。[生] 南西部を中心に分布し、道東にも局地的に生息地がある。離島では奥尻島から記録がある。終齢幼虫は蛹化が近づくと、食樹の小葉を数枚切り落とし、それに乗ってパラシュート降下して、地面で蛹になる習性をもつ。成虫は主に夕方活動する。[食] アオダモ。

シジミチョウ科 [シジミチョウ亜科] | 033

地色は濃い橙色

0030a. アカシジミ♂
34mm 北広島市南里、7月

0030b. 同♀
34mm 千歳市コムカラ峠、7月

白線は銀白色で
光沢をもつ

0030c. 同♂裏
34mm 北広島市南里、7月

0030d. 同♀裏
36mm 北広島市西の里、7月

地色はやや淡い橙色

0031a. カシワアカシジミ♂
37mm 音更町、7月

0031b. 同♀
37mm 音更町、7月

新鮮個体では裏面がわずかに
薄緑色を帯びる

0031c. 同♂裏
37mm 音更町、7月

白線は光沢を欠く

0031d. 同♀裏
40mm 恵庭市柏木、7月

scale:100%

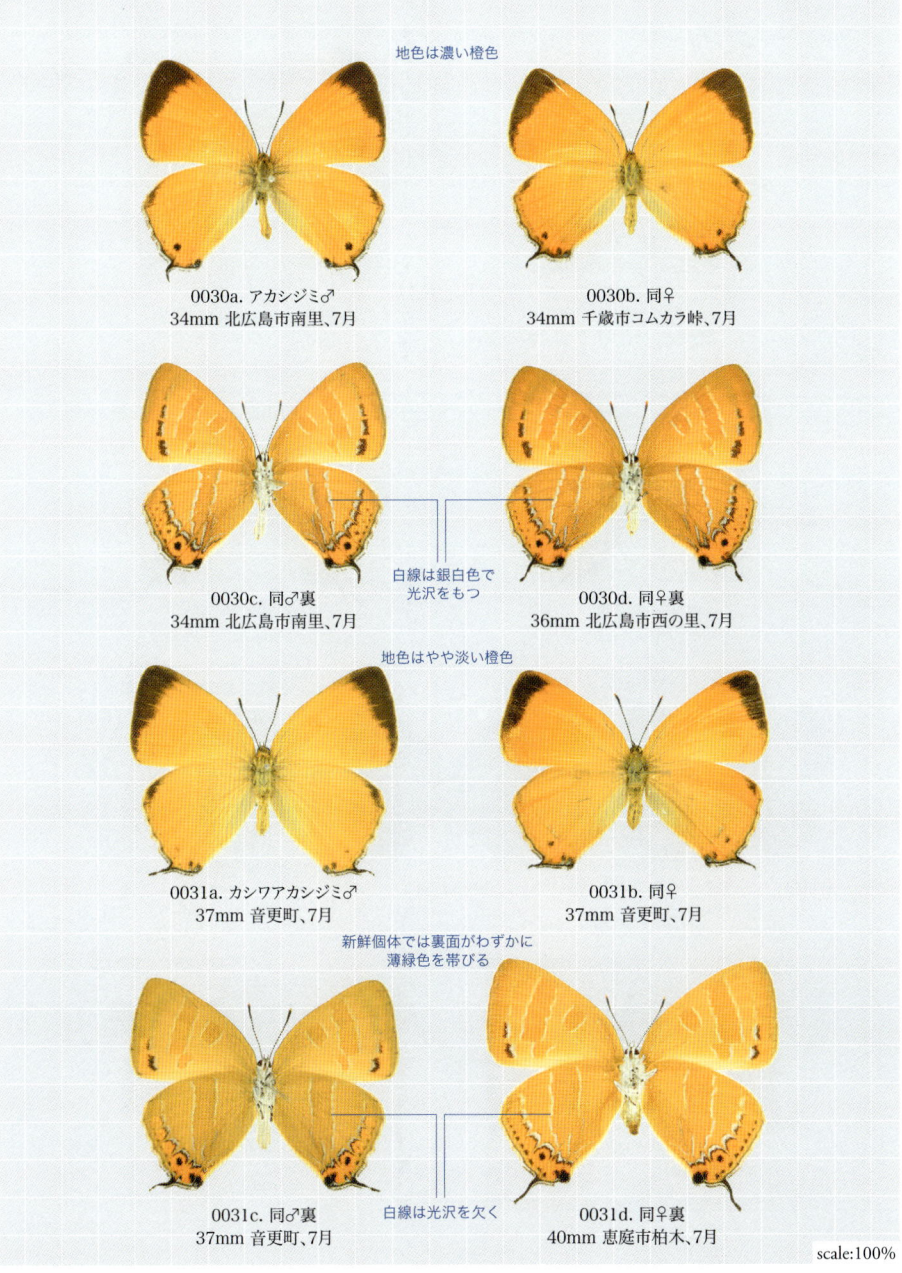

0030. アカシジミ [期] 6下-7月。**[生]** 北海道全域に分布し、離島では利尻島、焼尻島、奥尻島、南千島から記録されている。北海道のゼフィルスで最も早く出現する種の一つ。オスは夕方メスを探して活発に飛び回る。次種との同定には注意が必要。産卵は食樹の越冬芽基部やや下の部位に一卵ずつ産み、卵を毛やゴミで隠す。幼虫の気門は体色と同色。**[食]** ミズナラ、コナラ。**0031. カシワアカシジミ（キタアカシジミ）[期]** 7月。**[生]** 道内のカシワ林に局地的に分布。主な産地は石狩低地帯周辺、十勝、網走など。オスは夕方メスを探して活発に飛び回る。産卵は食樹の毛深い一年生枝上や冬芽基部に卵塊として産み、卵を毛やゴミで隠す。幼虫の気門は褐色に色づくものが多い。**[食]** カシワ。

034 | シジミチョウ科 [シジミチョウ亜科]

♂は一様な橙色で外縁の黒の縁取りのみ　　　♀は外縁に沿って翅端から中央に黒紋が発達

0032a. ウラナミアカシジミ♂
38mm 北広島市南里, 7月

0032b. 同♀
37mm 札幌市真駒内, 7月

裏面は黒の縞模様

0032c. 同♂裏
34mm 札幌市大谷地, 7月

0032d. 同♀裏
37mm 北広島市南里, 7月

裏面は白色で中央部に黒帯をもつ

0033a. ミズイロオナガシジミ♂
29mm 苫小牧市美沢, 7月

0033b. 同♀
29mm 北広島市南里, 7月

0033c. 同♀裏
28mm 千歳市コムカラ峠, 7月

裏面黒帯の発達には変異がある　　　裏面黒帯の発達には変異がある

0033d. 同♀裏
29mm 北広島市南里, 7月

0033e. 同♀裏
29mm 苫小牧市美沢, 7月

0033f. 同♀裏
30mm 苫小牧市美沢, 7月

scale:100%

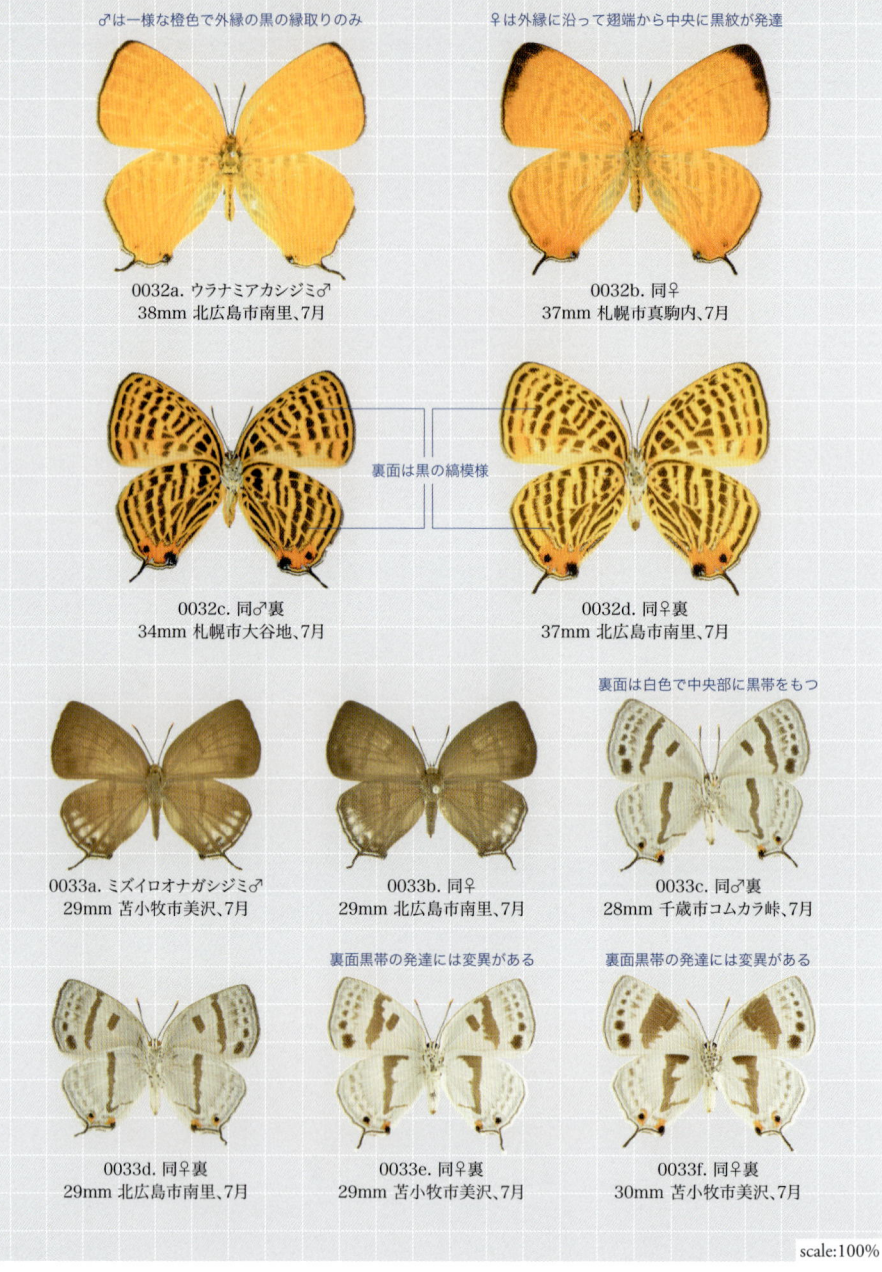

0032. ウラナミアカシジミ [期] 7-8月。[生] 道内の生息地はかなり限られていて、石狩低地帯周辺と函館周辺が知られている。朝方、下草に止まっているのがよく見つかる。オスは夕方活発に飛翔する。[食] コナラ。 **0033. ミズイロオナガシジミ** [期] 7-8月。[生] 北海道全域に分布し、離島では奥尻島から記録がある。裏面の暗色帯の幅には変異がある。夕方に飛翔活動する。卵越冬で、卵は木の股や凹みに産み付ける。[食] ミズナラ、コナラ、カシワ。

シジミチョウ科 [シジミチョウ亜科] | 035

0034a. ウスイロオナガシジミ♂
29mm 札幌市藻岩下、7月

0034b. 同♀
29mm 安平町早来、7月

♀では後翅白紋が
より発達する

裏面は茶色みを帯びた
白色地に褐色の紋を散布

0034c. 同♂裏
29mm 標茶町、7月

0034d. 同♀裏
29mm 北広島市南里、7月

翅表は黒褐色に
淡色のぼやけた紋をもつ

0035a. オナガシジミ♂
29mm 小樽市塩谷、7月

尾状突起は長い

0035b. 同♀
33mm 千歳市泉郷、7月

裏面は白色で外縁部
はやや暗色、黒褐色
の紋を散布

0035c. 同♂裏
31mm 小樽市塩谷、7月

0035d. 同♀裏
33mm 千歳市泉郷、7月

scale:100%

0034. ウスイロオナガシジミ [期] 7-8月。[生] 北海道全域に分布し、離島では、焼尻島、奥尻島から記録がある。朝と夕方に飛ぶが、活性は低く目立たない。卵は、樹皮の裂け目やめくれた皮の下に隠すように卵塊で産み付けるので、発見しづらい。[食] ミズナラ、カシワ、コナラ。**0035. オナガシジミ** [期] 7下-8月。[生] 北海道全域に分布。オスは夕方メスを探して食樹の周囲を飛び回る。北海道のゼフィルスでは、最も遅く出現する種の一つ。[食] オニグルミ。

シジミチョウ科 [シジミチョウ亜科]

♂・♀ともに翅表は黒褐色に青色紋をもつ

裏面は明るい赤褐色に白い波模様をもつ

0036a. ウラミスジシジミ♂
33mm 千歳市コムカラ峠、7月

0036b. 同♀
34mm 長沼町、7月

0036c. 同♂裏
33mm 千歳市コムカラ峠、7月

裏面の模様が不規則に乱れるシグナトゥス型

裏面の模様が規則正しいケルキボルス型

0036d. 同♀裏
34mm 長沼町、7月

0036e. 同♀裏
34mm 小樽市銭函、7月

0036f. 同♀裏
32mm 北広島市南里、7月

♂の翅表は銀白色

♀の翅表は、黒地に青白色の紋

裏面は黒褐色

0037a. ウラクロシジミ♂
35mm 福島町、7月

0037b. 同♀
34mm 福島町、7月

0037c. 同♂裏
35mm 福島町、7月

細く黒色で縁どられる

裏面は黒褐色

0037d. 同♀裏
34mm 福島町、7月

0037e. 同♀
36mm 知内町、7月

0037f. 同♀
34mm 福島町、7月

♀の青白色の紋の発達には変異がある

外縁に白い縁取りの黒紋が並ぶ

scale:100%

0036. ウラミスジシジミ（ダイセンシジミ）[期] 7-8月。**[生]** 北海道全域に分布。離島では、焼尻島から記録がある。裏面の模様には変異があり、規則正しいケルキボルス型と不規則に乱れるシグナトゥス型が知られている。**[食]** ミズナラ、カシワ、コナラ。 **0037. ウラクロシジミ [期]** 7月。**[生]** 渡島半島南部に分布し、離島では奥尻島から記録がある。オスは夕方メスを探して、食樹の生える沢筋や林を飛び回る。**[食]** マルバマンサク。

シジミチョウ科 [シジミチョウ亜科] | 037

♂の翅表は青みが強い　　　　　　　　　♀の翅表は一面黒褐色

0038a. フジミドリシジミ♂　　　　　　0038b. 同♀
32mm 奥尻町稲穂、7月　　　　　　　33mm 奥尻町稲穂、7月

0038c. 同♂裏　　　　　　　　　　　0038d. 同♀裏
32mm 奥尻町稲穂、7月　　　　　　　33mm 奥尻町稲穂、7月

褐色と白色の縞模様

♂の翅表は青みが強い

0039a. ウラジロミドリシジミ♂　　　　0039b. 同♀
31mm 石狩市親船、7月　　　　　　　33mm 安平町早来、7月

尾状突起は太く短い

♂の裏面は灰白色　　　　　　　　　　♀の裏面は灰褐色

0039c. 同♂裏　　　　　　　　　　　0039d. 同♀裏
31mm 石狩市親船、7月　　　　　　　33mm 安平町早来、7月

scale:100%

0038. フジミドリシジミ【期】7-8月。【生】黒松内町以南の渡島半島と奥尻島のブナ林に分布。オスは主に午後から夕方にメスを探して飛び回る。産卵は、谷などに突き出た細い枝の股や窪みに産み付けられる。【食】ブナ。**0039. ウラジロミドリシジミ**【期】7-8月。【生】道内各地のカシワ林に分布するが、産地はやや局地的。オスは夕方メスを探して活発に飛び回る。【食】カシワ。

038 | シジミチョウ科 [シジミチョウ亜科]

外縁の黒帯は幅広い

0040a. ハヤシミドリシジミ♂
37mm 石狩市親船、7月

尾状突起はやや長い

♀はO型かOA型

0040b. 同♀
37mm 安平町早来、7月

中室端の短条は不明瞭

0040c. 同♂裏
37mm 石狩市親船、7月

白帯はやや太く、その内側の暗色帯は目立たない

赤紋列は変異がある

0040d. 同♀裏
36mm 石狩市親船、7月

中室端の短条は不明瞭

前翅外縁は直線状

外縁の黒帯は幅広い

0041a. エゾミドリシジミ♂
35mm 北広島市島松、7月

尾状突起は太く短い

♀はO型かOA型

0041b. 同♀
34mm 北広島市南里、7月

中室端の短条は不明瞭

0041c. 同♂裏
35mm 北広島市島松、7月

白帯はやや太く、その内側の暗色帯は明瞭

赤紋列はほぼつながる

0041d. 同♀裏
34mm 北広島市南里、7月

中室端の短条は不明瞭

scale:100%

0040. ハヤシミドリシジミ [期] 7-8月。**[生]** 道内各地のカシワ林に広く分布。オスは枝先に翅を広げて占有行動をとり、夕方にはメスを探して活発に飛び回る。**[食]** カシワ。**0041. エゾミドリシジミ [期]** 7-8月。**[生]** 北海道全域に分布、離島では利尻島、焼尻島、奥尻島から記録がある。オスは昼から午後にかけて、林道などの空間に面した枝先で縄張りを張り、卍巴飛翔もよくみられる。**[食]** ミズナラ、コナラ。

シジミチョウ科 [シジミチョウ亜科] | 039

0042. オオミドリシジミ [期] 7-8月。[生] 北海道全域に分布、離島では利尻島、天売島、焼尻島、奥尻島から記録がある。オスは午前から昼にかけて縄張りを張り、卍巴飛翔もよくみられる。越冬卵の産卵位置は低く、ひこばえの根元や枝の股などに産み付けられる。[食] ミズナラ、コナラ。 **0043. ジョウザンミドリシジミ** [期] 7-8月。[生] 北海道全域に分布、離島では利尻島、焼尻島、奥尻島から記録がある。オスは朝方に低い場所で縄張りを張り、卍巴飛翔もよくみられる。[食] ミズナラ、コナラ。

シジミチョウ科 [シジミチョウ亜科]

翅脈後半が黒い

0044a. ミドリシジミ♂
34mm 苫小牧市美沢、7月

AB型♀は赤と青色紋

0044b. 同♀ AB型
34mm 苫小牧市美沢、7月

尾状突起は太くやや短い

中室端の短条を欠く

0044c. 同♂裏
31mm 北広島市西の里、8月

中室端の短条を欠く

0044d. 同♀裏
31mm 滝川市江部乙町、8月

外縁の黒帯は幅広い

翅脈後半が黒い

0044e. 同♂
32mm 北広島市西の里、8月

A型♀は赤色紋

0044f. 同♀ A型
33mm 札幌市豊平峡、8月

尾状突起は太くやや短い

B型♀は青色紋

0044g. 同♀ B型
34mm 苫小牧市美沢、7月

O型♀は無紋

0044h. 同♀ O型
33mm 苫小牧市美沢、7月

scale:100%

0044. ミドリシジミ [期] 7下-8月。[生] 北海道全域に分布、離島では利尻島、礼文島、焼尻島、南千島から記録がある。オスは夕方に縄張りを張り、卍巴飛翔もよくみられる。メスは前翅表の斑紋に4種類の型があり、A型（赤色紋）B型（青色紋）AB型（赤色紋＋青色紋）O型（無紋）に分けられる。北海道産は小型で裏面が灰色を帯びるため、亜種として区別されることもある。[食] ハンノキ、ケヤマハンノキ、ミヤマハンノキなど。

シジミチョウ科 [シジミチョウ亜科] | 041

♂の翅は、光沢ある金黄緑色 — ♀はA型が多いが、稀にB型やAB型も出現する

外縁の黒帯は幅広い

0045a. アイノミドリシジミ♂
37mm 小樽市毛無山、7月

尾状突起はやや細長い

0045b. 同♀
37mm 小樽市毛無山、7月

裏面は褐色 — 基部付近に短条を欠く — 裏面は褐色

中室端の短条はやや明瞭 — 白帯は細い — 中室端の短条はやや明瞭

0045c. 同♂裏
36mm 北広島市大曲、7月

赤紋列はつながる

0045d. 同♀裏
35mm 北広島市大曲、7月

♂の翅は、光沢ある金黄緑色 — ♀はA型が基本

外縁の黒帯は幅広い

橙色紋の大きさには変異がある

0046a. メスアカミドリシジミ♂
36mm 千歳市、7月

尾状突起はやや太く短い

0046b. 同♀
37mm 千歳市、7月

裏面は明るい灰褐色 — 基部付近に短条をもつ — 裏面は明るい灰褐色

中室端の短条は明瞭 — 白帯が発達する — 中室端の短条は明瞭

0046c. 同♂裏
36mm 千歳市、7月

赤紋列はつながる

0046d. 同♀裏
35mm 千歳市、7月

scale:100%

0045. アイノミドリシジミ 【期】7-8月。【生】北海道全域に分布し、離島では利尻島、焼尻島、奥尻島から記録がある。オスは朝方に縄張りを張り、卍巴飛翔もよくみられる。【食】ミズナラ、コナラ、カシワ。**0046. メスアカミドリシジミ** 【期】7-8月。【生】北海道全域に分布し、離島では奥尻島から記録がある。オスは昼くらいに、小規模な谷や林道の空間などやや狭い場所に縄張りを張る。【食】ミヤマザクラ、チシマザクラ、エゾヤマザクラ、シウリザクラなど。

042 | シジミチョウ科 [シジミチョウ亜科]

カラスシジミ族

♂は楕円形の性標をもつ

0047a. カラスシジミ♂
30mm 上川町三国峠、7月

0047b. 同♀
29mm 札幌市定山渓、7月

0047c. 同♂裏
30mm 上川町三国峠、7月

U字形黒紋

♂は丸い性標をもつ

0047d. 同♀裏
29mm 札幌市定山渓、7月

0048a. ミヤマカラスシジミ♂
27mm 上ノ国町桂岡、8月

0048b. 同♂
32mm 上ノ国町桂岡、8月

白線はつながり
W字形

U字形黒紋

♂はやや細長い
性標をもつ

0048c. 同♂裏
27mm 上ノ国町桂岡、8月

0048d. 同♂裏
32mm 上ノ国町桂岡、8月

0049a. リンゴシジミ♂
25mm 鹿追町笹川、6月

白線は点々と途切れる

白縁の黒色円紋が並ぶ

0049b. 同♀
29mm 鹿追町笹川、6月

0049c. 同♂裏
25mm 鹿追町笹川、6月

0049d. 同♀裏
29mm 鹿追町笹川、6月

scale:100%

0047. カラスシジミ [期] 7-8月。[生] 北海道全域に分布し、離島では利尻島、奥尻島、南千島から記録がある。昼間は活発にセリ科やキク科の花に吸蜜に集まる。[食] ハルニレ、オヒョウ、スモモ、ウメなど。**0048. ミヤマカラスシジミ** [期] 8月。[生] 黒松内町以南の渡島半島に分布。白い花によく集まり、夕方に活発に飛翔する。[食] エゾノクロウメモドキ。**0049. リンゴシジミ** [期] 6-7月。[生] 道東を中心に分布している種であったが、近年札幌近郊で次々と生息地が見つかってきている。日本では北海道のみに分布。主に午後の時間帯に活動が活発になる。[食] エゾノウワミズザクラ、シウリザクラ、スモモ、ウメなど。

シジミチョウ科 [シジミチョウ亜科] | 043

翅表は黒地に藍色紋

♂はやや細長い
灰色の性標をもつ

0050a. コツバメ♂
24mm 栗山町桜丘、5月

0050b. 同♀
26mm 栗山町桜丘、5月

後翅裏面は鉄色で、独特の斑紋

0050c. 同♂裏
24mm 栗山町桜丘、5月

0050d. 同♀裏
26mm 栗山町桜丘、5月

翅表は、藍色で外縁は黒ずむ

春型の裏面は褐色と白色の
コントラストの強い縞模様

0051a. トラフシジミ♂ 春型
32mm 遠軽町丸瀬布、5月

0051b. 同♀ 春型
32mm 遠軽町丸瀬布、5月

0051c. 同♂裏 春型
32mm 遠軽町丸瀬布、5月

♂は円形の
無光沢の性標をもつ

翅表は、藍色で外縁は黒ずむ

橙色紋は中に
4つの黒紋をもつ

夏型の裏面は、
褐色と灰褐色の縞模様

0051d. 同♂ 夏型
29mm 遠軽町丸瀬布武利、7月

0051e. 同♀ 夏型
30mm 遠軽町丸瀬布武利、7月

0051f. 同♀裏 夏型
30mm 遠軽町丸瀬布武利、7月

scale:100%

0050. コツバメ[期] 4-5月。[生] 北海道全域に分布し、離島では利尻島から記録がある。春先、明るい林道脇の枝先などに止まる姿をよく見かける。[食] ホザキシモツケ、エゾノシロバナシモツケ、アズキナシ、コヨウラクツツジなど。
0051. トラフシジミ[期] 5-8月（年2化）。[生] 北海道全域に分布、離島では焼尻島、国後島から記録がある。春型は裏面の白と茶のコントラストが強いが、夏型では全体に茶の濃淡になる。[食] ハリエンジュ、トチノキ、キハダ、ミズキ、フジ、シナノキなど。

シジミチョウ科 [シジミチョウ亜科]

ベニシジミ族

春型では前翅は明るいオレンジ色　　♀は翅形が丸い

0052a. ベニシジミ♂ 春型
26mm 小樽市塩谷、6月

0052b. 同♀ 春型
27mm 安平町早来北進、6月

0052c. 同♂裏 春型
26mm 小樽市塩谷、6月

夏型は、全体に黒褐色が強くなる

0052d. 同♂ 夏型
27mm 江別市野幌森林公園、8月

0052e. 同♀ 夏型
29mm 札幌市北ノ沢、8月

0052f. 同♀裏 夏型
29mm 札幌市北ノ沢、8月

ヒメシジミ族

♂は青色　　春型の♀では黒色に青色鱗粉が発達する

0053a. ツバメシジミ♂ 春型
21mm 清水町屈足、5月

0053b. 同♀ 春型
25mm 安平町早来北進、6月

0053c. 同♂裏 春型
21mm 清水町屈足、5月

小さな尾状突起をもつ

夏型の♀は黒色

0053d. 同♀ 夏型
23mm 鹿部町出来潤崎、8月

0053e. 同♀ 夏型
28mm 千歳市駒里、7月

0053f. 同♀裏 夏型
28mm 千歳市駒里、7月

小さな尾状突起をもつ　　橙色紋をもつ

scale:100%

0052. ベニシジミ [期] 5-9月（年3化程度）。**[生]** 周辺離島を含め北海道全域に分布。日当たりの良い、公園の芝生や道路脇の草地で発生する。春型は鮮やかな朱色をしているが、夏型は暗色部が多くなる。**[食]** ヒメスイバ、エゾノギシギシ、ノダイオウなど。**0053. ツバメシジミ [期]** 5-9月（年2化）。**[生]** 北海道全域に分布し、離島では利尻島、焼尻島、奥尻島、南千島から記録がある。日当たりのよい河川堤防、草地、耕作地周辺などで見られる。**[食]** シロツメクサ、アカツメクサ、ツルフジバカマ、クサフジ、ナンテンハギ、エゾヤマハギ、メドハギ、クズ、エンドウなど。

シジミチョウ科 [シジミチョウ亜科] | 045

図版キャプション

- 0054a. ルリシジミ♂ 春型　28mm 新ひだか町静内双川、5月
- 0054b. 同♀ 春型　27mm 安平町早来、5月
- 0054c. 同♀裏 春型　27mm 安平町早来、5月
  - 裏面は明るい灰白色
  - 腹端付近の黒紋は離れる
- 0054d. 同♂ 夏型　28mm 安平町早来、7月
  - ♂の翅表は明るい水色
- 0054e. 同♀ 夏型　28mm 上ノ国町、8月
  - ♀の翅表は青灰色
  - 縁は幅広く黒色
- 0054f. 同♀裏 夏型　28mm 安平町早来、7月
  - 腹端付近の黒紋は離れる
- 0055a. スギタニルリシジミ♂　23mm 石狩市浜益区千代志別、5月
  - ♂の翅表は暗い水色
- 0055b. 同♀　25mm 仁木町、5月
  - ♀の翅表は青灰色
  - 外縁の黒色帯の幅は前後でほぼ同じ
- 0055c. 同♂裏　23mm 石狩市浜益区千代志別、5月
  - 裏面はやや暗い灰白色
  - 腹端付近の黒紋は接することが多い
- 0055d. 同♀裏　25mm 仁木町、5月
  - 腹端付近の黒紋は接することが多い

scale:100%

0054. ルリシジミ [期] 4-9月（年2化）。[生] 周辺離島を含め北海道全域に分布。オスの春型はやや小型でより濃色、夏型はより大型で明るい空色をしている。[食] エゾヤマハギ、クサフジ、クズ、ミズキ、キハダ、ハリエンジュ、オオイタドリなど。**0055. スギタニルリシジミ** [期] 4-5月。[生] 北海道全域で見られるが分布は局地的で、離島では利尻島から記録がある。本州以南産に比べ小型で、オス翅表の色調、裏面の地色等がより明るいことから北海道亜種とされる。早春のチョウで、オスは地面で吸水するのを見かける。[食] キハダ、ミズキ、トチノキなど。

046 | シジミチョウ科 [シジミチョウ亜科]

♂は青色で短毛を密生する
♀は褐色で基部に青色鱗粉を散布

0056a. ウラナミシジミ♂
32mm 乙部町緑町、8月

0056b. 同♀
31mm 沖縄県南城市、5月

裏面は褐色と白の波模様

0056c. 同♂裏
32mm 乙部町緑町、8月

0056d. 同♀裏
31mm 沖縄県南城市、5月

♂は青色
♀は黒褐色で外縁部に橙色紋をもつ

0057a. ヒメシジミ♂
28mm 乙部町栄野、6月

0057b. 同♀
28mm 小樽市毛無山、7月

0057c. 同♂裏
28mm 乙部町栄野、6月

内側の黒点が直線に並ぶ
♀の青色と白色鱗粉の出現には変異がある

0057d. 同♀裏
28mm 小樽市毛無山、7月

0057e. 同♀
28mm 乙部町栄野、6月

scale:100%

0056. ウラナミシジミ [期] 8-11月にかけて記録されている。[生] 北海道には分布しないチョウであるが、秋になると南から入ってくる個体の報告例が増えている。過去の記録では、松前町、函館市、上ノ国町、乙部町、熊石町、八雲町、豊浦町、伊達市、苫小牧市、北広島市、早来町、札幌市、小樽市、平取町、夕張市、音更町、釧路市、厚岸町、利尻島、奥尻島などが報告されている。[食] ソラマメ、エンドウマメ、アズキなどマメ科栽培種を好む。**0057. ヒメシジミ** [期] 6-8月。[生] 北海道全域に分布し、離島では利尻島、天売島、焼尻島、南千島から記録がある。小型で、オス翅表の色調、外縁黒帯が狭いことや裏面橙色紋の濃いことから北海道亜種とされる。[食] オオヨモギ、ナンテンハギなど。

シジミチョウ科 [シジミチョウ亜科] | 047

♂は青灰色で、翅脈は黒く目立つ　　　♀は黒褐色

0058a. アサマシジミ♂
31mm 安平町早来北進、7月

0058b. 同♀
30mm 安平町早来鈴蘭山、6月

0058c. 同♂裏
31mm 安平町早来北進、7月

0058d. 同♀裏
30mm 安平町早来鈴蘭山、6月

基部よりに黒紋をもつ

0058e. 同♂
30mm 更別村、6月

0058f. 同♀
29mm 浜中町、7月

春型は黒地に青白色の鱗粉が発達する

白黒交互の縁毛が目立つ

0059a. ジョウザンシジミ♂ 春型
23mm 札幌市八剣山、5月

0059b. 同♀ 春型
25mm 中札内村ピョウタン、5月

0059c. 同♂裏 春型
22mm 京極町春日渓谷、5月

橙色帯をもつ

夏型はやや大型で黒化する

裏面の黒点には変異がある

0059d. 同♂ 夏型
25mm 中札内村上札内、7月

0059e. 同♀ 夏型
27mm 中札内村上札内、7月

0059f. 同♀裏 夏型
27mm 中札内村上札内、7月

scale:100%

0058. アサマシジミ [期] 6-7月。[生] 生息地は限られていて、十勝、網走、根室に局地的に分布する。オス翅表の色調、メスの亜外縁部の橙色紋が弱いこと、裏面の明るさなどから北海道亜種とされる。石狩低地帯の千歳市や安平町にも生息地があったが、近年生息が確認できなくなっている。[食] ナンテンハギ。**0059. ジョウザンシジミ [期]** 5-8月(年2化)。[生] 島牧村の大平山、積丹半島、定山渓、増毛山塊、夕張山塊、日高山塊、そして道東域にかけて崖や川岸などに局地的に分布。日本では北海道のみに分布。[食] エゾノキリンソウ、ホソバノキリンソウ、アオノイワレンゲ、イワレンゲなど。

048 | シジミチョウ科 [シジミチョウ亜科]

♂は暗い青紫色　　　　　　　　　♀は黒褐色　　　　　　　　　裏面の黒点には変異がある

0060a. カラフトルリシジミ♂
25mm 鹿追町然別、7月

0060b. 同♀
24mm 鹿追町然別、7月

0060c. 同♂裏
25mm 鹿追町然別、7月

橙色紋をもつ

裏面の黒紋には変異がある

0060d. 同♂
26mm 野付半島、8月

0060e. 同♀
26mm 野付半島、8月

0060f. 同♂裏
26mm 野付半島、8月

♂は明るい青色　　　　　　　　　♀は外縁部が幅広く黒い　　　　　一本の黒点列

0061a. カバイロシジミ♂
34mm 鹿部町、8月

0061b. 同♀
32mm 鹿部町、8月

0061c. 同♂裏
31mm 安平町早来鈴蘭山、6月

基部が青色を帯びる

0061d. 同♀裏
30mm 安平町早来北進、7月

0061e. 同♂
32mm 斜里町以久科、7月

0061f. 同♀
31mm 斜里町以久科、7月

基部が青色を帯びる

scale:100%

0060. カラフトルリシジミ [期] 7-8月。[生] 天塩岳、大雪山系、日高山脈、知床半島などの高地帯と、根室半島、野付半島周辺、南千島の高層湿原等に局地的に分布。日本では北海道のみに分布。天然記念物。[食] クロマメノキ、ガンコウラン、コケモモ、ツルコケモモなど。**0061. カバイロシジミ** [期] 6-8月。[生] 北海道全域に分布し、離島では奥尻島から記録がある。海岸、河川、牧草地周辺などのクサフジ群落周辺で見つかる。[食] クサフジ、ナンテンハギ、ヒロハノクサフジなど。

シジミチョウ科 [シジミチョウ亜科] | 049

♂は白色みを帯びた青色　　　　　♀は暗色で、黒紋列は大きい　　　　裏面は青みを帯びた灰白色

0062a. オオゴマシジミ♂　　　　0062b. 同♀　　　　　　　　0062c. 同♂裏
38mm 仁木町大江、7月　　　　41mm 乙部町滝の股沢、8月　　　38mm 仁木町大江、8月

前翅裏面の黒紋列は大きい

0062d. 同♀裏　　　　　　　　0062e. 同♂　　　　　　　　0062f. 同♂裏
41mm 乙部町滝の股沢、8月　　　40mm 月形町、7月　　　　　　40mm 月形町、7月

♂は青色　　　　　　　　　　　♀は黒色部が発達　　　　　　　前翅裏面の黒点列は小さい

0063a. ゴマシジミ♂　　　　　　0063b. 同♀　　　　　　　　0063c. 同♂裏
38mm 小樽市朝里朝里峠、8月　　38mm 恵庭市西島松、8月　　　38mm 小樽市朝里朝里峠、8月

♀の裏面は地色が濃い　　　　　　　　　　　　　　　　　　　裏面は灰白色～灰褐色

0063d. 同♀裏　　　　　　　　0063e. 同♀　　　　　　　　0063f. 同♀裏
38mm 長万部町静狩、8月　　　　36mm 別海町西春別、7月　　　36mm 別海町西春別、7月

scale:100%

0062. オオゴマシジミ [期] 7下-8月。**[生]** 渡島、桧山、後志、空知に非常に局地的に分布。食草のある渓谷などの特定の環境で発生。**[食]** クロバナヒキオコシの花や蕾を食べた後、中齢以降はアリ類の幼虫を食べる。**0063. ゴマシジミ [期]** 7-8月。**[生]** 周辺離島を含む北海道全域に分布。湿原や海岸草原を主に、食草のある周辺で見られる。**[食]** 最初はナガボノシロワレモコウの花や蕾を食べ、中齢以降はクシケアリ類の幼虫を食べる。

050 | タテハチョウ科 [テングチョウ亜科]

タテハチョウ科 テングチョウ亜科

下唇鬚が長く発達

0064a. テングチョウ♂
46mm 栃木県田沼町、5月

0064b. 同♀
46mm 栃木県田沼町、5月

0064c. 同♂裏
46mm 栃木県田沼町、5月

0064d. 同♀裏
46mm 栃木県田沼町、5月

♂の裏面は濃淡のある模様

♀の裏面は単調な赤褐色で中央の暗色条が目立つ

0064e. 同♂
42mm 札幌市円山、7月

0064f. 同♀
42mm 長沼由仁、4月

scale:100%

0064. テングチョウ [期] 4-8月の記録がある。[生] 函館市、札幌市、由仁町、夕張市、日高町などの記録がある。越冬個体の標本も残されていることから、過去には周年エゾエノキのある地域で発生していたものと推測されるが、北海道では絶滅したと考えられる。北海道産は小型で橙色紋が大きいために、北海道亜種(0064e-f)に分けられることもある。[食] エゾエノキ。

タテハチョウ科 [タテハチョウ亜科] | 051

タテハチョウ亜科
タテハチョウ族

次種よりも小型 / 小白紋をもつ

0065a. アカマダラ♂ 春型
28mm 新ひだか町静内農屋、4月

0065b. 同♀ 春型
32mm 幕別町忠類日和、5月

0065c. 同♂裏 春型
32mm 幕別町忠類日和、5月
裏面の地色はやや暗い

前翅の白紋は平行 / 前翅の白帯は前縁に達する / 小白紋をもつ

0065d. 同♂ 夏型
30mm 厚真町宇隆、8月
突出する

0065e. 同♀ 夏型
32mm 厚真町宇隆、8月

0065f. 同♂裏 夏型
30mm 厚真町宇隆、8月

前種よりも大型

0066a. サカハチチョウ♂ 春型
35mm 仁木町然別、6月

0066b. 同♀ 春型
36mm 浦幌町幾千世、6月

0066c. 同♀裏 春型
36mm 浦幌町幾千世、6月
裏面の地色はやや明るい

前翅の白紋は交差 / 前翅の白帯は前縁に達しない

0066d. 同♂ 夏型
41mm 恵庭市島松沢、8月

0066e. 同♀ 夏型
38mm 上ノ国町新村、8月

0066f. 同♂裏 夏型
41mm 恵庭市島松沢、8月

scale:100%

0065. アカマダラ [期] 5-9月（年2～3化）。**[生]** 北海道全域に分布し、離島では利尻島から記録がある。春型と夏型では、かなり斑紋が異なる。日本では北海道のみに分布するチョウで、札幌近郊では個体数が激減してきている。**[食]** エゾイラクサ、ホソバイラクサなど。 **0066. サカハチチョウ [期]** 5-9月（年2化）。**[生]** 北海道全域に分布し、離島では利尻島、礼文島、焼尻島、南千島から記録がある。個体数は多い。春型と夏型ではかなり斑紋が異なる。夏型は黒色地に逆八の字の白帯が強く現れ、種名のもとになっている。**[食]** エゾイラクサ、ホソバイラクサ、アカソ、コアカソなど。

052 | タテハチョウ科 [タテハチョウ亜科]

翅形はやや縦長

黒と橙色のまだら模様

0067a. ヒメアカタテハ♂
48mm 京極町北岡、10月

0067b. 同♀
44mm 乙部町緑町、9月

明色の網目模様

0067c. 同♂裏
48mm 京極町北岡、10月

0067d. 同♀裏
44mm 乙部町緑町、9月

橙色紋

褐色の無地

0068a. アカタテハ♂
58mm 上ノ国町石崎、8月

0068b. 同♀
60mm 上ノ国町桂岡、8月

暗色の網目模様

0068c. 同♂裏
58mm 上ノ国町石崎、8月

0068d. 同♀裏
60mm 上ノ国町桂岡、8月

scale:80%

0067. ヒメアカタテハ [期] 成虫越冬をする種であるが北海道内での越冬は不明。春は記録が少なく、夏～秋に個体数が増える。**[生]** 周辺離島を含め北海道全域で確認されている。田畑の周囲、堤防、草原など明るい開けた環境を好む。**[食]** オオヨモギ、シロヨモギ、ゴボウ、エゾイラクサなど。**0068. アカタテハ [期]** 成虫越冬のため、ほぼ周年成虫が見られる。**[生]** 周辺離島を含め北海道全域に分布。幼虫は、食草の葉を袋状につづってその中に隠れる習性がある。**[食]** アカソ、コアカソ、エゾイラクサ、ホソバイラクサなど。

タテハチョウ科 [タテハチョウ亜科] | 053

夏型の裏面は明るい黄褐色で
コントラストは弱い

0069a. キタテハ♂ 夏型　　　　　　0069b. 同♀ 夏型　　　　　　0069c. 同♀ 裏 夏型
46mm 乙部町鳥山、7月　　　　　45mm 乙部町鳥山、7月　　　　45mm 乙部町鳥山、7月

翅脈の先端は
鋭く突出

秋型は、より強くえぐれる

黒紋の中に
青色紋をもつ

0069d. 同♂ 秋型　　　　　　　　0069e. 同♀ 秋型　　　　　　　0069f. 同♂ 裏 秋型
43mm 乙部町緑町、9月　　　　　43mm 乙部町鳥山、9月　　　　43mm 乙部町緑町、9月

秋型の裏面は濃い褐色で
濃淡がある

0070a. シータテハ♂ 夏型　　　　0070b. 同♀ 夏型　　　　　　　0070c. 同♀ 裏 夏型
44mm 千歳市藤の沢、7月　　　　46mm 千歳市蘭越、7月　　　　44mm 千歳市藤の沢、7月

黒紋の中に
青色紋を欠く

秋型は、より強くえぐれる

後翅裏面に明瞭なC字紋

0070d. 同♂ 秋型　　　　　　　　0070e. 同♀ 秋型　　　　　　　0070f. 同♀ 裏 秋型
45mm 栗山町桜山、9月　　　　　47mm 栗山町桜山、9月　　　　47mm 栗山町桜山、9月

翅脈先端の突出は
大きく先端は丸い

scale:80%

0069. キタテハ [期] 成虫越冬のため、ほぼ周年成虫が見られる（年2化）。**[生]** 古くは、渡島から日高・胆振地方にかけての北海道南西部で局地的に発生していたが、最後まで生息していた乙部町の生息地でも2001年以降、生息の情報が途絶えてしまっている。夏型と秋型で、翅形が異なる。**[食]** カナムグラ。**0070. シータテハ [期]** 成虫越冬のため、ほぼ周年成虫が見られる（年2化）。**[生]** 北海道全域に分布し、離島では利尻島、南千島から記録がある。よく目につくチョウで、夏型と秋型では、翅の地色、翅形が異なる。**[食]** ハルニレ、オヒョウ、カラハナソウなど。

054 | タテハチョウ科 [タテハチョウ亜科]

♂は鮮明な白紋あり

0071a. エルタテハ♂
55mm 小樽市朝里峠、8月

0071b. 同♀
61mm 小樽市朝里峠、8月

♀はやや不鮮明な白紋あり

裏面は褐色の縞模様で♂は濃淡がつよい

0071c. 同♂裏
55mm 小樽市朝里峠、8月

中央部にL字の白紋

0071d. 同♀裏
61mm 小樽市朝里峠、8月

裏面は褐色の縞模様で♀は濃淡が淡い

橙色の地色に黒紋

0072a. ヒオドシチョウ♂
54mm 小樽市塩谷、7月

0072b. 同♀
57mm 余市町栄町、7月

♀では、外縁の褐色帯がより発達する

裏面は濃淡のある褐色の縞模様

0072c. 同♂裏
54mm 小樽市塩谷、7月

0072d. 同♀裏
57mm 余市町栄町、7月

scale:80%

0071. エルタテハ [期] 成虫越冬のため、ほぼ周年成虫が見られる。[生] 北海道全域に分布するが、道南では稀。離島では利尻島、礼文島、天売島、南千島から記録がある。冬にはよく山地の小屋などに越冬のため入り込む。[食] ハルニレ、オヒョウ、シラカンバ、ウダイカンバ、ダケカンバなど。**0072. ヒオドシチョウ** [期] 成虫越冬のため、ほぼ周年成虫が見られる。[生] 北海道全域に分布するが、道北や道東などの寒冷地と道南では稀。離島では利尻島、南千島から記録がある。夏、各種の樹液に集まる。[食] エゾヤナギ、エゾノバッコヤナギ、オノエヤナギ、エゾノキヌヤナギ、ハルニレ、オヒョウなど。

タテハチョウ科 [タテハチョウ亜科] | 055

0073a. キベリタテハ♂
62mm 仁木町然別、8月

0073b. 同♀
73mm 小樽市塩谷、8月

青色の点列

新鮮な個体は黄帯、古くなると白帯になる

0073c. 同♂裏
62mm 仁木町然別、8月

0073d. 同♀裏
73mm 小樽市塩谷、8月

外縁は白帯で縁取られる

地色は黒色で、細かい縞模様

やや小型種

0074a. コヒオドシ♂
44mm 札幌市豊平峡、7月

0074b. 同♀
49mm 余市町栄町、7月

基半部は黒色

0074c. 同♂裏
44mm 札幌市豊平峡、7月

0074d. 同♀裏
49mm 余市町栄町、7月

scale:80%

0073. キベリタテハ [期] 成虫越冬のため、ほぼ周年成虫が見られる。[生] 北海道全域に分布し、離島では利尻島、礼文島、南千島から記録がある。春に見られる越冬個体は外縁が白くなっているが、8月に出現する新成虫は外縁がクリーム色で美しい。[食] シラカンバ、エゾノバッコヤナギなど。**0074. コヒオドシ** [期] 成虫越冬のため、ほぼ周年成虫が見られる。[生] 北海道全域に分布し、離島では利尻島、礼文島、天売島、南千島から記録がある。本州産に比べ、前翅表の赤橙色帯が広く、赤みが弱いことから北海道亜種とされる。晩夏にキク科植物の花に吸蜜に集まっている姿をよく見かける。[食] エゾイラクサ、ホソバイラクサなど。

056 タテハチョウ科 [タテハチョウ亜科]

赤い地色に目立つ目玉模様

0075a. クジャクチョウ♂
49mm むかわ町穂別栄、9月

0075b. 同♀
55mm 苫小牧市美沢、9月

裏面は黒色で、細かい濃淡の縞模様

0075c. 同♂裏
49mm むかわ町穂別栄、9月

0075d. 同♀裏
55mm 苫小牧市美沢、9月

白紋

0076a. ルリタテハ♂ 夏型
49mm 余市町栄町、8月

ルリ色の帯

0076b. 同♀ 夏型
54mm 仁木町然別、8月

0076c. 同♀裏 夏型
49mm 余市町栄町、8月

0076d. 同♂ 秋型
44mm 小樽市塩谷、9月

ルリ色の帯

0076e. 同♀ 秋型
56mm 余市町栄町、9月

秋型は裏面が暗い

0076f. 同♀裏 秋型
56mm 余市町栄町、9月

scale:70%

0075. クジャクチョウ [期] 成虫越冬のため、ほぼ周年成虫が見られる。**[生]** 周辺離島を含め北海道全域に分布し、低地から高山まで、各地で普通。春先は越冬個体があちこちで見られ、夏以降になると新成虫がヨツバヒヨドリ、シュウメイギクの花などに集まる。**[食]** エゾイラクサ、ホソバイラクサ、カラハナソウ、カナムグラなど。**0076. ルリタテハ本土亜種 [期]** 成虫越冬のため、ほぼ周年成虫が見られる（年1化、稀に2化）。**[生]** 北海道全域に分布するが、道北や道東などの寒冷地では稀。離島では利尻島、奥尻島から記録がある。夏にミズナラやヤナギの樹液に集まる。**[食]** オオウバユリ、オオバタケシマラン、シオデ、サルトリイバラなど。

タテハチョウ科 [タテハチョウ亜科] | 057

コノハチョウ族

白紋の周りは
ルリ色に輝く

地色は鮮やかな
オレンジ色

翅脈が黒く目立つ

0077a. メスアカムラサキ♂
63mm 沖縄県西表島、10月

0077b. 同♀
71mm 沖縄県石垣島、10月

裏面地色は
明るい赤褐色

0077c. 同♂裏
63mm 沖縄県西表島、10月

0077d. 同♀裏
71mm 沖縄県石垣島、10月

白紋の周りはルリ色に輝く

♂裏面は黒褐色

0078a. リュウキュウムラサキ♂
62mm 沖縄県石垣島、10月

0078b. 同♀
80mm 沖縄県石垣島、10月

0078c. 同♂裏
62mm 沖縄県石垣島、10月

♀裏面は淡褐色

♀は3列の
白紋列をもつ

0078d. 同♀裏
80mm 沖縄県石垣島、10月

0078e. 同♀
82mm 松前町江良、9月

scale:55%

0077. メスアカムラサキ [期] 8-9月にかけて記録されている。[生] 北海道には分布しないチョウであるが、過去に函館市、江差町、新十津川町での記録がある。オスはリュウキュウムラサキに似るが、メスはカバマダラにそっくりの色彩をしている。[食] スベリヒユ科を食べることが知られているが、北海道から幼虫は未発見。**0078. リュウキュウムラサキ** [期] 8-9月にかけて記録されている。[生] 北海道には分布しないチョウであるが、過去に松前町、江差町、厚沢部町での記録がある。飛来源により斑紋が少し違ってきて、台湾型、フイリピン型、大陸型、パラオ型等が知られている。[食] ヒルガオ科を食べることが知られているが、北海道から幼虫は未発見。

058 | タテハチョウ科 [ドクチョウ亜科]

ドクチョウ亜科
ドクチョウ族

外縁に線状の黒紋が並ぶ

0079a. ホソバヒョウモン♂
37mm 遠軽町丸瀬布武利、6月

0079b. 同♀
41mm 上川町銀泉台、7月

0079c. 同♂裏
37mm 遠軽町丸瀬布武利、6月

外縁に不鮮明な紫白色の斑紋が並ぶ

外縁にくさび形の黒紋が並ぶ

0079d. 同♀裏
41mm 上川町銀泉台、7月

0080a. カラフトヒョウモン♂
37mm むかわ町穂別栄、6月

0080b. 同♀
40mm 遠軽町丸瀬布武利、6月

0080c. 同♂裏
37mm むかわ町穂別栄、6月

0080d. 同♀裏
40mm 遠軽町丸瀬布武利、6月

0081a. アサヒヒョウモン♂
38mm 上川町当麻岳、7月

基半部は黒色

外縁に銀白色の三角紋が並ぶ

0081b. 同♀
39mm 上川町石狩岳、7月

0081c. 同♂裏
38mm 上川町当麻岳、7月

0081d. 同♀裏
39mm 上川町石狩岳、7月

赤褐色に白色紋

scale:90%

0079. ホソバヒョウモン [期] 6中-7月。**[生]** 夕張山地以東の道東、道北に分布。アザミ、ホザキナナカマドなどの花に集まる。**[食]** ミヤマスミレ、アイヌタチツボスミレ、オオタチツボスミレ、ツボスミレなど。**0080. カラフトヒョウモン [期]** 5下-7月。**[生]** 石狩低地帯以東の道東、道北に分布。ホソバヒョウモンより半月くらい早く出現し始める。**[食]** ミヤマスミレ、エゾノタチツボスミレ、アイヌタチツボスミレなど。**0081. アサヒヒョウモン [期]** 6下-7月。**[生]** 大雪山塊と十勝連峰の1700m以上の高山帯に局地的に分布。天然記念物。**[食]** キバナシャクナゲ、コケモモ、クロマメノキ、ガンコウランなど。※ 0079-0081の3種は、日本では北海道のみに分布。

タテハチョウ科 [ドクチョウ亜科] | 059

黒紋は太い三日月型
地色はやや赤く、黒紋はやや大きい
外縁は丸みを帯びる
紋がつながることが多い
黒紋は接することが多い

0082a. コヒョウモン♂
43mm 小樽市塩谷、7月

0082b. 同♀
55mm 札幌市百松沢、7月

黒紋は太い三日月型

0082c. 同♂裏
50mm 札幌市百松沢、7月

0082d. 同♀裏
55mm 札幌市百松沢、7月

黒紋は四角い
地色は黄色みが強い
黒紋はやや小さい
外縁は直線状
黒紋は離れる
2つの紋に分離することが多い

0083a. ヒョウモンチョウ♂
48mm 江差町大潤、7月

0083b. 同♀
51mm 千歳市柏台、7月

黒紋は四角い

0083c. 同♂裏
48mm 札幌市篠路、7月

0083d. 同♀裏
51mm 千歳市柏台、7月

scale:80%

0082. コヒョウモン [期] 7-8月。**[生]** 道内の平野部を避けるようにして、低山から山地にかけて分布し、沢の入った林道や、谷筋で多く見られる。本州産とは、翅表の黒紋の大きさの違いや、後翅裏面の色調の違いから北海道亜種とされる。**[食]** オニシモツケ。**0083. ヒョウモンチョウ [期]** 7-8月。**[生]** オホーツク沿岸、太平洋沿岸、渡島半島の海岸部、十勝や石狩低地帯などの平野部に分布。離島では利尻島、南千島から記録がある。平地の草原や湿原の周囲に生息し、アザミ類などの花に集まる。**[食]** ナガボノシロワレモコウ、ワレモコウ、オニシモツケなど。

タテハチョウ科 [ドクチョウ亜科]

♂性標は2本
外縁は直線状
中央の黒紋列は途切れる

0084a. ウラギンスジヒョウモン♂
53mm 乙部町鳥山林道、7月

0084b. 同♀
56mm 苫小牧市10哩、8月

薄い白紋列をもつ
赤っぽい

0084c. 同♂裏
53mm 乙部町鳥山林道、7月

0084d. 同♀裏
56mm 苫小牧市10哩、8月

♂性標は3本
外縁は内側に湾入
中央の黒紋列はつながる
先端は外へ突き出る

0085a. オオウラギンスジヒョウモン♂
58mm 乙部町滝の股沢、8月

0085b. 同♀
63mm 乙部町鳥山林道、7月

先端部が緑褐色を帯びる

0085c. 同♂裏
58mm 乙部町滝の股沢、8月

0085d. 同♀裏
63mm 乙部町鳥山林道、7月

scale:80%

0084. ウラギンスジヒョウモン [期] 7-9月。**[生]** 北海道全域の平地から山地の森林周囲の草原や原野に生息する。離島では利尻島、礼文島、焼尻島、奥尻島、渡島大島、南千島から記録がある。次種とは、翅形や特定の斑紋の違いに注意して比較することで区別できる。**[食]** エゾノタチツボスミレ、タチツボスミレ、ツボスミレ、オオタチツボスミレ、スミレなど。**0085. オオウラギンスジヒョウモン [期]** 7-9月。**[生]** 周辺離島を含め北海道全域で、平地から山地の森林周囲の草原に普通。アザミ類、クガイソウ、ノリウツギなどいろいろな花に集まる。**[食]** タチツボスミレ、オオタチツボスミレ、ツボスミレ、アイヌタチツボスミレなど。

タテハチョウ科 [ドクチョウ亜科] | 061

♀は三角形の白紋をもつ

0086a. クモガタヒョウモン♂
65mm 江別市野幌、8月

0086b. 同♀
70mm 苫小牧市10哩、6月

張り出す

斑紋がはっきりせず、緑褐色

0086c. 同♂裏
63mm むかわ町穂別栄、6月

0086d. 同♀裏
70mm 苫小牧市10哩、6月

♀は黒地に白紋

中室の黒紋が横向き

0087a. メスグロヒョウモン♂
58mm 新十津川町ピンネシリ、10月

0087b. 同♀
70mm 札幌市定山渓、6月

地色が橙色

0087c. 同♂裏
58mm 新十津川町ピンネシリ、10月

0087d. 同♀裏
70mm 札幌市定山渓、6月

scale:70%

0086. クモガタヒョウモン [期] 6-9月。[生] 北海道全域に分布するが、道北や道東などの寒冷地では稀。離島では奥尻島から記録がある。夏眠するため、盛夏に一度姿を消す。[食] オオタチツボスミレなど。**0087. メスグロヒョウモン** [期] 7-9月。[生] 北海道全域に分布するが、道北や道東などの寒冷地ではまれ。樹林帯の周囲の草地や荒れ地で見られる。和名のとおり、メスはイチモンジチョウのような白と黒の模様をしている。[食] ミヤマスミレなど。

062 | タテハチョウ科 [ドクチョウ亜科]

♂は翅脈上に黒い性標が4本

0088a. ミドリヒョウモン♂
63mm 仁木町然別、6月

0088b. 同♀
68mm 千歳市蘭越、8月

銀色の帯を3本もつ

0088c. 同♂裏
63mm 仁木町然別、6月

0088d. 同♀裏
68mm 千歳市蘭越、8月

0089a. ギンボシヒョウモン♂
52mm 遠軽町丸瀬布武利、7月

0089b. 同♀
57mm 札幌市豊平峡、7月

基部の銀紋は三角に並ぶ

後翅前縁の銀紋は4個

0089c. 同♂裏
52mm 遠軽町丸瀬布武利、7月

0089d. 同♀裏
57mm 札幌市豊平峡、7月

scale:70%

0088. ミドリヒョウモン [期] 7-9月。[生] 北海道全域に分布し、道内では最も普通に見られるヒョウモン類の一つ。離島では利尻島、礼文島、焼尻島、奥尻島、松前小島、南千島から記録がある。オオハナウドやヨツバヒヨドリなどの花に集まっているのをよく見かける。[食] タチツボスミレ、オオタチツボスミレ、ミヤマスミレ、アイヌタチツボスミレ、マルバケスミレなど。**0089. ギンボシヒョウモン** [期] 6-8月。[生] 北海道全域の平地から山地の明るい草原に生息。アザミ類などに吸蜜に集まる。離島では利尻島、礼文島、渡島大島、南千島から記録がある。[食] タチツボスミレ、エゾノタチツボスミレ、オオタチツボスミレ、スミレ、ミヤマスミレ、マルバケスミレなど。

タテハチョウ科 [ドクチョウ亜科] | 063

タテハチョウ科

0090a. ウラギンヒョウモン♂
55mm 上ノ国町桂岡、6月

0090b. 同♀
57mm 千歳市蘭越、8月

0090c. 同♂裏
55mm 上ノ国町桂岡、6月

基部の銀紋は直線に並ぶ

0090d. 同♀裏
57mm 千歳市蘭越、8月

後翅前縁の銀紋は5個

0091a. ツマグロヒョウモン♂
64mm 広島県広島市、9月

外縁は黒い

0091b. 同♀
74mm 函館市中野町、7月

♀の先端部は黒色で中に白紋をもつ

0091c. 同♂裏
64mm 広島県広島市、9月

裏面は、特異な斑紋

0091d. 同♀裏
74mm 函館市中野町、7月

scale:70%

0090. ウラギンヒョウモン [期] 6下-8月。**[生]** 北海道全域に分布し、離島では利尻島、礼文島、奥尻島、渡島大島、南千島から記録がある。低地から山地まで、草原環境で見られる。裏面は、銀色の斑紋が目立つ。**[食]** タチツボスミレ、エゾノタチツボスミレ、スミレ、シロスミレ、アイヌタチツボスミレなど。**0091. ツマグロヒョウモン [期]** 7-9月にかけて記録されている。**[生]** 北海道には分布しないチョウであるが、過去に函館市、上ノ国町、八雲町、札幌市、阿寒町などで記録されている。**[食]** パンジーなどのスミレ類を食べることが知られているが、北海道から幼虫は未発見。

064 | タテハチョウ科 [イチモンジチョウ亜科]

イチモンジチョウ亜科
イチモンジチョウ族

なめらかな
1本の白帯

0092a. ミスジチョウ♂
57mm 仁木町然別、6月

0092b. 同♀
67mm 小樽市塩谷、7月

0092c. 同♂裏
57mm 仁木町然別、6月

0092d. 同♀裏
67mm 小樽市塩谷、7月

白帯の上面に
凹凸がある

♂は後翅前縁部に
光沢をもつ

0093a. オオミスジ♂
62mm 札幌市豊平峡、7月

0093b. 同♀
67mm 小樽市塩谷、7月

0093c. 同♂裏
62mm 札幌市豊平峡、7月

0093d. 同♀裏
67mm 小樽市塩谷、7月

scale:70%

0092. ミスジチョウ [期] 6-8月。**[生]** 北海道全域に分布するが、道北や道東などの寒冷地では稀。離島では奥尻島から記録がある。成虫は地面で吸水したり、獣糞で吸汁したりする。**[食]** イタヤカエデ、アカイタヤ、ハウチワカエデ、ヤマモミジ、オガラバナなど。**0093. オオミスジ [期]** 7-8月。**[生]** 石狩低地帯南西部から渡島半島にかけて分布。農家や農地周辺の果樹で発生していることが多い。成虫は地面で吸水するほか、セリ科の花などに集まる。**[食]** スモモ、ウメ、アンズなど。

タテハチョウ科 [イチモンジチョウ亜科] | 065

0094a. フタスジチョウ♂
46mm 乙部町、6月

後翅の白帯は
1本

0094b. 同♀
50mm 栗山町、6月

0094c. 同♀裏
48mm 安平町早来、6月

0094d. 同♂
42mm 別海町光進、7月

0094e. 同♀
43mm 別海町光進、7月

0094f. 同♂裏
42mm 別海町光進、7月

0095a. コミスジ♂ 春型
39mm 浦幌町稲穂、6月

♂は後翅前縁部に
光沢をもつ

0095b. 同♂裏 春型
39mm 浦幌町稲穂、6月

白帯が途切れる

0095c. 同♂ 夏型
43mm 乙部町姫川、7月

0095d. 同♀ 夏型
49mm 江差町五厘沢、8月

後翅の白帯は
2本

0095e. 同♀裏 夏型
43mm 乙部町姫川、7月

0095f. 同♀裏 夏型
49mm 江差町五厘沢、8月

scale:80%

0094. フタスジチョウ【期】6-8月。**【生】**北海道全域に分布。後翅白帯の内縁部に黒色部をもたないことから北海道亜種とされる。北に行くほど白紋が発達する傾向が見られるが、同じ産地でも紋の発達には大きな差異がある。**【食】**ホザキシモツケ、エゾシモツケ、ユキヤナギ、コデマリなど。**0095. コミスジ【期】**5-9月（年1〜2化）。**【生】**北海道全域に分布するが、道北などの寒冷地では個体数が少なくなる。小型で、本州以南産に比べ白紋、白帯が発達することや裏面地色が濃色であることから北海道亜種とされる。各種の花に集まるほか、腐った果実などにも集まる。**【食】**エゾヤマハギ、ナンテンハギ、ハリエンジュ、イヌエンジュなど。

066 タテハチョウ科 [イチモンジチョウ亜科]

白紋を欠くか薄い — 0096a. イチモンジチョウ♂ 48mm 遠軽町丸瀬布武利、7月

♀は翅形が丸い — 0096b. 同♀ 57mm 札幌市豊平峡、7月

白紋列は途切れるか、折れ曲がる

0096c. 同♂裏 48mm 遠軽町丸瀬布武利、7月
外縁部の白紋は目立つ
2本の黒線は平行

0096d. 同♀裏 57mm 札幌市豊平峡、7月
白帯の中の翅脈は色が薄い

白紋は目立つ — 0097a. アサマイチモンジ♂ 52mm 長野県北御牧村、7月

♀は翅形が丸い — 0097b. 同♀ 53mm 長野県北御牧村、7月
白紋列はなだらかにつながる

白帯の中の翅脈は褐色

0097c. 同♂裏 52mm 長野県北御牧村、7月
2本の黒線はV字状が多い
0097d. 同♀裏 53mm 長野県北御牧村、7月
0097e. 同♂ 55mm 知内町チリチリ林道、8月

scale:70%

0096. イチモンジチョウ［期］7-8月。［生］北海道全域に分布し、離島では奥尻島、南千島から記録がある。低地から山地帯にかけて、樹林帯の周囲や渓流沿いの林道のホザキシモツケやタニウツギによく訪花する。［食］タニウツギ、エゾヒョウタンボク、スイカズラ、キンギンボク、クロミノウグイスカズラなど。**0097. アサマイチモンジ**［期］8月。［生］北海道には分布しないチョウと考えられるが、1999 年 8 月 5 日に知内町で 1 オスが得られている（0097e）。もう一箇所、上ノ国町での記録がある。［食］スイカズラ科を食べることが知られているが、北海道から幼虫は未発見。

タテハチョウ科 [イチモンジチョウ亜科] 067

0098a. オオイチモンジ♂
67mm 小樽市塩谷、6月

前翅端は
やや尖る

目立つ橙色帯

0098b. 同♀
75mm 余市町栄町、7月

♀は大型で
白帯が発達

0098c. 同♂裏
67mm 小樽市塩谷、6月

0098d. 同♀裏
75mm 余市町栄町、7月

翅表はほぼ黒一色

0098e. 同♂ 黒化型
63mm 上川町層雲峡、7月

裏面は赤色模様が
発達する

0098f. 同♂裏 黒化型
63mm 上川町層雲峡、7月

scale:70%

0098. オオイチモンジ [期] 6-7月。[生] 石狩低地帯西部の山地、夕張山地及び日高山脈から知床半島にかけての道東域に広く分布。大雪山山麓のやや標高のある地域では、黒化するタイプが得られており、クロオオイチモンジと呼称されている（0098e-f）。[食] ドロノキ、ヤマナラシなど。

068 | タテハチョウ科 [コムラサキ亜科]

コムラサキ亜科
白と黒のまだら模様
♀は翅が幅広で、黒色がやや薄い

0099a. ゴマダラチョウ♂
68mm 上ノ国町早川、7月

0099b. 同♀
70mm 上ノ国町早川、7月

0099c. 同♂裏
68mm 札幌市円山、7月

0099d. 同♀裏
70mm 上ノ国町早川、7月

2化の個体はやや黒色部が発達する

0099e. 同2化♂
55mm 上ノ国町石崎、8月

0099f. 同2化♀
64mm 上ノ国町石崎、8月

scale:70%

0099. ゴマダラチョウ 【期】7-9月（年1～2化）。【生】増毛山塊、馬追丘陵、石狩西部から積丹半島にかけての山地帯、渡島半島南部、奥尻島に局地的に分布。近年、道南以外の生息地では生息が確認できなくなってきていて、札幌の円山や藻岩山などでは、1980年代後半から記録が途絶えている。【食】エゾエノキ。

タテハチョウ科 [コムラサキ亜科] | 069

特徴的な
赤紋列をもつ
0100a. アカボシゴマダラ♂ 夏型
82mm 神奈川県藤沢市、7月

春型は白化する

0100b. 同♀ 春型
91mm 神奈川県藤沢市、5月

春型は赤紋を
消失する傾向
がある

0100c. 同♂裏 夏型
82mm 神奈川県藤沢市、7月

特徴的な
赤紋列をもつ

0100d. 同♀裏 春型
91mm 神奈川県藤沢市、5月

0101a. コムラサキ♂
63mm せたな町北檜山真駒内林道、7月

♂の翅表は
見る角度によって
紫色に輝く

0101b. 同♀
65mm 小樽市朝里、8月

♀は大型で、
翅表は褐色で
橙色紋と黄色紋
をもつ

0101c. 同♂裏
63mm せたな町北檜山、7月

0101d. 同♀裏
65mm 小樽市朝里、8月

scale:60%

0100. アカボシゴマダラ [期] 9月に確認されている。**[生]** 北海道には分布しないチョウであるが、2008年9月3日に札幌市の豊平公園で確認されている。関東周辺では、大陸からの外来種である本種が分布を広げている。**[食]** エノキを食べることが知られているが、北海道から幼虫は未発見。**0101. コムラサキ [期]** 7-8月。**[生]** 北海道全域に分布し、離島では利尻島、奥尻島、南千島から記録がある。オスの翅表は構造色をしており、見る角度によって明るい紫色に輝く。林道に落ちているキツネ糞などによく集まる。雌雄ともに吸水する習性をもつ。**[食]** エゾノバッコヤナギ、タチヤナギ、エゾノカワヤナギ、シダレヤナギ、ヤマナラシ、ドロノキなど。

タテハチョウ科 [コムラサキ亜科]

♂の翅表は基半部が紫色

♀は大型で地色は黒褐色

0102a. オオムラサキ♂
79mm 札幌市円山、7月

肛角に赤紋

0102b. 同♀
95mm 札幌市円山、7月

北海道産では裏面は黄色

0102c. オオムラサキ♂裏
79mm 札幌市藻岩山、7月

0102d. 同♀裏
93mm 札幌市八剣山、7月

0102e. 同♂
84mm 浜益実田、7月

0102f. 同♂
78mm 栗山町、7月

栗山町の一部で、黄色紋が細く三日月型になる産地がある

scale:60%

0102. オオムラサキ [期] 7-8月。**[生]** 増毛山塊、夕張山地と馬追丘陵、石狩西部から積丹半島にかけての山地帯に局地的に分布。日本の国蝶に指定されている。成虫はミズナラやハルニレの樹液、動物の死体や糞で吸汁する。栗山町の一部個体群は後翅紫色の外縁に沿う斑紋が三日月型になる特徴から、栗山亜種（0102f）として分けられることがある。**[食]** エゾエノキ。

タテハチョウ科 [ジャノメチョウ亜科] | 071

ジャノメチョウ亜科
ジャノメチョウ族

♂の翅表は黒褐色　　　♀の翅表はやや淡い黒褐色　　　赤紋の中に眼状紋をもつ

0103a. ベニヒカゲ♂
41mm 札幌市豊平峡、8月

0103b. 同♀
41mm 小樽市塩谷丸山、8月

0103c. 同♂
40mm 枝幸郡浜頓別、8月

0103d. 同♂裏
41mm 札幌市豊平峡、8月

0103e. 同♀裏
41mm 小樽市塩谷丸山、8月

0103f. 同♂裏
40mm 枝幸郡浜頓別、8月

0103g. 同♂
40mm 東川町天人峡、8月

0103h. 同♀
40mm 稚内市宗谷岬、8月

0103i. 同♂裏
42mm 富良野市オンコ沢、7月

裏面の色彩や眼状紋に変異が多い

淡色の帯　0103j. 同♀裏
44mm 日高町日勝峠、8月

0103k. 同♀裏
42mm 利尻町、8月

0103l. 同♂裏
38mm 礼文町、8月

scale:80%

0103. ベニヒカゲ [期] 7-8月。**[生]** 石狩低地帯及び根釧原野を除く全道、および利尻島、礼文島、南千島に分布。前翅の橙色紋は幅広く明瞭で、後翅の橙色紋はほとんど消失することから北海道亜種とされる。地域によって、眼状紋の出方、橙色紋の発達、裏面の色彩などに変異がある。**[食]** イワノガリヤス、ヒメノガリヤスなど。

072 タテハチョウ科 [ジャノメチョウ亜科]

♂の翅表は黒褐色 / ♀の翅表は褐色

♀は橙色紋が淡色で幅広く、中の黒紋に白点をもつ

0104a. クモマベニヒカゲ♂
36mm 上川町三国峠、7月

0104b. 同♀
42mm 上川町三国峠、7月

後翅裏面中央に不規則な白帯をもつ

0104c. 同♂裏
36mm 上川町三国峠、7月

0104d. 同♀裏
42mm 上川町三国峠、7月

翅表は暗褐色 / ♀は翅形がより丸みを帯びる

外縁部に薄い黄色紋を持つ個体も出現する

0105a. ダイセツタカネヒカゲ♂
45mm 上川町大雪山、7月

0105b. 同♀
48mm 上川町大雪山、7月

後翅裏面は岩肌に似た模様と色彩

0105c. 同♂裏
45mm 上川町大雪山、7月

0105d. 同♀裏
48mm 上川町大雪山、7月

scale:80%

0104. クモマベニヒカゲ [期] 7-8月。[生] 大雪山と利尻島の亜高山帯〜高山帯にかけて分布。小型で、前翅の橙色斑は赤味を帯びて、暗く細いことから北海道亜種とされる。ハンゴンソウやコガネギクなどによく訪花する。[食] イワノガリヤスなど。 **0105. ダイセツタカネヒカゲ** [期] 6-7月。[生] 大雪山系および日高山脈の高山帯に局地的に分布。大雪山系のものに比べ、日高山脈の個体群は黒化する傾向が知られている。天然記念物。[食] ミヤマクロスゲ、ダイセツイワスゲなど。

タテハチョウ科 [ジャノメチョウ亜科] | 073

翅表は淡褐色　　　　　　　♀は翅形がより丸みを帯びる

0106a. シロオビヒメヒカゲ♂　橙色の縁取りの　0106b. 同♀
32mm むかわ町穂別栄、6月　ぼんやりした　36mm むかわ町穂別栄、6月
　　　　　　　　　　　　　眼状紋をもつ

0106c. 同♂裏　　北海道東部亜種では　0106d. 同♀裏
33mm 日高町、7月　白帯は太い　　35mm 遠軽町白滝区、7月

0106e. 同♂　　　　　　　　0106f. 同♀
31mm 札幌市豊平峡、6月　　34mm 札幌市豊平峡、6月

0106g. 同♂裏　　定山渓亜種では　0106h. 同♀裏
31mm 札幌市豊平峡、6月　白帯は非常に狭い　34mm 札幌市豊平峡、6月

scale:80%

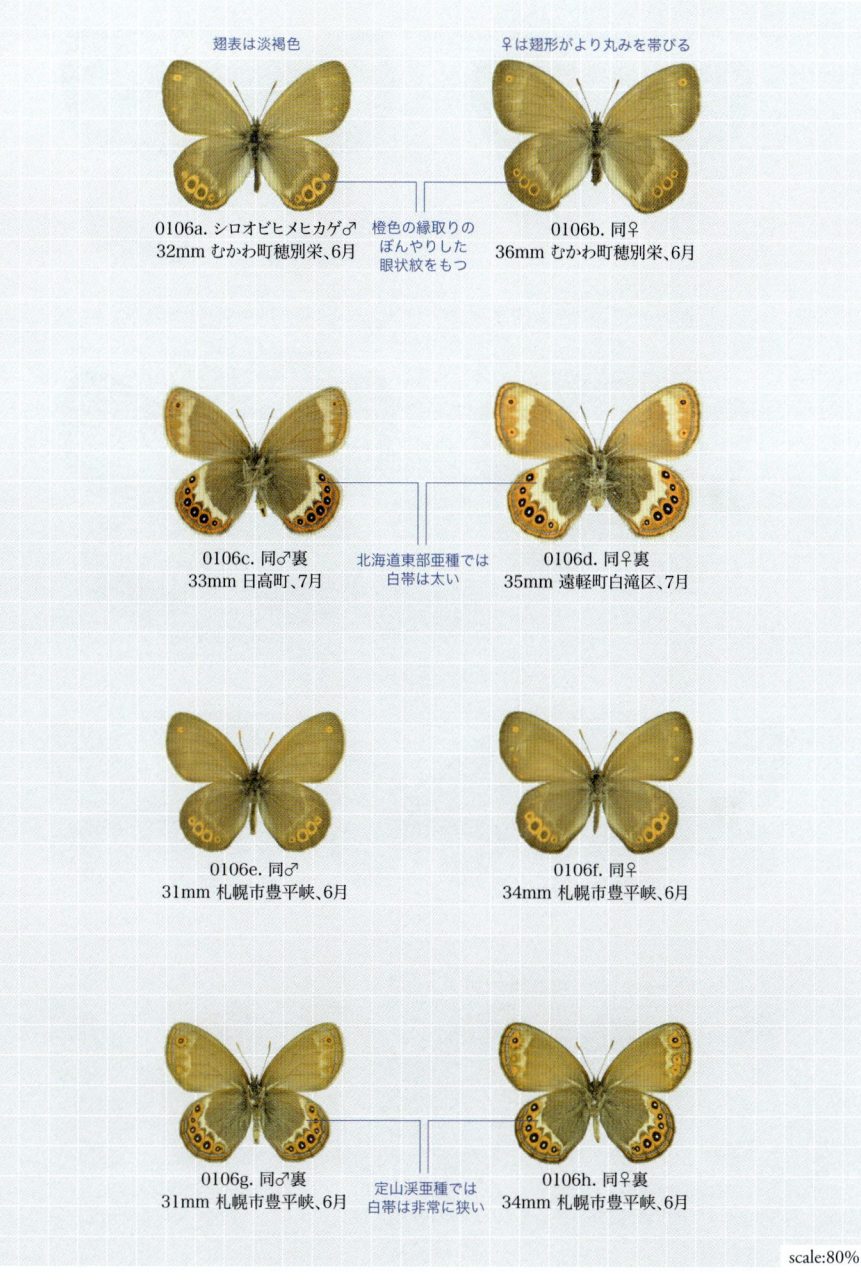

0106. シロオビヒメヒカゲ [期] 6-8月。**[生]** 石狩低地帯の東側に広く、裏面白帯の太い北海道東部亜種（0106a-d）が分布し、札幌市定山渓周辺の狭いエリアに裏面白帯の狭い定山渓亜種（0106e-h）が知られている。近年、北海道東部亜種が西側へ分布を広げてきており、その端は札幌市内に入ってきていて、交雑による亜種の崩壊が心配されている。日本では北海道のみに分布。**[食]** ヒメノガリヤス、ヒカゲスゲ、ウシノケグサ、シバムギ、カモジグサ、カモガヤなど。

074 | タテハチョウ科 [ジャノメチョウ亜科]

白地に褐色紋の特異な模様

0107a. モリシロジャノメ♂
49mm ロシアアムール、7月

0107b. 同♀
57mm 中国陜西省万花山、6月

裏面は表面よりも淡色で、翅脈が黒く目立つ

0107c. 同♂裏
49mm ロシアアムール、7月

0107d. 同♀裏
57mm 中国陜西省万花山、6月

翅表は暗褐色

黄色い縁取りの眼状紋

0108a. ヒメウラナミジャノメ♂
37mm 日高町千栄、7月

0108b. 同♀
34mm 上ノ国町桂岡、7月

0108c. 同♂裏
37mm 日高町千栄、7月

裏面はより淡色で一面波形模様で覆われる

0108d. 同♀裏
34mm 上ノ国町桂岡、7月

0108e. 同♂裏
38mm 斜里町、7月

眼状紋の数には変異がある

0108f. 同♀裏
38mm 札幌市豊平峡、7月

scale:80%

0107. モリシロジャノメ [期] 7月。**[生]** 北海道には分布しないチョウであるが、1978年7月25日に利尻岳の八合目で捕獲された1オスが国内唯一の記録である。**[食]** 国外ではヤマヌカボ、コヌカグサなどイネ科を食べることが知られているが、北海道から幼虫は未発見。**0108. ヒメウラナミジャノメ [期]** 6-9月（年1〜2化）。**[生]** 北海道全域の低地から低山地に分布し、離島では利尻島、奥尻島、南千島から記録がある。林縁部の草地に数多く見られ、ピョンピョンと跳ねるような独特の飛び方をする。**[食]** ススキ、クサヨシ、コヌカグサ、スズメノカタビラ、ナガハグサ、カモジグサ、シバムギなど。

タテハチョウ科 [ジャノメチョウ亜科] | 075

♀の翅形はより丸みを帯びる

♂はこの部分がふくらむ

0109a. ヒメジャノメ♂ 春型
45mm 上ノ国町桂岡、7月

0109b. 同♀ 春型
48mm 上ノ国町桂岡、7月

0109c. 同♂裏 春型
45mm 上ノ国町桂岡、7月

中央部に白帯をもつ

0109d. 同♂ 夏型
45mm 福島町三岳、8月

0109e. 同♀ 夏型
48mm 北斗市茂辺地、8月

0109f. 同♀裏 夏型
48mm 北斗市茂辺地、8月

♂は後翅前縁付近に淡色毛の性標をもつ

黄色い縁取りの眼状紋が並ぶ

0110a. ウラジャノメ♂
44mm 日高町千栄、7月

0110b. 同♀
52mm 斜里町以久科、7月

0110c. 同♂裏
44mm 日高町千栄、7月

裏面の眼状紋は通常は中に白点をもつ

0110d. 同♀裏
52mm 斜里町以久科、7月

0110e. 同♂
44mm 旭川市東旭川町、7月

0110f. 同♂裏
44mm 旭川市東旭川町、7月

眼状紋の白点を欠くタイプ

scale:80%

0109. ヒメジャノメ [期] 6-9月（年2～3化）。**[生]** 渡島半島南部、奥尻島に分布。人家、田畑の周辺、林縁の草地に発生し、樹液や腐った果実に集まる習性がある。**[食]** ススキ、コヌカグサなど。**0110. ウラジャノメ [期]** 7-8月。**[生]** 道南と道北を除く本道エリアと利尻島、南千島などに局地的に分布。裏面眼状紋列内側の白帯が幅広いことから北海道亜種とされる。利尻島産は、小型で翅表の眼状紋が小型で明瞭なことから利尻島亜種に分けられることがある。裏面の眼状紋の中の白点を欠くタイプは、通称メナシ型（0110e-f）と呼ばれている。**[食]** ヒメノガリヤス、ナガハグサ、クサヨシ、ヒカゲスゲ、ショウジョウスゲなど。一般には、イネ科よりもカヤツリグサ科を好む。

タテハチョウ科 [ジャノメチョウ亜科]

♂は黄色紋が薄くある　　　♀は黄色紋がはっきりある

0111a. ツマジロウラジャノメ♂
47mm 日高町千栄、7月

0111b. 同♀
47mm 日高町千栄、7月

0111c. 同♂裏
47mm 日高町千栄、7月

♀は地色がやや薄く、翅形がより幅広　　　2化個体はやや小型

0111d. 同♀裏
47mm 日高町千栄、7月

0111e. 同2化♀
42mm 富良野市尻岸馬内、8月

0111f. 同2化♀裏
42mm 富良野市尻岸馬内、8月

♂の翅表は黄褐色で斑紋は不明瞭　　　♀の翅表は黄褐色で黄紋が発達する

0112a. キマダラモドキ♂
56mm 日高町富川、7月

0112b. 同♀
55mm 日高町平賀、7月

網目状の模様をもつ　　　後翅裏面の外半はより淡色で眼状紋が並ぶ

0112c. 同♂裏
56mm 日高町富川、7月

0112d. 同♀裏
55mm 日高町平賀、7月

scale:70%

0111. ツマジロウラジャノメ [期] 6-9月（年1〜2化）。[生] 夕張山地、日高山脈の500m〜2000mの渓谷地帯や露岩地、林道の崖などに局地的に生息している。オス前翅表に明らかな性標をもつことや、メス前翅の白紋が黄色みを帯びることから北海道亜種とされる。[食] ヒメノガリヤス、タカネノガリヤス、コメガヤなど。**0112. キマダラモドキ** [期] 7-8月。[生] 渡島半島、胆振、日高と奥尻島に分布。ミズナラやハルニレなどの樹液によく集まる。[食] スゲ類を食草とするが、本道では記録なし。

タテハチョウ科 [ジャノメチョウ亜科] | 077

翅表は暗黄褐色　　　　　　　　　　♀は地色がやや薄く、翅形がより幅広

♂は後翅内縁基部に銀白色の性標をもつ　　　　黒紋が並ぶ

0113a. オオヒカゲ♂
71mm 栗山町桜丘、7月

0113b. 同♀
71mm 上ノ国町桂岡、8月

裏面は、明るい黄土色　　　　　　裏面は、明るい黄土色

眼状紋が曲がりながら並ぶ

0113c. 同♂裏
71mm 栗山町桜丘、7月

0113d. 同♀裏
71mm 上ノ国町桂岡、8月

♂は小型で翅表は黒褐色　　　　　　♀は大型で翅表は黄褐色

♂の眼状紋は小型　　　　　　　　　　　　　　　♀の眼状紋は大きく目立つ

0114a. ジャノメチョウ♂
48mm 江差町五厘沢、8月

0114b. 同♀
54mm 上ノ国町桂岡、8月

裏面は表面に比べより淡色　　　　裏面は表面に比べより淡色

0114c. 同♂裏
48mm 江差町五厘沢、8月

0114d. 同♀裏
54mm 上ノ国町桂岡、8月

scale:60%

0113. オオヒカゲ [期] 7-9月。[生] 北海道全域に分布し、離島では奥尻島から記録がある。樹林の中にある湿地、沢沿いなどちょっと湿った環境で見られ、驚くと下草の隙間を縫うように飛んで逃げる。[食] カサスゲ、オオカサスゲ、オニナルコスゲ、ヒゴクサ、アカンカサスゲ、オオカワズスゲ、エゾアブラガヤなど。**0114. ジャノメチョウ** [期] 7-9月。[生] 周辺離島を含め北海道全域に分布。海岸から低山地まで、ススキなどが生える明るい草地には多く見られる。[食] クサヨシ、エゾモカジグサ、ナガハグサ、ススキ、ヒカゲスゲ、ショウジョウスゲ、コメススキなど。

078 | タテハチョウ科 [ジャノメチョウ亜科]

コノマチョウ族

次種に比べ翅形が縦長である

白点は黒紋のほぼ中央

前翅黒紋内側の橙色紋は黒紋外側には広がらない

0115a. ウスイロコノマチョウ♂ 秋型
61mm 山口県岩国市、10月

0115b. 同♀ 夏型
62mm 江差町小黒部、8月

秋型では翅端の突出は強い

裏面は枯葉模様で眼状紋は不明瞭

夏型では翅端の突出が弱い

夏型裏面は波状模様で眼状紋は明瞭

0115c. 同♂裏 秋型
61mm 山口県岩国市、10月

0115d. 同♀裏 夏型
62mm 江差町小黒部、8月

白点は黒紋の外側に近い

0116a. クロコノマチョウ♂ 秋型
76mm 江差町水堀町、10月

0116b. 同♀ 秋型
76mm 山口県岩国市、10月

秋型♀の裏面は赤みが強い

0116c. 同♂裏 秋型
76mm 江差町水堀町、10月

0116d. 同♀裏 秋型
76mm 山口県岩国市、10月

scale:50%

0115. ウスイロコノマチョウ[期] 8-10月にかけて記録されている。[生] 北海道には分布しないチョウであるが、過去に松前町、函館市、江差町、小樽市、旭川市、小清水町などで記録がある。[食] イネ科を食べることが知られているが、北海道から幼虫は未発見。**0116. クロコノマチョウ** 2009年10月24日に江差町水堀町で捕獲された秋型のオスが道内唯一の記録である（0116a、c）。夏型は、前翅の橙赤紋を欠くか薄く、外縁の突出は弱い。[食] イネ科を食べることが知られているが、北海道から幼虫は未発見。

タテハチョウ科 [ジャノメチョウ亜科] | 079

マネシヒカゲ族

♂は後翅前縁部に性標をもつ

♀は地色がやや薄く、翅形がより幅広

♀の斜白帯はより明瞭

0117a. クロヒカゲ♂
45mm むかわ町穂別栄、6月

0117b. 同♀
47mm 札幌市定山渓、7月

♂は黒色毛の性標をもつ

0117c. 同♂裏
45mm むかわ町穂別栄、6月

0117d. 同♀裏
47mm 札幌市定山渓、7月

♂は翅脈上に細長い性標をもつ

♀はやや大型で黄色部が目立つ

0118a. ヒメキマダラヒカゲ♂
46mm 京極町春日渓谷、8月

0118b. 同♀
56mm 札幌市定山渓、6月

0118c. 同♂裏
46mm 京極町春日渓谷、8月

0118d. 同♀裏
56mm 札幌市定山渓、6月

scale:70%

0117. クロヒカゲ [期] 6-8月。**[生]** 周辺離島を含め北海道全域に分布し、最も普通に見られる森のチョウの一つ。低地から山地まで幅広く生息し、樹液や昆虫や動物の糞など、色々なものに集まる。**[食]** クマイザサ、チシマザサ、スズタケなど。**0118. ヒメキマダラヒカゲ [期]** 7-8月。**[生]** 北海道全域に分布し、離島では利尻島、礼文島、奥尻島、南千島から記録がある。低地から山地までササの茂る樹林帯に多く、ヨブスマソウやハンゴンソウなどに訪花する。**[食]** クマイザサ、チシマザサ、ミヤコザサ、スズタケなど。

080 | タテハチョウ科 [ジャノメチョウ亜科]

黄色紋は基部側に伸びる

翅脈上の黄条は太い

黄色紋内に小黒紋をもつ

0119a. サトキマダラヒカゲ♂
65mm むかわ町穂別、6月

0119b. 同♀
62mm 千歳市蘭越、7月

裏面基部3紋は、曲がりが弱く基部から1-2分離型

0119c. 同♂裏
65mm むかわ町穂別、6月

0119d. 同♀裏
62mm 千歳市蘭越、7月

黄色紋の中の黒点が中央かやや外側

黄色紋内に小黒紋をもつ

裏面基部3紋は曲がりが弱く、3紋分離することもある

0119e. 同♂
63mm むかわ町穂別、6月

0119f. 同♂裏
63mm むかわ町穂別、6月

黄色紋は基部側に伸びる

裏面基部3紋は、曲がりが弱く基部から1-2分離型

0119g. 同♀裏
65mm むかわ町穂別、6月

0119h. 同♂裏
64mm むかわ町栄、6月

scale:60%

0119. サトキマダラヒカゲ [期] 6-8月。[生] 北海道の太平洋側を中心とした南側に分布するが、後志や網走地方にも生息する。離島では利尻島、焼尻島、奥尻島から記録がある。平地から低山地の林床にササの生える広葉樹林に生息する。キツネなどの獣糞によく集まる。次種との区別は複数の区別点を比較して総合的に判断しなければならない。[食] クマイザサ、ミヤコザサ、チシマザサなど。

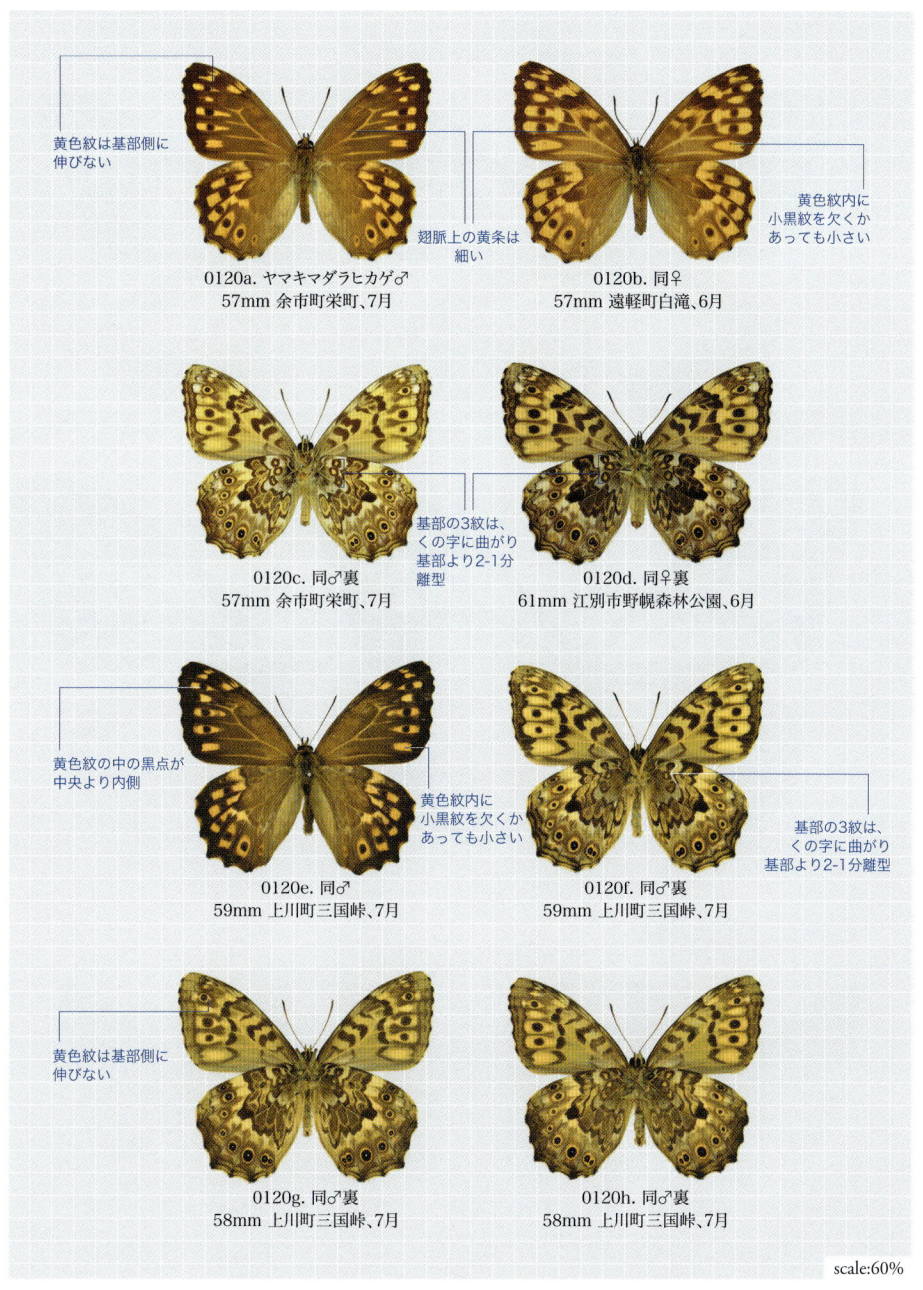

タテハチョウ科 [ジャノメチョウ亜科] 081

黄色紋は基部側に伸びない

翅脈上の黄条は細い

0120a. ヤマキマダラヒカゲ♂
57mm 余市町栄町、7月

黄色紋内に小黒紋を欠くかあっても小さい

0120b. 同♀
57mm 遠軽町白滝、6月

基部の3紋は、くの字に曲がり基部より2-1分離型

0120c. 同♂裏
57mm 余市町栄町、7月

0120d. 同♀裏
61mm 江別市野幌森林公園、6月

黄色紋の中の黒点が中央より内側

黄色紋内に小黒紋を欠くかあっても小さい

0120e. 同♂
59mm 上川町三国峠、7月

基部の3紋は、くの字に曲がり基部より2-1分離型

0120f. 同♂裏
59mm 上川町三国峠、7月

黄色紋は基部側に伸びない

0120g. 同♂裏
58mm 上川町三国峠、7月

0120h. 同♂裏
58mm 上川町三国峠、7月

scale:60%

0120. ヤマキマダラヒカゲ [期] 5-8月。[生] 周辺離島を含め北海道全域に分布。低地から比較的標高の高い山地まで幅広いエリアの樹林帯に生息し、樹液や林道などで轢かれた昆虫の死骸やキツネなどの獣糞に集まる。前種との区別は複数の区別点を比較して総合的に判断しなければならない。[食] クマイザサ、チシマザサなど。

082 | タテハチョウ科 [マダラチョウ亜科]・セセリチョウ科 [アオバセセリ亜科]

マダラチョウ亜科 マダラチョウ族

翅の浅葱色の部分は鱗粉が少なく半透明

♂は黒い性標をもつ

♂の外縁は内側に湾入

0121a. アサギマダラ♂
95mm 日高町、8月

0121b. 同♂裏
95mm 日高町、8月

0121c. 同♀
107mm 岩内町三角山、8月

0121d. 同♀裏
107mm 岩内町三角山、8月

セセリチョウ科 アオバセセリ亜科

翅表は暗い青緑色

♀は外縁部を中心に幅広く黒化

0122a. アオバセセリ♂
46mm 岐阜県高山市、8月

0122b. 同♀
47mm 広島県吉和村、7月

0122c. 同♂裏
46mm 岐阜県高山市、8月

肛角部は突出し、橙色に縁取られる

scale:70%

0121. アサギマダラ [期] 5-10月。**[生]** 北海道では越冬しないチョウと考えられるが、北海道各地で記録され、離島では利尻島、礼文島、焼尻島、奥尻島から記録がある。毎年初夏に南から渡ってきて、秋になると南に戻っていくことがマーキング調査で確認されている。時に1000㌔を越える長距離移動をする。成虫は、山地のヨツバヒヨドリやアザミ類などの花によく集まる。**[食]** 北海道で、イケマ、オオカモメヅルを食べているのが近年確認された。**0122. アオバセセリ** 北海道には分布しないチョウであるが、1980年に函館山での記録がある。**[食]** 本州以南ではアワブキやヤマビワを食樹としているが、北海道では未確認。

セセリチョウ科 [アオバセセリ亜科・チャマダラセセリ亜科] | 083

♂の前翅表は鮮明な斑紋を欠く

♀の前翅表は黄色紋が並ぶ

0123a. キバネセセリ♂
39mm 小樽市桜、7月

0123b. 同♀
38mm 仁木町大江、8月

0123c. 同♂裏
39mm 小樽市桜、7月

0123d. 同♀裏
38mm 仁木町大江、8月

チャマダラセセリ亜科

翅表は黒褐色で、前翅には白紋を散布

0124a. ダイミョウセセリ♂
30mm 上ノ国町大崎、6月

0124b. 同♀
33mm 江差町逆川公園、6月

裏面は淡褐色

♀は腹端に毛を密生する

0124c. 同♂裏
32mm 乙部町滝瀬、6月

0124d. 同♀裏
33mm 乙部町滝瀬、8月

scale:100%

0123. キバネセセリ [期] 7-8月。[生] 北海道全域に分布し、個体数も多い。離島では利尻島、礼文島、焼尻島、奥尻島から記録がある。獣糞や人の汗などに集まるほか、オオイタドリやイケマなど、いろいろな花に集まる。[食] ハリギリ。
0124. ダイミョウセセリ [期] 6-8月（年2化）。[生] 渡島半島南部に分布。食草の生える林縁、林道脇、畑の周囲などで見られ、いろいろな花に集まるほか、葉裏に止まる習性をもつ。[食] ヤマノイモ、オニドコロ、コオニドコロなど。

084 セセリチョウ科 [チャマダラセセリ亜科]

♂は前縁が反り返った性標をもつ

開長25mm前後と次種よりやや大型

第2室基部に白紋をもつ

0125a. チャマダラセセリ♂
24mm 音更町長流枝、5月

0125b. 同♀
26mm 浦幌町幾千歳、5月

後翅裏面中央部に白帯をもつ

0125c. 同♂裏
24mm 音更町長流枝、5月

0125d. 同♀裏
26mm 浦幌町幾千歳、5月

♂は前縁が反り返った性標をもつ

開長23mm前後と小型

第2室基部に白紋を欠く

0126a. ヒメチャマダラセセリ♂
23mm 様似町アポイ岳、6月

0126b. 同♀
23mm 様似町アポイ岳、5月

0126c. 同♂裏
23mm 様似町アポイ岳、6月

0126d. 同♀裏
23mm 様似町アポイ岳、5月

後翅裏面中央部に白紋はもつが連続した帯にはならない

scale:100%

0125. チャマダラセセリ [期] 5-6月。[生] 道東の平野部から低山にかけての草丈の低い草地や荒れ地に局地的に分布。成虫はタンポポやハルリンドウを訪花する。[食] キジムシロ、ミツバツチグリ、キンミズヒキ、エゾイチゴ、エビガライチゴなど。**0126. ヒメチャマダラセセリ** [期] 5-6月。[生] 日高南部のアポイ岳、幌満岳周辺の高山風衝地に局地的に生息する。晴れた時に活発に活動し、アポイアズマギク、サマニユキワリなどの花で吸蜜する。天然記念物。[食] キンロバイ、キジムシロなど。

セセリチョウ科 [チャマダラセセリ亜科・チョウセンキボシセセリ亜科] 085

♂の翅表中央部は暗い　　　　　　　　　　♀の翅表中央部は白っぽい

0127a. ミヤマセセリ♂　　　　　　　　　　0127b. 同♀
32mm 安平町早来北進、5月　　　　　　　 34mm 千歳市駒里、5月

基部を除き外側に黄紋を散布

0127c. 同♂裏　　　　　　　　　　　　　 0127d. 同♀裏
32mm 安平町早来北進、5月　　　　　　　 34mm 千歳市駒里、5月

チョウセンキボシセセリ亜科

翅表は全体一様に黒褐色

0128a. ギンイチモンジセセリ♂　　　　　　0128b. 同♀
27mm 豊頃町二の宮、6月　　　　　　　　 29mm 更別村上更別、6月

外縁部は明るい黄褐色に縁取られる

0128c. 同♂裏　　　　　　　　　　　　　 0128d. 同♀裏
27mm 豊頃町二の宮、6月　　　　　　　　 29mm 更別村上更別、6月

中央に太い銀白色の縦条をもつ

scale:100%

0127. ミヤマセセリ [期] 4下-6月。**[生]** 北海道全域に分布する。日当たりのよい、雑木林の空間や林道上を飛び回り、枯れ葉や地面に止まったり、タンポポなどを訪花したりする。**[食]** ミズナラ、コナラ、カシワなど。**0128. ギンイチモンジセセリ [期]** 6-7月。**[生]** 高標高地、寒冷地を除き北海道全域に分布する。海岸や湿地周辺、畑周囲などの草地で発生する。生息地では、ススキなどの枯れ草にとまると、背景に溶け込んで視認するのがなかなか難しい。**[食]** ススキ、ヨシ、ツルヨシなど。

086 | セセリチョウ科 [チョウセンキボシセセリ亜科・アカセセリ亜科]

♂の翅表は黒褐色と黄色の
まだら模様で黄色が優占する

♀の翅表は黒褐色と黄色の
まだら模様で黒色部が優占する

0129a. カラフトタカネキマダラセセリ♂
24mm 日高町千栄、6月

0129b. 同♀
22mm 平取町糠平、6月

0129c. 同♂裏
24mm 日高町千栄、6月

0129d. 同♀裏
22mm 平取町糠平、6月

アカセセリ亜科

翅表は黒褐色の地色に
小さな白紋が並ぶ

♀は♂に比べ、前翅が突出せず
翅形が幅広く丸みを帯びる

♂は前翅中室の下側に
黒い斜め線の性標をもつ

0130a. コチャバネセセリ♂
27mm 小樽市塩谷、6月

0130b. 同♀
31mm 安平町早来北進、7月

後翅は白紋を欠くか、
あっても目立たない

裏面の翅脈は黒い

裏面の紋は黄白色

0130c. 同♂裏
27mm 小樽市塩谷、6月

0130d. 同♀裏
31mm 安平町早来北進、7月

scale:100%

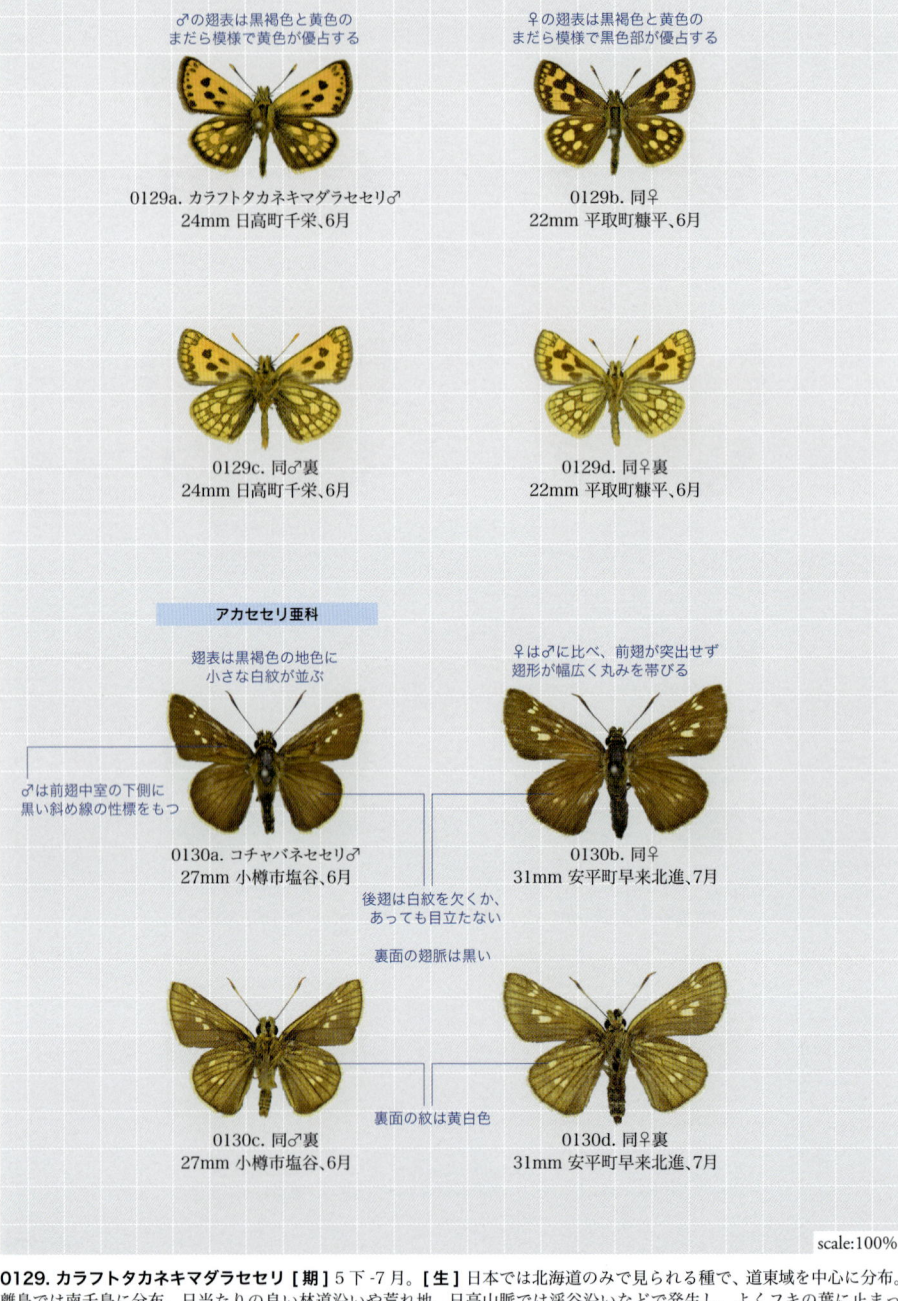

0129. カラフトタカネキマダラセセリ [期] 5下-7月。[生] 日本では北海道のみで見られる種で、道東域を中心に分布。離島では南千島に分布。日当たりの良い林道沿いや荒れ地、日高山脈では渓谷沿いなどで発生し、よくフキの葉に止まって日光浴をしている。[食] ヒメノガリヤス、タカネノガリヤス、クサヨシ、コスズメノチャヒキ、エゾカモジグサ、イワノガリヤス、オニノガリヤスなど。**0130. コチャバネセセリ** [期] 6-8月。[生] 周辺離島を含め北海道全域に分布し、平地から山地にかけて各地で普通に見られる。成虫はヨツバヒヨドリやノリウツギの花、動物の糞や死体に集まる。[食] クマイザサ、チシマザサ、ミヤコザサ、アズマネザサ。

セセリチョウ科 [アカセセリ亜科] 087

♂は細長い
黒色性標をもつ

翅表は橙色

外縁部は暗色で
細く縁取られる

0131a. カラフトセセリ♂
24mm 滝上町札久留、7月

0131b. 同♀
25mm 滝上町札久留、7月

裏面は、表よりも淡色で、
翅脈も同色で目立たない

0131c. 同♂裏
24mm 滝上町札久留、7月

0131d. 同♀裏
25mm 滝上町札久留、7月

♂の黒帯は細い

♀の第4室基部に
薄く黒紋が入る

♂は細い性標をもつ

0132a. スジグロチャバネセセリ♂
25mm 上ノ国町桂岡、7月

0132b. 同♀
29mm 上ノ国町桂岡、7月

♀は外縁の黒帯が
同幅で幅広い

黒色部は小さい

黒色部は小さい

0132c. 同♂裏
25mm 上ノ国町桂岡、7月

裏面は橙黄色で、
翅脈が黒く目立つ

0132d. 同♀裏
29mm 上ノ国町桂岡、7月

scale:100%

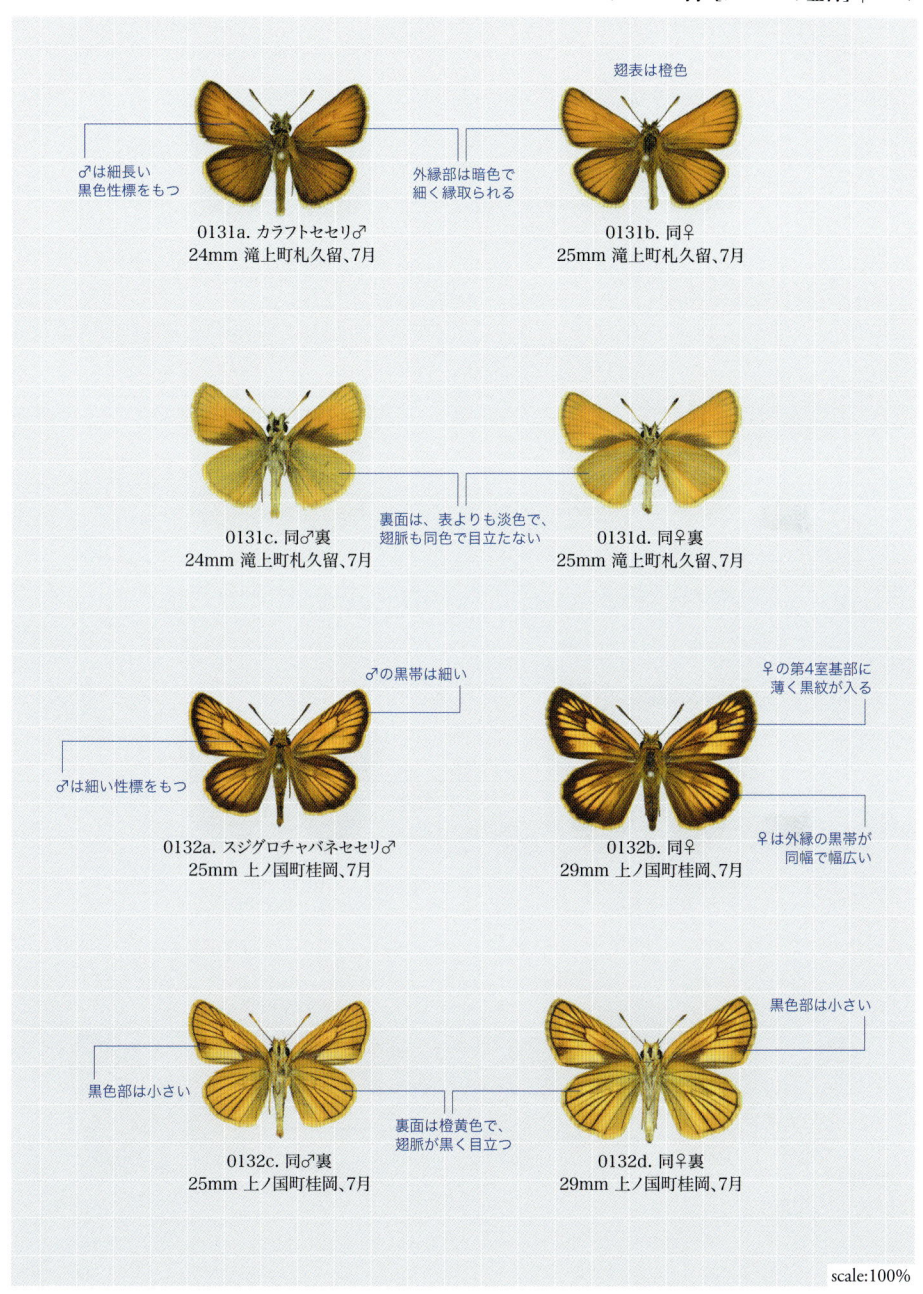

0131. カラフトセセリ [期] 7月。[生] 北海道には分布しないチョウであったが、1999年7月に初めて滝上町で採集された。その後、紋別市や遠軽町へ分布を広げ、近年は上川町や上士幌町にも広がってきている。DNAの解析により、北海道に入ったのは北米系統の個体で、輸入された牧草に卵などがついて人為的に持ち込まれたものと考えられている。[食] カモガヤ、オオアワガエリなど外来牧草を好む。**0132. スジグロチャバネセセリ** [期] 7-8月。[生] 渡島半島南部の海岸から低山地の林縁の草原に生息。[食] 広くイネ科やカヤツリグサ科を食べるが、北海道から幼虫は未確認。

セセリチョウ科 [アカセセリ亜科]

♂の性標を欠く
外縁の黒帯は下方で広がる
第4室はほとんど明紋

0133a. ヘリグロチャバネセセリ♂
26mm 日高町富川, 7月

0133b. 同♀
27mm 乙部町姫川, 8月

黒色部が大きい
裏面は橙黄色で、翅脈が黒く目立つ

0133c. 同♂裏
26mm 日高町富川, 7月

0133d. 同♀裏
27mm 乙部町姫川, 8月

♂の翅表は橙色
翅形は丸い
黄紋列は離れずになめらかにつながる
黒い斜線の性標は境界はややボケる
暗色部は内側の明色部との境界は明瞭
黄紋を欠く
暗色部は黄色みを帯びない

0134a. ヒメキマダラセセリ♂
28mm 群馬県黒保根村, 9月

0134b. 同♀
29mm 群馬県黒保根村, 9月

触角は縞模様
中央部は淡色
黒色部が発達
翅脈は黒いが目立たない

0134c. 同♂裏
28mm 群馬県黒保根村, 9月

0134d. 同♀裏
29mm 群馬県黒保根村, 9月

0134e. 同♂
28mm 福島町千軒, 7月

scale:100%

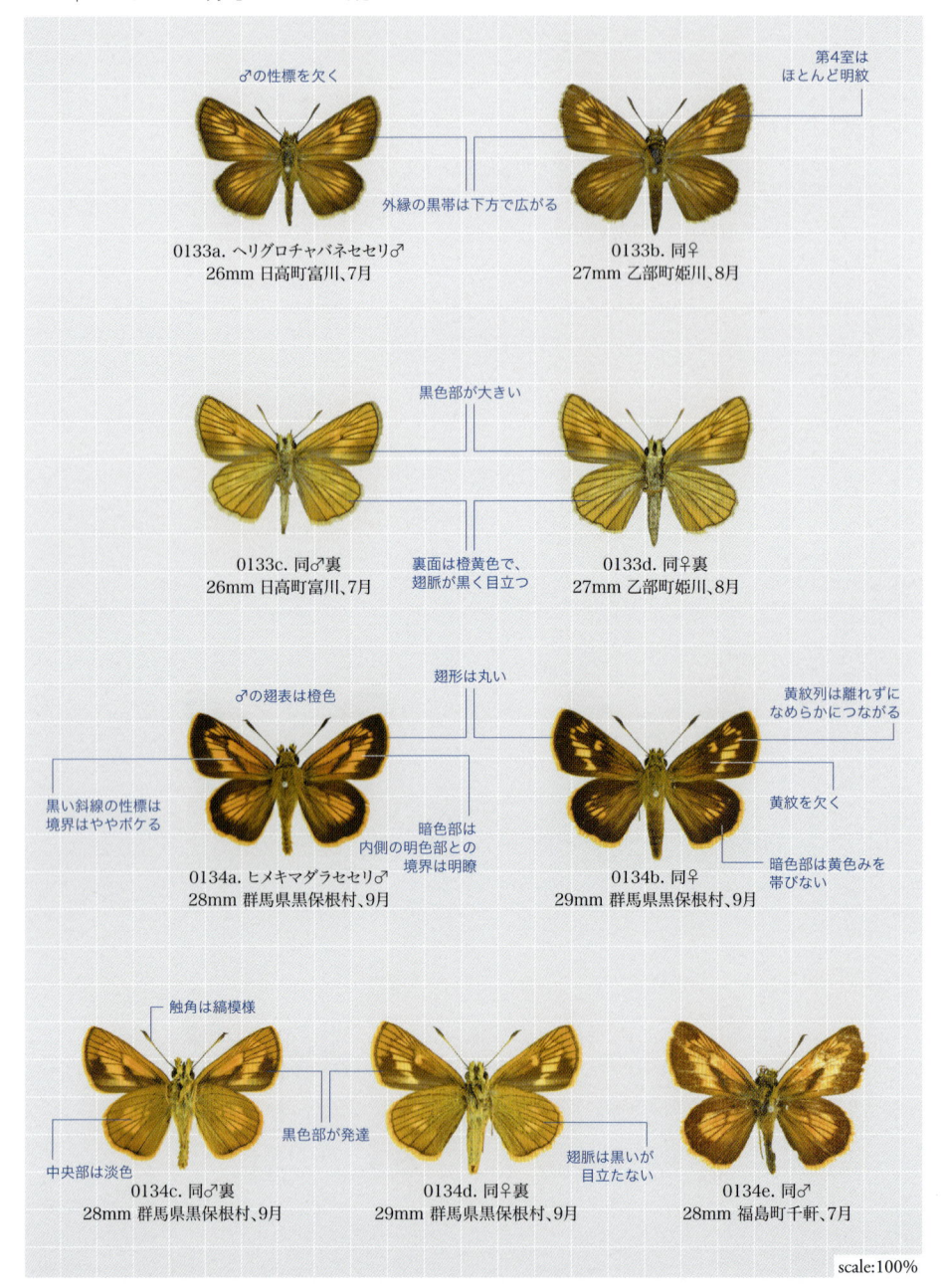

0133. ヘリグロチャバネセセリ [期] 7-8月。[生] 北海道南西部及び奥尻島の海岸草原、平地から丘陵地の林間の草原に生息し、ヒメジョオンやアザミなどの花で吸蜜する。[食] ヒメノガリヤス、イネ科、スゲ類。**0134. ヒメキマダラセセリ** [期] 7-8月に記録されている。[生] 北海道には分布しないチョウと考えられるが、過去に函館市、福島町 (0134e)、八雲町、札幌市、釧路市などで記録されている。[食] 広くイネ科やカヤツリグサ科を食べるが、北海道から幼虫は未確認。

セセリチョウ科 [アカセセリ亜科] | 089

前翅頂はややとがる
小さな離れた2個の黄紋をもつ
♂は黒い斜め線の性標をもつ
暗色部と明色部との境界はぼける
黄紋をもつ
暗色部もやや黄色みがかる

0135a. コキマダラセセリ♂
32mm 乙部町富岡、7月

0135b. 同♀
34mm 小樽市塩谷、8月

裏面は前翅後縁を除き黄色

0135c. 同♂裏
32mm 乙部町富岡、7月

0135d. 同♀裏
34mm 小樽市塩谷、8月

翅表は黒褐色の地色に黄色紋が帯状につながる

♂前翅は、やや細長く伸長する
♀は♂に比べ、翅形が幅広い

0136a. キマダラセセリ♂
28mm 乙部町鳥山林道、7月

0136b. 同♀
30mm 乙部町鳥山林道、7月

裏面は表とほぼ同じ斑紋で色彩はより淡色になる

0136c. 同♂裏
28mm 乙部町鳥山林道、7月

0136d. 同♀裏
30mm 乙部町鳥山林道、7月

scale:100%

0135. コキマダラセセリ [期] 6下-8月。[生] 周辺離島を含め北海道全域に分布し、個体数も多い。樹林がまばらな明るい草原を好み、いろいろな花に集まる。[食] ススキ、イワノガリヤス、キタヨシ、カサスゲ、クマイザサ、カモガヤ、オオアワガエリ、イヌビエ、オオカワズスゲ、チャシバスゲなど。 **0136. キマダラセセリ** [期] 7-8月。[生] 北海道南西部を中心に分布し、明るい河川堤防、林縁、草地などススキやササが多い場所に生息。離島では焼尻島、奥尻島から記録がある。[食] ススキの他、ミヤコザサなどのササ類。

090 セセリチョウ科 [アカセセリ亜科]

翅表は黒褐色の地色に白紋が並ぶ

0137a. オオチャバネセセリ♂
33mm 上ノ国町桂岡、8月

0137b. 同♀
36mm 上ノ国町桂岡、8月

後翅の白紋列はジグザグに並ぶ

裏面地色は黄土色

裏面地色は黄土色

0137c. 同♂裏
33mm 上ノ国町桂岡、8月

後翅の白紋列はジグザグに並ぶ

0137d. 同♀裏
36mm 上ノ国町桂岡、8月

前翅はやや尖り、細長く伸長する

翅表は黒褐色の地色に白紋が並ぶ

0138a. イチモンジセセリ♂
34mm 福島町三岳、10月

白紋列はほぼ直線

0138b. 同♀
37mm 恵庭市島松沢、10月

0138c. 同♂裏
34mm 福島町三岳、10月

白紋列はほぼ直線

0138d. 同♀裏
37mm 恵庭市島松沢、10月

scale:100%

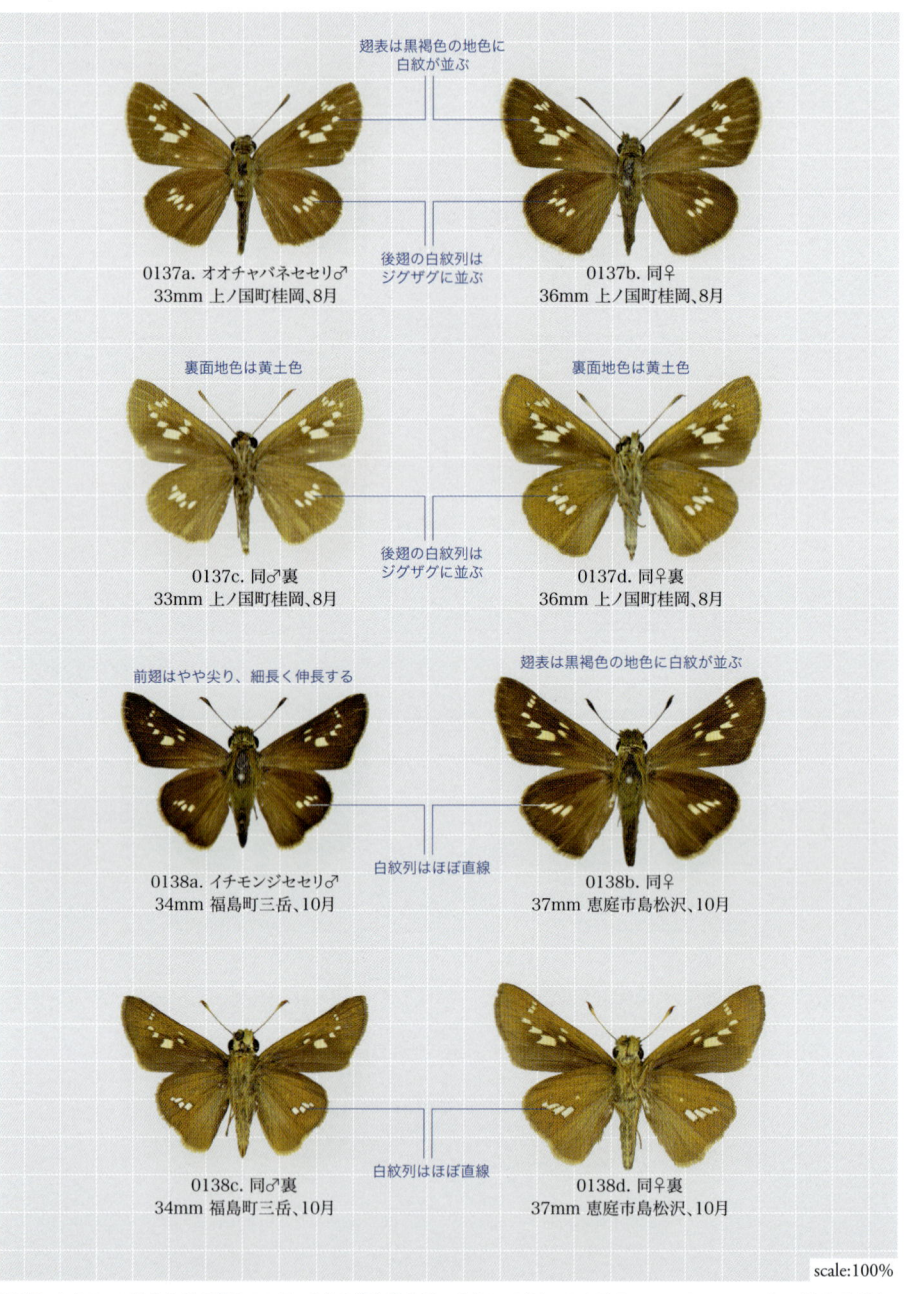

0137. オオチャバネセセリ 【期】7-8月。【生】北海道全域に分布し、平地から山地までササやススキの多い草原、疎林内、林道脇などで見られる。離島では利尻島、天売島、南千島から記録がある。【食】クマイザサ、ミヤコザサ、スズタケなど。
0138. イチモンジセセリ 【期】7-10月。【生】北海道で越冬はできず、毎年夏から秋にかけて本州以南から道内各地へ飛来する。離島では利尻島から記録がある。特に南西部の人里周辺でよく見られる。【食】北海道での食草は不明。本州以南では、広くイネ科植物を食べており、イネの害虫としても有名。

［カレハガ科］
Lasiocampidae

［オビガ科］
Eupterotidae

［ヤママユガ科］
Saturniidae

［カイコガ科］
Bombycidae

［イカリモンガ科］
Callidulidae

［イボタガ科］
Brahmaeidae

［カギバガ科］
Drepanidae

［ツバメガ科］
Uraniidae

［スズメガ科］
Sphingidae

［アゲハモドキガ科］
Epicopeiidae

大蛾類

［シャクガ科］
Geometridae

［シャチホコガ科］
Notodontidae

［ドクガ科］
Lymantriidae

［アツバモドキガ科］
Micronoctuidae

［ヒトリガ科］
Arctiidae

［コブガ科］
Nolidae

［ヤガ科］
Noctuidae

Scale:50%

092 | カレハガ科 [ウスズミカレハガ亜科・カレハガ亜科]

カレハガ科
ウスズミカレハガ亜科

0139a
ウスズミカレハ♂
34mm 札幌市 11月
晩秋-初冬

0139b
同♀
48mm 札幌市 10月

カレハガ亜科

0140
ワタナベカレハ♂
53mm 札幌市野幌森林公園 7月
稀

外縁の屈曲は弱い

0141
カレハガ♂
48mm 札幌市 7月

外縁の屈曲は強い

翅の地色は黄褐色

0142
ホシカレハ♂
45mm 札幌市 8月

0143
ヒメカレハ♂
36mm 札幌市 4月

0144a
タカムクカレハ♂
40mm 十勝岳温泉 7月
大雪山系の亜高山-高山帯

0144b
同♀
41mm 大雪山駒草平 7月

本種に黄色型はない

通常白紋は大きく明瞭なことが多い

0145a
タケカレハ♂
44mm 小清水町 7月

外横線はCuA₂で強く折れ曲がる

0145b
同♀
53mm 函館市 8月

白紋は小さく不明瞭なことが多い

0146a
ヨシカレハ♂ 黄色型
55mm 石狩市 7月

外横線は強く折れ曲がらない

scale:75%

カレハガ科 [カレハガ亜科] | 093

0146b
同♂ 褐色型
52mm 苫小牧市 7月

0146c
同♀
73mm 石狩市 7月

0147
ギンモンカレハ♂
38mm 札幌市 5月

0148
スカシカレハ♂
58mm 上川町 7月

本種と次種は色彩斑紋の変異が著しい

0149
リンゴカレハ♂
51mm 小清水町 7月

0150a
マツカレハ♂
55mm 函館市 8月

亜外縁線はCuA_1とCuA_2の間で内方に凹まない

0150b
同♀
80mm 松前町 8月

0150c
同♀
69mm 札幌市 8月

scale:75%

094 | カレハガ科 [カレハガ亜科]・オビガ科 [オビガ亜科]・カイコガ科 [スカシサン亜科・カイコガ亜科]

亜外縁線はCuA₁とCuA₂の間で内方に深く凹む

0151a
ツガカレハ♂
53mm 札幌市 8月

0151b
同♀
87mm 石狩市 8月

0152a
クヌギカレハ♂
59mm 当別町 9月
秋、日中も飛ぶ

0152b
同♀
75mm 札幌市 9月

0153
ミヤケカレハ♂
47mm 石狩市 7月

♂♀で色彩斑紋は異なる

0154a
オビカレハ♂
29mm 江別市 7月

♀はオオクシヒゲシマメイガ♀(2870b)との混同に注意

0154b
同♀
36mm 江別市 7月

オビガ科
オビガ亜科

カイコガ科
スカシサン亜科
クワゴモドキ族

カイコガ亜科
カイコガ族

0155
オビガ♂
52mm 北斗市 9月

0156
オオクワゴモドキ♂
40mm 札幌市 7月

0157
クワコ♂
42mm 岩見沢市 10月

scale:75%

ヤママユガ科 [ヤママユガ亜科] | 095

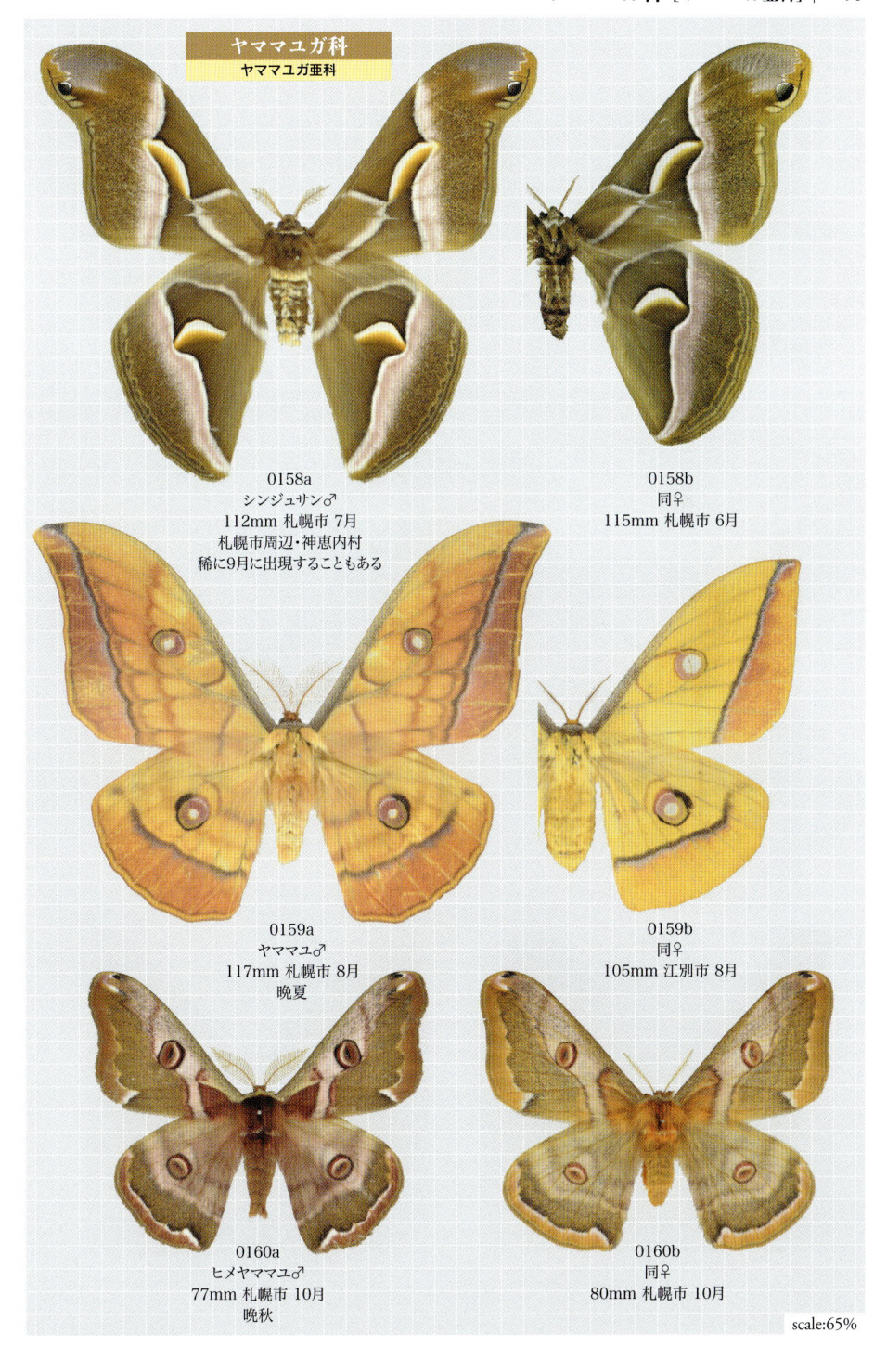

ヤママユガ科
ヤママユガ亜科

0158a
シンジュサン♂
112mm 札幌市 7月
札幌市周辺・神恵内村
稀に9月に出現することもある

0158b
同♀
115mm 札幌市 6月

0159a
ヤママユ♂
117mm 札幌市 8月
晩夏

0159b
同♀
105mm 江別市 8月

0160a
ヒメヤママユ♂
77mm 札幌市 10月
晩秋

0160b
同♀
80mm 札幌市 10月

scale:65%

096 | ヤママユガ科 [ヤママユガ亜科]

0161a
クスサン♂
102mm 札幌市 9月
秋-晩秋

♂♀共に色彩変異は著しい

0161b
同♀
120mm 札幌市 9月

0162a
クロウスタビガ♂
77mm 当別町 9月
晩秋

0162b
同♀
86mm 札幌市 10月

0163a
ウスタビガ♂
69mm 栗山町 11月
晩秋

♂♀で翅形、色彩は異なる

0163b
同♀
85mm 栗山町 10月

scale:70%

ヤママユガ科 [ヤママユガ亜科] | 097

ヤママユガ科

翅頂はあまり尖らない

前縁は暗い赤

触角は褐色

外横線が出る場合は波状
次種より外側に位置する

横脈紋は小さい

0164a
オオミズアオ♂
85mm 本別町 6月

0164b
同♀
101mm 札幌市 7月

翅頂は尖る

前縁は鮮やかな赤色の
ことが多い

触角は緑色の
ことが多い

外横線が出る場合は直線状
より内側に位置する

横脈紋は外方に
拡大し大きい

0165a
オナガミズアオ♂
83mm 清水町 5月

0165b
同♀
96mm 上川町 6月

scale:70%

098 ｜ ヤママユガ科 [エゾヨツメ亜科]・イボタガ科

エゾヨツメ亜科

0166a
エゾヨツメ♂
65mm 札幌市 6月
春、稀に9月に出現することもある

0166b
同♀
89mm 北見市 5月

イボタガ科

0167a
イボタガ♂
95mm 江別市 5月
春

0167b
同♀
107mm 北見市 5月

scale:70%

スズメガ科 [スズメガ亜科] | 099

スズメガ科
スズメガ亜科

0168
エビガラスズメ♀
101mm 礼文島船泊 8月
移動性が強い広域分布種

翅頂からの斜条は
太く短い

2本の黒色縦条は太い

0169
エゾシモフリスズメ♂
105mm 石狩市 7月

翅頂からの斜条は
細く長い

2本の黒色縦条は細い

0170
シモフリスズメ♀
119mm 当別町太美 8月
主に渡島半島南部、稀

scale:80%

100 | スズメガ科 [スズメガ亜科]

前縁部は白色鱗が広がる

前・後翅の明色帯は
次種よりも明瞭

0171
エゾコエビガラスズメ♂
82mm 白糠町上庶路 6月
石狩低地帯以東、湿地性

前縁部は褐色みが強い

0172
コエビガラスズメ♀
94mm 厚沢部町古佐内林道 8月
渡島半島

R₅室の斜条は次種よりも不明瞭

CuA₁、CuA₂室に黒条

0173
マツクロスズメ♂
69mm 小清水町藻琴山 6月
稀

R₅室の斜条は明瞭

M₁、CuA₁、CuA₂室に黒条

0174
オビグロスズメ♂
54mm 小清水町美和 7月
局地的

腹部下面に黒っぽい
角紋列がある

0175
サザナミスズメ♂
62mm 石狩市 7月

腹部下面に黒っぽい
角紋列がない

0176
ヒメサザナミスズメ♂
52mm 苫小牧市 7月

scale:80%

【0173】図示（1995年採集）の他に稚内市、美幌峠の記録がある

スズメガ科 [ウチスズメ亜科] | 101

ウチスズメ亜科

亜外縁線の湾曲は浅い

♂はCuA₁室の紋が明瞭
（次種の♂は不明瞭）

0177
アジアホソバスズメ♂
102mm 石狩市 7月

亜外縁線の湾曲は
前種より深い

0178
モンホソバスズメ♀
99mm 厚沢部町当路 7月
渡島半島南部、稀

0179
トビイロスズメ♂
102mm 北斗市矢不来 8月
渡島半島南部・奥尻島

スズメガ科

scale:80%

102 | スズメガ科 [ウチスズメ亜科]

0180
モモスズメ♂
71mm 苫小牧市 7月

0181
ヒメクチバスズメ♂
72mm 石狩市 7月

0182
クチバスズメ♂
101mm 苫小牧市柏原 7月
石狩地方以南

0183
ヒサゴスズメ♂
60mm 苫小牧市 7月

外縁は翅頂下で凹まない

0184
コウチスズメ♀
58mm 七飯町鳴川 8月
渡島半島南部、局地的

眼状紋の青白色紋は環状

scale:80%

【0184】七飯町と北斗市で少数が採集されているのみ

スズメガ科 [ウチスズメ亜科] | 103

外縁は翅頂下で凹む　　　　　　　　　　　　　　　　　　外縁は翅頂下で凹まない

眼状紋の青白色紋は　　　　　　　　　　　　　　　　　　眼状紋の青白色紋
2つに分かれる　　　　　　　　　　　　　　　　　　　　は環状

0185
ヒメウチスズメ♂
67mm 訓子府町 6月
石狩低地帯南部以東

0186
ウチスズメ♂
81mm 石狩市 7月

緑色部は黄色く変色しやすい

0187
ウンモンスズメ♂
61mm 石狩市 7月

0188
ノコギリスズメ♂
85mm 石狩市 7月

0189
エゾスズメ♂
88mm 石狩市 7月

scale:80%

104 | スズメガ科 [ホウジャク亜科]

ホウジャク亜科

0190
オオスカシバ♂
59mm 福島県福島市 9月
稀、昼飛性

0191
スキバホウジャク♂
43mm 函館市矢別林道 採集月不明
稀、昼飛性

後翅後縁部は橙色

0192
クロスキバホウジャク♂
43mm 上川町 6月
昼飛性

0193
クルマスズメ♂
86mm 石狩市 7月

0194
ハネナガブドウスズメ♂
88mm 帯広市 6月

淡色の亜外縁線は
肛角まで伸びる

0195
ブドウスズメ♂
78mm 奄美大島宇検村 4月
稀

淡色の亜外縁線は
CuA_1で外縁に達する

scale:80%

【0190】1956年せたな町北檜山で1♂、1980年釧路市で1♀の記録がある 【0191】江別市、厚真町、大樹町の標本が存在する
【0195】各種の図鑑類では北海道に分布することになっているが、1994年渡島大島の記録があるのみ

スズメガ科［ホウジャク亜科］ 105

0196
ホウジャク♂
46mm 小清水町 11月
昼飛性
黒帯は発達しない

0197
ホシホウジャク♀
50mm 小清水町 9月
昼飛性
橙色帯は翅頂の近くに伸びる

0198
クロホウジャク♂
59mm 函館市 10月
昼飛性、灯火にも来る
橙色帯は翅頂から離れる

0199
イブキスズメ♀
77mm 礼文島香深 8月
局地的

0200
アカオビスズメ♀
73mm 小清水町浜小清水 6月
稀

0201
ベニスズメ♂
63mm 浜中町 7月

0202
ヒメスズメ♂
50mm 石狩市 7月
局地的

0203
コスズメ♂
67mm 苫小牧市 7月

scale:80%

【0200】図示（1994年採集）の他は、1965年に函館市内で2例採集されたことがあるのみ

106 | イカリモンガ科 [イカリモンガ亜科]・カギバガ科 [カギバガ亜科・オオカギバガ亜科]

イカリモンガ科
イカリモンガ亜科

カギバガ科
カギバガ亜科

0204
イカリモンガ♀
33mm 中札内村 8月
昼飛性

0205
マエキカギバ♀
31mm 札幌市 6月

0206
ヒメハイイロカギバ♀
28mm 当別町 8月

0207
エゾカギバ♂
30mm 札幌市 5月

シャクガ科と混同しやすいので注意
2個の横脈点があるが内方の点は不明瞭

0208
ウスオビカギバ♀
39mm 江別市 6月
青色の帯状紋

0209
オビカギバ♂
33mm 札幌市 8月

0210
ウスイロカギバ♂
26mm 札幌市 8月

0211
フタテンシロカギバ♂
30mm 釧路市 6月
前翅に2本、後翅に1本の横線は細かく鋸歯状

0212
マダラカギバ♂
34mm 江別市 7月

0213
ヒトツメカギバ♂
33mm 札幌市 9月

0214a
アシベニカギバ♂ 黄色型
35mm 北斗市 6月

0214b
同♂ 褐色型
35mm 石狩市 7月

オオカギバガ亜科

0215
クロスジカギバ♂
32mm 森町砂原 8月
前種褐色型との混同に注意
外横線は黒色で明瞭

0216
オオカギバ♂
59mm 美瑛町 6月
昼飛性

0217
ギンスジカギバ♀
29mm 北斗市 8月

scale:80%

カギバガ科 [トガリバガ亜科] | 107

トガリバガ亜科

0218
モントガリバ♂
34mm 札幌市 8月

0219
キマダラトガリバ♂
38mm 札幌市 8月

0220
ウスベニトガリバ♀
44mm 八雲町熊石泊川 4月
渡島半島南部、早春

0221
ウスベニアヤトガリバ♀
38mm 札幌市 6月

0222
アヤトガリバ♀
40mm 訓子府町 7月
亜外縁線の湾曲は弱い

0223
カラフトアヤトガリバ♂
39mm 大雪山銀泉台 7月
道東・道北
前翅の色調は前種より暗い
亜外縁線の湾曲は強い

0224
フタテントガリバ♀
37mm 中札内村札内川上流 7月
道東、主に亜高山帯
黄脈上に2個の黒点

0225
ヒトテントガリバ♀
38mm 訓子府町 6月
黄脈上に黒色短線

0226
オオバトガリバ♂
45mm 石狩市 7月

0227
ホソトガリバ♀
41mm むかわ町穂別 7月
稀
内・外横線は明瞭で強く屈曲

0228
アカントガリバ♂
39mm 釧路市昭和 7月
道東・道北
前翅の色調は全体に暗い

0229
オオマエベニトガリバ♀
49mm 厚真町 6月

0230
マエベニトガリバ♂
38mm 平取町 6月
前縁基部の赤みが強い
環状紋・腎状紋は極めて大きい

0231
マエジロトガリバ♂
40mm 札幌市 7月
前縁中央部は幅広く白色
内横線は前種より大きく外方に湾曲

0232
Nemacerota sp. ♂
38mm 江別市 9月
晩夏-秋
外縁部は次種より明るい
内横線部の幅は次種より狭い

scale:80%

【0227】図示の1例のみ(1997年採集)【0232】本州のナカジロトガリバに似るが分類は未確定

108 | カギバガ科 [トガリバガ亜科]

0233 ヒメナカジロトガリバ♂
36mm 江別市 9月
晩夏-秋
- 前翅は前種より全体的に暗い
- 外横線の外側は前種より暗い
- 内横線部の幅は前種より広い

0234 ウスジロトガリバ♂
36mm 函館市双見 7月
ブナ分布域
- 腹部背面に飾毛はない

0235 ギンモントガリバ♂
42mm 遠軽町 6月
- 腹部第3節背面に黒色の飾毛

0236 ネグロトガリバ♂
42mm 江別市 6月

0237 サカハチトガリバ♂
45mm 苫小牧市静川 4月
早春

0238 ムラサキトガリバ♂
34mm 当別町 9月
秋
- 隆起した黒鱗による点紋（中室内）と短線（横脈上）

0239 ウスムラサキトガリバ♂
31mm 平取町 9月
秋
- 体翅は灰紫色を帯びる
- 隆起鱗による紋は前種より小さい

0240a キボシミスジトガリバ道央・道東亜種♂
45mm 鹿追町然別 6月
春
- 中室内の黄色紋は細長く拡大

0240b 同♀
43mm むかわ町穂別 4月

0240c キボシミスジトガリバ道南亜種♂
43mm 七飯町横津岳 5月
横津岳周辺の高標高地のみ
- 黄色紋は前亜種より発達しない

0240d 同♂
47mm 七飯町横津岳 5月

0241 ミスジトガリバ
41mm 札幌市 4月
早春
- 中室内の黄色紋は大きく円形

0242 タマヌキトガリバ♀
39mm 苫小牧市 4月
早春
- 中室内に明瞭な白色点
- 内横線の内側と外横線の外側は帯状に淡色

0243 クラマトガリバ♀
35mm むかわ町穂別 4月
早春、稀
- 黒色短線（横脈上）と黒点（中室内）
- 内横線の内側と外横線の外側は茶褐色を帯びる

0244 ホシボシトガリバ♂
38mm 苫小牧市 4月
早春
- 横脈上と中室内に白色点

scale:80%

【0240】各亜種の黄色紋の大きさはa,cが標準、b,dは最小 【0243】図示（1997年採集）の他に平取町から1♂の記録がある

カギバガ科 [トガリバガ亜科]・アゲハモドキガ科・ツバメガ科 [ギンツバメガ亜科・フタオガ亜科] | 109

頭頂と襟板は黄褐色　基部と翅頂付近の前縁部は灰白色　基部に数個の白色紋が目立つ

腹部第3節背面に黒色の節毛

0245
マユミトガリバ♂
35mm 札幌市 4月
早春

0246
ナミスジトガリバ♂
35mm 北斗市桜岱 7月
稀

0247
タケウチトガリバ♂
28mm 厚真町 6月

scale:80%

アゲハモドキガ科

ツバメガ科
ギンツバメガ亜科

0256
ギンツバメ♂
26mm 札幌市 7月
昼飛性、灯火にも来る

0248
アゲハモドキ♂
60mm 札幌市 6月
昼飛性

フタオガ亜科

0249
シロフタオ♂
22mm 増毛町暑寒沢 7月
稀

0250a
クロフタオ♂
17mm 江別市 7月

0250b
同♀
18mm 札幌市 7月

0251
マエモンフタオ♂
23mm 江別市 7月

前・後翅の色調は明るい　外横線は強く角ばる　前種よりはるかに小型
外横線は太く丸く曲がる　外縁はM3でやや角ばる　外縁はほとんど角ばらない

0252
キスジシロフタオ♀
24mm 当別町川崎 9月

0253
クロシフタオ♀
21mm 札幌市 8月

0254
ヒメクロホシフタオ♂
18mm 札幌市 6月

0255
クロオビシロフタオ♂
17mm 美瑛町白金 6月
昼飛性

scale:90%

【0246】図示の1例のみ（2004年採集）

シャクガ科 [カバシャク亜科・エダシャク亜科]

シャクガ科 カバシャク亜科 / **エダシャク亜科**　＊ヤガ科に次ぐ大きな科。

0257 カバシャク♂　34mm 江別市野幌森林公園 5月　早春、昼飛性

0258 スグリシロエダシャク♀　37mm 中札内村 7月　外横線は橙色

0259 スギタニシロエダシャク♀　45mm 厚沢部町古佐内林道 8月 渡島半島南部　橙色の外横線は後半に限られる

本種以下5種は外観による区別は困難

0260 キタマダラエダシャク♂　33mm 札幌市 6月　横脈上に黒環を欠く　白っぽい個体が多い

0261 ヒメマダラエダシャク♂　35mm 札幌市 5月　横脈上に黒環をあらわす

0262 ヘリグロマダラエダシャク♂　36mm 札幌市 6月　横脈上に黒環をあらわす　後翅前縁基部は前方に強くふくらむ

0263 クロマダラエダシャク♂　34mm 札幌市 6月　横脈上に黒環をあらわす

0264 ヒトスジマダラエダシャク♂　33mm 札幌市 6月　横脈上に黒環をあらわす

0265a ユウマダラエダシャク♀　35mm 猿払村浅茅野 7月　横脈上に黒環を欠く

0265b 同♀裏面

0266 シロオビヒメエダシャク♀　22mm 札幌市 5月

0267 クロフヒメエダシャク♀　20mm 長万部町静狩 8月 渡島半島、稀

0268 ホシスジシロエダシャク♀　36mm 平取町二風谷 7月 稀

0269 クロミスジシロエダシャク♀　31mm 札幌市 9月　外縁線が黒色、各室でやや太くなる（黒斑が弱い場合に次種との区別点となる）

0270 ミスジシロエダシャク♀　39mm 札幌市 6月

0271 クロズウスキエダシャク♀　26mm 札幌市 9月　前縁に2個の暗色紋

0272 フタホシシロエダシャク♂　24mm 札幌市 5月

0273 バラシロエダシャク♀　30mm 札幌市 5月　黒斑の発達が弱い個体もある

scale:90%

【要精査】0260-0264

シャクガ科 [エダシャク亜科] | 111

外横線は褐色
各横線は細かく屈曲する(前翅3本、後翅2本)
各横線は細かく屈曲しない
♂前翅後縁の縁毛は白色

前・後翅全体に灰色鱗を散布する | 前・後翅は白色で半透明 | 前・後翅は灰褐色の短線を散布し、黄色みを帯びる | 翅の黄色みは前種より弱い

0274 ウスフタスジシロエダシャク♀ 27mm 厚真町 6月
0275 ウスオビシロエダシャク♀ 30mm 札幌市 5月
0276 ミスジコナフエダシャク♀ 26mm 札幌市 8月
0277 ヒラヤマシロエダシャク♂ 26mm 旭川市嵐山 7月 局地的(ツノハシバミの生育地)

各横線は前2種より強く屈曲する
体翅は白色
♂前翅後縁の縁毛は橙色
各横線は太く不鮮明

0278a コスジシロエダシャク♂ 30mm 札幌市 5月
0278b 同♀ 29mm 南富良野町 7月
0279 アトグロアミメエダシャク♂ 26mm 札幌市 6月
0280 フタスジウスキエダシャク♀ 32mm 札幌市 5月

各横線は細く明瞭
前・後翅は前種より淡色

0281 ウスアオエダシャク♂ 30mm 札幌市 5月
0282 フタスジオエダシャク♂ 26mm 江差町田沢 8月 稀
0283 フタモントガリエダシャク♂ 27mm 苫小牧市高丘 5月 稀
0284 ニッコウキエダシャク♀ 27mm 増毛町暑寒沢 9月 秋、稀

♂触角の櫛歯は最も長い
♂触角の櫛歯は前種より短い
♂触角の櫛歯は最も短い
前種より小型で翅は丸みが強い
亜外縁部中央に横長の斑紋が現れる個体が多い

0285 ウスオビヒメエダシャク♂ 22mm 共和町瑞穂峠 7月 稀
0286 ハグルマエダシャク♂ 30mm 美瑛町 7月
0287 マルハグルマエダシャク♂ 24mm 中札内村 7月
0288 スジハグルマエダシャク♂ 27mm 様似町幌満 8月 稀

色彩は橙黄色で前3種と異なる 斑紋の変異は著しい

0289a クロハグルマエダシャク♀ 29mm 函館市美原 10月 渡島半島南部
0289b 同♀ 黒斑発達型 29mm 函館市美原 8月
0290 ツマキエダシャク♀ 31mm 江別市 8月
0291 フタテンオエダシャク♀ 28mm 陸別町薫別 8月 稀

【0284】北海道未記録(2003年採集、未発表)。当別町古潭でも1♀が採れている

scale:90%

シャクガ科 [エダシャク亜科]

0292 ウスオエダシャク♀
24mm 江別市野幌森林公園 8月

0293a ヒメアミメエダシャク♀ 白色型
20mm 本別町 6月
石狩低地帯以東、
昼飛性、灯火にも来る

0293b 同♂ 黄色型
24mm 札幌市 8月

0294 シャンハイオエダシャク♀
28mm 札幌市 8月

0295 シロオビオエダシャク♂
♂:前翅基部に刻孔(裏面の陥凹)を欠く
前・後翅とも横線は比較的明瞭
23mm 厚真町 6月

0296 シナノオエダシャク♂
外横線の外側は幅広く暗色
♂:刻孔が発達する
26mm 美瑛町 6月

0297 チャオビオエダシャク♀
暗褐色斑がでる
26mm 白糠町 6月

0298 ウスキオエダシャク♀
28mm 札幌市 6月

0299 トビカギバエダシャク♂
35mm 滋賀県杠葉尾町 7月
稀

0300 アトムスジエダシャク♀
26mm 本別町キロロ 7月
道東

0301 クロフキエダシャク♀
24mm 当別町川崎 7月

0302 ダイセツタカネエダシャク♂
22mm 大雪山駒草平 7月
大雪山系、高山性、昼飛性

0303a ヘリグロエダシャク♂
♂♀で色彩が異なる
37mm 札幌市 5月
昼飛性

0303b 同♀
39mm 札幌市 6月

0304 トンボエダシャク♂
前・後翅は次種より細長い
白紋の外縁はCuA₂で次種より深く内方に湾曲する
腹部は次種より長い
黒色斑はより大きく長方形
52mm 札幌市 7月
昼飛性

0305 ヒロオビトンボエダシャク♂
白紋外縁の内湾は前種より浅い
前種より腹部は短い
黒色斑はより小さく不規則な形
47mm 札幌市 7月
昼飛性

0306 ウメエダシャク♂
40mm 札幌市 8月
昼飛性

scale:80%

【0299】北海道の確実な記録は弟子屈町川湯(1959年採集)と、積丹町美国(1974年採集)の各1♀のみ

シャクガ科 [エダシャク亜科] | 113

0307
シロジマエダシャク♀
40mm 長万部町国縫 8月
積丹半島、渡島半島

0308
ウスゴマダラエダシャク♂
56mm 札幌市 10月
晩秋

0309
オオシロエダシャク♂
49mm 札幌市 7月

0310
シロホシエダシャク♀
44mm 江別市 5月
春

0311
キジマエダシャク♀
32mm 札幌市 5月
春

0312a
キシタエダシャク♂ 明色型
36mm 豊富町 7月

0312b
同♀ 暗色型
38mm 札幌市 7月

0313
ヒョウモンエダシャク♂
47mm 札幌市 7月
昼飛性、灯火にも来る

0314
ナカウスエダシャク♂
29mm 函館市石倉 6月
春と秋、渡島半島南部
外横線は2箇所で屈曲する

0315
ヒメナカウスエダシャク♂
28mm 札幌市 8月
秋
外横線の内側は前種より白っぽい
CuA₂近くの外横線の出張りは前種より弱いことが多い

0316a
コケエダシャク♂ 灰色型
26mm 浜中町 7月

0316b
同♂ 帯褐色型
25mm 中札内村 7月

0317
オオナカホシエダシャク♀
36mm 当別町 7月

0318
シロシタオビエダシャク♂
41mm 上川町 7月

0319
イツスジエダシャク♂
38mm 様似町幌満 7月
♂触角は櫛歯状
大きく波打つ亜外縁線のほかは不明瞭

0320
ウスバキエダシャク♂
32mm 札幌市 4月
早春
内横線は直線的
後翅基部近くに黒帯

0321
フタヤマエダシャク♀
33mm 江別市 9月
内横線と外横線の間が白くならず全体に赤褐色の個体もある

scale:80%

114 | シャクガ科 [エダシャク亜科]

0322 ネグロエダシャク♀ 34mm 札幌市 9月 秋-晩秋
中横線はCuA₂の下で角ばる

0323 ナカジロネグロエダシャク♂ 38mm 江別市 11月 秋-晩秋
前種よりはるかに白っぽい
中横線はCuA₂の下でゆばらず、後縁に垂直か外方に傾く

0324 フタキスジエダシャク♀ 50mm 札幌市 10月 秋-晩秋

0325 クロクモエダシャク♂ 42mm えりも町目黒 8月 渡島半島・日高、稀

0326 マツオオエダシャク♂ 37mm 厚真町 8月
外横線は鋸歯状 外縁に並行して走る

0327 キタルリモンエダシャク♂ 34mm 標茶町二ツ山 6月 湿地性、稀
横脈紋は環状 常にあらわれる

0328 ルリモンエダシャク♂ 33mm 札幌市 4月 春
横脈紋は欠くか不明瞭
翅の地色は暗い / 翅の地色は明るい

0329 シロテンエダシャク♂ 38mm 江別市 4月 春
M₁室に白紋があらわれることが多い

0330 ヨモギエダシャク♂ 37mm 札幌市 6月
前翅裏面の翅頂部に四角い白紋がある
横脈紋は細長い環状（裏面では大きな黒紋）

0331 セプトエダシャク♂ 42mm 江別市 5月
外横線はM₂付近で強く出張る

0332 ウストビスジエダシャク♂ 41mm 札幌市 6月
翅は赤みを帯びる 後脚脛節に毛束がない
♂は前翅基部に刻孔（裏面の陥凹部）が発達

0333 オオトビスジエダシャク♂ 43mm 札幌市 5月
翅は白っぽい 後脚脛節に毛束がある
♂の刻孔は発達が弱い

0334 フトフタオビエダシャク♀ 36mm 札幌市 5月
色彩斑紋は変異がある 後脚脛節に毛束がない
♂は刻孔が発達する

0335 ウスジロエダシャク♂ 31mm 札幌市 6月
前種に似るが、小型 後脚脛節に毛束がある
♂の刻孔は発達が弱い

0336a ハミスジエダシャク♂ 51mm 札幌市 7月
中横線と外横線は後縁近くで太くなる

0336b 同♂裏面
裏面翅頂に四角い斑紋が（次の2種にも出る）

scale:80%

【0327】1950年代と1960年代の標茶町二ツ山からの記録以来、確実な記録はない。十勝地方などの記録は再確認が必要

シャクガ科 [エダシャク亜科] | 115

前翅裏面翅頂付近に四角い斑紋が出る
外横線は後縁近くで太くならない
横脈紋は大きく明瞭
前翅裏面翅頂付近に四角い斑紋が出る

0337
オオバナミガタエダシャク♂
56mm 札幌市 7月

0338
アキバエダシャク♂
41mm 福島町吉岡峠 7月
稀

四角い斑紋を欠く（次種も同様）
翅は丸みをもち前種より小型
後翅裏面に前種のような長毛列はない
後翅外縁は深く屈曲する
後翅後縁と1A+2Aの間に長毛列（1化目は発達が弱い）

0339a
ウスバミスジエダシャク♂
40mm 札幌市 6月

0339b
同♂ 裏面

0340
ヒメミスジエダシャク♂
36mm 札幌市 6月

0341
フトオビエダシャク♀
34mm 札幌市 6月

外横線は前縁下で一度内側に凹む
後翅の内部は黒褐色
色彩変異があり、図示の個体はかなり白っぽい

0342
ソトシロオビエダシャク♀
37mm 厚真町 6月

0343
クロオオモンエダシャク♀
36mm 共和町大谷地 9月
局地的

0344
シタクモエダシャク♂
25mm 北見市 7月

0345
シナトビスジエダシャク♀
35mm 札幌市 6月

外横線の中央に黒斑
外横線と中横線が後縁で接近
外横線と中横線が接近し並行して後縁に達する
♂触角は櫛歯状
次種と外観による区別は困難 色彩の濃淡にかなり変異がある

0346
ナミスジエダシャク♂
31mm 八雲町熊石泊川 5月
渡島半島南部

0347
マエモンキエダシャク♀
29mm 北見市 7月

0348
ナミガタエダシャク♀
41mm 江別市野幌森林公園 7月

0349
オレクギエダシャク♂
36mm 札幌市 6月

新鮮な個体では翅の中央部に黄緑鱗を散布する
亜外縁線は不明瞭、前種より屈曲が弱い
中央部は淡色
新鮮な個体の地色は黄緑色だが黄褐色に変色しやすい
次種より小型、翅は丸みを帯びる
外横線はM₂付近で角ばる

0350
ニセオレクギエダシャク♂
32mm 上川町 6月

0351
ウスグロナミエダシャク♂
25mm 札幌市 6月

0352
キバネトビスジエダシャク♀
26mm 苫小牧市 5月
春

0353
チビトビスジエダシャク♀
21mm 札幌市 6月

scale:80%

【0338】1994年に2♂1♀が採集されたのみ。図示の標本はそのうちの1個体【要精査】0349, 0350

シャクガ科 [エダシャク亜科]

0354
ハンノトビスジエダシャク♂
28mm 札幌市 5月

0355
ヨツメエダシャク♂
50mm 札幌市 6月
翅の地色は灰白色

0356
コヨツメエダシャク♀
48mm 占冠村双珠別 6月
新鮮な個体は淡緑色だが褪色しやすい

外横線はCuA₁で角ばる

0357
シロモンキエダシャク♂
29mm 札幌市 6月
亜外縁に白紋

0358
シロテントビスジエダシャク♀
27mm 長万部町 6月
ブナ分布域
前・後翅とも亜外縁に白紋

0359
スジグロエダシャク♂
33mm ロシア沿海地方 7月
大雪山の山麓、稀

0360
コウノエダシャク♂
35mm 大雪山旭岳 7月
北部大雪・石狩連峰、高山性

0361
キタウンモンエダシャク♂
43mm 苫小牧市 7月

0362
リンゴツノエダシャク♂
47mm 札幌市 6月
前翅は細長い
外横線は明瞭

0363
トビネオエダシャク♂
47mm 札幌市 8月
前翅は前種より幅広い
外横線は細く不明瞭

0364
シロスジオオエダシャク♂
57mm 北斗市 8月
白帯は肛角にとどく
白色の亜外縁線

0365
ヒロオビオオエダシャク♀
75mm 厚沢部町 7月
渡島半島
白帯は肛角にとどかない
白色の亜外縁線はあらわれない

scale:80%

【0359】1926年層雲峡で1♂、1937年愛山渓で2♂♂のみが知られる。黒岳の記録は誤りであることが判明した

シャクガ科 [エダシャク亜科] | 117

0366
チャマダラエダシャク♂
55mm 長万部町 8月
渡島半島

横脈の外に淡色部
♀ではときに白色の斜帯となる

0367
ヒロオビエダシャク♂
48mm 長万部町 8月
渡島半島南部

前翅外縁部に
黄白色斑

0368
ツマキウスグロエダシャク♂
34mm 様似町 8月

外横線は太く
中央の突出部は
丸みをおびる

0369
コツマキウスグロエダシャク♀
37mm 美瑛町 7月
石狩低地帯以東

外横線は
鋸歯状に角ばる

0370
ソトキクロエダシャク♂
33mm 札幌市 6月

＊本種からフチグロエダシャクまでは♀の翅が退化・縮小している。

0371
キマダラツバメエダシャク♂
56mm 札幌市 6月

外横線は2箇所で
屈曲する

0372
フタマタフユエダシャク♂
32mm 苫小牧市 4月
早春

外横線はほとんど
屈曲しない

0373
ウスオビフユエダシャク♂
32mm 札幌市 11月
晩秋-初冬

外横線と中横線は横脈付近から
後縁まで接近して走る

0374a
トギレフユエダシャク
(トギレエダシャク)♂
33mm 江別市 4月
早春

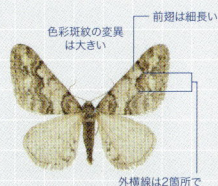

本種の♀は翅の退化が
比較的弱い

0374b
同♀
20mm 江別市 4月

色彩斑紋の変異
は大きい

0375
シロフユエダシャク♂
27mm 安平町早来 4月
早春

外横線は2箇所で
強く屈曲する

前翅は細長い

0376
クロスジフユエダシャク♂
30mm 江別市 10月
晩秋-初冬、昼飛性

scale:80%

118　シャクガ科 [エダシャク亜科]

0377a
チャバネフユエダシャク♂
42mm 札幌市 10月
晩秋-初冬
色彩の変異に富む
外横線はわずかに曲がるか直線状

0377b
同♀
16mm(体長) 浦河町 11月
2列に大きな黒色斑

0378a
オオチャバネフユエダシャク♂
37mm 札幌市 11月
晩秋-初冬
色彩の変異は前種より激しい

0378b
同♀
15mm(体長) 蘭越町 11月
外横線はM_2とCuA_1で大きく屈曲する
前種より黒色斑が発達する個体が多いが確実な区別点とはならない

0379
シモフリトゲエダシャク♂
48mm 安平町 4月
早春
内横線は2箇所で屈曲する
外横線は横脈紋のすぐ外側を通る

0380
ウスシモフリトゲエダシャク♂
46mm 帯広市戸蔦別川上流 5月
早春
内横線はゆるやかに曲がる
外横線は横脈紋から離れる

0381
シロトゲエダシャク♂
44mm 安平町 4月
早春
内横線は直線状
前2種より白っぽい

0382a
フチグロトゲエダシャク♂
30mm 利尻島富士園地 4月
利尻島・礼文島・函館市近郊
早春、昼飛性、局地的

0382b
同♀
11mm(体長)
函館市亀田本通 4月

0383a
オカモトトゲエダシャク♂
44mm 江別市 4月
早春
内横線の内側と外横線の外側に赤褐色帯がある

0383b
同♀
43mm 森町 4月

0384
ムクゲエダシャク♂
47mm 士別市天塩岳 5月
春

0385a
チャオビトビモンエダシャク♂
51mm 日高町千栄 5月
春、稀
後翅の外横線は直線状
後翅の地色は淡色

0385b
同♀
56mm 日高町千栄 5月

0386
オオシモフリエダシャク♂
40mm 札幌市 7月

0387a
トビモンオオエダシャク♂
49mm 苫小牧市 4月
早春
後翅の外横線は屈曲する
後翅の地色は前翅と同じ

0387b
同♀
64mm 松前町 5月

scale:80%

【0385】図示の他に確実な記録は朝日町と厚真町のみ

シャクガ科 [エダシャク亜科] | 119

0388
ハイイロオオエダシャク♂
58mm 札幌市 7月

0389
キオビゴマダラエダシャク♂
57mm 奥尻島藻内 6月
稀

0390
ウスイロオオエダシャク♂
57mm 札幌市 7月

0391
アミメオオエダシャク♂
63mm 陸別町 6月

肩板の先端は黒色

♂♀で翅形、色彩は異なる

翅頂近くに小白紋

0392
ニッコウエダシャク♂
50mm 安平町 5月
春

0393a
カバエダシャク♂
46mm 札幌市 11月
晩秋-初冬

0393b
同♀
41mm 札幌市 11月

色彩斑紋はかなり変異がある
図示した個体は極端に白い個体と思われる

翅頂から斜線または点紋列が走る

0394
ハスオビエダシャク♂
41mm 松前町館浜 5月
春、稀

0395
アトジロエダシャク♂
45mm 札幌市 4月
春

scale:80%

【0389】図示の1例のみ(2010年採集)【0394】図示(2013年採集)の他には、同地で2012年に1♂が記録されているのみ

120 | シャクガ科 [エダシャク亜科]

0396a
スモモエダシャク♂
48mm 苫小牧市 7月
色彩斑紋の変異が著しい

0396b
同♂
45mm 石狩市 7月

0396c
同♀
47mm 鹿追町 7月

0397
ツマトビキエダシャク♀
49mm 函館市美原 8月
渡島半島南部

0398
オイワケキエダシャク♀
42mm 上川町 7月

0399
ウスクモエダシャク♀
40mm 札幌市 6月

0400a
エゾウスクモエダシャク♂
33mm 釧路市北斗 7月
道東、湿地性

0400b
同♀
40mm 釧路市北斗 7月

0401
クワエダシャク♀
58mm 札幌市 8月

0402
ヒゲマダラエダシャク♂
52mm 江別市 4月
早春

0403
ギンスジエダシャク♂
34mm 浜中町 7月

0404
フタスジギンエダシャク♀
38mm 苫小牧市静川 7月
稀

0405
サラサエダシャク♀
30mm 札幌市 6月

0406a
シロモンクロエダシャク♀
32mm 共和町 9月
前・後翅の外縁は屈曲する
翅頂は尖る
色彩斑紋の変異は著しい
本州産にみられるような
地色が黒の個体は見出していない

0406b
同♂
29mm 猿払村 8月

scale:80%

【0404】北海道未記録(1987年採集、小木広行氏、未発表)

シャクガ科 [エダシャク亜科] | 121

0407a
モンキクロエダシャク♂
24mm 釧路市 8月
稀

0407b
同♀
28mm 長野県開田高原 8月

0408
ハスオビキエダシャク♀
26mm 札幌市 8月
石狩低地帯以東

0409
マエキトビエダシャク♀
30mm 蘭越町 8月

0410
キリバエダシャク♂
45mm 札幌市 8月

0411
ヒメキリバエダシャク♂
38mm 札幌市西岡公園 8月
石狩低地帯以東

0412
フタモンキバネエダシャク♂
38mm フィンランド 8月
稀

翅頂、M₁、M₃で突出する
M₁で突出しない
外縁に微少な黒点を並べる

0413
ウスグロノコバエダシャク♂
42mm 札幌市 5月
春

0414
エグリヅマエダシャク♀
49mm 松前町白神岬 9月
渡島半島南部・広尾町、稀

0415
キイロエグリヅマエダシャク♀
45mm 長万部町 10月

RsとM₁の間で外縁が突出する

0416a
オオノコメエダシャク♂
57mm 七飯町 10月
渡島半島南部・胆振・日高、晩秋

0416b
同♀
63mm 函館市 11月

♂翅頂の突出は前種より弱い
RsとM₁の間の突出は弱い
♀翅頂は細く突出する

0417a
ヒメノコメエダシャク♂
55mm 当別町 9月
晩秋

0417b
同♀
56mm 標茶町 9月

scale:80%

【0407】図示(1995年採集)の他に北斗市中山峠で2♀の記録があるが、標本は失われている【0412】1975年積丹町美国の1♀が国内唯一の記録

シャクガ科 [エダシャク亜科]

白または黒の円紋（次種には出ない）

0418
モンシロツマキリエダシャク♂
40mm 札幌市 5月
外横線は点列状

帯状の斑紋があらわれるなど色彩斑紋の変異は著しい

0419
ミスジツマキリエダシャク♂
36mm 札幌市 5月
外横線は屈曲する

色彩は灰褐色から赤褐色の変異がある

0420a
アカエダシャク♂ 灰褐色型
31mm 豊富町サロベツ湿原 6月
湿地性

稀に翅頂が尖る

0420b
同♂ 黄褐色型
28mm 札幌市西岡公園 7月
円紋があらわれる個体が多い

0421
キマダラツマキリエダシャク♂
41mm 札幌市 7月

0422a
ミミモンエダシャク♀ 春型
35mm 札幌市 5月

0422b
同♀ 夏型
34mm むかわ町 8月

ツマトビキエダシャク(0397)にやや似る

0423
キエダシャク♀
38mm 七飯町鳴川 7月
渡島半島南部

0424
テンモンチビエダシャク♀
28mm 江別市 6月

0425
ムラサキエダシャク♀
41mm 札幌市 6月

外縁は強く屈曲する

0426
イチモジエダシャク♂
40mm 平取町 6月
黒色の線
半円形に凹む

外縁の屈曲は弱い

0427
コガタイチモジエダシャク♀
37mm 札幌市 9月
黒点列
凹みは浅い

♂♀で色彩は異なる

0428a
ナシモンエダシャク♂
26mm 札幌市 5月

0428b
同♀
25mm 札幌市 8月

0429
キバラエダシャク♂
33mm 札幌市 8月

0430
ツマキリエダシャク♂
35mm 札幌市 6月

0431
ナカキエダシャク♂
32mm 日高町 6月

0432
コナフキエダシャク♂
28mm 苫小牧市 5月

scale:80%

シャクガ科 [エダシャク亜科] | 123

シャクガ科

0433
フタテンエダシャク♂
33mm 札幌市 8月

0434
フタマエホシエダシャク♀
24mm えりも町 6月

0435
アトボシエダシャク♂
28mm 札幌市 5月
昼飛性、灯火にも来る

前翅の横脈紋は環状で大きい
外横線は太くぼやける

0436
ベニスジエダシャク♀
27mm 函館市双見 7月
渡島半島南部

横脈紋は翅の大きさの割に大きい
次種に似るがはるかに小型

0437
ヒメウラベニエダシャク♂
18mm 根室市歯舞 7月

横脈紋は翅の大きさの割に小さい
後翅の横脈紋は常にあらわれる

0438a
ウラベニエダシャク♂ 濃色型
23mm 江差町水堀 8月
渡島半島南部

0438b
同♀ 淡色型
24mm 江差町水堀 8月

0439
シダエダシャク♂
32mm 札幌市 5月

0440
ウラモントガリエダシャク♀
33mm 釧路市広里 6月
道東

0441
ツマトビシロエダシャク♂
33mm 上川町 7月

顔面は灰白色

0442
フトスジツバメエダシャク♂
43mm 札幌市 7月
縁毛は褐色みが弱い

顔面は橙褐色
尾状突起は長い

0443
ウスキツバメエダシャク♂
37mm 函館市双見 7月
縁毛は褐色みが強い

顔面は白色、背縁のみ橙色
尾状突起は短い

0444
コガタツバメエダシャク♂
33mm 函館市双見 7月

顔面は白色、背縁のみ橙黄色
尾状突起は短い

0445
ヒメツバメエダシャク♀
43mm 当別町川崎 7月
稀
後翅の横脈は外縁と並行して曲がる

顔面は背方が橙褐色で残りは白色
♂触角は櫛歯状(本種のみ)

0446
シロツバメエダシャク♂
38mm 札幌市 9月

0447
トラフツバメエダシャク♂
29mm 札幌市 7月

scale:90%

124 シャクガ科 [フユシャク亜科・ホシシャク亜科・アオシャク亜科]

フユシャク亜科
*本亜科はすべて初冬・早春の低温期に出現し、♀は翅を完全に失っている。

0448 シロオビフユシャク♂ 32mm 札幌市 11月 初冬
- 黄脈と外横線の間に三角形の空間がある

0449 ユキムカエフユシャク♂ 32mm 苫小牧市勇払 11月 初冬
- 空間はほとんどない

0450a クロテンフユシャク♂ 26mm 江別市 11月 初冬と早春
- 前翅地色は灰褐色 赤みを帯びない
- 黄褐点は必ず現れ、大きさは多様
- 外横線はM_1で強く角ばる

0450b 同♀ 9mm(体長) 千歳市 4月

0451 ウスバフユシャク♂ 28mm 江別市 11月 初冬
- 前翅地色は茶褐色 黄色みを帯びない
- 黄脈点の大きさは多様
- 外横線は角ばらずほぼ直線状

0452 ヤマウスバフユシャク♂ 29mm 江別市 11月 初冬
- 前種より大型 前翅地色は淡褐色〜黄褐色 赤みを帯びない
- 黄脈点の大きさは多様
- 外横線は脈上で黒色短線となることが多い

0453 フタスジフユシャク♂ 28mm 札幌市 11月 初冬
- 前翅地色は黄褐色
- 黄脈点は小さい
- 外横線はやや鋸歯状 外側が黄白色に縁取られる

0454 ホソウスバフユシャク♂ 26mm 江別市 4月 早春
- クロテンフユシャクに似るがやや暗い
- 外横線はM_1で角ばる

0455a ウスモンフユシャク♂ 27mm 江別市 11月 初冬
- 前翅地色は茶褐色〜赤褐色
- 黄脈紋は黒色短線
- 外横線はM_1で角ばる

0455b 同♀ 9mm(体長) 札幌市 11月

ホシシャク亜科

0456 ホシシャク♂ 39mm 江別市 7月 昼飛性、灯火にも来る

アオシャク亜科

0457 コアオシャク♀ 38mm 松前町館浜 6月 稀

0458 ウスアオアヤシャク♀ 37mm 苫小牧市静川 7月 稀

0459 オオアヤシャク♂ 59mm 厚真町 8月

0460 ウスアオシャク♂ 37mm 鹿部町本別 6月 渡島半島南部

0461 チズモンアオシャク♂ 30mm 札幌市 7月

0462 アトヘリアオシャク♀ 37mm 札幌市 7月

scale:90%

【0457】図示(2011年採集)の他に旭川市でも1♂が採集されている(楠祐一氏、未発表)
【0458】北海道未記録(2002年採集、小木広行氏、未発表)。2014年にも松前町館浜で多数採集された(小松利民氏、未発表)

シャクガ科 [アオシャク亜科] | 125

*アオシャクの仲間は翅の色が変色や褪色するものが多い。

0463
オオシロオビアオシャク♂
49mm 江別市 7月

前縁部に赤褐色斑
縁毛は脈の末端で赤褐色

0464
シロオビアオシャク♂
37mm 小樽市 8月

0465
カギシロスジアオシャク♂
37mm 札幌市 7月

0466
コシロオビアオシャク♂
43mm 苫小牧市 7月

短い尾状突起
基部に2個の褐色斑

0467
キマエアオシャク♀
28mm 八雲町熊石泊川 8月
渡島半島南部

本種以下3種は色彩が淡い
外横線は弱く屈曲

0468
ナミガタウスキアオシャク♀
21mm 厚真町 6月
昼飛性、灯火にも来る

外横線は鋸歯状

0469
ヒメウスアオシャク♂
21mm 江別市 6月
昼飛性、灯火にも来る

黄脈上に白色環

0470
マルモンヒメアオシャク♀
24mm 乙部町鮪川 6月
渡島半島南部

外横線は鋸歯状
小型、色彩が濃い

0471
コガタヒメアオシャク♂
20mm 日高町門別 7月

外横線は鋸歯状
色彩は濃い

0472
オオナミガタアオシャク♀
28mm 北斗市清川 7月
渡島半島南部

翅は丸みを帯び、全面に
白色短線を散らす

0473
スジモンツバメアオシャク♂
32mm 森町森川 7月
主に石狩地方以南

翅は前種より細長く
白色短線はない

0474
ズグロツバメアオシャク♂
31mm 江別市 7月

縁毛はまだら状

0475
ハガタツバメアオシャク♂
37mm 江別市野幌森林公園 7月

♂触角は櫛歯状
次の6種とは異なる
外横線はゆるやかに屈曲

0476
スジツバメアオシャク♂
22mm 小清水町 7月

縁毛はまだら状

0477
キバラヒメアオシャク♂
26mm 札幌市 7月

外横線はほぼ一直線

0478
コウスアオシャク♀
20mm 当別町 8月

腹部背面の飾毛は明るい赤

外横線はゆるやかに屈曲
翅は青みが強い

0479
ウスハラアカアオシャク♂
22mm 江別市 6月

腹部背面の赤みは弱い

外横線はゆるやかに屈曲
翅は青みを帯びる

0480
ホソバハラアカアオシャク♂
20mm 札幌市 7月

腹部背面は赤色帯と飾毛が発達する

外横線は白く明瞭

0481
ナミスジコアオシャク♂
20mm 釧路市 7月

腹部背面に赤色帯と飾毛はない

scale:90%

【0473】道北でも名寄市で1♀が採集されている（小木広行氏、未発表）

126 | シャクガ科 [アオシャク亜科・ヒメシャク亜科]

前種に似るが色彩は暗い黄緑色
腹部背面に赤色帯と飾毛はない
0482 ヒメアオシャク♂ 20mm 江別市 6月

縁毛はまだら
大きく凹む
0483 アカアシアオシャク♂ 25mm 札幌市 7月

0484 ヘリジロヨツメアオシャク♂ 28mm 江別市 7月
赤褐色の小紋

0485 クロモンアオシャク♂ 24mm 石狩市 8月
赤紫色の紋

0486 カラフトウスアオシャク♂ 23mm 札幌市 7月

0487 ヨツメアオシャク♀ 37mm 石狩市生振 7月

全くの無紋
0488 チビムジアオシャク♂ 18mm 江別市野幌森林公園 6月

0489 コヨツメアオシャク♀ 25mm 江別市 7月

ヒメシャク亜科

0490 フタナミトビヒメシャク♂ 23mm 函館市東山 5月 稀

縁毛は紅色
斜条は帯状に広がる
0491 ベニスジヒメシャク♂ 24mm 苫小牧市 7月

縁毛は紅色
斜条は細い
0492 コベニスジヒメシャク♂ 25mm 札幌市 6月

斜条は細いが翅頂付近で広がる傾向
0493 フトベニスジヒメシャク♂ 29mm 札幌市 6月

前種に似るが外観による区別は困難
0494 ウスベニスジヒメシャク♀ 31mm 平取町 6月

0495 ヨツメヒメシャク♀ 23mm 札幌市 8月

後縁まで紋が広がる
0496 ウススジオオシロヒメシャク♂ 42mm 石狩市 7月

円紋の中に上が開いた黒環
0497 ヒトツメオオシロヒメシャク♂ 45mm 北斗市矢不来 8月 渡島半島南部

0498 ウンモンオオシロヒメシャク♀ 27mm 森町小石崎 8月 渡島半島南部

scale:90%

【要精査】0492-0494

シャクガ科 [ヒメシャク亜科] | 127

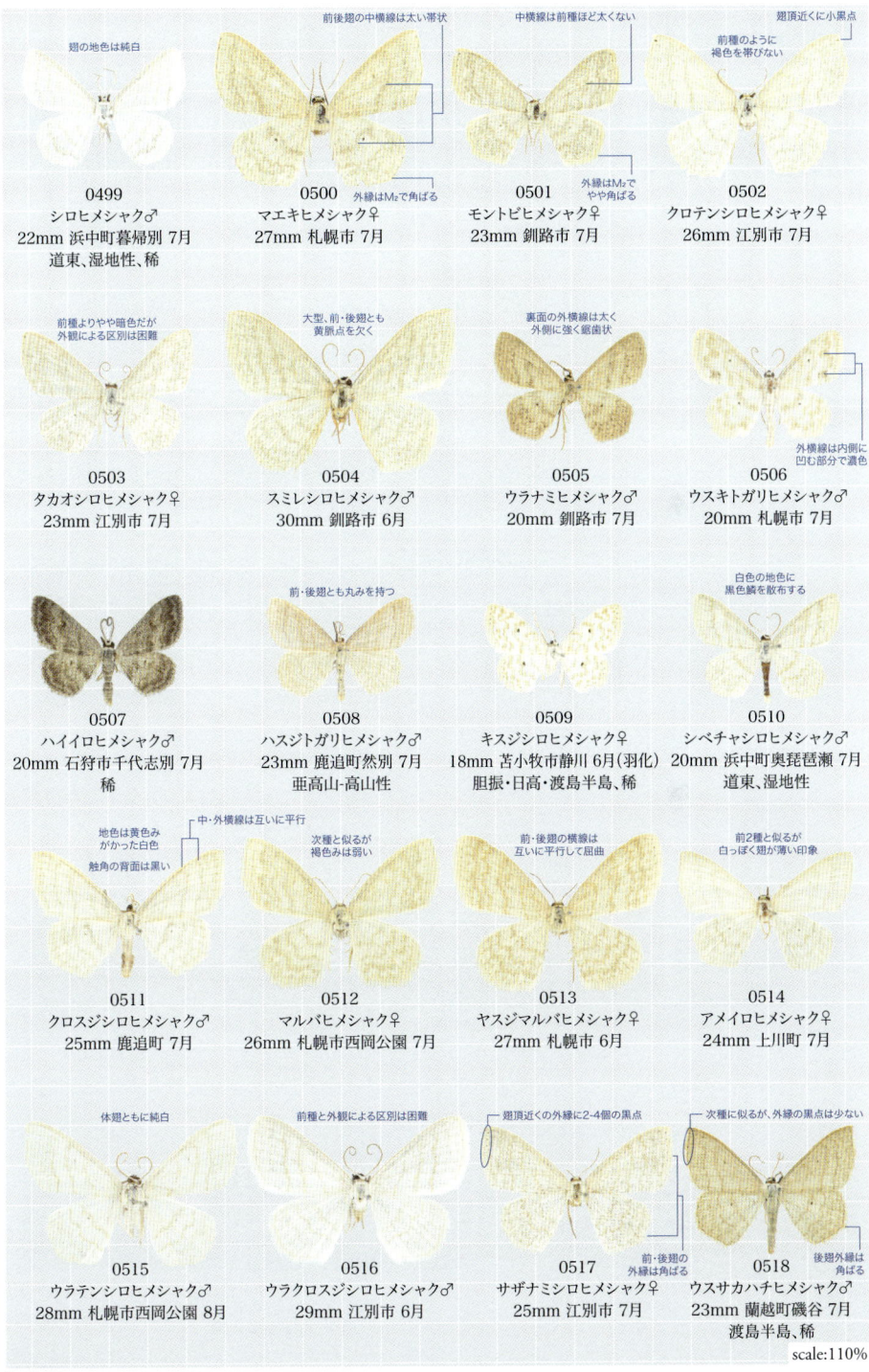

翅の地色は純白
0499 シロヒメシャク♂
22mm 浜中町暮帰別 7月
道東、湿地性、稀

前後翅の中横線は太い帯状
0500 マエキヒメシャク♀
27mm 札幌市 7月
外線はM₂で角ばる

中横線は前種ほど太くない
0501 モントビヒメシャク♀
23mm 釧路市 7月
外線はM₂でやや角ばる

翅頂近くに小黒点
前種のように褐色を帯びない
0502 クロテンシロヒメシャク♀
26mm 江別市 7月

前種よりやや暗色だが外観による区別は困難
0503 タカオシロヒメシャク♀
23mm 江別市 7月

大型、前・後翅とも黄脈点を欠く
0504 スミレシロヒメシャク♂
30mm 釧路市 6月

裏面の外横線は太く外側に強く鋸歯状
0505 ウラナミヒメシャク♂
20mm 釧路市 7月

外横線は内側に凹む部分で濃色
0506 ウスキトガリヒメシャク♂
20mm 札幌市 7月

0507 ハイイロヒメシャク♂
20mm 石狩市千代志別 7月
稀

前・後翅とも丸みを持つ
0508 ハスジガリヒメシャク♂
23mm 鹿追町然別 7月
亜高山・高山性

0509 キスジシロヒメシャク♀
18mm 苫小牧市静川 6月 (羽化)
胆振・日高・渡島半島、稀

白色の地色に黒色鱗を散布する
0510 シベチャシロヒメシャク♂
20mm 浜中町奥琵琶瀬 7月
道東、湿地性

地色は黄色みがかった白色
触角の背面は黒い
0511 クロスジシロヒメシャク♂
25mm 鹿追町 7月

中・外横線は互いに平行
0512 マルバヒメシャク♀
26mm 札幌市西岡公園 7月

次種と似るが褐色みは弱い
0513 ヤスジマルバヒメシャク♀
27mm 札幌市 6月

前・後翅の横線は互いに平行して屈曲
0514 アメイロヒメシャク♀
24mm 上川町 7月

前2種と似るが白っぽく翅が薄い印象

体翅ともに純白
0515 ウラテンシロヒメシャク♂
28mm 札幌市西岡公園 8月

前種と外観による区別は困難
0516 ウラクロスジシロヒメシャク♂
29mm 江別市 6月

翅頂近くの外縁に2-4個の黒点
0517 サザナミシロヒメシャク♀
25mm 江別市 7月

次種と似るが、外縁の黒点は少ない
0518 ウサカハチヒメシャク♂
23mm 蘭越町蕨谷 7月
渡島半島、稀
前・後翅の外縁は角ばる
後翅外縁は角ばる

scale:110%

【要精査】0501-0503, 0511-0518

128 | シャクガ科 [ヒメシャク亜科]

前・後翅外縁に黒点が並ぶ

0519
ウスキクロテンヒメシャク♀
26mm 日高町門別 7月

0520
ベニヒメシャク♀
17mm 江別市 7月

0521
フチベニヒメシャク♀
19mm 苫小牧市柏原 8月

0522
クロテントビヒメシャク♀
19mm 札幌市 8月

前・後翅とも翅の中央より外方に3本の横線が出る

黄褐色帯は太い

黄褐色帯は細い

♂は暗化するというが、筆者は得ていない

0523
クロオビキヒメシャク♀
15mm 共和町瑞穂峠 8月

0524
キヒメシャク♀
22mm 苫小牧市柏原 7月

0525
ヨスジキヒメシャク♀
17mm 苫小牧市勇払 7月

0526
ホソスジキヒメシャク♀
18mm 石狩市 7月

外横線は波状

翅は薄い

外横線は細かく鋸歯状
(標本の状態が悪く見えない)

翅は薄い

次種に似るが斑紋はごく弱い

外横線はなめらか

♂後脚脛節の毛束は灰褐色

0527
ウスキヒカリヒメシャク♂
24mm 江別市野幌森林公園 7月
局地的

0528
ウスジロヒカリヒメシャク♀
24mm 苫小牧市柏原 7月
局地的

0529
ウスモンキヒメシャク♂
15mm 佐呂間町 6月

0530
オオウスモンキヒメシャク♂
18mm 札幌市 6月

前・後翅外縁に黒点列

外横線は明瞭で細かく鋸歯状

外横線は原上で強まる

外横線は弱くなめらか

♂後脚脛節の毛束は黒色

後縁部末端に黒斑

♂後脚脛節の毛束は黄褐色

小型で、♂は後脚脛節と中脚脛節に毛束

0531
ウスキヒメシャク♂
19mm 札幌市 7月

0532
オイワケヒメシャク♀
18mm 江別市野幌森林公園 7月
局地的

0533a
ミジンキヒメシャク♀
15mm 礼文島 8月

0533b
同♂ 黒斑型
15mm 礼文島 8月

中央部の淡黄色帯が目立つ

♂後脚脛節の毛束は黄褐色

Idaea属としては大型、翅は細長い

0534
モンウスキヒメシャク♂
18mm 石狩市 7月

0535
エゾキヒメシャク♂
25mm 下川町珊瑠 7月
道東・利尻島、局地的

scale:110%

【0532】北海道未記録(2001年採集、未発表)。各地で継続的に採集されている【要精査】0519, 0527-0533

シャクガ科 [ナミシャク亜科] | 129

ナミシャク亜科

0536
ツマアカコナミシャク♂
34mm 中札内村 7月

基部と外縁部は緑色
中央部は帯状に黒褐色
緑色部は褪色しやすい

0537
ルリオビナミシャク♂
24mm 江別市 5月
春

中央部は前種より淡色で
コントラストが弱い

0538
テンオビナミシャク♂
20mm 江別市 5月
春

0539
アヤコバネナミシャク♀
22mm 苫小牧市 5月
春、昼飛性、灯火にも来る、稀

0540
ハネナガコバネナミシャク♀
28mm 札幌市 5月
早春

中・外横帯は赤褐色または
黒褐色のことが多い

中・外横帯は
後縁部で接近
したり合流する

0541
シロシタコバネナミシャク♂
22mm 江別市 4月
早春

合流せず内部が
赤い黒斑をつくる

0542
シタコバネナミシャク♂
25mm 伊達市 4月
早春

合流せず紋
をつくらない
前・後翅とも地色は暗い

0543
ハイイロコバネナミシャク♂
25mm 江別市 4月
早春

中・外横帯は太い
接近したり合流し
間が暗色に染まる

斑紋の色彩は赤褐色から
黒褐色まで変異が多い

0544
チャオビコバネナミシャク♂
22mm 江別市 4月
早春

かなり接近するか
合流する
♂後翅後縁の袋は微小
前・後翅とも地色は暗い

0545
ヒメシタコバネナミシャク♂
24mm 函館市恵山 4月
早春、渡島半島南部

0546
クロシタコバネナミシャク♂
18mm 石狩市新港地区 5月
早春

0547a
ウスミドリコバネナミシャク♂
26mm 猿払村浅茅野 5月
早春

内横線は後縁に対し
斜めに走る

内横線は極めて弱く
後縁に対して
垂直に走る

0547b
同♀ 中・外横帯が合流しない型
28mm 石狩市桂ノ沢 4月

0548
マダラコバネナミシャク♂
27 mm江別市 4月
早春

0549
クロオビシロナミシャク♂
26mm 札幌市 4月
早春

0550
ホソクロオビシロナミシャク♂
27mm 厚沢部町古佐内林道 5月
早春

0551
ウスベニスジナミシャク♂
22mm 江別市 4月
早春

0552
シロシタヒメナミシャク♂
25mm 中札内村 6月

♂後翅には翅長の
1/2ほどの大きな袋がある

0553
アトスジグロナミシャク♂
26mm 函館市美原 7月
渡島半島南部

0554
クロフシロナミシャク♂
18mm 松前町上川 5月
春、昼飛性、渡島半島南部

scale:100%

シャクガ科 [ナミシャク亜科]

0555
ゴマダラシロナミシャク♂
22mm 函館市双見 7月

0556
ホシスジトガリナミシャク♂
25mm 釧路市 7月

0557
モンクロキイロナミシャク♀
30mm 中札内村札内川上流 7月
道央・道東の亜高山帯、昼飛性

0558
シロオビクロナミシャク♀
♂は前翅の裏面基部から長毛の束を出す
25mm 江別市 6月
昼飛性

0559
シラフシロオビナミシャク♀
外縁部に白点（時に後翅にも）
25mm 江別市 6月
昼飛性

0560
シロホソオビクロナミシャク♀
白帯は太い
翅は前2種より幅広い
28mm 札幌市 5月
昼飛性

0561
コウスグモナミシャク♂
21mm 厚真町 6月

0562
アオナミシャク♂
23mm 札幌市 6月

0563
ホソバナミシャク♀
29mm 札幌市 8月

0564
キリバネホソナミシャク♀
25mm 札幌市 5月

0565
クロモンミヤマナミシャク♀
25mm トムラウシ山 7月
大雪山の高山帯、日中も飛ぶ

0566
タカネナミシャク♀
26mm 大雪山駒草平 7月
大雪・日高の高山帯、日中も飛ぶ

0567
キアシシロナミシャク♀
30mm 札幌市 7月

0568
ヨスジナミシャク♀
♂は触角が櫛歯状
27mm 札幌市 8月

0569
キタミナミシャク♀
明瞭な暗色斑
♂は触角が繊毛状
27mm 上川町大雪湖 6月
大雪山周辺の亜高山帯

0570
アカマダラシマナミシャク♂
触角は櫛歯状
中央部は暗赤色
22mm 富良野岳 7月
石狩低地帯より東部の亜高山帯

0571
フトジマナミシャク♀
♂は触角が繊毛状だが鋸歯状に近い
20mm 函館市豊原町 9月
稀

0572
ナカシロスジナミシャク♂
触角は繊毛状
23mm 江別市 5月

0573
トビスジコナミシャク♂
中横帯の内縁はゆるやかに曲がる
触角は繊毛状
中央部は赤い
前後翅がかなり暗い個体も多い
22mm 平取町 6月

0574
ナカクロオビナミシャク♂
中横帯の内縁は直線的
前縁部で角ばる
♂は触角が繊毛状
前種に似るが外横帯の外側は斑紋が弱い
24mm 東川町旭岳温泉 7月
大雪山の亜高山帯・高山帯

scale:90%

シャクガ科 [ナミシャク亜科] | 131

♂触角は櫛歯状で枝は長い
中横帯の内縁はゆるやかに曲がる
中央の帯の内縁と外縁は直線的
♂と♀で色彩は異なる

0575 フタトビスジナミシャク♂ 23mm 札幌市 6月
0576 ツマグロナミシャク♀ 20mm 新十津川町 7月
0577a トビスジヒメナミシャク♂ 18mm 森町 8月
0577b 同♀ 21mm 旭川市 9月

0578 ウスイロトビスジナミシャク♂ 22mm 釧路市 7月
0579 シラナミナミシャク♂ 26mm 釧路市 7月
0580 フタテンツマグロナミシャク♂ 23mm 礼文島 8月 道東・道北
0581 ハコベナミシャク♂ 24mm 安平町 6月

0582 ムツテンナミシャク♀ 24mm 湧別町芭露 7月 局地的
0583 ニッコウナミシャク♀ 36mm 石狩市 10月 晩秋
0584 タテスジナミシャク♀ 26mm むかわ町 6月
0585 チャイロナミシャク♂ 27mm 利尻島鴛泊 8月 礼文島・利尻島、稀

0586 クロアシナミシャク♀ 29mm 訓子府町 6月
0587 ネスジナミシャク♀ 32mm 上川町ルベシナイ川 6月 道中央部・道東内陸部、稀
前翅地色の濃さは変異がある
0588 キンオビナミシャク♂ 30mm 札幌市 5月
黒帯は途切れることが多い
前翅地色は金色で濃い
0589 ヒメキンオビナミシャク♂ 25mm 江別市 5月
黒帯は途切れない

0590 イチゴナミシャク♀ 30mm 札幌市 8月
0591 チャオビマエモンナミシャク♂ 25mm 鹿追町然別 7月 道東、稀
0592 ヒトスジシロナミシャク♂ 23mm 訓子府町 6月 昼飛性
0593 フタシロスジナミシャク♂ 25mm 幌延町 6月

scale:90%

132 | シャクガ科 [ナミシャク亜科]

シャクガ科

0594
シロテンサザナミナミシャク♀
34mm トムラウシ山 8月
大雪山の高山帯

外横線は外方に突出することが多い
色彩斑紋の変異が多い
0595
ナカモンキナミシャク♂
25mm 札幌市 4月
早春

外横線は点列となることが多く
ゆるやかに湾曲する
色彩斑紋の変異が多い
0596
モンキキナミシャク♂
24mm 石狩市新港地区 5月
春、カシワ林

♂は前翅裏面に4本の黒条がある
前2種よりやや大きく白っぽい
0597
ギフウスキナミシャク♀
28mm 石狩市新港地区 5月
春、カシワ林

0598
ヤナギナミシャク♂
30mm 中札内村 7月

半円状の淡色紋が目立つことが多い
0599
ヒロヒナミシャク♀
28mm 札幌市 5月

暗色帯が明瞭な
ことが多い
前翅地色は青緑色
斑紋にはかなり変異がある
0600
ウスグロオオナミシャク♂
33mm むかわ町穂別 4月
夏-早春(越冬)

黒褐色斑が発達する
前種より大型
0601
マエモンオオナミシャク♂
40mm 小清水町上徳 10月
夏-早春(越冬)、稀

0602
クロヤエナミシャク♀
32mm 訓子府町 9月

0603
キボシヤエナミシャク♀
34mm 幌延町問寒別 5月

♂は後翅裏面に毛束をもつ
0604
ヤエナミシャク♀
27mm 北見市 7月

♂は後翅裏面に毛束をもつ
0605
シロヤエナミシャク♀
36mm 美瑛町白金 9月
昼飛性、灯火にも来る、稀

0606
オオシロオビクロナミシャク♂
31mm 札幌市 5月
昼飛性

0607
サカハチクロナミシャク♀
29mm 札幌市 6月
昼飛性

♂後翅裏面に毛束をもたない
0608a
エゾヤエナミシャク♂
26mm 小清水町美和 7月
湿地性、局地的

0608b
同♀
25mm 釧路市駒牧 7月

0609a
ネグロウスベニナミシャク♀
40mm 札幌市 9月

帯状の黒斑
0609b
同♀ 裏面

0610a
オオネグロウスベニナミシャク♀
44mm 札幌市 9月

楕円形の黒斑
0610b
同♀ 裏面

scale:85%

シャクガ科 [ナミシャク亜科] | 133

0611 テンヅマナミシャク♂ 40mm 札幌市円山 5月

亜外縁部の黒色紋は不完全な2縦列
中央の黒帯は2重でない
0612 マルモンシロナミシャク♂ 32mm 札幌市 7月

0613 オオナミシャク♀ 38mm 札幌市 6月

亜外縁部の黒色紋は規則正しい2縦列
中央の黒帯は2重
0614 キベリシロナミシャク♂ 29mm 札幌市 7月

0615 ツマキシロナミシャク♂ 32mm 札幌市 6月

0616 キマダラオオナミシャク♂ 49mm 石狩市 8月

極端に白化した個体もいる
0617 キガシラオオナミシャク♂ 50mm 石狩市 7月

0618 ナミガタシロナミシャク♂ 39mm 南幌町大野 7月 稀

0619 チョウセンハガタナミシャク♂ 27mm 中札内村 7月 道東・道北

0620 キマダラナミシャク♂ 30mm 釧路市 9月 主に道東・道北

0621 ウストビモンナミシャク♂ 31mm 札幌市 7月

0622 ヨコジマナミシャク♂ 31mm 苫小牧市 7月

0623 キジマソトグロナミシャク♀ 33mm 訓子府町 7月 道東・道北

♂は触角が櫛歯状に近い
♂は腹部第6-8各節に一対の長い毛束がある
0624 アトクロナミシャク♀ 24mm 札幌市 8月

♂触角は鋸歯状
♂腹部に毛束はない
前種と斑紋による区別は困難
0625 チビアトクロナミシャク♂ 21mm 浜中町 7月

0626 ヒダカアトクロナミシャク♂ 30mm 中札内村札内川上流 5月 春、日高山系・十勝北部

0627 ナワメナミシャク♂ 25mm 小清水町止別 6月 局地的、主に海岸部

♂第4腹板に次種のような袋はない
外縁部の後半は広く淡色
0628 ヒメハガタナミシャク♂ 27mm 北見市 5月

♂は第4腹板に1対の毛束を内蔵する袋がある
下唇髭は前種より長い
0629 オオハガタナミシャク♀ 30mm 札幌市 8月

scale:85%

【0618】図示の1例のみ(2006年採集) 【0620】道南でも大千軒岳で2♂記録されている
【0626】日高山系でのみ知られていたが、鹿道町然別でも1♀が採れている(小木広行氏、未発表)

134 | シャクガ科 [ナミシャク亜科]

0630 セキナミシャク♂ 24mm 厚真町 8月
- 外横線は角ばらない
- 外縁部は広く黄白色
- 胸部・腹部の背面は橙黄色

0631 ソトキナミシャク♀ 29mm 猿払村 7月
- 外横線は中央部で強く角ばる
- 外縁部は広く黄色みが強い
- 前種よりも黄色みを帯びる

0632 アミメナミシャク♂ 25mm 札幌市 8月
- ♂後翅に橙色紋
- 次の2種より小型

0633 ミヤマアミメナミシャク♂ 31mm 札幌市 6月
- ♂後翅に黒色鱗で覆われた赤褐色斑

0634 キアミメナミシャク♂ 31mm 札幌市 8月
- ♂後翅に前種のような紋はない

0635 ハガタナミシャク♀ 40mm 札幌市 6月

0636 シロホソスジナミシャク♂ 20mm 山梨県韮崎市 6月 稀
- 中横帯は外方に強く曲がる
- 外横線は前半で太い
- 亜外線はM₁付近で外線に近づく

0637 キホソスジナミシャク♀ 19mm 札幌市 8月
- 中横帯は強く曲がらない

0638 ビロードナミシャク♀ 35mm 札幌市 9月
- 外横線は全体がほぼ同じ太さ

0639 トビモンシロナミシャク♀ 28mm 苫小牧市 7月

0640 フタテンナカジロナミシャク♀ 32mm 福島町吉岡峠 10月 稀
- 基部は広く暗化

0641 ウスキナカジロナミシャク♀ 31mm 上川町 7月 道東
- 中央部はやや黄緑色を帯び明るい
- 基部と中央部が完全に黒化する異常型が出るという

0642 ツマキナカジロナミシャク♀ 31mm 釧路市 9月
- 中央部は暗くなることが多い
- 全体が黒化するものまで色彩変異が大きい

0643 マエキナカジロナミシャク♂ 26mm 中札内村札内川上流 8月
- 横脈点はごく小さい
- 中央部は広く灰白色

0644 ネアカナカジロナミシャク♀ 33mm 江別市 9月
- 中横帯から基部まで幅広く赤褐色

scale:90%

【0636】1974年に斜里岳清岳荘で採集された1♂のみ。再確認が望まれる
【0640】北海道未記録(1998年採集、小松利民氏、未発表)

シャクガ科 [ナミシャク亜科] | 135

小型で翅が薄い
色彩斑紋には濃淡の変異がある

色彩斑紋には変異があり
やや黄色みを帯びる個体も多い

0645
キオビハガタナミシャク♂
22mm 上川町 6月

0646
オオクロオビナミシャク♀
33mm 札幌市 5月
春

0647
Praethera sp. ♂
29mm 帯広市戸蔦別川上流 5月
春、稀

色彩斑紋には濃淡の変異がある

外横線は前半のみ明瞭

前・後翅ともに暗色

0648
クロオビナミシャク♀
29mm 江別市 10月
秋

0649
ウスクロオビナミシャク♂
26mm 七飯町鳴川 9月
秋、渡島半島南部

0650
ソウウンクロオビナミシャク♂
30mm 戸蔦別岳 8月
各地の高山帯・道東の湿地

0651
マダラクロオビナミシャク♂
28mm 美瑛町白金 6月
大雪周辺の亜高山帯

0652
シロシタトビイロナミシャク♀
35mm 江別市 6月

後翅は明るい

0653
フタクロテンナミシャク♀
26mm 浜中町 7月

*本種以下の3種は晩秋・初冬の蛾で、♀の翅が退化・縮小する

中横帯は曲がらず
後縁に垂直に走る

0654a
ナミスジフユナミシャク♂
30mm 札幌市 11月
初冬

0654b
同♀
10mm 七飯町 11月

0655a
クロオビフユナミシャク♂
31mm 札幌市 11月
晩秋-初冬

0655b
同♀
15mm 札幌市 11月

中横帯はCuA₂の下で
外側に曲がる

V字形の紋

前翅の緑色は褐色化し、白っぽくなりやすい

V字形の紋

0656
ヒメクロオビフユナミシャク♂
34mm 函館市恵山 11月
晩秋-初冬、ブナ分布域

0657
アキナミシャク♂
33mm 札幌市 10月
晩秋

0658
ミドリアキナミシャク♀
29mm 江別市 10月
晩秋

scale:90%

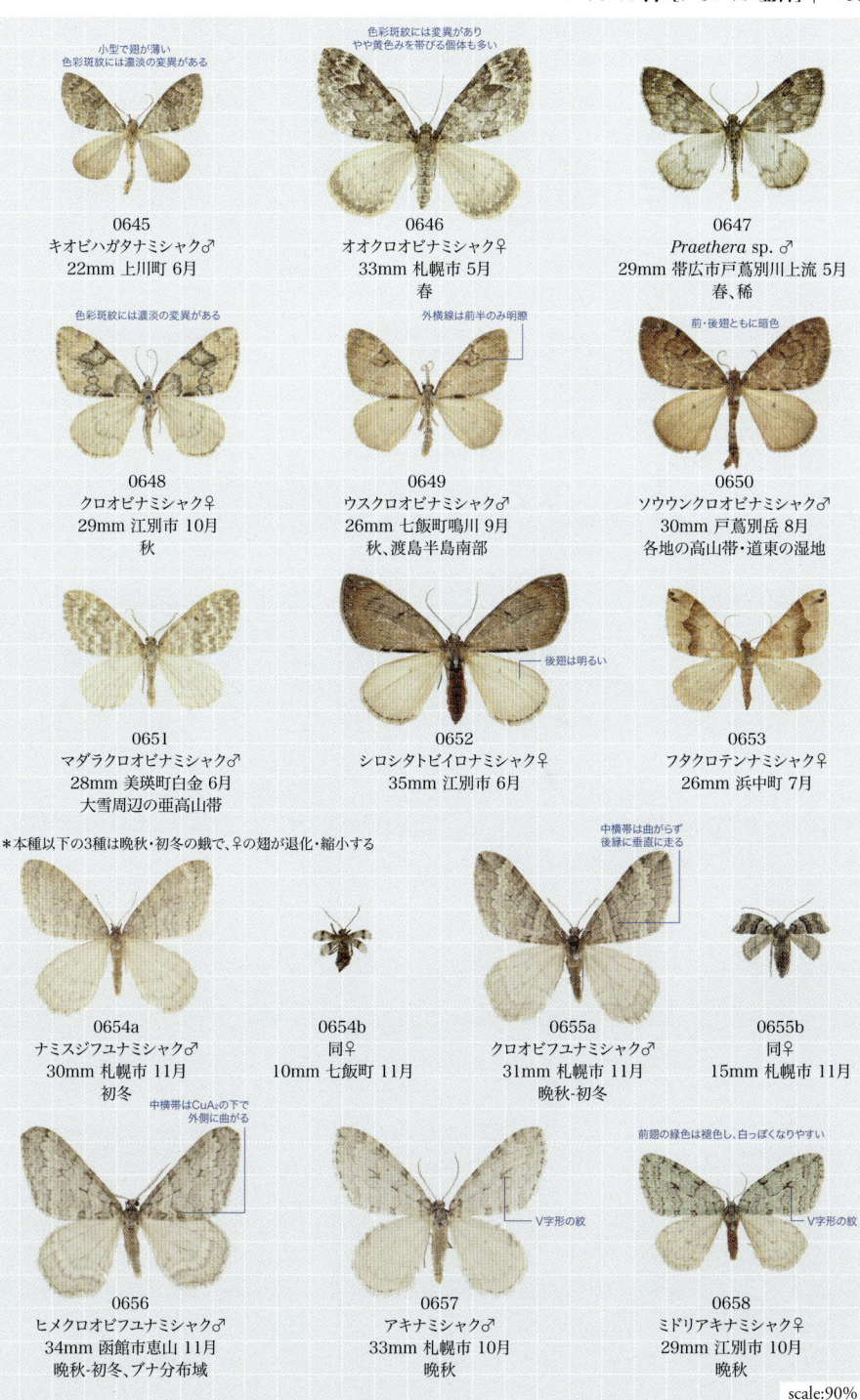

【0647】日本未記録または新種。2012年採集の図示個体のみ(未発表)

シャクガ科 [ナミシャク亜科]

0659 ナカオビアキナミシャク♂
28mm 函館市蛾眉野 10月
晩秋、渡島半島南部

0660 ミヤマナミシャク♂
24mm 上川町 7月
内横線の内側と外横線の外側に茶褐色帯
外横線中央に黒色短条

0661 クロスジカバイロナミシャク♀
22mm 鹿追町然別 7月
大雪・日高の亜高山帯、稀

0662 キモンハイイロナミシャク♂
22mm 美瑛町 6月

0663 マエモンハイイロナミシャク♂
22mm 苫小牧市 4月
早春
赤褐色帯は細く帯状

0664 ナナスジナミシャク♀
19mm 札幌市 9月
秋
各横線は点列状
翅は薄く、斑紋は弱い

0665 キスジハイイロナミシャク♂
21mm 石狩市 7月
内・外横線は太く、黄褐色

0666 ホソスジハイイロナミシャク♂
18mm 富良野岳 7月
中央高地・道東の亜高山帯上部
内・外横線は太く、暗褐色

0667 チビヒメナミシャク♂
16mm 札幌市 7月
各横線は点列状
横脈点は大きく明瞭
翅の地色は灰白色

0668 カバイロヒメナミシャク♀
15mm 札幌市 8月
各横線は波状
横脈点は小さく不明瞭
翅の地色は灰褐色で暗い

0669 テンスジヒメナミシャク♂
17mm 札幌市 6月
不明瞭な赤褐色帯
明瞭な黄白色帯

0670 マダラウスナミシャク♂
21mm 江別市野幌森林公園 5月
春
外横線の前半が帯状に暗化

0671 キヒメナミシャク♂
18mm 札幌市 5月

0672 ハンノナミシャク♂
19mm 札幌市 6月

0673 ウステンシロナミシャク♂
15mm 浜中町 6月
外横線部の2本が接近
横脈点は微小だが明瞭
小型

0674 ムスジシロナミシャク♂
22mm 札幌市 5月
外横線部の2本が接近
前・後翅とも横脈点を欠く

0675 マンサクシロナミシャク♂
21mm 浜中町 6月
前種と外観での区別は困難
外横線部の2本が接近
前・後翅とも横脈点を欠く

0676 キムジシロナミシャク♂
17mm 札幌市 5月
横線は接近せず等間隔
横脈点は小さいが明瞭

0677 カラフトシロナミシャク♂
22mm 江別市 6月
外横線部の2本が接近
横脈点は大きく明瞭

0678 キマダラシロナミシャク♀
24mm 平取町小平 6月
胆振西部・日高、局地的
外側の外横線は太い
突出部に2～3個の黒点

scale:110%

【要精査】0674, 0675

シャクガ科 [ナミシャク亜科] | 137

0679
ハガタチビナミシャク♀
17mm 厚真町 6月

0680
キイロナミシャク♀
24mm 函館市双見 7月
渡島半島

0681
セジロナミシャク♂
23mm 札幌市 8月

0682
アカモンコナミシャク♀
19mm 函館市赤川 6月
渡島半島南部

外観からは次種と区別が困難

色彩斑紋の変異が大きい

橙黄色線

橙黄色紋

前翅の暗色部は青紫色をおびる

0683
ウスカバスジナミシャク♀
22mm ニセイカウシュッペ山 8月
大雪周辺の亜高山帯、稀

0684a
ヒメカバスジナミシャク♀
21mm 札幌市 8月

0684b
同♀
21mm 札幌市 8月

0685
コカバスジナミシャク♀
22mm 札幌市 6月

明瞭な白色短線

後縁部に中央で途切れた黒帯

0686
キオビカバスジナミシャク♂
13mm 江別市 7月

0687
クロカバスジナミシャク♂
18mm 中札内村札内川上流 8月
局地的

0688
ヤハズナミシャク♂
22mm 札幌市 8月

0689
ウスモンチビナミシャク♂
22mm 幌尻岳北カール 8月
稀

赤褐色の幅広い帯

0690
フタオビカバナミシャク♂
16mm 様似町幌満 7月
稀

0691
オオクロテンカバナミシャク♀
20mm 美瑛町白金 7月
山地-亜高山

0692
フトオビヒメナミシャク♀
29mm 札幌市 8月

0693
ウスアカチビナミシャク♀
20mm 北斗市茂辺地 8月
渡島半島南部

本種以下3種は外観で区別できないことも多い

中央部に暗色帯

暗色帯は前種より狭い

中央部に暗色帯はない

中央部に暗色帯

前翅は明るい黄褐色

0694
ナカオビカバナミシャク♂
22mm 札幌市 4月
早春

0695
ウスカバナミシャク♀
20mm 札幌市 5月
早春

0696
モンウスカバナミシャク♂
21mm 江別市 4月
早春

0697
ソトカバナミシャク♀
19mm 江別市 5月
早春

scale:110%

【0689】1988年に同地で1♂1♀が採集されたのみ【0690】1999年に記録されて以来、未だ他の産地は知られていない【要精査】0694-0696

138 | シャクガ科 [ナミシャク亜科]

0698 フタシロスジカバナミシャク♀ 13mm 松前町館浜 7月 渡島半島南部、稀
・前翅前縁部と後翅後縁部は幅広く暗色

0699 エゾチビナミシャク♂ 17mm 鹿追町然別 7月 局地的

0700 シロモンカバナミシャク♂ 21mm 松前町館浜 7月 渡島半島、稀
・外縁部中央に黄白色紋が出ることが多い
・前翅の幅は広い

0701 ヤスジカバナミシャク♂ 16mm 江別市 8月
・横脈紋は比較的大きい
・内・外横線は不明瞭

0702 クロテンヤスジカバナミシャク♂ 17mm 江別市 8月
・横脈紋は前種よりも丸く大きい
・内・外横線は不明瞭 前種と外観による区別は困難なことが多い

0703 ホソチビナミシャク♂ 17mm 江別市 8月
・横脈紋は前種より小さい
・翅はやや細長く、赤みを帯びる

0704 セアカバナミシャク♀ 22mm 江別市 5月
・横脈紋はやや長く明瞭
・腹部背面は赤褐色

0705 フタモンカバナミシャク♀ 21mm 岩見沢市上志文 5月
・外横線は内湾し、横脈紋の下端に接近する
・中室下縁の脈が黒い
・第2腹節背面に太い黒帯

0706 ハラキカバナミシャク♀ 16mm 江差町水堀 8月 渡島半島南部
・翅は丸みを帯びる 淡色線と暗色線が交互に並ぶ
・腹部背面は赤褐色

0707 ミジンカバナミシャク♂ 16mm 北斗市 8月
・翅は前種より細長い 横線は不明瞭
・横脈紋は明瞭

0708 イイジマカバナミシャク♀ 15mm 浜中町 7月
・前種に似るが、色彩ははるかに淡色
・横脈紋は不明瞭か欠く

0709 ウスイロヤスジカバナミシャク♂ 23mm 佐呂間町 6月
・外縁部はやや暗い
・横線は明瞭
・横脈紋は細長い
・大型、淡色

0710a ウラモンウストビナミシャク♀ 23mm 礼文島 8月

0710b 同♀ 裏面
・裏面の亜外縁線は明瞭

0711 ウストビナミシャク♂ 19mm 釧路市 7月
・前翅裏面の亜外縁線は不明瞭
・前種より小型、翅は細長い

0712 オオウストビナミシャク♀ 22mm 当別町 6月

0713 アルプスカバナミシャク♀ 25mm 大雪山銀泉台 7月 大雪山の亜高山帯上部・高山帯、稀
・横脈紋は明瞭
・大型で前翅は幅広い 斑紋は不鮮明

0714 シロマダラカバナミシャク♂ 23mm 石狩市志美 6月 局地的

0715 アミモンカバナミシャク♂ 21mm 江別市 5月

0716 カラスナミシャク♂ 16mm 北斗市戸切地 6月 稀
・翅は墨のような黒色 青色を帯びた横線がある

scale:110%

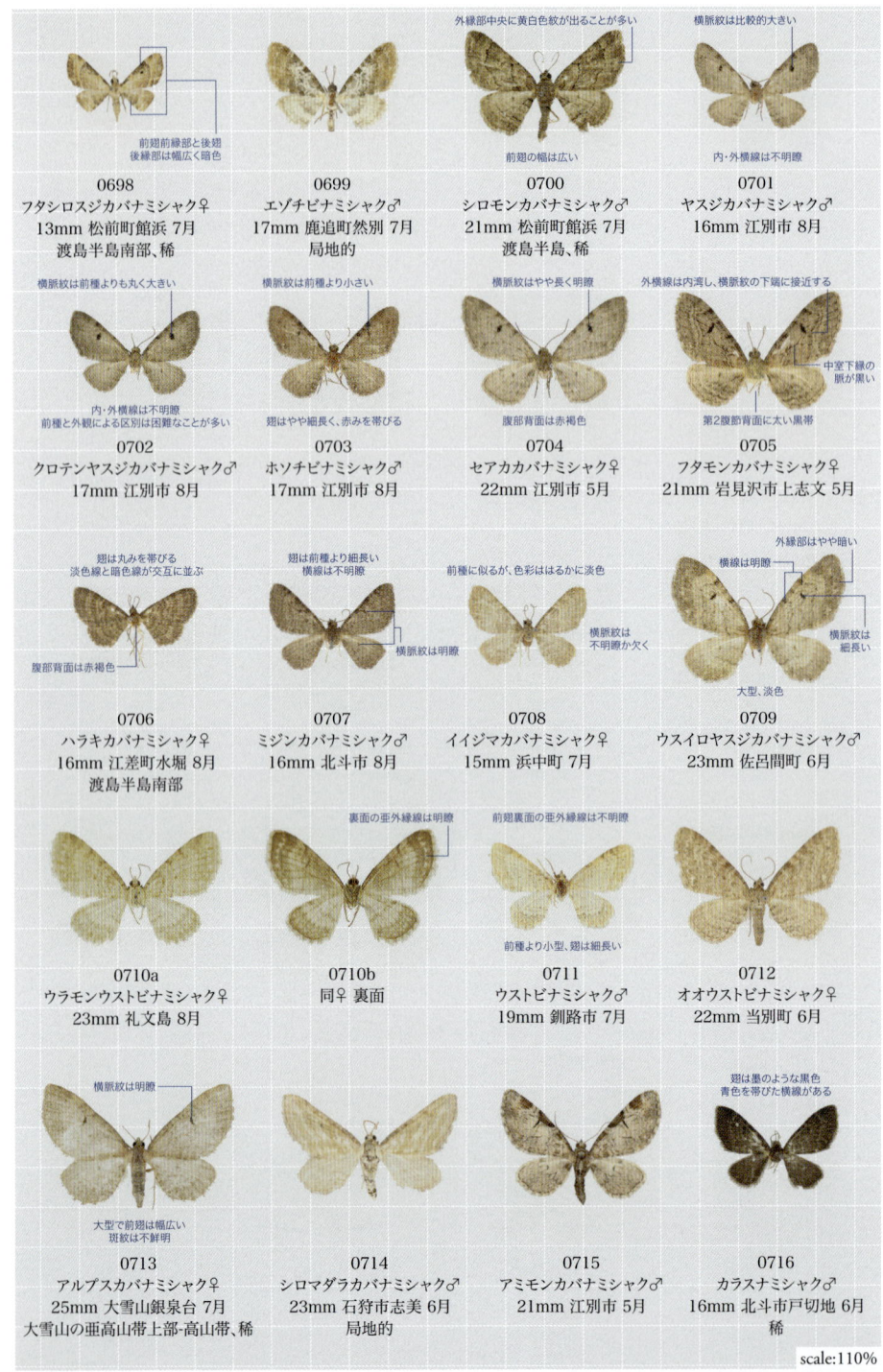

【要精査】0701, 0702

シャクガ科 [ナミシャク亜科] | 139

横脈紋は細長い / 外横線は内湾する / やや大型で翅は細長い、暗灰色で斑紋は弱い
0717
カメダカバナミシャク♀
23mm 江別市 6月

横脈紋は大きい / やや小型
0718
オビカバナミシャク♀
19mm 江別市 6月

横線はぼやけるが、前縁で黒斑になる / 外横線はゆるやかに曲がる / 亜外横線は肛角近くで白紋になる
0719
ウラモンカバナミシャク♀
21mm 江別市 5月

横脈紋は大きく細長い / 横線は小さいが明瞭 / やや小型、斑紋は弱い
0720
ミヤマカバナミシャク♀
18mm 札幌市常磐 7月
局地的

横脈紋は大きい / 斑紋は不明瞭
0721
フジカバナミシャク♀
20mm 苫小牧市高丘 8月

0722
ハネナガカバナミシャク♀
23mm 江別市 4月
早春

後胸背に白紋 / 前・後翅に2個の白点
0723
シロテンカバナミシャク♀
18mm 札幌市 8月

横線は明瞭 / 横脈紋は大きく細長い
0724
クロテンカバナミシャク♀
23mm 釧路市 6月

横線は黒点列になる場合が多い / 横脈紋は大きく明瞭
0725
アザミカバナミシャク♀
20mm 江別市 5月

前翅は淡色線と暗色線が交互に並ぶ / 後胸背に白紋
0726
ホソカバスジナミシャク♀
18mm 石狩市 6月

内・外横線は太い / 横脈紋は大きく長い
0727
マダラカバスジナミシャク♀
18mm 当別町 5月
春

外横帯は淡色 / 後胸背に白紋はない / 翅は淡色で灰色がかる
0728
キナミウスグロナミシャク♀
19mm 上川町 6月
道東

外横帯は淡色 ゆるやかに曲がる / 極めて小型、前種より淡色
0729
ウススジヒメカバナミシャク♂
15mm 浜中町 7月

下唇髭は非常に長い(眼の直径の2倍) / 横脈紋はやや細長い / 後胸背に白紋 / 淡色の外横帯が目立つ
0730
ムネシロテンカバナミシャク♀
19mm 江差町田沢 5月
渡島半島南部、春

中央の幅広い黒帯が目立つ
0731
ナガグロチビナミシャク♀
19mm 札幌市 5月
春

縁毛はまだら状 / 翅の地色は暗灰色、白線は太い
0732
クロマダラカバナミシャク♀
17mm 神恵内村尾根内 5月
局地的

縁毛はほぼ一様に暗色 / 翅の地色は黒色、白線は細い
0733
クロバネカバナミシャク♀
17mm 北見市常呂海岸 6月
稀

前翅は一様に赤みを帯びた淡褐色
0734
チャイロカバナミシャク♂
17mm むかわ町穂別 6月
稀

外横帯は淡色、太く明瞭 / 横脈紋は大きく細長い
0735
シロオビカバナミシャク♀
19mm 神恵内村珊内 6月
海岸部、局地的

外横線は強く角ばる / 後翅の外縁はゆるやかに波状
0736
ホソバチビナミシャク♀
15mm 七飯町鳴川 9月
稀

scale:110%

【0736】幌延町音類でも1♂が採集されている(小木広行氏、未発表) 【要精査】0720、0721

140 シャクガ科 [ナミシャク亜科]・シャチホコガ科 [ツマアカシャチホコ亜科]

0737 ケブカチビナミシャク♂
15mm 北斗市矢不来 9月
主に渡島半島南部
- ♂の翅頂は尖る
- 亜外線の中央に淡色斑

0738 クロスジアオナミシャク♀
17mm 苫小牧市 7月
- Z状の黒紋が目立つ

0739 リンゴアオナミシャク♀
20mm 釧路市北斗 7月 稀
- 本種以下5種は後翅にも前翅のような色彩斑紋が出る
- 腹部背面は赤褐色でない

0740 クロフウスアオナミシャク♀
18mm 新十津川町日進 6月 稀
- 外横線の屈曲は弱い
- 翅の色彩は暗い

0741 ハラアカウスアオナミシャク♂
22mm 札幌市 6月
- 腹部背面は赤褐色

0742 テンスジアオナミシャク♀
18mm 積丹町入舸 5月（羽化）稀
- 横脈紋は小さい
- 前・後翅外横線は点列状

0743a ウラモンアオナミシャク♀
19mm 札幌市 7月

0743b 同♀ 裏面
- 裏面は横帯が太く明瞭

0744 ソトシロオビナミシャク♀
17mm 上川町 7月
- 下唇髭は極めて長く突出
- 後翅は一様に灰褐色

0745 トラノオナミシャク♂
22mm 浜中町三番沢 7月
- 中・外横線は前縁部を除き点列状
- 後縁の中央部は後方に膨らむ
- 後翅外縁は深く波状

0746 マエフタテンナミシャク♂
21mm 北広島市西の里 7月 稀
- 中・外横線は前縁で黒斑になる
- 後翅外縁は中央部でやや凹む

0747 ナカジロナミシャク♂
30mm 美瑛町 9月 道東
- 横脈紋は明瞭

scale:110%

シャチホコガ科
ツマアカシャチホコ亜科

0748 ツマアカシャチホコ♀
35mm 札幌市 6月
- 赤褐色斑は白色線の内側まで広がる
- 黒紋がある

0749 ニセツマアカシャチホコ♂
35mm 札幌市 5月
- 赤褐色斑は白色線の外側に限られる

0750 セグロシャチホコ♀
39mm 札幌市 7月

0751 ヒナシャチホコ♀
27mm 釧路市 6月
- 色彩斑紋は濃淡の変異に富む

0752 クワゴモドキシャチホコ♂
31mm 札幌市 6月

scale:90%

【0737】道東でも標茶町の記録がある 【0742】北海道と兵庫県で、それぞれ1箇所しか産地が知られていない
【要精査】0739, 0741

シャチホコガ科 [ウチキシャチホコ亜科] | 141

ウチキシャチホコ亜科 モクメシャチホコ族

黒帯は幅広い

翅の地色は白色に近い

0753
ホシナカグロモクメシャチホコ♂
37mm 札幌市 6月

黒帯の幅は前種より狭い

中央部でくびれる

翅の地色は紫灰色

0754
ナカグロモクメシャチホコ♂
36mm 札幌市 8月

腹部背面は白い

0755
モクメシャチホコ♂
67mm 札幌市 6月

腹部背面は黒い

0756
オオモクメシャチホコ♀
71mm 札幌市 7月

0757
ギンシャチホコ♂
46mm 石狩市 7月

0758
コフタオビシャチホコ♂
32mm 札幌市 7月

ウチキシャチホコ族

外横帯外側の淡色帯は前縁に向かう

新鮮な標本でなければ次種と外観で区別するのは困難

外横帯外側の淡色帯は翅頂に向かう

0759a
エグリシャチホコ♂ 暗色型
37mm 札幌市 6月

0759b
同♂ 明色型
34mm 札幌市 7月

0760
エゾエグリシャチホコ♀
44mm 札幌市 7月

scale:90%

【要精査】0759, 0760

シャチホコガ科 [ウチキシャチホコ亜科]

前2種よりも小型、翅はより短い
地色はより明るい

外横線外側に
白点列

地色は暗く、外横線は縁取りされず目立たない

後縁の基部～
中央は赤褐色

0761
クワヤマエグリシャチホコ♂
33mm 本別町キロロ 7月
局地的

0762
スジエグリシャチホコ♂
37mm 苫小牧市 5月

0763
クロエグリシャチホコ♂
40mm 札幌市 6月

0764
ウスヅマシャチホコ♂
35mm 札幌市 7月

0765
クロスジシャチホコ♂
41mm 本別町 6月

色彩斑紋は変異に富む
♂触角は両櫛歯状

♂触角は鋸歯状

0766a
シーベルスシャチホコ♂ 暗色型
41mm 夕張市 4月
早春

0766b
同♀ 明色型
46mm 苫小牧市 4月

0767
ホッカイエグリシャチホコ♂
38mm 帯広市戸蔦別川上流 5月
春

0768
モンキシロシャチホコ♂
35mm 札幌市 5月

0769
キエグリシャチホコ♂
42mm 札幌市 9月
晩秋

scale:90%

シャチホコガ科 [ウチキシャチホコ亜科] | 143

0770a
エゾクシヒゲシャチホコ♂
36mm 札幌市 10月
晩秋
外横線は白色、直線状

0770b
同♀
36mm 札幌市 11月

0771a
クシヒゲシャチホコ♂
34mm 札幌市 11月
晩秋
外横線は湾曲し M₃で角ばることが多い

0771b
同♂ 淡色型
33mm 札幌市 11月

0771c
同♀
34mm 札幌市 11月

0772
アオバシャチホコ♂
47mm 札幌市 6月

0773
オオトビモンシャチホコ♂
41mm 札幌市 9月
晩秋

0774
エゾギンモンシャチホコ♂
41mm 長万部町国縫 8月
ブナ分布域
前縁部は広く橙色

0775
ギンモンシャチホコ♂
40mm 上川町 7月

0776
ウスイロギンモンシャチホコ♂
38mm 札幌市 6月

0777
シロスジエグリシャチホコ♀
47mm 中札内村 7月

0778
ハガタエグリシャチホコ♂
40mm 苫小牧市 7月

scale:90%

144 | シャチホコガ科 [ウチキシャチホコ亜科]

0779 ユミモンシャチホコ♂
43mm 札幌市 6月
弓形の紋

0780 クロテンシャチホコ♂
47mm 平取町 6月
大きな横脈紋
2個の黒紋

0781 シロテンシャチホコ♂
38mm 札幌市 6月
白色紋
前翅の緑色鱗の発達には変異がある

0782 カバイロモクメシャチホコ♀
62mm 札幌市 8月
黄白色線の内側は褐色に縁取られる

0783 スジモクメシャチホコ♀
56mm 石狩市 8月
前縁基部と外縁部は広く暗色
中央部は白っぽい

0784 ナカスジシャチホコ♂
39mm 札幌市 6月

0785 シロスジシャチホコ♀
42mm 浦河町 8月

0786 マエジロシャチホコ♂
48mm 札幌市 7月

0787 トビスジシャチホコ♂
42mm 白滝村 6月
次種に似るが黄色部を欠く

0788 ウチキシャチホコ♂
47mm 札幌市 5月
後縁基部と中央部後半は黄色
後翅内半は明るい

0789 トビマダラシャチホコ♂
43mm 札幌市 8月
前翅の色彩は単調

scale:80%

シャチホコガ科 [ウチキシャチホコ亜科・トビモンシャチホコ亜科] | 145

シャチホコガ族

0790
シロジマシャチホコ♀
56mm 中札内村 6月

0791
ムラサキシャチホコ♀
51mm 共和町 7月

斑紋は緑色を帯びる

0792
ニッコウシャチホコ♂
32mm 北斗市 6月

0793
バイバラシロシャチホコ♂
37mm 厚真町 8月

0794
シャチホコガ♂
53mm 江別市 5月

0795
ヒメシャチホコ♂
38mm 北斗市館野 6月
渡島半島南部

フサオシャチホコ族

トビモンシャチホコ亜科
ツマキシャチホコ族

0796
ギンモンスズメモドキ♂
72mm 厚沢部町木間内 7月
渡島半島南部

0797
ツマキシャチホコ♂
54mm 函館市戸井 7月
稀

0798
モンクロシャチホコ♀
53mm 森町 7月

0799
フタジマネグロシャチホコ♂
40mm 美瑛町五稜 7月
稀

0800
クロシタシャチホコ♂
57mm 対馬 5月

scale:80%

【0800】1887年に函館産の標本をもとに記載されたが、北海道ではそれ以来記録はない。食餌植物のヤブツバキは北海道に自生しない

146 | シャチホコガ科 [トビモンシャチホコ亜科]

シャチホコガ科

キシャチホコ族

色彩の明暗、斑紋の発達には変異がある

♂触角は強い歯牙状、毛束を生ずる
後縁部は広く暗色
♂の腹部は極めて長い

前種よりはるかに濃色
♂触角は両櫛歯状
褐色斑

0801
ホソバシャチホコ♂
44mm 札幌市 6月

0802
ウスキシャチホコ♂
47mm 札幌市 7月

0803
キシャチホコ♂
46mm 札幌市 6月

トビモンシャチホコ族

0804
ツマジロシャチホコ♂
40mm 札幌市 6月

0805
ウスグロシャチホコ♀
41mm 中札内村 7月

0806
スズキシャチホコ♂
42mm 札幌市 7月

色彩の明暗には変異がある

0807
ヤスジシャチホコ♂
45mm 札幌市 5月

0808
クビワシャチホコ♂
41mm 札幌市 7月

0809
カエデシャチホコ♂
41mm 札幌市 7月

0810
オオエグリシャチホコ♂
54mm 札幌市 6月

0811
チョウセンエグリシャチホコ♂
57mm 中札内村札内川上流 6月
道東

後縁部は黄褐色

scale:80%

シャチホコガ科 [トビモンシャチホコ亜科] | 147

0812
タテスジシャチホコ♂
34mm 札幌市 5月

0813
ナカキシャチホコ♂
54mm 共和町 8月
- 内・外横線は不明瞭
- 前縁基半に明灰色部はない

0814
ルリモンシャチホコ♂
45mm 札幌市 7月
- 内・外横線は明瞭
- 前縁基半に明灰色部

0815
マルモンシャチホコ♀
51mm 函館市白尻 6月
ブナ分布域
- 基部の暗色斑は円形

0816
イシダシャチホコ♂
59mm 中札内村 7月
- 翅頂近くに橙色の平らな紋
- 腎状紋の中心に橙色紋

0817
アカネシャチホコ♂
49mm 札幌市 6月
- 鋸歯状の橙色紋
- 赤色斑はCu脈に沿って伸びる
- ♂後翅の後半は白色

0818
ハイイロシャチホコ♂
35mm 札幌市 8月

0819
セダカシャチホコ♂
69mm 江別市 6月

0820
アオセダカシャチホコ♂
59mm 江別市 6月
- 後縁部は三角状に黄色
- 内・外横線は強く接近する

scale:80%

148 シャチホコガ科［トビモンシャチホコ亜科］・ドクガ科

♂触角は羽毛状に近い櫛歯状
♀触角は櫛歯状だが、枝ははるかに短い

前翅は灰緑色鱗を均一に散らし、次種よりやや明るいことが多い
♀は白っぽい
黒紋が出ない型もあるが、出る型は本種の♀に固有

0821a
ブナアオシャチホコ♂
41mm 北斗市矢不来 6月
ブナ分布域

0821b
同♀ 黒紋型
41mm 北斗市矢不来 6月

♂♀とも触角は羽毛状に近い櫛歯状
♀の櫛歯は少し短い

中央部は暗色の個体が多い
前縁の暗色帯の幅は前種より広い

0822a
オオアオシャチホコ♂
45mm 江別市 6月

0822b
同♂ 暗色型
42mm 江別市 5月

0823
トビギンボシシャチホコ♂
41mm 木古内町札苅 7月
稀

ドクガ科

0824a
スギドクガ♂
40mm 鹿追町 7月

0824b
同♀
51mm 札幌市 6月

♂は中横帯が黒化することが多い

0825a
リンゴドクガ♂
39mm 札幌市 6月

♀は白っぽく別種のよう

♂♀とも同じ斑紋

0825b
同♀
49mm 札幌市 6月

0826
アカヒゲドクガ♂
46mm 札幌市 6月

0827
ブドウドクガ♂
37mm 石狩市 8月

scale:80%

【0823】図示の1例のみ（1967年採集）

ドクガ科 | 149

ドクガ科

0828
マメドクガ♂
35mm 北斗市 9月

0829a
ダイセツドクガ♂
33mm 大雪山駒草平 6月
大雪山の高山帯、♂は昼飛性

0829b
同♀
40mm 大雪山駒草平 6月
♀は飛べない

♀の翅は痕跡的

0830a
アカモンドクガ♂
30mm 札幌市 8月
♂は昼飛性、灯火にも来る

0830b
同♀
15mm(体長)
札幌市 8月(羽化)

0831a
ヒメシロモンドクガ♂
30mm 札幌市 8月
♂は昼飛性、灯火にも来る

♀は2型ある

0831b
同♀ 長翅型
37mm 札幌市 8月

0831c
同♀ 短翅型
22mm 小清水町
9月(羽化)

♀は白色で無紋

0832a
スゲドクガ♂ 明色型
35mm 浜中町仲の浜 8月
湿地性

0832b
同♂ 暗色型
35mm 札幌市西岡公園 8月

0832c
同♀
37mm 浜中町仲の浜 8月

顔面は橙黄色、下唇鬚と前脚脛節は黄色

触角の柄の背面は純白

0833
エルモンドクガ♀
58mm 厚真町 8月

0834
ヒメシロドクガ♂
36mm 厚沢部町笹毛堂沢川 7月
ブナ分布域

0835
ヤナギドクガ♀
48mm 札幌市 8月

触角の柄の背面は黒と白のまだら
(例外的に純白)

翅は半透明

前脚の脛節と跗節、中・後脚の跗節は黄色

0836
ブチヒゲヤナギドクガ♂
41mm 札幌市 8月

0837
キアシドクガ♂
46mm 江別市 7月
昼飛性

0838
ヒメキアシドクガ♀
36mm 札幌市 7月

scale:80%

【要精査】0835, 0836

150 | ドクガ科

0839a
シロオビドクガ♂
58mm 厚沢部町古佐内林道 7月
渡島半島南部、局地的
♂♀で色彩斑紋は異なる

0839b
同♀
71mm 函館市豊原町 8月

0840a
クロモンドクガ♂
38mm 平取町 7月

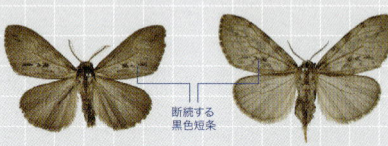

0840b
同♀
42mm 七飯町 8月

0841a
ウチジロマイマイ♂
28mm 札幌市西岡公園 8月
石狩低地帯以西

断続する
黒色短条

0841b
同♀
30mm 札幌市西岡公園 8月

前翅中央は白っぽい

0842a
マイマイガ 道東・道北亜種♂
42mm 石狩市 8月
♂は昼飛性、灯火にも来る

地色は茶色みが強い

0842b
同道南・本土亜種♂
44mm 森町尾白内 7月

0842c
同 道南・本土亜種♀
63mm 長万部町静狩 8月

scale:80%

【0842】2亜種の境界は石狩低地帯とされる

ドクガ科 | 151

0843a
ノンネマイマイ♂
34mm 札幌市 8月

0843b
同♀
51mm 札幌市 8月

0844a
バンタイマイマイ♂
47mm 山梨県明野村 7月
稀

黒色縦線が目立つ

0844b
同♀
54mm 当別町川崎 7月

♂♀で色彩斑紋は異なる

0845a
カシワマイマイ♂
47mm 石狩市 8月

♀の後翅はピンク色を帯びる

0845b
同♀
69mm 石狩市 8月

＊以下の3種は成虫・幼虫ともに毒針毛を持つ。肌に炎症を起こすので直接触れないようにしたい。

0846
ドクガ♂
32mm 苫小牧市 7月

0847
キドクガ♂
29mm 札幌市 7月

0848
モンシロドクガ♂
35mm 石狩市 7月

scale:80%

【0844a】北海道では、♂はまだ採れていない

ヒトリガ科 [コケガ亜科]

ヒトリガ科
コケガ亜科

♂触角は鋸歯状 / ♂触角は微毛状
帯状または点列状の横線 / 帯状または点列状の横線
前種に似るが、小型で翅は細い

0849 クロミャクホソバ♂ 26mm 釧路市 7月
0850 クロスジホソバ♂ 22mm 江別市 8月
0851 ネズミホソバ♂ 18mm 礼文島 8月
0852 ホシホソバ♀ 23mm むかわ町穂別 8月 稀

♂触角は鋸歯状だが突起の長さはクロスジホソバより短い
以下3種は外観だけによる区別は困難
黒点列
クロスジホソバに似るが、翅は細い / 一般に後翅の黄色みは強いが、変異がある / 後翅の黄色みは前種より弱い

0853 ヒメクロスジホソバ♂ 22mm 様似町幌満 7月
0854 キシタホソバ♂ 36mm 札幌市 7月
0855 ウスキシタホソバ♂ 34mm 札幌市西岡公園 8月 渡島半島南部を除く全域

♂♀で色彩は異なる
後翅は黄色みを帯びない / ♂の地色は灰黄色 / 前後翅の外縁部は暗化傾向 / ♀の地色は茶褐色〜橙褐色

0856 ミヤマキベリホソバ♂ 30mm 札幌市 7月
0857a ムジホソバ♂ 30mm 札幌市 8月
0857b 同♀ 36mm 札幌市 8月

前翅は橙黄色 / 前縁は橙黄色 / 前縁は細く淡黄色
後翅は灰褐色 / R脈はEilema属で唯一4本（他種は5本） / 前種の小型個体に似るEilema属で最小の種

0858 シタグロホソバ♀ 24mm 北見市富里ダム 8月 稀
0859 キマエホソバ♂ 24mm 札幌市 7月
0860 ヒメキマエホソバ♂ 20mm 石狩市新港地区 9月 稀
0861 シロホソバ♂ 23mm 苫小牧市勇払 8月 稀

前縁部は橙黄色 / 翅全体が淡黄色
暗色型と黄色型がある / キマエホソバよりやや大型だが外観からの区別は困難

0862 ニセキマエホソバ♀ 暗色型 29mm 札幌市 7月
0863 キムジホソバ♂ 22mm むかわ町穂別 7月 稀
0864 ヒメキホソバ♀ 31mm 札幌市 6月

scale:100%

【0855】記録は少ないが広く分布し、札幌地方には多い 【0858】北見市と小清水町でごく少数が採集されているのみ
【0863】せたな町で1♂が記録されたが、留萌市でも1♂が採集されている（未発表）【要精査】0854-0856, 0859, 0862

ヒトリガ科 [コケガ亜科] | 153

前翅は青緑色の金属光沢がある　　　　頭部は黒色　　　　　　頭部は黄色

0865
クビワウスグロホソバ♂
43mm 当別町 6月

0866
キマエクロホソバ♂
41mm 札幌市 6月

0867
キベリネズミホソバ♂
34mm 札幌市 6月

♂♀で色彩斑紋が異なる

0868a
ヨツボシホソバ♂
50mm 苫小牧市 7月

0868b
同♀
54mm 苫小牧市 7月

　　　　　　　　　　ぼかしたような褐色斑
　　　　　　　　　　中心に黒短条

0869
アカスジシロコケガ♂
34mm 苫小牧市 7月

0870
ウスグロコケガ♂
19mm 江別市 7月

0871
ホシオビコケガ♂
27mm 中札内村 8月

0872
オオベニヘリコケガ♀
30mm 札幌市 7月

　　　　　　　　各横線は太い
♀は淡黄色
ほとんど無紋　　　　　　　　　　♀は翅が細長く
翅の地色は橙色を帯びる　翅の地色は灰褐色　　斑紋が弱い

0873
クシヒゲコケガ♂
16mm 苫小牧市静川 7月

0874
クロスジコケガ♂
18mm 浜中町カムラ沼 7月

0875
ゴマダラキコケガ♂
29mm 札幌市 8月

0876
モンクロベニコケガ♂
23mm 札幌市 8月

　　　　　　　　　　　　　　　　前種にやや似るが、はるかに大型
　　　　　　　　　　　　　　　　色彩斑紋の変異は著しい

0877
フタホシキコケガ♂
25mm 苫小牧市 7月

0878
ゴマダラベニコケガ♂
26mm 札幌市 7月

0879
スジベニコケガ♀
46mm 北斗市茂辺地 6月
渡島半島南部

ヒトリガ科

scale:100%

154 | ヒトリガ科 [コケガ亜科・ヒトリガ亜科]

0880 ハガタベニコケガ♂ 25mm 石狩市 7月 — 後翅は赤味が強い

0881 ハガタキコケガ♂ 20mm 札幌市 8月

0882 ベニヘリコケガ♂ 24mm 札幌市 8月 — 後翅は黄色

scale:100%

ヒトリガ亜科

0883 モンシロモドキ♀ 51mm 沖縄本島 3月 稀、昼飛性、灯火にも来る

0884 ベニゴマダラヒトリ♂ 34mm 静岡県東伊豆町 7月 稀

0885 アマヒトリ♂ 32mm 長沼町 8月

0886 リシリヒトリ♂ 38mm 十勝岳望岳台 6月 昼飛性

0887a ダイセツヒトリ♂ 37mm 大雪山駒草平 7月 大雪山の高山帯、昼飛性

0887b 同♀ 37mm 大雪山駒草平 7月

♂♀で色彩斑紋は異なる
0888a モンヘリアカヒトリ♂ 41mm 釧路市 7月

0888b 同♀ 43mm 小清水町 7月

♂♀で色彩斑紋は異なる
0889a ヒメキシタヒトリ♂ 43mm 上川町 6月 昼飛性

0889b 同♀ 40mm 新得町 6月

scale:80%

【0883】1963年函館山で採集された1個体のみ 【0884】1997年渡島大島で採集された1個体のみ

ヒトリガ科 [ヒトリガ亜科] | 155

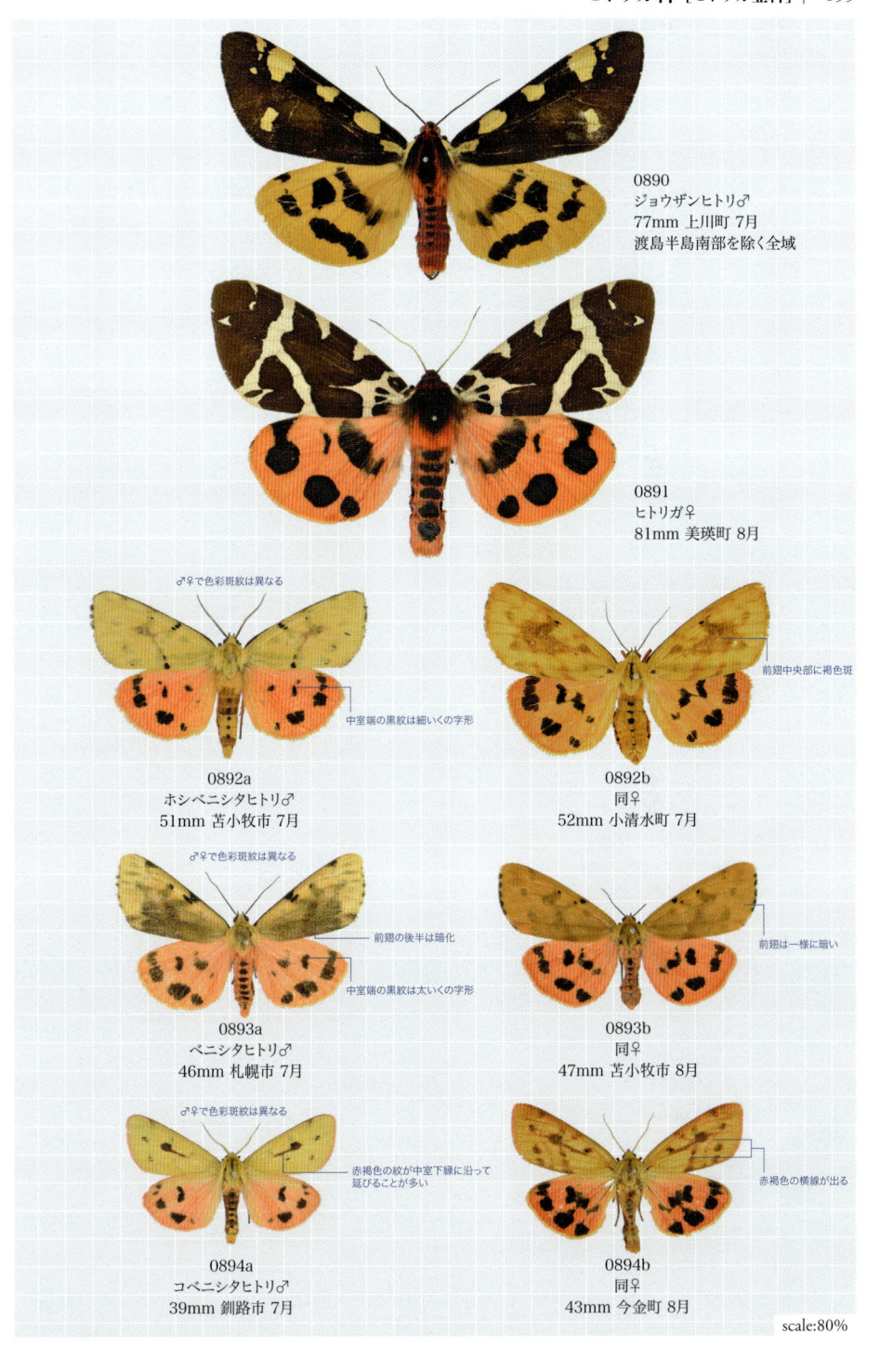

ヒトリガ科

0890
ジョウザンヒトリ♂
77mm 上川町 7月
渡島半島南部を除く全域

0891
ヒトリガ♀
81mm 美瑛町 8月

♂♀で色彩斑紋は異なる
中室端の黒紋は細いくの字形
0892a
ホシベニシタヒトリ♂
51mm 苫小牧市 7月

前翅中央部に褐色斑
0892b
同♀
52mm 小清水町 7月

♂♀で色彩斑紋は異なる
前翅の後半は暗化
中室端の黒紋は太いくの字形
0893a
ベニシタヒトリ♂
46mm 札幌市 7月

前翅は一様に暗い
0893b
同♀
47mm 苫小牧市 8月

♂♀で色彩斑紋は異なる
赤褐色の紋が中室下線に沿って延びることが多い
0894a
コベニシタヒトリ♂
39mm 釧路市 7月

赤褐色の横線が出る
0894b
同♀
43mm 今金町 8月

scale:80%

156 | ヒトリガ科 [ヒトリガ亜科]

体翅とも白色、黒斑の出方には変異がある

0895
アメリカシロヒトリ♂
34mm 函館市豊川 4月(羽化)
渡島半島南部、稀

0896
シロヒトリ♂
63mm 江別市 7月

0897
アカハラゴマダラヒトリ♂
40mm 安平町 5月
腹部背面は赤色

0898a
キハラゴマダラヒトリ♂
32mm 上ノ国町 8月
腹部背面は黄色

0898b
同♂ 触角
♂触角の枝は長い

0899a
イラクサゴマダラヒトリ(新称)♂
36mm 豊富町稚咲内 6月
腹部背面は黄色

0899b
同♂ 触角
♂触角の枝は短い

0900
スジモンヒトリ♂
40mm 札幌市 6月
前縁基部に黒線
黒斑の発達には変異がある

0901
キバネモンヒトリ♀
40mm 浜中町 7月
前縁基部に黒線はない
前種よりやや小型

0902
フトスジモンヒトリ♂
38mm 札幌市 6月

0903
フタスジヒトリ♀
55mm 札幌市西岡公園 6月
石狩低地帯以西

0904a
カクモンヒトリ♂
27mm 松前町白神岬 9月
渡島半島南部
♂♀とも斑紋の変異は著しい

0904b
同♀
37mm 松前町白神岬 9月
♀の翅は白色半透明

0905a
クロバネヒトリ♂
33mm 平取町 8月
♂♀で色彩斑紋は異なる
♂の翅は黒色

0905b
同♀
35mm 札幌市 7月
♀の地色は灰黄色、斑紋の変異は著しい

0905c
同♀
41mm 石狩市 7月

0905d
同♀
37mm 七飯町 7月

scale:80%

【0895】北海道では2000年以来、時々発生がみられる 【0899】日本未記録。最近、北海道のキハラゴマダラヒトリには本種が含まれていることがわかった(むし社刊「世界の美麗ヒトリガ」に掲載予定。岸田泰則氏私信)

ヒトリガ科 [ヒトリガ亜科・カノコガ亜科]・アツバモドキガ科・コブガ科 [コブガ亜科] | 157

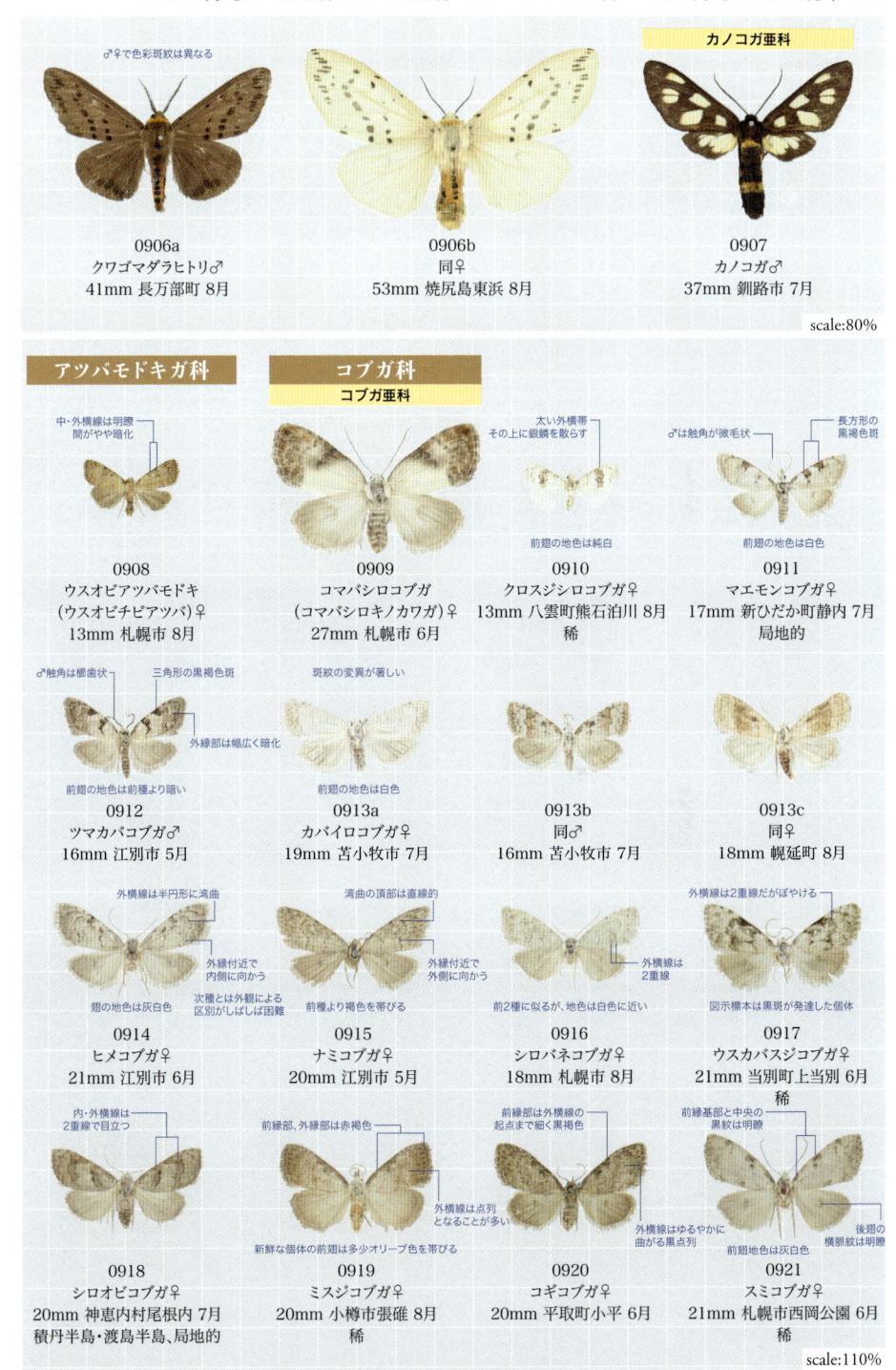

カノコガ亜科

0906a
クワゴマダラヒトリ♂
41mm 長万部町 8月
♂♀で色彩斑紋は異なる

0906b
同♀
53mm 焼尻島東浜 8月

0907
カノコガ♂
37mm 釧路市 7月

scale:80%

アツバモドキガ科

コブガ科
コブガ亜科

0908
ウスオビアツバモドキ
(ウスオビチビアツバ)♀
13mm 札幌市 8月
中・外横線は明瞭
間がやや暗化

0909
コマバシロコブガ
(コマバシロキノカワガ)♀
27mm 札幌市 6月

0910
クロスジシロコブガ♀
13mm 八雲町熊石泊川 8月
稀
太い外横帯
その上に銀鱗を散らす
前翅の地色は純白

0911
マエモンコブガ♀
17mm 新ひだか町静内 7月
局地的
♂は触角が微毛状
長方形の
黒褐色斑
前翅の地色は白色

0912
ツマカバコブガ♂
16mm 江別市 5月
♂触角は櫛歯状
前翅の地色は前種より暗い
三角形の黒褐色斑
外縁部は幅広く暗化

0913a
カバイロコブガ♀
19mm 苫小牧市 7月
斑紋の変異が著しい
前翅の地色は白色

0913b
同♂
16mm 苫小牧市 7月

0913c
同♀
18mm 幌延町 8月

0914
ヒメコブガ♀
21mm 江別市 6月
外横線は半円形に湾曲
外縁付近で内側に向かう
翅の地色は灰白色
次種とは外観による区別がしばしば困難

0915
ナミコブガ♀
20mm 江別市 5月
湾曲の頂部は直線的
外縁付近で外側に向かう
前種より褐色を帯びる

0916
シロバネコブガ♀
18mm 札幌市 8月
外横線は2重線
前2種に似るが、地色は白色に近い

0917
ウスカバスジコブガ♀
21mm 当別町上当別 6月
稀
外横線は2重線だがぼやける
図示標本は黒斑が発達した個体

0918
シロオビコブガ♀
20mm 神恵内村尾根内 7月
積丹半島・渡島半島、局地的
内・外横線は2重線で目立つ

0919
ミスジコブガ♀
20mm 小樽市張碓 8月
稀
前縁部、外縁部は赤褐色
新鮮な個体の前翅は多少オリーブ色を帯びる
外横線は点列となることが多い

0920
コギコブガ♀
20mm 平取町小平 6月
前縁部は外横線の起点まで細く黒褐色
外横線はゆるやかに曲がる黒点列

0921
スミコブガ♀
21mm 札幌市西岡公園 6月
稀
前翅基部と中央の黒紋は明瞭
後翅の横脈紋は明瞭
前翅地色は灰白色

scale:110%

【0913c】かつてエゾシロオビコブガ *Nola shin* Inoue, 1982とされたことがある変異【要精査】0914, 0915

158 コブガ科 [コブガ亜科・リンガ亜科]

0922 ヨシノコブガ♂
17mm 札幌市 6月
- 前縁の黒褐色斑は次種より明瞭なことが多い
- 次種と外観による区別は困難

0923 シロフチビコブガ♀
17mm 札幌市西岡公園 6月
- 中室内の黒点は前種より明瞭なことが多い

0924 オオコブガ♂
24mm 札幌市 7月
- 外横線の起点は黒紋に接する

0925 ミカボコブガ♀
22mm 江差町田沢 8月
稀
- 帯状の黒褐色紋(後縁部で広がる)

0926 キタオオコブガ♂
24mm 札幌市 7月
- 外横線の起点は黒紋から離れる
- 翅はオオコブガより暗い

0927 オオマエモンコブガ♀
22mm 厚沢部町古佐内林道 7月
渡島半島南部・胆振・日高
- 前縁中央の黒紋は顕著(内側は内横線で限られる)
- 後翅の横脈紋は痕跡的か消滅
- 前翅地色は灰白色

0928 ヘリグロコブガ♂
20mm 江別市 7月
- 前縁部は基部から中室端まで黒色
- 前翅地色は灰褐色で暗い

0929 トウホクチビコブガ♀
19mm 標茶町二ツ山 7月
稀
- 前縁の黒褐色紋は前種より短く幅が狭い
- 中室内の黒紋は明瞭、前縁の紋と分離する
- 前種に似るが小型

0930a エチゴチビコブガ♂
18mm 江別市 7月
- 内・外横線の間は暗褐色(後縁部で狭まる)

0930b 同♀
22mm 札幌市 7月

0931 モトグロコブガ♂
21mm 鹿追町然別 7月
- 内横線内側の黒褐色部は前縁中央の紋とつながる

0932 クロスジコブガ♀
22mm 札幌市 7月
- 内・外横線は大きく弧状に曲がり間は暗化することが多い

0933 トビモンシロコブガ♀
21mm 札幌市 7月

0934 ツマモンコブガ♂
16mm 苫小牧市静川 6月
稀
- 前縁・亜外縁の暗色部は青色鱗で輝く
- 前翅の地色は純白

0935 リンゴコブガ♂
26mm 苫小牧市 7月

scale:110%

リンガ亜科

0936 マエキリンガ♂
25mm 平取町小平 7月
渡島半島・日高地方

0937 ハネモンリンガ♀
33mm 札幌市 7月

0938 カマフリンガ♂
32mm 札幌市 8月

scale:90%

【0929】図示の1例のみ(1983年採集)【要精査】0922, 0923

コブガ科 [リンガ亜科] | 159

♂♀で色彩斑紋は異なる

0939a
アオスジアオリンガ♂ 春型
35mm 札幌市 6月

♀後翅は白色

0939b
同♀ 春型
42mm 石狩市 7月

♀は後翅が白色

0939c
同♂ 夏型
32mm 札幌市 9月

春型は♂♀で色彩斑紋が異なる

0940a
アカスジアオリンガ♂ 春型
32mm 安平町早来 5月(羽化)
胆振・日高・北見、カシワ林、局地的

♀後翅は白色

0940b
同♀ 春型
37mm 安平町早来 5月(羽化)

夏型は♂♀で同じ色彩

後翅は♂♀とも白色

0940c
同♂ 夏型
35mm 日高町富川 7月(羽化)

色彩斑紋に変異がある

外方に尖る黒色条

0941a
ミヤマクロスジキノカワガ♂
27mm 美瑛町 8月

0941b
同♂
26mm 上川町 8月

前翅は一様な灰色、変異は少ない

黒色条とならず外方はぼやける

0942a
クロスジキノカワガ♂
25mm 札幌市 10月

0942b
同♂
26mm 江別市 5月

前翅は暗灰色、斑紋は不鮮明

小黒点をもつ

0943
クロテンキノカワガ♂
19mm 七飯町七飯岳 9月
稀

0944
カバイロリンガ♂
36mm 乙部町姫川沢 6月
ブナ分布域

0945
サラサリンガ♀
35mm 江別市野幌森林公園 7月
石狩低地帯以西

前翅の赤味は弱い
次種と異なり季節型はない

0946
クロオビリンガ♂
29mm 札幌市 6月

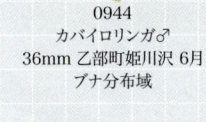

前翅中央に強く赤みを帯びる

0947a
アカオビリンガ♀ 春型
28mm 浜中町霧多布 8月

夏型は全体に濃色

0947b
同♂ 夏型
30mm 札幌市八剣山 7月

scale:90%

【0943】図示の1例のみ(1999年採集)

160 | コブガ科 [リンガ亜科・ワタリンガ亜科・キノカワガ亜科・リュウキュウキノカワガ亜科・ナンキンキノカワガ亜科・亜科所属不明]

0948
ギンボシリンガ♀
27mm 上川町 6月

0949
ハイイロリンガ♂
27mm 安平町早来 10月
渡島半島南部・胆振

0950a
アミメリンガ♀
36mm 江別市 5月

0950b
同♀ 無紋型
28mm 平取町 6月

ワタリンガ亜科

0951
アカマエアオリンガ♀
21mm 札幌市 8月
前翅の褐色点を欠くことがある
後翅は白色

0952
ベニモンアオリンガ♀
22mm 美瑛町 6月
中央部に紅色紋
縁毛は暗褐色
後翅は暗灰色
前翅の紅色紋を欠くことがある

0953
ウスベニアオリンガ♀
21mm 小清水町 6月
紅色斑は大きく前縁から後縁に達する
縁毛は淡緑色
後翅は灰白色

キノカワガ亜科

0954
キノカワガ♀
45mm 函館市美原 9月(羽化)
主に渡島半島南部

リュウキュウキノカワガ亜科

0955
リュウキュウキノカワガ♂
29mm 函館市函館山 9月
稀

ナンキンキノカワガ亜科

0956
ネジロキノカワガ♀
25mm 白糠町 7月

亜科所属不明

0957
シンジュキノカワガ♂
71mm 盛岡市 10月(羽化)
稀

scale:90%

【0954】道東でも標茶町で1♂の記録がある 【0955】図示の1例のみ(1968年採集)
【0957】1962年に札幌市、1967年と2001年に函館市で採集された記録がある

ヤガ科 [テンクロアツバ亜科・ムラサキアツバ亜科・亜科所属不明・ミジンアツバ亜科] | 161

ヤガ科
テンクロアツバ亜科

*鱗翅目で最も種数が多い。

0958 テンクロアツバ♂ 21mm 苫小牧市 7月

0959 オオテンクロアツバ♂ 22mm 函館市美原 7月
前種より色彩が暗く、やや大型
外横線は明瞭

0960 キクビムモンアツバ♂ 18mm 釧路市 9月
石狩低地帯以東、湿地性

ムラサキアツバ亜科

0961 ヒメナミグルマアツバ♂ 22mm 札幌市 7月

0962 ムラサキアツバ♂ 27mm 札幌市 8月

0963 マエヘリモンアツバ♂ 31mm 江別市 6月

0964 マエジロアツバ♂ 32mm 北見市 7月

0965 ソトキイロアツバ♂ 34mm 函館市白尻 6月 ブナ分布域

0966 マエテンアツバ♂ 21mm 長万部町国縫 8月 渡島半島
前・後翅中室内に半透明の小白紋がある

0967 チビクロアツバ♂ 20mm 江別市 7月
触角は♂とも両櫛歯状
中室端に黄褐色点

亜科所属不明

0968 ヒロバチビトガリアツバ♀ 24mm 苫小牧市 8月
翅頂の内側から斜条を出す

0969 チビトガリアツバ♂ 21mm 浜中町 7月
翅頂から斜条を出す

0970 クロテンカバアツバ♂ 16mm 札幌市 8月
大きな褐色点が目立つ

0971 フタキボシアツバ♂ 20mm 札幌市 7月
2個の黄色点

scale:100%

ミジンアツバ亜科

0972 クロスジヒメアツバ♂ 20mm 様似町幌満 11月 稀
翅は細長い
♀は斑紋が不明瞭

0973 ハスオビヒメアツバ♀ 17mm 札幌市 8月
中室端に黒点はない

0974 ウスオビヒメアツバ♂ 15mm 石狩市千代志別 9月
中室端に小さな黒点

0975 マルモンヒメアツバ♀ 17mm 音威子府村 8月
中室端に丸く大きな黒点

scale:120%

162 ヤガ科 [ミジンアツバ亜科・ホソヤガ亜科・ベニコヤガ亜科]

中室内に褐色点 — 中央部に幅広い褐色帯
翅頂からの斜線は後縁の中央より内側へ走る

0976
ハスジミジンアツバ♂
16mm 小清水町倉栄 7月
道東、湿地性

0977
マガリミジンアツバ♂
12mm 釧路市 9月
道東、湿地性

0978
キマダラチビアツバ♀
19mm 稚内市 8月

scale:120%

ホソヤガ亜科

前翅前半は灰色鱗が広がる — 後翅内半部は黄褐色
前翅内半は白色 — 中室端に黒点はない
前翅内半は褐色 — 中室上角に小黒点
前・後翅の横線は屈曲 全体に褐色を帯びる

0979
アヤホソコヤガ♀
13mm 陸別町 8月

0980
シロホソコヤガ♂
11mm 初山別村 8月

0981
マダラホソコヤガ♀
12mm 石狩市 6月

0982
ウスグロホソコヤガ♂
12mm 陸別町 7月

scale:140%

ベニコヤガ亜科

前縁の白色紋は鮮明
前・後翅は光沢ある橙褐色

0983
キスジコヤガ♀
20mm 札幌市 8月

0984
シラホシコヤガ♂
17mm 苫小牧市 7月

0985
クロハナコヤガ♀
19mm 札幌市 8月

0986
カバイロシマコヤガ♂
20mm 厚沢部町古佐内林道 7月
稀

白色紋は前種より大きく正三角形 — 体翅は前種より淡紅色を帯びる
翅頂部に白色点 — 縁毛は濃いピンク色

0987
モモイロシマコヤガ♂
19mm 江別市 8月

0988
ツマベニシマコヤガ♂
18mm 江別市 7月

0989
ミイロコヤガ♀
23mm 厚沢部町古佐内林道 8月
渡島半島南部、局地的

0990
シロエグリコヤガ♀
14mm 江別市 6月

翅頂に黄白斑

0991
ベニエグリコヤガ♀
20mm 函館市 7月

0992
ツマトビコヤガ♂
18mm 日高町門別 8月
稀

0993
ベニチラシコヤガ♂
23mm 松前町館浜 8月
稀

0994
ハイマダラコヤガ♂
16mm 石狩市新港地区 9月

scale:100%

【0989】厚沢部町のみで採集されている

ヤガ科 [ベニコヤガ亜科・アツバ亜科] | 163

0995 ツマテンコヤガ♂
19mm 上ノ国町向浜 8月
稀

0996 モモイロツマキリコヤガ♂
28mm 小樽市蘭島 7月
渡島半島・小樽市以南の日本海側

0997 アトキスジクルマコヤガ♂
22mm 札幌市 6月
後翅の黄脈紋は微小なくの字形の黄色条

0998 アトテンクルマコヤガ♂
20mm 札幌市 8月
後翅の黄脈紋は微小な暗色点

クルマアツバ(1056)との混同に注意

0999 ウスキコヤガ♀
27mm 蘭越町富岡 7月
渡島半島南部

1000 シロオビクルマコヤガ♂
25mm 札幌市 6月

一見、コブガ科に見えるが類似の種はない

1001 シロコヤガ♀
16mm 厚沢部町古佐内林道 7月
稀

scale:100%

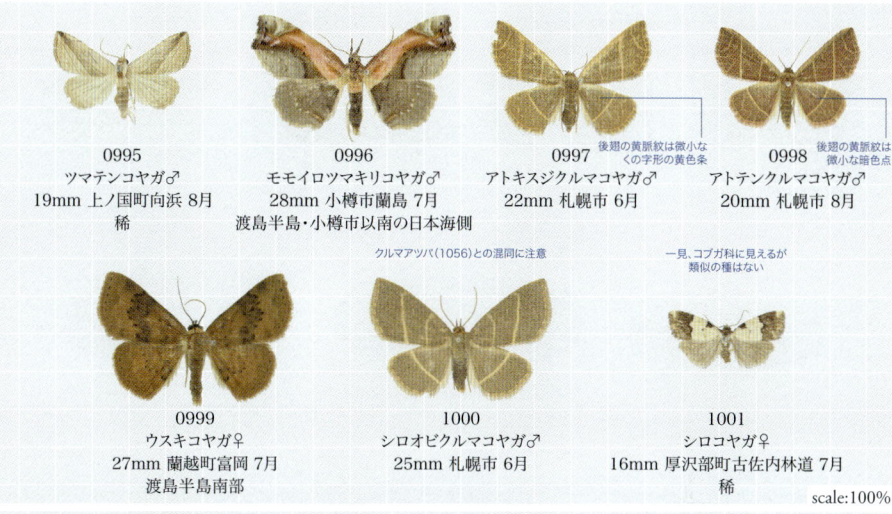

アツバ亜科

翅頂付近に外方が尖った白点

1002 ナカジロアツバ♂
28mm 札幌市西岡公園 9月
稀

中央部は黄褐色

1003 キシタアツバ♀
29mm 八雲町熊石泊川 8月
外縁の黒色帯は発達しない

中央部に明瞭な三角斑が現れない

1004 クロキシタアツバ♀
31mm 苫小牧市勇払 8月

中央部に明瞭な三角斑

1005 タイワンキシタアツバ♂
33mm 北斗市当別 6月
稀

外横線の内側に褐色条

1006 ソトムラサキアツバ♀
30mm 神恵内村珊内 6月
稀

後翅は一様に黒褐色

1007 フタオビアツバ♂
36mm 札幌市 6月

基半部は濃色　外横線内側に褐色影が広がる

1008 チャバネフタオビアツバ♀
37mm 釧路市 8月

前種に似るが、色彩は暗い

中室端に暗色影

1009 ヒトスジアツバ♀
36mm 札幌市 6月

外横線は黄白色で、直線状

1010 ナミテンアツバ♂
28mm 札幌市富丘 10月
稀

外横線外側の後縁部に円形の黒斑

R₅室に楔状の黒紋

1011 オオトビモンアツバ♂
27mm 旭川市雨紛 9月
稀

M₁室に長方形の黒紋

翅頂に淡色部 (後縁はR₅室内の斜条で限られる)

1012 ウスチャモンアツバ♀
25mm 厚沢部町古佐内林道 7月
稀

scale:90%

【1003】北海道未記録(1990年採集、小木広行氏、未発表)【1010】図示の1例のみ(1999年採集)
【1011】図示の1例のみ(2000年採集)【1012】図示の1例のみ(1999年採集)

164 | ヤガ科 [アツバ亜科]

	淡色部の濃淡には変異がある	外横線はほぼ直線状	
1013 *Hypena* sp. ♂ 27mm 函館市豊原町 9月 稀	1014 アオアツバ♂ 26mm 北斗市向野 9月 稀	1015 スジアツバ♂ 26mm 函館市三森町 10月 稀	1016a ホソバアツバ♂ 30mm 平取町 5月

台形状の暗色紋 / 半月状の淡色紋

1016b 同♀ 30mm 平取町 5月 ♀は色彩が明るい	1017a ミツボシアツバ♂ 38mm 札幌市 9月	1017b 同♀ 34mm 札幌市 9月 ♀は色彩が明るい

台形紋の幅は前種より狭い / 前種より扁平 / 外横線の起点は翅頂より内方 / 外横線の起点は翅頂

1018a ムラサキミツボシアツバ♂ 37mm 上川町 8月	1018b 同♀ 31mm 札幌市 9月 ♀は色彩が明るい	1019 ソトスナミガタアツバ♀ 30mm 札幌市 9月	1020 ナミガタアツバ♂ 33mm 札幌市 9月

*Bomolocha*属としてはかなり大型 / 亜外縁部に白色影 / 外横線の外側は広く白色 / 外横線の外側は♂は灰色、♀は褐色を帯びる / 外横線の後半はゆるく外湾 / 亜外縁線は不斉な暗褐色紋列 / 後縁部は橙褐色 / 後縁部は明るい黄褐色 / 外横線は中央部で内側に凹む

1021 ヤマガタアツバ♂ 31mm 松前町豊岡 8月 渡島半島南部、稀 ♀はやや明るく、外縁部は灰白色	1022 ハングロアツバ♀ 28mm 江差町田沢 8月 渡島半島・胆振西部	1023 ミヤマソトジロアツバ♀ 24mm 札幌市 7月	1024 エゾソトジロアツバ♀ 28mm 北斗市 6月

翅頂部の黒斑は明瞭 / 基部・外横線・亜外横線は紫白色 / 外横線はなめらかに湾曲する / 前縁直下で直角に折れ曲がる / 亜外縁線は強く鋸歯状 / ♂は全体が暗褐色、斑紋は不鮮明

1025 シラクモアツバ♂ 29mm 札幌市 6月 色彩と外横線の曲がり方は変異が激しい	1026 アイモンアツバ♀ 29mm 増毛町 7月	1027 マルモンウスヅマアツバ♀ 29mm 江別市 6月	1028 ホシムラサキアツバ♀ 30mm 上川町 7月

scale:90%

【1013】分類未確定(小松利民氏採集、岸田泰則氏同定)
【1021】図示(1998年採集)の他に確実な記録は、福島町松浦の1♀のみ。十勝地方の記録は再確認が必要

ヤガ科 [ベニスジアツバ亜科・カギアツバ亜科・ツマキリアツバ亜科]

ベニスジアツバ亜科

カギアツバ亜科

1029 キンスジアツバ♂
25mm 札幌市 7月

1030 カギアツバ♂
27mm 江別市野幌森林公園 6月

1031 ウスベニコヤガ♂
22mm 札幌市 7月

1032 フタスジエグリアツバ♀
26mm 札幌市 7月

1033 クロシモフリアツバ♂
27mm 北広島市島松 6月

1034 キボシアツバ♀ (前翅の地色は紫灰色、後翅は暗色)
21mm 札幌市 8月

1035 チャバネキボシアツバ♀ (前翅の地色は黄褐色、後翅は淡色)
20mm 苫小牧市 8月

1036 セニジモンアツバ♀
18mm 江別市 7月

1037 マンレイツマキリアツバ♂
31mm 函館市 7月

1038 シロテンツマキリアツバ♂
30mm 厚真町幌内 6月 稀

1039 キマダラアツバ♂
26mm 森町尾白内 6月 渡島半島南部

1040 ミカドアツバ♂ (後縁部に黄褐色部 その外側に白色条)
25mm 札幌市 5月

1041 ウスマダラアツバ♂ (前翅は褐色鱗を密布する)
30mm 江別市野幌森林公園 6月

1042 トビフタスジアツバ♂
28mm 江別市野幌森林公園 7月

ツマキリアツバ亜科

1043 ウンモンツマキリアツバ♂ (灰色で明瞭な半月紋)
33mm 札幌市 6月

1044 シロモンツマキリアツバ♀ (小白点群)
29mm 美瑛町 7月

1045 ミツボシツマキリアツバ♀ (外横線の外側は広く赤褐色、小白点群)
27mm 札幌市 6月

1046 ムラサキツマキリアツバ♂ (外横線の外側は藍黒色に縁取られる)
27mm 石狩市新港地区 7月

scale:90%

166 ヤガ科 [ツマキリアツバ亜科・クルマアツバ亜科]

1047 ヨシノツマキリアツバ♀ 26mm 新冠町奥新冠 7月 稀

1048 ツマジロツマキリアツバ♀ 25mm 札幌市 7月

1049 マエモンツマキリアツバ♂ 28mm 八雲町熊石泊川 7月 渡島半島南部

1050 リンゴツマキリアツバ♀ 31mm 苫小牧市 7月

クルマアツバ亜科

2個の白紋

♂は下唇髭が上反し、頚板に達する

1051 シラナミクロアツバ♀ 32mm 厚沢部町古佐内林道 7月 稀

1052 オオシラホシアツバ♂ 46mm 北斗市矢不来 6月 石狩低地帯以西

1053 ハナマガリアツバ♀ 33mm 札幌市 7月

♂の下唇髭は上反し後胸に達するが胸部背面の溝に埋もれている

シロオビクルマコヤガ(1000)との混同に注意

1054 フサキバアツバ♂ 26mm 函館市豊原 8月 渡島半島南部

1055 シロモンアツバ♀ 26mm 厚真町 6月

1056 クルマアツバ♀ 27mm 苫小牧市 7月

1057 ミスジアツバ♀ 28mm 厚真町 6月

後翅も前翅と似た斑紋

各横線はきわめて細く、鋸歯状

1058 シロテンムラサキアツバ♂ 21mm 北斗市館野 8月 渡島半島南部

1059 オビアツバ♂ 29mm 札幌市 7月

1060 ハグルマアツバ♀ 32mm 栗山町円山 6月 稀

1061 ホソナミアツバ♀ 25mm 苫小牧市柏原 7月 渡島半島南部・胆振・日高

次種と異なり、♂は前縁褶を欠く

♀の色彩斑紋は変異に富む

1062 キモンクロアツバ♀ 31mm 当別町青山 8月

1063 シロホシクロアツバ♀ 25mm 札幌市 7月

1064a ヒロオビウスグロアツバ♂ 24mm 札幌市 5月

1064b 同♀ 24mm 札幌市 5月

scale:90%

【1051】図示の1例のみ(1998年採集)

ヤガ科 [クルマアツバ亜科] | 167

♂は細い前縁襞がある

前種より翅は細長く、鱗粉が密で光沢がある

1065
ソトウスグロアツバ♀
27mm 神奈川県小田原市 5月
稀

1066
フタスジアツバ♀
26mm 札幌市 7月

1067
シロスジアツバ♂
26mm 札幌市 7月

♂触角はこぶ状の結節を欠く

1068
アカマエアツバ♂
33mm 訓子府町美園 9月

♂触角はこぶ状の結節がある

内横線は直線的　外横線は鋭く尖る

内・外横線は細かく波状

内・外横線は太く滑らかに屈曲する

前翅地色は青灰色を帯びる

前・後翅の地色は暗い　外横線は鋭く尖る

1069
オオアカマエアツバ♂
37mm 浜中町茶内 8月

1070
ツマオビアツバ♂
30mm 石狩市 7月

1071
コブヒゲアツバ♂
31mm 北斗市 8月

1072
ウスグロアツバ♂
31mm 札幌市 7月

亜外縁線は、ほぼ直線状かわずかに内湾する

内横線は前縁直下で角ばる

地色は淡黄褐色

1073
ハスオビアツバ♂
23mm 浜中町奥琵琶瀬 7月
湿地性

1074
ヒメコブヒゲアツバ♀
28mm 札幌市 9月

1075
ヒメツマオビアツバ♂
32mm 北斗市 7月

1076
キイロアツバ♂
32mm 石狩市 7月

後翅に前翅に似た斑紋は出ない

内・外横線は細く、屈曲する

外横線は比較的滑らかに屈曲する

亜外縁線は複雑に屈曲し、不明瞭

亜外縁線は滑らかに屈曲し黒褐色の縁取りが明瞭

地色は暗褐色

地色はやや灰色を帯びる

地色は灰色、茶色みを帯びない
後翅は前翅よりも明るい

1077
アミメアツバ♂
29mm 当別町 7月

1078
コウスグロアツバ♂
26mm 釧路市 7月

1079
カサイヌマアツバ♂
23mm 森町砂崎 7月
稀、湿地性

1080
ウラジロアツバ♂
23mm 釧路市 9月

下唇鬚は長刀状
前方に突出する

下唇鬚は前種より長く
前方に突出する

翅頂部に黒色点
亜外縁線はその内方から出る

内横線は直線状

前翅は褐色鱗を密布する

1081
カシワアツバ♂
28mm 札幌市 6月

1082
ナガキバアツバ♂
25mm 北見市 7月

1083
ツマテンコブヒゲアツバ♂
29mm 苫小牧市 7月

1084
クロスジアツバ♂
23mm 石狩市 8月

scale:90%

【1065】北海道の確実な記録は、1990年代の八雲町熊石泊川のみと思われる【1079】同地でのみ少数が採集されている

168 ヤガ科 [クルマアツバ亜科・トモエガ亜科]

1085 ヨスジカバイロアツバ♂
22mm 浜中町奥琵琶瀬 7月
湿地性
地色は橙褐色、後翅は淡色

1086 トビスジアツバ♂
28mm 札幌市 6月
♂前脚は毛束が発達し
跗節の鞘状突起は太い

1087 キタミスジアツバ♂
22mm 宮城県大崎市 7月
稀
内横線は波状
亜外縁線は中央で屈曲する
♂の前脚は前種とほぼ同様

1088 ウスキミスジアツバ♀
24mm 札幌市 8月
内横線は直線的
亜外縁線の屈曲は弱い
♂の前脚は前種とほぼ同様

1089 フシキアツバ♂
25mm 幌延町 6月
トビスジアツバ（1086）に似るが外横線の屈曲は弱い
♂前脚に毛束はなく跗節の鞘状突起は細長い

1090 シラナミアツバ♀
23mm 釧路市昭和 8月
稀
中央の黒帯が目立つ
前翅は細長く、灰色を帯びる
♂前脚は前種同様

1091 ムモンキイロアツバ♂
29mm 幌延町音類 7月
局地的
外縁中央は角ばる

1092 オオシラナミアツバ♂
23mm せたな町貝取澗 10月
稀
内・外横線・亜外縁線は強く屈曲する
外縁中央は角ばる
♂前脚は毛束が発達 跗節の鞘状突起は極めて太い

1093 ミツオビキンアツバ♂
22mm 厚真町幌内 8月
局地的

1094 ネグロアツバ♀
25mm 平取町荷負 7月
局地的

1095 クロミツボシアツバ♂
23mm 厚真町 8月
各横線は前縁で黒紋となる

scale:90%

トモエガ亜科 トモエガ族

1096 オオトモエ♀
91mm 札幌市山の手 8月
稀

1097 シロスジトモエ♂
58mm 松前町白神岬 7月
渡島半島南部、稀

カキバトモエ族

1098 アカテンクチバ♂
40mm 松前町館浜 8月
渡島半島南部、稀
黒褐色の帯状紋
半月状の黒紋

scale:80%

【1087】1958年にKarusu spa.（カルルス温泉か？）で採集された1♂のみ。再確認が望まれる 【1092】図示の1例のみ（2010年採集）
【1096】図示の1例のみ（1967年採集） 【1098】図示（2012年採集）の他に江差町で1♂が採集されている

ヤガ科 [エグリバ亜科] | 169

エグリバ亜科
エグリバ族

触角は♂♀ともに両櫛歯状
外横線は内方に湾曲

♂触角は鋸歯状（♀触角は糸状）
外横線は直線状

中脈に沿う黒色条
前翅は赤褐色

1099
ウスエグリバ♂
44mm 苫小牧市 7月

1100
キタエグリバ♂
44mm 札幌市 8月

1101
アカエグリバ♂
47mm 苫小牧市勇払 8月
局地的

1102
マダラエグリバ♀
27mm 木古内町建川 8月
渡島半島南部、局地的

1103
ヒメアケビコノハ♀
96mm 函館市 8月
稀

1104
アケビコノハ♂
103mm 石狩市新港地区 10月

1105
キマエコノハ♀
78mm 沖縄島知花 2月
稀

scale:80%

【1105】1985年に赤井川村で1♀が採集された。1950年代にも旭川市で記録されたという

170 | ヤガ科 [エグリバ亜科・シタバガ亜科]

キシタクチバ族

前翅は色彩斑紋の変異が著しい

1106a
タイワンキシタクバ♂
41mm 七飯町鳴川 9月
外縁部に黄色円紋、縁毛と接触しない

1106b
同♀
40mm 釧路市北斗 7月

1107
ムーアキシタクチバ♂
46mm 札幌市小野幌 11月
稀
外縁部に円紋をもたない
後翅内半は黄色斑が発達

キリバ族

♂前翅外半は暗褐色

1108a
ワタアカキリバ♂
28mm 小清水町美和 8月
汎世界種、稀

♀は前翅全体が黄色

1108b
同♀
31mm 日高町門別 8月

腎状紋は2黒点

1109
アカキリバ♂
38mm 札幌市西岡公園 8月
外縁は強く突出する

腎状紋は2黒点

1110
ヒメアカキリバ♂
36mm 幕別町忠類 9月
稀
突出は前種より弱い
色彩にはかなり変異がある

1111
オオアカキリバ♀
43mm 札幌市西岡公園 8月
外横線後半は直線状
黄色斑が目立つ

前翅は強く紫赤色を帯びる

1112
ムラサキオオアカキリバ♀
51mm 厚沢部町古佐内林道 7月
渡島半島南部、稀
外横線後半は波打つ

1113
ハガタキリバ♂
47mm 札幌市 4月
夏-春(越冬)

1114
ウスヅマクチバ♂
37mm 北斗市矢不来 6月
渡島半島南部、夏-春(越冬)

シタバガ亜科
シタバガ族

1115
ムラサキシタバ♀
98mm 江別市 9月
秋-晩秋

scale:75%

【1107】図示(2003年採集)の他には厚沢部町と知内町で少数の記録があるのみ
【1112】図示(2001年採集)の他には、七飯町仁山の1♂が記録されているのみ

ヤガ科 [シタバガ亜科] | 171

1116
オオシロシタバ♂
76mm 石狩市 8月

1117
エゾベニシタバ♂
67mm 札幌市 9月
後翅翅頂に白紋
中央黒帯は1箇所で外方に突出する

1118
ベニシタバ♂
66mm 札幌市 8月
前翅の地色は灰色
後翅は鮮やかなピンク

1119
オニベニシタバ♂
67mm 幌延町 8月
中央黒帯は2箇所で外方に突出する

1120
シロシタバ♂
92mm 増毛町 9月

1121
ミヤマキシタバ♀
57mm 江別市 8月
湿地性
後翅は黒化する傾向があり斑紋はぼやける
中横黒帯はゆるやかに曲がる

1122
ケンモンキシタバ♂
54mm 札幌市 8月
中央部は幅広く白化
後翅は黒色部が発達し黄色部は狭い

1123a
キララキシタバ♂
51mm 小清水町北斗 7月(羽化)
積丹・石狩・日高南部以東
黒帯の中央部は外方に丸く膨らむ
後翅内縁部の黒化は次種より弱い

1123b
同♂ 裏面
前翅裏面の地色は黄色

scale:75%

172 | ヤガ科 [シタバガ亜科]

前翅裏面の地色は白っぽい

1124a
ワモンキシタバ♂
52mm 厚真町 8月
黒帯の中央部は外方に角ばる
後翅内縁部はやや黒化

1124b
同♂裏面

灰白色の紋

1125
ハイモンキシタバ♀
61mm 江別市 7月

内・外横線は明瞭

1126
ノコメキシタバ♂
55mm 札幌市 7月
外縁黒帯は幅広く連続

1127
マメキシタバ♀
45mm 湧別町 8月
中横黒帯は CuA_2 近くで外方に突出しそこに向かって基部から黒帯が縦走する
外縁黒帯は幅広く連続

1128
エゾシロシタバ♂
45mm 札幌市 8月

後翅の黄色部は他種より淡い

1129
アサマキシタバ♂
47mm 増毛町 7月
中横黒帯は CuA_2 近くで外方に突出しない

1130
ヒメシロシタバ♂
54mm 森町彦澗 8月
局地的、カシワ林

1131
ゴマシオキシタバ♂
55mm 美瑛町白金 9月
ブナ分布域、移動性が強い
翅頂の黄斑は大きい
中横黒帯は CuA_2 近くで外方に突出するが外縁黒帯とつながらない

♀は前翅中央部が白化し、斑紋が鮮明

1132
ヨシノキシタバ♂
55mm 長万部町国縫 8月
ブナ分布域
中央黒帯と外縁黒帯は2箇所で接する
翅頂の黄斑は大きい

新鮮な個体の前翅は緑褐色を帯びる

1133
キシタバ♂
69mm 北斗市矢不来 9月
渡島半島(せたな町以南)
中央黒帯と外縁黒帯は1箇所で接する

scale:75%

ヤガ科 [シタバガ亜科] | 173

前翅の色彩斑紋には変異がある　翅頂は突出する

外縁黒帯は幅広く連続
中横黒帯はCuA₂近くで外方に突出しない

1134
コガタキシタバ♂
54mm 共和町 8月

1135
ジョナスキシタバ♀
68mm 新潟県妙高市 8月
稀

scale:75%

クビグロクチバ族

腎状紋は明瞭

次種に似るがやや大型
前翅の地色は灰色を帯びる

1136
ハイマダラクチバ♂
41mm 石狩市ルーラン 7月(羽化)
稀

1137
クビグロクチバ♂
56mm 札幌市 7月

1138
ハイイロクビグロクチバ♂
43mm 札幌市薄別 7月

腎状紋は微小な黒点からなる　　腎状紋は三角形に近い　　前翅は細かい短線を散布する
色彩の濃淡に変異がある

前翅色彩の濃淡には変異がある

1139
ウスクビグロクチバ♀
38mm 浜中町仲の浜 7月

1140
エゾクビグロクチバ♀
40mm 礼文島 8月

1141
スミレクビグロクチバ♂
34mm 函館市豊原 8月

前種と外観での区別はできない

1142
ヒメクビグロクチバ♂
40mm 浦河町上野深 9月
胆振・日高・十勝

1143
キタヒメクビグロクチバ♂
38mm 浦幌町東山 5月
道東、稀

scale:80%

【1135】1967年に函館市赤川と青函連絡船上で採集されたのみ
【1136】図示を含む2♂(1984年幼虫採集)の他には、函館市函館山で1♀の記録があるのみ【要精査】1142, 1143

174 | ヤガ科 [シタバガ亜科]

クロクモアツバ族

1144
カクモンキシタバ♂
58mm 千歳市 6月

1145
ウンモンキシタバ♀
50mm 鹿部町 6月

ソトジロツマキリクチバ族

1146
ソトジロツマキリクチバ♂
46mm 今金町 8月

ツメクサキシタバ族

1147
ツメクサキシタバ♂
34mm えりも町 6月
昼飛性、灯火にも来る

1148
ユミモンクチバ♀
34mm 苫小牧市 7月
昼飛性

シラホシモクメクチバ族

1149
モンムラサキクチバ♀
54mm 函館市亀田中野 5月
稀

クチバ族

1150
ヘリグロクチバ♀
53mm 乙部町乙部岳 6月
稀

1151
ホソオビアシブトクチバ♂
43mm 函館市立待岬 7月
稀

1152
ムラサキアシブトクチバ♀
56mm 七飯町横津岳 8月
稀

scale:80%

【1150】図示の1例のみ(1990年採集)【1151】図示の1例のみ(1991年採集)

ヤガ科 [シタバガ亜科] | 175

1153a
オオウンモンチバ♂
50mm 函館市函館山 8月
稀

前翅の地色は赤味を帯びる

1153b
同♂ 裏面

亜外縁線は後半で大きな紡錘状の暗色斑となる

1154
ウンモンクチバ♂
43mm 札幌市 7月

前翅の地色は暗い紫褐色、赤みはない

1155
ムクゲコノハ♂
81mm 札幌市 9月

1156
ツキワクチバ♀
66mm 釧路市釧路空港 9月
稀

シラフクチバ族

本種と次種は、白斑型・白条型・無紋型の変異がある

1157
コウンモンクチバ♂
40mm 札幌市 8月

白色部は紫白色を帯びる

1158a
シラフクチバ♂ 白斑型
47mm 上川町 7月

後縁部で広がる
半楕円形の紋

通常、腎状紋内は黄褐色

1158b
同♀ 白条型
47mm 北斗市 7月

通常、黄褐色紋の発達は弱い

白色帯の両側は直線状

1159
クロシラフクチバ♂ 無紋型
39mm 札幌市 8月

白色部は青白色を帯びる
前種と同様の型があり、外観による区別は困難

1160
アヤシラフクチバ♂
48mm 江別市 7月

白斑の発達程度には変異がある

1161
シロテンクチバ♂
42mm 苫小牧市 5月
春

scale:80%

【要精査】1158, 1159

176 | ヤガ科 [シタバガ亜科・フサヤガ亜科・キンウワバ亜科]

1162a ハガタクチバ♂
45mm 函館市函館山 9月
渡島半島南部・胆振、稀
色彩斑紋は変異が多い
前翅裏面に3本の太い黒色条

1162b 同♂ 裏面

1162c 同♀
57mm 八雲町熊石泊川 6月
前翅中央が白色となる型は♀のみにあらわれる

ツマキオオクチバ族

1163 ルリモンクチバ♀
54mm 函館市赤川 10月
稀

チズモンクチバ族

1164 ネジロフトクチバ♂
73mm 函館市函館山 6月
稀

scale:80%

フサヤガ亜科

1165 フサヤガ♀
38mm 札幌市 9月
初夏-早春(越冬)
♂触角は両櫛歯状
後翅基半部はやや黄色を帯びる

1166 コフサヤガ♂
31mm 函館市函館山 6月
稀、成虫越冬の可能性は低い
♂触角は鋸歯状
後翅基半部は白色

1167 ニッコウフサヤガ♂
29mm 江別市野幌森林公園 7月

キンウワバ亜科
マダラウワバ族

1168 イラクサマダラウワバ♂
33mm 本別町キロロ 6月
外横線の起点付近の淡色部は明瞭
前翅は全体にくすんだ色調で、地色は灰黄色

1169 オオマダラウワバ♂
35mm 中札内村札内川上流 8月
以下3種は外観での区別は困難

1170 エゾマダラウワバ♀
37mm 上川町大雪湖 7月

scale:90%

【1163】図示の1例のみ(1970年採集)【1164】図示の1例のみ(1963年採集)【要精査】1169-1171

ヤガ科 [キンウワバ亜科] | 177

イチジクキンウワバ族

1171
ミヤママダラウワバ♂
35mm 厚真町幌内 6月

1172
キクキンウワバ♀
34mm 札幌市 9月

1173
イラクサギンウワバ♂
32mm 旭川市雨紛 8月
全世界の熱帯-温帯、稀
・U紋と丸紋は接する
・外横線は直線状

1174a
エゾギクキンウワバ♂
33mm 札幌市 9月
・CuA_2に沿った白条

1174b
同♂
32mm 札幌市 9月
・白条が消える個体もある

1175
ミツモンキンウワバ♀
34mm 上川町 8月
・外縁M_3に黒点
・外横線はCuA_2の下で内方に鋭く切れ込む

1176
ニシキキンウワバ♂
39mm 函館市戸井 10月
稀
・明るいピンク色の線紋が目立つ

1177
イチジクキンウワバ♀
32mm 札幌市西岡公園 10月
稀
・丸紋はU紋より大きい
・暗色斜影の起点は翅頂よりわずかに後方

1178
ホソバネキンウワバ♀
34mm 函館市五稜郭 9月
・丸紋はU紋より小さい
・筆状影は明るく明瞭
・暗色斜影の起点は翅頂

イネキンウワバ族
ヒサゴキンウワバ亜族

1179
モモイロキンウワバ♀
39mm 七飯町鳴川 9月
秋、稀
・前翅は全体に桃色を帯びる
・外横線は明瞭でほぼ直線状

1180
ウリキンウワバ♀
44mm 函館市恵山 11月
秋、稀
・外横線は不明瞭で細かな波状

1181
ギンスジキンウワバ♀
29mm 札幌市 9月
・外縁部に小さな橙色紋

1182
セアカキンウワバ♂
31mm 札幌市 10月
・前翅の外方は肛角部を除き橙色

1183
キクギンウワバ♂
33mm 札幌市 9月
・銀紋は普通つながる

1184
オオキクギンウワバ♂
35mm 札幌市西岡公園 9月
・腎状紋の前縁寄りに細い銀条
・銀紋はつながることも離れることもある

scale:90%

【1176】図示の1例のみ(1992年採集)【1179】図示(1995年採集)の他には八雲町で1♀の記録があるのみ

178 | ヤガ科 [キンウワバ亜科]

1185
ギンモンシロウワバ♀
31mm 北斗市 9月

1186
ワイギンモンウワバ♀
33mm 札幌市三角山 9月
稀
銀紋は細く、小文字のY状

1187
ギンボシキンウワバ♀
41mm 中札内村 8月

1188
オオキンウワバ♂
45mm 苫小牧市 7月

1189
マガリキンウワバ♂
47mm 上川町 8月

1190
エゾヒサゴキンウワバ♂
30mm 湧別町芭露 8月
道東、湿地性、局地的
前縁部の褐色紋は幅広い
亜外縁線は連続する
褐色紋の後縁はCuA$_2$を越える

1191
コヒサゴキンウワバ♂
35mm 当別町 6月
亜外縁線は不連続

1192
オオヒサゴキンウワバ♂
40mm 江別市 7月
前縁部の褐色紋は細長い
亜外縁線は連続する
褐色紋の後縁はCuA$_2$を越えない

1193
シロスジキンウワバ♂
36mm 浜中町奥琵琶瀬 7月
湿地性

エゾキンウワバ亜族

1194
エゾキンウワバ♀
36mm 佐呂間町ルクシ峠 6月
道東、局地的

1195
アカキンウワバ♀
39mm 釧路市音別 7月

1196
マダラキンウワバ♂
32mm 浜中町 8月

イネキンウワバ亜族

1197
シーモンキンウワバ♂
33mm 中札内村 8月

1198
ムラサキウワバ♂
30mm 本別町 7月

1199
ガマキンウワバ♀
38mm 札幌市 9月
内横線は屈曲する
銀紋は太いY状
後翅は暗色部と明色部の境界が明瞭

scale:90%

ヤガ科 [キンウワバ亜科・スジコヤガ亜科] | 179

内横線は滑らかに曲がる　　内横線は滑らかに曲がる　　K字形の細い銀線　　銀紋は小さく、分離する

銀紋は通常つながらない　　銀紋は太いY字状　　　　　　　　　　　明瞭な赤褐色影

1200
タマナギンウワバ♀
35mm 札幌市西岡公園 9月

1201
ケイギンモンウワバ
36mm 湧別町芭露 8月
石狩低地帯以東

1202
オオムラサキキンウワバ♂
44mm 石狩市 7月

銀紋は前種より大きく、分離する

後翅内半は明るい黄白色

1203
エゾムラサキキンウワバ♀
37mm 札幌市西岡公園 8月

1204
タンポキンウワバ♂
42mm 上川町 7月
石狩低地帯以東

1205
アルプスギンウワバ♀
33mm 上川町大雪湖 8月
羊蹄山以東の高山帯、道東・道北の湿地

銀紋は変異が多く、前種との区別点にならない

後翅内半は明るい黄褐色

1206
ホクトギンウワバ♂
34mm 釧路市広里 8月
大雪の高山帯、道東・道北の湿地

1207
キシタギンウワバ♀
35mm 函館市函館山 7月
稀

1208
イネキンウワバ♂
33mm 天塩町 5月

scale:90%

スジコヤガ亜科

腎状紋の中に2黒点　　腎状紋の外側に1黒点　　基部から前縁はオリーブ色を帯びる　　灰色がかった黄色

1209
ヒメネジロコヤガ♂
15mm 八雲町熊石泊川 8月
稀

1210
ソトムラサキコヤガ♂
18mm 石狩市 7月

1211
ナカウスキコヤガ♀
16mm 北斗市桜岱 7月
稀

1212
シロヒシモンコヤガ♀
29mm 札幌市 7月

1213
フタホシコヤガ♂
30mm 札幌市 6月

1214
フタスジコヤガ♂
22mm 釧路市 6月

1215
スジコヤガ
20mm 釧路市 7月

1216
マダラコヤガ♂
21mm 森町尾白内 7月
稀

scale:100%

【1209】図示個体を含む2♂♂のみ(1990年採集)が知られていたが、2014年に松前町館浜でも1♂が採集された(小松利氏、未発表)

180 | ヤガ科 [スジコヤガ亜科]

1217
シロフコヤガ♂
24mm 苫小牧市 7月

1218
シロマダラコヤガ♂
22mm 札幌市 6月

前種より小型、色彩はややくすむ
楔状紋は
C字状で明瞭

1219
Protodeltote sp. ♂
20mm 夕張市滝ノ上 7月

楔状紋は
C字状で明瞭

1220
マガリスジコヤガ♂
23mm 石狩市 7月(羽化)
湿地性

1221
トビモンコヤガ♀
21mm 釧路市 7月

1222a
スジシロコヤガ♀ 白紋型
30mm 石狩市 8月

1222b
同♀ 黄紋型
28mm 石狩市 8月

1223
キモンコヤガ♀
21mm 札幌市 7月

前種よりやや大型
外横線と亜外縁線の間は明るい

1224
オオキモンコヤガ♂
24mm 占冠村双珠別 6月

1225
クロモンコヤガ♂
23mm 増毛町暑寒沢 7月
局地的

前翅地色は灰黒色または黒褐色
外横線の外側に
黄褐色の短条

1226
ウスシロフコヤガ♀
24mm 釧路市 7月

前翅地色は鮮明な黒褐色
外横線の外側に
白色の短条

1227
ニセシロフコヤガ♂
27mm 北斗市 6月

前翅は灰色みが強い

1228
ネモンシロフコヤガ♂
23mm 松前町白神岬 8月
稀

外横線の外側は
黄褐色にぼやける

1229
シロモンコヤガ♂
26mm 厚真町 6月

前翅地色は白色
斑紋は黒褐色で鮮明
亜外縁部に
3黒点

1230
エゾコヤガ♂
18mm 石狩市 7月

前翅地色は黄白色
斑紋は黄褐色で不鮮明
黒点はない

1231
ナカキマエモンコヤガ♀
19mm 八雲町熊石泊川 7月
渡島半島南部

1232
ウスアオモンコヤガ♂
25mm 札幌市 7月

1233
モンキコヤガ♀
21mm 札幌市 7月

1234
ヨモギコヤガ♀
25mm 松前町館浜 8月
渡島半島南部

scale:100%

【1219】ヒメシロマダラコヤガ(仮称)*Protodeltote* sp. of Doi(2005)と同一種の可能性がある【1228】松前町の海岸部のみで採集されている

ヤガ科 [スジコヤガ亜科・アオイガ亜科・キマダラコヤガ亜科・ナカジロシタバ亜科] | 181

♂♀で色彩斑紋は異なる

♀は赤褐色帯が消失傾向

1235a
フタオビコヤガ♂
18mm 苫小牧市 7月

1235b
同♀
21mm 厚真町 8月

アオイガ亜科

1236
マルモンシロガ♀
39mm 札幌市 7月

1237
クロコサビイロヤガ
(クロコサビイロコヤガ)♂
31mm 函館市旭岡 7月
稀

翅頂に淡色紋を欠く

翅頂に明瞭な紫白色紋

キマダラコヤガ亜科

前翅地色は灰褐色

前翅地色は濃い赤褐色

1238
ヒメシロテンヤガ
(ヒメシロテンコヤガ)♀
25mm 函館市赤川 8月
渡島半島南部、稀

1239
サビイロヤガ
(サビイロコヤガ)♀
26mm 乙部町豊浜 8月
渡島半島南部、稀

1240
キマダラコヤガ♂
26mm 名寄市東栄 6月
稀

ナカジロシタバ亜科

三角形の白色紋

後翅の翅頂付近に白色紋

黒色帯は幅広い

黒色帯は前種より狭い

1241
ナカジロシタバ♂
37mm 静岡県湖西市 9月
稀

1242
クマモトナカジロシタバ♀
34mm 様似町幌満 4月(羽化)
稀、春

外横線は滑らか

M₃上に黒色条

外横線は鋸歯状

後翅は暗い

後翅は明るい

1243
ネグロヨトウ♀
29mm 釧路市音別 7月

1244
ホソバネグロヨトウ♂
31mm 札幌市 6月

scale:100%

【1237】図示の1例のみ(1992年採集)【1238】札幌市、中札内村の記録もあるが、再確認が必要
【1241】1967年に木古内町で採集された1♂のみ

182 | ヤガ科 [ウスベリケンモン亜科・ケンモンヤガ亜科]

ウスベリケンモン亜科

1245
フクラスズメ♂
79mm 函館市双見 9月
夏〜初冬(本州では成虫越冬)

1246
ウスベリケンモン♀
49mm 札幌市 7月

地色は黒褐色で、前種よりはるかに暗い

1247
コウスベリケンモン♂
41mm 上川町 6月

1248
ナマリケンモン♂
39mm 上川町 7月

腎状紋内は地色と同色

1249
ニセキバラケンモン♂
41mm 十勝岳望岳台 7月

後翅は♂♀ともに外半が暗色

腎状紋内は銀白色

腎状紋、環状紋は明瞭

♀後翅は外半が広く淡暗灰褐色となる

1250
キタキバラケンモン♂
38mm 上川町 7月

1251
カラフトゴマケンモン♂
45mm 訓子府町 6月
石狩低地帯以東

1252
ケブカネグロケンモン♂
38mm 釧路市北斗 6月
春、道東

ケンモンヤガ亜科

腎状・環状紋はやや不明瞭

前翅基半はより暗色

1253
ネグロケンモン♂
34mm 札幌市 5月
春と夏

1254
アオケンモン♂
40mm 札幌市 7月

1255
ゴマケンモン♂
32mm 札幌市 6月

scale:90%

ヤガ科 [ケンモンヤガ亜科] 183

顎板と亜外縁部が金茶色

1256
キクビゴマケンモン♀
35mm 江別市 7月

1257
ニッコウアオケンモン♂
33mm 北斗市中山峠 7月
渡島半島・石狩市厚田区までの日本海側

1258
スギタニゴマケンモン♂
30mm 上川町大雪湖 7月

1259
シロケンモン♂
41mm 札幌市 5月

1260
オオケンモン♂
57mm 札幌市 8月

腎状紋の内部は地色と同色

腎状紋の内部は灰黄色

1261
サクラケンモン♂
32mm 札幌市 8月
前翅の地色は灰黒色

1262
エゾサクラケンモン♂
28mm 小清水町北斗 6月
道東、稀
前種より小型
前翅は青灰色を帯びる

1263
ジョウザンケンモン♀
32mm 江別市野幌森林公園 7月

1264
オオモリケンモン♂
34mm 本別町キロロ 7月

剣状紋を欠く

卵形の剣状紋

外横線はCuA₁
以後で幅広く鮮明

剣状紋は非常に太い

前翅は一様に紫灰色を帯びる

1265
ハイイロケンモン♀
38mm 八雲町熊石泊川 7月
渡島半島南部、稀

1266
アサケンモン♂
36mm 函館市赤川 採集月不明
渡島半島南部、稀

1267
ウスムラサキケンモン♂
42mm 美瑛町五陵 6月

剣状紋・十字形紋は細く明瞭

前種よりおおむね大型で、翅形はやや細長い
現紋は前種と酷似し、外観による区別は困難

1268a
ヒメリンゴケンモン♂
40mm 恵庭市漁川 7月
♂の後翅は白色(♀は暗色)

1268b
同♂
38mm 小清水町上徳 7月

1269a
リンゴケンモン♂
42mm 美瑛町白金 7月
♂の後翅は白色

scale:90%

【1266】1960年代から1970年代前半に記録があるが、1972年以降記録がない【要精査】1268, 1269

ヤガ科 [ケンモンヤガ亜科]

1269b 同♀ 褐色型
47mm 七飯町鳴川 7月
前翅が褐色の型は本種のみにあらわれる
♀の後翅は暗色

1270 オオホソバケンモン♂
45mm 札幌市 7月
剣状紋・十字形紋は太く明瞭
♂♀とも後翅は暗色

1271 キハダケンモン♂
39mm 浜中町カムラ沼 7月
内・外横線は2重で明瞭
前翅は幅広く短い
♀の後翅は暗色

1272 ハンノケンモン♂
36mm 札幌市 5月

1273 キシタケンモン♂
44mm 本別町 7月

1274 シロシタケンモン♂
53mm 石狩市 6月

1275 シベチャケンモン♂
43mm 上川町大雪湖 6月
道東
内・外横線は鋭い鋸歯状

1276 ナシケンモン♀
38mm 札幌市 8月
方形の小白紋
後翅は暗色

1277 ウスジロケンモン♂
39mm 安平町早来 6月
石狩低地帯南部・森町、局地的
斜行する白色短条
後翅は灰黄色で外縁に暗色帯が発達することがある

1278a タテスジケンモン♂ 春型
27mm 釧路市広里 6月
湿地性

1278b 同♂ 夏型
33mm 釧路市北斗 8月

1279 ウスハイイロケンモン♀
34mm 江別市 7月

1280 イボタケンモン♂
35mm 釧路市 7月

1281 ニッコウケンモン♀
40mm 江別市 7月
胸背と前翅は紫灰色を帯びる
基部後縁に黄緑色鱗

1282 クシロツマジロケンモン♂
26mm 本別町 6月
石狩低地帯以東
中横線は大きく屈曲
♀後翅は暗色

1283 クロフケンモン♂
26mm 本別町 7月
前翅の斑紋は変異が大きい

scale:90%

ヤガ科 [トラガ亜科・セダカモクメ亜科] | 185

トラガ亜科

1284
コトラガ♂
44mm 札幌市 5月(羽化)
昼飛性

1285
トラガ♂
63mm 赤井川村明治 6月
昼飛性

1286
ヒメトラガ♂
37mm 札幌市 6月

1287
ベニモントラガ♂
39mm 江別市野幌森林公園 7月
石狩低地帯以西

1288
マイコトラガ♂
42mm むかわ町穂別 4月
早春

セダカモクメ亜科

1289
トカチセダカモクメ♀
42mm 島牧村歌島 7月
局地的

1290
ハイイロセダカモクメ♂
43mm 湧別町芭露 8月

1291
セダカモクメ♂
37mm 仁木町大江 8月

内横線は波状の2重線

1292
ホシヒメセダカモクメ♂
33mm 石狩市生振 8月
局地的

1293
ハマセダカモクメ♂
31mm モンゴル 8月
局地的、稀

1294
ギンモンセダカモクメ♂
39mm 函館市函館山 8月
局地的

scale:90%

【1293】国内の記録は利尻島と青森県深浦町のみ

186 ヤガ科 [セダカモクメ亜科・ツメヨトウ亜科・カラスヨトウ亜科]

後翅内半は黄白色

1295
ホソバセダカモクメ♂
47mm 函館市日吉 7月

前翅は前種より幅広い

後翅は明瞭な淡色部を欠く

1296
ミヤマセダカモクメ♀
50mm 鹿追町然別 6月
道東、稀

環状紋・腎状紋は不明瞭

中室を貫き外縁近くまで幅広く黄褐色となる

前翅は紫灰色で、黄色みを帯びる

1297
キクセダカモクメ♀
47mm 岩見沢市東山 11月(羽化)
局地的

環状紋・腎状紋は比較的明瞭

後縁を縁取る暗色部は前種より発達

前翅は紫灰色で、黄色みは少ない

1298
タカネキクセダカモクメ♂
49mm 浜中町カムラ沼 7月
局地的

ツメヨトウ亜科

黄褐色帯は発達しない

1299
シレトコツメヨトウ♂
35mm モンゴル 8月
稀

カラスヨトウ亜科

1300
クロダケタカネヨトウ♀
24mm 大雪山駒草平 7月
大雪山の高山帯、昼飛性

1301
シマカラスヨトウ♀
52mm 札幌市 8月

1302
カラスヨトウ♂
44mm 札幌市 8月

外横線は規則的な鋸歯状

1303
ムラマツカラスヨトウ♂
44mm 陸別町薫別 8月
道東の内陸部、局地的

1304
オオウスヅマカラスヨトウ♂
41mm 本別町 7月

1305
ツマジロカラスヨトウ♂
49mm 美瑛町 7月

scale:90%

【1299】1984年に羅臼岳泊場で2♂が記録されたのみ

ヤガ科 [モクメキリガ亜科・タバコガ亜科・ヒメヨトウ亜科] | 187

モクメキリガ亜科
モクメキリガ族

1306
エゾモクメキリガ♂
50mm 札幌市 4月
早春

1307
ハイイロハガタヨトウ♂
39mm 真狩村旭 9月
晩秋、稀

1308
ミドリハガタヨトウ♂
50mm 札幌市 9月
晩秋

1309a
ケンモンミドリキリガ♂
38mm 札幌市 10月
晩秋

1309b
同♂ 褐色型
37mm 札幌市 10月

タバコガ亜科

1310
オオタバコガ♂
35mm 北斗市矢不来 8月

亜外縁線は不明瞭

1311
タバコガ♀
30mm 松前小島 8月
稀

地色は前種より黄色みが強い
亜外縁線はM₃以下で鋸歯状

1312
ヨモギガ♀
31mm 小樽市銭函 5月
稀

1313
ツメクサガ♂
34mm 札幌市 5月

ヒメヨトウ亜科

1314
キタバコガ♀
33mm 札幌市西岡公園 8月

1315
ウスオビヤガ♀
34mm 小樽市朝里 7月
局地的

1316
チャオビヨトウ♂
30mm 北見市 7月

1317
ベニモンヨトウ♀
25mm 江別市 6月

黒色影により亜外縁線が中断される

亜外縁部は赤銅色

シマヨトウ族

1318
マエホシヨトウ♀
36mm 札幌市 8月

色彩斑紋の変異が著しい

1319
ヒトテンヨトウ♂
31mm 安平町追分 6月
稀

1320
マダラムラサキヨトウ♂
32mm 札幌市 7月

scale:90%

【1307】図示の1例のみ(1989年採集)であったが、2014年に北斗市当別で1♂が採集された(小松利民氏、未発表)
【1312】1951年に仁木町で集団発生の記録がある

ヤガ科 [ヒメヨトウ亜科・ツマキリヨトウ亜科・キノコヨトウ亜科]

1321 シマヨトウ♀ 31mm 札幌市西岡公園 7月 （次種と外観による区別は困難）

1322 ヒメシマヨトウ♂ 25mm 札幌市西岡公園 6月

1323 ウスムラサキヨトウ♂ 28mm 札幌市 7月 （前種より明らかに小型）

1324 モンオビヒメヨトウ♂ 24mm 石狩市知津狩 8月 稀

1325 オオホシミミヨトウ♂ 32mm 七飯町鳴川 10月 渡島半島南部、秋、稀 （腎状紋は白色細点に分裂／後翅内半はやや淡色）

1326 シロテンクロヨトウ♀ 29mm 札幌市盤渓 6月

1327 フタテンヒメヨトウ♀ 31mm 本別町 7月

1328 キクビヒメヨトウ♂ 24mm 札幌市 7月 （緑色斑は橙色に変色しやすい）

ツマキリヨトウ亜科

1329 ムラサキツマキリヨトウ♀ 32mm 札幌市 8月 （腎状紋下端から短条が出る／内・外横線の外側は明るい紫色／V字形の紋）

1330 マダラツマキリヨトウ♂ 33mm 石狩市 7月 （腎状紋下端から短条が出ない）

1331 シロスジツマキリヨトウ♀ 28mm 平取町二風谷 9月

1332 ギンツマキリヨトウ♂ 22mm 釧路市北斗 7月 湿地性

scale:90%

キノコヨトウ亜科

1333 マルモンキノコヨトウ♂ 17mm 中札内村 8月 （前翅外半は緑白色）

1334 イチモジキノコヨトウ♀ 29mm 美瑛町 8月 （明瞭な黒条）

1335 シレトコキノコヨトウ♂ 25mm 斜里町真鯉 7月 知床半島・網走、稀 （内・外横線の後半は白色）

1336 エゾキノコヨトウ♂ 21mm 札幌市 8月 （次種に似るが小型）

1337 スジキノコヨトウ♂ 24mm 石狩市 8月 （緑色部は前種より鮮やか）

1338 ハイイロキノコヨトウ♂ 21mm 札幌市 8月 （中央部は前種より明るい）

1339 マダラキノコヨトウ♀ 22mm 江別市野幌森林公園 8月 （外横線の外側に3つの青灰色斑）

1340 ヘリボシキノコヨトウ♂ 26mm 江別市野幌森林公園 7月 局地的

scale:100%

【1335】オホーツク海側でごく少数が採集されているのみ。十勝地方の記録は再確認が必要【要精査】1321, 1322

ヤガ科 [キノコヨトウ亜科・キリガ亜科] | 189

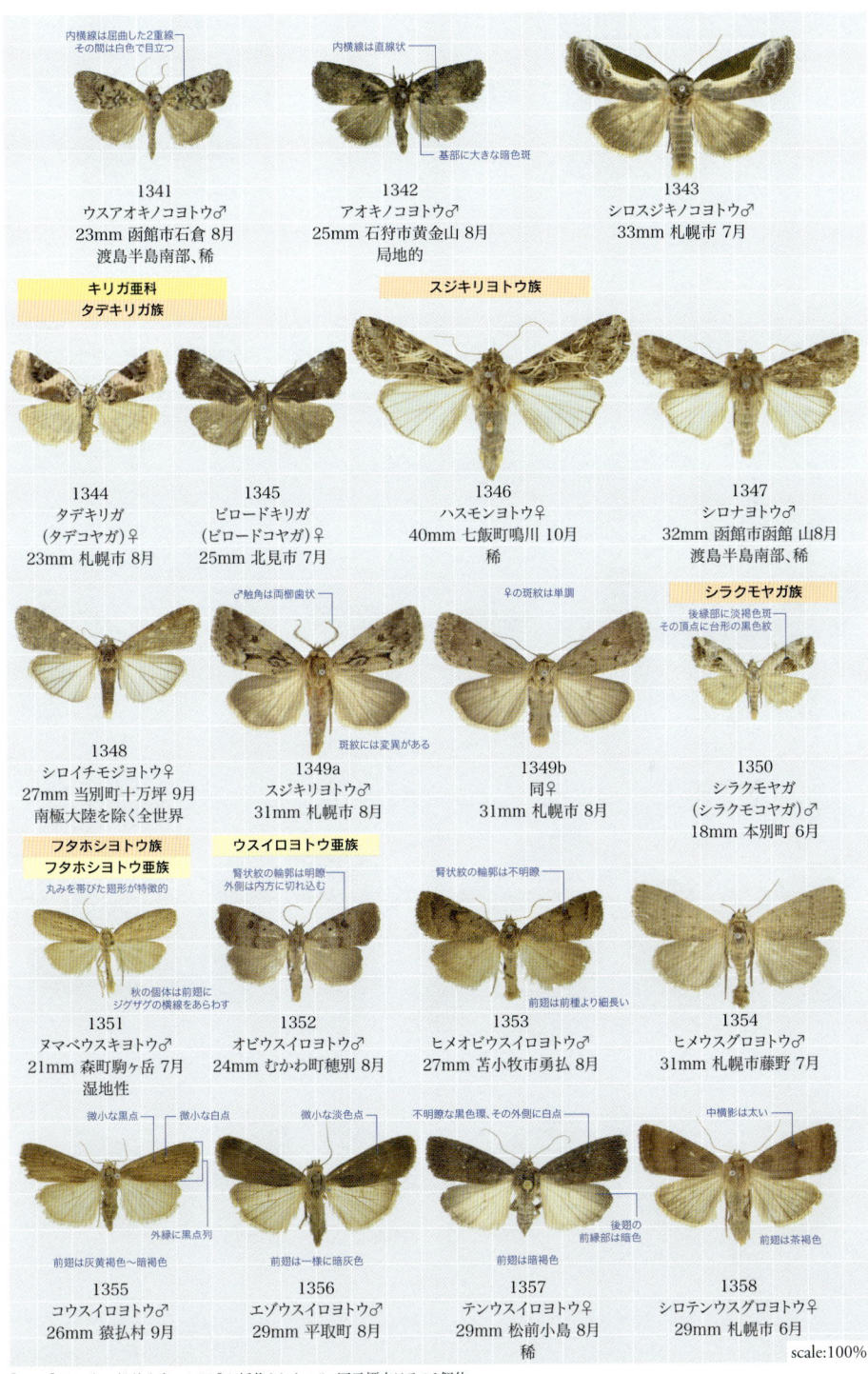

内横線は屈曲した2重線—
その間は白色で目立つ

内横線は直線状

基部に大きな暗色斑

1341
ウスアオキノコヨトウ♂
23mm 函館市石倉 8月
渡島半島南部、稀

1342
アオキノコヨトウ♂
25mm 石狩市黄金山 8月
局地的

1343
シロスジキノコヨトウ♂
33mm 札幌市 7月

キリガ亜科
タデキリガ族

スジキリヨトウ族

1344
タデキリガ
(タデコヤガ)♀
23mm 札幌市 8月

1345
ビロードキリガ
(ビロードコヤガ)♀
25mm 北見市 7月

1346
ハスモンヨトウ♀
40mm 七飯町鳴川 10月
稀

1347
シロナヨトウ♂
32mm 函館市函館 山8月
渡島半島南部、稀

♂触角は両櫛歯状

♀の斑紋は単調

シラクモヤガ族
後縁部に淡褐色斑
その頂点に台形の黒色紋

1348
シロイチモジヨトウ♀
27mm 当別町十万坪 9月
南極大陸を除く全世界

1349a
スジキリヨトウ♂
31mm 札幌市 8月

斑紋には変異がある

1349b
同♀
31mm 札幌市 8月

1350
シラクモヤガ
(シラクモコヤガ)♂
18mm 本別町 6月

フタホシヨトウ族
フタホシヨトウ亜族
丸みを帯びた翅形が特徴的

ウスイロヨトウ亜族
腎状紋の輪郭は明瞭
外側は内方に切れ込む

腎状紋の輪郭は不明瞭

前翅は前種より細長い

秋の個体は前翅に
ジグザグの横線をあらわす

1351
ヌマベウスキヨトウ♂
21mm 森町駒ヶ岳 7月
湿地性

1352
オビウスイロヨトウ♂
24mm むかわ町穂別 8月

1353
ヒメオビウスイロヨトウ♂
27mm 苫小牧市勇払 8月

1354
ヒメウスグロヨトウ♂
31mm 札幌市藤野 7月

微小な黒点
微小な黒点
外縁に黒点列
前翅は灰黄褐色~暗褐色

微小な淡色点
前翅は一様に暗灰色

不明瞭な黒色環、その外側に白点
後翅の前縁部は暗色
前翅は暗褐色

中横影は太い
前翅は茶褐色

1355
コウスイロヨトウ♂
26mm 猿払村 9月

1356
エゾウスイロヨトウ♂
29mm 平取町 8月

1357
テンウスイロヨトウ♀
29mm 松前小島 8月
稀

1358
シロテンウスグロヨトウ♀
29mm 札幌市 6月

scale:100%

【1357】2000年に松前小島で2♂6♀が採集されたのみ。図示標本はその1個体

ヤガ科 [キリガ亜科]

前翅は黄褐色 / 中横影は細く鮮明 / 腎状紋の外周に微小な白色点 / 白点は明瞭、上下に微小な白点を伴うことがある

前翅中央部の翅脈は暗褐色で明瞭 / ♂の前・後翅外縁は内方に凹む / 後翅は暗色

1359 キバネシロテンウスグロヨトウ♂ 31mm 札幌市 6月

1360 ヒメサビスジヨトウ♂ 27mm 札幌市 8月

1361 シロモンオビヨトウ♂ 35mm 札幌市 7月

scale:100%

クロモクメヨトウ族
以下3種の前翅は、色彩斑紋の変異が著しい

黄色部は他種より鮮やか、外縁は角ばらない / 黄色部の幅は広く、外縁は角ばることが多い / M₂に沿って暗色条が外方に伸びる

1362 シロホシキシタヨトウ♂ 38mm 函館市函館山 8月 稀

1363 エゾキシタヨトウ♂ 34mm 札幌市 8月

1364a ウスキシタヨトウ♂ 38mm 札幌市 8月

前翅内半が黒化する型はシロホシキシタヨトウ(1362)にもあらわれる / 腎状紋と環状紋は白線で縁取られる / 前翅の変異は比較的少ない / 中室端の暗色条は明瞭 / 前翅は灰色に緑色部を混ぜ、明暗の変異に富む

1364b 同♀ 41mm 札幌市 8月

1365 ナカジロキシタヨトウ♀ 37mm 札幌市 8月

1366 ウスアオヨトウ♀ 37mm 苫小牧市勇払 7月 石狩低地帯南部（クロミノウグイスカズラ生育地）、局地的

1367 スジクロモクメヨトウ♀ 43mm 鹿部町 6月

1368 シロスジアオヨトウ♂ 48mm 札幌市 5月

1369 オオシロテンアオヨトウ♀ 47mm 江別市 7月

1370 ヒメシロテンアオヨトウ♂ 42mm 本別町 7月

1371 ハガタアオヨトウ♀ 42mm 石狩市 7月

1372 コクロモクメヨトウ♀ 37mm 松前町茂草 5月 渡島半島南部、春

scale:90%

ヤガ科 [キリガ亜科] | 191

1373
アオバセダカヨトウ♂
59mm 乙部町 7月

1374
ノコメセダカヨトウ♂
59mm 釧路市 7月

コモクメヨトウ族

1375
ソトシロフヨトウ♂
30mm 函館市椴法華 7月
渡島半島南部、稀

1376
カラフトシロスジヨトウ♂
37mm 猿払村浅茅野 6月
猿払村と根室半島の高層湿原、局地的

腎状紋上部外方は暗色

1377
ヒメモクメヨトウ♀
29mm 長万部町 8月

後翅は暗色

腎状紋は下部のみが目立つ
前翅は前種より明るい

1378
コモクメヨトウ♂
34mm 苫小牧市 6月

後翅内半は明るい

アカガネヨトウ族

腎状紋は次種より目立つ

1379
アカガネヨトウ♂
30mm 札幌市 7月

前翅は紫色が強い

1380
ムラサキアカガネヨトウ♂
35mm 札幌市 5月

1381
シラオビアカガネヨトウ♀
35mm 札幌市 7月

1382
モンキアカガネヨトウ♂
37mm 札幌市 7月

1383
キグチヨトウ♂
42mm 札幌市 6月

外横線外側に紫灰色の帯

1384
ホソバミドリヨトウ♀
35mm 福島町吉岡峠 9月
渡島半島南部、稀

前翅の緑色部は黄変しやすい

1385
コゴマヨトウ♀
29mm 札幌市 9月
晩夏-初秋

前翅の緑色部は黄変しやすい

1386
シロフアオヨトウ♂
28mm 札幌市 7月

1387
セブトモクメヨトウ♀
58mm 釧路市昭和 8月

scale:90%

【1375】図示(1981年採集)の他、函館市浜町でも採集されている(小松利民氏、未発表)

ヤガ科 [キリガ亜科]

カドモンヨトウ族
カドモンヨトウ亜科

1388
アオアカガネヨトウ♂
38mm 石狩市 7月
前翅地色は褐色、金属光沢のある緑色鱗を混ぜる

1389
クロビロードヨトウ♀
45mm 小清水町美和 9月
晩夏-秋、稀

1390a
カドモンヨトウ♂ 黄色型
42mm 小清水町 6月
暗色斑が2箇所で内方に突出

1390b
同♀ 灰色型
42mm 札幌市 7月

1391
スジアカヨトウ♂
39mm 上川町 8月

1392
アカモクメヨトウ♀
41mm 礼文島 8月
亜外縁線部は青黒色

1393
イシカリヨトウ♀
48mm 苫小牧市植苗 8月
湿地性、稀
腎状紋外周に微小な淡色点
前翅は黒褐色ビロード状の光沢がある

1394
キタノハマヨトウ♀
40mm 石狩市望来 6月
海浜性、局地的

1395
マツバラシラクモヨトウ♀
38mm 札幌市 7月
亜外縁線は外方にW字状に突出

1396
エゾヘリグロヨトウ♂
44mm 小清水町美和 8月
中横帯は直角状に曲がる

1397
オオアカヨトウ♂
49mm 上川町 7月
前翅は赤褐色

1398
シロミミハイイロヨトウ♂
40mm 札幌市 5月
腎状紋の外側も暗色
剣状紋が目立つ

1399
ネスジシラクモヨトウ♀
38mm 札幌市 6月
腎状紋の外側は淡色
内・外横線をつなぐ黒色条
剣状紋が目立つ

1400
ヒメハガタヨトウ♂
38mm 札幌市西岡公園 7月
環状紋は楕円形で淡色
内・外横線をつなぐ黒色条

1401
ユーラシアオホーツクヨトウ♀
52mm 網走市美岬 7月
道東・道北
亜外縁線はW字状に強く屈曲
肛角付近に白色斑

scale:90%

ヤガ科 [キリガ亜科] | 193

1402
セスジヨトウ♀
32mm 札幌市 7月

1403
ウスクモヨトウ♂
33mm 浦幌町東山 7月
道東、稀
内・外横線の間は黒条から後半のみ暗色

1404
マエアカシロヨトウ♀
38mm 当別町 8月

1405
コマエアカシロヨトウ♂
29mm 美瑛町 7月
前種に似るが小型、地色はより白っぽい

1406
クサビヨトウ♀
29mm 札幌市 8月

1407
シロミミチビヨトウ♀
16mm 苫小牧市静川 9月
小型、♂は黄褐色
腎状紋の内側に弧状の白紋

1408
ヨコスジヨトウ♂
23mm 札幌市 8月
腎状紋の内縁と外横線は直線的につながる

1409
セアカヨトウ♀
24mm 札幌市 8月

1410
ウスキモンヨトウ♀
25mm 苫小牧市静川 8月
石狩低地帯以東、湿地性、稀

1411
ホシミミヨトウ♂
32mm 札幌市 8月
腎状紋の外周と中心に白点
色彩斑紋は変異が多い

1412
サッポロチャイロヨトウ♂
33mm 札幌市 7月
石狩低地帯以東
♂触角は両櫛歯状
色彩斑紋は変異が多い

1413
ミヤマチャイロヨトウ♂
42mm 苫小牧市静川 7月
石狩低地帯以東、局地的
後翅の外横線は明瞭

1414
マダラヨトウ♂
33mm 札幌市 7月
♂触角は微毛状
後翅の外横線は不明瞭
色彩斑紋は変異が多い

1415
ヒメキイロヨトウ♀
30mm 函館市亀田中野 9月
稀

1416
ハジマヨトウ♂
34mm 札幌市八剣山 7月

1417
ギシギシヨトウ♂
40mm 苫小牧市 7月
新鮮な個体は淡緑色を帯びる
淡緑色の紋がやや目立つ

1418
クシロモクメヨトウ♂
28mm 釧路市大楽毛 6月
湿地性
内・外横線をつなぐ褐色条

1419
フキヨトウ♂
44mm 札幌市 8月
大きさ・斑紋に変異がある
翅頂は尖る
後翅はやや暗色

1420
キタヨトウ♂
37mm 釧路市大楽毛 9月
道東
翅頂は前種、次種より尖らない
前翅の外横線は前種より傾斜が強い
後翅は黄白色 外横線は明瞭

scale:90%

194 | ヤガ科 [キリガ亜科]

前翅はくすんだ灰褐色　大きさ・斑紋に変異が著しい
後翅はやや暗色　後縁はやや凹み翅は細長い
外横線は前種ほど明瞭でない

1421
スギキタヨトウ♂
34mm 札幌市西岡公園 8月

1422a
ショウブオオヨトウ♂
36mm 礼文島 8月
湿地性

1422b
同♀
37mm 礼文島 8月

本種以下4種は外観による区別は困難

1423
タカネショウブヨトウ♂
32mm 苫小牧市静川 8月
石狩低地帯以東、局地的

1424
ショウブヨトウ♀
31mm 札幌市 7月

♂触角は繊毛状、♀触角は糸状

1425
キタショウブヨトウ♂
28mm 礼文島 8月
長万部町以東

♂触角は鋸歯状、♀触角は刺毛を伴う繊毛状
翅頂など、前種で黄色の部分も濃橙色

1426
エゾショウブヨトウ♂
31mm 鴛泊村 8月
道東・道北

外横線は黒い短線列

前4種と異なり後翅内半は明るい

1427
ミヤマショウブヨトウ♂
34mm 幌延町音類 8月

楔状紋は通常黄色
基部近くに暗色帯

1428
ゴボウトガリヨトウ♂
38mm 札幌市 9月
秋

基部の白点はやや大きい

1429
ヒメトガリヨトウ♀
33mm 釧路市北斗 9月
秋、局地的

1430
テンスジウスキヨトウ♂
26mm 苫小牧市勇払 7月
湿地性、局地的

通常、黒点列となって外横線があらわれる
剣状紋はあらわれないこともある

1431
ホソバウスキヨトウ♂
37mm 小清水町美和 8月
海浜性

1432
スジグロウスキヨトウ♀
38mm 豊富町サロベツ湿原 8月
湿地性、局地的

1433
オオチャバネヨトウ♀
54mm 豊富町サロベツ湿原 8月
湿地性

不完全な環状紋と腎状紋
♂触角は鋸歯状
腎状紋は上に開く半環

1434
ヨシヨトウ♂
44mm 札幌市 8月
湿地性

1435
ハガタウスキヨトウ♂
26mm 釧路市広里 8月
湿地性

1436
キスジウスキヨトウ♂
34mm 旭川市雨紛 8月
湿地性

scale:90%

【要精査】1423-1426

ヤガ科 [キリガ亜科] | 195

1437
ガマヨトウ♂
35mm せたな町浮島 7月
湿地性、局地的

1438
テンモントガリヨトウ♂
31mm 猿払村浅茅野 9月
湿地性、稀

1439
クシヒゲウスキヨトウ♂
30mm 安平町早来 8月
湿地性、稀

1440
ギンモンアカヨトウ♀
25mm 函館市赤川 8月
稀

テンオビヨトウ亜族

1441
モトグロヨトウ
(モトグロコヤガ)♀
16mm 様似町幌満 8月
稀

1442
テンオビヨトウ♂
32mm 美瑛町白金 7月

1443
カバイロウスキヨトウ♀
29mm 乙部町豊浜 6月
局地的

1444
イネヨトウ♂
26mm 松前町館浜 8月
稀

1445
トガリヨトウ♂
25mm 函館市豊原 8月
湿地性、稀

1446
ニセトガリヨトウ♂
25mm 豊富町サロベツ湿原 8月
道内に広く分布、湿地性

1447
エゾスジヨトウ♀
32mm 苫小牧市静川 8月
湿地性、稀

キリガ族
キリガ亜族

1448
ヌカビラネジロキリガ♂
30mm 小清水町藻琴山 7月
局地的

1449
ナカオビキリガ♀
34mm 平取町二風谷 9月
胆振・日高、秋、局地的

1450
プライヤオビキリガ♀
33mm 釧路市音別 9月
秋

1451
ホソバオビキリガ♀
33mm 小清水町止別 10月
道東、カシワ林、秋、稀

1452
アヤモクメキリガ♂
64mm 江別市野幌森林公園 4月
晩秋・早春(越冬)、稀

1453
キバラモクメキリガ♂
54mm 新冠町 4月
晩秋・早春(越冬)

scale:90%

【1440】確実な記録は図示の1例のみ(1967年採集) 【1444】図示の1例のみ(2012年採集) 【1447】図示(2004年採集)の他は安平町早来の1♂のみ
【要精査】1445, 1446

196 | ヤガ科 [キリガ亜科]

1454
シロスジキリガ♂
49mm 釧路市北斗 9月
石狩低地帯以東、晩夏〜秋、湿地性

1455
ハンノキリガ♀
40mm 石狩市 4月
晩秋・早春(越冬)
翅底前縁部は褐色
腎状紋の内部は褐色

1456
カシワキボシキリガ♂
37mm 江別市 4月
晩秋・早春(越冬)

1457
クモガタキリガ♂
40mm 幌延町音類 4月
道東・道北、晩秋・早春(越冬)、湿地性
黒条が目立つ

1458
シロクビキリガ♂
43mm 札幌市 9月
晩秋・早春(越冬)
翅底前縁部は銀白色
腎状紋の内部は赤褐色

1459
モンハイイロキリガ♂
44mm 江別市 4月
晩秋・早春(越冬)

1460a
ウスアオキリガ♀ 明色型
37mm 札幌市 4月
晩秋・早春(越冬)

1460b
同♂ 暗色型
37mm 江別市 4月

1461a
カタハリキリガ♂ 後縁黒化型
42mm 江別市 4月
晩秋・早春(越冬)
前翅後半が暗化する型は本種に固有

1461b
同♀
41mm 江別市 4月
肛角付近に丸い黒斑

1462
ナカグロホソキリガ♀
42mm 札幌市 4月
晩秋・早春(越冬)
前翅は灰色を帯びる
輪郭不明瞭だが独立した暗色斑

1463
アメイロホソキリガ♂
45mm 厚沢部町古佐内林道 4月
渡島半島南部、晩秋・早春(越冬)
内方に開いたV字紋
肛角部のえぐれは大きい

1464a
エゾミツボシキリガ♂ 白紋型
46mm 江別市 4月
晩秋・早春(越冬)
前翅は茶褐色
白紋は卵形/三角形その上下に小白点

1464b
同♂ 橙紋型
41mm 江別市 4月

1465
ヒダカミツボシキリガ♂
35mm 新冠町万世 4月
晩秋・早春(越冬)、稀
小型、前翅は茶褐色
白紋は三角形

scale:90%

【1465】新冠町の狭い一角でのみ採集されている

ヤガ科 [キリガ亜科] | 197

1466
カバイロミツボシキリガ♀
前翅は濃い橙褐色 白紋は円形
39mm 札幌市 11月
晩秋・早春(越冬)

1467
ウスミミモンキリガ♂
42mm 苫小牧市静川 4月
晩秋・早春(越冬)、湿地性

1468
キマエキリガ♂
32mm 今金町 10月
晩秋

1469
エグリキリガ♀
26mm 札幌市 10月
晩秋・早春(越冬)

1470
ヤマノモンキリガ♂
35mm 函館市尾札部 10月
晩秋、稀

1471a
フサヒゲオビキリガ♂
♂触角は各節から長い毛束を出す
亜外縁に黒点列
34mm 石狩市新港地区 4月
晩秋・早春(越冬)、カシワ林

1471b
同♀
35mm 石狩市新港地区 4月

1472a
ミヤマオビキリガ♂ 明色型
腎状紋の下半は通常暗色
36mm 札幌市 4月
晩秋・早春(越冬)

1472b
同♀ 暗色型
翅は幅広く、斑紋は変異が著しい
36mm 江別市 4月

1473
テンスジキリガ♂
翅脈は淡色、翅は細長い
37mm 江別市 4月
晩秋・早春(越冬)

1474a
ホシオビキリガ♂ 黒点型
やや大型、3型がある
39mm 江別市 4月
晩秋・早春(越冬)

1474b
同♀ 白点型
39mm 江別市 4月

1474c
同♀ まだら型
35mm 江別市 4月

1475
ゴマダラキリガ♀
前種のまだら型に似るが、小型で濃色
34mm 札幌市 4月
晩秋・早春(越冬)

1476
イチゴキリガ♀
56mm 江別市 4月
晩秋・早春(越冬)

scale:90%

ヤガ科 [キリガ亜科]

1477 キイロキリガ♂
30mm 札幌市 9月 秋
頭部・頸板は紫赤色
前翅の地色は鮮やかな黄色

1478a モンキキリガ♀
34mm 札幌市 9月 秋
胸背は明るい黄色

1478b 同♂ 無紋型
33mm 札幌市 9月

1479a オオモンキキリガ♂
36mm 札幌市 9月 秋
胸背は褐色を帯びる

1479b 同♂ 無紋型
38mm 札幌市 9月
褐色の中横線は残る

1480 エゾキイロキリガ♂
34mm 札幌市 9月 秋

1481 ミスジキリガ♀
34mm 石狩市新港地区 9月(羽化)
晩秋・早春(越冬)、カシワ林、局地的

1482 キトガリキリガ♂
32mm 岩見沢市 10月
秋-晩秋
♂♀で色彩が異なり、♀はより明るい赤褐色

1483 ノコメトガリキリガ♀
40mm 札幌市 9月
秋-晩秋

1484 アオバハガタヨトウ♂
40mm 岩見沢市 10月
晩秋

1485 ハイイロヨトウ♂
31mm 上川町 7月
図示標本は斑紋が明瞭な個体
現紋がほとんどない型まで変異に富む

1486 ヨスジアカヨトウ♂
34mm 札幌市 8月
晩夏-秋

コスミア亜族

1487 ニレキリガ♀
31mm 江別市 7月
内横線は前縁直下で外側に角ばる
後翅外縁部は広く暗色

1488 ミヤマキリガ♂
28mm 札幌市 8月
台形状の白紋
内横線は直線的
後翅外縁部は広く暗色

1489 ミカヅキキリガ♂
25mm 厚真町 8月
外横線の内側は濃い赤褐色

1490 シラホシキリガ♀
30mm 札幌市 7月

scale:90%

ヤガ科 [キリガ亜科] | 199

外横線の内側はやや暗褐色
1491
ヒメミカヅキキリガ♂
23mm 北見市端野 7月

♂♀で色彩斑紋は異なる
1492a
シマキリガ♂
30mm 長沼町馬追 8月
エゾエノキの生育地、局地的

♀前翅は明るい灰緑色
1492b
同♀
32mm 静岡県湖西市 7月

斑紋には濃淡の変異がある
1493
シラオビキリガ♂
33mm 当別町 7月

外横線は純角に曲がる
1494
イタヤキリガ♂
28mm 札幌市 8月

内横線は波状
前翅の地色は赤紫色
1495
ナシキリガ♂
30mm 江別市 7月

外横線内側に暗色影が平行する
1496
キシタキリガ♂
35mm 江別市 7月
後翅の外縁と縁毛は黄色
後翅の内半は淡黄色

♂♀で後翅の色彩が異なる
1497a
ヤンコウスキーキリガ♂
36mm 札幌市 7月

1497b
同♀
36mm 札幌市 7月

♂♀で色彩斑紋は異なる
1498a
マダラキボシキリガ♂
28mm 石狩市 7月

♀は明るく斑紋が明瞭
1498b
同♀
29mm 石狩市 7月

1498c
同♀ 無紋型
28mm 石狩市 7月

外縁中央部が大きく外湾する
1499
ヤナギキリガ♂
26mm 札幌市 7月

環状紋と腎状紋は大きい
1500
ドロキリガ♂
30mm 札幌市 8月

内横線は直角に曲がる
1501
ウスシタキリガ♂
35mm 札幌市 8月
晩夏-初秋

1502
フタスジキリガ♂
30mm 七飯町横津岳 7月
ブナ分布域

以下の4種は、外観による区別が困難

やや小型
1503
ハルタギンガ♂
29mm 札幌市 7月

やや小型
1504
ニセハルタギンガ♀
26mm 札幌市 8月

やや大型
1505
クロハナギンガ♂
30mm 札幌市 8月

やや大型
1506
アイノクロハナギンガ♂
29mm 札幌市 8月

scale:90%

【要精査】1503-1506

ヤガ科 [キリガ亜科・ヨトウガ亜科]

前翅、下唇髭、前脚に黒色紋を欠く

1507 ムジギンガ♀
32mm 札幌市 8月

小型であること以外は外観からの区別点はない
Chasminodes属で最小

1508 ヒメギンガ♂
24mm 北斗市上磯 8月
ブナ分布域

翅脈が褐色に染まる

1509 ウラギンガ♂
22mm 長万部町国縫 8月

通常、外横線は明瞭

1510 ウススジギンガ♀
24mm 釧路市桜田 8月

♂で色彩斑紋は異なる

1511a エゾクロギンガ♂
22mm 札幌市 8月

♀は前種に似るが、外横線は不鮮明

1511b 同♀
26mm 本別町 7月

♀で色彩斑紋は異なる

1512a キイロトガリヨトウ♂
27mm 幌延町音別 8月

♀は暗化しない

1512b 同♀
29mm 釧路市 9月

ヒゲヨトウ亜族

1513 ムラサキハガタヨトウ♀
49mm 江別市 10月
秋-晩秋

1514 オオハガタヨトウ♂
42mm 函館市 9月
秋-晩秋

後翅は黒褐色

ヨトウガ亜科
オルトシア族

1515 ミヤマハガタヨトウ♂
49mm 上川町 8月

後翅の地色は白色

1516a ケンモンキリガ♂
40mm 知内町涌元 5月
渡島半島南部、早春

♀は銀灰色を帯び、やや明るい

1516b 同♀
38mm 知内町涌元 5月

1517 マツキリガ♂
33mm 江別市野幌森林公園 5月
道南西部・十勝南部、早春

1518 アズサキリガ♂
44mm 江別市野幌森林公園 4月
早春、局地的

1519 キンイロキリガ♂
39mm 苫小牧市 4月
早春

scale:90%

ヤガ科 [ヨトウガ亜科] | 201

1520a
シベチャキリガ♂
50mm 苫小牧市静川 4月
石狩低地帯以東、早春、局地的

1520b
同♀ 暗色型
49mm 苫小牧市静川 4月

1521
スギタニキリガ♂
51mm 江別市 4月
早春

2個の小黒点

1522a
スモモキリガ♂
39mm むかわ町 4月
早春

2個の淡褐色斑(黒点消失の場合)

1522b
同♂ 黒点消失型
39mm 江別市 4月

亜外縁線のM₂付近は内方で暗化傾向

後縁付近で内方に小さく角ばる

クロミミキリガ、ブナキリガより大型
色彩の変異は著しい

1523a
ホソバキリガ♂ 赤褐色型
37mm 江別市 4月
早春

1523b
同♂
39mm 石狩市 4月

内横線は不明瞭な波状

後翅の翅脈は暗色で明瞭

1524a
ミヤマカバキリガ♂
39mm むかわ町 4月
早春

色彩の変異は著しい

1524b
同♂ 赤褐色型
39mm むかわ町 4月

内横線は大きく曲がる

環状紋と腎状紋は大きく互いに接近

亜外縁線は明瞭

1525
カバキリガ♂
42mm 江別市 4月
早春

前翅は赤褐色

1526
アオヤマキリガ♂
44mm 伊達市 4月
早春

♂触角は両櫛歯状

亜外縁線のM₂付近は内・外に暗化

色彩斑紋の変異は著しい

1527a
クロミミキリガ♂ 黒斑発達型
33mm 帯広市 5月
春

1527b
同♀
32mm 江別市 5月

環状紋と腎状紋は大きく淡色環で縁取られる

亜外縁線は滑らかに曲がり、角ばらない

1528
ブナキリガ♀
33mm 苫小牧市 4月
早春

scale:90%

ヤガ科 [ヨトウガ亜科]

前翅はつやのある暗紫褐色、斑紋は目立たない

1529
ヨモギキリガ♀
37mm 石狩市望来 4月
早春、局地的
後翅の地色は白色

1530
シロヘリキリガ♀
37mm 様似町幌満 4月
石狩低地帯以東、早春、局地的

1531
イイジマキリガ♂
36mm 夕張市滝ノ上 5月
石狩低地帯以東、早春、局地的

1532
チャイロキリガ♂
37mm 江別市 4月
早春
亜外縁線の外側に白色影

1533
ウスベニキリガ♂
38mm 苫小牧市柏原 5月
春、局地的
外縁部は紅色
後翅の地色は白色

1534
ナマリキリガ♂
38mm 函館市函館山 5月
渡島半島南部、早春、稀
後翅は白色

前翅に黒紋が出る型と出ない型がある

1535a
カシワキリガ♂ 黒紋型
35mm 江別市 4月
早春

1535b
同♂ 無紋型
34mm 江別市 4月

1536
アカバキリガ♂
42mm むかわ町 4月
早春

環状紋は暗色点
腎状紋は、輪郭が不明瞭な暗色斑

ヨトウガ族

亜外横線は中央で強くW字状

1537
アトジロキリガ♂
30mm 石狩市新港地区 5月
石狩低地帯以東、春、カシワ林
後翅は外縁部を除き白色

1538
コイズミヨトウ♂
21mm 大雪山駒草平 7月
大雪山の高山帯、昼飛性

1539
タイリクウスイロヨトウ♂
33mm 石狩市西浜 9月
局地的

1540
ダイセツシタヨトウ♂
27mm 大雪山熊ノ平 7月
大雪・日高の高山帯、昼飛性
後翅基半は淡色

1541
オオシラホシヨトウ♀
53mm 札幌市 6月

1542
オオシモフリヨトウ♀
59mm 札幌市 7月

scale:90%

ヤガ科 [ヨトウガ亜科] | 203

1543
オオチャイロヨトウ♀
54mm 苫小牧市 8月

1544
シラホシヨトウ♂
腎状紋は白色とならないこともある
第一腹節背面の冠毛は赤褐色
後翅基半は黄褐色
43mm 訓子府町 7月

1545
アトジロシラホシヨトウ♂
腎状紋は常に白色
冠毛は黒色
後翅は広く白色
45mm 平取町 6月

1546a
マメヨトウ♂
前翅は紫褐色のものが多い
肛角付近に三角形の白色紋が目立つことが多い
39mm 浜中町三番沢 7月
道東・道北、局地的

1546b
同♂ 暗色型
40mm 猿払村浅茅野 6月

1547
ヨトウガ♀
腎状紋は小白点に分裂
亜外横線は中央でW字状
42mm 札幌市 8月

1548
オイワケクロヨトウ♂
斑紋はミヤマヨトウに似るが著しく暗色
46mm 蘭越町港町 6月
稀

1549
シロスジヨトウ♂
亜外線線は白色中央でW字状
34mm 浜中町カムラ沼 7月
道東、主に湿地、局地的

1550
エゾチャイロヨトウ♂
37mm 釧路市山花 7月
主に湿地、局地的

1551
ムラサキヨトウ♂
環状紋とつながる淡色斑が目立つ
亜外縁線は中央でW字状
胸背と翅は紫灰色
38mm 釧路市 7月
道東、局地的

1552
ミヤマヨトウ♂
斑紋は前種に似るが大型で濃色
42mm 本別町 6月

1553
キミャクヨトウ♂
47mm 札幌市西岡公園 11月
稀

1554
フサクビヨトウ♀
環状紋と腎状紋は下端でつながりV字形
30mm 札幌市 8月

1555
モモイロフサクビヨトウ♂
前翅はピンク色を帯びる
32mm 留萌市立花 7月
石狩低地帯以東、稀

scale:90%

【1548】図示(2001年採集)の他には札幌市定山渓の記録があるのみ

ヤガ科 [ヨトウガ亜科]

体翅は黄褐色を帯びる / 体翅は紫灰色を帯びる

1556
コハイイロヨトウ♂
33mm 浦河町上野深 8月
局地的

1557
ヒメハイイロヨトウ♂
29mm 石狩市千代志別 6月
海岸の岩場、稀

1558
コグレヨトウ♂
32mm 蘭越町磯谷 7月
海岸の岩場、稀

1559
シロオビヨトウ♂
30mm 礼文島 8月
海浜性、局地的

キヨトウ族

色彩は2型あり、♂♀とも2型があらわれる
暗色の楔状紋が目立つ

1560a
シロシタヨトウ♂ 灰褐色型
37mm 石狩市 5月

1560b
同♂ 赤褐色型
42mm 湧別町 6月

前・後翅とも強く赤褐色を帯びる
腎状紋の白紋は細くほぼ一様な太さ

1561
フタオビキヨトウ♂
44mm 札幌市 7月

白紋は細く、下端で白点状に太くなる

1562
ミヤマフタオビキヨトウ♂
46mm 日高町門別 8月

白紋は太めのくの字状
外横線は鋸歯状
後縁直前で外方に角ばる

1563a
オオフタオビキヨトウ♂
50mm 札幌市 7月

前翅全体が黒化するのは本種に固有の型

1563b
同♂ 黒化型
50mm 北見市 7月

内横線は前縁直下で角ばらない
腎状紋は輪郭がぼやけた淡色影

1564
ナガフタオビキヨトウ♀
54mm 札幌市 8月

小型、前翅は赤褐色
腎状紋は不明瞭

1565
アカバキヨトウ♂
36mm 安平町追分 7月
石狩低地帯以東、局地的

scale:90%

【1558】図示を含む2♂1♀(1996年採集)の他、函館市日浦でも1♂が採集されている(猪子龍夫氏[故人]、未発表)

ヤガ科 [ヨトウガ亜科] | 205

2つの紋がつながってL字状となり、目立つ / 前翅の赤みが弱い個体も多い / 前翅は一様に明るい淡黄色

1566
シロテンキヨトウ♂
36mm 礼文島 8月

1567
ウスベニキヨトウ♂
42mm 苫小牧市柏原 7月
湿地性

1568
タンポキヨトウ♂
37mm 札幌市 6月
後翅内半はほぼ白色

前種より小型、前翅はより暗い / 中室下縁に沿って暗色 / 後翅の前縁部は幅広く白色 / 前縁部は白色とならない / 後翅は暗色

1569
ヨシノキヨトウ♀
32mm 釧路市 8月
道東、湿地性

1570
フタテンキヨトウ♀
31mm 北見市 7月

1571
クロテンキヨトウ♂
32mm 札幌市 5月

黒点列は2列 / 黒点列は1列 / 前翅は細く、翅頂は尖る / 中室下縁に沿う暗色条 / 後翅は一様に暗色 / 後翅の翅脈は暗色で明瞭

1572
スジシロキヨトウ♂
36mm 長万部町静狩 9月
渡島半島、稀

1573
ノヒラキヨトウ♂
33mm 札幌市西岡公園 7月
湿地性

1574
ナカスジキヨトウ♂
28mm 江別市野幌森林公園 5月
湿地性

中室下角の白点から内方に白色条が走る / 黒点列が目立つ / ♂の腹節基部腹面に黒色毛塊がある / ♂の腹節基部腹面に黒色毛塊がある

1575
マメチャイロキヨトウ♀
32mm 函館市谷地頭 10月
稀

1576
マダラキヨトウ♀
32mm 札幌市 6月

1577
ツマグロキヨトウ♀
34mm 函館市石倉 7月
湿地性

中室下角に白点 / 前翅翅脈間の細条は赤褐色 / 後翅は白色、半透明 / 後翅は一様に暗色

1578
アワヨトウ♂
43mm 江別市野幌森林公園 10月

1579
クサシロキヨトウ♂
38mm 函館市谷地頭 9月
稀

1580
アカスジキヨトウ♂
31mm 本別町 9月

scale:90%

【1572】図示(1989年採集)以外の確実な記録は、知内町の1♂と函館市の1♂のみ 【1575】図示の1例のみ(2009年採集)
【1579】図示の1例のみ(1991年採集)

ヤガ科 [ヨトウガ亜科・モンヤガ亜科]

オーロラヨトウ族

モンヤガ亜科
カブラヤガ族

1581
ウスイロキヨトウ♂
36mm 森町砂原 6月
渡島半島南部、局地的

中室端にくの字の淡色紋
前翅翅脈は地色より明るく目立つ

1582
オーロラヨトウ♀
35mm 大雪山高根ヶ原 7月
大雪山、高山性

1583
ニセタマナヤガ♂
47mm 森町湯の崎 11月
全世界の温暖地、稀

触角は弱い鋸歯状
後翅は白色
翅脈は暗色
前翅が褐色で、前縁と後縁が明るい型もある

1584
ホソアオバヤガ♂
43mm 釧路市 7月

内横線の内側に黒点
前種より色調が濃い

1585
オオホソアオバヤガ♀
49mm 札幌市 7月

1586a
アトウスヤガ♂
42mm 利尻山 8月
稀

後縁部は淡色となる

1586b
同♀
40mm 小清水町美和 9月

内・外横線は鋸歯状

1587
ポロシリモンヤガ♂
43mm 知床峠 7月
稀

キタウスグロヤガ(1606)に似るが前翅は灰色でより明るく大きい

1588
コキマエヤガ♂
40mm 釧路市 8月

淡色部は後方に小さく突出する

1589
ウスグロヤガ♂
42mm 礼文島 8月

前翅は灰黒色でやや褐色を帯びる
通常、斑紋は不明瞭

1590a
クモマウスグロヤガ♀
43mm 小清水町美和 9月
道東、稀

前翅が次種より細長いことで同定された
(北海道と本州の個体群には差異があるようだが不詳)

1590b
同♂
43mm 富士山新五合目 8月

内横線より基部は灰色
前翅地色は褐色を帯びない(本州産)

1591a
ムギヤガ♂
45mm 旭川市 7月

内横線より基部は濃い褐色
前翅地色は褐色

1591b
同♀
45mm 旭川市 8月

1592
キタクロヤガ♂
32mm 苫小牧市静川 8月
石狩低地帯以東

scale:90%

【1587】図示(2005年採集)の他には1988年に幌尻岳で1♂の記録があるのみ 【1590a】図示標本(1993年採集)の同定は杉繁郎氏による

ヤガ科 [モンヤガ亜科] | 207

1593
タマナヤガ♂
47mm 札幌市 9月
全世界に分布

1594a
カブラヤガ♂
38mm 札幌市 8月

1594b
同♀ 黒化型
42mm 札幌市 6月

♂触角は両櫛歯状
外方に尖る黒色状
環状紋はほぼ真円
楔状紋は短い
後翅の地色は白色、翅脈は暗色

1595
センモンヤガ♂
40mm 札幌市 5月

1596a
ホッキョクモンヤガ♂
44mm 利尻山 8月
利尻・大雪(高山帯)、根室(低地)、昼も飛ぶ

1596b
同♀ 黒化型
40mm ウペペサンケ山 8月

♂触角は鋸歯状
環状紋は楕円形
楔状紋は長い
後翅の地色は白色、翅脈は暗色
♂触角は短い両櫛歯状
後翅はやや暗色

モンヤガ族

1597
オオカブラヤガ♀
50mm 厚真町幌内 9月
秋、局地的

1598
フルショウヤガ♂
42mm 釧路市大楽毛 9月
石狩低地帯以東(日高を除く)の海浜、初秋

1599
モクメヤガ
(モクメヨトウ)♀
32mm 札幌市 9月

1600
マエジロヤガ♂
29mm 札幌市 8月

1601
ホシボシヤガ♂
35mm 札幌市 8月

1602
クロクモヤガ♂
37mm 様似町 6月

基部前縁に淡色部がある
淡色部はない
地色は前種よりはるかに暗色

1603
キタミモンヤガ♀
34mm 津別町川汲 9月
網走・北見地方の内陸部、初秋、局地的

1604a
エゾクシヒゲモンヤガ♂
36mm 浜中町仲の浜 7月
石狩低地帯以東、湿地性、稀

1604b
同♀
38mm 浜中町仲の浜 7月

二重の内横線は2箇所で屈曲し、伸びたZ状
前翅地色は光沢のある暗紫褐色
中室内は楔状に暗色
♂触角は両櫛歯状

scale:90%

208 | ヤガ科 [モンヤガ亜科]

四角形の暗色紋が目立つ

1605
ヒメカクモンヤガ♂
27mm 利尻島富士見地 8月
利尻島のみ、稀
前種より翅は短く、赤みが強い

内・外横線は二重の鋸歯状

1606
キタウスグロヤガ♀
42mm 小清水町藻琴山 7月
道東
前翅は緑がかった灰色

ポロシリモンヤガ(1587)に似るが前翅は暗い灰黒色で、斑紋は不明瞭

1607
アカマエヤガ♂
48mm 平取町荷負 9月
局地的
以下3種は外観での区別が困難なことが多い

1608
ヒメアカマエヤガ♂
46mm 小清水町美和 7月
稀
翅表が明るい型は本種に固有

1609
シロオビハイイロヤガ♂
39mm 釧路市音別 7月
暗い地色に黄白色鱗を散布する型は本種固有

1610
カバスジヤガ♂ 無紋型
41mm 札幌市 8月
外横線(内側の細線)は滑らか

1611a
ウスイロカバスジヤガ♀
41mm 札幌市 8月
黒斑の有無は区別点にならない / 外横線(内側の細線)は微細な波状

1611b
同♂
42mm 札幌市 8月

1612
オオカバスジヤガ♀
44mm 札幌市西岡公園 8月
石狩低地帯以西
亜外縁部の暗色帯は幅広い / 外横線(内側の細線)は弱いことが多い

1613
マエウスヤガ♂
43mm 北見市 7月
道東
前縁部は淡色 その部分で内・外横線が目立つ

1614
ノコスジモンヤガ♂
38mm 鶴居村恩根内 8月
湿地性、局地的
♂触角は両櫛歯状

1615
ナカオビチャイロヤガ♂
35mm 浜中町四番沢 7月
石狩低地帯以東
環状紋・腎状紋間の暗色部が目立つ / 内・外横線は2重で明瞭

1616a
エゾオオバコヤガ♂
35mm 標茶町二ツ山 8月
道東
オオバコヤガ(1619)にやや似る / 中横帯は明瞭 / 翅頂は尖らない / 前翅は短い

1616b
同♀
35mm 標茶町二ツ山 8月
♀は濃色

1617a
コウスチャヤガ♂
37mm 函館市双見 9月
♂触角は両櫛歯状

scale:90%

【要精査】1607,1608; 1610-1612

ヤガ科 [モンヤガ亜科] | 209

1617b
同♀
38mm 小清水町 9月
♀前翅は濃い赤褐色
腎状紋の上半は円紋状に明るい

1618a
ヤマトウスチャヤガ♂
36mm 小清水町藻琴山 8月
道東・道北
環状紋・腎状紋間は暗くなることが多い
亜外縁線は細かな鋸歯状

1618b
同♀
38mm 小清水町藻琴山 8月
♀はやや濃色

1619a
オオバコヤガ♂
42mm 札幌市 5月
エゾオオバコヤガ(1616)に似るが翅形は異なり大型

1619b
同♀
43mm 白糠町 7月
♀前翅は濃い赤褐色

1620
ミヤマアカヤガ♂
38mm 美瑛町 7月
四角い暗色斑が目立つ
亜外縁線はゆるやかに波打つ
前翅の赤みが弱い個体も多い

1621
モンキヤガ♂
38mm 小清水町 7月
環状紋と腎状紋は明るく目立つ

1622
アカフヤガ♀
36mm 福島町吉岡峠 10月
稀
前縁部に腎状紋を覆う赤色影をもつ
前翅は赤みが強いが明暗には変異がある

1623
ウスイロアカフヤガ♂
35mm 札幌市 8月
前種に似るが、色彩はより暗い赤紫色
斑紋はきわめて不明瞭

1624
アルプスヤガ♂
42mm 北大雪平山 8月
羊蹄山以東、高山性

1625a
ダイセツヤガ♂
39mm 大雪山旭岳 7月
大雪・日高・天塩・知床各山系、高山性

1625b
同♂ 赤褐色型
38mm 大雪山忠別岳 7月

1626
タンポヤガ♂
45mm 苫小牧市 7月

1627
シロモンヤガ♀
38mm 札幌市 9月
秋、局地的
三角形の淡色紋が目立つ

1628
ハコベヤガ♂
48mm 函館市蛾眉野 9月
前翅中央部は広く赤褐色を帯びる

scale:90%

ヤガ科 [モンヤガ亜科]

1629 マエキヤガ♂
50mm 安平町早来 8月
石狩低地帯以西、局地的

1630 ウスチャヤガ♂
新鮮な標本の前翅は暗い紫灰色
腎状紋を通る横帯
40mm 苫小牧市沼ノ端 11月
晩秋、稀

1631 クロフトビイロヤガ♂
黒斑は中室下縁を越えて拡大する
43mm 江別市 8月

1632 ナカグロヤガ♀
41mm 浜中町 8月

1633 キシタミドリヤガ♂
50mm 石狩市 8月

1634 ハイイロキシタヤガ♂
51mm 江別市 7月

1635 クロギシギシヤガ♀
48mm 浜中町 8月

1636 アオバヤガ♂
腎状紋の外方に大きな白斑
51mm 浜中町鷲の巣 8月
主に石狩低地帯以東

1637 オオアオバヤガ♂
58mm 石狩市 8月

1638 オオシラホシヤガ♂
環状紋は白い
53mm 根室市昆布盛 8月
石狩低地帯以東

1639 カギモンヤガ♂
♂触角は両櫛歯状
39mm 札幌市 4月
早春

1640a ネムロウスモンヤガ♂
♂触角は鋸歯状
38mm 猿払村浅茅野 5月
道東・道北、湿地性、早春

1640b 同♀ 赤味の強い型
37mm 小清水町北斗 4月（羽化）

1641 ムラサキウスモンヤガ♂
♂触角は両櫛歯状
35mm 様似町幌満 4月
早春

scale: 80%

【1630】1990年に苫小牧市沼ノ端で採集された2♂♂のみ。図示標本はそのうちの1個体
【1636】1960年代に函館市と知内町の記録があるが、標本は失われている

科名（カタカナ）	Family
[コバネガ科]	Micropterigidae
[スイコバネガ科]	Eriocraniidae
[モグリチビガ科]	Nepticulidae
[ヒラタモグリガ科]	Opostegidae
[ツヤコガ科]	Heliozelidae
[ホソヒゲマガリガ科]	Prodoxidae
[マガリガ科]	Incurvariidae
[ムモンハモグリガ科]	Tischeriidae
[コウモリガ科]	Hepialidae
[ヒゲナガガ科]	Adelidae
[ヒロズコガ科]	Tineidae
[ミノガ科]	Psychidae
[ヒカリバコガ科]	Roeslerstammiidae
[チビガ科]	Bucculatricidae
[ホソガ科]	Gracillariidae
[スガ科]	Yponomeutidae
[ニセスガ科]	Praydidae
[クチブサガ科]	Ypsolophidae
[コナガ科]	Plutellidae
[アトヒゲコガ科]	Acrolepiidae
[ホソハマキモドキガ科]	Glyphipterigidae
[マイコガ科]	Heliodinidae
[ヒルガオハモグリガ科]	Bedelliidae
[ハモグリガ科]	Lyonetiidae
[科所属不明]	Family incertae sedis
[スヒロキバガ科]	Ethmiidae
[ヒラタマルハキバガ科]	Depressariidae
[クサモグリガ科]	Elachistidae
[オビマルハキバガ科]	Deuterogoniidae
[ヒロバキバガ科]	Xyloryctidae
[キヌバコガ科]	Scythrididae
[メスコバネキバガ科]	Chimabachidae
[マルハキバガ科]	Oecophoridae
[ヒゲナガキバガ科]	Lecithoceridae
[ホソキバガ科]	Batrachedridae
[ニセマイコガ科]	Stathmopodidae
[ツツミノガ科]	Coleophoridae
[エダモグリガ科]	Parametriotidae
[アカバナキバガ科]	Momphidae
[ネマルハキバガ科]	Blastobasidae
[ミツボシキバガ科]	Autostichidae
[エグリキバガ科]	Peleopodidae
[カザリバガ科]	Cosmopterigidae
[キバガ科]	Gelechiidae
[イラガ科]	Limacodidae
[マダラガ科]	Zygaenidae
[スカシバガ科]	Sesiidae
[ボクトウガ科]	Cossidae
[ハマキガ科]	Tortricidae
[ハマキモドキガ科]	Choreutidae
[ホソマイコガ科]	Schreckensteiniidae
[ササベリガ科]	Epermeniidae
[ニジュウシトリバガ科]	Alucitidae
[トリバガ科]	Pterophoridae
[シンクイガ科]	Carposinidae
[セセリモドキガ科]	Hyblaeidae
[マドガ科]	Thyrididae
[メイガ科]	Pyralidae
[ツトガ科]	Crambidae

小蛾類

Scale:70%

コバネガ科・スイコバネガ科・コウモリガ科

コバネガ科
*鱗翅目で最も原始的な科で、唯一咀嚼形口器をもつ。昼飛性。

1642 モンフタオビコバネ♂
10mm 美瑛町白金 7月
- 前翅は金属光沢のある赤褐色
- 基部から1/4,1/2,3/4に淡金色の帯

スイコバネガ科
*口器は吸汁型の口吻だが、痕跡的な大顎をもつ。昼飛性で、早春に出現する。

1643 キンマダラスイコバネ♂
12mm 当別町 5月
- 前翅はオオスイコバネ(1646)より青みが強い
- 金色の小斑点は密で目立つ

1644 ハンノキスイコバネ♀
13mm 当別町 4月
- 前翅は紫色
- 金色斑は細かく、個体によっては不明瞭
- 前・後翅とも他種より細長い

1645 クロムラサキスイコバネ♀
12mm 様似町 5月
- 前翅は黒みがかった紫色
- 後縁肛角に明瞭な白短条

1646 オオスイコバネ♂
15mm 石狩市 4月
- 前翅は紫色の光沢がある褐色
- 金色の小斑点が全体に散在
- 後縁肛角の小白紋は個体によっては不明瞭

scale:250%

コウモリガ科
*翅形、翅脈は前翅と後翅でほぼ同じ。夕暮れ時に振り子のような独特の飛び方をする。

1647a チシマシロスジコウモリ♂
29mm 大空町女満別 8月
- 色彩斑紋の変異は非常に大きい

1647b 同♀
37mm 浜中町 7月

1648a キタコウモリ♂
36mm 平取町 8月
- 亜外縁部と後縁部の白斑は幅広く後縁部で連続することが多い

1648b 同♀
50mm 大雪山高原温泉 7月

1649a ギンスジコウモリ(キンスジコウモリ)♂
31mm 札幌市 6月

1649b 同♀
30mm 佐呂間町 6月

scale:90%

コウモリガ科 | 213

中室の褐色斑はCuA$_2$をこえて後方に広がる

1650a
コウモリガ♀ 暗色型
82mm 士別市 8月

1650b
同♀ 明色型
64mm 上ノ国町 9月

中室基部と中室端に銀紋

中室の褐色斑はCuA$_2$をこえない

1651
キマダラコウモリ♀
77mm 長沼町 8月

scale:90%

214 | モグリチビガ科 [モグリチビガ亜科]

モグリチビガ科
モグリチビガ亜科
モグリチビガ族

*鱗翅目で最も小型のグループで、触角の基節は著しく広がり複眼を覆う眼帽となる。日本では研究が十分でなく、種名が未定のものや未発見の種が多数残されている。この図鑑に図示していない種も多いので、同定は専門の文献を参照しなければならない。

前翅は暗い褐色 / 真鍮色または銀鉛色の幅広い横帯
1652 クナシリモグリチビガ♀ 5.2mm 小清水町水砥林道 8月

前翅は暗褐色で紫色光沢がある / 基部から3/5にくすんだ黄色の横帯
1653 サハリンモグリチビガ♂ 5.0mm 石狩市 6月

頭毛は黒色 / 襟毛と眼帽はクリーム色から黄褐色
1654 イタヤモグリチビガ♀ 5.0mm 小清水町 9月

前種と外観による区別はできない
1655 ウリカエデモグリチビガ♀ 4.5mm 小樽市 9月

前翅は暗灰色を帯びた褐色、鉛光沢あり 鱗粉は先端が黒みを帯びて斑点状になる
1656 クロツバラモグリチビガ♂ 6.0mm 日高町 5月（羽化）

前翅は暗褐色を帯びた灰色、暗い鉛色光沢がある ♂前翅裏面中央に線状に盛り上がった特殊鱗がある
1657 クヌギクロモグリチビガ♂ 6.0mm 小樽市 6月

前種と酷似するが ♂前翅裏面に特殊鱗がない
1658 カシワモグリチビガ♂ 5.5mm 岩見沢市 8月

♂前翅基部から1/3は暗黄銅色の光沢が強い / 銀色横帯の両側は赤銅色を帯びる / ♂後翅に青黒色の特殊鱗がある / ♂で頭毛、襟毛、眼帽の色が異なる
1659 クヌギモグリチビガ♂ 5.6mm 石狩市 6月

ミツホコモグリチビガ族

前翅は横帯がなく褐色を帯びた真鍮色で光沢が強い / ♂後翅に青黒色の特殊鱗がある
1660 オスアトフサモグリチビガ♀ 5.8mm 当別町 6月

前翅は暗い赤銅紫色 翅頂域の鱗粉は先端が黒みを帯びてうろこ状 / 基部から3/5に銀色横帯
1661 アズミノモグリチビガ♀ 5.5mm 石狩市 5月

前翅は強い光沢のある赤銅色のものが多い 触角先端部は白色 / ♀の尾端の突出は幅広く短い / 基部から3/5に銀色横帯
1662 キンツヤモグリチビガ♀ 7.6mm 石狩市 7月

触角先端部は灰白色から黒褐色 / ♀の尾端の突出は細く長い / ♂触角は30-40節で前種の44-48節より短い
1663 ヒメキンツヤモグリチビガ♀ 6.8mm 鹿追町然別 7月

触角はクリーム色
1664 ムモンツヤモグリチビガ♂ 7.5mm 石狩市 7月

大型で近似種はいない
1665 キイロモグリチビガ♀ 9.6mm 岩見沢市 6月

3つの黒褐色帯
1666 トラフモグリチビガ♂ 6.4mm 石狩市 7月

前翅は一様に灰褐色、鱗粉先端は青みがかる / ♂後翅前縁は基部から中央付近まで張り出し基部からクリーム色の長い毛束を出す
1667 ウスグロモグリチビガ♂ 8.6mm 岩見沢市 7月

前翅は一様に黒色で青みを帯びる 頭毛は黒色 / 眼帽はクリーム色
1668 クロバネモグリチビガ♂ 6.7mm 小樽市 8月

前縁の細い黒線は横帯とつながる / 翅頂域は広く黒褐色
1669 イタヤカエデモグリチビガ♀ 5.5mm 石狩市 7月

前翅地色は黒褐色 / 基部から1/5は鉛色 / 幅の広い銀横帯 / 縁毛の先端は明るい
1670 キンミズヒキモグリチビガ♀ 5.4mm 長万部町 7月

scale:400%

【1654, 1657, 1659, 1661, 1665, 1666, 1668】北海道未記録（小木広行氏、未発表）【要精査】1654, 1655

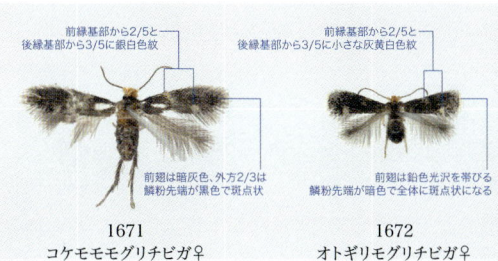

モグリチビガ科 [モグリチビガ亜科]・ヒラタモグリガ科・ツヤコガ科・ヒゲナガガ科 [ウスキヒゲナガガ亜科] | 215

ヒラタモグリガ科
＊触角基部に眼帽をもつ。

前縁基部から2/5と後縁基部から3/5に銀白色紋
前翅は暗灰色、外方2/3は鱗粉先端が黒色で斑点状

1671
コケモモモグリチビガ♀
7.4mm 十勝岳安政火口 7月(羽化)

前縁基部から2/5と後縁基部から3/5に小さな灰黄白色紋
前翅は鉛色光沢を帯びる鱗粉先端が暗色で全体に斑点状になる

1672
オトギリモグリチビガ♀
4.9mm 当別町 1月(羽化)

全体に銀白色、前翅後縁に斑紋がない

1673
シロヒラタモグリガ♀
10mm 本別町 8月

scale:400%

翅頂付近は淡褐色　平行する2本の細線がある
後縁基部1/3に小褐色斑

ミノドヒラタモグリガ(1674)に似るが小型
前翅の縁毛は灰色

翅頂部に数本の細線
通常、中央部にくの字状の斑紋がある

後縁中央に褐色斑　消失する個体もいる

1674
ミノドヒラタモグリガ♂
11mm 石狩市 7月

1675
ツマキヒラタモグリガ♀
9.8mm 日高町 8月

1676
ヒメヒラタモグリガ♂
9.9mm えりも町 6月

1677
ツマスジヒラタモグリガ♂
9.0mm 当別町 6月

ツヤコガ科　＊成虫の頭部は通常滑らかな鱗粉で覆われる

前翅は真鍮色で前縁は赤みがかる　襟毛は黒色

前翅は暗鍮色〜真鍮色
前縁2/3の銀紋は四角形
1/3に銀色横帯

前翅は紫色を帯びた銅色、本科の最大種
前縁2/3の銀紋は三角形
1/3に銀色横帯

前翅は紫色を帯びた暗褐色
前縁1/3, 2/3に銀紋
後縁1/6, 1/2に銀紋　後者は幅広い三角形

1678
ムラサキツヤコガ♂
9.0mm 日高町 6月

1679
ブドウキンモンツヤコガ♀
6.3mm 幌加内町 7月

1680
キンモンツヤコガ♀
9.5mm 千歳市 5月

1681
オオブドウキンモンツヤコガ♀
7.0mm 石狩市 10月

scale:300%

ヒゲナガガ科
ウスキヒゲナガガ亜科
＊鱗翅目で最も触角が長いグループで、♂の触角は特に長い。すべて昼飛性。

触角の環紋は不明瞭なことが多い

触角の環紋は明瞭

前翅は点状の灰白色斑が明瞭

前後翅縁の中央と肛角に白斑

前翅後縁に白色斑はない

1682
ゴマフヒメウスキヒゲナガ♂
15mm 十勝岳望岳台 6月

1683
アトボシウスキヒゲナガ♂
23mm 当別町 5月

1684
ウスキヒゲナガ♂
18mm 石狩市 6月

scale:150%

【1673, 1675, 1677】北海道未記録(未発表)

216 ヒゲナガガ科 [ヒゲナガガ亜科]

ヒゲナガガ亜科

1685 ミドリヒゲナガ♂ 16mm 石狩市 5月
♂♀とも前翅は金緑色
♀触角は前翅とほぼ同長

1686a ゴマフヒゲナガ♂ 16mm 札幌市 5月
♂下唇髭は著しく突出し下面に長毛が密生する

1686b 同♀ 13mm 札幌市 5月
♀頭頂は黄色

1687a キオビクロヒゲナガ♂ 16mm 石狩市 5月
前翅は黒褐色と黄白色鱗を密布し、霜降り状
♂下唇髭は著しく突出し下面に長毛が密生する
両側は黒色と鉛色に縁取られる

1687b 同♀ 14mm 小樽市 6月
♀頭頂は灰白色
♀触角は前翅とほぼ同長 基半部は黒色鱗で太まる

1688 ギンヒゲナガ♂ 15mm 仁木町 8月

1689 ホソオビヒゲナガ♂ 17mm 江別市 6月
♂頭頂は黄色
細い淡黄色の帯
♀触角は前翅の1.1倍 基半部は黒色鱗で太くなる

1690 ベニオビヒゲナガ♂ 20mm 岩見沢市 6月
♀触角は前翅の1.3倍 基半部は黒色鱗で太くなる

1691 ギンスジヒゲナガ♂ 17mm 下川町 7月
♀触角は前翅の約1.3倍

1692 ホソフタオビヒゲナガ♀ 18mm 夕張市 6月
2本の黄色帯
基部に黄斑
♂触角は前翅の約4倍

1693 キオビコヒゲナガ♂ 13mm 苫小牧市 8月
亜外縁斑は不明瞭な楕円形
♀触角は前翅の1.1倍 基半部は太くならない

1694 ミヤマコヒゲナガ♂ 13mm 礼文島 8月
亜外縁斑は放射状
♀触角は前翅の1.1倍 基半部は太くならない

1695 *Nemophora* sp.♂ 13mm 小清水町 6月
黄色帯は中央で切れる
♀触角は前翅の1.1倍 基半部は太くならない

1696 カラフトヒゲナガ♂ 18mm 浦幌町 7月
頭頂は黒色
♀触角は前翅の1.3倍 基半部は太くならない

1697 アラスカヒゲナガ♀ 17mm 十勝岳望岳台 7月
頭頂は黄色で黒色鱗が混じる
亜外縁斑は8本の条線に分離する
♂触角は前翅の約2倍

1698 オオヒゲナガ♂ 24mm 訓子府町 6月
頭頂は黒色
♀触角は前翅の1.2倍 基半部は黒色鱗で太くなる

scale:150%

【1695】日本未記録または新種(川原進氏、未発表)

ヒゲナガガ科 [ヒゲナガガ亜科]・ホソヒゲマガリガ科 [マダラマガリガ亜科]・マガリガ科 | 217

ヒゲナガガ科

1699 ツマモンヒゲナガ♂
16mm 十勝岳望岳台 7月
- 亜外縁紋はV字形分離することもある
- ♀触角は前翅の1.3倍 基半部は太くならない

1700 ワカヤマヒゲナガ♂
21mm 様似町 6月
- 前種より大型 斑紋は似る
- ♀触角は前翅の1.3倍 基半部は黒色鱗で太くなる

1701 サッポロヒゲナガ♂
18mm 深川市 6月
- 頭頂は黄色から黒色
- 黄色の亜外縁斑は放射状にならない
- 青鉛色の円紋が出ることが多い
- ♀触角は前翅の1.3倍 基半部は太くならない

1702 ウスベニヒゲナガ♂
17mm 幌加内町 7月
- 頭頂は黄色
- 放射状
- ♀触角は前翅の約1.5倍 基半部は黒色鱗で太くなる

scale:150%

ホソヒゲマガリガ科
マダラマガリガ亜科

1703 アルタイマガリガ♂
10mm 小清水町藻琴山 7月
- 前翅は暗い黄褐色で金色の光沢を帯びる 斑紋は特徴的

1704 キマダラマガリガ♂
11mm 美瑛町白金 6月
- 前翅は暗い灰褐色 淡黄色の細かいまだら状の斑紋をもつ

1705 フタオビマガリガ♀
14mm 美瑛町白金 6月
- 前翅は暗褐色で赤褐色の弱い光沢を帯びる
- 2本の白帯をもつ 不明瞭な個体もある

マガリガ科

1706 ヒメフタオビマガリガ♂
7.3mm 鹿追町然別 7月
- 前翅は黄褐色で金色の光沢がある
- 2本の細い銀白色の線

1707 ホソバネマガリガ (ヒメホソバネマガリガ)♂
10mm 小樽市 7月
- 前翅は細長く、茶〜黄褐色
- 後翅は細く槍状

1708 ウスキンモンマガリガ♀
15mm 森町 6月
- 前翅は暗褐色で紫色の光沢がある
- 1/3に銀白色帯
- 前縁に2個、後縁に1個の楔形紋

1709 ヒトスジマガリガ♂
8.4mm 安平町 5月
- 前翅は暗褐色で弱い紫色の光沢がある
- 1/3に黄白色帯
- 前縁2/3と肛角付近に三角斑が出ることもある

1710 フタモンマガリガ♂
15mm 日高町 6月
- 前翅は暗褐色で紫〜赤銅色の強い光沢を帯びる
- 前縁に2つの不明瞭な小黄白斑

1711 クロツヤマガリガ♂
15mm 根室市 6月
- 前翅は光沢のある黒褐色
- 頭頂は黒褐色、中央に黄色毛がある 顔面は淡黄色

1712 コケモモマガリガ♂
18mm 樽前山 8月
- 前翅は茶褐色
- 後縁1/3, 2/3に大きな白紋

scale:200%

218　ムモンハモグリガ科・ヒロズコガ科 [オオヒロズコガ亜科・コクガ亜科・フサクチヒロズコガ亜科・ヒロズコガ亜科]

ムモンハモグリガ科

*頭部はひさし状に粗い鱗毛が突出する。下唇鬚は末端節が長く、下向する。

1713 ニセクヌギキムモンハモグリ（ニセクヌギキハモグリガ）♂
前翅はやや暗い黄褐色　暗褐色の小点が前縁～翅頂に散在
8.1mm 石狩市 6月(羽化)

1714 クヌギキムモンハモグリ（クヌギキハモグリガ）♂
前翅は黄褐色～淡黄褐色　小点が散在しない
冠毛と胸部は白色
9.2mm 石狩市 8月(羽化)

1715 キイチゴクロモンハモグリ（キイチゴクロハモグリガ）♀
前翅は紫色光沢のある暗褐色　明るい黄土色を帯びる個体もある
8.0mm 千歳市 8月(羽化)

1716 ワレモコウツヤモンハモグリ（ワレモコウツヤハモグリガ）♂
前翅は光沢のある暗褐色
8.1mm 千歳市 8月(羽化)

scale:200%

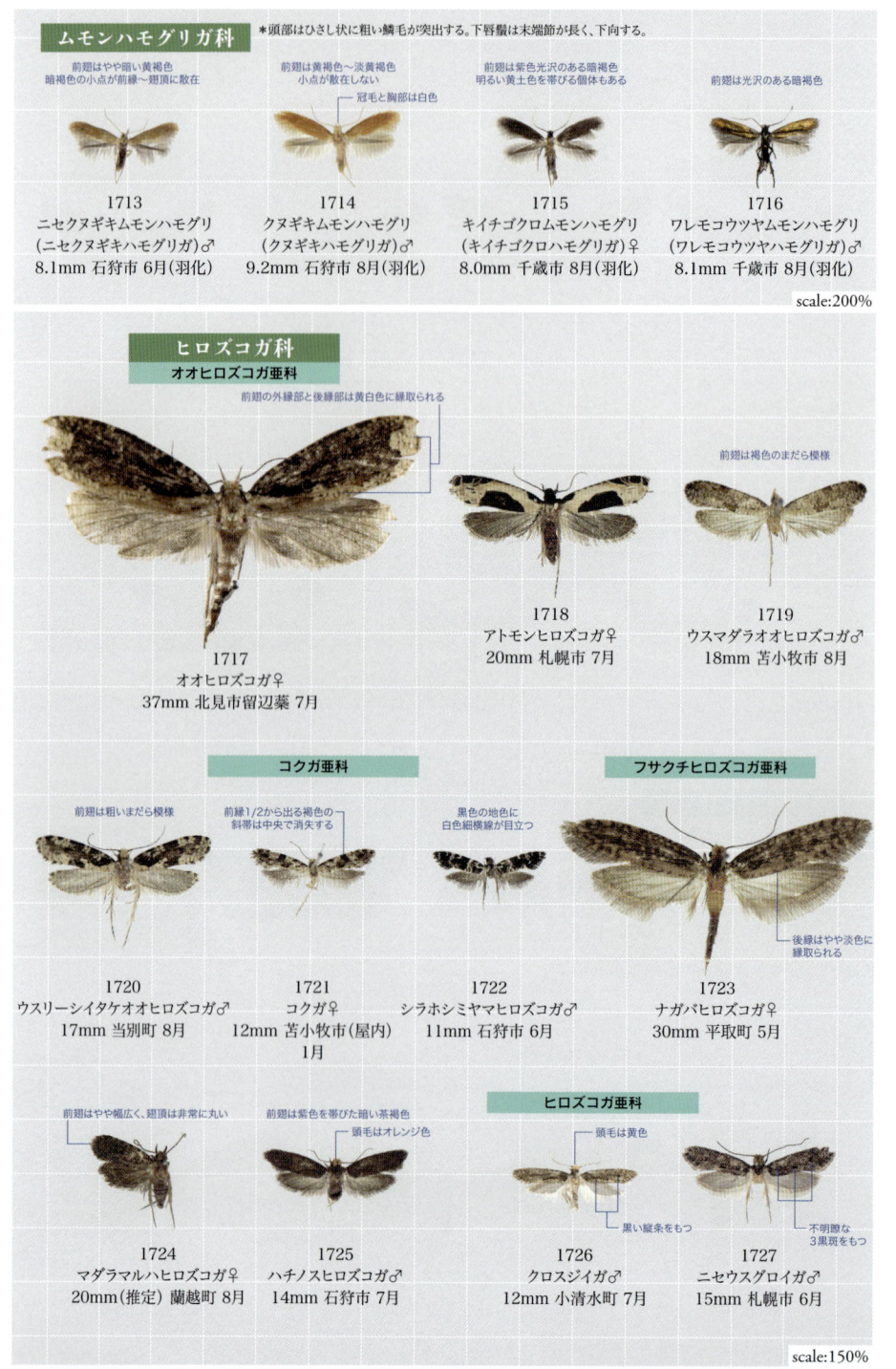

ヒロズコガ科
オオヒロズコガ亜科

前翅の外縁部と後縁部は黄白色に縁取られる

1717 オオヒロズコガ♀
37mm 北見市留辺蘂 7月

1718 アトモンヒロズコガ♀
20mm 札幌市 7月

1719 ウスマダラオオヒロズコガ♂
前翅は褐色のまだら模様
18mm 苫小牧市 8月

コクガ亜科

1720 ウスリーシイタケオオヒロズコガ♂
前翅は粗いまだら模様
17mm 当別町 8月

1721 コクガ♀
前縁1/2から出る褐色の斜帯は中央で消失する
12mm 苫小牧市(屋内) 1月

1722 シラホシミヤマヒロズコガ♂
黒色の地色に白色細横線が目立つ
11mm 石狩市 6月

フサクチヒロズコガ亜科

1723 ナガバヒロズコガ♀
後縁はやや淡色に縁取られる
30mm 平取町 5月

ヒロズコガ亜科

1724 マダラマルハヒロズコガ♀
前翅はやや幅広く、翅頂は非常に丸い
20mm(推定) 蘭越町 8月

1725 ハチノスヒロズコガ♂
前翅は紫色を帯びた暗い茶褐色　頭毛はオレンジ色
14mm 石狩市 7月

1726 クロスジイガ♂
頭毛は黄色　黒い縦条をもつ
12mm 小清水町 7月

1727 ニセウスグロイガ♂
頭毛は黄色　不明瞭な3黒斑をもつ
15mm 札幌市 6月

scale:150%

【1719, 1722】北海道未記録(小木広行氏、未発表)
【1724】1960年に採集された標本の所在は不明。図示標本が確実な記録となる(小木広行氏、未発表)　【1727】北海道未記録(未発表)

ヒロズコガ科 [ヒロズコガ亜科・メンコガ亜科・クシヒゲヒロズコガ亜科・亜科所属不明]・ミノガ科・ヒカリバコガ科・チビガ科

メンコガ亜科

1728 アトキヒロズコガ♂ 12mm 石狩市 6月 — 中室端に半透明紋／後縁部は黄色

1729 マエモンクロヒロズコガ♂ 19mm 札幌市 6月

1730 アトボシメンコガ♀ 13mm 札幌市 7月 — 後縁に黄色の三角形紋

1731 クロエリメンコガ♀ 12mm 石狩市 7月 — 頭部は黒色

クシヒゲヒロズコガ亜科

1732 *Opogona* sp. ♂ 10mm 石狩市 6月 — 前縁基部は暗色

1733 クロクモヒロズコガ♀ 21mm 石狩市 7月

亜科所属不明

1734 クシヒゲキヒロズコガ♀ 30mm 札幌市 8月

ミノガ科

1735 ヒメミノガ♂ 11mm 平取町 6月 — ♀は無翅有脚型

1736 キタクロミノガ♂ 18mm 当別町 6月 — ♀は無翅無脚のウジ状

1737 ヒメカラフトミノガ♂ 20mm 北見市 7月 — ♀は無翅無脚のウジ状

ヒカリバコガ科

1738a アトキヒカリバコガ♀ 後翅黄色型 15mm 美瑛町 7月 — 前翅は金属光沢のある真鍮褐色

1738b 同♀ 後翅暗色型 13mm 様似町 8月

scale:150%

チビガ科

1739 ヨモギチビガ♀ 8.0mm 石狩市 2月(羽化) — 前翅は乳白色、茶色〜暗褐色の斜条が走る 斑紋の変異は大きい

1740 シネフチビガ♂ 7.3mm 石狩市 4月(羽化) — 前翅は乳白色、茶色鱗を散らす

1741 シナノキチビガ♀ 7.9mm 石狩市 4月(羽化) — 前翅は白色、橙褐色鱗を散らす

1742 ヤマブキトラチビガ♂ 7.0mm 石狩市 6月 — 前翅は山吹色〜橙褐色 1/2に褐色帯

1743 コナラチビガ♂ 7.6mm 苫小牧市 6月 — 前翅は茶白色、茶色鱗を散らす

scale:350%

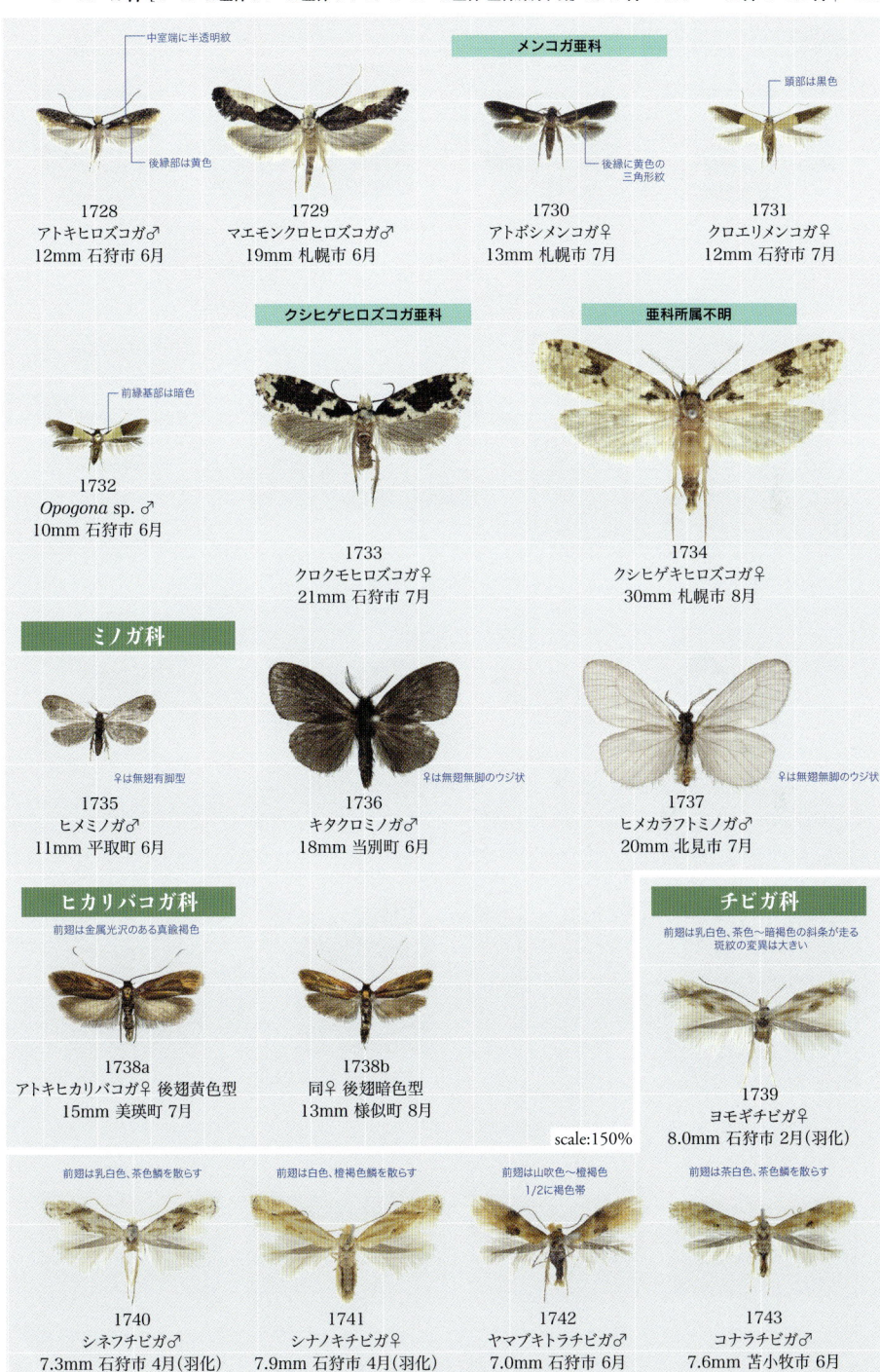

220 | ホソガ科 [ホソガ亜科]

ホソガ科
ホソガ亜科
ホシボシホソガ類

*微小な種を多く含むが、小蛾類としては研究が進んでいるグループである。飼育が容易なことから、近年は実験動物としての有用性が高まっている。
hollotype, paratype: 新種発表時に使われた標本で、最も信頼性が高い。

ハマキホソガ類

前・後翅は次の2種より幅広い

1744
ホシボシホソガ♀
10mm 苫小牧市 8月(羽化)

次種とは色彩斑紋だけでは区別できない

1745
カバホシボシホソガ♀
9.8mm 石狩市 5月(羽化)

1746
ハンノホシボシホソガ♂
10mm 初山別村 5月

体翅は白色
前翅は5～6本の金褐色帯が明瞭

1747
シロハマキホソガ♀
12mm 石狩市 5月

体翅は黒みが強い
中央部に金茶色の斑紋

1748
ウスリーハマキホソガ♀
12mm 様似町 7月

前翅は全体に灰黒色、金茶色の斑紋はない
後縁1/3にU字形の不鮮明な白紋

1749
クロハマキホソガ♂
14mm 名寄市 5月

体翅は白色に黒褐色鱗を散布
やや太い黒褐色の帯が斜走

1750
ハイイロハマキホソガ♂
13mm 江別市 8月

体翅は光沢のある暗褐色
大きな逆三角形の黄白色紋
後縁近くで外方に伸びる

1751
ヤナギハマキホソガ♂
13mm 夕張市 9月(羽化)

前翅は暗褐色、紫色の光沢がある
大きな金黄色の逆三角紋
後縁基部に金黄色紋

1752
イタヤハマキホソガ♀
11mm 幌延町 5月

前種に酷似するが小型
三角紋は前縁に沿って外方に拡大することがある

1753
モミジハマキホソガ♂
8.9mm 小樽市 8月

体翅は黒褐色、濃い紫色の光沢がある
前縁に2個の金黄色紋
後縁に達する

1754
ムラサキハマキホソガ♀
10mm 夕張市 9月(羽化)

夏型は淡褐色、光沢は鈍い
幅は広く台形状
後縁に達しない

1755a
ヒダカハマキホソガ♀ 夏型
10mm 石狩市 8月

秋型は灰褐色、黒色鱗をまだらに散布
灰白色の紋 金色光沢はわずか

1755b
同♂ 秋型
13mm えりも町 9月(羽化)

体翅は淡褐色、紫色の光沢がある
逆三角紋の幅は狭い
後縁に達しない
後縁基部に金黄色紋

1756
ヤスダハマキホソガ♀
12mm アポイ岳 6月
paratype

体翅は暗褐色、金属光沢は弱い
逆三角紋は黄金色
後縁に達しない

1757
ヘリングハマキホソガ♀
12mm 夕張市 9月(羽化)

夏型前翅は黄褐色
細い金黄色紋が斜行

1758a
イチモンジハマキホソガ♀ 夏型
11mm 東京都 7月(羽化)

秋型前翅は黒褐色
金黄色の斜条

1758b
同♂ 秋型
11mm 札幌市 9月
hollotype

前種と色彩は酷似する
顔面と下唇鬚は淡褐色(前種は白色)

1759a
ミヤマハマキホソガ♂
13mm 小樽市 10月(羽化)

1759b
同♂ 黄色斑拡大型
14mm 苫小牧市 9月(羽化)

夏型前翅は明るい黄褐色
前縁側は広く白黄色

1760a
ホシヌルデハマキホソガ♀ 夏型
14mm 木古内町 7月
paratype

scale:200%

【要精査】1745, 1746

ホソガ科 [ホソガ亜科] | 221

秋型前翅は暗褐色 | 前翅は黄褐色〜淡褐色、わずかに金属光沢がある | 夏型前翅は黄褐色、前縁部は幅広く淡色 | 秋型前翅は黒褐色、前縁部は幅広く淡色

前縁は1/4から翅端近くまで幅広く淡い金黄色

1760b
同♀ 秋型
13mm 和歌山県 10月
paratype

1761
ツツジハマキホソガ♂
10mm 千歳市 8月

1762a
ハナヒリノキハマキホソガ♂ 夏型
9.7mm アポイ岳 7月
paratype

1762b
同♀ 秋型
10mm アポイ岳 9月
paratype

淡色型の顔は白色、頭・胸・翅は白黄色 | 中央淡色斑の両側は広く黒色 | 濃色型は体翅が濃褐色 | 中央淡色斑は不明瞭 | 前翅は光沢のある黒色 | 斜行する細い金黄色紋 | 前翅は暗灰色、わずかに青緑色の光沢がある | 外半に黄色の小点を散らす

1763a
ミズナラハマキホソガ♀ 淡色型
12mm 安平町 9月 (羽化)

1763b
同♀ 濃色型
11mm 苫前町 7月 (羽化)

1764
キスジハマキホソガ♀
12mm 新得町 8月

1765
ニレハマキホソガ♀
13mm 岩見沢市 9月 (羽化)

顔・頭・胸は金黄色 | 前翅は赤褐色、弱い紫色の光沢がある | 台形の紋はやや不明瞭 | 夏の個体の体翅は黄褐色、秋の個体は茶褐色
前翅は淡赤褐色でやや光沢がある | やや長い台形の金黄色斑 | | 顔面は黄褐色〜茶褐色
前縁1/5から翅端まで幅広く金黄色 | | |
後縁基部は細長く金黄色 | | |

1766
クヌギハマキホソガ♂
14mm 小樽市 6月

1767a
イッシキハマキホソガ
(ハンノナガホソガ)♂ 夏型
12mm 日高町 7月 (羽化)

1767b
同♂ 秋型
15mm 苫小牧市 9月

1768
ハンノハマキホソガ♂
15mm 安平町 9月 (羽化)

顔の色以外に前種と外観で区別するのは困難 | 体翅は黄褐色、前翅は黄褐色のまだら模様 | 体翅は暗赤褐色 | 濃色型の体翅は濃褐色、目立った斑紋はない
顔面は黄色 | 通常3黒点変異は大きい | 前縁1/4に斜行する淡色帯 |
| | 中軸を翅端に縦走する濃色帯 |

1769
カンバハマキホソガ♂
16mm 岩見沢市 9月 (羽化)

1770
マダラハマキホソガ♀
15mm 新十津川町 9月 (羽化)

1771
コブシハマキホソガ♀
15mm 安平町 9月 (羽化)

1772a
マツブサハマキホソガ♀ 濃色型
14mm 苫小牧市 9月 (羽化)

淡色型の体翅は黄褐色 | 前翅は黄褐色 | 夏型の体翅は光沢の強い鉛色 | 秋型の体翅は褐色が強い
| 翅端近くに1〜2本の斜条 | 前翅2個、後翅2個の交互する黄白色紋がある | 黄色紋は不明瞭
| | 翅端の縁毛は赤褐色 |

1772b
同♀ 淡色型
15mm 苫小牧市 10月 (羽化)

1773
ナラウススジハマキホソガ♂
13mm 安平町 10月 (羽化)

1774a
タデキボシホソガ♂ 夏型
10mm むかわ町穂別 7月

1774b
同♀ 秋型
11mm 当別町 9月

scale:200%

【要精査】1768, 1769

222 ホソガ科 [ホソガ亜科]

マダラホソガ類

No.	種名	サイズ・産地・月	特徴
1775	ムモンホソガ♂	9.0mm 根室市 8月(羽化)	前翅は暗い黄褐色、顕著な斑紋はない 光の加減で黄金色や金紫色に輝く
1776	シロスジホソガ♂	10mm 幌加内町 6月	基部に細長い紋と前縁に3個、後縁に2個の楔形の紋 いずれも白色、黒線で縁取りされる

scale:200%

マダラホソガ類

No.	種名	サイズ・産地・月	特徴
1777	クズマダラホソガ♀	7.8mm 札幌市 6月	前翅地色は褐色が強い 顔・頭・胸背は白色
1778	ヌスビトハギマダラホソガ♂	6.8mm 札幌市 5月	前翅は黒色に近い黒褐色 頭と胸背に黒色の縦線がある
1779	ハギマダラホソガ♂	7.5mm 根室市 6月(羽化)	前翅は黒褐色だが前種より褐色が強い 頭と胸背に黒色の縦線はない

モグリホソガ類

頭・胸背・前翅は非常に光沢が強い

No.	種名	サイズ・産地・月	特徴
1780	ヒカリバホソガ♀	11mm えりも町 8月	
1781	ヌルデギンホソガ♀	8.0mm 岩見沢市 5月(羽化)	次種と外観で区別はほとんどできない
1782	ニガキギンホソガ♀	7.8mm えりも町 5月(羽化)	翅端前の白斑は前種より小さい個体が多い
1783	クルミホソガ♂	10mm 石狩市 7月	顔・胸背は白色、胸背が暗褐色となる個体もある 暗色紋の濃淡や白条の幅は変異が大きい
1784	コブシホソガ♂	8.0mm 様似町 7月(羽化)	前翅は5本の白色帯がありその中に点列がある 黒褐色帯の両側はやや淡色
1785	ホウノキホソガ♂	8.9mm 苫小牧市 5月(羽化)	前翅より全体にやや淡色だが外観からの区別は困難
1786	ヨモギホソガ♂	8.0mm 石狩市 6月	前翅は灰褐色で霜降り状 前縁1/5の白線は短い 後縁1/4の白線は後縁に沿って基部まで達する
1787	ヤマハハコホソガ♂	7.7mm 根室市 5月(羽化)	前翅は灰褐色で霜降り状 中央の白線が最も太い
1788	オオバボダイジュホソガ♂ hollotype	7.3mm 札幌市 6月	後縁に達する 外方に傾斜し後縁に達しない 後縁に達しないことが多い
1789	マツノカワホソガ♂	11mm 岩見沢市 7月	2/3の横帯は中央で切れ内・外方の横帯と接続する
1790	ツタホソガ♂ paratype	6.9mm 札幌市 8月	翅端に丸い黒紋
1791	クズホソガ♂	7.5mm 大樹町 5月(羽化)	前翅の黄褐色帯と白色帯はほぼ同じ幅 基部近くの白線は後縁に達しない 前翅は灰色を帯び、白条は細い
1792	ギンモンカワホソガ♂	7.9mm 小樽市 7月	前翅は黒色で銅色の光沢がある 斑紋は銀白色 中央の横線は切れることがある 2/3の横線は常に切れる 翅端近くに丸い点紋

scale:300%

【要精査】1781, 1782; 1784, 1785

ホソガ科 [キンモンホソガ亜科] 223

キンモンホソガ亜科

1793 ギンモンツヤホソガ♀ 6.6mm 鹿追町 7月（羽化）
- 前翅は濃褐色で金属光沢がある
- 斑紋は銀白色
- 2つの楔状紋は先端で接触しない
- 不明瞭な楕円紋

1794 ミツオビツヤホソガ♂ 6.7mm 札幌市 5月
- 斑紋は前種に似るが、金属光沢は弱い
- 斑紋は白色
- 先端で接触する

1795 クズツヤホソガ♂ 6.4mm 釧路市 7月
- 冠毛は黒色、銀白色紋の光沢は非常に強い
- 基部は前半のみ黒色

1796 ヌスビトハギツヤホソガ♀ 6.9mm 夕張市 6月（羽化）
- 前種に色彩斑紋は似る
- 基部は広く黒色
- 中央の銀紋は広く離れる
- 後縁中央と3/4の紋は細長く、外方に傾く

1797 ハギツヤホソガ♀ 6.2mm 苫小牧市 8月（羽化）
- 前2種に色彩斑紋は似る
- 基部はやや広く黒色
- 通常離れる
- 後縁3/4に銀白色紋はない

1798 モミジニセキンホソガ♀ 7.1mm 苫小牧市 3月（羽化）
- 冠毛は黄褐色
- 斑紋は外縁が黒く縁取られる

1799 イタヤニセキンホソガ♂ 7.9mm 苫小牧市 3月（羽化）
- 前種と外観での区別はほぼ不可能だが胸背の2白線はより太い、冠毛に白毛を半分混ぜる

1800 ガマズミニセキンホソガ♀ 6.9mm アポイ岳 5月
- 触角先端10節は白色
- 2/3の紋は楕円形ないし長方形
- 翅頂前縁紋に対応する白紋があらわれる

1801 ハンノチビキンモンホソガ（ヤマハンノキキンモンホソガ）♀ 6.0mm 小樽市 8月 hollotype
- 翅端近くに小黒紋
- 縁毛は黒く太い縁取りがある
- 後縁の紋の間は黒みを帯びる

1802 ナカボシキンモンホソガ（ナカモンキンモンホソガ）♂ 5.9mm 札幌市 7月（羽化）hollotype
- 前翅は金色の光沢が非常に強い
- 斑紋は銀白色で、黒線で縁取られる
- 前・後縁3対の紋はほぼ円形
- 基部は短く黒色
- 中央に小さな紋

1803a アカシデキンモンホソガ 夏型 5.9mm 札幌市 7月 paratype
- 翅端近くに細長い紋
- 翅端が黒みが強い
- 折り目線は中央に達しわずかに上向する
- 中央の後縁紋は長く伸びる

1803b 同♀ 秋型 6.2mm 長野県 9月（羽化）
- 秋型は黒色鱗が増え、白線は不鮮明

1804a アサダキンモンホソガ♂ 夏型 5.9mm 札幌市 7月（羽化）
- 折り目線は中央を越える
- 中央の一対の後縁紋は先端で接触する

1804b 同♀ 秋型 5.5mm 札幌市 9月 paratype
- 秋型は黒色鱗が増え、斑紋は不鮮明

1805 ミスジキンモンホソガ♀ 7.7mm 安平町 5月（羽化）
- 前翅は黄褐色、金色を帯びる
- 斑紋は白色、基部に前縁・折り目・後縁に沿う紋がある
- 中央に太い横帯

1806 ニセクヌギキンモンホソガ♂ 8.0mm 石狩市 5月
- 前種と外観による明確な区別点はない

1807 カシワミスジキンモンホソガ♂ 8.9mm 日高町 5月（羽化）
- 前2種と外観による明確な区別点はない

1808 ネジロキンモンホソガ♂ 7.0mm 鹿追町 7月（羽化）
- 前翅は褐色、金属光沢が非常に強い、斑紋は白色
- 折り目線は太く、その後方は広く白色
- 後縁基部に白線

1809 ナラキンモンホソガ♀ 8.0mm 小樽市 5月（羽化）
- 前翅は褐色、金属光沢が強い
- 斑紋は銀白色
- 翅端近くに大きな楕円形の黒紋
- 翅端を取り巻く縁毛の基半は黒色

1810 ヒメキンモンホソガ♀ 5.5mm 夕張市 7月（羽化）
- 前種に似るが小型
- 銀白色紋は内・外方とも黒線で縁取られる
- 後縁基部の紋は点状

scale: 350%

【要精査】1798, 1799; 1805-1807

ホソガ科 [キンモンホソガ亜科]

1811 マツダキンモンホソガ♀
7.0mm 苫小牧市 6月

1812a ブナキンモンホソガ♂
6.1mm 福岡県 8月 hollotype

1812b 同♀
7.7mm 七飯町 5月

1813 ナカオビキンモンホソガ♀
6.4mm 札幌市 7月(羽化) hollotype

1814 ミズナラキンモンホソガ♂
7.7mm 石狩市 5月(羽化)

1815 ガマズミキンモンホソガ♀
7.6mm 当別町 6月

1816 ツルギキンモンホソガ♀
7.1mm 苫小牧市 5月(羽化)

1817 ワタナベキンモンホソガ♂
6.7mm えりも町 9月(羽化)

1818 サンザキンモンホソガ♂
6.8mm 札幌市 5月

1819 ナナカマドキンモンホソガ♂
6.8mm 石狩市 5月(羽化)

1820 アイヌキンモンホソガ♂
6.7mm 根室市 8月

1821 キンスジシロホソガ♀
7.6mm 小樽市 6月

1822a イッシキキンモンホソガ
(ホソスジキンモンホソガ)♀ 夏型
5.9mm 夕張市 7月(羽化)

1822b 同♀ 秋型
7.3mm 石狩市 9月(羽化)

1823 エゾキンモンホソガ♂
7.6mm 石狩市 5月

1824 ウチダキンモンホソガ♂
7.4mm 長野県 9月

1825 ハンノキンモンホソガ♂
9.2mm 安平町 5月

1826 ミヤマキンモンホソガ♀
8.3mm 上川町 8月(羽化)

1827 ヤマトキンモンホソガ♂
7.1mm 八雲町熊石泊川 7月(羽化)

1828 ダケカンバキンモンホソガ♀
7.3mm 札幌市 5月

scale:350%

【要精査】1819, 1820

ホソガ科 [キンモンホソガ亜科] | 225

1829
クルミキンモンホソガ♂
7.7mm 石狩市 5月（羽化）

1830
ハスオビヤナギキンモンホソガ♂
7.4mm 鹿追町 7月

1831
ヤナギキンモンホソガ♀
8.6mm 石狩市 5月（羽化）

1832
フトオビキンモンホソガ♀
7.7mm 小樽市 5月（羽化）

1833
クサフジキンモンホソガ♀
6.2mm 江差町 1月（羽化）
paratype

1834a
カエデキンモンホソガ♂ 夏型
6.9mm 石狩市 6月（羽化）

1834b
同♂ 秋型
6.2mm 石狩市 9月（羽化）

1835
サワグルミキンモンホソガ♀
6.6mm 美唄市 10月（羽化）

1836
マダラキンモンホソガ♂
7.1mm 幌加内町 9月（羽化）

1837
カバノキンモンホソガ♀
9.0mm 石狩市 5月（羽化）

1838
ツマスジキンモンホソガ♀
7.5mm 小樽市 4月（羽化）

1839
キンモンホソガ♂
7.4mm 岩見沢市 8月（羽化）

1840
ツヤオビキンモンホソガ♀
9.9mm 安平町 6月

1841
オオキンモンホソガ♀
9.2mm 鹿追町 5月（羽化）

1842
タカギキンモンホソガ♀
7.7mm 七飯町 5月

1843
ニレキンモンホソガ♂ 秋型
6.2mm 新十津川町
9月（羽化）

1844
フタオビキンモンホソガ♂
7.9mm 当別町 5月

1845
オヒョウキンモンホソガ♂
8.0mm 小樽市 5月（羽化）

1846
エノキキンモンホソガ♂
7.2mm 札幌市 5月（羽化）

1847
コケモモキンモンホソガ♀
8.0mm 鹿追町 6月（羽化）

scale:350%

【1841】北海道未記録（小木広行氏、未発表）

226 | ホソガ科 [オビギンホソガ亜科・コハモグリガ亜科] ・スガ科 [スガ亜科]

オビギンホソガ亜科

1848a イヌツゲオビギンホソガ♂ 春型
8.9mm 江差町 5月(羽化)
春型の黄褐色帯は細く 9～10本

1848b 同♂ 夏型
7.7mm 長万部町 8月
夏型の黄褐色帯は太く 5本

1849a ハリギリオビギンホソガ♀ 夏型
6.1mm 長野県 8月 paratype
夏型の前翅は白色 黄褐色帯は7～8本

1849b 同♂ 秋型
6.9mm 江別市 10月 paratype
秋型の前翅は暗灰褐色 細い白色線が7～8本ある

コハモグリガ亜科

1850 ハシドイハイオビホソガ♂
6.1mm 札幌市 8月 paratype
前翅は全体に灰黒色
翅端の縁毛中に2～3本の黒線

1851 ヤナギコハモグリ♂
6.6mm 石狩市 11月
基部から1/2まで暗色線に囲まれた淡黄色帯が走る

1852 ネコヤナギコハモグリ♂
6.1mm 安平町 9月(羽化)
基部から中央に1条の暗色線
1/2から2/3に暗色線に囲まれた黄色帯

1853 ヒトリシズカコハモグリ♂
7.0mm 岩見沢市 5月
前翅中央に縦帯を欠く
翅頂부に2黒点

1854a ブドウコハモグリ♂ 夏型
6.4mm 江別市 7月
基部から前縁に1条の暗色線
1/2に暗色線に囲まれた黄色帯

1854b 同♂ 秋型
6.5mm 石狩市 10月(羽化)
秋型は全体に黒化する
基部から1/3に黒色班があらわれる

1855 ユズリハコハモグリ♂
6.7mm 厚沢部町 7月
前翅は銀白色に金色が混じる
翅端からの暗色線は2/3で下向

scale:350%

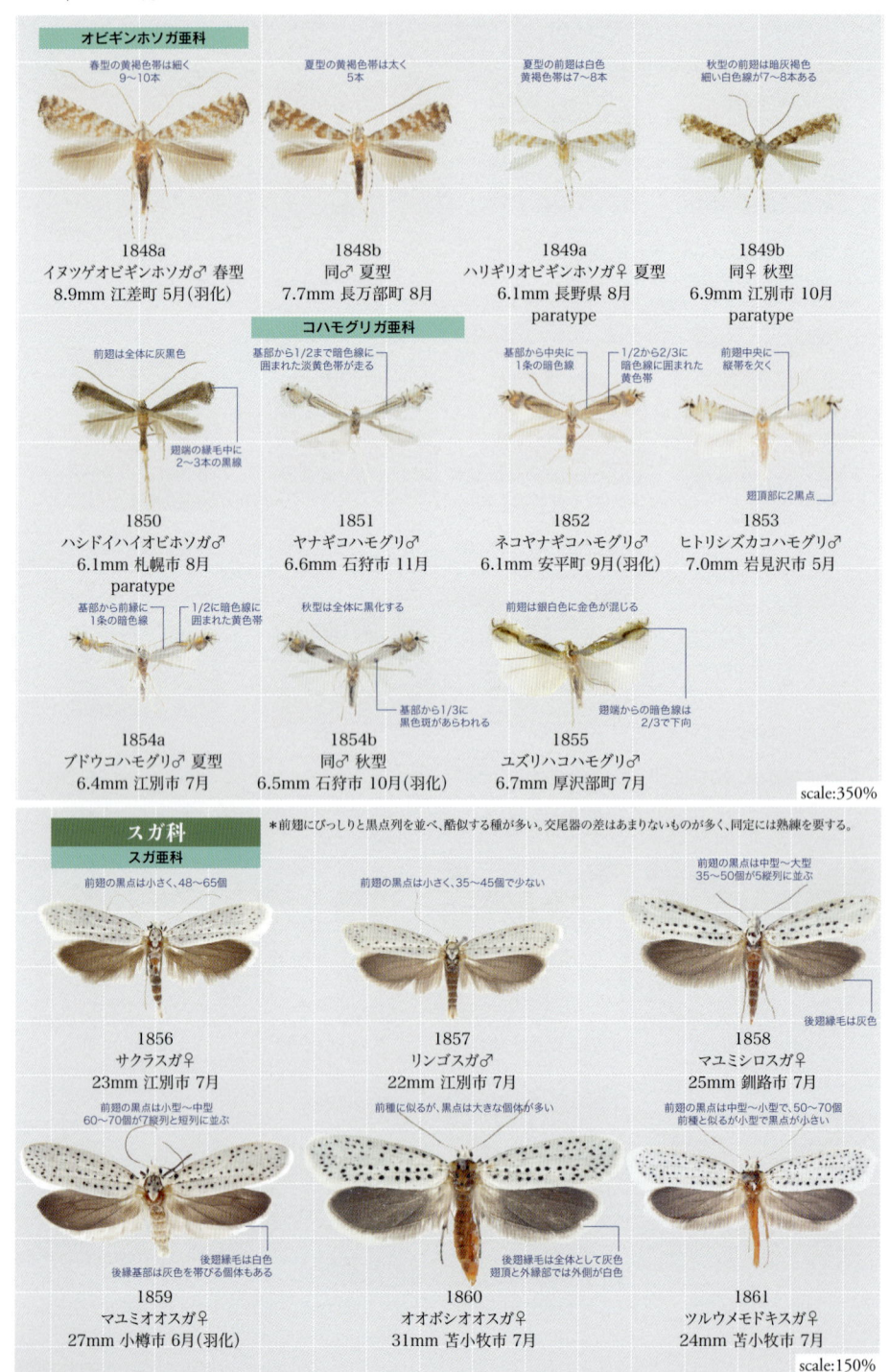

スガ科

スガ亜科

＊前翅にびっしりと黒点列を並べ、酷似する種が多い。交尾器の差はあまりないものが多く、同定には熟練を要する。

1856 サクラスガ♀
23mm 江別市 7月
前翅の黒点は小さく、48～65個

1857 リンゴスガ♂
22mm 江別市 7月
前翅の黒点は小さく、35～45個で少ない

1858 マユミシロスガ♂
25mm 釧路市 7月
前翅の黒点は中型～大型 35～50個が5縦列に並ぶ
後翅縁毛は灰色

1859 マユミオオスガ♀
27mm 小樽市 6月(羽化)
前翅の黒点は小型～中型 60～70個が7縦列と短列に並ぶ
後翅縁毛は白色 後縁基部は灰色を帯びる個体もある

1860 オオボシオオスガ♀
31mm 苫小牧市 7月
前種に似るが、黒点は大きな個体が多い
後翅縁毛は全体として灰色 翅頂と外縁部では外側が白色

1861 ツルウメモドキスガ♀
24mm 苫小牧市 7月
前翅の黒点は中型～小型で、50～70個 前種と似るが小型で黒点が小さい

scale:150%

【1859】北海道未記録(小木広行氏、未発表)

スガ科 [スガ亜科] 227

前種に似るが、前翅の黒点は少なく40～50個 特に外縁部で少ない

1862 コマユミシロスガ♂
22mm 江別市 8月

前翅の黒点は大型～中型 19～25個が5縦列に並ぶ

1863 ニシキギスガ♂
18mm 江別市 7月

前翅は暗灰色、後翅は黒褐色 黒点は小型で40～50個

1864 マユミハイスガ♀
17mm 苫小牧市 7月

前翅は灰色～暗灰色 外方1/5は白みを帯びる 不鮮明な暗色の鱗点

1865 ツリバナスガ♀
26mm 札幌市 9月

前翅は灰色～暗灰色 黒点は中型～小型で30～50個 頭部は灰色をわずかに帯びた淡白色

1866 オオボシハイスガ♂
20mm 当別町 7月

前翅は灰色～暗褐色 黒点は小型で50～70個 不鮮明な暗色の鱗点

1867 マサキスガ♀
21mm 函館市 6月(羽化)

前翅は灰色～灰白色 黒点は小さく、36～45個

1868 ツルマサキスガ♂
17mm 日高町 5月(羽化)

前翅は淡灰色～灰色 黒点は小さく、45～65個 暗色の鱗点・中点・端点をもつ (鱗点は消失することがある)

1869 モトキスガ♀
19mm 遠軽町 8月

前翅は灰色～淡灰色 黒点は小型で、15～30個 鱗点はない

1870 ベンケイソウスガ♂
16mm 上ノ国町 8月

逆三角形の黒褐色斑 後翅基部に明瞭な透明域

1871 ホソスガ♀
23mm 江別市 5月

scale:150%

翅頂直前の白色紋は明瞭 前縁3/4に白色または帯白色の紋をもつ 後縁中央に褐色斑

1872 ニセイボタコスガ♂
12mm 陸別町 7月

1873 ハシドイコスガ♀
15mm むかわ町穂別 7月

前翅は暗褐色の隆起鱗が散在するが 色彩斑紋に変異が多い 下唇鬚先端の毛はブラシ状に突出する 後翅基部に透明域

1874 ホソバコスガ♂
18mm 長万部町 10月

前翅地色は灰白色、外方は褐色 小黒点が4縦列に並ぶ 後翅基部に明瞭な透明域

1875 ヒメシロジスガ♂
13mm 江別市 8月

色彩斑紋は前種と酷似するが大型 後翅基部に明瞭な透明域

1876 オオシロジスガ♀
15mm 苫小牧市 6月

前翅は金属光沢がある 襟毛は黄土色

1877 キエリヒメスガ♂
11mm 日高町門別 6月

前翅地色は灰色を帯びた白色 紫色を帯びた褐色鱗でおおわれる 1/3に小紋または横帯

1878 ウスグロヒメスガ♂
13mm 美瑛町 6月

外観では前種と区別できない

1879 ニセウスグロヒメスガ♀
11mm 小樽市 8月

scale:200%

【1866、1875、1876】北海道未記録(未発表)【要精査】1875、1876；1878、1879

スガ科 [スガ亜科・ツバメスガ亜科・メムシガ亜科]・ニセスガ科

ツバメスガ亜科

1880 マンネンゲサヒメスガ♂
13mm 鹿追町 7月
♂頭頂は白色, ♀頭頂は黒褐色
2本の白色斜条が目立つ

1881 ミヤマヒメスガ♂
12mm 十勝岳望岳台 6月(羽化)
暗褐色で不明瞭な2紋がある

1882 アセビツバメスガ♀
16mm 当別町 5月
後縁から走る2斜線は3/5で合一する(稀に3/5を越す)

1883 シロツバメスガ♀
16mm 上富良野町 7月
前種との外観による区別は困難なことが多い
後縁から走る2斜線は2/3で合一する(稀に2/3の手前)

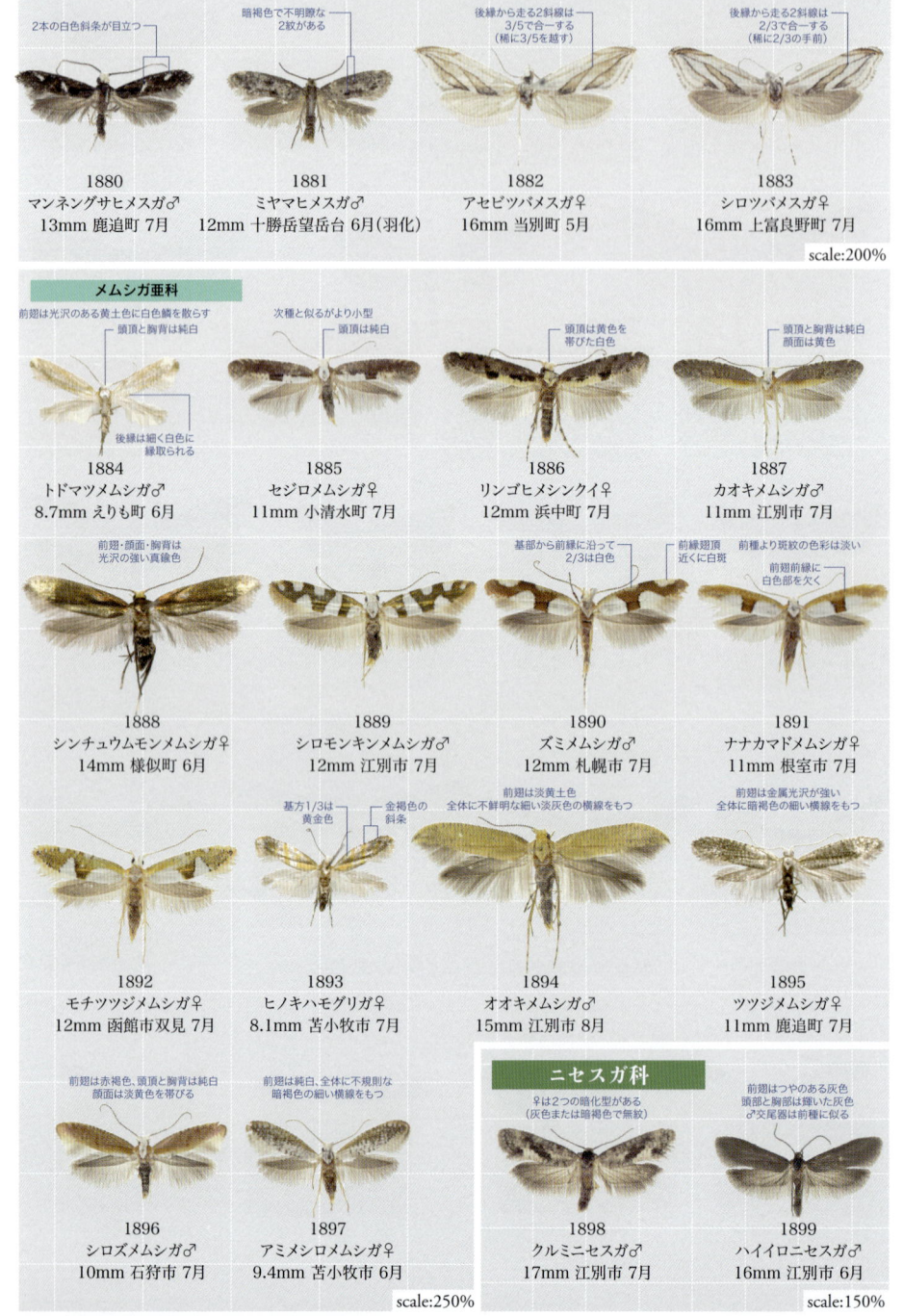

scale:200%

メムシガ亜科

1884 トドマツメムシガ
8.7mm えりも町 6月
前翅は光沢のある黄土色に白色鱗を散らす
頭頂と胸背は純白
後縁は細く白色に縁取られる

1885 セジロメムシガ♀
11mm 小清水町 7月
次種と似るがより小型
頭頂は純白

1886 リンゴヒメシンクイ♀
12mm 浜中町 7月
頭頂は黄色を帯びた白色

1887 カオキメムシガ♂
11mm 江別市 7月
頭頂と胸背は純白
顔面は黄色

1888 シンチュウモンメムシガ♀
14mm 様似町 6月
前翅・顔面・胸背は光沢の強い真鍮色

1889 シロモンキンメムシガ♂
12mm 江別市 7月

1890 ズミメムシガ♂
12mm 札幌市 7月
基部から前縁に沿って2/3は白色
前縁翅頂近くに白斑

1891 ナナカマドメムシガ♀
11mm 根室市 7月
前翅より斑紋の色彩は淡い
前縁前縁に白色部を欠く

1892 モチツツジメムシガ♀
12mm 函館市 双見 7月

1893 ヒノキハモグリガ♀
8.1mm 苫小牧市 7月
基方1/3は黄金色
金褐色の斜条

1894 オオキメムシガ♂
15mm 江別市 8月
前翅は淡黄土色
全体に不鮮明な細い淡灰色の横線をもつ

1895 ツツジメムシガ♀
11mm 鹿追町 7月
前翅は金属光沢が強い
全体に暗褐色の細い横線をもつ

1896 シロズメムシガ♂
10mm 石狩市 7月
前翅は赤褐色, 頭頂と胸背は純白
顔面は淡黄色を帯びる

1897 アミメシロメムシガ♀
9.4mm 苫小牧市 6月
前翅は純白, 全体に不規則な暗褐色の細い横線をもつ

scale:250%

ニセスガ科

1898 クルミニセスガ♂
17mm 江別市 7月
♀は2つの暗化型がある(灰色または暗色で無紋)

1899 ハイイロニセスガ♂
16mm 江別市 6月
前翅はつやのある灰色
頭部と胸部は輝いた灰色
♂交尾器は前種に似る

scale:150%

【1893, 1895】北海道未記録(小木広行氏、未発表) 【要精査】1882, 1883

229 | ニセガ科・クチブサガ科

クチブサガ科

1900 ミヤマガマズミニセスガ♂
16mm 共和町 7月
前翅前縁部は3/4まで広く灰色で覆われる

1901 ムモンニセスガ♂
14mm 日高町門別 5月
前翅はつやのある褐色を帯びた灰色 頭部と胸部は輝いた灰色 ♂交尾器は前種に似る

1902 スイカズラクチブサガ♀
16mm 石狩市 6月(羽化)
前翅は灰褐色で暗灰褐色の斑点を散らす 触角は♀♂とも弱い鋸歯状

1903 アトベリクチブサガ♀
23mm 江別市 7月

1904 メノコクチブサガ♀
22mm 札幌市 7月
前種に似るが、前翅後縁の黒褐色帯は幅広く 頭頂は白色〜淡黄色

1905 コメツガクチブサガ♀
14mm(推定) 美瑛町 7月
前翅は光沢のある金灰色や暗褐色の鱗粉でまだら状に覆われる

1906 コナラクチブサガ♂
23mm 石狩市 6月(羽化)
前翅は光沢のある黄土色
不明瞭な横線

1907 キンツヤクチブサガ♀
20mm 七飯町 9月
前翅・縁毛・頭部・胸部は光沢のある黄金色

1908 シロムネクチブサガ♀
20mm 浜中町 7月

1909 ノコヒゲクチブサガ♂
22mm 小清水町 8月
触角は♂♀とも顕著な鋸歯状 前翅は黒褐色の隆起鱗列が横切る

1910 ハイクチブサガ♂
21mm 苫小牧市 8月

1911 ウスイロクチブサガ♂
20mm 焼尻島 8月

1912 オオキクチブサガ♀
21mm 様似町 8月
白色の2縦線

1913 クロテンキクチブサガ♂
18mm 小樽市 7月

1914 アトキクチブサガ(新称)♀
18mm 浜中町四番沢 8月
前翅は黒褐色、濃い紫色の光沢がある
褐色部と黄色部の境界に白色細線が走る
後縁部は黄色に縁取られる

1915 カラコギカエデクチブサガ♀
18mm 苫小牧市 7月
後縁1/4と1/2に短料条

1916 シロスジクチブサガ♀
27mm 札幌市 8月

1917 ギンスジクチブサガ♂
26mm 苫小牧市 7月

1918a マユミオオクチブサガ♀
27mm 札幌市 10月
色彩斑紋の変異は大きい

scale:150%

【1902】北海道未記録(小木広行氏、未発表) 【1914】日本未記録(未発表)

230 ｜ クチブサガ科・コナガ科・アトヒゲコガ科・ホソハマキモドキガ科 [ホソハマキモドキガ亜科]

1918b
同♀ 暗色型
31mm 札幌市 4月

1919
ホソトガリクチブサガ♀
26mm 札幌市 5月

1920
ミスジクチブサガ♂
23mm 小清水町 8月

コナガ科

頭部はなめらかで光沢がある
前翅は光沢のある金銅色で濃い紫色を帯びる
触角は半ば過ぎから長い白色部がある
♂♀で色彩が異なる
外縁と後縁には黒褐色紋が点列状に並ぶ

1921
ムラサキクチブサガ♂
19mm 苫小牧市 6月

1922a
コナガ♂
15mm 美瑛町 7月

1922b
同♀
16mm 礼文島 6月

1923
ダイセツナガ♀
17mm 大雪山高根ヶ原 8月

触角は中央と3/4に幅広い褐色環
先端とその手前に狭い褐色環をもつ
コナガ(1922)に似るが大型
折り目と後縁1/3に褐色紋

アトヒゲコガ科

後縁中央に不明瞭な三角紋

1924
ヒロバコナガ♀
12mm 釧路市 7月

1925
アトモンナガ♀
20mm 東川町旭岳温泉 6月

1926
シロオビクロナガ♀
14mm 石狩市 5月(羽化)

scale:150%

1927
ヨモギハモグリコガ
11mm 東川町 9月

1/2に境界不明瞭で幅の広い褐色横帯
前翅は灰褐色、全体に白鱗と黒鱗を散らす
黒褐色紋
前縁に4白色短条
黒褐色紋
前翅は暗色型
白色短条は短く時に不明瞭
前翅は暗紫褐色
白色短条は最外方のみ明瞭
後角1/4に台形〜三角形の褐色紋
後縁中央部の白色三角紋はかなり外方に傾く
後縁中央部の三角紋は明瞭
後縁中央部の三角紋は明瞭

1928
ダンダラコガ♂
13mm 新ひだか町静内 4月

1929
ヤマノイモコガ♀
13mm 鹿追町 7月

1930
ネギコガ♀
13mm 石狩市 11月

1931
ギボウシアトモンコガ♀
14mm 猿払村 9月

ホソハマキモドキガ科
ホソハマキモドキガ亜科

1/5, 2/5に不明瞭な淡色紋
前縁に4白色短条
後縁1/3に白色紋

1932
ミズギボウシアトモンコガ♀
14mm 小樽市 6月

1933
ツマキホソハマキモドキ♀
18mm 新冠町 7月

1934
オオホソハマキモドキ♀
15mm 訓子府町 6月

scale:200%

【1929】北海道未記録(小木広行氏、未発表)

ホソハマキモドキガ科 [ホソハマキモドキガ亜科]・マイコガ科・ヒルガオハモグリガ科・ハモグリガ科 [ハモグリガ亜科・シロハモグリガ亜科]・科所属不明

1935 シロズホソハマキモドキ♂ 9.7mm 根室市 7月 — 顔面は白色

1936 キスジホソハマキモドキ♀ 14mm 岩見沢市 8月 — 顕著な濃黄色の横帯

1937 ヒメキスジホソハマキモドキ♀ 10mm 岩見沢市 7月 — 前種に似るが著しく小型

1938 ヒメシロスジホソハマキモドキ♀ 10mm 千歳市 8月 — 白色の横帯

1939 ホソモンホソハマキモドキ♂ 12mm 初山別村 8月 — 淡黄色で細く先端は青紫色に輝く

1940 アトミスジホソハマキモドキ♂ 11mm 浜中町 6月 — 後縁に3白条

1941 キモンホソハマキモドキ♀ 16mm 仁木町 7月 — 前・後縁の条紋は淡黄色

1942 ヘリグロホソハマキモドキ♀ 10mm 当別町 6月 — 鉛色の光沢がある5縦線／黒帯中に6～7個の青く輝く小点が並ぶ

マイコガ科

1943 シロオビホソハマキモドキ♀ 14mm えりも町 6月 — 大きな三角形の白色横帯

1944 シロホソハマキモドキ♂ 13mm 小清水町 6月

1945 ハリギリマイコガ♀ 11mm 苫小牧市 6月 — 全体に強い金属光沢をもち美麗

ヒルガオハモグリガ科

*眼帽をもたない、顔面は滑らか 頭頂に直立した鱗毛をもつ

1946 ヒルガオハモグリガ 秋型 10mm 札幌市 9月 — 前翅は茶褐色 夏型は明色で小型、秋型は暗色で大きい

scale:200%

ハモグリガ科

*触角に眼帽をもつ

ハモグリガ亜科

1947 リンゴハモグリガ♀ 夏型 11mm 札幌市 6月 — 秋型は暗色で、前翅は後半のみ白色／翅縁域から後縁に暗褐色の斜条が走る

シロハモグリガ亜科

1948 ツルウメモドキシロハモグリ♀ 8.0mm 千歳市 5月 — 翅頂部の縁毛中にL字状の暗線

1949 ヤマハギシロハモグリ♂ 7.0mm 安平町 8月 — 肛角付近に銀色の小斑／前・後縁の中央部に対向する金色の条線

1950 カラコギカエデシロハモグリ♀ 6.0mm 小清水町 9月(羽化) — 鉛色の金属紋は三角形か楕円形

1951 ポプラシロハモグリ♂ 7.1mm 石狩市 1月(羽化) — 黄色帯は傾斜が弱く翅頂にかけて広がる／鉛色の金属紋は大きい

科所属不明

1952 Gen. sp. 1♀ 21mm 小清水町 10月

1953 Gen. sp. 2♂ 16mm 浦河町 9月

scale:300%   scale:150%

【1946】北海道未記録(小木広行氏、未発表)【1950】北海道未記録(川原進氏、未発表)【1952, 1953】日本未記録または新種(未発表)

232 | スヒロキバガ科・ヒラタマルハキバガ科

スヒロキバガ科
前翅は暗銀灰色、通常8黒点をもつ

ヒラタマルハキバガ科
前翅は黒色に近い灰色、5黒点と外縁の黒点列をもつ

前・後翅裏面の前縁と外縁は広く紅色を帯びる

1954 ナナホシスヒロキバガ♂ 18mm 小樽市 7月

1955 クロスヒロキバガ♂ 28mm 訓子府町 7月

1956 ナガユミモンマルハキバガ♀ 22mm 帯広市 5月

1957 ウラベニヒラタマルハキバガ (フキヒラタマルハキバガ)♂ 27mm 札幌市 11月

前翅は淡褐色〜乳白色
中室端に三角斑 大きさには変異がある
前縁と外縁に黒点列を連ねる

前翅は乳白色〜淡黄褐色
中室端に不明瞭な褐色斑
褐色斑の直下に赤褐色の小点が接する

前翅は褐色〜淡黄褐色
中室端に明瞭な円紋 中心が青灰色
後縁部にS字状の縦条

前翅は黄褐色
弓状の紋
不定形の褐色斑

1958 シノノメマルハキバガ♂ 20mm 栗山町 10月

1959 イヌエンジュヒラタマルハキバガ♂ 30mm 札幌市 10月

1960 ヤマウコギヒラタマルハキバガ♂ 18mm えりも町 7月(羽化)

1961 クロクモマルハキバガ♀ 23mm 猿払村 5月

前翅は褐色、淡色の細線がひび割れ状に覆う
2個の黒点が目立つ

前翅はほぼ一様に橙褐色
中室端に不明瞭な三角斑

前翅は淡灰褐色
中室端に暗褐色の三角斑
黒線で縁取られた白色点

前翅は灰褐色
不明瞭な三角斑、下縁に赤褐色短線
赤褐色に縁取られた白色点

1962 フタテンヒラタマルハキバガ♀ 26mm 札幌市 5月

1963 ハギノマルハキバガ♀ 23mm 苫小牧市 7月(羽化)

1964 タカムクマルハキバガ♂ 22mm 旭川市 4月

1965 イハラマルハキバガ♂ 24mm 苫小牧市 7月(羽化)

前翅は淡灰褐色〜淡黄褐色
暗褐色横線が目立つ
弓形の紋

前翅は灰褐色〜褐色
暗色鱗を無数に散らしまだら状にぼやける

前翅は赤褐色、弱い光沢をもつ
弓形の紋
中室端に小白色点

前翅は褐色、やや光沢をもつ
不規則な白色横線が多数走る

1966 サンショウヒラタマルハキバガ♂ 24mm 函館市 4月

1967 ウスマダラヒラタマルハキバガ♂ 22mm 平取町 5月

1968 クロカギヒラタマルハキバガ♂ 19mm 新十津川町 10月

1969 ネジロマルハキバガ♂ 21mm 遠軽町生田原 8月

前翅は赤みがかった暗褐色
3つの黄褐色斑をもつ
明瞭な白色点

前翅は褐色
灰色の基斑をもつ

前種に似るが、色彩の薄い個体はウスマダラヒラタマルハキバガ(1967)に似る(前種に似る個体は精査が必要)

1970 キガシラヒラタマルハキバガ♀ 19mm 礼文島 8月

1971 ヨモギヒラタマルハキバガ♂ 25mm 千歳市 8月

1972 シロホシマルハキバガ♂ 20mm 雨竜町 9月

1973 モンシロヒラタマルハキバガ♂ 23mm 新十津川町 6月

scale:120%

ヒラタマルハキバガ科・クサモグリガ科 | 233

ヒラタマルハキバガ科

1974 アズサアサギマルハキバガ♂
19mm 石狩市 10月
- 前翅は灰褐色、不明瞭なまだら状
- 2黒点があり、つながることも多い
- 中室端に黒線で縁取られた白点

1975 カラカサバナマルハキバガ♂
26mm 陸別町 7月(羽化)
- 前翅は淡黄褐色〜褐色
- 2黒点の外側が細く白色となることがある
- 三角斑は輪郭が不明瞭
- 基部淡色斑の外側は太い暗色帯が伸びる

1976 シャクノマルハキバガ♀
25mm 新冠町 7月
- 前翅は褐色〜鮮やかな橙褐色、前種に似るが赤みが強い
- 三角斑は不明瞭かほとんどあらわれない

1977 チャマダラマルハキバガ♀
16mm 鹿追町 9月
- 前翅は褐色で灰白色鱗を散らす

1978 オオクロミャクマルハキバガ♂
32mm 小清水町 10月
- 前翅は淡褐色〜灰褐色、褐色鱗を全面に散らす
- 大型で前翅は長い

1979 マエジロヒラタマルハキバガ♀
22mm 苫小牧市 7月
- 前縁は基部から中央まで乳白色
- 淡色斑の外側は黒く縁取られる

1980 デコボコマルハキバガ♀
22mm 鹿追町 7月(羽化)
- 前翅は赤みがかった黒褐色

1981 ハナツヅリマルハキバガ♀
28mm 根室市 8月(羽化)
- 前翅は茶褐色
- 翅は細長く翅端は丸い

1982 オシラベツマルハキバガ♂
23mm 根室市 8月(羽化)
- 前翅は茶褐色
- 基部から太い暗褐色斑が中室中央まで伸びる

1983 ヨモギセジロマルハキバガ♀
20mm 石狩市 7月(羽化)
- 前翅は茶褐色
- 頭部と胸背は淡褐色〜乳白色

1984 キタグニマルハキバガ♂
22mm 猿払村 8月
- 前翅は茶褐色
- 中室から出る脈に沿って暗褐色条が前縁と外縁に走る

1985 クロミャクマルハキバガ♂
22mm 苫小牧市 7月
- 前翅は茶褐色
- 前種に酷似するがやや明るい

1986 キマダラヒラタマルハキバガ♂
16mm 釧路市 7月

scale:120%

クサモグリガ科

1987 ヒョウタンボクモグリガ♂
6.5mm 石狩市 3月(羽化)
- 体翅は鉛色
- 後縁中央に黄白色の三角紋

1988 チャイロヒラタモグリガモドキ♀
9.4mm 石狩市 6月
- 前翅は黄土色
- 後縁中央に淡黄色の三角紋

1989 シロオビヒロハクサモグリガ♂
8.9mm 音威子府村 6月
- 前翅はつやのない黒色
- 前翅中央に黄白色の横帯

1990 アドスキテラシロオビクサモグリガ♀
9.1mm 石狩市 8月
- 前翅は濃褐色
- 鱗粉先端が暗色でまだら状にみえる
- 中央部に横白色の横帯
- ♀の横帯は常に明瞭、♂の横帯は細く、切れることがある

1991 コユビクサモグリガ♀
8.6mm 鹿追町 7月
- 前翅は灰褐色
- 鱗粉先端が暗色でまだら状にみえる
- 1/3に黄白色の横帯
- 翅頂部と肛角に黄白色紋(♂は翅頂の紋を欠く)

1992 キンピカクサモグリガ♂
7.9mm 長万部町 7月
- 前翅は黒色
- 金色〜銀色の斑紋をもつ
- 基部に1紋
- 1/3に横帯
- 翅端部に4紋

1993 ギンモンクサモグリガ♀
7.3mm 石狩市 5月(羽化)
- 前翅は黒色
- 銀色の斑紋をもつ
- 基部に1紋
- 1/3に横帯
- 翅端部に外湾する横帯

scale:250%

【1974】北海道未記録(未発表)

234 クサモグリガ科・オビマルハキバガ科・ヒロバキバガ科・キヌバコガ科・メスコバネキバガ科

クサモグリガ科

1994 *Elachista* sp. ♂
7.8mm えりも町 6月
- 前翅は黒色、銀色の斑紋をもつ
- 基部近くに横帯
- 前縁3/4に三角紋
- 肛角に三角紋
- 後縁部2/5に ひょうたん形の紋

1995 コウボウムギクサモグリガ ♂
8.7mm 苫小牧市 6月(羽化)
- 前翅は白色
- 翅端部に銅褐色の鱗片が混じる
- 折り目上と中室端に小黒紋

1996 ヤチチャマダラクサモグリガ
8.1mm 石狩市 7月
- 前翅は通常銅褐色だが前種並みに白っぽい個体もある
- 前縁2/3、翅端、肛角に白色紋がある
- 折り目上に小黒紋 その両側は白色

1997 マダラクサモグリガ ♂
7.9mm 石狩市 5月(羽化)
- 前翅は橙褐色
- 著しく暗化する個体もある

scale:250%

1998 カニササノクサモグリガ ♀
11mm 江別市 7月
- 前翅は黒色、少しまだらにみえる
- 銀色の斑紋をもつ
- 前縁紋と肛角紋は接しない
- 1/3の横帯は後縁にとどかないことが多い

1999 ササノクサモグリガ ♀
13mm 美瑛町 7月
- 前翅は暗褐色、まだらにみえる
- 頭部は扁平、下唇髭は他種より長く銅幅の2倍
- 1/3にほぼ垂直

2000 ヒラズササノクサモグリガ ♀
11mm 焼尻島 8月
- 前翅は暗褐色、まだらにみえる
- 頭部だけでなく胸部も背腹に扁平
- 1/3の白紋は明らかに外傾

2001 ニッポンクサモグリガ ♂
8.1mm 石狩市 5月
- ♂前翅は灰色か灰褐色、♀前翅は暗灰色～黒色
- 1/3に横帯
- 横帯外側の折り目上に黒色の隆起鱗

オビマルハキバガ科

2002 カタキオビマルハキバガ
(カタキマルハキバガ) ♂
13mm 苫小牧市 7月

2003 カモンジオビマルハキバガ
(カモンジマルハキバガ) ♀
18mm 小樽市 8月
- 地色よりやや暗い楕円形紋

2004 アヤメオビマルハキバガ
(アヤメマルハキバガ) ♂
13mm 石狩市 7月
- 褐色帯の外のピンク色が目立つ

ヒロバキバガ科

2005 ツガヒロバキバガ ♀
22mm 七飯町 8月

キヌバコガ科

2006 トガリヒロバキバガ ♀
20mm 様似町 9月

2007 ヨツモンキヌバコガ ♀ 夏型
15mm 仁木町 8月
- 春型は前翅が黒一色の無紋

メスコバネキバガ科

*昼飛性で春に出現。♀は前翅が短く飛べない。

2008 イッシキメスコバネキバガ
(イッシキメスコバネマルハキバガ) ♂
21mm 厚沢部町 5月
- 頭部は白色に黒褐色が混じる
- ♀前翅は紡錘形で先端は尖る

2009 メスコバネキバガ
(メスコバネマルハキバガ) ♂
20mm 小清水町 6月
- 頭部は白色に淡褐色が混じる
- ♂触角の繊毛は前種より短く、下唇髭も短い
- ♀前翅はいっそう細く先細に尖る

2010a ミヤマメスコバネキバガ
(ミヤマメスコバネマルハキバガ) ♂
22mm 日高町富川 2月(羽化)
- 頭部は暗赤褐色
- 端点は黒褐色線
- 中央の灰褐色横帯を限る

2010b 同 ♀
12mm 日高町門別 5月(羽化)
- ♀前翅は♂と異なり黄色紋をもつ
- 前2種よりはるかに小さい

2011 Gen. sp. 3 ♂
23mm 苫小牧市 4月

scale:150%

【1994】ヌカボシソウモグリガ(図示なし)と似るが、肛角の三角紋が細い 【1995】外観ではフタシロテンクサモグリガ(図示なし)と区別できない
【2005】北海道未記録(未発表) 【2011】日本未記録または新種(未発表)

マルハキバガ科 [マルハキバガ亜科・ハリキバガ亜科] | 235

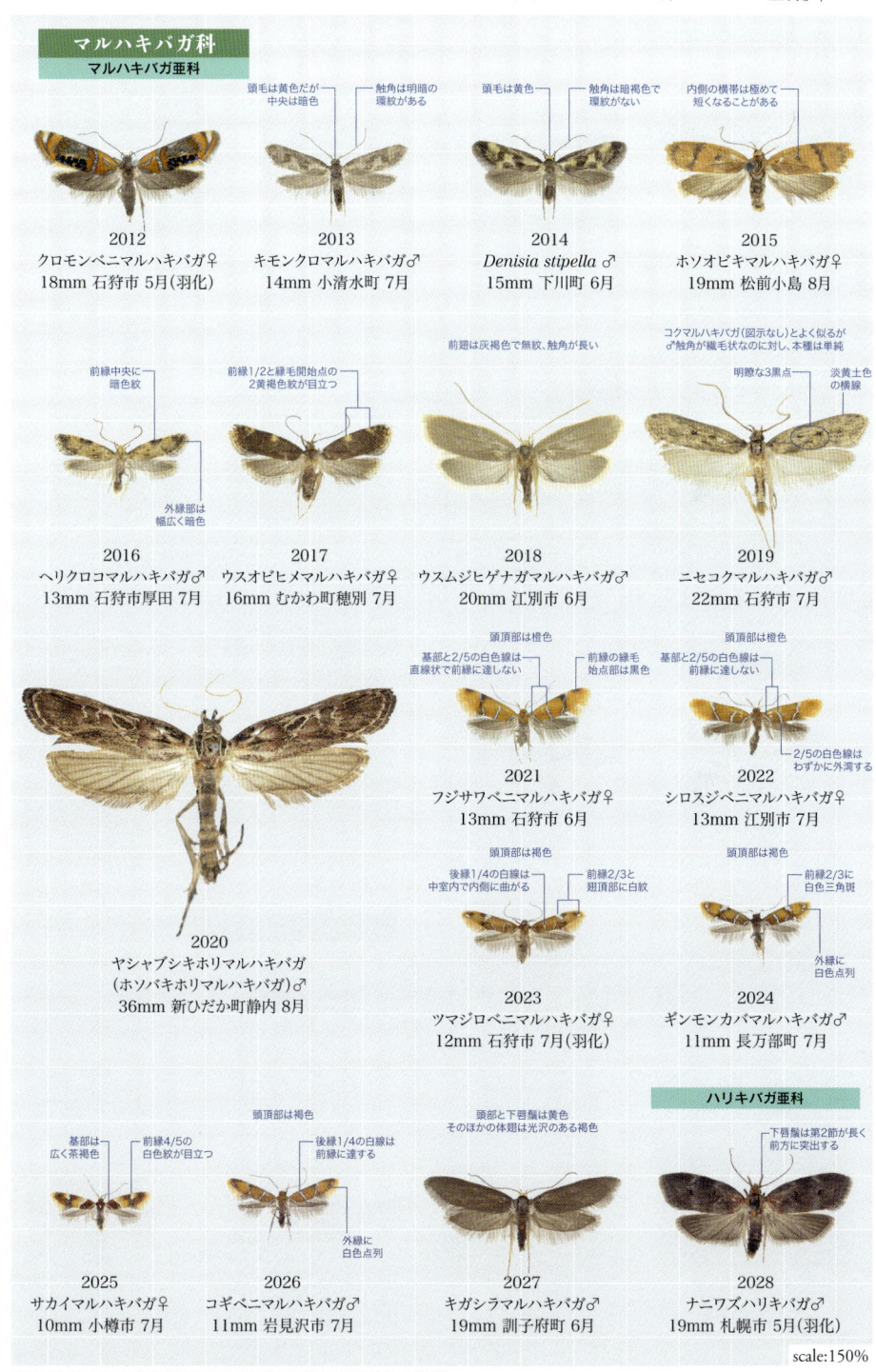

マルハキバガ科
マルハキバガ亜科

2012 クロモンベニマルハキバガ♀ 18mm 石狩市 5月(羽化)
頭毛は黄色だが中央は暗色 / 触角は明暗の環紋がある
2013 キモンクロマルハキバガ♂ 14mm 小清水町 7月
頭毛は黄色 / 触角は暗褐色で環紋がない
2014 *Denisia stipella* ♂ 15mm 下川町 6月
内側の横帯は極めて短くなることがある
2015 ホソオビキマルハキバガ♀ 19mm 松前小島 8月

前縁中央に暗色紋 / 外縁部は幅広く暗色
2016 ヘリクロコマルハキバガ♂ 13mm 石狩市厚田 7月
前縁1/2と縁毛開始点の2黄褐色紋が目立つ
2017 ウスオビヒメマルハキバガ♀ 16mm むかわ町穂別 7月
前翅は灰褐色で無紋、触角が長い
2018 ウスムジヒゲナガマルハキバガ♂ 20mm 江別市 6月
コクマルハキバガ(図示なし)とよく似るが♂触角が繊毛状なのに対し、本種は単純 / 明瞭な3黒点 / 淡黄土色の横線
2019 ニセコクマルハキバガ♂ 22mm 石狩市 7月

2020 ヤシャブシキホリマルハキバガ
(ホソバキホリマルハキバガ)♂ 36mm 新ひだか町静内 8月

頭頂部は橙色 / 基部と2/5の白色線は直線状で前縁に達しない / 前縁の縁毛始点は黒色
2021 フジサワベニマルハキバガ♀ 13mm 石狩市 6月
頭頂部は橙色 / 基部と2/5の白色線は前縁に達しない / 2/5の白色線はわずかに外湾する
2022 シロスジベニマルハキバガ♀ 13mm 江別市 7月

頭頂部は褐色 / 後縁1/4の白線は中室内で内側に曲がる / 前縁2/3と翅頂部に白紋
2023 ツマジロベニマルハキバガ♀ 12mm 石狩市 7月(羽化)
頭頂部は橙色 / 前縁2/3に白色三角斑 / 外縁に白色点列
2024 ギンモンカバマルハキバガ♂ 11mm 長万部町 7月

ハリキバガ亜科

基部は広く茶褐色 / 前縁4/5の白色紋が目立つ
2025 サカイマルハキバガ♀ 10mm 小樽市 7月
頭頂部は褐色 / 後縁1/4の白線は前縁に達する / 外縁に白色点列
2026 コギベニマルハキバガ♂ 11mm 岩見沢市 7月
頭部と下唇髭は黄色 そのほかの体躯は光沢のある褐色
2027 キガシラマルハキバガ♂ 19mm 訓子府町 6月
下唇髭は第2節が長く前方に突出する
2028 ナニワズハリキバガ♂ 19mm 札幌市 5月(羽化)

scale:150%

【2014】日本未記録(未発表) 【2016】北海道未記録(小木広行氏、未発表)

236 | マルハキバガ科 [カレハミノキバガ亜科]・ヒゲナガキバガ科 [ハビロキバガ亜科・オビヒゲナガキバガ亜科]・ホソキバガ科・ニセマイコガ科

カレハミノキバガ亜科

2029 クロマイコモドキ♂ 23mm 札幌市 6月
前翅は真鍮光沢をもつ／中室端に2黄色紋

2030 カレハミノキバガ（アイカップマルハキバガ）♂ 18mm 小樽市 7月
前翅は暗黄褐色、絹状の光沢をもつ／不定形、不明瞭な斑紋

2031 キボシクロマルハキバガ♀ 12mm 小清水町 7月
前翅は暗褐色、金属光沢がある／頭部は淡黄白色／前縁1/3, 2/3、中央付近に黄白色の円紋

ヒゲナガキバガ科
ハビロキバガ亜科

2032 フタクロボシハビロキバガ（フタクロボシキバガ）♂ 18mm 苫小牧市 7月
大きな2暗色点が目立つ

2033 ゴマフシロハビロキバガ（ゴマフシロキバガ）♂ 18mm 石狩市 6月（羽化）

2034 フタテンハビロキバガ（フタテンヒロバキバガ）♀ 26mm 札幌市 8月
中室端と中室中央に明瞭な小黒点

2035 マエチャオオハビロキバガ（マエチャオオヒロバキバガ）♂ 24mm 江別市 7月

オビヒゲナガキバガ亜科

2036 オビカクバネヒゲナガキバガ♀ 14mm 石狩市 6月
前翅はやや灰色がかった褐色／後縁2/5に黒く太い横帯

2037 コゲチャヒゲナガキバガ♂ 15mm 石狩市 7月
体翅は暗褐色、やや光沢がある

ホソキバガ科

*腹部背面は各節一対の棘状鱗片群をもつ。触角基節下面は数本の毛列をもつか毛を欠く。

2038 シロガシラホソキバガ♂ 9.7mm 北広島市 8月
頭・胸背は淡灰白色、前翅は黄土色／翅頂部前縁と襞から後方は赤褐色～濃褐色

2039 ウスチャホソキバガ♀ 11mm 鹿追町 7月
前翅はやや灰色がかった黄土色／前縁の縁毛基部と後縁に沿って灰褐色／折り目上と中室端に小黒点

ニセマイコガ科

*腹部背面は各節後縁に小刺が並ぶ。

2040 ウスジロホソキバガ♂ 11mm 深川市 6月
前種に似るがより淡色／前翅の小黒点は消失することが多い

2041 スゲスゴモリキバガ（新称）♀ 11mm 石狩市 7月（羽化）
前・後翅とも濃い黄色／後翅に明瞭な3本の白帯

2042 キイロオビマイコガ♂ 12mm 訓子府町 7月

2043 ハンノマイコガ♂ 13mm 平取町 7月
前翅は明るい黄土色

2044 カタアカマイコガ♀ 10mm 小樽市 7月
中胸前縁に1対の橙色紋

2045 モトキマイコガ♀ 11mm 岩見沢市 7月
基部に黄色帯／小さな銀紋を含む

2046 シロテンクロマイコガ♀ 15mm 札幌市 7月
後脚附節は背面に黒毛を密生し太く見える

2047 セグロベニトゲアシガ♀ 17mm 小樽市 6月

scale:150%

【2038、2039】北海道未記録(小木広行氏、未発表)【2041】日本未記録または新種(小木広行氏、未発表)

ツツミノガ科

*腹部背面は各節一対の棘状鱗片群をもつ。触角基節下面は滑らか(上面の鱗毛が覆うことがある)。
外観が酷似した種が多く、しばしば交尾器を精査しなければならない。食餌植物や幼虫の筒巣も手がかりになる。

♂は黄土色を帯びた暗灰色、♀は明るく黄色みが強い
触角は純白、環紋は鮮明

2048a
ハマナスツツミノガ♀
12mm 旭川市 6月(羽化)

2048b
同 筒巣
6.3mm

頭・胸部・前翅は黄土褐色
触角は基部を除き白色、環紋は鮮明だが基部側で薄い

2049a
ナラツツミノガ♀
14mm 留萌市 6月(羽化)

2049b
同 筒巣
7.9mm

頭・胸部は灰黄土色
触角の環紋は先端に向かって薄くなる

2050a
シラカバツツミノガ♂
13mm 当麻町 6月(羽化)

2050b
同 筒巣
7.3mm

前種に似るが頭・胸部はより黄色みが強い
触角の環紋は先端でも明瞭

2051a
リンゴツツミノガ♂
13mm 旭川市 6月(羽化)

2051b
同 筒巣
6.6mm

灰色型と黄色型の2型がある
触角は基部を除き灰白色、環紋は濃淡の変異がある

2052a
フタイロツツミノガ♀ 黄色型
14mm 旭川市 6月(羽化)

2052b
同 筒巣
6.6mm

黄土色を帯びた褐色
触角は基部を除き純白、環紋は鮮明
前縁沿いに2/3まで白条

2053a
カンバマエジロツツミノガ♀
12mm 美瑛町 8月(羽化)

2053b
同 筒巣
8.8mm

明るい黄土褐色、前翅は無紋
触角は基部を除いて白く、灰褐色の環紋がある

2054a
ニレナガツツミノガ♂
12mm 旭川市 7月(羽化)

2054b
同 筒巣
11mm

前種♀に似るが、前翅の色調は暗く
触角の環紋は黄色を帯びる

2055a
ニレコツツミノガ♀
11mm 旭川市 7月(羽化)

2055b
同 筒巣
5.7mm

暗灰色で弱い緑銅光沢がある
触角は基部を除いて白く、環紋は鮮明

2056a
エゾムラサキツツジツツミノガ♀
13mm 旭川市 5月(羽化)

2056b
同 筒巣
9.1mm

暗灰色で紫緑色の光沢が強い、♂は銅色を帯びる
触角は基部を除き灰白色、環紋は鮮明

2057a
イソツツジツツミノガ♂
14mm 十勝岳望岳台 6月
(羽化)

2057b
同 筒巣
9.0mm

頭・胸部・前翅は黄土色を帯びた暗鉛色
触角は環紋がある

2058a
タカネコケモモツツミノガ♀
13mm 十勝岳安政火口 7月
(羽化)

2058b
同 筒巣
7.2mm

暗灰色で鉛色の光沢がある
触角は基部を除き多少白みを帯びる。環紋は不明瞭

2059a
スノキツツミノガ♀
14mm 十勝岳安政火口 6月
(羽化)

2059b
同 筒巣
11mm

暗灰色で銅色の光沢を帯びる
触角は先に向かって白くなり、環紋は目立たず末端で消える
下唇髭の内面は汚れた白色

2060a
ダケカンバツツミノガ♀
12mm 留萌市 5月(羽化)

2060b
同 筒巣
6.3mm

前種より光沢は弱く、頭・胸部はやや淡色
下唇髭の内面は汚れのない黄土色

2061a
ハンノキツツミノガ♂
12mm 美瑛町 5月(羽化)

2061b
同 筒巣
5.9mm

弱い紫銅光沢がある
触角鞭節の基部数節は平たく上下に広がる

2062a
カツラツツミノガ♀
12mm 千歳市 6月(羽化)

2062b
同 筒巣
6.1mm

scale:200%

238 | ツツミノガ科

体翅は黄土色を帯びた暗灰色、強い黄銅光沢がある
触角は♂では第3鞭節、♀では第5鞭節から先が白色
環紋は明瞭

体翅は暗灰色だが、古くなると褐色を帯びる
触角は基部を除き白色、環紋は上面のみ鮮明

大型、体翅は淡黄色
触角基方は粗毛で覆われる
黒点がある
折り目上に小黒点があることも多い
幼虫は筒巣をつくらず茎に潜り虫こぶをつくる

2063a オニシモツケツツミノガ♀ 13mm 旭川市 6月(羽化)
2063b 同 筒巣 8.7mm
2064a アズキナシツツミノガ♀ 10mm 旭川市 6月(羽化)
2064b 同 筒巣 5.3mm
2065 アカザフシガ 19mm 旭川市 7月(羽化)

体翅は紫緑色で強い金属光沢がある

色彩は前種と同様
触角基部は粗毛に覆われ太くなる

体翅は乳白色で触角は無紋
前翅の条紋は細く、濃淡や色彩に変異がある

2066a キンバネツツミノガ♂ 13mm 江別市 6月
2066b 同 筒巣 6.0mm
2067a ネブトキンバネツツミノガ♀ 13mm 江別市 7月
2067b 同 筒巣 7.7mm
2068a キミャクツツミノガ♀ 16mm 積丹町 6月(羽化)
2068b 同 筒巣 10mm

体翅は明るい褐黄土色
触角は黄白色、♂は環紋があらわれることがある

前翅地色は橙黄色
3本の銀鉛色縦条

体翅は白色
前翅に灰黄褐色の鱗片を散らす

2069a ヨモギホソツツミノガ♀ 13mm 幌加内町 7月(羽化)
2069b 同 筒巣 9.6mm
2070a オオヤマフスマツツミノガ♂ 11mm 旭川市 (羽化)
2070b 同 筒巣 7.5mm
2071a ヤナギピストルミノガ♀ 16mm 旭川市 6月(羽化)
2071b 同 筒巣 7.4mm

前種に似るが、散らばる鱗片は暗褐灰色で濃密

前翅に散らばる鱗片は橙黄褐色
翅脈沿いに集まる傾向がある
翅頂域縁毛は、通常淡色の亜基線で区切られる

前翅に散らばる鱗片は橙色及び黄土色に近い
前種に似るが、条紋が明瞭な場合は次種に似る
翅頂域縁毛は、淡色の亜基線で区切られない

2072a リンゴピストルミノガ♂ 15mm 旭川市 6月(羽化)
2072b 同 筒巣 8.7mm
2073a シラカバピストルミノガ♂ 15mm 石狩市 6月(羽化)
2073b 同 筒巣 9.0mm
2074a ミヤマピストルミノガ♂ 14mm 新十津川町 7月(羽化)
2074b 同 筒巣 8.6mm

黄土色条紋はより明瞭だが、シラカバピストルミノガ(2073)に似る個体もある
翅頂域縁毛は、淡色の亜基線で区切られる

黄土色条紋は太く明瞭
触角の環紋は鮮明
前縁は幅広く銀白色

体翅は暗褐色
頭・胸部は黄銅色を帯びる
触角は多少明るく、環紋があらわれることがある

2075a カシワピストルミノガ♀ 16mm 小樽市 7月(羽化)
2075b 同 筒巣 7.5mm
2076a ヨモギギンオビツツミノガ♀ 18mm 伊達市 6月(羽化)
2076b 同 筒巣 13mm
2077a カラマツツツミノガ♂ 11mm 旭川市 6月(羽化)
2077b 同 筒巣 6.0mm

scale:200%

ツツミノガ科 | 239

| 2078a ヨモギムモンツツミノガ♂ 16mm 上川町 6月(羽化) | 2078b 同 筒巣 10mm | 2079a シラヤマギクツツミノガ♀ 13mm 留萌市 6月(羽化) | 2079b 同 筒巣 9.0mm | 2080a アザミクロツツミノガ♂ 14mm 旭川市 6月(羽化) | 2080b 同 筒巣 11mm |

体翅は黄土褐色
触角は基部を除き白色で環紋は鮮明

体翅は乳白色
触角の環紋は痕跡的
条紋は明るい黄土褐色でかなり太い

体翅は暗灰色、銅色光沢が強い
触角は先端1/4が灰白色
オニシモツケツツミノガ(2063)とは触角の色分けが異なる

前種より小さく、銅色光沢がない
頭・胸部は黄土色を帯びる

頭・胸部は黄土色
前翅は色調や濃淡の変異が大きい
黄土褐色条紋は、脈間の白条線より太い

頭・胸部は灰色
触角は基部を除き灰白色で環紋がある
前翅の脈沿いは広く灰褐色
後縁に白条はない

| 2081a ノギククロツツミノガ♀ 14mm 幌加内町 7月(羽化) | 2081b 同 筒巣 9.0mm | 2082a ヨモギツツミノガ♀ 14mm 南富良野町 7月(羽化) | 2082b 同 筒巣 8.3mm | 2083a シロミャクツツミノガ♂ 17mm 美瑛町 8月(羽化) | 2083b 同 筒巣 9.4mm |

前種と似るが、触角の環紋は痕跡的
前翅の脈沿いは黄土色を帯びた橙褐色
後縁にも断続的な白条がある

触角の環紋は鮮明だが外半で薄れる
シロミャクツツミノガ(2083)に似るがより淡い

翅頂域に暗色の縦条→

触角の環紋はないか痕跡的
脈に沿う条紋は明るい黄土褐色で比較的細い
翅全体に灰褐色の鱗片を散らす

| 2084a ウスシロミャクツツミノガ♂ 14mm 旭川市 8月(羽化) | 2084b 同 筒巣 6.7mm | 2085a ハコベハナツツミノガ♀ 13mm 上川町 5月(羽化) | 2085b 同 筒巣 6.7mm | 2086a ノコギリソウツツミノガ♀ 12mm 苫小牧市 7月(羽化) | 2086b 同 筒巣 5.6mm |

触角の環紋は薄く、♂では前面に残るのみ
脈に沿う条紋は灰褐色、後方で太い
灰褐色鱗片を散らすが密度に変異がある

触角は基部を除き灰白色、環紋がある
体翅は色調や濃淡に変異がある
前翅は明瞭な条紋をあらわさない

触角は基部を除き白色、環紋は鮮明
前翅は黄土褐色、様々な程度に灰色を帯びる
淡色条紋の発達するものはより多く黒褐色鱗片を散らす

| 2087a ノコンギクハナツツミノガ♂ 13mm 旭川市 8月(羽化) | 2087b 同 筒巣 6.7mm | 2088a アキノキリンソウツツミノガ 15mm 上富良野町十勝岳温泉 6月(羽化) | 2088b 同 筒巣 6.1mm | 2089a アカザウスグロツツミノガ♀ 12mm 小平町 8月(羽化) | 2089b 同 筒巣 6.2mm |

触角は無紋に近い
前翅は細い
脈沿いの条紋は黄土褐色～灰褐色まで変異がある

触角は基部を除き白色、環紋は先端に向かって薄れる
前翅は灰黄土色、多数の黒褐色鱗片を散らす

前縁部と脈間は
白みを帯びる

シラヤマギクツツミノガ(2079)に酷似する
成虫の外観で区別することは困難

| 2090a アオヒュツツミノガ♂ 13mm 旭川市 7月(羽化) | 2090b 同 筒巣 6.4mm | 2091a シモフリツツミノガ♂ 15mm 旭川市 9月(羽化) | 2091b 同 筒巣 6.8mm | 2092a ヨモギケブカツツミノガ♂ 15mm 上川町 6月(羽化) | 2092b 同 筒巣 7.4mm |

scale:200%

240 ｜ツツミノガ科・エダモグリガ科・アカバナキバガ科

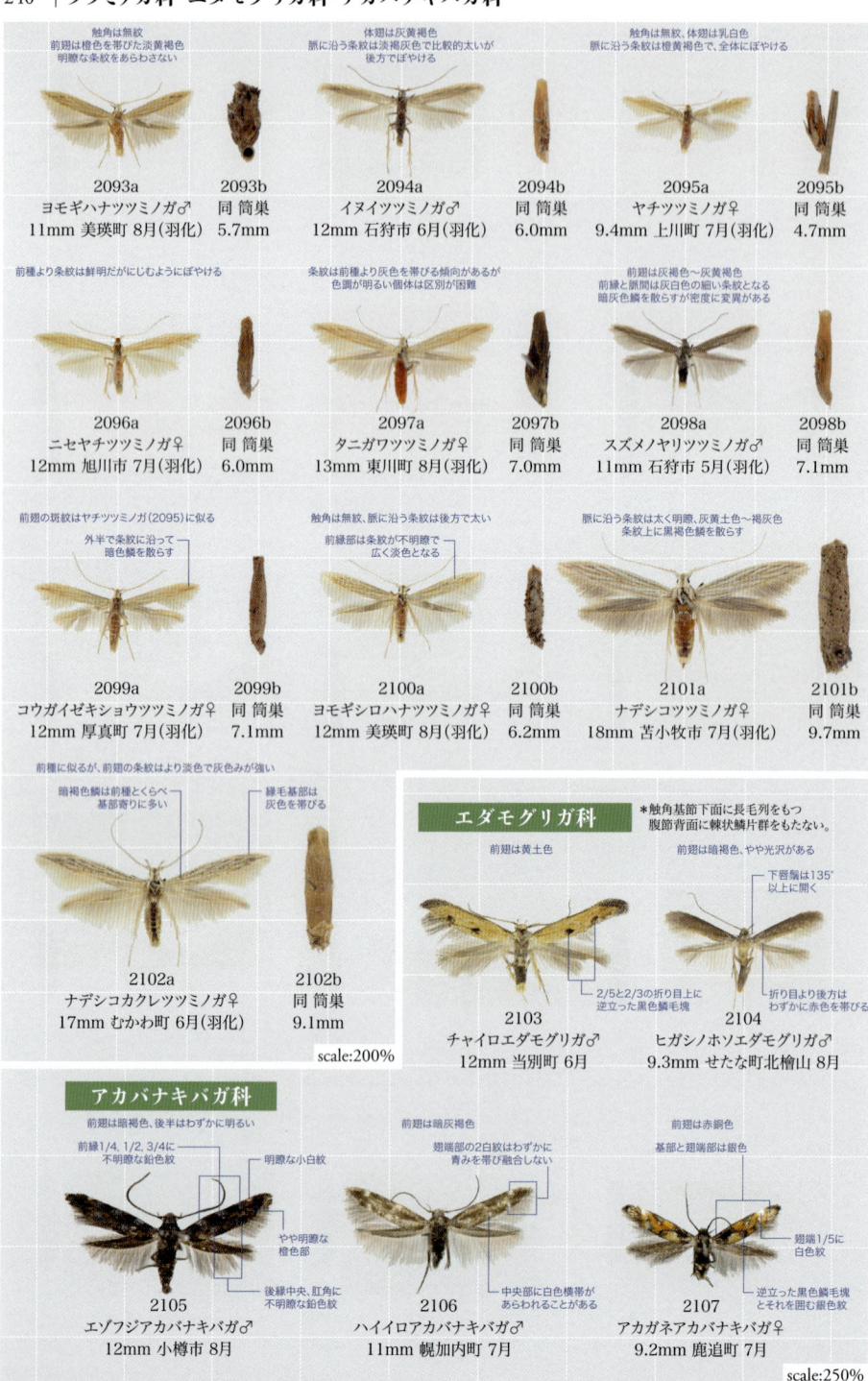

ツツミノガ科

2093a ヨモギハナツツミノガ♂ 11mm 美瑛町 8月（羽化）
触角は無紋／前翅は橙色を帯びた淡黄褐色／明瞭な条紋をあらわさない
2093b 同 筒巣 5.7mm

2094a イヌイツツミノガ♂ 12mm 石狩市 6月（羽化）
体翅は灰黄褐色／脈に沿う条紋は淡褐灰色で比較的太いが後方でぼやける
2094b 同 筒巣 6.0mm

2095a ヤチツツミノガ♀ 9.4mm 上川町 7月（羽化）
触角は無紋、体翅は乳白色／脈に沿う条紋は橙黄褐色で、全体にぼやける
2095b 同 筒巣 4.7mm

2096a ニセヤチツツミノガ♀ 12mm 旭川市 7月（羽化）
前種より条紋は鮮明だがにじむようにぼやける
2096b 同 筒巣 6.0mm

2097a タニガワツツミノガ♀ 13mm 東川町 8月（羽化）
条紋は前縁より灰色を帯びる傾向があるが色調が明るい個体は区別が困難
2097b 同 筒巣 7.0mm

2098a スズメノヤリツツミノガ♂ 11mm 石狩市 5月（羽化）
前翅は灰褐色〜灰黄褐色／前縁と脈間には灰白色の細い条紋となる／暗褐色鱗を散らすが密度に変異がある
2098b 同 筒巣 7.1mm

2099a コウガイゼキショウツツミノガ♀ 12mm 厚真町 7月（羽化）
前翅の斑紋はヤチツツミノガ（2095）に似る／外半で条紋に沿って暗色鱗を散らす
2099b 同 筒巣 7.1mm

2100a ヨモギシロハナツツミノガ♀ 12mm 美瑛町 8月（羽化）
触角は無紋、脈に沿う条紋は後方で太い／前縁部は条紋が不明瞭で広く淡色となる
2100b 同 筒巣 6.2mm

2101a ナデシコツツミノガ♀ 18mm 苫小牧市 7月（羽化）
脈に沿う条紋は太く鮮明、灰黄土色〜褐灰色／条紋上に黒褐色鱗を散らす
2101b 同 筒巣 9.7mm

2102a ナデシコカクレツツミノガ♀ 17mm むかわ町 6月（羽化）
前種に似るが、前翅の条紋はより淡色で灰色みが強い／暗褐色鱗は前種とくらべ基部寄りに多い／縁毛基部は灰色を帯びる
2102b 同 筒巣 9.1mm

scale:200%

エダモグリガ科

*触角基節下面に長毛列をもつ／腹節背面に棘状鱗片群をもたない。

2103 チャイロエダモグリガ♂ 12mm 当別町 6月
前翅は黄土色／2/5と2/3の折り目上に逆立った黒色鱗毛塊

2104 ヒガシノホソエダモグリガ♂ 9.3mm せたな町北檜山 8月
前翅は暗褐色、やや光沢がある／下唇髭は135°以上に開く／折り目より後方はわずかに赤色を帯びる

アカバナキバガ科

2105 エゾフジアカバナキバガ♂ 12mm 小樽市 8月
前翅は暗褐色、後半はわずかに明るい／前縁1/4, 1/2, 3/4に不明瞭な鉛色紋／明瞭な小白紋／やや明瞭な橙色紋／後縁中央、肛角に不明瞭な鉛色紋

2106 ハイイロアカバナキバガ♂ 11mm 幌加内町 7月
前翅は暗灰褐色／翅端部の2白紋はわずかに青みを帯び融合しない／中央部に白色横帯があらわれることがある

2107 アカガネアカバナキバガ♀ 9.2mm 鹿追町 7月
前翅は赤銅色／基部と翅端部は銀色／翅端1/5に白色紋／逆立った黒色鱗毛塊とそれを囲む銀色部

scale:250%

ネマルハキバガ科 [ネマルハキバガ亜科]・ミツボシキバガ科・エグリキバガ科・カザリバガ科 [マイコモドキ亜科・カザリバガ亜科] | 241

ネマルハキバガ科
ネマルハキバガ亜科

*この科の種は外観にほとんど差が見られないので交尾器の精査が必要。

外側に尖る

2108
ウスイロネマルハキバガ♂
14mm 江別市 7月

2109
オオネマルハキバガ♂
17mm 当別町 7月

外側に尖る

2110
コネマルハキバガ♂
13mm 新十津川町 7月

この科で最小の種

2111
イノウエネマルハキバガ♂
11mm 江別市 7月

前翅地色は白っぽい

黒褐色紋が目立つ

2112
シロジネマルハキバガ♂
14mm 浜中町 7月

2113
サッポロネマルハキバガ♀
18mm 石狩市 7月

ミツボシキバガ科

明瞭な3黒点

2114
ミツボシキバガ♀
15mm 夕張市 8月

エグリキバガ科

2115
オオエグリキバガ
(オオエグリヒラタマルハキバガ)♂
20mm えりも町 8月

カザリバガ科
マイコモドキ亜科

♂は中央に暗褐色鱗を散らす
♀は銀紋以外一様に黒色

2116
ギンモンマイコモドキ♀
11mm 美瑛町 6月

カザリバガ亜科

黒色の中点、端点があり
白っぽい鱗粉で囲まれる

2117
ガマトガリホソガ♀
19mm 長沼町 8月

前翅基半部は暗褐色〜オリーブ色

2118
ツマキトガリホソガ♂
12mm 石狩市 7月

頭部と胸背は乳白色

後縁部は淡黄土色に
縁取られる

2119
セジロトガリホソガ♂
11mm 七飯町 8月

1/5の白条は前縁から
後縁にかけて垂直

2120
クロギンスジトガリホソガ♀
11mm 苫小牧市 7月

後脚脛節は♂♀とも
白黒まだらの長鱗毛で
覆われる

2121
アシブサトガリホソガ♂
16mm 美瑛町 6月

ツツミノガ科とは下唇鬚が上向するので区別される

2122
タテスジトガリホソガ♂
14mm 小樽市 8月

基半部の銀横帯は
傾斜する

外縁に沿う銀条は
連続する

腹部背面は黄色

2123
マメカザリバ♀
10mm 小清水町 7月

基半部の銀紋は
基部まで広がる

2124
ドルリーカザリバ♂
10mm 石狩市 6月

前翅は青褐色、オリーブ色を帯びる

横帯は黄色、
外方に楕円形に突出する

中央縦線は
明瞭で長い

2125
ススキキオビカザリバ♂
11mm 石狩市 7月

scale:200%

【2120】北海道未記録(未発表)

カザリバガ科 [カザリバガ亜科]・キバガ科 [ハモグリキバガ亜科・モグリキバガ亜科]

2126 ヨシウスオビカザリバ♂
12mm 根室市 7月
前翅は淡褐色、オリーブ色を帯びる
横帯は狭く黄土褐色
中央縦線は明瞭で長い

2127 ヨシカザリバ♀
10mm 当別町 7月
前翅は暗褐色、オリーブ色を帯びる
横帯は橙黄色で外方に突出し、その先端は外縁の銀線とつながる
中央縦線は短い

2128 サッポロカザリバ♂
13mm 鹿追町 7月
前翅は黒褐色
横帯は橙色
腹部背面は黄色になる個体が多い

2129 ウスイロカザリバ♀
14mm 焼尻島 8月
前翅は褐色、オリーブ色を帯びる
横帯は黄色で外方に突出し、その先端は2分する
中央縦線は細く長い

キバガ科
ハモグリキバガ亜科

＊科の固有形質とはいえないが、牙状の下唇髭が目立つ種が多い。かなり大きな科で、鱗翅目で最も多くの未知種が残されている。

モグリキバガ亜科

2130 グミハモグリキバガ♂
7.8mm 苫小牧市 8月
前翅は黒褐色で金属光沢がある
外半は銅色を帯びる
前・後縁に3対の楔状銀紋
後翅末端は2分する
基部に銀紋

2131 ヘルマンアカザキバガ♂
11mm 陸別町 6月
前翅は光沢がある濃橙色
黒く縁取られた銀紋がある

2132 ムツモンアカザキバガ♀
8.8mm 札幌市 9月(羽化)
前翅は橙黄色の3紋がある

2133 ゴボウトガリキバガ♀
18mm 鹿追町 7月

2134 ギンポシアカガネキバガ♀
13mm 豊富町 7月
前翅は銅色光沢があり
光線により紫色を帯びる銀白紋を散らす

2135 エゾキバガ♂
14mm 苫小牧市 8月
前翅は暗褐色
頭部は黄褐色
前縁4/5から肛角に赤褐色の横帯
後縁中央に赤褐色斑

2136 キモンアカガネキバガ♂
12mm 苫小牧市 8月
前翅は暗褐色、弱い銅色光沢をもつ
前縁4/5と後縁3/4に三角の黄白色紋

2137 ギンスジアカガネキバガ♀
9.3mm 鹿追町 7月
2本の銀線は後縁に届かない

2138 エゾマエチャキバガ♀
13mm 幕別町 7月
触角基部後方に単眼が目立つ
前縁から翅頂部に暗色

2139 マエチャキバガ♂
11mm 小樽市 7月
触角基部後方に単眼はない
前縁より暗色部が狭い

2140 サクラソウキバガ♀
12mm 日高町門別 7月
前翅はほぼ一様に暗褐色
Sc脈上に2個の黒点
折り目上・中室中央・中室端に黒点

2141 クマタシラホシキバガ♂
12mm せたな町北檜山 8月
前翅は暗褐色、弱い光沢がある
前縁3/4に細い黄褐色の楔状紋
翅端部前・後縁に銀白色の小点列

2142 キモンキバガ♂
13mm 石狩市望来 7月
前翅は明るい褐色
中室端に黒点
逆三角形の黄色紋

2143 イグサキバガ♂
12mm 網走市 6月
前翅は乳白色～淡褐色
前縁2/3と中室端に明瞭な黒点

2144 ニセイグサキバガ♀
11mm 北広島市 7月
前翅は淡褐色、前縁と外縁にかけて暗色鱗が多い
Sc脈上に2個の黒点
中室端に黒点

2145 ミゾソバキバガ♂
15mm 網走市 6月
前翅は黄褐色
やや暗色の斜条(図示個体は内方の1本が不明瞭)
折り目上に不明瞭な黒点があらわれる個体がある

scale:200%

【2130】北海道未記録(小木広行氏、未発表)

キバガ科 [モグリキバガ亜科・キバガ亜科] | 243

前翅は暗灰褐色〜暗褐色
不明瞭だが前種と似た斑紋がある

前翅地色は白色
2本の明瞭な橙褐色の斜条
折り目上の黒点は不明瞭な個体もある

前種より斜条は太めで小型の個体が多いが外観による区別は困難

2146
ホーニッヒチャマダラキバガ♂
14mm 苫小牧市 5月(羽化)

2147
ウスキマダラキバガ♂
14mm 浜中町 7月

2148
ヒメキマダラキバガ♂
13mm 江別市 7月

scale:200%

キバガ亜科

前翅は淡灰褐色
全面に先端が黒い鱗片を散らしまだら状
3点紋は明瞭
中室端の黒点は大きい

前翅は褐色がかった灰色
腹部第2〜4節背面は♂♀とも橙黄色

前翅は灰色
斑紋が弱く無紋に見える

2149
ソバカスキバガ♂
25mm 北斗市 9月

2150
ゴマダラハイキバガ♀
19mm 幌延町 8月

2151
ヤナギウスグロキバガ♂
17mm 小樽市 7月

前翅は褐色〜暗褐色、銅色の光沢がある
前縁基部・中室中央・中室端に明瞭な黒斑

前翅は暗褐鱗を密布する
翅頂前に不明瞭な淡色斑

前翅は灰褐色〜暗褐色

前翅は明灰褐色
前種同様、大きな隆起鱗毛塊がある
後縁部1/5, 2/5, 2/3に大きな隆起鱗塊

2152
ナラクロテンキバガ♀
17mm 石狩市 6月(羽化)

2153
サクラクロテンキバガ♂
14mm 石狩市 6月(羽化)

2154
ミツコブキバガ♂
20mm 当別町 7月

2155
ダケカンバミツコブキバガ♂
19mm 小樽市 8月

前翅は暗褐色
白色横線が目立つが中央で切れる

前翅は暗褐鱗を密布する
白色横線は太く明瞭

♀は頭部だけでなく胸背も白色
前翅の白色横線はより太い

前翅は暗褐色
白色横線の輪郭はぼやける
外縁の縁毛は褐色

2156
シモフリミヤマキバガ
(ミヤマシモフリキバガ)♀
17mm 美瑛町 7月

2157a
シロオビミヤマキバガ
(ミヤマシロオビキバガ)♂
18mm 十勝岳望岳台 7月

外縁の縁毛は白色

2157b
同♀
17mm 十勝岳望岳台 6月

2158
トウヒミヤマキバガ♂
15mm 鹿追町 7月

前翅は茶褐色
先端が黒い鱗片が混ざりまだら状
中室中央と中室端に不明瞭な黒斑

前翅は暗褐色
前縁1/4と1/2に不明瞭な白色横帯
前縁3/4と肛角に不明瞭な白斑

2159
トビイロミヤマキバガ♀
15mm 苫小牧市 8月

2160
ヒメトウヒミヤマキバガ♂
14mm 旭川市 6月

scale:150%

【2147】北海道未記録(未発表)

244 | キバガ科 [キバガ亜科・モンキバガ亜科]

キバガ科

2161 ゴマダラシロチビキバガ♂ 12mm 石狩市 7月
- 胸背は褐色
- 後縁基部、1/2、肛角に暗色紋

2162 イッシキチビキバガ♂ 14mm 苫小牧市 7月
- 胸背は淡黄褐色
- 後縁1/4と後角に暗色紋　前者は大きく、通常三角形状

2163 オオシロホソハネキバガ♂ 11mm 苫小牧市 7月
- 後翅は細く肛角はやや不明瞭

2164 クロボシヒメホソハネキバガ♂ 12mm 浜中町 7月
- 後縁1/4の暗色斑は極めて小さいか消失

2165a クロオビハイチビキバガ♂ 10mm 石狩市 8月
- 前翅は灰褐色
- 前縁基部、1/2の黒斑から斜条が走る
- 亜外縁線は鋭く角ばる

2165b 同♀ 10mm 小樽市 7月
- ♂の色彩斑紋はほぼ同じ（♀は初めて図示される）

2166a ウスグロゴマダラヒメキバガ♂ 13mm 岩見沢市 7月
- ♂前翅は暗灰褐色
- 1/4と翅端部にぼやけた乳白色横帯

2166b 同♀ 13mm 小樽市 8月
- ♀前翅は淡黄褐色　乳白色部はより広がる

2167a ハイイロゴマダラヒメキバガ♂ 13mm 鹿追町 7月
- 前種より小型、♂前翅は暗灰褐色　淡色の横帯はほとんど消失する

2167b 同♀ 12mm 小樽市 8月
- ♀前翅は灰褐色

2168 オオゴマダラヒメキバガ（ウスグロゴマダラヒメキバガ 2166)♀ 14mm 江別市 8月
- ウスグロゴマダラヒメキバガ(2166)に似るが大きい　♂前翅はより暗色

2169 クロマダラコキバガ♂ 11mm 鹿追町 9月
- 黒色斜帯
- 縦長の黒斑
- 中室端に橙褐色紋
- ♀は淡色な個体が多く橙褐色紋は不明瞭

2170 ユウヤミキバガ♀ 12mm えりも町 7月
- 前種よりさらに暗色、♂♀で色彩の差はない
- 横長の不明瞭な橙褐色紋

2171 クロナデシコキバガ♀ 11mm 斜里町 8月
- 前翅は暗褐色
- 1/2中央に白色短縦条
- 1/5中央に白色斜条

2172 マダラコキバガ♀ 15mm 苫小牧市 5月
- 翅端部の白紋はつながらない
- 前翅は灰褐色で細長い　翅脈間は淡橙褐色鱗で染まる

2173 ゴマシオコキバガ♂ 12mm 稚内市 7月
- 前翅は灰褐色でごま塩状　黒点と折り目に橙褐色鱗が集まる
- 基部から翅頂まで中央に暗褐色条が走る
- 中室2/3と末端に2黒点

モンキバガ亜科

2174 カギモンキバガ♂ 18mm 鹿追町 6月
- 中室端にかぎ状の暗褐色斑
- 折り目上に暗褐色点

2175 シロクロキバガ♂ 17mm 函館市双見 7月
- 斜めの太い白色横帯

2176 キボシキバガ♂ 15mm 江別市 6月
- 前翅は灰褐色
- 橙黄色紋を囲むように大きな黒斑がある
- 橙黄色紋は大きく不定形

scale:200%

【2165】北海道未記録（小木広行氏、未発表）

キバガ科 [モンキバガ亜科] | 245

No.	和名	サイズ 産地 月
2177	ニセキボシクロキバガ♂	12mm 石狩市 6月
2178	ドギュンサンコキボシキバガ♂	10mm 岩見沢市 7月
2179	ワタナベクロオビキバガ♀	16mm 石狩市 7月
2180	ハルニレキバガ♀	16mm 札幌市 7月
2181	ウスクロオビキバガ♀	14mm 石狩市 6月
2182	クロホシハイキバガ♂	15mm 鹿追町 6月
2183	ゴマダラウスチャキバガ♂	13mm 鹿追町 7月
2184	ネジロナカグロキバガ♀	13mm 江別市 7月
2185	ズマダラハイキバガ♂	13mm 岩見沢市 7月
2186	ウスクロテンシロキバガ♂	16mm 幌延町 7月
2187	ナラクロオビキバガ♀	14mm 石狩市 5月(羽化)
2188	ゴマフキイロキバガ♂	11mm 石狩市 2月(羽化)
2189	ヤチヤナギキバガ♀	12mm 小清水町 7月(羽化)
2190	クロオビハイキバガ♂	13mm 北斗市 8月
2191	ウバメガシハマキキバガ♂	15mm むかわ町穂別 7月
2192	イシガケモンハイイロキバガ♂	16mm 江別市 6月
2193	ダイセツキバガ♂	17mm ニペソツ山 7月
2194	マツノクロボシキバガ♀	13mm 旭川市 7月
2195	Gen. sp. 4 ♀	17mm 中札内村 6月

scale:200%

【2178】北海道未記録(小木広行氏、未発表)【2180】北海道未記録(小木広行氏、未発表)【2191】北海道未記録(小木広行氏、未発表)
【2195】日本未記録または新種(未発表)【要精査】2177、2178；2183、2185

246 キバガ科 ［モンキバガ亜科・サクラキバガ亜科］

サクラキバガ亜科

2196a Gen. sp. 5 ♂
前翅は細長く、灰色
前翅中央に弓状の2黒紋
23mm 札幌市 11月

2196b 同♂ 無紋型
23mm 札幌市 11月

2197a カンバシモフリキバガ♀ 暗色型
前翅地色は明灰色〜灰色、基部側が不規則に暗色になる
22mm 小清水町 7月(羽化)

2197b 同♀ 明色型
前翅は褐色に近い灰褐色だが、稀に明白色の個体もある
前種に似るがひとまわり小さい
22mm 小清水町 6月(羽化)

2198 ポプラキバガ♀
20mm 苫小牧市 8月

2199 サクラキバガ♀
前翅は暗褐色
淡色横線は前縁付近を除ききわめて不明瞭
17mm 苫小牧市 7月(羽化)

2200 シロオビクロキバガ♂
前種に似るがより小型、前翅はより濃色
横線は白色で明瞭
弱く内湾し、前・後縁をつなぐ
15mm 浜中町 8月

2201 コナラキバガ♀
やや黄色みのある褐色、時に灰褐色〜暗褐色
下唇鬚は全節が黄色
淡褐色の横線は不明瞭
17mm 日高町門別 7月(羽化)

2202 ツツジキバガ♀
前種に酷似するが、下唇鬚の色彩が異なり
末端節は黄色、第2節は黄褐色でより暗色
18mm 様似町 7月(羽化)

2203 メドハギキバガ(新称)♀
前翅は暗褐色、2/3から外方はより暗色
淡色の横線はない
14mm 石狩市 7月(羽化)

2204 クロチビキバガ♀
♂前翅は一様な暗褐色
♀は黄白色の楔状紋があらわれる
10mm 石狩市 7月

2205 マエジロキバガ♀
翅頂は尖り外方に突出する
16mm むかわ町穂別 7月

2206 ハイマダラキバガ♀
前翅は淡褐色〜暗褐色で変異が大きい
触角基部の下面に長い1刺毛がある
基部、中室中央、中室端に明瞭な黒斑
13mm 石狩市 6月

2207 シロモンクロキバガ♀
斜めの白色横帯
強く屈曲する白色横帯
22mm 江別市 5月

2208 シロテンクロキバガ♂
前翅は暗褐色
黄色点
15mm 石狩市 6月(羽化)

2209 マルバクロヘリキバガ♂
前翅は灰色
暗橙色の短縦条
翅頂は丸い
13mm 様似町 7月

2210 ヒメマルバクロヘリキバガ♀
前種に似るがはるかに小型
9.0mm 石狩市 7月

scale:150%

【2196】日本未記録または新種(未発表)【2203】日本未記録または新種(水谷穣氏、未発表)【2209】北海道未記録(小木広行氏、未発表)

キバガ科 [カザリキバガ亜科・フサキバガ亜科] 247

カザリキバガ亜科

No.	和名	サイズ・産地・月
2211	ハギノシロオビキバガ♂	10mm 千歳市 2月(羽化)
2212	スジウスキキバガ♀ (前翅は淡黄土色／翅頂はかぎ状にならない)	12mm 小樽市 7月
2213	カギツマスジキバガ♂ (前翅は白色、光沢がある／かぎ状に曲がる)	16mm 石狩市 6月
2214	カギツマドウガネキバガ♀ (前翅は灰褐色、やや光沢がある／かぎ状に曲がる)	16mm 釧路市 7月
2215	カギツマウスチャキバガ♀ (前翅は淡灰褐色／かぎ状に曲がる)	12mm 釧路市 7月
2216	カギツマクロキバガ♂ (カギツマドウガネキバガ(2214)に似るが黒みが強く、暗黒褐色／かぎ状に曲がる)	16mm 浜中町 7月
2217a	クルミシントメキバガ♂ 暗色型 (色彩斑紋は変異が著しい／かぎ状に曲がる／後縁基部に幅広い暗色斑)	16mm 夕張市 9月
2217b	同♀ 明色型	19mm 松前町 5月
2218	ツマスジキバガ♀ (前翅は淡い黄土色／かぎ状にならない)	15mm 新十津川町 6月
2219	トドマツツツミノキバガ♀ (前翅は白色、光沢がある／明瞭な褐色斜条)	11mm 岩見沢市 7月
2220	フタイロギンチビキバガ♀ (前翅基半は光沢のある白色／外半は淡橙色／翅端部に橙色斑／前・後翅翅端に黒点)	10mm 訓子府町 7月
2221	ツマモンギンチビキバガ♀ (前翅は銀白色／翅端部に橙色斑／前・後翅翅端に黒点)	10mm 江別市 7月

フサキバガ亜科

No.	和名	サイズ・産地・月
2222	ギンチビキバガ♀ (前翅は銀白色、特徴的な斑紋はない／翅端部は淡黄土色を帯び、ときに一部が黒化する)	11mm むかわ町 7月
2223	ウスツヤキバガ♂ (前翅は褐色、黄土色鱗片を密布し光沢がある)	15mm 鹿追町 7月
2224	ヘリグロウスキキバガ♂ (前翅は黄白色／前縁基部から2/3まで幅広く黒褐色／外縁部は幅広く黒褐色)	12mm 本別町 7月
2225	イモキバガ♀ (前翅は暗褐色、翅脈はより暗色／白色鱗を混ぜた淡褐色の環状紋)	18mm 石狩市 9月
2226	ツマグロツヤキバガ♀ (前翅は外半部は幅広く黒色／基半部は濃橙色／青銀色の横帯が目立つ)	12mm 千歳市 6月
2227	クロモンツヤキバガ♂ (前翅は淡褐色／斑紋は橙色の細条に縁取られる／後縁中央の黒褐色紋が目立つ)	10mm ニセコ町 8月
2228	フジフサキバガ♀ (2黒点の周囲は四角形状に暗化／外縁部は幅広く黒褐色)	24mm 札幌市 6月
2229	カバオオフサキバガ♂ (前翅は明瞭な斑紋がなく外半から後縁にかけて暗色)	22mm 鹿部町 6月

scale:150%

【2223】北海道未記録(小木広行氏、未発表)

キバガ科 [フサキバガ亜科]

No.	和名	特徴	サイズ・産地・月
2230	ウスボシフサキバガ♀	前翅は淡黄褐色、黒褐色鱗を散らす／前縁と外縁は黒褐色に縁取られる	18mm 苫小牧市 7月(羽化)
2231	コカバフサキバガ♀	前翅は赤みが強い黄褐色／外周は赤褐色に縁取られる／中室下縁に沿って中央部は赤褐色を帯びる	15mm 小樽市 7月
2232	カバイロキバガ♂	前翅は赤褐色／外周は暗褐色に縁取られる／外縁部の縁取りは太く目立つ	17mm 当別町 6月(羽化)
2233	ミニフサキバガ♂	前翅は灰白色／褐色鱗を密布しまだら状／翅頂の突出は他種より弱い	11mm 苫小牧市 7月
2234a	ウスグロキバガ♀ 明色型	前翅は灰色、暗褐色鱗を散らす／外縁は暗褐色の縁取りが明瞭	14mm 石狩市 7月
2234b	同♀ 暗色型		15mm 石狩市 6月
2235	モンオオフサキバガ♀	前翅は橙黄色、不規則な黒褐色斑を散らす／前縁基部は黒褐色に短く縁取られる／折り目上と中室端に大きな黒褐色斑	20mm 石狩市 6月(羽化)
2236	キイロオオフサキバガ♂	前翅基半部は褐色、外半部は黄色／前縁と外縁は褐色に縁取られる	17mm 千歳市 6月(羽化)
2237	オドリキバガ♀	前翅は濃紺色の地色に青鉛色に輝く斑紋をもつ	14mm 石狩市 6月(羽化)
2238	ウスヅマスジキバガ♂	前縁の線毛起点に黄白色斜条／翅頂部前縁と外縁は黄白色細線と黒点列で縁取られる	17mm 石狩市 6月(羽化)
2239	クロヘリキバガ♂	外半は前縁に沿って幅広く暗褐色	14mm 岩見沢市 8月
2240	ヘリクロモンキイロキバガ♀	前翅は淡黄白色／前縁・翅頂・後角・後縁1/4は褐色に縁取られる／前縁と後縁から褐色斑が3黒点に向かって伸びる	11mm 石狩市 6月
2241	フタクロモンキバガ♂	前翅は灰色、♂は裏面に毛束をもつ／中室の黒斑は、ときに痕跡的か消失する	17mm 北斗市 8月
2242	フタモンキバガ♀	前翅は淡赤褐色、♂は裏面に毛束をもつ／前種と似た2紋のほか、複数の黒褐色紋をもつ	16mm 石狩市 6月(羽化)
2243	ミヤマオオクロキバガ♀	前翅は灰赤褐色、黒色鱗と白色鱗を散らす／ときに白色に縁取られた3点紋があらわれる／ときに外縁に黒点列があらわれる	20mm 猿払村 7月
2244	カワリノコメキバガ♀	前翅は淡褐色／前縁部先端寄りの白斑が目立つことが多い／後縁部基半にやや大きな白斑	16mm 石狩市 6月(羽化)
2245	ハイイロマダラノコメキバガ♀	前翅は灰白色、淡褐色の斑紋を多くもつ／前縁5本の短斜条のうち中央のものが最も大きい	17mm 江別市 6月
2246	オメルコクロノコメキバガ♀	前翅はやや淡い黒褐色／中室内と折り目上の黒色縦条が目立つ	14mm 小樽市 7月
2247	ウスリーノコメキバガ♀	前翅は暗灰褐色／前縁中央の暗黒色斑は大きく、折り目に達する／基部近くに暗黒色斜条	16mm 石狩市 6月
2248	ゴマダラノコメキバガ♂	前翅は灰白色、斑紋パターンはカワリノコメキバガ(2244)に似るがはるかに淡色	17mm 当別町 8月

scale:150%

2249
クロモンノコメキバガ♀
19mm 石狩市 7月

2250
ホシウスジロキバガ♂
13mm 石狩市 7月（羽化）

2251
ツチイロキバガ♂
13mm 石狩市 6月（羽化）

2252
ナカオビキバガ♀
13mm 苫小牧市 8月

2253
ハイジロオオキバガ（ハネビロキバガ）♀
26mm 江別市 7月

2254
コハイジロキバガ♂
15mm 石狩市 7月

2255
ニセクロクモシロキバガ♂
16mm 釧路市 7月

2256
クロクモシロキバガ♂
14mm むかわ町 6月（羽化）

2257
チャモンシロキバガ♀
16mm 石狩市 6月（羽化）

2258
マエウスノコメキバガ♀
18mm 江別市 8月

2259
シロノコメキバガ♂
15mm 平取町 7月

2260
マエモンノコメキバガ♀
19mm 札幌市 8月

scale:150%

イラガ科

2261
マダライラガ♂
22mm 鹿追町 7月

2262
ビロードマダライラガ♀
22mm 小樽市 8月

2263
クロマダライラガ♂
16mm 江差町 8月

2264
ナシイラガ♂
34mm 江別市 7月

2265
イラガ♀
35mm 江別市 7月

2266
カギバイラガ♀
16mm 北広島市 7月

2267
テングイラガ♂
18mm 苫小牧市 7月

scale:100%

250　イラガ科・マダラガ科 [クロマダラ亜科・ホタルガ亜科]

2268a アカイラガ♂
22mm 江別市 7月
細く白色の中横線がある

2268b 同♀
27mm 江別市 8月
♀は♂より色彩が明るい

2269 ムラサキイラガ♂
25mm 苫小牧市 7月
前翅は褐色～黒褐色
亜外縁線はR₅付近で角ばる

2270 ウスムラサキイラガ♂
26mm 札幌市 7月
前翅は茶褐色
亜外縁線はR₅付近で角ばらない
肛角付近の黄色条は太く目立つ

2271 クロシタアオイラガ♂
26mm 石狩市 6月

2272 ウストビイラガ♂
28mm 札幌市 7月

2273 ヒロズイラガ♂
24mm 江別市 7月

2274a キンケスパイラガ
（キンケミノウスバ）♂
21mm 小清水町 6月
前後翅とも半透明、黒色鱗をわずかに散らす
♂触角は両櫛歯状

2274b 同♀
23mm 中札内村 6月
♀触角は糸状
♀前翅は横線から基部が黄色

2275 トビスジイラガ♂
12mm 長万部町 7月
外横線は細いが明瞭
M₃付近で外方に突出する

マダラガ科
クロマダラ亜科

*昼飛性のものが多い。

2276 キスジホソマダラ♀
23mm 札幌市 6月
♂触角は両櫛歯状、♀触角は糸状

2277 ヒメクロバ♂
19mm 美瑛町 6月
♂触角は両櫛歯状、♀触角は糸状
前翅は黒褐色
後翅は外縁部を除き半透明

2278 エゾウスグロマダラ
（ウスバクロマダラ）♂
26mm 当別町 6月
♂触角は両櫛歯状、♀触角は糸状
前翅は暗灰色
後翅は半透明に近い

2279 ウスグロマダラ♂
17mm 古平町 6月
前後翅とも黒褐色
前翅触角は両櫛歯状、♀触角は糸状
後翅は前翅より淡色だが不透明

2280 ウメスカシクロバ♂
20mm 七飯町 6月（羽化）
前後翅は大部分が透明
前翅前縁1/4と後縁部、後翅前縁部は黒色
♂触角は両櫛歯状、♀触角は鋸歯状

2281 リンゴハマキクロバ♂
20mm 七飯町 6月（羽化）
前種に似るが、翅の透明度は低い
鱗粉の黒みは弱く、黒色部ははっきりしない

2282 ミヤマスカシクロバ
（オオスカシクロバ）♂
25mm 江別市 4月
♂触角は両櫛歯状、♀触角は鋸歯状
前翅は黒褐色で半透明

2283 ブドウスカシクロバ♂
27mm 千歳市 6月
♂触角は両櫛歯状、♀触角は鋸歯状
前翅は大部分が透明
触角背面・頭部・胴部前翅基部は青く輝く
後翅はより淡色で透明度が高い

ホタルガ亜科

2284 シロシタホタルガ♂
53mm 共和町 8月
触角は両櫛歯状、♀の櫛歯長は短い

scale:100%

【2280】北海道未記録（小松利民氏、未発表）

マダラガ科 [マダラガ亜科]・スカシバガ科 [ヒメスカシバガ亜科・スカシバガ亜科] | 251

マダラガ亜科

♂触角は両櫛歯状
♀触角は鋸歯状、先端はやや棍棒状

♂の腹部は長く腹端に黒色長毛が密生する

2285a ミノウスバ♂ 26mm 東川町 9月

2285b 同♀ 27mm 東川町 9月

2286 ベニモンマダラ♀ 34mm 函館市鱒川 8月

スカシバガ科

ヒメスカシバガ亜科

*昼飛性で訪花する種も多い。さまざまなハチ類に色彩斑紋や行動を擬態していると考えられている。

次種暗色型(2288b)に似る

前翅後縁部の透明紋は次種の1/2の長さ

前翅後縁部の透明紋は基部から横脈紋に達する

2287 ヒメセスジスカシバ♀ 32mm 小清水町 8月

2288a キタセスジスカシバ♂ 明色型 33mm 小清水町 8月(羽化)

2288b 同♀ 暗色型 38mm 苫小牧市 8月

スカシバガ亜科

前翅は黒褐色 中室外方に透明紋を欠く

腹部第1,2節はきわめて細い

腹部の黄色帯は♂では第2,3,6,7節後端♀では第2,3,6節後端にある

腹部第3節の黄色帯が目立つ

♂は尾端総毛が発達する

2289 コシボソスカシバ♂ 21mm 札幌市 7月

2290a キタスカシバ♂ 44mm 長沼町 8月

2290b 同♀ 53mm 長沼町 8月

頭毛は黒色だが黄色毛が混ざる

前翅は暗い赤紫色 中央部は赤みが強い

頭板の両側は黄色

後脚は長毛を密生して太く見える

後脚脛節の内面は灰色

腹部第4,6節に黄色帯

♂の尾端総毛は1対の毛束

腹部第2,4節に黄色帯

2291 モモブトスカシバ♂ 25mm 江別市 7月

2292 ミチノクスカシバ♂ 30mm 石狩市 6月

2293 キクビスカシバ♂ 34mm 小清水町 9月

scale:100%

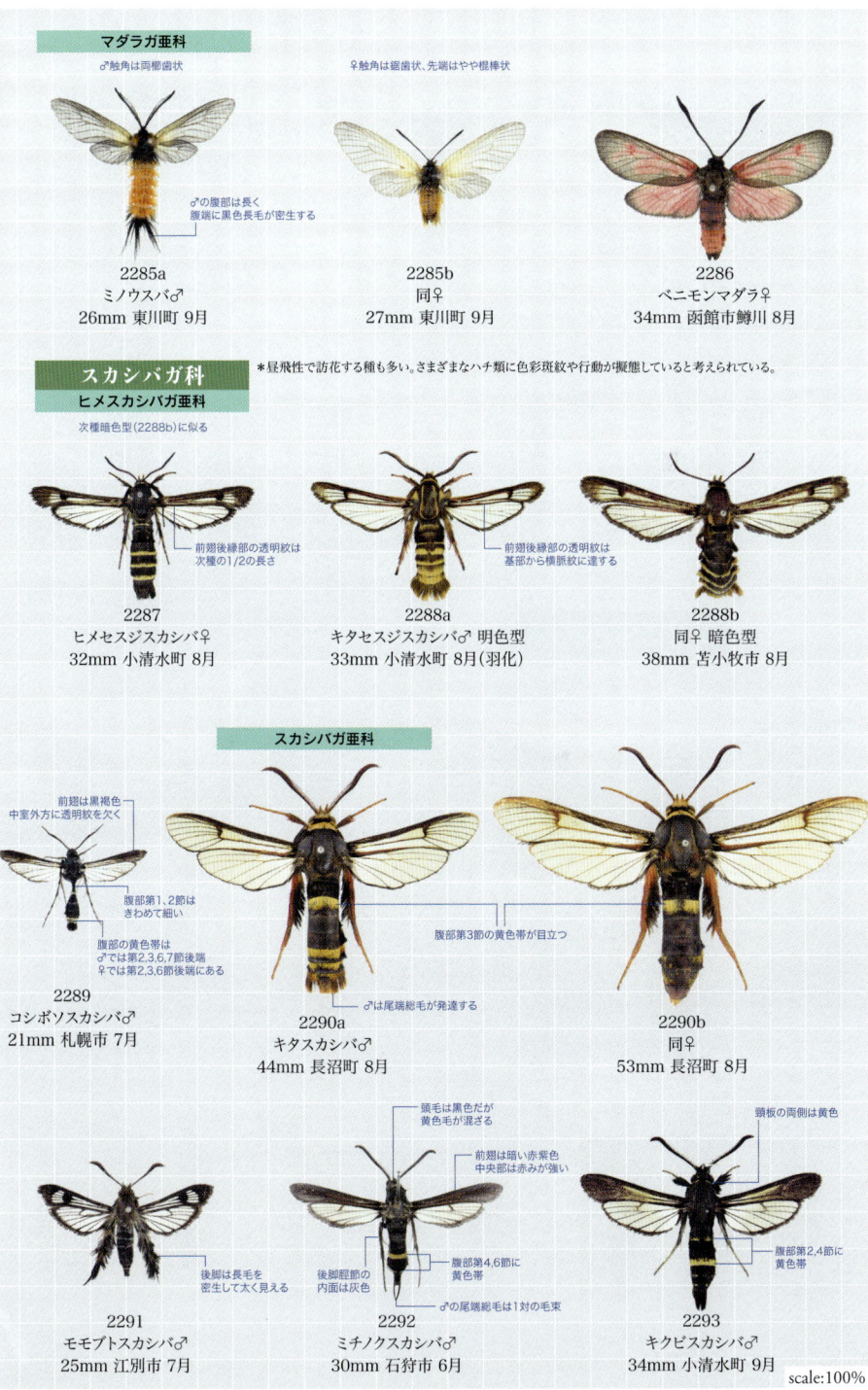

【2292】北海道未記録(小木広行氏、未発表)。ブドウスカシバ(頭部は黄色)とムラサキスカシバ(頭部は黒色)に似るが、両種は北海道に分布していない可能性がある

252 | スカシバガ科 [スカシバガ亜科]・ボクトウガ科 [ボクトウガ亜科・ゴマフボクトウ亜科]

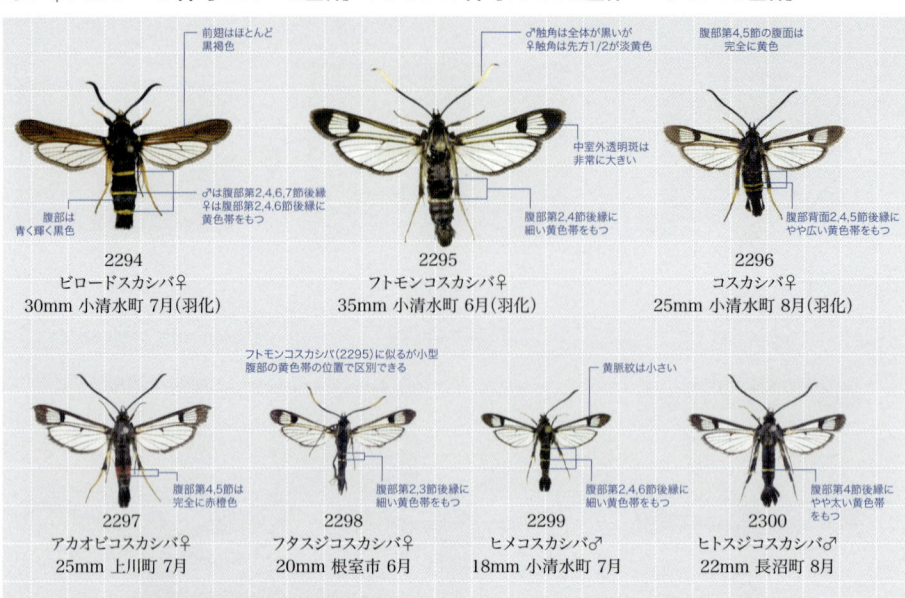

前翅はほとんど黒褐色
♂は腹部第2,4,6,7節後縁♀は腹部第2,4,6節後縁に黄色帯をもつ
腹部は青く輝く黒色

2294
ビロードスカシバ♀
30mm 小清水町 7月(羽化)

♂触角は全体が黒いが♀触角は先干1/2が淡黄色
中室外透明頭は非常に大きい
腹部2,4,6節後縁に細い黄色帯をもつ

2295
フトモンコスカシバ♀
35mm 小清水町 6月(羽化)

腹部第4,5節の腹面は完全に黄色
腹部背面2,4,5節後縁にやや広い黄色帯をもつ

2296
コスカシバ♀
25mm 小清水町 8月(羽化)

腹部第4,5節は完全に赤橙色

2297
アカオビコスカシバ♀
25mm 上川町 7月

フトモンコスカシバ(2295)に似るが小型腹部の黄色帯の位置で区別できる
腹部第2,3節後縁に細い黄色帯をもつ

2298
フタスジコスカシバ♀
20mm 根室市 6月

黄脈紋は小さい
腹部第2,4,6節後縁に細い黄色帯をもつ

2299
ヒメコスカシバ♂
18mm 小清水町 7月

腹部第4節後縁にやや太い黄色帯をもつ

2300
ヒトスジコスカシバ♂
22mm 長沼町 8月

scale:100%

ボクトウガ科
ボクトウガ亜科

♂触角の葉片は幹の太さと同じくらい長い
頭部と顎板は黄褐色か赤褐色

2301
オオボクトウ♂
63mm 平取町 6月

♂触角の葉片は短く互いに密着する
頭部と顎板は黄色っぽくない
前種より小型だが♀はほぼ同じ大きさの個体がある

2302
ボクトウガ
48mm 小清水町 8月

ゴマフボクトウ亜科

♀ははるかに大きい

2303
ゴマフボクトウ♂
52mm 北斗市 8月

♀の腹部は極めて長い

2304
ハイイロボクトウ♂
35mm 天塩町 6月

scale:90%

ハマキガ科 [ハマキガ亜科] | 253

ハマキガ科
ハマキガ亜科
ハマキガ族

*近年解明が進み、シャクガ科とならぶ大きな科となった。北海道ではハマキガ科の方が種数は多い。まだシンクイヒメハマキガ族などに多くの未知種が残されている。

橙褐色帯の太さには変異がある

アミメキハマキ(2440)に似るが下唇鬚はより長く、♂前翅に前縁褶がある

前翅全体に細かな鉛色点紋を散らす斑紋の変異は著しい

2305 ミスジマルバハマキ♀ 19mm 恵庭市 7月
2306a ウスアミメキハマキ♂ 19mm 初山別村 採集月不明
2306b 同♀ 23mm 江別市 7月
2307a ギンボシトビハマキ♀ 18mm 苫小牧市 7月

全体が黄色の個体はカシワ林でのみ採集されている

次種に似るが黒みが強い全体に細かな鉛色の斑紋を散らす

前種より大型のことが多い

中央の橙色帯によって黒色部が分断される

前翅は暗灰褐色、斑紋は不明瞭

後縁部は橙褐色となることがある

2307b 同♀ 16mm 石狩市 8月
2308 イブシギンハマキ♀ 13mm 小清水町 8月
2309 ギンスジクロハマキ♀ 15mm 美瑛町 7月
2310 ホソマダラハイイロハマキ♀ 18mm 小清水町 8月

前翅は黄色みを帯びた橙色光沢のある鉛色点紋が5列に並ぶ

基部・外縁・縁毛は黄色

前種に似るが、より赤みが強い

基部は黄色みを帯びない

前翅はクリーム色~淡黄色4本の太い鉛色横帯がある

2311 トラフハマキ♀ 15mm 本別町 7月
2312 クロトラフハマキ♀ 15mm 苫小牧市 6月(羽化)
2313 ギンヨスジハマキ♂ 16mm 札幌市 7月
2314 チャモンギンハマキ♂ 16mm 旭川市 6月

前縁の逆三角形紋が目立つ

後縁に大きな暗色紋があらわれることがある

前翅は鮮やかな橙赤色、鉛色細線が明瞭

基部の黄色部が目立つ

2315 シロオビギンハマキ♀ 16mm 札幌市 7月
2316a ネウスハマキ♀ 19mm 湧別町 7月
2316b 同♀ 18mm 函館市双見 7月
2317 ギンスジカバハマキ♀ 14mm えりも町 6月(羽化)

やや不鮮明な鉛色の斜帯

黒色隆起鱗片の点列が前翅中央を横切る

斑紋の変異は著しい次種と外観による区別は困難

2318 ニセウスギンスジキハマキ♀ 17mm 八雲町雲石峠 7月
2319a ニセウンモンキハマキ♂ 22mm 石狩市 8月
2319b 同♂ 24mm 当別町 8月

scale:150%

【2312】北海道未記録(小木広行氏、未発表) 【2318】北海道未記録(猪子龍夫氏[故人]、未発表) 【要精査】2319

254 | ハマキガ科 [ハマキガ亜科]

斑紋の変異は著しい
前種と外観による区別は困難

前縁と外縁を縁取る
鉛色の線が目立つ

前翅は黄褐色
淡い真珠光沢の横帯がある

亜外縁部に
青鉛色の帯が目立つ

2320a
ウンモンキハマキ♂
22mm 石狩市 8月

2320b
同♂
23mm 札幌市 9月

2321
ホシギンスジキハマキ♂
14mm 石狩市 8月

2322
セウスイロハマキ♀
16mm 札幌市 8月

斑紋の変異は著しい

前翅基部に
斑紋をもたない

斑紋の変異は著しい
次種と似るが、前翅は細い

2323a
チャマダラハマキ
(ニセヤナギハマキ)♀
17mm 長万部町 6月

2323b
同♂
18mm 札幌市 5月

2323c
同♀
17mm 夕張市 5月

2324a
バラモンハマキ♀
18mm 旭川市 10月

斑紋の変異は前種同様
前翅はより幅広いが、外観による区別は困難

2324b
同♂
16mm 旭川市 9月

2324c
同♂
17mm 旭川市 10月

2325a
ツツジハマキ
(ヤナギハマキ)♂
19mm 東川町 8月

2325b
同♀
19mm 十勝岳望岳台 8月

前翅は灰褐色、暗褐色斑でまだら状

基斑は黒色隆起鱗によって
明瞭に縁取られる

基斑の角から外方に
黒色隆起鱗の短条が出る

2325c
同♀
20mm 浜頓別町 7月

2326
スジグロハマキ♂
21mm 猿払村 10月

2327
フタスジクリイロハマキ♀
21mm 函館市 10月

2328
クロコハマキ♂
18mm 新ひだか町静内 4月

斑紋の変異は著しいが、地色は灰褐色

基斑は少なくとも
輪郭をあらわすことが多い

2329a
ミヤマミダレモンハマキ♂
24mm 札幌市 4月

2329b
同♀
22mm 札幌市 11月

2329c
同♀
25mm 札幌市 5月

scale:150%

【要精査】2324, 2325

ハマキガ科 [ハマキガ亜科] | 255

前翅は色彩斑紋の変異に富むが、基本的に図示の3型がある
下唇髭は長く、前方に突出する

2330a
ゴマフテングハマキ♂
25mm 江別市 5月

2330b
同♀
24mm 江別市 5月

2330c
同♂
23mm 遠軽町生田原 5月

2331
モトキハマキ♂
13mm 日高町門別 7月

2332
ツマモンエグリハマキ♂
21mm 苫小牧市 7月

2333
キボシエグリハマキ♀
25mm 札幌市 8月

前縁の凹部に2個の小さな黄色紋がある

2334
スジエグリハマキ♂
17mm 札幌市 9月

前種より大型
前縁の凹部に黄色紋をもたない

2335a
エグリハマキ♂ 暗色型
22mm 猿払村 8月

2335b
同♂ 明色型
22mm 千歳市 8月

2336
ウツギアミメハマキ♀
19mm 安平町早来 8月(羽化)

色彩斑紋の変異は著しい
前縁はわずかに凹み淡色斑を伴う

2337
コトサカハマキ♂
18mm 苫小牧市 7月

2338
アカネハマキ♀
18mm せたな町北檜山 8月

2339
ホノホハマキ♂
20mm 函館市双見 9月

2340
マエキハマキ♂
16mm 厚真町 9月

前翅は濃灰色、斑紋の変異が著しい
本種c, dの型はネグロハマキ(2349b, c)に似るが、本種は大型、前翅基部の隆起鱗境はより小さい

2341a
ハンノキミダレモンハマキ♂
23mm 札幌市 10月

2341b
同♀
22mm 札幌市 9月

2341c
同♀
21mm 江別市 5月

scale:150%

256 | ハマキガ科 [ハマキガ亜科]

基部から翅頂に太い黒条が走る

下唇鬚は長く前方に突出する

斑紋の変異はきわめて著しい

前翅中央に大きな隆起鱗毛塊をもつ

2341d
同♂
23mm 札幌市 9月

2342
ヒカゲハマキ♀
22mm 札幌市 11月

2343a
トサカハマキ♀
21mm 旭川市 10月

2343b
同♀
19mm 旭川市 9月

2343c
同♂
23mm 旭川市 9月

2343d
同♂
23mm 旭川市 9月

前翅地色は赤褐色 茶褐色の網目状の細線で覆われる
翅頂は尖る

色彩の変異は著しい

2344
コアミメチャハマキ♂
17mm 釧路市 7月

2345a
シロオビハマキ(チャオビハマキ)♀
23mm 小清水町 11月

2345b
同♀
23mm 小清水町 10月

前翅は茶褐色と灰色の型があるが本種型と思われる

2346a
ウスオビチャイロハマキ♂ 夏型
16mm 石狩市 7月

2346b
同♂ 越冬型
18mm 江別市 10月

2346c
同♀ 越冬型
19mm 札幌市 10月

無紋の型(2347b)はハンノキミダレモンハマキの一型(2341a)に似るが本種は外縁の傾斜が強く、翅頂はより尖る(新鮮でない標本は外観による区別が困難)

前翅は灰色、不明瞭な前縁紋がある
隆起鱗はほとんど認められず、滑らかで光沢がある

2347a
ハイミダレモンハマキ♂
24mm 苫小牧市 4月

2347b
同♂
25mm 札幌市 11月

2348
ウスモンハイイロハマキ♂
22mm 苫小牧市 11月

scale:150%

【要精査】2341, 2347

ハマキガ科 [ハマキガ亜科] | 257

斑紋の変異はきわめて著しい
前翅は短く幅広い
前縁中央部は浅く凹む

基部の突出する位置に
大きな隆起鱗毛塊をもつ

2349a
ネグロハマキ♀
21mm 札幌市 11月

2349b
同♂
20mm 苫小牧市 4月

2349c
同♀
23mm 苫小牧市 8月

前翅は細長い
夏型は檜褐色、越冬型は灰褐色

前縁の三角紋は
背が低い

前種に似るが、前翅は短く幅広い
夏型は明褐色、越冬型は変異が大きい

2349d
同♂
21mm 江別市 5月

2350a
ナラコハマキ♂ 夏型
15mm 札幌市 6月

2350b
同♀ 越冬型
17mm 札幌市 10月

2351a
ブライヤハマキ♂ 夏型
14mm 積丹町 6月(羽化)

前翅中央は浅く凹む
傾向がある

前縁の三角紋は
前種より背が高い

季節型があり、夏型は色調が明るく
越冬型はくすむ

夏型は黄白色、茶褐色〜暗褐色の斑紋がある
青灰色となる越冬型とは別種のように見える

三角紋の中央は淡色

基部に通常3個の
小点が斜めに並ぶ

2351b
同♂ 越冬型
17mm 石狩市 9月(羽化)

2351c
同♀ 越冬型
16mm 長万部町 9月(羽化)

2352
ナカジロハマキ♀ 夏型
16mm 七飯町 8月

2353a
ニレハマキ♀ 夏型
18mm 札幌市 7月

越冬型はウスアオハマキの一型(2354b)に似る

三角紋は
不明瞭だが存在する

色彩斑紋に変異があり、前翅は明灰色〜青灰色

前縁1/3から後縁2/3にかけ
隆起鱗毛塊が並ぶ

前翅は灰白色、斑紋は弱い

中央と後縁の2鱗毛塊は
特に大きい

隆起鱗毛塊は
発達しない

2353b
同♀ 越冬型
18mm 札幌市 11月

2354a
ウスアオハマキ♂
23mm 長万部町 10月

2354b
同♂
20mm 札幌市 9月

2355
ウスジロハマキ♀
20mm 札幌市 10月

大型で前翅は光沢のある淡い緑灰色、多数の小さな隆起鱗毛塊を散らす
斑紋には変異がある

コウスアオハマキの一型(2358b)に似るが
隆起鱗毛塊は大きい

通常、黒色縦条が発達する

隆起鱗毛塊がほぼ中央を横切り
中央と後縁の2個は特に大きい

2356a
オオウスアオハマキ♂
26mm 札幌市 10月

2356b
同♀
24mm 札幌市 10月

2357
モンウスイロハマキ♂
20mm 江別市 10月

scale:150%

【要精査】2353b, 2354b, 2357

258 ハマキガ科 [ハマキ亜科]

ハマキガ科

- 前翅は青灰色、斑紋に変異がある 大きな隆起鱗毛塊はない
- 本種とニレハマキ越冬型(2353b)、ウスアオハマキ(2354) モンウスイロハマキ(2357)は、かなり新鮮な標本でないと 外観による区別は困難
- 夏型は黄褐色～明褐色 越冬型より小型
- 越冬型は淡褐色
- 三角紋の内部は淡色
- 基部後縁の黒褐色紋が特徴的だが、ときにこの紋を欠く

2358a コウスアオハマキ♀ 20mm 江別市 4月
2358b 同♀ 20mm 札幌市 5月
2359a マエモンシロハマキ♀ 夏型 14mm 様似町 7月
2359b 同♂ 越冬型 17mm 江別市 5月

- 色彩斑紋の変異は著しい
- 翅頂は尖る

2360a ゴマフミダレハマキ♂ 21mm 苫小牧市 4月
2360b 同♀ 20mm 苫小牧市 4月
2360c 同♀ 20mm 苫小牧市 4月
2360d 同♀ 19mm 平取町 5月

ホソハマキガ族

- 前翅は暗灰褐色～灰褐色
- ♂は前縁褶をもつ
- 微小な横脈点を2個もつことが多い
- 色調に濃淡はあるが地色は白色
- 頭部、胸部は白色
- 中帯は黒色
- 外方は銀白色で縁取られる
- 基部は黄色
- 中帯は直線的で暗褐色、外方も同色

2361 フタテンホソハマキ♂ 19mm 釧路市大楽毛 7月
2362 セジロホソハマキ♂ 24mm 松前町白神岬 7月
2363a イッシキホソハマキ♂ 11mm 岩見沢市上志文 7月

- 色彩斑紋に変異がある 図示標本は暗色で横線が目立つ個体
- 中帯は幅広く、後縁に向かって両側に広がる
- 前翅は灰色、濃淡に変異がある
- 外縁は直線的で翅頂は尖る
- 後縁中央に褐色の大きな楔状紋
- 前翅は淡黄色、外半はまだら状 前種と似るがはるかに小型
- 楔状紋は橙褐色

2363b 同♀ 14mm 網走市藻琴湖 6月
2364 オオウンモンホソハマキ♀ 22mm 大雪山駒草平 8月
2365 クサピホソハマキ♂ 17mm 当別町 8月
2366 ウスキホソハマキ♂ 14mm 石狩市 6月

- 前翅は細長く、淡黄色
- 中帯は橙黄色、等幅で細い
- 中帯は太く黒褐色、青鉛色鱗をともなう
- 翅端部に暗色の横帯
- 前翅は淡黄褐色
- 中帯は直線的で黒褐色、前縁部でやや淡色
- 翅端部に茶褐色の横線

2367 *Cochylimorpha* sp. ♂ 13mm 石狩市浜益 7月
2368a フトオビホソハマキ♂ 明色型 13mm 夕張市 8月
2368b 同♂ 暗色型 14mm 根室市 7月
2369 コナカオビホソハマキ♂ 12mm 石狩市 6月

scale:150%

【2363】1909年〜1917年に札幌市で採集された3♀によって記載されたが、それ以来の再確認となる(神保宇嗣博士同定、未発表)
【2367】日本未記録または新種(未発表)【要精査】2358

ハマキガ科 [ハマキガ亜科] | 259

2370 ツマオビシロホソハマキ♀ 13mm 幌延町 8月	2371 ツマグロコホソハマキ♀ 14mm 苫小牧市 8月	2372 ミダレモンホソハマキ♂ 12mm 岩見沢市 8月	2373 アミメホソハマキ♂ 14mm 札幌市 8月
前翅地色は純白／中帯の中央部は消失する／外縁部は幅広く暗色	前翅地色は白色、黄褐色斑でまだら状／中帯は太いが不規則に分断される	中帯は前縁部のみ暗褐色斑／後半は淡色となり不規則に分断される	前翅は淡褐色、灰褐色の短条を密布する／近似種はない／前縁に2暗褐色斑

2374 リンドウホソハマキ♂ 14mm 苫小牧市 6月	2375 コホソハマキ♂ 12mm 小清水町 7月	2376 ミニホソハマキ♂ 暗色型 11mm 猿払村 7月	2377 チビホソハマキ♂ 12mm 鹿追町 7月
本種は次の3種よりやや大型／前翅は黄褐色、斑紋は橙褐色／中帯は発達し太い	本種以下3種は前種より小型／変異もあり、外観での区別は困難／中帯は細い	前種とほぼ同じ大きさ、前翅はより細い／中帯は太くやや内傾する	前種の明色型に似るがやや大型

2378 ヨモギオオホソハマキ♂ 28mm 札幌市 8月	2379 ツマオビホソハマキ♂ 19mm 浜中町 7月	2380 ツマオビセンモンホソハマキ♂ 17mm 江別市 7月
下唇髭はきわめて長く前方に突出する／銀色の斜条が肛角に伸びる（傷んだ標本の良い区別点）	前翅地色は淡褐色／下唇髭は次種より長い／後縁紋は細く消失する個体もある	前翅地色は前種より白っぽいが暗色部はむしろ発達する／後縁紋は大きい

2381 ギンモンホソハマキ♂ 16mm えりも町 6月	2382 イノウエホソハマキ♂ 14mm 上川町 7月	2383 ツマオビキホソハマキ♂ 14mm 石狩市 7月	2384 ブドウホソハマキ♀ 15mm 美瑛町 5月
前翅地色は黄色／銀紋は変化に富み無紋の個体もある	外縁の黒色帯は翅頂部を広く覆わない	外縁の黒色帯は翅頂部を広く覆う／中帯は後縁でより強くすぼまることも多い	中帯の前縁部は非常に幅広い／外縁に黒色帯をもたない／中帯は後縁に届かないこともある

2385 フタオビホソハマキ♂ 13mm 浜中町 8月	2386 ダイセツホソハマキ♀ 15mm 十勝岳望岳台 6月	2387 ツマギンスジナガバホソハマキ♂ 19mm 岩内町 6月	2388 フタスジキホソハマキ♀ 15mm 浜中町 7月
前翅は鮮やかな黄色／濃赤紫色の斑紋をもつ	前翅地色はオリーブ色／各斑紋は銀色の細線で縁取られる／中帯は直線的／外縁は波打つ	ホソハマキガ族としてはかなり大型／中帯は太い	前翅は明るい黄色／翅は細く翅端は尖る

scale:150%

【2371】北海道未記録(奥俊夫博士同定、未発表)【2377】北海道未記録(未発表)【要精査】2375-2377; 2382, 2383

ハマキガ科 [ハマキガ亜科]

前翅地色は明橙色、斑紋は橙褐色 斑紋の発達程度には変異がある

2389
チャモンキホソハマキ♂
14mm 神恵内村 7月

前翅は前種より明るく、くすんだ橙黄色 斑紋は赤褐色で明瞭

2390
ニセエダオビホソハマキ♀
14mm 猿払村 6月

前翅地色は黄褐色、斑紋は茶褐色

中帯は太く、中央部で外縁部の横帯とつながる

2391
フトハスジホソハマキ♀
17mm 当別町 9月

外縁部は淡く紅色を帯びる（赤みの弱い個体も多い）

2392
ナカハスジベニホソハマキ♂
14mm 石狩市 5月

前翅は細長く、淡灰褐色か灰褐色
翅頂は尖る

2393
ヨモギウストビホソハマキ♂
17mm 石狩市 5月

ナカハスジベニホソハマキ(2392)に似るがはるかに小型 前翅は赤みを帯びない

2394
ハスジチビホソハマキ♀
9.2mm 石狩市 5月

一見フトオビホソハマキ(2368)に似るが前翅は細長く 中帯の形状が異なる

中帯は後縁に向かって両側に広がる

2395
ネグロホソハマキ♀
12mm 猿払村 6月

ツマオビシロホソハマキ(2370)に似るが地色はやや汚れた白色

中帯は後縁部でより発達する

2396
トガリホソハマキ♂
14mm 浜中町 8月

ハイイロハマキガ族

中帯は暗灰色 複雑な形状だが明瞭

2397
ホソバハイイロハマキ♂
20mm 釧路市 7月

ウスギンツトガ(3019)と紛らわしいが下唇髭は短く下向し、前方に長く突出しない

2398
ギンムジハマキ♂
25mm 札幌市 6月

ホソバハイイロハマキ(2397)に似るが小型、斑紋は弱い ハイトビスジハマキ(2447)にも似る

前縁基部の暗灰色紋が目立つ

中帯より外方は全体に暗色

2399
キタハイイロハマキ♂
17mm 鹿追町然別 7月

2400
ウスオビハイイロフユハマキ♂
28mm 江別市 10月

前種に似るが前後翅ともはるかに暗色

2401
ウスグロフユハマキ♂
21mm むかわ町穂別 10月

2402
ヤチダモハマキ♀
25mm 札幌市 5月

ボカシハマキガ族

2403
ボカシハマキ♂
23mm 江別市 6月

テングハマキガ族

♂の色彩斑紋の変異は著しい、網状細線は弱い

下唇髭はきわめて長い

2404a
テングハマキ♂
20mm 豊富町 7月

♂は細い前縁襞(折り返し)をもち前縁に沿って中央に達する

♀の翅は細長く、暗褐色

2404b
同♀
20mm 浜中町 8月

scale:150%

【2389】北海道未記録(未発表)

ハマキガ科 [ハマキガ亜科] 261

ミナミハマキガ族

前翅は黄褐色、網目状の暗色細線が明瞭
♂の前縁褶は前種より太く前縁の1/3を少し越える
♀の色彩斑紋は♂と同様
前翅は灰褐色、網目状の細線で覆われる
♂は前縁褶をもち基部は淡色

2405a	2405b	2406a	2406b
アミメテングハマキ♂	同♀	ハイイロウスモンハマキ♂	同♀
20mm 江別市 6月	23mm 江別市 7月	16mm 様似町 5月	18mm 本別町 6月

カクモンハマキガ族

前翅は幅が広く短い、青鉛色条が明瞭
翅端は尖る
基部は広く淡黄褐色
外縁部は広く暗色
外縁は黒く縁取られ青鉛色の点紋が並ぶ
前翅は橙褐色、鉛色短線を散らす
後縁中央の黄色斑が目立つ
♀の色彩は明るく、鉛色の斑紋も発達する（♀はかつてミヤママダラギンスジハマキとされた）

2407	2408	2409a	2409b
アオスジキハマキ♀	ヒロバキハマキ♂	マダラギンスジハマキ♂	同♀
14mm 江別市 6月	11mm 新ひだか町静内 5月	14mm 札幌市 7月	15mm 江別市 6月

ウストビモンハマキ(2456)に似るが小型、暗褐色鱗を散らし、斑紋はややぼやける
後縁基部に暗色影
前翅は斑紋も含め全体にまだら状
前翅全体に鉛色の点紋を散らす

2410	2411	2412a	2412b
トビモンハマキ♂	ツツリモンハマキ♀	ツヤスジハマキ♂	同♀
14mm 江別市 7月	22mm 江別市 6月	18mm 江別市 7月	22mm 石狩市 7月(羽化)

♀は次種♀と似るが、前翅翅頂の突出が弱い
♂の前縁褶は橙黄色で大きく、目立つ

2413a	2413b	2414
オオハイジロハマキ♂	同♀	カタカケハマキ♂
18mm 江別市 5月	26mm 札幌市 5月	23mm 安平町早来 6月(羽化)

♂の前縁褶は前種よりやや細く色彩は地色と同じ
♂♀ともに翅頂の突出が強く特に♀では顕著
濃淡の変異があり、特に♂で著しい
♂の前縁褶は前2種より細い

2415a	2415b	2416a
アトキハマキ♂	同♀	オオアトキハマキ♂ 暗色型
26mm 江別市 6月	29mm 札幌市 7月	28mm 苫小牧市 7月

scale:150%

ハマキガ科 [ハマキガ亜科]

亜外縁線は鮮明なことが多い

♀は目の粗い網状細線が明瞭で、前翅全体に広がる

2416b
同♂ 明色型
27mm 安平町早来 6月

2416c
同♀
38mm 江別市 7月

前翅の地色は紫褐色〜橙褐色まで変異が大きい

♀は目の粗い網目状の細線が目立つ

端紋は内方に突出する
この斑紋は傷んだ標本でも残りやすい

中帯内縁は
中央部が凹む

2417a
マツアトキハマキ♂
22mm 江別市 6月

2417b
同♀
29mm 江別市 7月

2418a
コアトキハマキ♂
21mm 苫小牧市 6月(羽化)

前種に似るので注意が必要

♀後翅の橙色部は
次種より淡い

中帯内縁は
中央部が内方に膨らむ

♀後翅の橙色部は
前種よりも濃色

2418b
同♀
23mm 苫小牧市 6月(羽化)

2419a
リンゴモンハマキ(ホソアトキハマキ)♂
21mm 釧路市 9月

2419b
同♀
29mm 石狩市 7月

♂前翅は黄褐色

♀前翅は橙褐色、斑紋は不明瞭

前翅地色は鮮やかな橙褐色
4本の銀灰色縦条をもつ

2420a
ウスアトキハマキ♂
22mm 幌延町 6月

♂♀ともに基斑は弱い

2420b
同♀
23mm 石狩市 6月(羽化)

2421
タテスジハマキ♂
20mm 石狩市 7月

scale:150%

ハマキガ科 [ハマキガ亜科] 263

前種と似るが地色ははるかに暗い

後縁部の銀灰色縦条はほとんど消失する

2422
クロタテスジハマキ♂
21mm 函館市双見 7月

♂前翅は紫がかった灰褐色
翅は短く丸みを帯びる

中帯は前縁に達しない

2423a
モミアトキハマキ♂
19mm 北斗市 8月

♀は♂と翅形、斑紋ともに全く異なる
前翅は茶褐色、斑紋は弱く不明瞭

2423b
同♀
23mm 札幌市 7月

中帯は前縁に達する

2424a
イチイオオハマキ♂
20mm 鹿追町 8月

♀の色彩斑紋は♂とほぼ同じ
翅頂は突出する

2424b
同♀
24mm 美瑛町 9月

♂♀とも地色は濃い紫色を帯びる
各斑紋は淡色に縁取られる

中帯は前縁に達しない

2425a
ムラサキカクモンハマキ♂
22mm 苫小牧市 7月

2425b
同♀
29mm 鹿追町 8月

前翅地色は灰褐色〜黄褐色
♂では中帯は非常に幅広いが前縁に達しない

2426a
クロカクモンハマキ♂
22mm 石狩市 7月

♀では中帯は発達するものから消失するものまである
翅頂は突出する

2426b
同♀
30mm 石狩市 7月

斑紋は♂♀で同じ、変異も小さい
♀は前翅が♂より細長い

♂の前縁襞は細く密着せず2/3に達する

2427
カクモンハマキ♂
20mm 苫小牧市 7月

斑紋は変異に富み、♂の一型は前種に似る

♂の前縁襞は半楕円形で密着し、1/3に達する

2428a
ミダレカクモンハマキ♂
19mm 豊富町 7月

2428b
同♀
26mm 鹿追町 7月(羽化)

♂の前縁襞は大きく暗褐色2/5に達する

2428c
同♀
23mm 札幌市 6月(羽化)

2429a
シリグロハマキ♂
23mm 札幌市 7月

♀は前種の一型(2428b)に似るが腹部末端で簡単に区別可能

腹部末端に黒色毛を密生する

2429b
同♀
23mm 札幌市 7月

scale:150%

ハマキガ科 [ハマキガ亜科]

♂の地色は灰褐色、斑紋は暗赤褐色
♀の地色は赤みがかった明褐色 斑紋は赤褐色、パターンは♂と同じ
本種と次種に酷似するので注意を要する 同種ともに♂♀は前縁襞をもたない
斑紋は♂♀で同じ、地色は黄褐色～暗褐色 網状線は細いがぼやける

♂の前縁襞は細く前縁の1/3に達する
基斑は発達せず外線線のみ明瞭
中帯はくびれるか中断する

2430a オクハマキ♂ 14mm 苫小牧市 8月
2430b 同♀ 20mm 栗山町 9月
2431a コスジオビハマキ♂ 15mm 札幌市 6月(羽化)
2431b 同♀ 24mm 札幌市 6月(羽化)

前翅地色は紫色を帯びた褐灰色、淡色個体は褐みが強い 網状細線はぼやける
基斑はしばしば発達する
本族の最大種、翅は細長い

2432a モミコスジオビハマキ♂ 明色型 20mm 江別市 6月
2432b 同♀ 暗色型 22mm 石狩市 7月
2433a リンゴオオハマキ(オオフタスジハマキ)♂ 26mm 江別市 6月

斑紋は♂♀で同じ
♂の前縁襞は基部から離れて始まり、細く前縁に沿う
♂♀とも地色と斑紋に濃淡の変異が大きい

2433b 同♀ 35mm 日高町門別 6月(羽化)
2434a ウスキカクモンハマキ♂ 22mm 礼文島 8月
2434b 同♀ 暗色型 25mm 浜中町 7月

♀は翅が細長い
♂の前縁襞は基部から離れて始まり、より太い 後縁基部に黒斑をもつ
♂♀とも前縁が張り出し独特な翅形

2434c 同♀ 暗色型 27mm 苫小牧市 8月
2435a アトボシハマキ♂ 25mm 七飯町 8月
2435b 同♀ 30mm 仁木町 8月

♀は大型、斑紋の発達は弱い ♂の前縁襞は大きく半円形
♂の前縁襞は大きく半円形 地色は赤味を帯びた明褐色、斑紋は暗褐色 中帯は中断する
斑紋は♂♀で同じ

2436 チャハマキ♂ 29mm 江別市 7月
2437a スギハマキ♂ 21mm 北斗市 9月
2437b 同♀ 22mm 苫小牧市 8月

scale:150%

ハマキガ科 [ハマキガ亜科] | 265

♂は前縁褶をもつ　　　　　　　　斑紋は鉛色、鈍く光る　　　　　　ウスアミメキハマキ(2306)に似るが、地色と斑紋はより濃色
　　　　　　　　　　　　　　　　　　　　　　　　　　　　　　　下唇髭は非常に短い

中帯内方の橙黄色帯が
特徴的だが消失することも多い

2438
カラマツイトヒキハマキ♂
21mm 苫小牧市 7月

2439
オオギンスジハマキ(オオギンスジアカハマキ)♂
18mm 札幌市 5月

2440
アミメキハマキ(アミメキイロハマキ)♀
25mm 苫小牧市 7月

地色は明るい赤褐色、斑紋は濃赤褐色　　　　　　　　　　　　　　　　　　前種に似るが、明るく橙色みが強い
斑紋は淡色に縁取られ鮮明

♂頭部は白色　　　　　　　　　　♀頭部は赤褐色

2441a
アカトビハマキ♂
21mm 浜中町 7月

2441b
同♀
25mm 占冠村 8月

2442
ウストビハマキ♂
19mm 岩見沢市 6月(羽化)

前種に似るが、より鮮やかな橙色　　前翅はくすんだ黄褐色で赤みを帯びない　　　前翅は褐色で黄色みを帯びない
網目状細線は発達し、中帯の内部で目立つ
　　　　　　　　　　　　　　　　　　　　　　　　　　　　　　　中帯は中央が膨らむ

2443
ウスアミメトビハマキ♂
23mm 苫小牧市 7月(羽化)

2444
ヤマトビハマキ♀
28mm 訓子府町 6月

2445
トビハマキ♂
22mm 中札内村 7月

前翅は黒褐色、短く幅広い　　　　　　　　　　　　　　　　　　　　　　色彩に濃淡の変異がある
下唇髭は長く　　♂触角基部に　　　♂はキタハイイロハマキ(2399)に似、♀は大きい
前方に突出する　欠刻はない　　　♂は前縁褶をもつ　　　中帯は外方に
　　　　　　　　　　　　　　　　　　　　　　　　影状に広がる
　　　　　　　　　後翅は淡色
　　　　　　　　　網目状の細線をもつ

2446
スジトビハマキ(アミメトビハマキ)♂
20mm 札幌市 8月(羽化)

2447
ハイトビスジハマキ♂
19mm 鹿追町 7月

2448
タカネハマキ♂
25mm 大雪山旭平 6月(羽化)

前翅は幅広く暗灰色、網目状細線が全体を覆う　　カラマツイトヒキハマキ(2438)に似るが、大型で斑紋はよりまだら　　　♂前翅は幅広く明灰色、♀は細長いわら色
中帯は不明瞭　　　　　　　　　　　　　　　橙褐色を帯びることはない　　　　　　　　　　　　斑紋を欠く
　　　　　　　　　　　　　　　　　　　♂は前縁褶をもたない

2449
コスギハマキ♂
24mm 十勝岳望岳台 7月

2450
トウヒオオハマキ♀
27mm 美瑛町 7月

2451
ミヤマヒロバハマキ♂
25mm 夕張岳 8月

scale:150%

266 | ハマキガ科 [ハマキガ亜科]

前種に似て、灰黄褐色で無紋
2452
Aphelia sp. ♂
21mm 浜中町榊町 7月
後翅は中央部のみ淡色

前翅は暗灰褐色、さざ波状の短線を散らす以外は無紋
2453
リシリハマキ♂
18mm(推定) 利尻山 7月

♂前翅は明橙色
中帯は太いが輪郭はぼやける
2454a
カゲハマキ♂
23mm 石狩市 6月(羽化)

♀前翅は暗橙色、♂翅はより細長い
2454b
同♀
25mm 当別町 7月

リシリハマキ(2453)に似るが、より暗色で褐色がかる
♀前翅は♂より細長い
2455a
ネムロハマキ♂ 明色型
18mm 根室市歯舞 7月

2455b
同♂ 暗色型
17mm 根室市歯舞 7月

トビモンハマキ(2410)に似るが大型
淡黄褐色で斑紋は明瞭
2456
ウストビモンハマキ♀
17mm 江別市 7月
基筋をもたない

♂は前縁襞を欠く
2457
コホソスジハマキ♀
17mm 北見市 7月

中帯は細く明瞭 外方に広がらない
2458
フタモンコハマキ♀
16mm 石狩市 8月

♂は前縁襞をもつ
前縁の2紋が特徴的
2459
トビモンコハマキ♂
15mm 小樽市 6月

♂の前縁襞は半楕円形で大きい
中帯は後縁で外方に広がる
前種に似るが、前翅はより暗く 斑紋は不鮮明
2460
ニセトビモンコハマキ♂
14mm 豊富町 7月
♂の前縁襞は細長い

ウスモンハマキ(2461)に似るが、前翅は明橙黄色
♂は細い前縁襞をもつ
2461
ウスモンハマキ♂
18mm 下川町 7月

中帯は肛角に向かって影状に広がる
2462
ダイセツチビハマキ♂
15mm 大雪山駒草平 8月

前翅は細く、まだら状に暗褐色 濃淡に変異が大きい
2463a
ミヤマキハマキ♂ 明色型
17mm 大雪山旭平 6月(羽化)

灰色の地色が帯状に目立つ
2463b
同♀ 暗色型
21mm 大雪山旭平 7月(羽化)

♀♂とも明色型と暗色型があらわれる
暗色型の斑紋は不明瞭

地色は通常明黄色、橙黄色〜橙赤色の個体もある
♀は斑紋が消失する傾向がある
2464
アカスジキイロハマキ♂
16mm 石狩市 6月

暗赤褐色の斑紋をもつが かなり濃淡の変異がある
2465a
ムツウラハマキ♂
15mm 鹿追町然別 7月

2465b
同♀
15mm 鹿追町然別 7月

前翅は橙褐色、斑紋はやや不明瞭
2466
リンゴコカクモンハマキ
(リンゴノコカクモンハマキ)♂
17mm 石狩市 5月(羽化)
中帯は細く、その輪郭は不規則に凹凸する

scale:150%

【2452】日本未記録または新種(未発表)

ハマキガ科 [ハマキガ亜科・マダラハマキガ亜科・ヒメハマキガ亜科] 267

ビロードハマキガ族

♀は大型、黄色と橙色の斑紋が発達する

2467a
ヒロバビロードハマキ♂
33mm 礼文島 8月

2467b
同♀
42mm 訓子府町 7月

マダラハマキガ亜科
カザリマダラハマキガ族

クロモンベニマルハキバガ(2012)
モンギンスジヒメハマキ(2532)との混同に注意

ヒメハマキガ亜科
ハラブトヒメハマキガ族

前種に酷似するが、出現期が異なる
♂は後翅の構造の違いで区別できる

中央部に褐色の三角斑をもつ

後縁中央部の白条群が目立つ

♂後翅基部(翅表)に楕円形の膨らみがある

楕円形の膨らみはない

2468
オオナミモンマダラハマキ♂
19mm 苫小牧市 7月

2469
クロモンベニマダラハマキ♀
17mm 訓子府町 7月

2470
ヘリオビヒメハマキ♂
18mm 釧路市音別 9月

2471
クロサンカクモンヒメハマキ♂
19mm 小清水町 6月

トガリバヒメハマキガ族

前翅は細長く先端は尖る
色彩斑紋は変異が著しい

前翅は前種よりやや幅広く、大きい
色彩に濃淡はあるが、斑紋は安定している

前翅はやや紫がかった褐色

中央に不定形の黒褐色紋を連ねる

2472a
イグサヒメハマキ♂
16mm 江別市 7月

2472b
同♀
16mm 礼文島 8月

2473
トガリバヒメハマキ♂
17mm むかわ町穂別 6月

2474
オオクロマダラヒメハマキ♂
19mm 蘭越町 7月

前翅は黒褐色、斑紋は不明瞭

クロテンツマキヒメハマキ(2509)に似る
中室端に明瞭な黒点を欠く

前翅は青色を帯びた暗褐色
紋状は不明瞭

黄色みを帯びた大きな三角紋をもつ

後縁中央部が黄褐色を帯びる個体もある

2475
クロマダラシンムシガ♂
14mm 積丹町 5月

2476
キヨサトヒメハマキ♀
20mm 増毛町 7月

2477
ツマジロクロヒメハマキ♀
14mm 森町 8月

2478
シソフシガ
(コクロヒメハマキ)♂
13mm 函館市 7月

scale:150%

【2474】北海道未記録(猪子龍夫氏[故人]、未発表)【2476】北海道未記録(小木広行氏、未発表)
【2478】北海道未記録(猪子龍夫氏[故人]未発表)。同定は奥俊夫博士による

268 | ハマキガ科 [ヒメハマキガ亜科]

前翅はやや細長く、褐色～茶褐色光沢を帯びる

中央に輪郭不明瞭な大きな暗色斑

前種に似るが、前翅は幅広く褐色～暗褐色、橙色を帯びるものまで変異に富む / 斑紋が明瞭なときは三角紋になる

前種に似るが、前翅地色は黄褐色 / 三角紋をもつ

2479a ウンモンクロマダラヒメハマキ♂ 18mm 網走市北浜 6月

2479b 同♂ 無紋型 20mm 小清水町倉栄 6月

2480 ハッカノネムシガ♂ 22mm 石狩市 8月

2481 ニセハッカノネムシガ♂ 15mm 小清水町 7月

クラークヒメハマキガ族
地色は黄褐色、斑紋は黒褐色 / 前縁部は赤紫色、全体に銀色の点紋を散らす

ヒメハマキガ族

♂後脚脛節は黒褐色の鱗毛で太い

基斑の輪郭は明瞭

2482 サッポロヒメハマキ♂ 16mm 石狩市 7月

2483 ツマモンベニヒメハマキ♂ 18mm 苫小牧市 7月

2484 マエジロムラサキヒメハマキ♂ 22mm 函館市双見 7月

2485 ツママルモンヒメハマキ♀ 17mm せたな町北檜山 7月

前種に酷似するので注意を要する

基斑の前半は輪郭が不明瞭

灰白色に縁取られたU字形の後縁紋をもつ

ヒロオビヒメハマキ(2622)、フトオビヒメハマキ(2775)に似るが、本種ははるかに大型

淡黄色の幅広い縁取り

2486 サクラマルモンヒメハマキ♀ 21mm 江別市 8月

2487 ナカグロマルモンヒメハマキ♂ 17mm 苫小牧市 7月

2488 ツマベニヒメハマキ♀ 20mm 苫小牧市 7月

2489 オオヒロオビヒメハマキ♂ 17mm 札幌市 8月

前翅は網目状の細線をもち、淡黄色 / 斜帯が3本平行するように見える

前縁紋は半円形で白色

前種よりも大型 / 前縁紋は橙黄色を帯びる

前翅地色は濃い青紫色を帯びる / 斑紋は不明瞭

後縁中央に細い橙色短線が出る

2490 コブシヒメハマキ (マユミヒメハマキ)♂ 16mm 岩見沢市 8月

2491 コシロモンヒメハマキ♂ 13mm 江別市 7月

2492 キモンヒメハマキ♀ 16mm 上川町 6月

2493 オカトラノオヒメハマキ (キマダラムラサキヒメハマキ)♂ 15mm むかわ町穂別 6月

一見、セサンカクモンヒメハマキ(2604)カギモンヒメハマキ(2640)と似る

前翅外半は黒褐色に青鉛色の細線を密布する

色彩には濃淡の変異がある

次種に似る

三角紋は大きく太い

基半部はオリーブ色を帯びる

♂後脚脛節は鱗毛で太い / 後縁部は暗色に縁取られ、その前縁は波状

基半部は多数の波状細線をもつ / 大きな褐色斑が目立つ

2494 サカモンヒメハマキ♀ 16mm 石狩市 8月

2495 イッシキヒメハマキ♂ 14mm 仁木町 6月

2496 スネブトヒメハマキ (アシブトヒメハマキ)♂ 19mm 長万部町 8月

2497 ヤナギサザナミヒメハマキ♀ 22mm 札幌市 7月

scale:150%

【2495】北海道未記録(未発表)

ハマキガ科 [ヒメハマキガ亜科] | 269

前種に似るが大型のことが多く、やや色調は暗い
波状細線は不明瞭
褐色紋は小さい

図示のように、斑紋が明瞭なものからほとんど消失するものまで変異がある

2498
オオヤナギサザナミヒメハマキ♀
23mm 石狩市 8月
ツマジロヒメハマキ(2518)等との混同に注意

2499a
ドロヒメハマキ♂ 明色型
24mm 苫小牧市 7月
前翅は灰褐色、翅端部はやや淡色

2499b
同♀ 暗色型
29mm 北斗市 6月
前翅の地色は黒褐色

暗色部に銀色の短線を散らす
外縁部に1、2個の小黒点
基部はやや淡色
翅頂付近の楕円紋がやや目立つ
前縁紋は白色

2500
グミオオウスツマヒメハマキ♂
20mm 江差町 5月
前種に似るが、前翅はやや明るく褐色みが強い

2501
オオサザナミヒメハマキ♂
22mm 札幌市 7月
前翅は黒褐色、白色部の発達に変異がある

2502
シロモンヒメハマキ♂
22mm 江別市 6月

前縁紋は橙黄色を帯びる

前翅は灰色がかった黒褐色

前縁翅頂付近の白斑が目立つ

前翅は黒褐色
中帯を除き青鉛色の細線を密布する

2503
ニセシロモンヒメハマキ♂
20mm 札幌市 5月(羽化)

2504a
オオウスヅマヒメハマキ♂
24mm 森町砂原 6月

2504b
同♀ 白斑縮小型
24mm 古平町 7月

前種に似るが、より明るく褐色みが強い
外縁は傾斜し、翅頂はやや尖る
円形〜楕円形の灰褐色紋

2505
ナガウスツマヒメハマキ♀
25mm 美瑛町 7月
ツマジロクロヒメハマキ(2477)に似る

2506
シラフオオヒメハマキ♀
27mm 札幌市 7月
ハイナミスジキヒメハマキ(2513)に酷似する

2507
バラギンオビヒメハマキ♂
17mm 本別町 7月

翅端部は黄白色
中室端に明瞭な黒点
翅端部は黄褐色
下唇髭第2節末端に黒斑をもたない
基斑を縁取る黄白色帯は太く強く角ばり、外方に突出する
鉛色の横線が太い

2508
シベチャツマジロヒメハマキ♂
21mm 小清水町 6月

2509
クロテンツマキヒメハマキ♂
17mm 美瑛町 6月

2510
ナカオビナミスジキヒメハマキ♀
19mm 江別市 7月

2511
ツマキオオヒメハマキ♀
20mm 江別市 7月

scale:150%

ハマキガ科 [ヒメハマキガ亜科]

2512 オオナミスジキヒメハマキ♂ 20mm 苫小牧市 7月
- 前翅は基部を欠き、中帯もきわめて不明瞭
- ナミスジキヒメハマキ(2531)に似る
- 基半部は波状細線を密布する

2513 ハイナミスジキヒメハマキ♂ 20mm 江別市 7月
- ナカオビナミスジキヒメハマキ(2510)に酷似するがやや大型、前翅はやや明るく斑紋はより明瞭
- 下唇髭第2節末端に黒斑をもつ

2514 サトウヒメハマキ♂ 25mm 江別市 7月
- 斑紋はオオナミスジキヒメハマキ(2512)に似るが色彩はオリーブ色を帯びた灰褐色

2515 ニセギンボシモトキヒメハマキ♀ 21mm(推定) 中札内村 7月
- 翅端部に丸い橙色紋
- 中帯は黒褐色で明瞭中央が外方に膨らむ

2516 グミツマジロヒメハマキ♀ 17mm 石狩市 6月
- 中室端の黒点からかぎ状の白紋が出る

2517 Apotomis sp. ♀ 16mm 石狩市 6月
- 前種に似るがやや小型地色は灰褐色で斑紋は弱い

2518 ツマジロヒメハマキ♂ 20mm 札幌市 8月
- ナカグロツマジロヒメハマキ(2521)に似る
- 黒色部と白色部の境界は前縁2/3、直線的
- 斑紋は弱く純白に近い

2519 ヤナギツマジロヒメハマキ♀ 20mm 札幌市 7月
- 前翅黒色部は前種より黒みが薄い
- 境界は前縁3/4、くの字に曲がる

2520 スノキツマジロヒメハマキ♂ 16mm 千歳市 8月
- ツマジロヒメハマキ(2518)に似るが小型
- 境界は前縁3/4、直線的

2521 ナカグロツマジロヒメハマキ♀ 21mm 札幌市 7月
- ツマジロヒメハマキ(2518)に最も似る
- 灰色の横紋がやや明瞭
- 基部に不定形の白斑が目立つ

2522 エゾツマジロヒメハマキ♂ 20mm 北見市 7月
- 前翅は幅が広く灰色
- 境界はくの字状中央に小黒紋がある
- 中央の黒色短縦条が目立つ

2523 キタツマジロヒメハマキ♀ 20mm 札幌市 7月
- ヤナギツマジロヒメハマキ(2519)に似るが前翅はより細長い
- 中央の黒色短縦条は不明瞭

2524 グミウスツマヒメハマキ♂ 14mm 石狩市 8月
- 翅頂部はより暗色
- 基部中央に太い白色縦帯

2525 ネホシウスツマヒメハマキ♀ 19mm 苫小牧市 8月
- クロテンツマキヒメハマキ(2509)にやや似るが色彩は全く異なる
- 基部中央に白斑をもつ
- 翅端部は純白

2526 カワベタカネヒメハマキ♂ 15mm ウペペサンケ山 7月
- 前翅は濃い紫灰色
- 中室外方に白色帯をもつが発達の程度には変異がある

2527 キオビヒメハマキ♀ 16mm 函館市双見 7月
- 胸背前部に橙黄色紋をもつ
- 鮮黄色の横帯をもつ

2528 トウヒヒメハマキ♀ 15mm 厚真町 8月
- 前翅地色は紫灰色
- 中室端に白点
- 中帯内縁に淡橙褐色紋をもつ

2529 コシモフリヒメハマキ♂ 14mm ウペペサンケ山 7月
- 前翅は灰色細線を密布し基部は著しく霜降り状
- 中帯外方は茶褐色を帯びる

2530 イソツツジノメムシガ♂ 15mm 十勝岳望岳台 7月
- 前翅地色は暗褐色光沢の弱い青鉛色細線を散らす
- 四角形の白紋が目立つ

【2517】日本未記録種または新種。前種と混飛している(未発表)

scale:150%

ハマキガ科 [ヒメハマキガ亜科] | 271

オオナミスジキヒメハマキ(2512)に似るが
より小型で赤みが強い

基半部の波状細線は
より太くまばら

2531
ナミスジキヒメハマキ♂
18mm 函館市双見 7月

次種に似るが、はるかに大型
前翅の幅は広い

2532
モンギンスジヒメハマキ♂
17mm 上川町 6月

前種を含め、クロモンベニマダラハマキ(2469)
クロモンベニマルハキバガ(2012)との混同に注意

2533
コモンギンスジヒメハマキ♀
13mm 上川町 6月

前翅地色は淡黄褐色、斑紋は栗色
小斑紋を散らしまだら状

中帯、端紋は
細いが明瞭

基ális部の輪郭は
やや不明瞭

2534
クリオビキヒメハマキ♂
13mm 札幌市 8月

前種が暗化したような種

基斑、中帯、
端紋は太い

2535
シモツケチャイロヒメハマキ♂
15mm 別海町 8月

コケキオビヒメハマキ(2557)に似ることが
あるが翅端部は暗い

基斑の外縁は
直線状の白色2重線

後縁中央に橙褐色斑が
発達することが多い

2536
コクリオビクロヒメハマキ♀
16mm 釧路市 7月

色彩に濃淡の変異がある

中帯の外縁突起が目立つ

2537a
キスジオビヒメハマキ♂
17mm 中札内村 7月

2537b
同♀
19mm 訓子府町 6月

前翅全体に青鉛色の小斑を散らす

橙黄色部の面積は
変異が大きい

2538
ギンボシモトキヒメハマキ♂
20mm 中札内村 7月

前翅はオリーブ色を帯びた灰褐色

前縁寄りに大きな
不定形の暗色斑

端紋は太く明瞭

2539
イヌエンジュヒメハマキ♂
21mm 江別市 5月

基斑の外縁は細く白色
前縁部でY字状

2540
シロマダラヒメハマキ♂
15mm 十勝岳望岳台 7月

斑紋は黒が強く鮮明

太い直線状の
淡色帯が目立つ

2541
コクワヒメハマキ♀
16mm 江別市 7月

端紋を含め、亜外縁の淡色部が目立つ

後縁中央に大きな
栗色の斑紋

2542
クワヒメハマキ♂
20mm 苫小牧市 7月

中帯の内方は広く
鮮やかな栗色

2543
クリイロヒメハマキ♀
18mm 函館市 7月

栗色斑は狭く
目立たない

2544
ウスクリモンヒメハマキ♀
17mm 苫小牧市 8月

太い直線状の
淡色帯が目立つ

栗色斑は発達
しないことが多い

2545
オオクリモンヒメハマキ♂
19mm 旭川市 7月

次種を小型にしたような種

2546
ガンコウランヒメハマキ♂
13mm 礼文島 8月

前翅は細長く、斑紋は赤褐色
各斑紋は二重の白色細線で区切られる

2547
タカネナガバヒメハマキ♂
20mm 大雪山旭平 6月

基斑、中帯、端紋は淡い
銀紋で縁取られる

2548
ホソギンスジヒメハマキ♂
18mm 下川町 7月

黒褐色細線を伴った
2本の白色横帯が目立つ

2549
スギゴケヒメハマキ♂
16mm 猿払村 7月

【2543】北海道未記録(猪子龍夫氏[故人]、未発表)【要精査】2537

scale:150%

ハマキガ科 [ヒメハマキガ亜科]

2550 ウスキヒロオビヒメハマキ (ウワミズヒメハマキ)♂
17mm 釧路市上阿寒 7月
- 橙黄色帯は前縁で翅頂まで広がる

2551 ナツハゼヒメハマキ♂
15mm 岩見沢市 7月
- 太い直線状の淡色帯が目立つ
- 前縁側の中帯突起は鋭く突出する
- 端紋は長く、中帯の外方突起と接する

2552 クローバヒメハマキ♂
14mm 札幌市 8月
- 斑紋は暗褐色できわめて明瞭
- 中帯中央の突起が目立つ
- 端紋の内方先端は直線状に切れる

2553a トドマツハイモンヒメハマキ♂ (おそらく越冬型)
16mm 北見市 5月
- 前翅は灰色
- 黒色短縦条が目立つ

2553b 同♀ 夏型
15mm 津別町 7月
- 夏型は暗灰色の斑紋が発達する

2554 ツヤスジウンモンヒメハマキ♀
18mm 釧路市 6月
- キスジオビヒメハマキ(2537)に似るが斑紋の輪郭はより不明瞭、暗色の個体が多い

2555 ミヤマウンモンヒメハマキ♂
17mm 浜中町 7月
- 中帯の突起は目立たない
- 前種に似るが斑紋間の光沢は前種より強い

2556 ゴトウヅルヒメハマキ♀
15mm 様似町 7月
- 中帯中央の突起は突出し目立つ
- 中帯は中央で中断する

2557 コケキオヒメハマキ♀
11mm 岩見沢市 8月
- コクリオビクロヒメハマキ(2536)の一型に似る
- 基斑は明瞭
- 淡黄色の太い横帯が目立つ
- 翅端部は明るい

2558 ウスクリイロヒメハマキ♀
14mm 礼文島 8月
- 次種に酷似するので注意が必要
- 基斑は通常不明瞭
- 中帯内側の橙褐色部は発達しない

2559 コキスジオビヒメハマキ♂
15mm 北斗市 6月
- 前種と斑紋パターンは似るが翅頂部、中帯、基斑に橙褐色部が発達する
- 中帯内側の橙褐色部が発達する

2560a キシタヒメハマキ♀
14mm 中札内村 6月
- ♂では後翅の色彩が異なる
- 白点状の淡色紋がやや目立つ
- 後翅中央部は黄白色

2560b 同♀
17mm 札幌市 5月
- 肛角の縁毛は黄色
- 前種に似るが、後翅は♂♀とも同じ斑紋はより不明瞭

2561 キツリフネヒメハマキ♂
13mm 札幌市 6月
- 肛角の縁毛は淡褐色

2562 アミメモンヒメハマキ♀
18mm 美瑛町 6月
- 各斑紋は2重の白色線で区切られる
- 白色線はやや光沢があり、図示より細い個体が多い

2563 ホソオビアミメモンヒメハマキ♀
14mm 下川町 6月
- 前種に似るが斑紋はより細い

2564 アカマツハナムシガ♀
14mm 鹿追町然別 7月
- 灰白色の太い横帯が目立つ

2565 イラクサヒメハマキ♀
18mm 上川町 6月
- 斑紋はツヤスジウンモンヒメハマキ(2554)に最も似るが、あまり暗色にならない
- 端紋下端はより肛角に近い

2566 ホソバヒメハマキ♂
13mm 根室市 6月
- カラマツホソバヒメハマキ(2568)ヤスダホソバヒメハマキ(2569)に酷似する♂は後翅で区別可能
- 後翅は白色半透明 (♀は灰褐色)

2567 トドマツチビヒメハマキ♀
15mm 浜中町 7月
- 各斑紋は淡色で縁取られ明瞭
- 基斑は内部が淡色
- 後翅は♂♀とも暗色で不透明

scale:150%

【要精査】2554, 2555, 2565; 2558, 2559; 2566

ハマキガ科 [ヒメハマキガ亜科] | 273

本種と次種は外観からの区別はできない | | 大型、斑紋は淡色で縁取られ明瞭 斑紋間は鉛色

2568
カラマツホソバヒメハマキ♂
13mm 石狩市 5月 (羽化)
♂後翅は淡灰色で半透明 (♀は灰褐色)

2569
ヤスダホソバヒメハマキ♀
(ハマナスホソバヒメハマキ)♂
11mm 石狩市 5月
♂後翅は淡灰色で半透明 (♀は灰褐色)

2570
ネギホソバヒメハマキ♂
10mm 苫小牧市 8月
基斑は明瞭
中帯は中央でくびれる

2571
オオホソバヒメハマキ♂
15mm 浦河町 7月
後翅は灰白色で半透明

カギバヒメハマキガ族

2572
スイカズラホソバヒメハマキ♀
13mm 函館市 6月
前翅は灰褐色で橙黄色を帯びない

2573
ニセコシワヒメハマキ♀
14mm 森町 6月
基半部は波状細線を密布する
ぼやけた中帯が肛角に走る

2574
ハイマダラヒメハマキ♀
13mm 蘭越町 8月
前縁中央から外縁に走る淡色細線が特徴的
翅頂下外縁に短白条
基斑外縁中央部に黒褐色の円紋

2575
コナミスジキヒメハマキ♂
14mm 江別市 6月
ナミスジキヒメハマキ(2531)に似るがはるかに小型
中帯はぼやけるが太い

2576
マダラカギバヒメハマキ♀
19mm 増毛町 7月

2577
ナミモンカギバヒメハマキ
(シロオビヒメハマキ)♂
18mm 札幌市 6月
後縁部と外縁部は淡色暗色との境に波状の白条

2578
カギバヒメハマキ♀
18mm 訓子府町 6月
前翅は赤褐色

2579
カバカギバヒメハマキ♀
18mm 浜中町 6月
前種に似るが、前翅は茶褐色 翅はやや細長い

2580
コゲチャカギバヒメハマキ♀
19mm 美瑛町 6月
内半はほぼ一様に暗褐色
中帯は細く肛角に向かう

2581
コカギバヒメハマキ♂
14mm 占冠村 6月
前種に似るが、はるかに小型

2582
ウスベニカギバヒメハマキ♀
19mm 占冠村 5月
やや明瞭な頂前紋をもつ
地色は明灰色、赤褐色の斑紋が鮮やか

2583
チャモンカギバヒメハマキ♀
15mm 浜中町 7月
前翅は細長く、斑紋は明るい褐色
翅頂は細く突出する

2584
ウススジアカカギバヒメハマキ♂
12mm 白糠町 7月
小型で翅は短く、斑紋は暗い橙褐色
翅頂は尖らない

2585
ミヤマカギバヒメハマキ♂
15mm 鹿追町 6月
後縁紋の頂部は膨らむ

2586
セクロモンカギバヒメハマキ♂
15mm 本別町 6月
前縁基半の短線列は2本以上
後縁紋の頂点は中央を越える
外縁の黒点列は上端1個のみか欠く

2587
オオセモンカギバヒメハマキ♂
16mm 千歳市 6月
頭部は暗色
2本の黒色条は白色条を伴い目立つ

scale:150%

【2572】北海道未記録(猪子龍夫氏[故人]、未発表)【要精査】2568, 2569

274 | ハマキガ科 [ヒメハマキガ亜科]

No.	種名	サイズ 産地 月
2588	ホソセモンカギバヒメハマキ♂	12mm 新冠町 6月
2589	セモンカギバヒメハマキ♂	14mm 夕張市 6月
2590	フタボシヒメハマキ♀	14mm 美瑛町 6月
2591	ツマアカカギバヒメハマキ♀	16mm 石狩市 7月
2592	ニシベツヒメハマキ♂	17mm 弟子屈町 6月
2593	*Ancylis* sp.♀	16mm 焼尻島 8月
2594	イチゴカギバヒメハマキ♀	11mm 斜里町 8月
2595	タテスジカギバヒメハマキ♀	16mm 陸別町 5月
2596	イチイヒメハマキ（マツチビヒメハマキ）♀	12mm 小清水町 7月
2597	ロッコウヒメハマキ♂	15mm 江別市 7月
2598	ヒノキカワモグリガ♂	13mm 札幌市 7月
2599	ギンボシヒメハマキ♀	17mm むかわ町穂別 7月
2600	エゾギンボシヒメハマキ♂	12mm せたな町北檜山 8月
2601	クロキマダラヒメハマキ♀	13mm 江別市 6月
2602	アイノキマダラヒメハマキ♀	12mm 苫小牧市 7月
2603	ニセハギカギバヒメハマキ♀	19mm 石狩市 7月

モグリヒメハマキガ族

No.	種名	サイズ 産地 月
2604	セサンカクモンヒメハマキ♂	14mm 江別市 7月
2605	マゲバヒメハマキ♀	20mm 江別市 8月
2606	サザナミヒメハマキ♀	15mm 札幌市 5月
2607	ギンヅマヒメハマキ♀	11mm 増毛町 7月

【2593】日本未記録または新種（未発表）

scale:150%

ハマキガ科 [ヒメハマキガ亜科] | 275

前種に似るが翅頂の形状が異なる / 翅頂はかぎ状に突出する
2608 キカギヒメハマキ♀ 12mm 日高町門別 8月

次種と似るがより淡色
2609 グミハイジロヒメハマキ♀ 14mm 石狩市 7月

前翅は灰褐色、隆起鱗による白色点紋をもつ
2610 グミシロテンヒメハマキ♂ 13mm 苫小牧市 7月

2611 キイロヒメハマキ♀ 13mm 苫小牧市 7月

前翅は鮮やかな緑色部をもつ / 黒色斑の形状、大きさにはかなり変異がある
2612 クリミドリシンクイガ♂ 19mm 札幌市 7月

前種に似る個体もあるが緑色にはならない
2613 モトゲヒメハマキ♂ 17mm 夕張市 6月
♂後翅内縁の縁毛は黒色で、後方に突出する

前翅は黒褐色、斑紋は全体に不明瞭網目状細線で覆われる
2614 カラマツヒメハマキ♀ 14mm 北見市 7月
亜肛角紋は比較的目立つ

2615 リンゴシロヒメハマキ♂ 16mm 苫小牧市 7月

前種に似るが前翅前半はより暗い
2616 カンバシロヒメハマキ♂ 15mm 札幌市 6月

シロヒメシンクイ（図示なし）と似るが本種の外縁部はより暗色
2617 ニセシロヒメシンクイ♂ 14mm 江別市 7月

2618 モトアカヒメハマキ♀ 19mm 石狩市 6月（羽化）

♂触角基部は太く上端に切り欠きをもつ / ごく細い縦条が走る / 後縁部はやや淡色
2619 ドクウツギヒメハマキ（ドクウツギツノエグリヒメハマキ）♂ 15mm 当別町 7月（羽化）

前翅地色は白色 / 頭頂は白色 / 基斑の外縁は角ばる
2620 ウスキシロヒメハマキ♂ 14mm 札幌市 8月

前種に似るが地色は淡褐色 / 頭頂は灰暗褐色 / 基斑の外縁は直線的
2621 ニセウスキシロヒメハマキ♂ 13mm 新十津川町 7月

オオヒロオビヒメハマキ(2489)に似るが、はるかに小型 フトキオビヒメハマキ(2775)にもやや似る
2622 ヒロオビヒメハマキ♀ 15mm 苫小牧市 7月

ニレマダラヒメハマキ(2631)に似るので注意 サザナミキヒメハマキ(2606)にも似るが斑紋は黒褐色
2623 ニレコヒメハマキ♀ 15mm 江別市 6月

前翅の暗部はくすんだ黒褐色 ウスシロモンヒメハマキ(2697)に似るので注意 / 基斑と前縁紋は分離する / 白紋は連続する
2624 ハナウドモグリガ♂ 16mm 浜中町 8月

前翅の暗部は鮮明な黒褐色 / 白紋は分離する
2625 フタシロモンヒメハマキ♂ 21mm 江別市 9月

2626 オオナガバヒメハマキ♂ 21mm 鹿追町 9月

scale:150%

276 | ハマキガ科 [ヒメハマキガ亜科]

- 2627a ダケカンバヒメハマキ♂ 白紋(三角)型 21mm 鹿追町 8月
- 2627b 同♀ 白紋(台形)型 23mm 小樽市 8月
- 2627c 同♂ 薄紋型 21mm 大雪山高原温泉 8月
- 2628a セウスモンヒメハマキ♂ 白紋型 18mm 幌加内町 9月
- 2628b 同♀ 薄紋型 21mm 猿払村 9月
- 2628c 同♀ 平紋型 22mm 陸別町 8月
- 2629a セシロモンヒメハマキ♂ 白紋型 21mm 小樽市 8月
- 2629b 同♂ 赤紋型 18mm 小樽市 8月
- 2630 ニレチャイロヒメハマキ♀ 17mm 平取町 7月
- 2631 ニレマダラヒメハマキ♀ 16mm 苫小牧市 6月
- 2632a セクロモンヒメハマキ♀ 18mm 札幌市 9月
- 2632b 同♀ 19mm 旭川市 9月
- 2633 カンバウスモンヒメハマキ♂ 15mm 小清水町 6月
- 2634 トドマツヒメハマキ (アカトドマツヒメハマキ)♀ 12mm 津別町 7月
- 2635 ミヤマヤナギヒメハマキ♂ 14mm 浜中町 7月
- 2636 クロマダラシロヒメハマキ♀ 17mm 苫小牧市 7月
- 2637 ミツシロモンヒメハマキ♂ 14mm 釧路市 7月
- 2638 イツカドモンヒメハマキ♀ 16mm 礼文島 8月

scale:150%

ハマキガ科 [ヒメハマキガ亜科] | 277

2639 ニセイツカドモンヒメハマキ♂
14mm 上川町 6月

2640 カギモンヒメハマキ♂
16mm 礼文島 8月

2641 ニセクシヒゲヒメハマキ♂
12mm 安平町早来 5月

2642 マツヒメハマキ
（マツノクロマダラヒメハマキ）♂
14mm 石狩市 7月

2643 ムモンハンノメムシガ♂
16mm 岩見沢市 7月

2644 ツチイロヒメハマキ♀
18mm 美瑛町 8月

2645 ハンノメムシガ♀
16mm 函館市 7月

2646 タマヒメハマキ♀
12mm 江別市 6月

2647a ヤナギメムシガ♂
16mm 礼文島 8月

2647b 同♀
17mm 函館市双見 9月

2648 ニセヤナギメムシガ♀
14mm 石狩市 7月

2649 クロツヅリヒメハマキ♀
15mm 美瑛町 7月

2650 トウヒツヅリヒメハマキ♂
13mm 鹿追町 6月

2651 ハイマツコヒメハマキ♂
13mm 十勝岳安政火口 6月（羽化）

2652 エゾハイイロヒメハマキ♀
15mm 上川町 8月

2653 トウヒシロスジヒメハマキ♀
13mm 江別市 6月

2654 ヒカゲヒメハマキ♀
17mm 江別市 7月

2655 ガレモンヒメハマキ♂
18mm 石狩市 7月

2656 ハシドイヒメハマキ♂
18mm 鹿追町 8月

2657 ミドリモンヒメハマキ♂
15mm 石狩市 8月

scale:150%

【2641】北海道未記録（未発表）

ハマキガ科 [ヒメハマキガ亜科]

2658 クロモンミズアオヒメハマキ♂ 14mm 長万部町 7月	2659 ミドリヒメハマキ♀ 19mm 石狩市 8月	2660 ニセミドリヒメハマキ♂ 16mm 栗山町 7月	2661 マエジロミドリモンヒメハマキ♀ 16mm 札幌市 8月
2662 シロマルモンヒメハマキ♂ 18mm 苫小牧市 7月	2663 トドマツアミメヒメハマキ♂ 14mm 江別市 7月	2664 コエゾマツアミメヒメハマキ♂ 14mm 訓子府町 7月	2665 ヒロシヒメハマキ♂ 18mm 苫小牧市 7月
2666 ハイイロアミメヒメハマキ♀ 21mm 鹿追町 7月	2667 カラマツチャイロヒメハマキ♂ 16mm 北見市 7月	2668 ナカオビウスツヤヒメハマキ♂ 14mm 大雪山駒草平 7月	2669 タテヤマヒメハマキ♀ 14mm 札幌市 8月
2670 コヤナギヒメハマキ♂ 13mm 本別町 7月	2671 ウスネグロヒメハマキ (ネグロシロマダラヒメハマキ)♀ 16mm 札幌市 6月	2672 ネグロヒメハマキ♀ 14mm 苫小牧市 7月	2673 カオジロネグロヒメハマキ♂ 13mm 石狩市 6月
2674 ウスツヤハイイロヒメハマキ♂ 15mm 訓子府町 6月	2675 ムモンハイイロヒメハマキ♀ 16mm 札幌市 6月	2676 ウスモンハイイロヒメハマキ♀ 13mm 浜中町 7月	2677 アカムラサキヒメハマキ♂ 17mm 大雪山旭平 7月

scale:150%

ハマキガ科 [ヒメハマキガ亜科] 279

前翅は淡黄褐色
中帯は細く不明瞭
2678
ムジシロチャヒメハマキ♀
15mm 札幌市 7月

外縁と縁毛は暗色
2679
マツトビマダラシンムシ
(マツトビヒメハマキ)♂
22mm 江別市 5月

前翅は赤褐色、不規則な鉛色横線をもつ
2680
マツアカシンムシ♀
19mm 森町 8月

地色は横褐色、斑紋は橙褐色
前種とは色彩が全く異なる
2681
ワシヤシントメヒメハマキ
(ハイマツアカシンムシ)♀
19mm 様似町 7月

前翅は薄く細長く、暗赤褐色
翅端部はやや赤みが強い
2682
マツツマアカシンムシ♂
18mm 江差町 4月

前翅地色は暗灰褐色
後縁紋は後縁を縁取る白色線とつながる
2683
アトシロモンヒメハマキ♂
18mm 新十津川町 5月

地色は灰褐色、斑紋はくすんだ赤褐色
頭部は橙色
中央を横切る幅広い淡色帯が目立つ
2684
マツズアカシンムシ♂
16mm 北斗市 6月

地色は灰褐色、斑紋は暗赤褐色
翅は細長い
頭部は橙黄色
3本の横帯が明瞭
2685
エゾアカヒメハマキ♂
14mm 幌加内町 6月

地色は明灰色、斑紋は暗灰色
翅端部の丸い黒紋が特徴的
2686
ツマクロテンヒメハマキ♀
14mm 江別市 5月

地色は明灰色、斑紋は暗灰色
中央の淡色帯は細い
2687
カラマツカサガ♀
13mm 小清水町 5月

本種以下4種は個体変異に富み、外観上の確実な区別点を見出せない (♂は交尾器によって確実に同定できる)
翅端部はやや光沢をもつ
白色部が広いものは本種の可能性が高い
2688a
バラシロヒメハマキ♂ 明色型
16mm 鹿追町 7月

2688b
同♂ 暗色型
16mm 石狩市 6月

2689
ハマナスヒメハマキ♂
15mm 苫小牧市 6月

橙色を帯びるものは本種の可能性が高い
2690
エゾシロヒメハマキ♂
18mm 江差町 9月

2691
ニセバラシロヒメハマキ♂
16mm 札幌市 6月(羽化)

2692
キガシラアカネヒメハマキ♂
17mm 釧路市 7月

前翅の白斑は変異があり消失することもある
2693a
ヨモギネムシガ♂
18mm 苫小牧市 7月

2693b
同♀
23mm 札幌市 8月

♂♀とも図示のような色彩変異があり、中間型もある
中帯外縁は太い青鉛色横線で縁取られる
後縁紋は青鉛色の二重線
2694a
クロウンモンヒメハマキ♂ 明色型
20mm 新ひだか町静内 6月

2694b
同♀ 暗色型
22mm 長万部町 8月

scale:150%

【要精査】2688-2691

ハマキガ科 [ヒメハマキガ亜科]

アトモトジロヒメハマキ(2761)に似るが、はるかに大型 シタジロシロモンヒメハマキ(2763)とは後翅が異なる

太く光沢が強い鉛色横線が目立つ

ハナウドモグリガ(2624)に似るが前翅は外方で幅広く、暗色部はより淡い

コツマキクロヒメハマキ(図示なし)に似るが、本種は橙黄色部が発達する

中帯は鉛色に縁取られる

基斑と中帯は広く融合する

頭部・胸部、基部翅頂部は橙黄色

大きな白色の後縁紋をもつ

大きな白色の後縁紋をもつ

2695
ブライヤヒメハマキ♀
23mm 猿払村 6月

2696
ギンスジアカチャヒメハマキ♀
21mm 新冠町 6月

2697
ウスシロモンヒメハマキ♂
14mm 神恵内村 7月

2698
ツマキクロヒメハマキ♂
14mm 様似町 7月

前翅は茶褐色、翅幅は広い

外縁の傾斜は弱い

前翅は褐色

頭部は褐色 肩板は黄褐色

翅頂部の前縁は淡色

線状の白色後縁紋が明瞭

肛上紋は小さい

2699
オオツマキクロヒメハマキ♂
16mm 札幌市 7月

2700
オオカバスソモンヒメハマキ♂
20mm 札幌市 6月

2701
マエグロスソモンヒメハマキ♂
17mm 七飯町 7月

2702
アザミスソモンヒメハマキ♂
19mm 本別町 6月

前種に似るがより暗色

頭部、肩板は黒褐色

翅頂部前縁は淡色にならない

頭部、翅端部は淡色

前翅は白色、細い褐色の横線をもつ

基斑の輪郭は前縁部で薄くなる

亜肛角紋は大きい

2703
コゲチャスソモンヒメハマキ♂
19mm 増毛町 7月

2704
キガシラスソモンヒメハマキ♂
20mm 浜中町 8月

2705
ソトジロトガリヒメハマキ♀
17mm 石狩市 8月

2706
ニセモンシロスソモンヒメハマキ♀
14mm 当別町 8月

前種に似るが褐色細横線をもたずはるかに白っぽい

前翅は灰褐色 オオカバスソモンヒメハマキ(2700)を小型で淡色にしたような種

前種と大きさ、翅形は似るが基部から翅頂にかけて褐色が強い

前翅はまだら状、斑紋は変異がある

中央を基部から3/4まで太い淡色縦条が走る

後縁の2紋はやや楔状に明瞭

肛上紋は小さい

肛上紋はより大きい

2707
クロモンシロヒメハマキ♂
13mm 蘭越町 8月

2708
カバイロスソモンヒメハマキ♂
17mm 天塩町 6月

2709
コカバスソモンヒメハマキ♂
14mm 苫小牧市 8月

2710
シロズスソモンヒメハマキ♂
15mm 占冠村 8月

オオカバスソモンヒメハマキ(2700)に似るが、はるかに小型

地色は白色、暗色紋の発達に変異がある

前種の斑紋発達型(2712b)に似るが小型で前翅は細長い

翅脈間はかすかに暗色に染まる

翅頂部に不規則な白色紋をもつ

後翅は外縁部を除き淡色

2711
ミヤマスソモンヒメハマキ♂
16mm 猿払村 6月

2712a
トビモンシロヒメハマキ♂
20mm 礼文島 6月

2712b
同♂
21mm 北斗市 6月

2713
トビモンヒメハマキ♂
19mm 暑寒別岳 7月

scale:150%

ハマキガ科 [ヒメハマキガ亜科] | 281

2714 ホソバシロヒメハマキ♂
13mm 石狩市 8月
トビモンシロヒメハマキ(2712)に似るがはるかに小型、斑紋は不明瞭なことが多い(図示標本は斑紋が明瞭な個体)

2715 スソクロモンアカチャヒメハマキ♀
17mm 下川町 7月
前種に似るが、より赤みが強く鮮やか
後翅は暗褐色

2716 スソクロモンヒメハマキ♂
16mm 石狩市 7月
前翅の白色部が目立つ
後翅は灰褐色

2717 フタオビチャヒメハマキ♀
19mm 岩見沢市 8月
前翅は黒褐色、より暗色な逆V字形の斑紋をもつ
逆V字形紋の頂点は前縁中央

2718 オオウスシロモンヒメハマキ♀
16mm 石狩市濃昼 7月
肛角部と後縁中央の淡色部が目立つ

2719 ウスマダラヒメハマキ♂
12mm 苫小牧市 9月
後縁部は幅広く淡色

2720a ダイセツヒメハマキ♂
15mm 美瑛町 7月
やや淡色の後縁紋とその両側の暗色紋が目立つ

2720b 同♀
16mm 本別町 6月
♀は♂より淡色で、多数の細い横線が目立つ

2721 ドアイウンモンヒメハマキ♀
21mm 札幌市 7月
フタオビチャヒメハマキ(2717)に似るが前翅は幅広く、茶褐色
丸く大きな亜肛角紋が目立つ
後縁1/3から前縁中央に太い斜帯

2722 シロスジヒロバヒメハマキ♀
20mm 礼文島 8月
前翅は淡黄褐色、細い波状細線を密布する

2723 ノギクメムシガ♂
18mm 仁木町 7月
下唇髭はブラシ状前方に突出する
肛上紋は3個の黒点列

2724 ヤマツツジマダラヒメハマキ♀
12mm 様似町 7月(羽化)
斑紋は黒褐色で明瞭、中央の淡色帯以外は濃い灰色

2725 シロオビマダラヒメハマキ♀
14mm 美瑛町白金 6月
白色横帯が明瞭外縁は濃灰色に縁取られる

2726 セシロヒメハマキ♂
14mm 十勝岳望岳台 7月
前翅の暗色部はくすんだ暗褐色
外縁部に濃灰色の斑紋をもつ
後縁の淡色部は灰褐色

2727 オオセシロヒメハマキ♂
17mm 江差町 5月(羽化)
前翅の暗色部は鮮明な黒褐色
後縁の淡色部は乳白色

2728 カドオビヒメハマキ♂
15mm 様似町 7月
基斑の外側は広く淡色になる
翅頂はかぎ状でない

2729a クロネハイイロヒメハマキ♂
13mm 札幌市 9月
前種と似るが翅の幅は狭く、斑紋はより不鮮明
♂は後翅裏面に黒斑をもつ
翅頂はかぎ状

2729b 同♂ 裏面
後翅裏面に黒斑が大きく発達する

2730a アオダモヒメハマキ♂
14mm 函館市 7月(羽化)
前種と酷似するが♂は後翅裏面の黒斑で区別できる

2730b 同♂ 裏面
♂後翅裏面に黒色短条をもつ

scale:150%

【2728】北海道未記録(小木広行氏、未発表) 【2730】北海道未記録(猪子龍夫氏[故人]、未発表)

282 | ハマキガ科 [ヒメハマキガ亜科]

シンクイヒメハマキガ族

2731 マダラカマヒメハマキ♀ 12mm 長万部町 6月
- 地色は白色、斑紋は灰緑色
- 黒褐色の細横線を散らす
- 翅頂はかぎ状

2732 ウドヒメハマキ♂ 14mm 当別町 7月
- 翅頂はかぎ状

2733 ツマキハイイロヒメハマキ♂ 18mm 当別町 7月
- 翅頂下で強く凹む
- 肛上紋の外方は黄白色

2734 ヘリホシヒメハマキ♂ 16mm 本別町 7月
- 前翅は濃淡に変異があるが、黄褐色を帯びる
- 翅頂下の凹みにある白色短線は明瞭
- 後縁紋はごく薄く外方に斜上する

2735 シロスジヘリホシヒメハマキ♀ 15mm 小樽市 7月
- 前翅は褐色、黄色みを帯びない
- 翅頂下は凹むが、白色短線はあらわれないか、きわめて短い
- 後縁紋は淡褐色で明瞭

2736 アカムラサキヘリホシヒメハマキ♂ 15mm 小清水町 8月
- 前翅は暗紫褐色、翅端は橙色を帯びる
- 翅頂下で凹まない
- 後縁紋はわずかに淡色で外傾する三角形をなす

2737 ホソキオビヘリホシヒメハマキ♂ 13mm 天塩町 6月
- 本種以下3種は互いによく似る
- 頭部、触角は暗色
- 後縁紋は細長い

2738 キオビヘリホシヒメハマキ♂ 14mm 江別市 8月
- 3種の中ではやや大型
- 頭部、触角は暗色
- 後縁紋は太い外方はぼやける

2739 コキオビヘリホシヒメハマキ♂ 13mm 礼文島 8月
- 頭部、触角は灰褐色
- 後縁紋はやや太い外方はぼやけない

2740 アシブトヒメハマキ♀ 26mm 新冠町泉 7月
- 前翅は♂とも赤みが強い
- 前翅は後縁に沿って幅広く暗褐色（通常、図示個体よりも小型）

2741 クロモンアシブトヒメハマキ♂ 13mm 函館市 8月
- 後翅は灰白色
- 基部に黒斑をもつ

2742 オオアシブトヒメハマキ♂ 28mm 函館市双見 7月
- アシブトヒメハマキ(2740)に似るが大型
- 前翅は赤みを帯びない

2743 クズヒメサヤムシガ (ニセアズキサヤヒメハマキ)♂ 19mm 様似町 4月
- 本種と次種はよく似ている上に斑紋の変異も大きく外観からの区別は困難（種の独立性も疑われている）
- ♂後翅に発香鱗を欠く

2744 アズキサヤムシガ (アズキサヤヒメハマキ)♂ 18mm 石狩市 5月
- 翅頂部は灰白色を帯びる

2745 ヒロバヒメサヤムシガ (クロテンマメサヤヒメハマキ)♂ 15mm 石狩市 8月
- 本種の前翅は幅が広い
- ♂後翅は後縁の肛角寄りに発香鱗をもつ

2746 ダイズサヤムシガ (ニセマメサヤヒメハマキ)♂ 17mm 七飯町 8月
- 本種と次種もよく似ている上に斑紋の変異も大きいが♂後翅の発香鱗により区別できる
- ♂後翅は内縁～後縁にかけ広範囲に発香鱗をもつ

2747 マメヒメサヤムシガ (マメサヤヒメハマキ)♂ 18mm えりも町 8月
- ♂後翅は内縁に沿って発香鱗をもつ

scale:150%

【要精査】2743, 2744

ハマキガ科 [ヒメハマキガ亜科] | 283

番号	和名	サイズ・地名・月
2748	ヨツスジヒメシンクイ♂	11mm 日高町門別 6月
2749	ヤブマメヒメシンクイ♂	11mm 浜中町 7月
2750	フタスジヒメハマキ♀	11mm 岩見沢市 7月
2751	ミドリバエヒメハマキ♂	13mm 苫小牧市 8月
2752	クロミドリバエヒメハマキ♀	14mm 千歳市 8月
2753	エゾシタジロヒメハマキ♀	13mm 千歳市 6月
2754	セシモフリヒメハマキ♀	13mm 江別市 5月
2755	ナシヒメシンクイ♂	11mm 札幌市 8月(羽化)
2756	スモモヒメシンクイ(ボケヒメシンクイ)♂	12mm 札幌市 7月
2757	ハマナスヒメシンクイ♂	13mm 小清水町 7月
2758	イバラムモンヒメハマキ♂	11mm 江差町 5月
2759	アトハイジロヒメハマキ♂	12mm 小清水町 4月
2760	ネモロウサヒメハマキ♀	14mm 小樽市 8月
2761	アトモトジロヒメハマキ♂	12mm 本別町 6月
2762	ウスグロヒメハマキ♂	15mm 小清水町 6月
2763	シタジロシロモンヒメハマキ♀	17mm 石狩市 6月
2764	アイノセシロオビヒメハマキ♂	11mm 函館市 5月
2765	ニセセキオビヒメハマキ♀	15mm 美瑛町 7月
2766	ホソバヒメシンクイ♂	13mm 釧路市 6月
2767	トドマツコハマキ(コトドマツヒメハマキ)♂	10mm 江別市 6月

scale:200%

【2750, 2752】北海道未記録(小木広行氏、未発表) 【2764】北海道未記録(猪子龍夫氏[故人]、未発表)。同定は奥俊夫博士による
【2765】北海道未記録(未発表) 【要精査】2765

ハマキガ科 [ヒメハマキガ亜科]

No.	和名	サイズ・産地・月	特徴
2768	トウヒコハマキ♂	8.9mm 旭川市 7月	前翅は褐色、鉛色横線は不明瞭
2769	シコタンコハマキ♂	10mm 当別町 5月	前種に酷似するが、地色は薄いやや大型、出現期は早い
2770	フタキモンヒメハマキ♀	11mm 根室市 7月	きわめて特徴的な橙黄色円紋をもつ
2771	ブナヒメシンクイ♂	12mm 八雲町熊石泊川 4月	前翅はやや細長く灰褐色 先端の白い鱗片による極細の横線をもつ 後縁紋は不明瞭な2本の淡色条
2772	コスジオビヒメハマキ♀	13mm 江別市 7月	翅頂に小黒紋 淡色の後縁紋が目立つ
2773	スジオビクロヒメハマキ♀	12mm 当別町 6月	前種に酷似するが、細横線はより鮮明
2774	コスジオビクロヒメハマキ♀	14mm 小清水町 7月	2対の楔形紋から出た4本の淡色線が太い横帯をなす
2775	フトキオビヒメハマキ♂	13mm 美瑛町 7月	ヒロオビヒメハマキ(2622)に似るが、前縁に楔形紋列をもつ 翅端部1/3に淡色鱗を散布する
2776	ムジヒメハマキ♀	12mm 小清水町 7月	斑紋はきわめて弱い 前縁に5～6対の楔形紋列をもつ
2777	カシワギンオビヒメハマキ♀	8.8mm 江別市 6月	中央に2本の太い淡色横帯が目立つ 翅頂は丸い
2778	マメシンクイガ (マメノヒメシンクイ)♀	14mm 石狩市 7月	前翅は褐色で黄褐色鱗を散らし、ややまだら状 肛上紋は2～4黒点をもち銀白色線は外側のみにあらわれる ♀は腹部末端が細く尖る
2779	エンドウシンクイ♂	13mm 礼文島 8月	肛上紋は4～5個の黒点と2本の鉛色条からなり、明瞭 ♂は後翅内縁に黄色の毛束をもつ
2780	トドマツカサガ♀	12mm 札幌市 8月	2本の細横線は鉛色で不明瞭
2781	トドマツミキモグリガ♀	13mm 鹿追町 7月	2本の細横線は銀白色で明瞭
2782	カラマツミキモグリガ♂	12mm 上川町 7月	基現は淡灰褐色 外半は暗褐色 鉛色横線をもつ 中央にやや光沢のある乳白色の太い横帯
2783	シタウスキヒメハマキ♀	17mm 美瑛町 7月	後縁紋はきわめて明瞭、外方に曲がる 後翅内半は黄白色
2784	シロスジカサガ♂	15mm 鹿追町 7月	後縁紋は明瞭な白色短条 後翅は全体が暗褐色
2785	ヨツメヒメハマキ♂	16mm 浦河町 8月	肛上紋は4本のやや長い黒色短線をもち、目立つ
2786	シロアシヨツメモンヒメハマキ♂	16mm 森町 8月	前種に似るが♂は翅幅がより広く、後脚が異なる 後縁紋は前種より不明瞭(特に♀) ♂後脚脛節は白色鱗毛で包まれ太い

【2770】北海道未記録(小木広行氏、未発表)

scale:200%

ハマキガ科 [ヒメハマキガ亜科]・ハマキモドキガ科 [ハマキモドキガ亜科]・ホソマイコガ科 | 285

新鮮な個体は青みが強い

2787
クリミガ♀
22mm 江別市 8月

三角形の亜肛角紋が目立つ

2788
サンカクモンヒメハマキ♂
19mm 森町 8月

太い後縁紋が目立つ

2789
シロツメモンヒメハマキ♀
17mm 焼尻島 8月

ハマキモドキガ科
ハマキモドキガ亜科

頭部、胸部は見る角度によって青緑色に光る

♂後翅裏面の内縁は折り返され黄色の毛束をもつ

2790
エンジュヒメハマキ♂
14mm 豊頃町 7月

後縁の淡色部は、暗色横条によって不規則に分断される

2791
イヌエンジュサヤモグリガ♂
15mm 釧路市 8月

亜外縁の波状細線が明瞭

2792
イラクサハマキモドキ♀
14mm 白糠町 7月

幅広い白色横帯をもつ

2793
ニセリンゴハマキモドキ♂
12mm 猿払村 8月

前種に似るが、色彩はより明るいことが多く斑紋のコントラストが高い

2794
リンゴハマキモドキ♀
12mm 小清水町 10月

翅頂部～外縁部は著しく暗色

2795
ニレハマキモドキ♂
13mm 当別町 9月

前翅は全体に灰緑色を帯びる

2796
ダイアナハマキモドキ♀
15mm 幌加内町 7月

外縁の縁毛は前後翅ともに純白

白色短線

2797
シロヘリハマキモドキ♂
9.7mm 札幌市 7月

外縁の縁毛は前後翅ともに暗色で中央と先端に白色部をもつ

白色短線

2798
ギンスジハマキモドキ♀
13mm 釧路市 7月

基部と翅端部に橙褐色紋をもつ

白色短線

2799
アトシロスジハマキモドキ♂
11mm 札幌市 6月

前種に似るが、後翅の斑紋で区別できる

青銀色短線

2800
イワテギンボシハマキモドキ♂
11mm 森町 6月

ホソマイコガ科

亜外縁の白色帯が特徴的

2801
シロオビハマキモドキ♂
11mm 根室市 7月

2802
ギンボシハマキモドキ♂
14mm 小清水町 8月

前種にやや似るがはるかに小型

後縁部中央にも大きな眼状紋をもつ

2803
ヤマハハコハマキモドキ♂
9.8mm 美瑛町白金 6月

基部から翅頂に暗色縦線が走る

後脚脛節背面に刺列をもつ

2804
タテジマホソマイコガ♂
11mm 美瑛町 6月

scale:200%

【2800】北海道未記録(未発表)

286 ササベリガ科 [ササベリガ亜科]・ニジュウシトリバガ科・トリバガ科 [カマトリバガ亜科]

ササベリガ科
ササベリガ亜科

*前翅後縁に歯状に突出する鱗粉塊をもつものが多い。

- 地色は褐色、4個の黄色紋をもつ
- 前翅後縁に歯状鱗をもたない
- 2805 キモンクロササベリガ♂ 12mm 大雪山旭平 7月

- 地色は橙色、鉛色の斑紋をもつ
- 歯状鱗をもつので他科の類似種と区別できる
- 2806 トサカササベリガ♀ 12mm 鹿追町 7月

- ヒメササベリガ(2810)に似る
- 中央部は橙褐色を帯びる
- 2807 サビイロササベリガ (ウスグロヒメササベリガ)♂ 13mm 泊村 7月

- 地色は灰白色、灰黒色の鱗粉を散らす
- 斑紋に変異が多い
- 2808 ハイイロオオササベリガ (ハイササベリガ)♂ 15mm 石狩市 7月

- 斑紋には変異が多く、普通型(基半が灰白色)、黒条型(図示)、褐色型、暗色型がある
- 中室内に黒条
- 2809 シシウドササベリガ 黒条型 12mm 幌延町 10月

- サビイロササベリガ(2807)に似る
- 基half 1/3は灰褐色
- 外半は橙褐色斑をもつ
- 中室端に白鱗で囲まれた黒点がある
- 2810 ヒメササベリガ♀ 9.9mm 日高町門別 7月

ニジュウシトリバガ科

- 白ѕで縁取られた暗褐色帯
- 2811 ヤマトニジュウシトリバ♀ 14mm 積丹町 7月

- 黄褐色帯が目立つ
- 2812 マダラニジュウシトリバ (ニジュウシトリバ)♂ 15mm 鹿追町 5月

scale:200%

トリバガ科
カマトリバガ亜科

- 前翅はくすんだ淡橙褐色
- 明瞭な三角紋をもつ
- 2813 アイノトリバ♂ 21mm 鹿追町 7月

- 前種に似るが赤みは薄く、はるかに大型
- 第3羽状翅の後縁に特殊鱗が発達する (左♂標本では脱落している)
- 2814a オオミヤマトリバ♂ 28mm 浜中町 8月
- 2814b 同♀ 31mm 標茶町 9月

- 色彩は変異に富み 前翅は黄白色〜赤褐色、後翅は淡黒褐色〜赤褐色
- 輪郭がぼやけた暗色斜帯をもつ
- 2815 カラフトトリバ♀ 26mm 釧路市 7月

- 前縁の三角紋はやや明瞭
- 第1羽状翅の外縁は内湾する
- 特殊鱗は基部近くから翅端までまばら
- 2816 トキンソウトリバ♂ 15mm 訓子府町 9月

- 亜外縁線をもつ
- 前縁から横脈紋にかけて黒褐色
- 外縁はやや内湾する
- 2817 マエクロモンオオトリバ♂ 23mm 豊富町 7月

scale:150%

【2810】北海道未記録(未発表)

トリバガ科 [カマトリバガ亜科] | 287

2818 サイグサトリバ♂ 16mm 礼文島 8月
2819 イッシキブドウトリバ♂ 17mm 札幌市 9月
2820 オダマキトリバ♂ 20mm 釧路市 8月
2821a ハマナストリバ（チョウセントリバ）♂ 22mm 札幌市 7月

2821b 同♂ 白化型 23mm 小清水町 7月
2822 ナカノホソトリバ♀ 25mm 釧路市 7月
2823 ジョウザンチビトリバ♂ 17mm 石狩市 5月

2824 オホーツクトリバ♀ 20mm 小清水町止別 8月
2825 キンバネチビトリバ♂ 15mm 森町砂原 8月
2826 モウセンゴケトリバ（マダラトリバ）♀ 12mm 浜中町 7月
2827 フキトリバ♀ 20mm 釧路市 7月

2828 カムイカマトリバ♀ 22mm(推定) 小清水町上徳 7月
2829 ハイモンカマトリバ♂ 17mm 石狩市 8月
2830 カワハラカマトリバ♀ 21mm 小清水町浜小清水 7月
2831 イノウエカマトリバ♀ 18mm 根室市 7月

scale:150%

[要精査] 2828-2836

トリバガ科 [カマトリバガ亜科]・シンクイガ科

2832 ヨモギトリバ♀ 19mm 増毛町 7月
通常淡黄白色だが、暗化することがある
クワヤマカマトリバ(2835)、クロカマトリバ(2836)との区別に注意
- 前縁と翅頂近くに小黒紋
- 横脈上に黒紋

2833 エゾトリバ♀ 18mm 長万部町 7月
- 切れ込み付近に暗色斑
- 第1羽状翅先端と後縁に黒点
- 第2羽状翅後縁に3黒点

2834 イシヤマカマトリバ♀ 25mm 札幌市 7月
ヨモギトリバ(2832)に似るがやや大型の個体が多く、白っぽい

2835 クワヤマカマトリバ♀ 16mm 札幌市 8月
暗化することがあり次種やヨモギトリバ(2832)との区別に注意
- 前縁の黒褐色短線が明瞭
- 翅頂付近の黒褐色斑が明瞭
- 横脈付近の黒褐色斑は大きい

2836 クロカマトリバ♂ 17mm 当別町 6月(羽化)
翅全体が黒褐色、斑紋はヨモギトリバ(2832)に酷似する
前種もふくめ暗化個体の区別には注意

2837 オオカマトリバ♀ 24mm 苫小牧市 8月
次種に似るので注意が必要
- 胸背と前翅基部は灰褐色～淡黄褐色
- 横脈の外側は淡褐色

2838 イワテカマトリバ♂ 24mm 函館市 8月
- 胸背と前翅基部は黄白色
- 第1羽状翅は白斑をなす

2839 ヒルガオトリバ♂ 24mm 江別市 10月
前翅はやや赤みを帯びた灰褐色
中室内に1小黒点

2840 ウスキヒメトリバ♂ 13mm 石狩市 7月
前翅は黄白色、この科の最小種のひとつ
前翅の切れ込みは1/2を越える

scale:150%

シンクイガ科

2841 モモシンクイガ (モモノヒメシンクイ)♀ 18mm 苫小牧市 7月
前翅は乳白色、ときに褐色を帯びる
斑紋は前縁に大きく広がるものまで変異が大きい

2842 コブシロシンクイ♀ 19mm 岩内町 6月
中室端の横線から内方に影が広がる

2843 オオモンシロシンクイ♀ 23mm 幌延町 5月

2844 クロボシシロオオシンクイ♀ 29mm 八雲町熊石泊川 8月

scale:100%

【2844】北海道未記録(小木広行氏、未発表) 【要精査】2837, 2838

セセリモドキガ科・マドガ科 [アカジママドガ亜科・マドガ亜科・マダラマドガ亜科]・メイガ科 [ツヅリガ亜科・シマメイガ亜科] 289

セセリモドキガ科

2845 ニホンセセリモドキ♂ 30mm 浦河町 4月

マドガ科

アカジママドガ亜科

2846 アカジママドガ♂ 23mm 札幌市 6月

マドガ亜科

2847 マドガ♀ 16mm 訓子府町 7月

マダラマドガ亜科

2848 ハスオビマドガ♀ 26mm 札幌市 7月

メイガ科

*旧メイガ科は近年、メイガ科とツトガ科に分けることが定着している。小蛾類としては最も解明が進んでいる。

ツヅリガ亜科
ツヅリガ族

2849 マダラマドガ♂ 23mm 苫小牧市 5月

外縁はCuA₁で出張る
横線は多くの場合後半のみ明瞭

2850 ハチノスツヅリガ♀ 31mm 松前町白神岬 9月

顔面と頭頂は黄色

2851 ウスグロツヅリガ♀ 24mm 石狩市 9月

キイロツヅリガ族

♂は灰黄色、♀は暗黄褐色
中室内と横脈上に環状紋をもつ

2852a オオツヅリガ♂ 23mm 釧路市 7月

中室内と横脈上に黒点をもつ（前者は消失することがある）

♀で色彩斑紋に差はない

前翅は前縁を除き白色を帯びるが、♀は全体に暗色
翅は♂♀とも幅広い

♂前翅は幅が狭く、中室は赤黄色を帯びる
♀前翅は幅広い

♀は中室端に大きな黒紋をもつ（♂では小さい）

2852b 同♀ 34mm 釧路市 7月

2853 フタテンツヅリガ♀ 23mm 夕張市 7月

2854 アカフツヅリガ♂ 33mm 苫小牧市 7月

2855 ツヅリガ♀ 33mm 函館市 10月

ヒロバツヅリガ族

シマメイガ亜科
シマメイガ族

前翅は黄褐色、全体に黄色斑が散らばる

前翅は通常オリーブ色だが暗色の個体もある
外横線は太く、中央で外方に出張る

2856 マエグロツヅリガ♀ 38mm 札幌市 7月

2857 コメノシマメイガ（コメシマメイガ）♀ 26mm 小清水町 8月

2858 トビイロシマメイガ♀ 17mm 札幌市 7月

2859 エゾシマメイガ♀ 22mm 江別市 8月

scale:100%

【2851】北海道未記録（小木広行氏、未発表）

メイガ科 [シマメイガ亜科]

一見ヤガ科に見えるが、類似の種はない

2860 オオバシマメイガ♀
35mm 厚沢部町糠野 10月

前翅はやや赤みのある灰褐色
縁毛は地色と同色

2861 フタスジシマメイガ♀
25mm 札幌市 9月

前翅は黄色〜橙黄色〜赤紫色
縁毛の先端は黄色

2862 ツマキシマメイガ♀
24mm 札幌市 7月

2863 カシノシマメイガ♂
20mm 札幌市 6月

前縁部中央は橙黄色

2864 ギンモンシマメイガ♂
20mm 江別市 6月

内横線前端の白色紋は細い
前縁部中央は地色と同色

2865 シロモンシマメイガ♂
18mm 千歳市 8月

2866 ニシキシマメイガ♂
29mm 松前町館浜 7月

内外横線の間は幅広く黄褐色

2867 マエモンシマメイガ♀
19mm 札幌市 8月

前後翅は暗紫色

2868 ムラサキシマメイガ♂
19mm 江別市 6月

♂触角は両櫛歯状

2869a クシヒゲシマメイガ♂
28mm 北斗市 8月

内横線は後縁部で強く外湾する

2869b 同♀
35mm 松前町 8月

外横線は屈曲する

2870a オオクシヒゲシマメイガ♂
31mm 石狩市 7月

前種より赤みが少ない
♂触角は両櫛歯状

♀は色彩が淡く、オビカレハ♀(0154b)に似る
内・外横線の屈曲は弱い

2870b 同♀
35mm 江別市 7月

scale:100%

トガリメイガ族

基半部から前縁にかけてオリーブ色を帯びる

2871 ウスオビトガリメイガ♀
18mm 松前町館浜 8月

前翅は細長く、♂で色彩が異なる
♂触角基部に瘤状の突起
♂の肩板は長く腹部第3節に達する

2872a ウスベニトガリメイガ♂
21mm 石狩市 7月

♀は内横線の外方が一様に赤褐色
外縁中央部の縁毛は暗色

2872b 同♀
20mm 石狩市 7月

内横線は直線的
後翅の横帯は白っぽい

2873 オオウスベニトガリメイガ♂
19mm 八雲町熊石泊川 7月

内横線は直線的
横脈上に黄色紋をもつ
後翅の横帯は濃い黄色

2874 キモントガリメイガ♂
18mm 苫小牧市 7月

内横線は外方に湾曲する
後翅の横帯は前半で狭く、時に消失する

2875 キオビトガリメイガ♂
18mm 様似町 8月

scale:120%

メイガ科 [フトメイガ亜科・マダラメイガ亜科]

フトメイガ亜科

2876 ツマグロフトメイガ♀ 20mm 江別市 7月

2877 ナカムラサキフトメイガ♂ 24mm 札幌市 7月 — 前翅の色彩は変異に富む

2878 キイフトメイガ♀ 27mm 北斗市 8月

2879 ネグロフトメイガ♂ 19mm 江別市 7月 — 外横線は前縁で小黒点状／外縁部は広く暗色／外横線は中央で大きく外湾する

前種と外観による区別が困難なこともある

前種に似るが、色彩斑紋はほぼ安定している

2880 ミドリネグロフトメイガ♂ 19mm 石狩市 8月 — 外横線は明瞭／外縁部の暗色帯は狭い／外横線の外湾は弱い／肛角付近に淡色紋

2881a クロフトメイガ♂ 緑色型 24mm 江別市 8月 — 後翅は暗色部が広い

2881b 同♀ 白色型 26mm 札幌市 9月

2882 ソトベニフトメイガ♂ 27mm 森町砂原 8月 — 後翅の暗色帯は狭く明瞭／後翅は白色部が広い

2883 ナカジロフトメイガ♀ 31mm 北斗市 6月 — 前翅中央部は純白／後翅の暗色帯は狭く明瞭／後翅内方は純白

2884 オオフトメイガ♀ 42mm 厚沢部町 7月 — 内横線は直線状／後縁にほぼ垂直／外縁部は赤褐色を帯びる／後翅は外横線があらわれない（次種も同様）

2885 ナカアオフトメイガ♀ 白色型 36mm 札幌市 7月 — 色彩はクロフトメイガ（2881）と同様の変異がある／内横線は屈曲する／外縁部は赤褐色を帯びない

2886 ナカトビフトメイガ♀ 29mm 北斗市 8月 — ♂は触角基節に突起をもつ／中央部は褐色や緑色を帯びる／外横線の湾曲は弱い

2887 ネアオフトメイガ♀ 24mm 札幌市 7月 — 前種に似るが小型／♂は触角基節に突起をもたない／中央部は褐色や緑色を帯びない／外横線の湾曲は前種より強い

2888 アオフトメイガ♂ 27mm 江別市 7月 — 前種は黄緑色の斑紋が目立つ

2889 トサカフトメイガ♂ 29mm 松前町館浜 8月 — ♂は触角基節から後方に長い突起を出す／内横線の内方は広く赤味を帯びた暗褐色

scale:100%

マダラメイガ亜科
マダラメイガ族

*近年種数が大幅に増えた。似た種が多く同定の難しいグループである。

2890 ツツマダラメイガ♀ 22mm 北広島市 8月 — 内横線は後縁にほぼ垂直／前種に酷似するが、全体に黒っぽい／淡褐色の小紋、その外側を白色短線が縁取る

2891 ウスグロツツマダラメイガ（ヒメツツマダラメイガ）♂ 22mm 石狩市 6月（羽化） — 内横線は後縁にほぼ垂直／前翅は赤紫色、基部はやや淡色／黒色帯は前縁部で外方に広がる

2892 オオアカオビマダラメイガ♀ 24mm 江別市 8月 — 前翅は太く、やや外湾、外傾する／三角状の暗色部／後縁の白色短線はより鮮明

2893 アカフマダラメイガ♀ 22mm 松前町白神岬 7月 — 前翅は明るい紫赤色／内横線は直線的／強く外傾する／前翅中央は広く白色

scale:120%

【要精査】2879, 2880

メイガ科 [マダラメイガ亜科]

2894 リンゴハマキマダラメイガ♀
25mm 小清水町 8月
- 内横線は灰白色でやや不鮮瞭、後縁にほぼ垂直
- 赤褐色の楔状紋の外側を白色短線が縁取る

2895 エゾアカオビマダラメイガ♀
23mm 中札内村 7月
- 内横線内側から前翅1/2まで広く黒褐色
- 淡赤褐色の斜帯が目立つ
- 内横線は後縁部で2重線となる

2896 シロオビマダラメイガ♀
16mm 平取町 7月
- 次種の内横線を白色にしたような種(図示標本は内横線が不鮮瞭)

2897 ウスキオビマダラメイガ♀
19mm 江別市 7月
- 内横線は太く淡黄褐色

2898a ウスアカマダラメイガ♂
23mm 江別市 7月
- ♂頭部と触角基節の突起は白色
- 内横線は白色で直線的、内側は赤みを帯びることが多い
- 黒色帯
- 赤色帯

2898b 同♀
22mm 江別市 7月
- ♀頭部は淡褐色

2899 ヒメアカオビマダラメイガ♀
19mm 石狩市 6月(羽化)
- 前種にやや似るが、褐色みが強い
- ♂の触角基節の突起は黒褐色
- 黒色帯と赤色帯はなく白色短線をもつ

2900 オオトビネマダラメイガ♀
20mm 江別市 7月
- 肛角部に赤褐色の小紋
- 後縁の白紋が目立つ
- 内側は赤褐色

2901 ヒメトビネマダラメイガ♀
18mm 江別市 7月
- 内横線は白色、後半で太い
- 内側は赤褐色に縁取られる
- 亜外縁線外方は赤褐色
- 黒色帯

2902 ギンマダラメイガ♀
23mm 江別市 8月
- 内横線は白色で直線的
- 中央部は広く銀灰色
- 太い赤褐色の楔形紋

2903 アカオビマダラメイガ♂
19mm 小樽市 6月(羽化)
- 前翅は暗褐色
- 内横線は後縁に垂直、後半は不鮮瞭、内方は暗色
- 黒色帯は不鮮瞭
- 褐色の楔形紋の外側を太い白色短線が縁取る

2904 ホソアカオビマダラメイガ♂
21mm 松前小島 8月
- 前翅は暗褐色〜褐色
- 内横線はやや外傾する、内側は淡色
- 三角状の白斑
- 黒色帯は前縁に届かない
- 太い淡褐色の楔形紋

2905 ウスアカオビマダラメイガ♂
22mm 石狩市 8月
- 内横線は不鮮瞭
- 黒色帯は後縁から中室まで

2906 コフタグロマダラメイガ♀
22mm 江別市 6月
- 内横線は中室下で外方に突出しない
- 褐色の楔形紋の外側を太い白色短線が縁取る

2907 ヤマトフタグロマダラメイガ♀
23mm 北斗市 8月
- 前種に酷似する
- 内・外横線は後縁部で前種より接近しない

2908 トビネマダラメイガ♀
26mm 千歳市 8月
- 内横線と亜外縁線の間は黒みを帯びる

2909 ウスアカスジマダラメイガ♀
23mm 様似町 7月
- 前翅は細長く、灰色褐色
- 翅脈に沿って赤褐色に染まる

2910 ナシマダラメイガ♀
28mm 長沼町 8月
- 前翅は幅広く、灰黒褐色
- 翅端は丸みを帯びる

2911 フタスジクロマダラメイガ♀
23mm 石狩市 6月
- 前翅は黒褐色で灰白色鱗を散らす
- 内横線は中室下で外方に突出し、後縁部で太く明瞭になる

scale:120%

メイガ科 [マダラメイガ亜科] | 293

| 2912 ゴママダラメイガ♂ 34mm 函館市豊浦 7月 | 2913 ウスオビクロマダラメイガ♀ 18mm 日高町門別 7月 | 2914 アカウスグロマダラメイガ♀ 19mm 苫小牧市 6月 | 2915 クシヒゲマダラメイガ♀ 25mm 様似町 9月 |

- 黒褐色〜灰褐色、灰白色鱗を散らす
- 内横線は鋸歯状
- 外横線はほぼ直線状
- 内横線はやや太く弱く外方に湾曲
- 通常黒褐色、褐色を帯びることもある
- 前翅は翅脈が暗色に染まる
- ♂触角は基部から約2/3まで両櫛歯状
- 内・外横線は鋸歯状

| 2916 ウスアカネマダラメイガ♀ 25mm 江別市 6月 | 2917 ウスアカモンクロマダラメイガ♂ 28mm 札幌市 7月 | 2918 スジグロマダラメイガ♀ 30mm 北斗市 6月 |

- ♂は触角が単櫛歯状
- 内横線の内側は淡黄色
- 内横線の内縁は赤褐色に縁取られる
- ♂は触角が単櫛歯状
- 内横線の内側に茶褐色紋、その内縁に黒色紋をもつ
- ♂触角が単櫛歯状
- 内横線は淡褐色、両側が黒帯で縁取られる

| 2919 フタクロテンマダラメイガ♀ 27mm 浜中町 8月 | 2920 ハイイロシロスジマダラメイガ♂ 20mm 新十津川町 6月 | 2921 ウスアカムラサキマダラメイガ♂ 24mm 札幌市 6月 | 2922 ウスクロスジマダラメイガ♂ 23mm 江差町 5月 |

- 前翅は赤褐色〜黒褐色
- 内横線の内側と横脈紋付近にぼやけた灰白色の斑紋をあらわす
- 前翅は灰黒色
- 内横線は弱く湾曲するか直線状
- 亜外縁線はやや不明瞭
- 前縁は内横線起点の手前でやや角ばる
- 前縁部は内横線の外方で赤紫色
- 前種から赤みをなくしたような種
- 翅形、斑紋パターンはよく似る
- 内横線の内側は強く暗化することがある
- 内横線は後半で2重 その間と内externally淡赤褐色

| 2923 イタヤマダラメイガ (ナシハマキマダラメイガ)♀ 28mm 江差町 5月 | 2924 ニセイタヤマダラメイガ (ニセナシハマキマダラメイガ)♀ 23mm 江別市 5月 | 2925 コギマダラメイガ♂ 20mm 石狩市 6月 | 2926 シロイチモジマダラメイガ (シロイチモンジマダラメイガ)♂ 23mm 乙部町 8月 |

- 基部は広く紫赤色
- 横脈紋の外側に小橙色紋をもつ
- 前種に似るが、赤みが弱い
- 基部は暗赤褐色
- 前種に酷似するが、小型やや黄色を帯びる
- 基部は広く黒褐色
- 内横線は前縁に達しない
- 太い白色縦帯が明瞭

| 2927 ウスキマダラメイガ (ウスキヒメマダラメイガ)♀ 19mm 石狩市 8月 | 2928 マルモンマダラメイガ♀ 26mm 函館市 6月 | 2929 クチキハイイロマダラメイガ♂ 20mm 当別町 6月 | 2930 ハイイロマダラメイガ♂ 21mm 当別町 7月 |

- 前翅は白黄色
- 内横線はかすかな鱗粉列で外側に黄色影をもつ
- 外縁は細い帯状に灰黒色を帯びる
- 前翅は黒褐色〜灰褐色 斑紋は極めて不明瞭
- 下唇鬚と頭部は黄色
- 前翅は灰黒色
- 内横線は太く直線的に外傾する
- 内横線内側に接して黒色帯状紋をもつ

scale:120%

メイガ科 [マダラメイガ亜科]

No.	和名	サイズ・産地・月	特徴
2931	ウスグロマダラメイガ♂	26mm 美瑛町 6月	前翅は翅幅が狭く、黒褐色で灰白色鱗を散らす 斑紋はやや不明瞭 / 内横線は直線的に外傾する 鋸歯状のこともある
2932	イイジマクロマダラメイガ♂	25mm 中札内村 7月	前翅は黒褐色、灰白色鱗を散らす / 触角基部の鱗毛塊は次種より小さい / 亜外縁線は後縁近くで鋭く内屈する
2933	ウスモンマダラメイガ♂	24mm 江別市 7月	前翅は黒褐色、灰白色鱗を散らす / 鱗毛塊は大きい / 内横線はやや外傾するが太く明瞭 前種に似るが斑紋はやや不明瞭
2934	シロスジクロマダラメイガ♂	22mm 八雲町熊石泊川 7月	前翅は黒褐色、斑紋は明瞭 / 内横線の外傾は強くやや波状 / 内横線は中室下で途切れることが多い
2935	マエナミマダラメイガ♀	25mm 江別市 8月	前翅の前半は灰白色鱗を密布し、白っぽい / 内横線は後縁近くで明瞭な白紋となる
2936	ミカドマダラメイガ♂	31mm 札幌市 8月	前翅は全体が灰白色 / 内横線は外傾し両側が黒色に縁取られる
2937	アカグロマダラメイガ♀	23mm 北斗市 8月	前翅は褐色〜赤紫色、♀は赤味が強い / 各横線は青灰色
2938	ヒメアカマダラメイガ♀	23mm 江別市 7月	基部は赤褐色 / 内横線は白色で鋸歯状 後縁部では太く明瞭
2939	ウスグロアカマダラメイガ♂	26mm 幌延町 6月	前翅は黒褐色〜赤褐色 斑紋が不明瞭で、消失するものもある
2940	シロオビクロマダラメイガ♂	20mm えりも町 6月	前翅は黒色〜灰黒色 / 内横線は白色で鮮明 直線的に外傾する / 横脈紋から前縁部は三角形状に白色
2941	マエチャマダラメイガ (マエキマダラメイガ)♂	20mm 苫小牧市 7月	前縁部は褐色を帯びる
2942	ヤマトマダラメイガ♀	31mm 松前町白神岬 9月	内横線外方の中央部はやや紫がかった灰白色 / 横脈上は橙褐色 / 後翅は白色半透明で光沢がある
2943	マツノマダラメイガ♀	28mm 江別市 7月	内横線と・亜外縁線は強い鋸歯状 / 内横線内側の後縁の赤褐色紋は不明瞭
2944	マツノシンマダラメイガ♀	27mm 江別市 7月	内横線は波状 / 赤褐色紋は発達する
2945	ドイツトウヒマダラメイガ♂	23mm 札幌市 7月	内横線は強く外傾する / 亜外縁線中央の突出は弱い / 赤褐色紋は発達する
2946	ビャクシンマダラメイガ♂	24mm 札幌市 7月	触角基部の鱗毛塊は大きい / 赤褐色紋をもたない
2947	マツアカマダラメイガ♀	24mm 様似町 8月	横脈上の斑紋は不明瞭 / 斑紋のパターンは前4種に似るが前翅地色は赤褐色
2948	ウスチャマダラメイガ♀	24mm 札幌市 7月	基半は灰色〜灰赤褐色 / 各横線の両側は黒色に縁取られる

scale:120%

メイガ科【マダラメイガ亜科】 295

クロオビマダラメイガ(2969)に似る
♂小腰鱗は橙褐色の毛束をもつ
♂触角基部の鱗毛塊は大きい
内横線内側の黒帯は前縁に達する

2949
ウスジロフタスジマダラメイガ♂
24mm 札幌市 6月

2950
ナカアカスジマダラメイガ♀
29mm 石狩市 7月

前翅の色彩は変異が著しい

2951a
アカマダラメイガ♂
26mm 札幌市 8月

色彩は灰褐色〜淡赤褐色、白斑が発達することもある
黒点を3個もち、左右は白く線状に染まる

内横線に相当する2黒点
横脈下端の黒点

前翅は黒褐色、斑紋は極めて不明瞭
多くは斑紋をあらわさない

2951b
同♂ 褐色型
24mm 札幌市 8月

2952a
テンクロトビマダラメイガ♂
28mm 北見市 9月

2952b
同♀
23mm 札幌市 9月

2953
シモフリマダラメイガ
(クロマダラメイガ)♀
25mm 中札内村 8月

前翅の地色は紫赤色

トビスジマダラメイガ(2976)に似るが、はるかに小型
♂触角は基節上方の内側から刺状突起を出す

白色縦線が目立つ

内横線は直線的に外傾する

内横線の外側は黒色影で縁取られる

内横線はやや内傾する

前縁から中室下まで三角形状に白色

前翅は灰赤褐色〜灰褐色
白色鱗を散らし霜降り状

2954
ヒゲブトマダラメイガ♀
22mm 江差町 6月

2955
カラマツマダラメイガ♀
16mm 札幌市 8月

2956
マエジロギンマダラメイガ♂
18mm 江別市 7月

2957
ウストビマダラメイガ♂
22mm 神恵内村珊内 6月

前翅の地色は灰色を帯びた淡黄色
中央を横切る2〜3個の黒点が出ることもある

前翅は黒色、斑紋は銀白色
内横線は太く銀白色やや外傾する
中央部に銀白色斑が出ることもある

前翅は黒色、斑紋は銀白色
内横線の外側は帯状に黒色
三角形状の銀白色斑が目立つ

前縁部の2白斑は発達しつながることもある
黒紋によって、銀白色斑が欠けたように見える
後縁に明瞭な白紋をもつ

2958
キバネチビマダラメイガ♀
13mm 苫小牧市 7月

2959
シロスジマダラメイガ♀
20mm 釧路市 7月

2960
マエジロクロマダラメイガ
16mm 江別市 7月

2961
フタシロテンホソマダラメイガ♀
22mm 北斗市 9月

地色は暗褐色
銀白色斑が前縁から中室下まで広がる

地色は黒褐色、斑紋は銀白色
大小のいびつな円紋が目立つ

前翅は灰赤色〜黒褐色
内横線は中室下で強く外屈する
内横線後半は太く明瞭

前翅は黒褐色、灰褐色鱗を全面に散らす
各横線は不明瞭
横脈上に小白紋をもつ

2962
オオマエジロマダラメイガ♀
22mm 様似町 8月

2963
Assara sp.♀
14mm 札幌市 7月

2964
フタモンマダラメイガ
(クロフタモンマダラメイガ)♂
22mm 石狩市 6月

2965
ウススジクロマダラメイガ♂
20mm 蘭越町 8月

【2963】日本未記録または新種(未発表)

scale:120%

296 | メイガ科 [マダラメイガ亜科]

No.	和名	サイズ・産地・月
2966	ナカキチビマダラメイガ♀	15mm 江別市 7月
2967	ウスイロサンカクマダラメイガ♂	18mm 苫小牧市 7月
2968	サンカクマダラメイガ♀	16mm 岩見沢市 7月
2969	クロオビマダラメイガ♂	22mm 浜中町 7月
2970	フタスジアカマダラメイガ♀	21mm 石狩市 6月(羽化)
2971	マエジロホソマダラメイガ♀	18mm 江別市 6月
2972	マツムラマダラメイガ♀	22mm 積丹町 8月
2973	ヒトスジホソマダラメイガ♀	20mm 遠軽町生田原 8月
2974	シロホソマダラメイガ♀	19mm 札幌市 7月
2975	ミサキホソマダラメイガ♀	20mm 松前町白神岬 8月
2976	トビスジマダラメイガ♂	24mm 札幌市 8月
2977	シロマダラメイガ♀	21mm 当別町 7月
2978	ノシメマダラメイガ♂	16mm 札幌市 1月（屋内で発生）
2979	アカモンマダラメイガ♀	18mm 江別市 6月
2980a	ハマベホソメイガ♂ 明色型	31mm 小清水町浜小清水 6月
2980b	同♂ 暗色型	30mm 小清水町止別 7月
2981	ヒトホシホソメイガ♀	23mm 石狩市 7月
2982	クロミャクホソメイガ♂	22mm 幌延町 8月
2983	コマエジロホソメイガ♂	27mm 八雲町黒岩 8月

ホソメイガ族

シマホソメイガ族

【2983】北海道未記録（小木広行氏、未発表）

scale:120%

メイガ科 [マダラメイガ亜科]・ツトガ科 [ツトガ亜科]

2984 マエジロホソメイガ♂
28mm 石狩市 8月
- 大型で翅形は丸みを帯びる
- 前縁の淡色帯を欠く

2985 オオマエジロホソメイガ♀
36mm 北広島市 8月
- 大きさに変異があり、小型のものは区別に注意が必要
- 下唇鬚は長く前方に突出する
- 淡色帯は白く明瞭

2986 マダラホソメイガ♂
20mm 日高町門別 7月
- 前翅の地色は灰褐色～茶褐色 黒褐色鱗を散らし、霜降り状
- 横脈下端の黒点が明瞭
- 亜外縁部に暗色の短線列をもつことが多い

scale:120%

ツトガ科
ツトガ亜科
*ほとんどの種で下唇鬚が前方に突出する。

2987 シロエグリツトガ♀
12mm 当別町 7月
- 白色の地色に橙褐色の斑紋をもつ
- ♀は橙褐色部が発達する
- 亜外縁線は外縁から離れR5脈を頂点にきついカーブを描く

2988 ミヤマエグリツトガ♂
12mm 中札内村 7月
- 前種よりはるかに白っぽい
- 亜外縁線は外縁近くを平行して走る

2989 チビツトガ♀
13mm 江別市 9月
- 地色は淡褐色、褐色鱗をまばらに散らす
- ハスジミジンアツバ(0976)などとの混同に注意
- 亜外縁線は外縁に平行する

scale:150%

2990 ホソスジツトガ♀
18mm 厚沢部町 8月
- 銀白色の地色に橙黄色の横線をもつ

2991a カバイロツトガ(キタヨシツトガ)♂
25mm 猿払村 6月(羽化)
- ♂の前翅は淡褐色～濃褐色
- 翅頂は尖る
- 外縁部は翅脈に沿った多数の条線をもつ

2991b 同♀
32mm 長万部町 8月
- ♀の前翅は細長く、色彩は淡色のことが多い

2992 ヨシツトガ♂
23mm 苫小牧市 7月
- 前翅は黄褐色でやや緑色がかることがある
- 翅脈間に銀色の鱗粉をまばらに散らす
- 銀色の亜外縁線をもつ

2993a ニカメイガ♂
27mm 苫小牧市 5月(羽化)
- 前翅は通常、淡黄褐色～茶褐色 色彩、大きさに変異がある

2993b 同♀
31mm 七飯町 8月

2994 ニカメイガモドキ♂
27mm 岩見沢市 6月
- 前種と酷似し、外観から区別することは困難 (顔面は前種より隆起する)

2995 オオバツトガ♂
33mm 北斗市 6月
- 前2種より前後翅の幅が広い

2996 チャバネツトガ♂
34mm 七飯町 7月
- エゾスジヨトウ(1447)との混同に注意
- 後縁は幅広く淡色に縁取られる

2997 マエキツトガ♂
22mm 増毛町 7月
- 中室下縁に沿って外縁まで淡色縦線が走る
- 前翅は銀白色、無紋

2998 シロツトガ♀
29mm 江別市 9月
- 前翅の地色は通常純白、稀に黄褐色や橙色
- 斑紋は橙褐色の横線をあらわすものから無紋まである

scale:100%

【要精査】2993, 2994

298 ツトガ科 [ツトガ亜科]

No.	和名	サイズ 産地 月	備考
2999a	ヒメキテンシロツトガ♂ 明色型	17mm 苫小牧市 7月	明色型は前後翅とも純白／前縁部は黒褐色鱗をまばらに散らす／後翅の翅頂部は黒褐色
2999b	同♂ 暗色型	21mm 幌延町 8月	暗色型は、前翅が後縁部を除き黄褐色、後翅は淡黄白色／後翅外縁は黄褐色
3000	フタキスジツトガ♂	20mm 苫小牧市 8月	前翅は銀白色〜淡黒褐色まで変異が大きい／黄褐色の横線は褐色の個体では不明瞭
3001	フタオレツトガ♀	30mm 蘭越町 7月	前翅は灰白色、褐色鱗をまばらに散らす／中横線は大きく2度曲がる
3002	サツマツトガ♂	17mm 釧路市 8月	前翅は淡横褐色、2黒点をもつ／横脈上の小黒点／外方に尾を引く黒点
3003	ヒメキスジツトガ♂	16mm 八雲町熊石泊川 7月	楔状の紋が目立つ／亜外縁線はCuA₂で強く内屈する
3004	キスジツトガ♀	24mm 松前町 8月	前種に似るがより大型／楔状の紋は前種より細長い／亜外縁線のCuA₂での内屈は弱い
3005	ツマスジツトガ♂	23mm 札幌市 6月	次種に似るが、前翅ははるかに明るい／中横線を欠く／亜外縁線は1本の銀線
3006	ウスクロスジツトガ♀	26mm 湧別町 7月	前種よりやや大型、外縁部は橙黄色／橙色の弱い個体は前種との混同に注意／亜外縁線は2重の銀線／斜行する中横線が明瞭
3007	ウスキバネツトガ♂	21mm 豊富町 7月	
3008	モリオカツトガ♂	22mm 猿払村 7月	前翅は明るく斑紋が弱い個体が多いが前種と外観により確実に区別するのは困難／前2種と外観により確実に区別するのは困難／前縁に2本の褐色条をもつ
3009	テンスジツトガ♀	28mm 札幌市 8月	前翅は白色で多数の黒点を散らす／次種のように大きな黒斑をもたない／亜外縁線の縁取りは淡で不明瞭なことが多い
3010	ナカモンツトガ♀	27mm 浜中町榊町 7月	さまざまな大きさの黒斑をあらわし発達の程度は極めて変異に富む／翅頂部に黒斑が発達することが多い／亜外縁線の縁取りは灰黄褐色で明瞭
3011a	ダイセツツトガ♂	21mm 占冠村 8月	前翅地色の濃淡には変異がある／2重の中横線が明瞭
3011b	同♀	23mm 小清水町 7月	色彩はギントガリツトガ(3012)に似るがはるかに小型
3012	ギントガリツトガ♂	22mm 釧路市 7月	前翅地色はごく淡い黄褐色／銀白色紋は太く1/2まで前縁に接し先端は鋭く尖る
3013	ギンスジツトガ♂	22mm 北広島市 6月	前翅地色は鮮明な黄褐色／斑紋のパターンは前種に似る
3014	ヒメギンスジツトガ♂	21mm 豊富町 7月	銀白紋はやや細く前縁に接せず先端は尖らない
3015	サロベツツトガ♂	15mm 根室市昆布盛 7月	銀白紋は太く短く大半が前縁に接する
3016	ニセシロスジツトガ♂	22mm 札幌市 7月	前翅は茶褐色／銀白紋の枝は明瞭

scale:120%

【要精査】3006-3008

ツトガ科 [ツトガ亜科]

番号	和名	サイズ・産地・月	備考
3017	フトシロスジツトガ♀	24mm 七飯町 6月	一見ギントガリツトガ(3012)に似る / 銀白紋は太いが前縁に接しない
3018	エダツトガ♀	22mm 上川町 8月	前翅地色は暗褐色 / 銀白紋は細く、先端は亜外縁線に近づく / 銀白紋の枝は細く尖る
3019	ウスギンツトガ♂	24mm 札幌市 7月	前翅は銀白色で無紋、次種に酷似するギンムジハマキ(2398)との混同に注意 / 翅頂下は凹む
3020	ミヤマウスギンツトガ♂	26mm 幌延町 7月	前種より金属光沢はやや弱いが外観による区別は難しいことが多い
3021	シロフタスジツトガ♂	24mm 札幌市 8月	前翅は黄褐色〜褐色 / 前縁と中央に銀白色条が縦走する
3022	コギツトガ♂	20mm 礼文島 8月	前翅は淡黄褐色 翅脈間に黒褐色鱗をまばらに散らす
3023	キタヒシモンツトガ♀	22mm 石狩市 8月	前翅は濃い黄褐色 / 亜外縁線は不明瞭で外縁部で白帯とならない
3024a	ニセフタテンツトガ♀	22mm 上川町 7月	前翅地色は淡黄褐色〜褐色 / 外方の銀白紋は大きいことが多い / 亜外縁線は中央部で明瞭な白帯となる
3024b	同♂	20mm 新得町トムラウシ 7月	稀に外方の銀白紋が小さなこともある
3025	シロモンツトガ♀	24mm せたな町北檜山 8月	亜外縁線は細く薄れつつ前縁に達する
3026	ナカオビチビツトガ♀	18mm 岩見沢市 8月	前翅地色は乳白色、黒褐色鱗と橙褐色鱗を散らすが、密度に変異が大きい / 著しく内傾した中横帯をあらわす
3027	ダイセツチビツトガ♂	16mm 美瑛町白金 7月	前翅は短く、外縁は丸みをもつ 地色は暗褐色〜灰褐色で変異が大きい / 前縁中央部に黄褐色紋をもつ
3028	クロスジツトガ♀	21mm 石狩市 7月	前翅地色は橙黄色、翅脈間は黒褐色に染まる / 下唇髭はブラシ状 先端の側面は黒色
3029	ウスグロツトガ♀	25mm 日高町門別 6月	地色は褐色〜暗褐色、白色の条線が明瞭
3030a	クロフタオビツトガ♂	24mm 小樽市 8月	前翅地色は淡黄褐色〜黒褐色 明暗の変異が大きい / 亜外縁線は後半で大きく屈曲する
3030b	同♀	32mm 札幌市 8月	
3031a	エゾモクメツトガ♂	24mm 稚内市 7月	前種と似るが前翅は細長く、灰色を帯びた黄褐色
3031b	同♀	32mm 豊富町 7月	

scale:120%

【要精査】3019, 3020

300 ツトガ科 [ツトガ亜科・ヤマメイガ亜科]

3032 シバツトガ♂ 16mm 様似町 8月
前翅は茶褐色〜暗褐色 斑紋は多くの場合不明瞭
縁毛基半部は金色に輝く
外横線は2回大きく屈曲する

3033 ナガハマツトガ♀ 20mm 札幌市 8月
前縁の暗色帯は白色紋に縁取られる
外横線と亜外横線はジグザグに屈曲する

3034 クドウツトガ♀ 26mm 苫小牧市 8月
前翅は褐色鱗を密布し、斑紋は不明瞭
前縁は帯状に暗褐色
亜外横線は外縁に平行し細かな鋸歯状

3035 ツトガ♂ 26mm 札幌市 8月
前翅は淡褐色、翅脈間に銀線が走り脈上に黒色鱗を散らす
翅頂は突出する

scale:120%

ヤマメイガ亜科
*小型の上に類似した種が多く、しばしば精査する必要がある。

3036 オオヤマメイガ♀ 22mm 湧別町 7月
翅は幅広く、全体に茶色を帯びる
内横線は外傾し角ばる

3037 ヤマナカヤマメイガ♀ 22mm 新ひだか町静内 7月
横脈紋は茶褐色で不明瞭
翅形は前種に似るが、黒が強い
内横線は外湾し大きく波状

3038a ホソバヤマメイガ♀ ホソバ型 16mm 札幌市 6月
横脈紋は黒褐色輪郭は不明瞭
♂前翅は細長く、灰白色

3038b 同♀ クロモン型 17mm 上川町 8月
暗色鱗を散布し斑紋がやや不明瞭な型と地色は明るく既紋が明瞭な型がある
翅頂が尖る
横脈紋と内横線外側の黒紋が目立つ
♀は前翅が丸みを帯び全体に暗褐色

3039 ノリクラヤマメイガ♀ 18mm 中札内村 8月
前翅は褐色、黒みが強い
内横線は外湾し波状
前翅は短く幅広く、灰白色

3040 ウスモンヤマメイガ♀ 20mm 中札内村 7月
内横線は外湾し鋸歯状
前翅は細長く、地色は明暗の変異が大きい

3041a トウホクヤマメイガ(オオモンヤマメイガ)♂ 17mm 根室市 8月
内横線は外湾し鋸歯状
外横線はR₅付近で強く内屈する
前翅はやや細長く、淡褐色次の2種に似る

3041b 同♀ 15mm 様似町 8月
前翅は細長く幅広い後翅は前種より暗い

3042 マダラヤマメイガ♀ 15mm 札幌市 7月
2個の黒環状の横脈紋が明瞭

3043 ヒラノヤマメイガ♀ 20mm 江別市 9月
下端の横脈紋は白く細長で常に明瞭

3044 スジボソヤマメイガ♀ 14mm 鹿追町 7月
横脈紋の縁取りが明瞭
内横線外側の2黒紋が明瞭

3045 マルモンヤマメイガ♀ 18mm 江別市 7月
肛角部に顕著な楕円紋をもつ

3046 ウスグロヤマメイガ♀ 16mm 湧別町 7月
前2種に似るが、前後翅ともより暗色
内横線外側の縁取りは不明瞭
外横線は後縁部でほとんど内湾しない

3047 カラフトヤマメイガ♂ 28mm 黒松内町 7月
一見ヤガ科に見えるが、類似の種はない

scale:150%

【要精査】3041, 3042, 3044-3046;3047

ツトガ科 [オオメイガ亜科・ミズメイガ亜科] | 301

オオメイガ亜科

体翅は純白、♀は尾端に長毛の束をもつ

3048
ムモンシロオオメイガ♂
34mm 苫小牧市 7月

前種に酷似し、外観による区別は困難
♀尾端の毛束の色は変異が大きく区別点とならない
(図示標本は撮影後交尾器を検討済み)

3049
ニセムモンシロオオメイガ♀
39mm 長沼町 8月

♂前翅は褐色、暗褐色点を散らすことがある
前翅中央は中室に沿って暗色となることが多い
亜外線は後半が不明瞭

3050a
クロフキオオメイガ♂
22mm 苫小牧市 8月

♀ははるかに大型、前翅は細長く翅頂が尖る
地色は黄褐色〜茶褐色

3050b
同♀
34mm 当別町 8月

前翅は赤褐色〜淡黄褐色
♂で外観に差は少ない

3051
フタテンオオメイガ♀
24mm 八雲町熊石泊川 8月

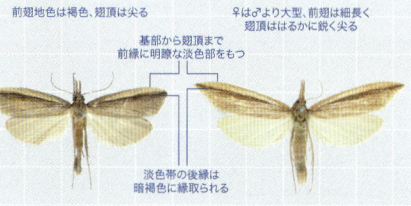

前翅地色は褐色、翅頂は尖る

3052a
トガリオオメイガ♂
24mm 浜中町 7月

♀♂より大型、前翅は細長く翅頂ははるかに鋭く尖る
基部から翅頂まで前縁に明瞭な淡色部をもつ
淡色帯の後縁は暗褐色に縁取られる

3052b
同♀
29mm 釧路市 7月

scale:100%

ミズメイガ亜科

3053
マダラミズメイガ♂
25mm 札幌市 8月

前後翅ともに橙黄色
白色部は細い横線となる

3054
ネジロミズメイガ♀
22mm 石狩市 9月

前種に似るが褐色みが強い
外横線は前縁近くで傾斜が強い

3055
ウスマダラミズメイガ♀
23mm 苫小牧市 7月

♂♀で大きさ、色彩が異なる
♂は小型で黄褐色、♀は大型で暗褐色
後翅中央の横帯は両側がほぼ平行

3056
ヒメマダラミズメイガ♀
18mm 江別市 9月

翅頂付近の亜外線に3〜4個の眼紋列をもつ

3057
ギンモンミズメイガ♀
20mm 札幌市 8月

前種に似るが、より白紋が発達し後翅の斑紋が異なる
亜外線の白帯は翅頂部に達する

3058
ソトシロスジミズメイガ♀
23mm 苫小牧市静川 8月

大きさ、色調、濃淡に変異がある

3059
ミドロミズメイガ♂
22mm 幌延町 8月

後翅内半の淡色部が目立つ

3060
ムナカタミズメイガ♀
23mm 苫小牧市 8月

scale:120%

【要精査】3048, 3049

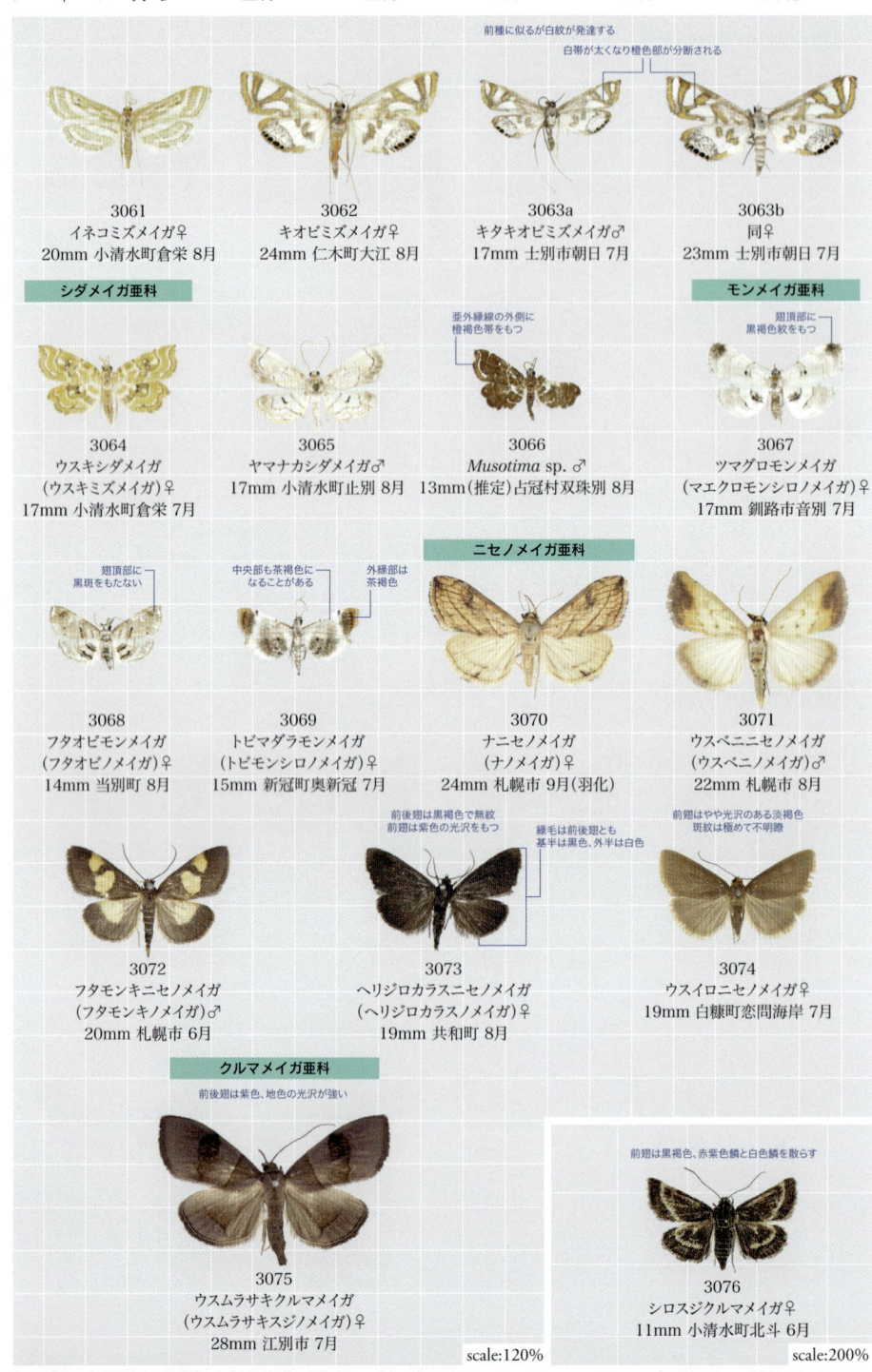

302 | ツトガ科 [ミズメイガ亜科・シダメイガ亜科・モンメイガ亜科・ニセノメイガ亜科・クルマメイガ亜科]

前種に似るが白紋が発達する
白帯が太くなり橙色部が分断される

3061 イネコミズメイガ♀ 20mm 小清水町倉栄 8月
3062 キオビミズメイガ♀ 24mm 仁木町大江 8月
3063a キタキオビミズメイガ♂ 17mm 士別市朝日 7月
3063b 同♀ 23mm 士別市朝日 7月

シダメイガ亜科

亜外縁線の外側に橙褐色帯をもつ

翅頂部に黒褐色紋をもつ

モンメイガ亜科

3064 ウスキシダメイガ (ウスキミズメイガ)♀ 17mm 小清水町倉栄 7月
3065 ヤマナカシダメイガ♂ 17mm 小清水町止別 8月
3066 *Musotima* sp. ♂ 13mm(推定) 占冠村双珠別 8月
3067 ツマグロモンメイガ (マエクロモンシロノメイガ)♀ 17mm 釧路市音別 7月

翅頂部に黒斑をもたない
中央部も茶褐色になることがある
外縁部は茶褐色

ニセノメイガ亜科

3068 フタオビモンメイガ (フタオビノメイガ)♀ 14mm 当別町 8月
3069 トビマダラモンメイガ (トビモンシロノメイガ)♀ 15mm 新冠町奥新冠 7月
3070 ナニセノメイガ (ナノメイガ)♀ 24mm 札幌市 9月(羽化)
3071 ウスベニニセノメイガ (ウスベニノメイガ)♂ 22mm 札幌市 8月

前後翅は黒褐色で無紋 前翅は紫色の光沢をもつ
縁毛は前後翅とも基半は黒色、外半は白色
前翅はやや光沢のある淡褐色 斑紋は極めて不明瞭

3072 フタモンキニセノメイガ (フタモンキノメイガ)♂ 20mm 札幌市 6月
3073 ヘリジロカラスニセノメイガ (ヘリジロカラスノメイガ)♀ 19mm 共和町 8月
3074 ウスイロニセノメイガ♀ 19mm 白糠町恋問海岸 7月

クルマメイガ亜科

前後翅は紫色、地色の光沢が強い

3075 ウスムラサキクルマメイガ (ウスムラサキスジノメイガ)♀ 28mm 江別市 7月

前翅は黒褐色、赤紫色鱗と白色鱗を散らす

3076 シロスジクルマメイガ♀ 11mm 小清水町北斗 6月

scale:120% scale:200%

【3066】日本未記録または新種(小木広行氏採集、未発表)。エグリシダメイガ *Musotima doryopterisivora* の♀に似るが、この標本は♂である。亜外縁線の外側に明瞭な橙褐色帯をもつことも異なる 【3069】北海道未記録(小木広行氏、未発表)

ツトガ科 [ノメイガ亜科] | 303

ノメイガ亜科
ノメイガ族

3077
ヒメセスジノメイガ♀
24mm 石狩市 7月

3078a
キホソノメイガ♂
28mm 札幌市 6月

3078b
同♀
27mm 湧別町 7月

3079a
カギバノメイガ♂
27mm 札幌市 6月

3079b
同♀
27mm 札幌市 6月

3080
シロスジクロモンノメイガ♂
29mm 蘭越町港町 7月

3081
ウラクロモンノメイガ♂
32mm 小清水町浜小清水 6月

3082
ウラグロシロノメイガ♀
29mm 北斗市 9月

3083
クロミャクノメイガ♂
25mm 上川町 6月

3084
マエキシタグロノメイガ♀
21mm 苫小牧市 7月

3085
ヘリキスジノメイガ♀
23mm 夕張市 9月

3086
タテシマノメイガ♂
23mm 札幌市 7月

3087
キムジノメイガ♂
34mm 石狩市 7月

3088a
ホシオビホソノメイガ♂
30mm 札幌市 8月

3088b
同♀
35mm 石狩市 7月

3089a
キタホシオビホソノメイガ♂
30mm 苫小牧市 7月

3089b
同♀
33mm 浜中町 7月

3090
イラクサノメイガ♀
32mm 訓子府町 6月

scale:100%

304 ツトガ科 [ノメイガ亜科]

3091 ヨツメクロノメイガ♀ 23mm 札幌市 5月	3092 タイリクキノメイガ 22mm 石狩市 8月	3093 クロマダラキノメイガ♂ 17mm 釧路市 7月	3094 クシガタノメイガ♂ 22mm 猿払村 7月
3095 スジマガリノメイガ♂ 24mm 根室市 7月	3096a キイロノメイガ♂ 34mm 石狩市 7月	3096b 同♀ 26mm 豊富町 7月	3097 マエベニノメイガ♀ 21mm 鹿部町 6月
3098 ヘリジロキンノメイガ♀ 19mm 苫小牧市 8月	3099 マエウスモンキノメイガ♀ 27mm 北斗市 9月	3100 ウスグロノメイガ♂ 21mm 浜中町琵琶瀬 7月	3101 ナカミツテンノメイガ♂ 33mm 札幌市 7月
3102a フチグロノメイガ♂ 29mm 札幌市 8月	3102b 同♀ 27mm 札幌市 8月	3103a キイロフチグロノメイガ♂ 35mm 札幌市 7月	3103b 同♀ 29mm 札幌市 7月
3104 ウスオビキノメイガ♂ 26mm 日高町門別 6月	3105 ウスチャオビキノメイガ♂ 28mm 石狩市 7月	3106a ウドノメイガ♂ 26mm 石狩市 7月	3106b 同♀ 27mm 江別市 7月

scale:100%

【要精査】3102, 3103

ツトガ科 [ノメイガ亜科] | 305

翅脈は赤褐色に染まる

3107
スジモンカバノメイガ♂
20mm 札幌市 6月

後翅の外縁線が目立つ

前翅中央と外縁部に赤褐色帯をもつ

3108
ベニフキノメイガ♀
17mm 七飯町 7月

前後翅とも2重の橙色帯が目立つ

3109
コチャオビノメイガ♀
16mm 白老町 8月

3110
ウチベニキノメイガ♂
17mm 佐呂間町 6月

前翅は細長く、光沢のある黒色
淡色の個体では内・外横線、横脈紋があらわれる

3111
ヒトモンノメイガ♀
18mm 八雲町熊石関内 7月

縁毛の外半は白色

3112
トモンノメイガ♂
15mm 釧路市 7月

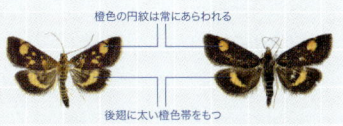

橙色の円紋は常にあらわれる

3113a
ハッカノメイガ♂ 明色型
16mm 鹿追町 8月(羽化)

後翅に太い橙色帯をもつ

3113b
同♀ 暗色型
18mm 中札内村 7月

前後翅の地色は橙黄色〜黄色
外縁部は暗色のことが多い

内横線は強く角ばる

3114a
アカミャクノメイガ♀ 暗色型
17mm 鹿部町 6月

3114b
同♀ 明色型
19mm 北斗市 8月

前種の明色型にやや似る

内横線は弱く外湾する

縁毛の外半は白色

3115
ヒメトガリノメイガ♀
22mm 苫小牧市 7月

前種にやや似るが、前翅は灰黄褐色

外横線湾曲部の内側は淡色

縁毛の外半は灰褐色

3116
ウスヒメトガリノメイガ♂
22mm 鹿部町 6月

黄色で長い肩板が目立つ

3117
シロモンクロノメイガ♂
25mm 小清水町 6月

3118
ウスジロノメイガ♀
22mm 小清水町 8月

外横線の前縁部と後縁部は太くなり、橙色紋となる

前後翅は淡黄褐色、暗褐色鱗を散らす
前翅は幅広く、翅頂は尖る

3119
ウスグロキモンノメイガ♂
19mm 豊頃町 7月

3120
ユウグモノメイガ♀
37mm 石狩市 7月

前後翅は淡黄白色

外横線は鋸歯状
ゆるやかに湾曲する

3121
ウスジロキノメイガ♂
32mm 札幌市 6月

後翅中央に黒斑が出ることが多い

前種に似るが、やや黄色みが強い

外横線は前縁直下で内湾する

3122
マルバネキノメイガ♀
29mm せたな町川尻 8月

3123-3126の4種は酷似する上に変異も大きい
中脚脛節と外横線の形態が主な区別点となる

中脚脛節は細く、内面は滑らか

外横線はCuA₁-CuA₂の間を斜めに内方に向かう

3123
アワノメイガ♂
26mm 函館市 5月

中脚脛節は細く、内面は滑らか

外横線はCuA₂に沿って内方に向かう

3124
オナモミノメイガ♂
27mm 函館市 7月

scale:100%

ツトガ科 [ノメイガ亜科]

中脚脛節は太く膨らみ、内面に黒色の毛束をもつ
外横線はCuA$_1$-CuA$_2$の間を斜めに内方に向かう

3125
アズキノメイガ ♂
26mm 札幌市 6月

中脚脛節は前種よりやや太く、内面に黒色の毛束をもつ
外横線はCuA$_1$-CuA$_2$の間を斜めに内方に向かう

3126a
フキノメイガ ♂
34mm 江別市 6月

中脚脛節は前3種より大型

3126b
同 ♀
35mm 北斗市 6月

ヒゲナガノメイガ族
一見ヤガ科に見えるが、類似種はいない

中室内に四角形の黄白色紋をもつ

3127
クロスジキノメイガ
(クロスジキオオメイガ) ♀
22mm 函館市双見 7月

3128
シロテンノメイガ ♀
17mm 函館市双見 7月

3129
マエシロモンノメイガ ♀
14mm 札幌市 7月

後翅中央部に黄白色紋が目立つ

3130
コガタシロモンノメイガ ♀
20mm 札幌市 7月

地色は暗褐色、斑紋はやや不明瞭
♂は♀より翅幅が広い

中室内に小淡色点をもつ

外縁は翅頂下で凹む

前後翅とも地色は灰色
白色細横線を密布する

後翅中央部に環紋があり内部がやや淡色となる

3131
ハナダカノメイガ ♂
21mm 江別市 7月

腹部は毛束を内蔵するため太い

3132
エグリノメイガ ♀
16mm 苫小牧市 7月

CuA$_2$付近の褐色斑が目立つ

3133
サザナミノメイガ ♀
18mm 上ノ国町木ノ子 7月

翅頂は尖る

3134
ミツテンノメイガ ♂
19mm 苫小牧市 7月

横線は橙褐色
太く淡い

前種に似るが、黒紋は小さい
前縁に暗色短条を散らす
横線は細く暗色

3135
ゴマダラノメイガ ♂
21mm 黒松内町 7月

3136
マエモンノメイガ ♀
19mm 八雲町熊石泊川 7月

3137
クロオビノメイガ ♂
27mm 札幌市 7月

前種に似るが、紫色を帯びた暗褐色

3138
シロオビノメイガ ♀
20mm 札幌市 9月

次2種とよく似るので注意が必要

前後翅地色は暗褐色、銀色の小斑を散らす

前翅は茶褐色、中央部は紫色を帯びる

基部は淡黄色の地に橙色鱗を散らす
内横線は半円形

基部は淡黄色
内横線は直線状

内横線内方に亜基線をもたない
亜外縁線は大きく湾曲する

3139
アヤナミノメイガ ♀
19mm 北斗市 9月

後翅内半の黄白色斑が目立つ

3140
ウスムラサキノメイガ ♀
21mm 札幌市 6月

3141
クロウスムラサキノメイガ ♀
18mm 札幌市 7月

後縁の淡色部は淡黄色で目立つ

3142
フタマタノメイガ ♂
21mm 函館市 7月

後翅の外横線は次2種より太いことが多い

scale: 100%

【3133】北海道未記録(小松利民氏、未発表)

ツトガ科 [ノメイガ亜科] | 307

各横線の内側はぼやけ、地色が淡色となる
亜基線をもつ
亜外縁線は外縁に平行する
前種と斑紋パターンは似るが各横線は細く直線的で明瞭
亜外縁線と外横線はごく接近するか接続する
亜外縁線と外横線は接近しない
♂は前縁1/3に鱗毛塊をもつ
♂は中室端付近に鱗毛塊をもつ

3143 マタスジノメイガ♀
20mm 北斗市 9月

3144 ヨスジノメイガ♂
24mm 江差町 8月

3145 コブノメイガ♀
18mm 札幌市 8月

3146 ハカジモドキノメイガ♂
19mm 千歳市 7月

♂は前翅が非常に細長い

3147 シロモンノメイガ♂
20mm 松前町 8月

3148a ハラナガキマダラノメイガ♂
32mm 札幌市 7月

3148b 同♀
34mm 札幌市 7月

前種に似るがはるかに黒っぽい
前後翅の地色は淡黄色、やや緑色がかる斑紋は全体にぼやける
前後翅は黄白色、各横線は細く鮮明

3149 クロスジノメイガ♀
30mm 北斗市 6月

後翅横脈紋は四角形の環状
後翅の横脈紋は太い短線状
前縁外半に小黒点が並ぶ
環状の横脈紋が目立つ

3150 シロテンキノメイガ♀
20mm 石狩市 7月

外横線の突出が目立つ

3151 クロフキノメイガ♀
16mm 石狩市 8月

3152 イノウエノメイガ♀
14mm 北斗市 8月

3153 ネモンノメイガ♂
16mm 松前町館浜 8月

暗褐色鱗を密布する色彩は暗いが斑紋は鮮明
前翅は茶褐色〜黒褐色、明暗の変異が大きい
前種に似るがはるかに小型色彩はより明るい
前翅はより細長く、地色は黄褐色

3154 ハイイロホソバノメイガ♂
14mm 蘭越町 7月

外横線の突出が目立つ

3155 シロアシクロノメイガ♂
28mm 長沼町 8月

3156 ヒメクロミスジノメイガ♀
20mm 江別市 8月

3157 マエウスキノメイガ♂
22mm 小清水町 9月

一見、ウラジロキノメイガ(3202)に似るが、大型色調はより淡く、横線は太い

♀とも肩板が長く♂では腹部の中央まで延びる

3158 キバラノメイガ♂
35mm 七飯町 8月

3159 トビヘリキノメイガ♀
26mm 千歳市 8月

3160 オオキノメイガ♂
44mm 札幌市 9月

scale:100%

ツトガ科

ツトガ科 [ノメイガ亜科]

No.	和名	サイズ・産地・月	注記
3161	タイワンウスキノメイガ♀	31mm 浦河町 8月	前後翅の地色は鮮やかな黄色／外縁部の暗色部の発達には変異がある／横脈紋は白色条、褐色に縁取られる
3162	クロスジキンノメイガ♀	29mm 八雲町熊石泊川 8月	前種に似るが、くすんだ褐色みを帯びる／横脈紋は暗褐色短条
3163	ウスイロキンノメイガ♀	28mm 函館市 7月	前種にやや似るが、はるかに淡色／外縁部の暗色帯は全体に等幅／外横線は不連続／外横線は連続しなめらか
3164	ヒメウコンノメイガ♂	26mm 函館市 7月	前種にやや似るが、外縁部はあまり暗くない／外横線は連続しやや鋸歯状
3165	ウコンノメイガ♂	33mm 訓子府町 7月	前種に似るが大型で、前翅はより細長い
3166	シロハラノメイガ♀	21mm 江別市 6月	
3167	コヨツメノメイガ♂	25mm 苫小牧市 7月	白紋の外側は次種より強く凹むことが多いとされるが、確実な区別点ではない
3168	ヨツメノメイガ♀	30mm 松前町白神岬 9月	前種に似るが、大型でより黒っぽい
3169	オオキバラノメイガ♂	38mm 江別市 8月	前翅の地色は黄褐色／♀の翅幅は♂より広く、色彩が明るい／外横線は太く不鮮明
3170	ホソミスジノメイガ♂	32mm 石狩市 7月	前後翅の地色は♂♀とも同じで黄色／♀の翅幅は♂より広い／外横線は細く鮮明
3171	ウスキモンノメイガ♀	28mm 札幌市 7月	
3172	オオワタノメイガ(ワタヌキノメイガ)♂	33mm 札幌市 8月	
3173	モモノゴマダラノメイガ♀	25mm 八雲町熊石泊川 8月	下唇鬚の側面は狭く淡黄色／♂後脚に黒褐色の毛束をもたない
3174	マツノゴマダラノメイガ♂	27mm 札幌市 7月	下唇鬚の側面は広く帯状に黒い／外横線にあたる黒点列が発達する／♂後脚脛節先端部と第一附節に黒褐色の毛塊をもつ
3175	モンシロクロノメイガ♀	22mm 石狩市 7月	モンキクロノメイガ(3198)にやや似る／黄白色紋は小さい／中央の黄白色帯は細く屈曲する
3176	ツチイロノメイガ♀	25mm 江差町 8月	前後翅は黄褐色／外横線前半は直線状／細かな鋸歯状をなす
3177	オオツチイロノメイガ♂	29mm 石狩市 7月	前種に似るが前翅は細長く、より大型で黒っぽい／外横線は前縁下でやや内湾する
3178	ホソオビツチイロノメイガ♀	25mm 江別市 7月	前種に似て黒っぽいが、前翅は細長くない／中室内の淡色紋が明瞭
3179	ウスグロヨツモンノメイガ♀	29mm 江別市 8月	外横線前半は直線状／外縁に平行して鋸歯状の黄白色線をあらわす／外側が鋸歯状の黄白色紋が目立つ

scale:100%

ツトガ科 [ノメイガ亜科] | 309

以下3188まで、白色部は透明〜半透明

3180
マエアカスカシノメイガ♂
30mm 札幌市 5月

3181
ワタヘリクロノメイガ♂
25mm 札幌市 9月

3182
ツゲノメイガ♂
34mm 札幌市 9月

3183
スカシノメイガ♂
25mm 石狩市 7月

前後翅は黒褐色、紫色の光沢がある

3184
シロマダラノメイガ♂
22mm 函館市双見 7月

3185
ヨツボシノメイガ♂
40mm 厚真町 6月

3186
シロフクロノメイガ♂
41mm 北斗市中山 7月

前翅は非常に細長く、地色は暗灰褐色
斑紋が不明瞭な場合もある

前翅は暗褐色〜灰褐色
♂は前翅が細長く、腹部が非常に長い

♂は中室内が溝状に凹む

3187
クロスカシトガリノメイガ♂
20mm 札幌市八剣山 7月

3188
マメノメイガ♂
24mm 札幌市 9月

3189
ワモンノメイガ♂
29mm 栗山町 10月

3190
シロテンウスグロノメイガ♂
22mm 平取町 7月

前種より色彩は暗い
♀は外観により区別することは困難

♂♀とも前縁裏面に
鱗毛をもたない

前後翅は黄褐色

前翅は暗褐色〜灰褐色、明暗の変異がある
前翅は前種より細長い

♂は前縁裏面に
暗褐色の鱗毛を密生する

内横線の内側と外横線の外側は
黄白色に縁取られる

♂は外縁の傾斜が強い

3191
クロオビクロノメイガ♂
25mm 八雲町熊石泊川 9月

3192
ケナシクロオビクロノメイガ♂
25mm 苫小牧市 9月

3193
マエキノメイガ♀
26mm 北斗市 9月

3194
ウスオビクロノメイガ♂
24mm 函館市 8月

前後翅は灰黄褐色〜暗褐色
外横線は淡黄色帯で縁取られ
その外方は鋸歯状

前種に似るが前翅は細長い

外横線の縁取りは発達し
外横線内湾部で淡黄色紋となる

3195
キモンウスグロノメイガ♀
32mm 千歳市 8月

3196a
コキモンウスグロノメイガ♂
29mm 札幌市 7月

3196b
同♀
29mm 千歳市 8月

scale:100%

【3187】北海道未記録(未発表)

ツトガ科 [ノメイガ亜科]

地色の黄色みは弱く、黒褐色の横線が明瞭	モンシロクロノメイガ(3175)にやや似る / 丸くやや大きい淡黄白色紋 / 中央の横帯は幅広いが屈曲部で途切れる傾向がある		前種に似るがやや小型、地色は黒みが弱い / 基部、中室内、中室端に淡橙褐色紋が発達 / 後縁部に暗色の三角紋が目立つ
3197 クロフキマダラノメイガ♂ 35mm 苫小牧市 7月	**3198** モンキクロノメイガ♀ 28mm 石狩市 7月	**3199** シロアヤヒメノメイガ♀ 21mm 札幌市 8月	**3200** キアヤヒメノメイガ♂ 16mm 様似町 8月
前後翅は鮮やかな黄色、翅表の斑紋は淡い / 裏面では暗褐色の斑紋が極めて明瞭 / 中室内とその直下中室端に環状紋をもつ	トビヘリキノメイガ(3159)に似るが、小型地色は橙色みを帯びる / 外横線は細く鮮明 / 外横線の外側は環状紋列をなす	翅端部の黄色紋は前種にやや似る / 外横線は外側が膨らみ、内側が突出する	モンキクロノメイガ(3198)にやや似るが地色は灰黄褐色、斑紋は黄色 / 黄色紋は外横で凹む
3201 キノメイガ♂ 30mm 石狩市 7月	**3202** ウラジロキノメイガ♀ 21mm 八雲町黒岩 8月	**3203** シュモンノメイガ♀ 29mm 神恵内村珊内 6月	**3204** オオモンシロルリノメイガ♂ 27mm 七飯町 8月
	前翅地色は灰白色、黒褐色鱗を散らす / 本種以下の5種は酷似するので注意を要する / 環状紋、腎状紋の黒みが強い / 環状紋は大きく、通常中心に黒点をもつ	前種にやや似る / 環状紋、腎状紋の黒みは弱い / 環状紋の中心に黒点を欠く	前種に酷似する / 外横線の湾曲は弱い / ♂の中脚脛節はやや太い
3205 モンスカシキノメイガ♀ 29mm 札幌市 7月	**3206** ルリノメイガ♂ 18mm 夕張市 6月	**3207** ウスグロルリノメイガ♀ 21mm 苫小牧市 7月	**3208** ヒメルリノメイガ♂ 19mm 増毛町 7月
ウスグロルリノメイガ(3207)に似るが大型で前翅の灰色みが強い / 外横線は強く鋸歯状 / ♂の黒点列は翅の表裏とも顕著	前種に酷似し、外観からの区別は困難がある / 後翅に不明瞭ながら外横線があらわれる	前翅は茶褐色、後翅は白色に近い / 後翅の外横線はより不明瞭消失することが多い	前翅は橙黄褐色、後翅は白色に近い
3209 ハイイロルリノメイガ♀ 23mm 新十津川町 7月	**3210** ニセハイイロルリノメイガ♂ 23mm 留萌市 7月	**3211** チャモンノメイガ♀ 24mm 札幌市 9月	**3212** クロモンキノメイガ♀ 19mm 小清水町 11月
本種以下4種はよく似るので注意が必要 / 腎状紋は近似種の中では比較的明瞭	前種に似るがはるかに小型 / 外横線の前半はなめらかに湾曲し鋸歯状	外横線は前縁直下で直線的かやや内湾する	前種に似るが前翅の色彩は暗い / 縁毛は暗褐色 / 外横線外側を縁取る淡白帯がやや明瞭
3213 ウスマルモンノメイガ♀ 25mm 古平町 7月	**3214** チビマルモンノメイガ♀ 17mm 岩見沢市 5月	**3215** コマルモンノメイガ♂ 20mm 平取町 6月	**3216** ウスグロマルモンノメイガ♀ 19mm 江別市 8月

scale: 100%

【要精査】3206-3210, 3213-3216

北海道産鱗翅目総目録

主に専門誌(図鑑、学会誌、同好会誌など)等の文献記録と、標本データを元に作成した。
この目録は図版とは異なり、鱗翅目の分類の配列に従っている。

北：日本では北海道だけから記録されている種。
千：南千島に記録があり、北海道に分布する可能性が高い種。
＊：北海道の記録はあるが、再確認する必要がある種。誤同定が疑われる種も含まれるので注意を要する。
----：この図鑑では、図示されていない種。

Micropterigoidea コバネガ上科

▶ Micropterigidae コバネガ科
  1642 *Micropterix aureatella* (Scopoli, 1763) モンフタオビコバネ

Eriocranioidea スイコバネガ上科

▶ Eriocraniidae スイコバネガ科
北 ---- *Eriocrania unimaculella* (Zetterstedt, 1839) シロテンスイコバネ
  1643 *Eriocrania sparrmannella* (Bosc, 1791) キンマダラスイコバネ
  1644 *Eriocrania sakhalinella* Kozlov, 1983 ハンノキスイコバネ
北 1645 *Eriocrania sangii* (Wood, 1891) クロムラサキスイコバネ
  1646 *Eriocrania semipurpurella* (Stephens, 1835) オオスイコバネ

Hepialoidea コウモリガ上科

▶ Hepialidae コウモリガ科
北 1647 *Gazoryctra chishimana* (Matsumura, 1931) チシマシロスジコウモリ
 ---- *Palpifer sexnotatus* (Moore, 1879) シロテンコウモリ
  1648 *Pharmacis fusconebulosa* (De Geer, 1778) キタコウモリ
  1649 *Phymatopus japonicus* Inoue, 1982 ギンスジコウモリ(キンスジコウモリ)
  1650 *Endoclita excrescens* (Butler, 1877) コウモリガ
  1651 *Endoclita sinensis* (Moore, 1877) キマダラコウモリ

Nepticuloidea モグリチビガ上科

▶ Nepticulidae モグリチビガ科
▶▶ Nepticulinae モグリチビガ亜科
▶▶▶ Nepticulini モグリチビガ族
北 1652 *Stigmella kurilensis* Puplesis, 1987 クナシリモグリチビガ
  1653 *Stigmella sakhalinella* Puplesis, 1984 サハリンモグリチビガ
北 ---- *Stigmella populnea* Kemperman & Wilkinson, 1985 ポプラモグリチビガ
 ---- *Stigmella titivillitia* Kemperman & Wilkinson, 1985 ハンノクロエリモグリチビガ
  1654 *Stigmella ultima* Puplesis, 1984 イタヤモグリチビガ
  1655 *Stigmella monella* Puplesis, 1984 ウリカエデモグリチビガ
  1656 *Stigmella kurotsubarai* Kemperman & Wilkinson, 1985 クロツバラモグリチビガ
北 ---- *Stigmella nakamurai* Kemperman & Wilkinson, 1985 ナカムラモグリチビガ
北 ---- *Stigmella nireae* Kemperman & Wilkinson, 1985 ニレモグリチビガ
 ---- *Stigmella vittata* Kemperman & Wilkinson, 1985 ヤナギモグリチビガ
北 ---- *Stigmella tranocrossa* Kemperman & Wilkinson, 1985 キモンオビモグリチビガ
 ---- *Stigmella gimmonella* (Matsumura, 1931) ギンモンモグリチビガ
北 ---- *Stigmella acrochaetia* Kemperman & Wilkinson, 1985 アトヒロオビモグリチビガ
  1657 *Stigmella aladina* Puplesis, 1984 クヌギクロモグリチビガ
  1658 *Stigmella dentatae* Puplesis, 1984 カシワモグリチビガ
  1659 *Stigmella kurokoi* Puplesis, 1984 クヌギモグリチビガ
  1660 *Stigmella omelkoi* Puplesis, 1984 オスアトフサモグリチビガ
  1661 *Stigmella azuminoensis* Hirano, 2010 アズミノモグリチビガ

▶▶▶ **Trifurculini** ミツホコモグリチビガ族
    1662   *Bohemannia nipponicella* Hirano, 2010 キンツヤモグリチビガ
    1663   *Bohemannia ussuriella* Puplesis, 1984 ヒメキンツヤモグリチビガ
千   ----   *Bohemannia manschurella* Puplesis, 1984 ホソバツヤモグリチビガ
    1664   *Bohemannia nubila* Puplesis, 1985 ムモンツヤモグリチビガ
    1665   *Ectoedemia peterseni* (Puplesis, 1985) キイロモグリチビガ
    1666   *Ectoedemia tigrinella* (Puplesis, 1985) トラフモグリチビガ
北   ----   *Ectoedemia trifasciata* (Matsumura, 1931) ミスジモグリチビガ
    1667   *Ectoedemia amani* Svensson, 1966 ウスグロモグリチビガ
    1668   *Ectoedemia admiranda* Puplesis, 1984 クロバネモグリチビガ
    ----   *Ectoedemia argyropeza* (Zeller, 1839) ヤマナラシモグリチビガ
    1669   *Ectoedemia olvina* Puplesis, 1984 イタヤカエデモグリチビガ
    1670   *Ectoedemia pilosae* Puplesis, 1984 キンミズヒキモグリチビガ
    ----   *Ectoedemia occultella* (Linnaeus, 1767) ナナカマドモグリチビガ
北   1671   *Ectoedemia weaveri* (Stainton, 1855) コケモモモグリチビガ
    1672   *Ectoedemia hypericifolia* (Kuroko, 1982) オトギリモグリチビガ

▶ **Opostegidae** ヒラタモグリガ科
    1673   *Opostegoides albellus* Sinev, 1990 シロヒラタモグリガ
    1674   *Opostegoides minodensis* (Kuroko, 1982) ミノドヒラタモグリガ
    1675   *Opostegoides omelkoi* Kozlov, 1985 ツマキヒラタモグリガ
    1676   *Pseudopostega auritella* (Hübner, 1813) ヒメヒラタモグリガ
    1677   *Pseudopostega crepusculella* (Zeller, 1839) ツマスジヒラタモグリガ

Incurvarioidea マガリガ上科

▶ **Heliozelidae** ツヤコガ科
    1678   *Tyriozela porphyrogona* Meyrick, 1931 ムラサキツヤコガ
    1679   *Antispila uenoi* Kuroko, 1987 ブドウキンモンツヤコガ
    ----   *Antispila corniella* Kuroko, 1961 ミズキツヤコガ
    1680   *Antispila hikosana* Kuroko, 1961 キンモンツヤコガ
    1681   *Antispila inouei* Kuroko, 1987 オオブドウキンモンツヤコガ
    ----   *Antispila hydrangifoliella* Kuroko, 1961 アジサイツヤコガ

▶ **Adelidae** ヒゲナガガ科
▶▶ **Nematopogoninae** ウスキヒゲナガガ亜科
    1682   *Nematopogon robertellus* (Clerck, 1759) ゴマフヒメウスキヒゲナガ
    1683   *Nematopogon dorsigutellus* (Erschoff, 1877) アトボシウスキヒゲナガ
    1684   *Nematopogon distinctus* Yasuda, 1957 ウスキヒゲナガ

▶▶ **Adelinae** ヒゲナガガ亜科
    1685   *Adela reaumurella* (Linnaeus, 1758) ミドリヒゲナガ
    1686   *Nemophora raddei* (Rebel, 1901) ゴマフヒゲナガ
    1687   *Nemophora umbripennis* Stringer, 1930 キオビクロヒゲナガ
    1688   *Nemophora askoldella* (Millière, 1879) ギンヒゲナガ
    1689   *Nemophora aurifera* (Butler, 1881) ホソオビヒゲナガ
    1690   *Nemophora rubrofascia* (Christoph, 1882) ベニオビヒゲナガ
    1691   *Nemophora optima* (Butler, 1878) ギンスジヒゲナガ
    1692   *Nemophora trimetrella* Stringer, 1930 ホソフタオビヒゲナガ
    1693   *Nemophora bifasciatella* Issiki, 1930 キオビコヒゲナガ
    1694   *Nemophora sylvatica* Hirowatari, 1995 ミヤマコヒゲナガ
北   1695   *Nemophora* sp. 和名未定
    1696   *Nemophora karafutonis* (Matsumura, 1932) カラフトヒゲナガ
北   1697   *Nemophora bellela* (Walker, 1863) アラスカヒゲナガ
    1698   *Nemophora amatella* (Staudinger, 1892) オオヒゲナガ
    1699   *Nemophora ochsenheimerella* (Hübner, 1813) ツマモンヒゲナガ
    1700   *Nemophora wakayamensis* (Matsumura, 1931) ワカヤマヒゲナガ

1701　*Nemophora sapporensis* (Matsumura, 1931) サッポロヒゲナガ
1702　*Nemophora staudingerella* (Christoph, 1881) ウスベニヒゲナガ

▶ Prodoxidae ホソヒゲマガリガ科
　▶▶ Laproniinae マダラマガリガ亜科
北　1703　*Lampronia altaica* Zagulajev, 1992 アルタイマガリガ
北　1704　*Lampronia corticella* (Linnaeus, 1758) キマダラマガリガ
　　1705　*Lampronia flavimitrella* (Hübner, 1817) フタオビマガリガ

▶ Incurvariidae マガリガ科
　　1706　*Phylloporia bistrigella* (Haworth, 1828) ヒメフタオビマガリガ
　　1707　*Vespina nielseni* Kozlov, 1987 ホソバネマガリガ(ヒメホソバネマガリガ)
　　1708　*Procacitas orientella* (Kozlov, 1987) ウスキンモンマガリガ
　　1709　*Alloclemensia unifasciata* Nielsen, 1981 ヒトスジマガリガ
　　1710　*Alloclemensia maculata* Nielsen, 1981 フタモンマガリガ
北　----　*Excurvaria praelatella* (Denis & Schiffermüller, 1775) タカネマガリガ
　　1711　*Paraclemensia incerta* (Christoph, 1882) クロツヤマガリガ
北　----　*Paraclemensia monospina* Nielsen, 1982 アズキナシマガリガ
北　1712　*Incurvaria vetulella* (Zetterstedt, 1839) コケモモマガリガ
北　----　*Incurvaria* sp. of Kusunoki, Noda & Yasuda, 2004a, 2004b　和名未定

Tischerioidea ムモンハモグリガ上科

▶ Tischeriidae ムモンハモグリガ科
　　1713　*Tischeria decidua* Wocke, 1876 ニセクヌギキムモンハモグリ(ニセクヌギキハモグリガ)
　　1714　*Tischeria quercifolia* Kuroko, 1982 クヌギキムモンハモグリ(クヌギキハモグリガ)
　　1715　*Coptotriche heinemanni* (Wocke, 1871) キイチゴクロムモンハモグリ(キイチゴクロハモグリガ)
　　1716　*Coptotriche szoecsi* (Kasy, 1961) ワレモコウツヤムモンハモグリ(ワレモコウツヤハモグリガ)

Tineoidea ヒロズコガ上科

▶ Tineidae ヒロズコガ科
　▶▶ Scardiinae オオヒロズコガ亜科
　　1717　*Scardia amurensis* Zagulajev, 1965 オオヒロズコガ
　　1718　*Morophaga bucephala* (Snellen, 1884) アトモンヒロズコガ
　　1719　*Morophaga fasciculata* Robinson, 1986 ウスマダラオオヒロズコガ
　　1720　*Morophagoides ussuriensis* (Caradja, 1920) ウスリーシイタケオオヒロズコガ

　▶▶ Nemapogoninae コクガ亜科
　　1721　*Nemapogon granella* (Linnaeus, 1758) コクガ
　　1722　*Triaxomera puncticulata* Miyamoto, Hirowatari & Yamamoto, 2002 シラホシミヤマヒロズコガ

　▶▶ Teichobiinae ウスバヒロズコガ亜科
　　----　*Psychoides phaedrospora* (Meyrick, 1935) ウスバヒロズコガ

　▶▶ Myrmecozelinae フサクチヒロズコガ亜科
　　1723　*Cephitinea colonella* (Erschoff, 1874) ナガバヒロズコガ
　　1724　*Ippa conspersa* (Matsumura, 1931) マダラマルハヒロズコガ
　　1725　*Cephimallota chasanica* (Zagulajev, 1965) ハチノスヒロズコガ

　▶▶ Tineinae ヒロズコガ亜科
＊　----　*Trichophaga tapetzella* (Linnaeus, 1758) ジュウタンガ　……………[日本では長い間確認されていない]
　　1726　*Niditinea striolella* (Matsumura, 1931) クロスジイガ
　　1727　*Niditinea piercella* Bentinck, 1935 ニセウスグロイガ
　　----　*Tineola bisselliella* (Hummel, 1823) コイガ
　　1728　*Monopis flavidorsalis* (Matsumura, 1931) アトキヒロズコガ
　　1729　*Monopis longella* (Walker, 1863) マエモンクロヒロズコガ

►►Hieroxestinae メンコガ亜科

	1730	*Wegneria cerodelta* (Meyrick, 1911) アトボシメンコガ
	1731	*Opogona nipponica* Stringer, 1930 クロエリメンコガ
*	----	*Opogona thiadelpha* Meyrick, 1934 モトキメンコガ .... [確実な記録を見出せない]
北	1732	*Opogona* sp. 和名未定

►►Euplocaminae クシヒゲヒロズコガ亜科

	1733	*Psecadioides aspersus* Butler, 1881 クロクモヒロズコガ

►►Subfamily incertae sedis 亜科所属不明

	1734	*Pelecystola strigosa* (Moore, 1888) クシヒゲキヒロズコガ

►Psychidae ミノガ科

	1735	*Bruandia niphonica* (Hori, 1926) ヒメミノガ
千	----	*Psyche kunashirica* Solanikov, 2000 和名未定
	1736	*Canephora pungelerii* (Heylaerts, 1900) キタクロミノガ
北	----	*Canephora hirsuta* (Poda, 1761) オオキタクロミノガ
北	1737	*Sterrhopterix fusca* (Haworth, 1809) ヒメカラフトミノガ

Glacillarioidea ホソガ上科

►►Roeslerstammiidae ヒカリバコガ科

*	----	*Roeslerstammia pronubella* (Denis & Schiffermüller, 1775) ムジヒカリバコガ .... [次種の後翅暗色型と誤認の可能性がある]
	1738	*Roeslerstammia erxlebella* (Fabricius, 1787) アトキヒカリバコガ

►►Bucculatricidae チビガ科

	----	*Bucculatrix splendida* Seksjaeva, 1992 ハイイロチビガ
	----	*Bucculatrix maritima* Stainton, 1851 ウラギクチビガ
	1739	*Bucculatrix notella* Seksjaeva, 1996 ヨモギチビガ
北	1740	*Bucculatrix sinevi* Seksjaeva, 1988 シネフチビガ
北	----	*Bucculatrix altera* Seksjaeva, 1989 アムールチビガ
	----	*Bucculatrix pyrivorella* Kuroko, 1964 ナシチビガ
	----	*Bucculatrix citima* Seksjaeva, 1989 クロツバラチビガ
北	1741	*Bucculatrix armata* Seksjaeva, 1989 シナノキチビガ
	----	*Bucculatrix demaryella* (Duponchel, 1840) クリチビガ
北	----	*Bucculatrix kogii* Kobayashi, Hirowatari & Kuroko, 2010 コギチビガ
	1742	*Bucculatrix thoracella* (Thunberg, 1794) ヤマブキトラチビガ
	----	*Bucculatrix muraseae* Kobayashi, Hirowatari & Kuroko, 2010 ハンノキチビガ
	1743	*Bucculatrix comporabile* Seksjaeva, 1989 コナラチビガ

►Gracillariidae ホソガ科
►►Gracillariinae ホソガ亜科
►►►Parornix-group ホシボシホソガ類

	1744	*Callisto multimaculata* (Matsumura, 1931) ホシボシホソガ
	1745	*Parornix betulae* (Stainton, 1854) カバホシボシホソガ
	1746	*Parornix alni* Kumata, 1965 ハンノホシボシホソガ

►►►Gracillaria-group ハマキホソガ類

	1747	*Gracillaria albicapitata* Issiki, 1930 シロハマキホソガ
	1748	*Gracillaria ussuriella* (Ermolaev, 1977) ウスリーハマキホソガ
北	1749	*Gracillaria arsenievi* (Ermolaev, 1977) クロハマキホソガ
	1750	*Caloptilia cuculipennella* (Hübner, 1796) ハイイロハマキホソガ
	1751	*Caloptilia stigmatella* (Fabricius, 1781) ヤナギハマキホソガ
	1752	*Caloptilia aceris* Kumata, 1966 イタヤハマキホソガ
	1753	*Caloptilia acericola* Kumata, 1966 モミジハマキホソガ
	1754	*Caloptilia gloriosa* Kumata, 1966 ムラサキハマキホソガ

	1755	*Caloptilia hidakensis* Kumata, 1966 ヒダカハマキホソガ
	1756	*Caloptilia yasudai* Kumata, 1982 ヤスダハマキホソガ
	1757	*Caloptilia heringi* Kumata, 1966 ヘリングハマキホソガ
	1758	*Caloptilia semifasciella* Kumata, 1966 イチモンジハマキホソガ
	1759	*Caloptilia monticola* Kumata, 1966 ミヤマハマキホソガ
	1760	*Caloptilia rhois* Kumata, 1982 ホシヌルデハマキホソガ
	1761	*Caloptilia azaleella* (Brants, 1913) ツツジハマキホソガ
	1762	*Caloptilia leucothoes* Kumata, 1982 ハナヒリノキハマキホソガ
	1763	*Caloptilia mandshurica* (Christoph, 1882) ミズナラハマキホソガ
	1764	*Caloptilia pyrrhaspis* (Meyrick, 1931) キスジハマキホソガ
	1765	*Caloptilia ulmi* Kumata, 1982 ニレハマキホソガ
	1766	*Caloptilia sapporella* (Matsumura, 1931) クヌギハマキホソガ
	1767	*Caloptilia issikii* Kumata, 1982 イッシキハマキホソガ（ハンノナガホソガ）
	1768	*Caloptilia alni* Kumata, 1966 ハンノハマキホソガ
北	1769	*Caloptilia betulicola* (Hering, 1928) カンバハマキホソガ
	1770	*Caloptilia pulverea* Kumata, 1966 マダラハマキホソガ
	1771	*Caloptilia magnoliae* Kumata, 1966 コブシハマキホソガ
	1772	*Caloptilia schisandrae* Kumata, 1966 マツブサハマキホソガ
	1773	*Caloptilia querci* Kumata, 1982 ナラウススジハマキホソガ
	1774	*Calybites phasianipennella* (Hübner, 1813) タデキボシホソガ
北	1775	*Eucalybites aureola* Kumata, 1982 ムモンホソガ
	1776	*Aristaea pavoniella* (Zeller, 1847) シロスジホソガ

▶ ▶ ▶ **Parectopa-group** マダラホソガ類

	1777	*Liocrobyla lobata* Kuroko, 1960 クズマダラホソガ
	1778	*Liocrobyla desmodiella* Kuroko, 1982 ヌスビトハギマダラホソガ
	1779	*Liocrobyla kumatai* Kuroko, 1982 ハギマダラホソガ

▶ ▶ ▶ **Acrocercops-group** モグリホソガ類

	1780	*Cryptolectica chrysalis* Kumata & Ermolaev, 1988 ヒカリバホソガ
	1781	*Eteoryctis deversa* (Meyrick, 1922) ヌルデギンホソガ
	1782	*Eteoryctis picrasmae* Kumata & Kuroko, 1988 ニガキギンホソガ
	1783	*Acrocercops transecta* Meyrick, 1931 クルミホソガ
	1784	*Gibbovalva kobusi* Kumata & Kuroko, 1988 コブシホソガ
	1785	*Gibbovalva magnoliae* Kumata & Kuroko, 1988 ホウノキホソガ
	1786	*Leucospilapteryx omissella* (Stainton, 1848) ヨモギホソガ
	1787	*Leucospilapteryx anaphalidis* Kumata, 1965 ヤマハハコホソガ
北	1788	*Telamoptilia tiliae* Kumata & Ermolaev, 1988 オオバボダイジュホソガ
	1789	*Spulerina corticicola* Kumata, 1964 マツノカワホソガ
	1790	*Spulerina parthenocissi* Kumata & Kuroko, 1988 ツタホソガ
	1791	*Spulerina dissotoma* (Meyrick, 1931) クズホソガ
北	1792	*Dendrorycter marmaroides* Kumata, 1978 ギンモンカワホソガ

▶ ▶ **Lithocolletinae** キンモンホソガ亜科

	1793	*Chrysaster hagicola* Kumata, 1961 ギンモンツヤホソガ
	1794	*Neolithocolletis hikomonticola* Kumata, 1963 ミツオビツヤホソガ
	1795	*Hyloconis puerariae* Kumata, 1963 クズツヤホソガ
	1796	*Hyloconis desmodii* Kumata, 1963 ヌスビトハギツヤホソガ
	1797	*Hyloconis lespedezae* Kumata, 1963 ハギツヤホソガ
	1798	*Cameraria niphonica* Kumata, 1963 モミジニセキンホソガ
北	1799	*Cameraria acericola* Kumata, 1963 イタヤニセキンホソガ
	1800	*Cameraria hikosanensis* Kumata, 1963 ガマズミニセキンホソガ
北	1801	*Phyllonorycter strigulatella* (Zeller, 1846) ハンノチビキンモンホソガ（ヤマハンノキキンモンホソガ）
	1802	*Phyllonorycter maculata* (Kumata, 1963) ナカボシキンモンホソガ（ナカモンキンホソガ）
	1803	*Phyllonorycter carpini* (Kumata, 1963) アカシデキンモンホソガ
北	1804	*Phyllonorycter ostryae* (Kumata, 1963) アサダキンモンホソガ
	1805	*Phyllonorycter similis* Kumata, 1982 ミスジキンモンホソガ

	1806	*Phyllonorycter acutissimae* (Kumata, 1963) ニセクヌギキンモンホソガ
	1807	*Phyllonorycter persimilis* Fujihara, Sato & Kumata, 2001 カシワミスジキンモンホソガ
	1808	*Phyllonorycter nigristella* (Kumata, 1957) ネジロキンモンホソガ
	1809	*Phyllonorycter pseudolautella* (Kumata, 1963) ナラキンモンホソガ
	1810	*Phyllonorycter pygmaea* (Kumata, 1963) ヒメキンモンホソガ
	1811	*Phyllonorycter matsudai* Kumata, 1986 マツダキンモンホソガ
	1812	*Phyllonorycter fagifolia* (Kumata, 1963) ブナキンモンホソガ
	1813	*Phyllonorycter cretata* (Kumata, 1957) ナカオビキンモンホソガ
	1814	*Phyllonorycter mongolicae* (Kumata, 1963) ミズナラキンモンホソガ
	1815	*Phyllonorycter viburni* (Kumata, 1963) ガマズミキンモンホソガ
	1816	*Phyllonorycter turugisana* (Kumata, 1963) ツルギキンモンホソガ
	1817	*Phyllonorycter watanabei* (Kumata, 1963) ワタナベキンモンホソガ
北	1818	*Phyllonorycter jozanae* (Kumata, 1967) サンザシキンモンホソガ
	1819	*Phyllonorycter sorbicola* (Kumata, 1963) ナナカマドキンモンホソガ
北	1820	*Phyllonorycter aino* (Kumata, 1963) アイヌキンモンホソガ
	1821	*Phyllonorycter leucocorona* (Kumata, 1957) キンスジシロホソガ
	1822	*Phyllonorycter issikii* (Kumata, 1963) イッシキキンモンホソガ (ホソスジキンモンホソガ)
	1823	*Phyllonorycter jezoniella* (Matsumura, 1931) エゾキンモンホソガ
	1824	*Phyllonorycter uchidai* (Kumata, 1963) ウチダキンモンホソガ
	1825	*Phyllonorycter hancola* (Kumata, 1958) ハンノキンモンホソガ
北	1826	*Phyllonorycter ermani* (Kumata, 1963) ミヤマキンモンホソガ
	1827	*Phyllonorycter japonica* (Kumata, 1963) ヤマトキンモンホソガ
北	1828	*Phyllonorycter dakekanbae* (Kumata, 1963) ダケカンバキンモンホソガ
	1829	*Phyllonorycter juglandis* (Kumata, 1963) クルミキンモンホソガ
	1830	*Phyllonorycter salictella* (Zeller, 1846) ハスオビヤナギキンモンホソガ
	1831	*Phyllonorycter salicicolella* (Sircom, 1848) ヤナギキンモンホソガ
	1832	*Phyllonorycter hilarella* (Zetterstedt, 1839) フトオビキンモンホソガ
	1833	*Phyllonorycter viciae* (Kumata, 1963) クサフジキンモンホソガ
	1834	*Phyllonorycter orientalis* (Kumata, 1963) カエデキンモンホソガ
	1835	*Phyllonorycter pterocaryae* (Kumata, 1963) サワグルミキンモンホソガ
	1836	*Phyllonorycter pastorella* (Zeller, 1846) マダラキンモンホソガ
	----	*Phyllonorycter* sp. of Oku, 2003 ヤナギマダラキンモンホソガ
	1837	*Phyllonorycter cavella* (Zeller, 1846) カバノキンモンホソガ
	1838	*Phyllonorycter ulmifoliella* (Hübner, 1817) ツマスジキンモンホソガ
	1839	*Phyllonorycter ringoniella* (Matsumura, 1931) キンモンホソガ
	1840	*Phyllonorycter longispinata* (Kumata, 1958) ツヤオビキンモンホソガ
	1841	*Phyllonorycter gigas* (Kumata, 1963) オオキンモンホソガ
	1842	*Phyllonorycter takagii* (Kumata, 1963) タカギキンモンホソガ
北	1843	*Phyllonorycter ulmi* (Kumata, 1963) ニレキンモンホソガ
北	1844	*Phyllonorycter bicinctella* (Matsumura, 1931) フタオビキンモンホソガ
北	1845	*Phyllonorycter laciniatae* (Kumata, 1967) オヒョウキンモンホソガ
	1846	*Phyllonorycter celtidis* (Kumata, 1963) エノキキンモンホソガ
北	1847	*Phyllonorycter junoniella* (Zeller, 1846) コケモモキンモンホソガ

▶▶ Oecophyllembiinae オビギンホソガ亜科

	1848	*Eumetriochroa miyatai* Kumata, 1998 イヌツゲオビギンホソガ
	1849	*Eumetriochroa kalopanacis* Kumata, 1998 ハリギリオビギンホソガ
北	1850	*Metriochroa syringae* Kumata, 1998 ハシドイハイオビホソガ

▶▶ Phyllocnistinae コハモグリガ亜科

	1851	*Phyllocnistis saligna* (Zeller, 1839) ヤナギコハモグリ
	1852	*Phyllocnistis gracilistylella* Kobayashi, Jinbo & Hirowatari, 2011 ネコヤナギコハモグリ
	----	*Phyllocnistis unipunctella* (Stephens, 1834) ポプラコハモグリ
	1853	*Phyllocnistis chlorantica* Seksjaeva, 1992 ヒトリシズカコハモグリ
	1854	*Phyllocnistis toparcha* Meyrick, 1918 ブドウコハモグリ
	1855	*Phyllocnistis hyperbolacma* (Meyrick, 1931) ユズリハコハモグリ
千	----	*Phyllocnistis cornella* Ermolaev, 1987 和名未定

Yponomeutoidea スガ上科
- ▶ Yponomeutidaeスガ科
  - ▶ ▶ **Yponomeutinae** スガ亜科
    - 1856　*Yponomeuta refrigerata* Meyrick, 1931　サクラスガ
    - 1857　*Yponomeuta orientalis* Zagulajev, 1969　リンゴスガ
    - 1858　*Yponomeuta spodocrossus* Meyrick, 1935　マユミシロスガ
    - 1859　*Yponomeuta tokyonellus* Matsumura, 1931　マユミオオスガ
    - 1860　*Yponomeuta polystictus* Butler, 1879　オオボシオオスガ
    - 1861　*Yponomeuta sociatus* Moriuti, 1972　ツルウメモドキスガ
    - 1862　*Yponomeuta polystigmellus* Felder & Felder, 1862　コマユミシロスガ
    - 1863　*Yponomeuta kanaiellus* Matsumura, 1931　ニシキギスガ
    - 1864　*Yponomeuta osakae* Moriuti, 1977　マユミハイスガ
    - 1865　*Yponomeuta eurinellus* Zagulajev, 1969　ツリバナスガ
    - 1866　*Yponomeuta anatolicus* Stringer, 1930　オオボシハイスガ
    - 1867　*Yponomeuta meguronis* Matsumura, 1931　マサキスガ
    - 1868　*Yponomeuta mayumivorellus* Matsumura, 1931　ツルマサキスガ
    - 1869　*Yponomeuta bipunctellus* Matsumura, 1931　モトキスガ
    - 1870　*Yponomeuta sedellus* Treitschke, 1832　ベンケイソウスガ
    - 千　----　*Yponomeuta kostjuki* Gershenson, 1985　和名未定
    - 北　----　*Euhyponomeuta secundus* Moriuti, 1977　ムモンニセハイスガ
      - ［2014年にニセイチャロマップ川で再確認された（楠祐一氏、未発表）。1952年に大雪山で採集記録がある］
    - 1871　*Euhyponomeutoides trachydeltus* (Meyrick, 1931)　ホソガ
    - ----　*Euhyponomeutoides namikoae* Moriuti, 1977　ヒメホソスガ
    - 1872　*Zelleria japonicella* Moriuti, 1977　ニセイボタコスガ
    - 1873　*Zelleria silvicolella* Moriuti, 1977　ハシドイコスガ
    - 1874　*Xyrosaris lichneuta* Meyrick, 1918　ホソバコスガ
    - 1875　*Klausius minor* Moriuti, 1977　ヒメシロジスガ
    - 1876　*Klausius major* Moriuti, 1977　オオシロジスガ
    - 1877　*Lampresthia lucella* Moriuti, 1977　キエリヒメスガ
    - 1878　*Swammerdamia pyrella* (de Villers, 1789)　ウスグロヒメスガ
    - 1879　*Swammerdamia caesiella* (Hübner, 1796)　ニセウスグロヒメスガ
    - 1880　*Swammerdamia sedella* Moriuti, 1977　マンネングサヒメスガ
    - 北　1881　*Paraswammerdamia monticolella* Moriuti, 1977　ミヤマヒメスガ
  - ▶ ▶ **Saridoscelinae** ツバメスガ亜科
    - 1882　*Saridoscelis kodamai* Moriuti, 1961　アセビツバメスガ
    - 1883　*Saridoscelis synodias* Meyrick, 1932　シロツバメスガ
  - ▶ ▶ **Argyresthiinae** メムシガ亜科
    - 1884　*Argyresthia nemorivaga* Moriuti, 1969　トドマツメムシガ
    - 1885　*Argyresthia assimilis* Moriuti, 1977　セジロメムシガ
    - 1886　*Argyresthia conjugella* Zeller, 1839　リンゴヒメシンクイ
    - 1887　*Argyresthia festiva* Moriuti, 1969　カオキメムシガ
    - 1888　*Argyresthia flavicomans* Moriuti, 1969　シンチュウモンメムシガ
    - 1889　*Argyresthia brockeella* (Hübner, 1813)　シロモンキンメムシガ
    - 1890　*Argyresthia ivella* (Haworth, 1828)　ズミメムシガ
    - 1891　*Argyresthia alpha* Friese & Moriuti, 1968　ナナカマドメムシガ
    - 1892　*Argyresthia beta* Friese & Moriuti, 1968　モチツツジメムシガ
    - 1893　*Argyresthia chamaecypariae* Moriuti, 1965　ヒノキハモグリガ
    - 1894　*Argyresthia subrimosa* Meyrick, 1932　オオキメムシガ
    - 1895　*Argyresthia tutuzicolella* Moriuti, 1969　ツツジメムシガ
    - 1896　*Argyresthia albicomella* Moriuti, 1969　シロズメムシガ
    - 1897　*Argyresthia retinella* Zeller, 1839　アミメシロメムシガ
- ▶ Praydidae ニセスガ科
    - 1898　*Prays alpha* Moriuti, 1977　クルミニセスガ

北	1899	*Prays epsilon* Moriuti, 1977 ハイイロニセスガ
	1900	*Prays iota* Moriuti, 1977 ミヤマガマズミニセスガ
	1901	*Prays kappa* Moriuti, 1977 ムモンニセスガ

▶ Ypsolophidae クチブサガ科

	1902	*Bhadrocosma lonicerae* Moriuti, 1977 スイカズラクチブサガ
	1903	*Ypsolopha vittella* (Linnaeus, 1758) アトベリクチブサガ
	1904	*Ypsolopha amoenella* (Christoph, 1882) メノコクチブサガ
	1905	*Ypsolopha tsugae* Moriuti, 1977 コメツガクチブサガ
	1906	*Ypsolopha parallela* (Caradja, 1939) コナラクチブサガ
	1907	*Ypsolopha aurata* Moriuti, 1977 キンツヤクチブサガ
	1908	*Ypsolopha leuconotella* (Snellen, 1884) シロムネクチブサガ
	1909	*Ypsolopha cristata* Moriuti, 1977 ノコヒゲクチブサガ
	1910	*Ypsolopha contractella* (Caradja, 1920) ハイクチブサガ
	1911	*Ypsolopha parenthesella* (Linnaeus, 1761) ウスイロクチブサガ
	1912	*Ypsolopha blandella* (Christoph, 1882) オオキクチブサガ
	1913	*Ypsolopha yasudai* Moriuti, 1964 クロテンキクチブサガ
北	1914	*Ypsolopha dentella* (Fabricius, 1775) アトキクチブサガ (新称)
	1915	*Ypsolopha* sp. of Yamauchi and Hirowatari, 2013 カラコギカエデクチブサガ
	1916	*Ypsolopha strigosa* (Butler, 1879) シロスジクチブサガ
	1917	*Ypsolopha albistriata* (Issiki, 1930) ギンスジクチブサガ
	1918	*Ypsolopha longa* Moriuti, 1964 マユミオオクチブサガ
	1919	*Ypsolopha acuminata* (Butler, 1878) ホソトガリクチブサガ
北	1920	*Ypsolopha* sp. 3 of Iijima & Kawahara, 2005 ミスジクチブサガ
	1921	*Rhabdocosma aglaophanes* Meyrick, 1935 ムラサキクチブサガ

▶ Plutellidae コナガ科

	1922	*Plutella xylostella* (Linnaeus, 1758) コナガ
北	1923	*Plutella porrectella* (Linnaeus, 1758) ダイセツナガ
	1924	*Leuroperna sera* (Meyrick, 1886) ヒロバコナガ
北	1925	*Rhigognostis japonica* (Moriuti, 1977) アトモンナガ
	1926	*Eidophasia albifasciata* Issiki, 1930 シロオビクロナガ

▶ Acrolepiidae アトヒゲコガ科

	1927	*Digitivalva artemisiella* Moriuti, 1972 ヨモギハモグリコガ
	1928	*Digitivalva sibirica* (Toll, 1958) ダンダラコガ
	1929	*Acrolepiopsis suzukiella* (Matsumura, 1931) ヤマノイモコガ
	----	*Acrolepiopsis nagaimo* Yasuda, 2000 ナガイモコガ
	1930	*Acrolepiopsis sapporensis* (Matsumura, 1931) ネギコガ
	1931	*Acrolepiopsis postomacula* (Matsumura, 1931) ギボウシアトモンコガ
	1932	*Acrolepiopsis delta* (Moriuti, 1961) ミズギボウシアトモンコガ

▶ Glyphipterigidae ホソハマキモドキガ科
▶ Glyphipteriginae ホソハマキモドキガ亜科

	1933	*Lepidotarphius perornatellus* (Walker, 1864) ツマキホソハマキモドキ
	----	*Carmentina molybdotoma* (Diakonoff & Arita, 1979) ツヤホソハマキモドキ
	1934	*Glyphipterix beta* Moriuti & Saito, 1964 オオホソハマキモドキ
	1935	*Glyphipterix forsterella* (Fabricius, 1781) シロズホソハマキモドキ
	1936	*Glyphipterix gaudialis* Diakonoff & Arita, 1976 キスジホソハマキモドキ
	1937	*Glyphipterix gemmula* Diakonoff & Arita, 1976 ヒメキスジホソハマキモドキ
	1938	*Glyphipterix funditrix* Diakonoff & Arita, 1976 ヒメシロスジホソハマキモドキ
	1939	*Glyphipterix okui* Diakonoff & Arita, 1976 ホソモンホソハマキモドキ
	1940	*Glyphipterix regula* Diakonoff & Arita, 1976 アトミスジホソハマキモドキ
	1941	*Glyphipterix japonicella* Zeller, 1877 キモンホソハマキモドキ
	1942	*Glyphipterix nigromarginata* Issiki, 1930 ヘリグロホソハマキモドキ
	1943	*Glyphipterix basifasciata* Issiki, 1930 シロオビホソハマキモドキ
	1944	*Glyphipterix* sp. of Oku, 2003 シロホソハマキモドキ

- ▶ Heliodinidae マイコガ科
    - 1945　*Epicroesa chromatorhoea* Diakonoff & Arita, 1979 ハリギリマイコガ
- ▶ Bedelliidae ヒルガオハモグリガ科
    - 1946　*Bedellia somnulentella* (Zeller, 1847) ヒルガオハモグリガ
- ▶ Lyonetiidae ハモグリガ科
    - ▶ ▶ Lyonetiinae ハモグリガ亜科
        - ----　*Lyonetia boehmeriella* Kuroko, 1964 カラムシハモグリガ
        - ----　*Lyonetia ledi* Wocke, 1859 ツツジハモグリガ
        - 1947　*Lyonetia prunifoliella* (Hübner, 1796) リンゴハモグリガ
    - ▶ ▶ Cemiostominae シロハモグリガ亜科
        - 1948　*Proleucoptera celastrella* Kuroko, 1964 ツルウメモドキシロハモグリ
        - 1949　*Microthauma lespedezella* Seksjaeva, 1990 ヤマハギシロハモグリ
        - 1950　*Leucoptera ermolaevi* Seksjaeva, 1990 カラコギカエデシロハモグリ
        - 1951　*Leucoptera sinuella* (Reutti, 1853) ポプラシロハモグリ
- ▶ Family incertae sedis 科所属不明
    - 1952　Gen. sp. 1 和名未定
    - 1953　Gen. sp. 2 和名未定

Gelechioidea キバガ上科

- ▶ Ethmiidae スヒロキバガ科
    - 1954　*Ethmia septempunctata* (Christoph, 1882) ナナホシスヒロキバガ
    - 北　1955　*Ethmia nigripedella* (Erschoff, 1877) クロスヒロキバガ
- ▶ Depressariidae ヒラタマルハキバガ科
    - 1956　*Semioscopis similis* Saito, 1989 ナガユミモンマルハキバガ
    - 1957　*Agonopterix intersecta* (Filipjev, 1929) ウラベニヒラタマルハキバガ（フキヒラタマルハキバガ）
    - 1958　*Agonopterix propinquella* (Treitschke, 1835) シノノメマルハキバガ
    - 1959　*Agonopterix pallidior* (Stringer, 1930) イヌエンジュヒラタマルハキバガ
    - 1960　*Agonopterix encentra* (Meyrick, 1914) ヤマウコギヒラタマルハキバガ
    - 1961　*Agonopterix kisojiana* Fujisawa, 1985 クロクモマルハキバガ
    - 1962　*Agonopterix bipunctifera* (Matsumura, 1931) フタテンヒラタマルハキバガ
    - 1963　*Agonopterix omelkoi* Lvovsky, 1985 ハギノマルハキバガ
    - 1964　*Agonopterix takamukui* (Matsumura, 1931) タカムクマルハキバガ
    - 1965　*Agonopterix ocellana* (Fabricius, 1775) イハラマルハキバガ
    - 1966　*Agonopterix chaetosoma* Clarke, 1962 サンショウヒラタマルハキバガ
    - 1967　*Agonopterix japonica* Saito, 1980 ウスマダラヒラタマルハキバガ
    - 1968　*Agonopterix l-nigrum* (Matsumura, 1931) クロカギヒラタマルハキバガ
    - 1969　*Agonopterix jezonica* (Matsumura, 1931) ネジロマルハキバガ
    - 1970　*Agonopterix angelicella* (Hübner, 1813) キガシラヒラタマルハキバガ
    - ----　*Agonopterix sapporensis* (Matsumura, 1931) ハナウドヒラタマルハキバガ
    - 1971　*Agonopterix yomogiella* Saito, 1980 ヨモギヒラタマルハキバガ
    - 1972　*Agonopterix multiplicella* (Erschoff, 1877) シロホシマルハキバガ
    - 1973　*Agonopterix costaemaculella* (Christoph, 1882) モンシロヒラタマルハキバガ
    - 1974　*Agonopterix selini* (Heinemann, 1870) アズサアザミマルハキバガ
    - 1975　*Agonopterix* sp. 2 of Sakamaki, 2013 カラカサマルハキバガ
    - 1976　*Agonopterix heracliana* (Linnaeus, 1758) シャクノマルハキバガ
    - 1977　*Agonopterix hypericella* (Hübner, 1776) チャマダラマルハキバガ
    - 千　----　*Agonopterix conterminella* (Zeller, 1839) 和名未定
    - 千　----　*Agonopterix abjectella* Christoph, 1882 和名未定
    - 千　----　*Agonopterix septicella* Snellen, 1884 和名未定
    - 千　----　*Agonopterix rimulella* Caradja, 1920 和名未定
    - ----　*Agonopterix* sp. of Kawahara, 1999 和名未定

	1978	*Depressaria colossella* Caradja, 1920 オオクロミャクマルハキバガ
	1979	*Depressaria taciturna* Meyrick, 1910 マエジロヒラタマルハキバガ
	1980	*Depressaria irregularis* Matsumura, 1931 デコボコマルハキバガ
北	1981	*Depressaria pastinacella* (Duponchel, 1838) ハナツヅリマルハキバガ
北	1982	*Depressaria libanotidella* Schläger, 1849 オシラベツマルハキバガ
	1983	*Depressaria leucocephala* Snellen, 1884 ヨモギセジロマルハキバガ
北	1984	*Depressaria filipjevi* Lvovsky, 1981 キタグニマルハキバガ
	1985	*Depressaria daucella* (Denis & Schiffermüller, 1775) クロミャクマルハキバガ
	1986	*Eutorna leonidi* Lvovsky, 1979 キマダラヒラタマルハキバガ

▶ Elachistidae クサモグリガ科

	1987	*Perittia andoi* Kuroko, 1982 ヒョウタンボクモグリガ
	1988	*Perittia ochrella* (Sinev, 1992) チャイロヒラタモグリガモドキ
北	1989	*Perittia unifasciella* Sinev, 1992 シロオビヒロバクサモグリガ
北	----	*Elachista nigriciliae* Sugisima, 2005 フチグロシロオビクサモグリガ
北	1990	*Elachista adscitella* Stainton, 1851 アドスキテラシロオビクサモグリガ
	----	*Elachista cingillella* (Herrich-Schäffer, 1855) キンギレラシロオビクサモグリガ
	----	*Elachista fasciola* Parenti, 1983 シロオビシロオビクサモグリガ
北	----	*Elachista subalbidella* Schläger, 1847 タカネシロオビクサモグリガ
	1991	*Elachista microdigitata* Parenti, 1983 コユビクサモグリガ
	1992	*Elachista nitensella* Sinev & Sruoga, 1995 キンピカクサモグリガ
	1993	*Elachista similis* Sugisima, 2005 ギンモンクサモグリガ
	1994	*Elachista* sp. 和名未定
	----	*Elachista tengstromi* Kaila, Bengtsson, Šulcs & Junnilainen, 2001 ヌカボシソウモグリガ
	----	*Elachista ribentella* Kaila & Varalda, 2004 ハイイロマダラクサモグリガ
	1995	*Elachista kobomugi* Sugisima, 1999 コウボウムギクサモグリガ
北	1996	*Elachista utonella* Frey, 1856 ヤチチャマダラクサモグリガ
	----	*Elachista bipunctella* (Sinev & Sruoga, 1995) フタテンシロクサモグリガ
	1997	*Elachista coloratella* Sinev & Sruoga, 1995 マダラクサモグリガ
北	----	*Elachista pusillella* (Sinev & Sruoga, 1995) シンセンクサモグリガ
北	----	*Elachista jupiter* Sugisima, 2005 サキボシクサモグリガ
	1998	*Elachista canis* Parenti, 1983 カニスササノクサモグリガ
	1999	*Elachista sasae* Sinev & Sruoga, 1995 ササノクサモグリガ
	2000	*Elachista planicara* Kaila, 1998 ヒラズササノクサモグリガ
	----	*Elachista miscanthi* Parenti, 1983 ススキクサモグリガ
	2001	*Elachista nipponicella* Sugisima, 2006 ニッポンクサモグリガ
千	----	*Elachista ermolenkoi* Sinev & Sruoga, 1995 和名未定
千	----	*Elachista exactella* (Herrich-Schäffer, 1855) 和名未定
千	----	*Elachista latebrella* Sinev & Sruoga, 1995 和名未定
千	----	*Elachista multidentella* Sinev & Sruoga, 1995 和名未定
千	----	*Elachista simplimorphella* Sinev & Sruoga, 1995 和名未定
北	----	*Elachista* sp. of Kusunoki, Noda & Yasuda, 2004a 和名未定
北	----	*Elachista* sp. of Kusunoki, Noda & Yasuda, 2004b 和名未定

▶ Deuterogoniidae オビマルハキバガ科

	2002	*Deuterogonia chionoxantha* (Meyrick, 1931) カタキオビマルハキバガ（カタキマルハキバガ）
	2003	*Deuterogonia kamonjii* Fujisawa, 1991 カモンジオビマルハキバガ（カモンジマルハキバガ）
	2004	*Deuterogonia pudorina* (Wocke, 1857) アヤメオビマルハキバガ（アヤメマルハキバガ）

▶ Xyloryctidae ヒロバキバガ科

	2005	*Metathrinca tsugensis* (Kearfott, 1910) ツガヒロバキバガ
	2006	*Pantelamprus staudingeri* Christoph, 1882 トガリヒロバキバガ

▶ Scythrididae キヌバコガ科

	2007	*Scythris sinensis* (Felder & Rogenhofer, 1875) ヨツモンキヌバコガ

▶ Chimabachidae メスコバネキバガ科
  2008   *Diurnea issikii* Saito, 1979 イッシキメスコバネキバガ（イッシキメスコバネマルハキバガ）
  2009   *Diurnea cupreifera* (Butler, 1879) メスコバネキバガ（メスコバネマルハキバガ）
  2010   *Cheimophila fumida* (Butler, 1879) ミヤマメスコバネキバガ（ミヤマメスコバネマルハキバガ）
  2011   Gen. sp. 3 和名未定

▶ Oecophoridae マルハキバガ科
 ▶ ▶ Oecophorinae マルハキバガ亜科
     2012   *Schiffermuelleria imogena* (Butler, 1879) クロモンベニマルハキバガ
北   2013   *Denisia semilella* (Hübner, 1796) キモンクロマルハキバガ
北   2014   *Denisia stipella* (Linnaeus, 1758) 和名未定
     2015   *Acryptolechia malacobyrsa* (Meyrick, 1921) ホソオビキマルハキバガ
     2016   *Acryptolechia* sp. 1 of Ueda, 2013 ヘリクロコマルハキバガ
     2017   *Acryptolechia* sp. 2 of Ueda, 2013 ウスオビヒメマルハキバガ
     2018   *Carcina homomorpha* (Meyrick, 1931) ウスムジヒゲナガマルハキバガ
     ----   *Martyringa xeraula* (Meyrick, 1910) コクマルハキバガ
     2019   *Martyringa ussuriella* Lvovsky, 1979 ニセコクマルハキバガ
     2020   *Casmara agronoma* Meyrick, 1931 ヤシャブシキホリマルハキバガ（ホソバキホリマルハキバガ）
     2021   *Promalactis ermolenkoi* Lvovsky, 1986 フジサワベニマルハキバガ
     2022   *Promalactis enopisema* (Butler, 1879) シロスジベニマルハキバガ
     2023   *Promalactis venustella* (Christoph, 1882) ツマジロベニマルハキバガ
     2024   *Promalactis jezonica* (Matsumura, 1931) ギンモンカバマルハキバガ
     2025   *Promalactis sakaiella* (Matsumura, 1931) サカイマルハキバガ
     2026   *Promalactis* sp. of Kameda, 2010 コギベニマルハキバガ
     2027   *Pedioxestis isomorpha* Meyrick, 1932 キガシラマルハキバガ

 ▶ ▶ Hypercalliinae ハリキバガ亜科
北   2028   *Anchinia cristalis* (Scopoli, 1763) ナニワズハリキバガ

 ▶ ▶ Amphisbatinae カレハミノキバガ亜科
     2029   *Lamprystica igneola* Stringer, 1930 クロマイコモドキ
     2030   *Tubuliferodes josephinae* (Toll, 1956) カレハミノキバガ（アイカップマルハキバガ）
北   2031   *Telechrysis tripuncta* (Haworth, 1828) キボシクロマルハキバガ

▶ Lecithoceridae ヒゲナガキバガ科
 ▶ ▶ Oditinae ハビロキバガ亜科
     2032   *Scythropiodes issikii* (Takahashi, 1930) フタクロボシハビロキバガ（フタクロボシキバガ）
     2033   *Scythropiodes leucostola* (Meyrick, 1921) ゴマフシロハビロキバガ（ゴマフシロキバガ）
     2034   *Scythropiodes malivora* (Meyrick, 1930) フタテンハビロキバガ（フタテンヒロバキバガ）
     2035   *Rhizosthenes falciformis* Meyrick, 1935 マエチャオハビロキバガ（マエチャオヒロバキバガ）

 ▶ ▶ Torodorinae オビヒゲナガキバガ亜科
     2036   *Deltoplastis apostatis* (Meyrick, 1932) オビカクバネヒゲナガキバガ
     2037   *Halolaguna sublaxata* Gozmány, 1978 コゲチャヒゲナガキバガ

▶ Batrachedridae ホソキバガ科
     2038   *Batrachedra albicapitella* Sinev, 1986 シロガシラホソキバガ
     2039   *Batrachedra koreana* Sinev & Park, 1994 ウスチャホソキバガ
     2040   *Batrachedra pinicolella* (Zeller, 1839) ウスジロホソキバガ
     2041   *Idioglossa* sp. スゲスゴモリキバガ（新称）

▶ Stathmopodidae ニセマイコガ科
     2042   *Stathmopoda pedella* (Linnaeus, 1761) キイロオビマイコガ
     ----   *Stathmopoda atridorsalis* Terada, 2014 セグロフトオビマイコガ
     ----   *Stathmopoda stimulata* Meyrick, 1913 オオマイコガ
     ----   *Stathmopoda callicarpicola* Terada, 2012 ウスムラサキシキブマイコガ
     2043   *Stathmopoda flavescens* Kuznetzov, 1984 ハンノマイコガ

	2044	*Stathmopoda haematosema* Meyrick, 1933 カタアカマイコガ
	2045	*Stathmopoda moriutiella* Kasy, 1973 モトキマイコガ
	2046	*Atrijuglans hetaohei* Yang, 1977 シロテンクロマイコガ
	2047	*Atkinsonia ignipicta* (Butler, 1881) セグロベニトゲアシガ

▶ Coleophoridae ツツミノガ科

北	2048	*Coleophora gryphipennella* (Hübner, 1796) ハマナスツツミノガ
	2049	*Coleophora levantis* Baldizzone & Oku, 1988 ナラツツミノガ
	2050	*Coleophora serratella* (Linnaeus, 1761) シラカバツツミノガ
北	2051	*Coleophora spinella* (Schrank, 1802) リンゴツツミノガ
	2052	*Coleophora eteropennella* Baldizzone & Oku, 1988 フタイロツツミノガ
	2053	*Coleophora milvipennis* Zeller, 1839 カンバマエジロツツミノガ
	2054	*Coleophora japonicella* Oku, 1965 ニレナガツツミノガ
	2055	*Coleophora ulmivorella* Oku, 1965 ニレコツツミノガ
	2056	*Coleophora uliginosella* Glitz, 1872 エゾムラサキツツジツツミノガ
	2057	*Coleophora ledi* Stainton, 1860 イソツツジツツミノガ
	----	*Coleophora murinella* Tengström, 1847 コケモモツツミノガ
北	2058	*Coleophora glitzella* Hoffmann, 1869 タカネコケモモツツミノガ
北	2059	*Coleophora plumbella* Kanerva, 1941 スノキツツミノガ
	2060	*Coleophora orbitella* Zeller, 1849 ダケカンバツツミノガ
	2061	*Coleophora hancola* Oku, 1965 ハンノキツツミノガ
	2062	*Coleophora cercidiphyllella* Oku, 1965 カツラツツミノガ
北	2063	*Coleophora potentillae* Elisha, 1885 オニシモツケツツミノガ
	2064	*Coleophora trigeminella* Fuchs, 1881 アズキナシツツミノガ
	2065	*Coleophora serinipennella* Christoph, 1872 アカザフシガ
	2066	*Coleophora alcyonipennella* (Kollar, 1832) キンバネツツミノガ
北	2067	*Coleophora deauratella* Lienig & Zeller, 1846 ネブトキンバネツツミノガ
	2068	*Coleophora flavovena* Matsumura, 1931 キミャクツツミノガ
	2069	*Coleophora enkomiella* Baldizzone & Oku, 1988 ヨモギホソツツミノガ
北	2070	*Coleophora chalcogrammella* Zeller, 1839 オオヤマフスマツツミノガ
	2071	*Coleophora albidella* (Denis & Schiffermüller, 1775) ヤナギピストルミノガ
	2072	*Coleophora bernoulliella* (Goeze, 1783) リンゴピストルミノガ
	2073	*Coleophora platyphyllae* Oku, 1965 シラカバピストルミノガ
	2074	*Coleophora quercicola* Baldizzone & Oku, 1990 ミヤマピストルミノガ
	2075	*Coleophora melanograpta* Meyrick, 1935 カシワピストルミノガ
	----	*Coleophora brevipalpella* Wocke, 1874 アザミシロツツミノガ
	----	*Coleophora honshuella* Baldizzone & Oku, 1988 ヨモギオオツツミノガ
	2076	*Coleophora ditella* Zeler, 1849 ヨモギギンオビツツミノガ
	2077	*Coleophora obducta* (Meyrick, 1931) カラマツツツミノガ
	2078	*Coleophora cinclella* Baldizzone & Oku, 1990 ヨモギムモンツツミノガ
	2079	*Coleophora raphidon* Baldizzone & Savenkov, 2002 シラヤマギクツツミノガ
北	2080	*Coleophora paripennella* Zeller, 1839 アザミクロツツミノガ
	2081	*Coleophora molothrella* Baldizzone & Oku, 1988 ノギククロツツミノガ
	2082	*Coleophora yomogiella* Oku, 1974 ヨモギツツミノガ
	2083	*Coleophora therinella* Tengström, 1848 シロミャクツツミノガ
	2084	*Coleophora issikii* Baldizzone & Oku, 1988 ウスシロミャクツツミノガ
北	2085	*Coleophora algidella* Staudinger, 1857 ハコベハナツツミノガ
	2086	*Coleophora argentula* (Stephens, 1834) ノコギリソウツツミノガ
	2087	*Coleophora hsiaolingensis* Toll, 1942 ノコンギクハナツツミノガ
	2088	*Coleophora virgaureae* Stainton, 1857 アキノキリンソウツツミノガ
	2089	*Coleophora sternipennella* (Zetterstedt, 1839) アカザウスグロツツミノガ
	----	*Coleophora chenopodii* Oku, 1965 アカザハナツツミノガ
	2090	*Coleophora versurella* Zeller, 1849 アオビユツツミノガ
	2091	*Coleophora vestianella* (Linnaeus, 1758) シモフリツツミノガ
	2092	*Coleophora albicans* Zeller, 1849 ヨモギケブカツツミノガ
	2093	*Coleophora artemisicolella* Bruand, 1855 ヨモギハナツツミノガ
北	2094	*Coleophora glaucicolella* Wood, 1892 イヌイツツミノガ

	2095	*Coleophora elodella* Baldizzone & Oku, 1988 ヤチツツミノガ
	2096	*Coleophora okuella* Baldizzone & Savenkov, 2002 ニセヤチツツミノガ
	2097	*Coleophora tamesis* Waters, 1929 タニガワツツミノガ
	2098	*Coleophora burhinella* Baldizzone & Oku, 1990 スズメノヤリツツミノガ
	----	*Coleophora citrarga* Meyrick, 1934 ヒメツツミノガ
	2099	*Coleophora juncivora* Baldizzone & Oku, 1990 コウガイゼキショウツツミノガ
	2100	*Coleophora parki* Baldizzone & Savenkov, 2002 ヨモギシロハナツツミノガ
	2101	*Coleophora silenella* Herrich-Schäffer, 1855 ナデシコツツミノガ
	2102	*Coleophora dianthi* Herrich-Schäffer, 1855 ナデシコカクレツツミノガ
北	----	*Coleophora* sp. 2 of Kusunoki, Noda & Yasuda, 2004a 和名未定

▶ **Agonoxenidae エダモグリガ科**

	2103	*Blastodacna ochrella* Sugisima, 2004 チャイロエダモグリガ
	2104	*Haplochrois orientella* (Sinev, 1979) ヒガシノホソエダモグリガ

▶ **Momphidae アカバナキバガ科**

	2105	*Mompha minorella* Sinev, 1993 エゾフジアカバナキバガ
北	2106	*Mompha glaucella* Sinev, 1986 ハイイロアカバナキバガ
北	2107	*Mompha locupletella* (Denis & Schiffermüller, 1775) アカガネアカバナキバガ

▶ **Blastobasidae ネマルハキバガ科**
▶▶ **Blastobasinae ネマルハキバガ亜科**

	2108	*Neoblastobasis spiniharpella* Kuznetzov & Sinev, 1985 ウスイロネマルハキバガ
	2109	*Neoblastobasis biceratala* (Park, 1984) オオネマルハキバガ
	2110	*Blastobasis sprotundalis* Park, 1984 コネマルハキバガ
北	2111	*Blastobasis inouei* Moriuti, 1987 イノウエネマルハキバガ
	2112	*Hypatopa montivaga* Moriuti, 1982 シロジネマルハキバガ
北	2113	*Hypatopa silvestrella* Kuznetzov, 1984 サッポロネマルハキバガ

▶ **Autostichidae ミツボシキバガ科**

	2114	*Autosticha modicella* (Christoph, 1882) ミツボシキバガ
*	----	*Autosticha kyotensis* (Matsumura, 1931) ヒマラヤスギミツボシキバガ

▶ **Peleopodidae エグリキバガ科**

	2115	*Acria emarginella* (Donovan, 1806) オオエグリキバガ（オオエグリヒラタマルハキバガ）

▶ **Cosmopterigidae カザリバガ科**
▶▶ **Antequerinae マイコモドキ亜科**

	2116	*Pancalia isshikii* Matsumura, 1931 ギンモンマイコモドキ

▶▶ **Cosmopteriginae カザリバガ亜科**

	2117	*Limnaecia phragmitella* Stainton, 1851 ガマトガリホソガ
	2118	*Labdia citracma* (Meyrick, 1915) ツマキトガリホソガ
	2119	*Labdia issikii* Kuroko, 1982 セジロトガリホソガ
	----	*Labdia niphosticta* (Meyrick, 1936) ギンスジトガリホソガ
千	----	*Labdia stagmatophorella* Sinev, 1993 和名未定
	2120	*Ressia quercidentella* Sinev, 1998 クロギンスジトガリホソガ
	2121	*Ashibusa jezoensis* Matsumura, 1931 アシブサトガリホソガ
	2122	*Pyroderces sarcogypsa* (Meyrick, 1932) タテスジトガリホソガ
	----	*Cosmopterix zieglerella* (Hübner, 1810) カラムシカザリバ
	2123	*Cosmopterix schmidiella* Frey, 1856 マメカザリバ
北	----	*Cosmopterix splendens* Sinev, 1985 ウツギカザリバモドキ
	2124	*Cosmopterix orichalcea* Stainton, 1861 ドルリーカザリバ
	2125	*Cosmopterix dulcivora* Meyrick, 1919 ススキキオビカザリバ
	2126	*Cosmopterix lienigiella* Zeller, 1846 ヨシウスオビカザリバ
	2127	*Cosmopterix scribaiella* Zeller, 1850 ヨシカザリバ
	2128	*Cosmopterix sapporensis* (Matsumura, 1931) サッポロカザリバ

*	----	*Cosmopterix fulminella* Stringer, 1930 カザリバ ……………………………………………… [分布記録の詳細は不明]
	2129	*Cosmopterix victor* Stringer, 1930 ウスイロカザリバ
千	----	*Cosmopterix kurilensis* Sinev, 1985 和名未定

▶ **Gelechiidae キバガ科**
 ▶ ▶ **Apatetrinae ハモグリキバガ亜科**

	2130	*Apatetris elaeagnella* Sakamaki, 2000 グミハモグリキバガ
北	----	*Apatetris elymicola* Sakamaki, 2000 ハマニンニクキバガ
	2131	*Chrysoesthia drurella* (Fabricius, 1775) ヘルマンアカザキバガ
	2132	*Chrysoesthia sexguttella* (Thunberg, 1794) ムツモンアカザキバガ

 ▶ ▶ **Metzneriinae モグリキバガ亜科**

	----	*Metzneria inflammatella* (Christoph, 1882) オオトガリキバガ
北	2133	*Metzneria lappella* (Linnaeus, 1758) ゴボウトガリキバガ
	2134	*Argolamprotes micella* (Denis & Schiffermüller, 1775) ギンボシアカガネキバガ
北	2135	*Apodia bifractella* (Duponchel, 1843) エゾキバガ
	----	*Daltopora sinanensis* Sakamaki, 1995 シナノキバガ
北	2136	*Eulamprotes atrella* (Denis & Schiffermüller, 1775) キモンアカガネキバガ
北	2137	*Eulamprotes wilkella* (Linnaeus, 1758) ギンスジアカガネキバガ
北	2138	*Monochroa cytisella* (Curtis, 1837) エゾマエチャキバガ
	2139	*Monochroa pallida* Sakamaki, 1996 マエチャキバガ
北	2140	*Monochroa servella* (Zeller, 1839) サクラソウキバガ
	2141	*Monochroa kumatai* Sakamaki, 1996 クマタシラホシキバガ
北	2142	*Monochroa lucidella* (Stephens, 1834) キモンキバガ
	2143	*Monochroa suffusella* (Douglas, 1850) イグサキバガ
	2144	*Monochroa subcostipunctella* Sakamaki, 1996 ニセイグサキバガ
	2145	*Monochroa japonica* Sakamaki, 1996 ミゾソバキバガ
	2146	*Monochroa hornigi* (Staudinger, 1883) ホーニッヒチャマダラキバガ
北	----	*Monochroa leptocrossa* (Meyrick, 1926) ウスイロフサベリキバガ
	2147	*Monochroa cleodora* (Meyrick, 1935) ウスキマダラキバガ
	2148	*Monochroa cleodoroides* Sakamaki, 1994 ヒメキマダラキバガ
	----	*Caulastrocecis salinatrix* (Meyrick, 1926) ハイイロムシコブキバガ
	----	*Sitotroga cerealella* (Olivier, 1789) バクガ
	2149	"*Gelechia*" *acanthopis* Meyrick, 1932 ソバカスキバガ ……………………………………… [属は未確定]

▶ ▶ **Gelechiinae キバガ亜科**

	2150	*Gelechia cuneatella* Douglas, 1852 ゴマダラハイキバガ
	2151	*Gelechia inconspicua* Omelko, 1986 ヤナギウスグロキバガ
北	----	*Gelechia teleiodella* Omelko, 1986 トドマツクロマダラキバガ
	2152	*Gelechia anomorcta* Meyrick, 1926 ナラクロテンキバガ
	2153	*Gelechia* sp. of Oku, 2003 サクラクロテンキバガ
	2154	*Psoricoptera gibbosella* (Zeller, 1839) ミツコブキバガ
	2155	*Psoricoptera arenicolor* Omelko, 1999 ダケカンバミツコブキバガ
	2156	*Chionodes continuella* (Zeller, 1839) シモフリミヤマキバガ（ミヤマシモフリキバガ）
北	2157	*Chionodes viduella* (Fabricius, 1794) シロオビミヤマキバガ（ミヤマシロオビキバガ）
北	2158	*Chionodes luctuella* (Hübner, 1973) トウヒミヤマキバガ
北	2159	*Chionodes distinctella* (Zeller, 1839) トビイロミヤマキバガ
北	2160	*Chionodes electella* (Zeller, 1839) ヒメトウヒミヤマキバガ
北	----	*Chionodes* sp. of Kusunoki, Noda & Yasuda, 2004a 和名未定
	2161	*Stenolechia notomochla* Meyrick, 1935 ゴマダラシロチビキバガ
	2162	*Parastenolechia issikiella* (Okada, 1962) イッシキチビキバガ
	2163	*Angustialata gemmellaformis* Omelko, 1988 オオシロホソハネキバガ
	2164	*Piskunovia reductionis* Omelko, 1986 クロボシヒメホソハネキバガ
	2165	*Protoparachronistis discedens* Omelko, 1986 クロオビハイチビキバガ
北	----	*Parachronistis jiriensis* Park, 1985 カクモンハイイロヒメキバガ
	2166	*Chorivalva unisaccula* Omelko, 1988 ウスグロゴマダラヒメキバガ
	2167	*Chorivalva bisaccula* Omelko, 1988 ハイイロゴマダラヒメキバガ

北	2168	*Chorivalva grandialata* Omelko, 1988 オオゴマダラヒメキバガ（ウスグロゴマダラキバガ）
	2169	*Caryocolum junctellum* (Douglas, 1851) クロマダラコキバガ
	2170	*Caryocolum pullatellum* (Tengström, 1848) ユウヤミキバガ
北	----	*Caryocolum cassella* (Walker, 1864) ハイナデシコキバガ
北	2171	*Caryocolum leucomelanella* (Zeller, 1839) クロナデシコキバガ
	----	*Phthorimaea operculella* (Zeller, 1873) ジャガイモキバガ
北	----	*Scrobipalpa atriplicella* (Fischer von Röslerstamm, 1841) ハマアカザキバガ
	----	*Scrobipalpa kurokoi* Povolný, 1977 クロコキバガ
	2172	*Scrobipalpa japonica* Povolný, 1977 マダラコキバガ
北	----	*Scrobipalpa pauperella* (Heinemann, 1870) エゾマダラコキバガ
	2173	*Scrobipalpula japonica* Povolný, 2000 ゴマシオコキバガ
北	2174	*Agonochaetia intermedia* Sattler, 1968 カギモンキバガ
北	----	*Microcraspedus deserticolellus* (Staudinger, 1870) クロスジコキバガ

▶ ▶ **Teleiodinae** モンキバガ亜科

	2175	*Recurvaria comprobata* (Meyrick, 1935) シロクロキバガ
	2176	*Teleiodes orientalis* Park, 1992 キボシキバガ
北	2177	*Teleiodes flavipunctatella* (Park, 1992) ニセキボシクロキバガ
北	----	*Teleiodes flavimaculella* (Herrich-Schäffer, 1854) 和名未定 ……… ［日本未記録（小木広行氏、「誘蛾燈」に投稿中）］
	----	*Teleiodes hortensis* Li & Zheng ウスキボシキバガ ［北海道未記録（小木広行氏、未発表）］
	2178	*Teleiodes deogyusanae* Park, 1992 ドギュンサンコキボシキバガ
	2179	*Teleiodes linearivalvata* (Moriuti, 1977) ワタナベクロオビキバガ
	2180	*Teleiodes* sp. ハルニレキバガ
	2181	*Carpatolechia digitilobella* (Park, 1992) ウスクロオビキバガ
	2182	*Carpatolechia proximella* (Hübner, 1796) クロホシハイキバガ
	2183	*Carpatolechia bradleyi* (Park, 1992) ゴマダラウスチャキバガ
	2184	*Carpatolechia daehania* (Park, 1993) ネジロナカグロキバガ
	2185	*Carpatolechia fugitivella* (Zeller, 1839) ズマダラハイキバガ
北	2186	*Carpatolechia alburnella* (Zeller, 1839) ウスクロテンシロキバガ
	2187	*Pseudotelphusa incognitella* (Caradja, 1920) ナラクロオビキバガ
	2188	*Pseudotelphusa acrobrunella* Park, 1992 ゴマフキイロキバガ
北	2189	*Pseudotelphusa paripunctella* (Thunberg, 1794) ヤチヤナギキバガ
	2190	*Pseudotelphusa nephomicta* (Meyrick, 1932) クロオビハイキバガ
	2191	*Concubina trigonalis* Park & Ponomarenko, 2007 ウバメガシハマキキバガ
	2192	*Altenia inscriptella* (Christoph, 1882) イシガケモンハイイロキバガ
北	2193	*Altenia perspersella* (Wocke, 1862) ダイセツキバガ
	2194	*Exoteleia dodecella* (Linnaeus, 1758) マツノクロボシキバガ
	2195	Gen. sp. 4 和名未定
	2196	Gen. sp. 5 和名未定

▶ ▶ **Anacampsinae** サクラキバガ亜科

北	2197	*Anacampsis triangulella* Park, 1988 カンバシモフリキバガ
	2198	*Anacampsis populella* (Clerck, 1759) ポプラキバガ
	2199	*Anacampsis anisogramma* (Meyrick, 1927) サクラキバガ
	2200	*Anacampsis solemnella* (Christoph, 1882) シロオビクロキバガ
	2201	*Anacampsis okui* Park, 1988 コナラキバガ
	2202	*Anacampsis lignaria* (Meyrick, 1926) ツツジキバガ
北	2203	*Anacampsis* sp. メドハギキバガ（新称）
	2204	*Aproaerema anthyllidella* (Hübner, 1813) クロチビキバガ
	2205	*Sophronia iciculata* Omelko, 1999 マエジロキバガ
	2206	*Bryotropha svenssoni* Park, 1984 ハイマダラキバガ
	2207	*Aroga mesostrepta* (Meyrick, 1932) シロモンクロキバガ
	2208	*Aroga gozmanyi* Park, 1991 シロテンクロキバガ
	2209	*Battaristis majuscula* Omelko, 1993 マルバクロヘリキバガ
	2210	*Battaristis minuscula* Omelko, 1993 ヒメマルバクロヘリキバガ

▶▶ Aristoteliinae カザリキバガ亜科

- 2211 *Agnippe albidorsella* (Snellen, 1884) ハギノシロオビキバガ
- ---- *Agnippe syrictis* (Meyrick, 1936) セジロチビキバガ
- ---- *Photodotis adornata* Omelko, カドホシキバガ
- 2212 *Polyhymno pontifera* (Meyrick, 1932) スジウスキキバガ
- 2213 *Polyhymno synodonta* Meyrick, 1936 カギツマスジキバガ
- 2214 *Polyhymno* sp. 3 of Oku, 2003　カギツマドウガネキバガ
- 2215 *Polyhymno indistincta* (Omelko, 1993) カギツマウスチャキバガ
- 2216 *Polyhymno fusca* (Omelko, 1993) カギツマクロキバガ
- 2217 *Polyhymno trapezoidella* (Caradja, 1920) クルミシントメキバガ
- 2218 *Polyhymno attenuata* (Omelko, 1993) ツマスジキバガ
- 北 2219 *Polyhymno* sp. of Suzuki & Komai　トドマツツツミノキバガ
- 2220 *Cnaphostola biformis* Omelko, 1984 フタイロギンチビキバガ
- 2221 *Cnaphostola venustalis* Omelko, 1984 ツマモンギンチビキバガ
- 2222 *Cnaphostola angustella* Omelko, 1984 ギンチビキバガ

▶▶ Dichomeridinae フサキバガ亜科

- 2223 *Xystophora psammitella* (Snellen, 1884) ウスツヤキバガ
- 北 2224 *Brachmia dimidiella* (Denis & Schiffermüller, 1775) ヘリグロウスキキバガ
- 2225 *Helcystogramma triannulella* (Herrich-Schäffer, 1854) イモキバガ
- 北 ---- *Helcystogramma claripunctellum* Ponomarenko, 1998 ウスキミツテンキバガ
- 2226 *Helcystogramma perelegans* (Omelko & Omelko, 1993) ツマグロツヤキバガ
- 北 2227 *Helcystogramma compositaepictum* (Omelko & Omelko, 1993) クロモンツヤキバガ
- 2228 *Dichomeris oceanis* Meyrick, 1920 フジフサキバガ
- 2229 *Dichomeris ustalella* (Fabricius, 1794) カバオフサキバガ
- 2230 *Dichomeris praevacua* Meyrick, 1922 ウスボシフサキバガ
- 2231 *Dichomeris consertella* (Christoph, 1882) コカバフサキバガ
- 2232 *Dichomeris heriguronis* (Matsumura, 1931) カバイロキバガ
- 2233 *Dichomeris minutia* Park, 1994 ミニフサキバガ
- 2234 *Dichomeris rasilella* (Herrich-Schäffer, 1854) ウスグロキバガ
- 北 2235 *Dichomeris polypunctata* Park, 1994 モンオオフサキバガ
- 2236 *Dichomeris okadai* (Moriuti, 1982) キイロオオフサキバガ
- 2237 *Dichomeris hoplocrates* (Meyrick, 1932) オドリキバガ
- 2238 *Dichomeris japonicella* (Zeller, 1877) ウスヅマスジキバガ
- 2239 *Mesophleps albilinella* (Park, 1990) クロヘリキバガ
- 北 2240 *Athrips tetrapunctella* (Thunberg, 1794) ヘリクロモンキイロキバガ
- 2241 *Anarsia bipinnata* (Meyrick, 1932) フタクロモンキバガ
- 2242 *Anarsia bimaculata* Ponomarenko, 1989 フタモンキバガ
- 北 2243 *Neofaculta taigana* Ponomarenko, 1998 ミヤマオオクロキバガ
- 2244 *Faristenia jumbongae* Park, 1993 カワリノコメキバガ
- 2245 *Faristenia furtumella* Ponomarenko, 1991 ハイイロマダラノコメキバガ
- 2246 *Faristenia omelkoi* Ponomarenko, 1991 オメルコクロノコメキバガ
- 2247 *Faristenia ussuriella* Ponomarenko, 1991 ウスリーノコメキバガ
- 2248 *Faristenia quercivora* Ponomarenko, 1991 ゴマダラノコメキバガ
- 2249 *Faristenia geminisignella* Ponomarenko, 1991 クロモンノコメキバガ
- 2250 *Empalactis albidella* (Snellen, 1884) ホシウスジロキバガ
- 2251 *Empalactis neotaphronoma* (Ponomarenko, 1993) ツチイロキバガ
- 2252 *Empalactis mediofasciana* (Park, 1991) ナカオビキバガ
- ---- *Empalactis petrinopis* (Meyrick, 1935) ハイイロチビキバガ
- 2253 *Tornodoxa tholochorda* Meyrick, 1921 ハイジロオオキバガ（ハネビロキバガ）
- 2254 *Tornodoxa dubicanella* Ueda, 2012 コハイジロキバガ
- 2255 *Encolapta subtegulifera* (Ponomarenko, 1994) ニセクロクモシロキバガ
- 2256 *Encolapta tegulifera* (Meyrick, 1932) クロクモシロキバガ
- 2257 *Encolapta catarina* (Ponomarenko, 1994) チャモンシロキバガ
- 2258 *Hypatima venefica* Ponomarenko, 1991 マエウスノコメキバガ
- 2259 *Hypatima excellentella* Ponomarenko, 1991 シロノコメキバガ
- 2260 *Hypatima rhomboidella* (Linnaeus, 1758) マエモンノコメキバガ

| | ---- | *Pectinophora gossypiella* (Saunders, 1844) ワタアカミムシガ |
| | ---- | *Holcophoroides nigriceps* Matsumura, 1931 ズグロキバガ ················ ［札幌産のタイプ標本以外は知られていない］ |

Zygaenoidea マダラガ上科
▶ Limacodidae イラガ科
	2261	*Kitanola uncula* (Staudinger, 1887) マダライラガ
	2262	*Kitanola sachalinensis* Matsumura, 1925 ビロードマダライラガ
	2263	*Mediocampa speciosa* (Inoue, 1956) クロマダライラガ
	2264	*Narosoideus flavidorsalis* (Staudinger, 1887) ナシイラガ
	2265	*Monema flavescens* Walker, 1855 イラガ
	2266	*Heterogenea asella* (Denis & Schiffermüller, 1775) カギバイラガ
	2267	*Microleon longipalpis* Butler, 1885 テングイラガ
	2268	*Phrixolepia sericea* Butler, 1877 アカイラガ
	2269	*Austrapoda dentata* (Oberthür, 1879) ムラサキイラガ
	2270	*Austrapoda hepatica* Inoue, 1987 ウスムラサキイラガ
	2271	*Parasa hilarula* (Staudinger, 1887) クロシタアオイラガ
	2272	*Ceratonema sericeum* (Butler, 1881) ウストビイラガ
	2273	*Narycodes posticalis* Matsumura, 1931 ヒロズイラガ
	2274	*Pseudopsyche endoxantha* Püngeler, 1914 キンケウスバイラガ（キンケミノウスバ）
	2275	*Isopenthocrates japona* Yoshimoto, 2004 トビスジイラガ

▶ Zygaenidae マダラガ科
▶▶ Procridinae クロマダラ亜科
*	----	*Balataea octomaculata* (Bremer, 1861) ヤホシホソマダラ ················ ［分布記録の詳細は不明］
	2276	*Balataea gracilis* (Walker, 1865) キスジホソマダラ
*	----	*Fuscartona martini* (Efetov, 1997) タケノホソクロバ
	2277	*Fuscartona funeralis* (Butler, 1879) ヒメクロバ
	2278	*Inope heterogyna* Staudinger, 1887 エゾウスグロマダラ（ウスバクロマダラ）
	2279	*Inope maerens* (Staudinger, 1887) ウスグロマダラ
	2280	*Illiberis rotundata* Jordan, 1907 ウメスカシクロバ
	2281	*Illiberis pruni* Dyar, 1905 リンゴハマキクロバ
	2282	*Hedina psychina* (Oberthür, 1880) ミヤマスカシクロバ（オオスカシクロバ）
	2283	*Hedina tenuis* (Butler, 1877) ブドウスカシクロバ

▶▶ Chalcosiinae ホタルガ亜科
| | 2284 | *Neochalcosia remota* (Walker, 1854) シロシタホタルガ |
| * | ---- | *Pidorus atratus* Butler, 1877 ホタルガ ················ ［北海道の分布から除くことが提案されている。誤同定が疑われる］ |

▶▶ Zygaeninae マダラガ亜科
| | 2285 | *Pryeria sinica* Moore, 1877 ミノウスバ |
| | 2286 | *Zygaena niphona* Butler, 1877 ベニモンマダラ |

Sesioidea スカシバガ上科
▶ Sesiidae スカシバガ科
▶▶ Tinthiinae ヒメスカシバガ亜科
	2287	*Pennisetia hylaeiformis* (Laspeyres, 1801) ヒメセスジスカシバ
北	2288	*Pennisetia admirabilis* Arita, 1992 キタセスジスカシバ
	2289	*Milisipepsis takizawai* (Arita & Špatenka, 1989) コシボソスカシバ

▶▶ Sesiinae スカシバガ亜科
	2290	*Sesia yezoensis* (Hampson, 1919) キタスカシバ
	2291	*Macroscelesia japona* (Hampson, 1919) モモブトスカシバ
*	----	*Nokona regalis* (Butler, 1878) ブドウスカシバ ················ ［本種の従来の記録は次種の可能性がある］
	2292	*Nokona michinoku* Kishida, Kudo & Kudo, 2014 ミチノクスカシバ
	2293	*Nokona feralis* (Leech, 1889) キクビスカシバ

北	2294	*Paranthrene tabaniformis* (Rottemburg, 1775) ビロードスカシバ
	----	*Glossosphecia contaminata* (Butler, 1878) ハチマガイスカシバ
	----	*Glossosphecia romanovi* (Leech, 1889) クビアカスカシバ
北	----	*Synanthedon subproducta* Inoue, 1982 ヤマコスカシバ
	----	*Synanthedon yanoi* Špatenka & Arita, 1992 ヤノコスカシバ
	2295	*Synanthedon scoliaeformis* (Borkhausen, 1789) フトモンコスカシバ
	2296	*Synanthedon hector* (Butler, 1878) コスカシバ
	2297	*Synanthedon formicaeformis* (Esper, 1783) アカオビコスカシバ
	2298	*Synanthedon pseudoscoliaeformis* Špatenka & Arita, 1992 フタスジコスカシバ
	2299	*Synanthedon tenuis* (Butler, 1878) ヒメコスカシバ
北	----	*Synanthedon tipuliformis* (Clerck, 1759) スグリコスカシバ
	----	*Synanthedon unocingulata* Bartel, 1912 キオビコスカシバ
	2300	*Synanthedon multitarsus* Špatenka & Arita, 1992 ヒトスジコスカシバ

Cossoidea ボクトウガ上科

▶ Cossidae ボクトウガ科
▶▶ Cossinae ボクトウガ亜科

	2301	*Cossus cossus* (Linnaeus, 1758) オオボクトウ
	2302	*Cossus jezoensis* (Matsumura, 1931) ボクトウガ

▶▶ Zeuzerinae ゴマフボクトウ亜科

	2303	*Zeuzera multistrigata* Moore, 1881 ゴマフボクトウ
	2304	*Phragmataecia castaneae* (Hübner, 1790) ハイイロボクトウ

Tortricoidea ハマキガ上科

▶ Tortricidae ハマキガ科
▶▶ Tortricinae ハマキガ亜科
▶▶▶ Tortricini ハマキガ族

	2305	*Paratorna cuprescens* Falkovitsh, 1965 ミスジマルバハマキ
	2306	*Tortrix sinapina* (Butler, 1879) ウスアミメキハマキ
	2307	*Spatalistis christophana* (Walsingham, 1900) ギンボシトビハマキ
	2308	*Spatalistis bifasciana* (Hübner, 1787) イブシギンハマキ
	2309	*Spatalistis egesta* Razowski, 1974 ギンスジコハマキ
	2310	*Acleris indignana* (Christoph, 1881) ホソマダラハイイロハマキ
	2311	*Acleris tigricolor* (Walsingham, 1900) トラフハマキ
	2312	*Acleris crataegi* (Kuznetzov, 1964) クロトラフハマキ
	2313	*Acleris leechi* (Walsingham, 1900) ギンヨスジハマキ
	2314	*Acleris arcuata* (Yasuda, 1975) チャモンギンハマキ
	2315	*Acleris dealbata* (Yasuda, 1975) シロオビギンハマキ
*	----	*Acleris blanda* (Yasuda, 1975) ツマグロギンハマキ
*	----	*Acleris delicata* (Yasuda & Kawabe, 1980) ギンミスジハマキ
	2316	*Acleris conchyloides* (Walsingham, 1900) ネウスハマキ
	----	*Acleris phalera* (Kuznetzov, 1964) ウスギンスジキハマキ
	2317	*Acleris askoldana* (Christoph, 1881) ギンスジカバハマキ
	2318	*Acleris razowskii* (Yasuda, 1975) ニセウスギンスジキハマキ
	2319	*Acleris dentata* (Razowski, 1966) ニセウンモンキハマキ
	2320	*Acleris aurichalcana* (Bremer, 1864) ウンモンキハマキ
	2321	*Acleris elegans* Oku, 1956 ホシギンスジキハマキ
	2322	*Acleris enitescens* (Meyrick, 1912) セウスイロハマキ
	2323	*Acleris albiscapulana* (Christoph, 1881) チャマダラハマキ (ニセヤナギハマキ)
	2324	*Acleris comariana* (Lienig & Zeller, 1846) バラモンハマキ
	2325	*Acleris laterana* (Fabricius, 1794) ツツジハマキ (ヤナギハマキ)
	2326	*Acleris nigrilineana* Kawabe, 1963 スジグロハマキ
	2327	*Acleris platynotana* (Walsingham, 1900) フタスジクリイロハマキ
北	----	*Acleris maccana* (Treitschke, 1835) ナカタニハマキ

	2328	*Acleris tunicatana* (Walsingham, 1900) クロコハマキ
	2329	*Acleris submaccana* (Filipjev, 1962) ミヤマミダレモンハマキ
	2330	*Acleris longipalpana* (Snellen, 1883) ゴマフテングハマキ
	2331	*Acleris fuscotogata* (Walsingham, 1900) モトキハマキ
	2332	*Acleris paradiseana* (Walsingham, 1900) ツマモンエグリハマキ
	2333	*Acleris caerulescens* (Walsingham, 1900) キボシエグリハマキ
	2334	*Acleris issikii* Oku, 1957 スジエグリハマキ
	2335	*Acleris emargana* (Fabricius, 1775) エグリハマキ
	2336	*Acleris exsucana* (Kennel, 1901) ウツギアミメハマキ
	2337	*Acleris delicatana* (Christoph, 1881) コトサカハマキ
	2338	*Acleris phantastica* Razowski & Yasuda, 1964 アカネハマキ
	2339	*Acleris aestuosa* Yasuda, 1965 ホノホハマキ
	2340	*Acleris pulchella* Kawabe, 1964 マエキハマキ
	2341	*Acleris alnivora* Oku, 1956 ハンノキミダレモンハマキ
	2342	*Acleris umbrana* (Hübner, 1799) ヒカゲハマキ
	2343	*Acleris cristana* (Denis & Schiffermüller, 1775) トサカハマキ
	----	*Acleris hokkaidana* Razowski & Yasuda, 1964 キタハマキ
	2344	*Acleris shepherdana* (Stephens, 1852) コアミメチャハマキ
北	2345	*Acleris salicicola* Kuznetzov, 1970 シロオビハマキ(チャオビハマキ)
	2346	*Acleris uniformis* (Filipjev, 1931) ウスオビチャイロハマキ
	2347	*Acleris hispidana* (Christoph, 1881) ハイミダレモンハマキ
北	2348	*Acleris similis* (Filipjev, 1931) ウスモンハイイロハマキ
	2349	*Acleris nigriradix* (Filipjev, 1931) ネグロハマキ
	2350	*Acleris perfundana* Kuznetzov, 1962 ナラコハマキ
	2351	*Acleris affinatana* (Snellen, 1883) プライヤハマキ
	2352	*Acleris japonica* (Walsingham, 1900) ナカジロハマキ
	2353	*Acleris ulmicola* (Meyrick, 1930) ニレハマキ
	2354	*Acleris strigifera* (Filipjev, 1931) ウスアオハマキ
	2355	*Acleris logiana* (Clerck, 1759) ウスジロハマキ
	2356	*Acleris amurensis* (Caradja, 1928) オオウスアオハマキ
	2357	*Acleris expressa* (Filipjev, 1931) モンウスイロハマキ
	2358	*Acleris filipjevi* Obraztsov, 1956 コウスアオハマキ
	2359	*Acleris lacordairana* (Duponchel, 1836) マエモンシロハマキ
	2360	*Acleris rufana* (Denis & Schiffermüller, 1775) ゴマフミダレハマキ

▶ ▶ ▶ **Cochylini** ホソハマキガ族

	2361	*Phtheochroa inopiana* (Haworth, 1811) フタテンホソハマキ
	2362	*Phtheochroa pistrinana* (Erschoff, 1877) セジロホソハマキ
北	2363	*Phtheochroa issikii* (Razowski, 1977) イッシキホソハマキ
	2364	*Phtheochroa vulneratana* (Zetterstedt, 1840) オオウンモンホソハマキ
	2365	*Cochylimorpha jaculana* (Snellen, 1883) クサビホソハマキ
	2366	*Cochylimorpha nipponana* (Razowski, 1977) ウスキホソハマキ
	2367	*Cochylimorpha* sp. 和名未定
	2368	*Phalonidia latifasciana* Razowski, 1970 フトオビホソハマキ
	----	*Phalonidia curvistrigana* (Stainton, 1859) ニセフトオビホソハマキ
	2369	*Phalonidia manniana* (Fischer von Röslerstamm, 1839) コナカオビホソハマキ
	2370	*Phalonidia zygota* Razowski, 1964 ツマオビシロホソハマキ
	2371	*Phalonidia* sp. 3 of Oku, 2003 ツマグロコホソハマキ
	2372	*Phalonidia aliena* Kuznetzov, 1966 ミダレモンホソハマキ
	2373	*Phalonidia chlorolitha* (Meyrick, 1931) アミメホソハマキ
	2374	*Gynnidomorpha* sp. of Komai, 2011 リンドウホソハマキ
千	----	*Gynnidomorpha luridana* (Gregson, 1870) 和名未定
	2375	*Gynnidomorpha vectisana* (Humphreys & Westwood, 1845) コホソハマキ
	2376	*Gynnidomorpha minimana* (Caradja, 1916) ミニホソハマキ
	2377	*Gynnidomorpha permixtana* (Denis & Schiffermüller, 1775) チビホソハマキ
	2378	*Phtheochroides clandestina* Razowski, 1968 ヨモギオオホソハマキ
	2379	*Phtheochroides apicana* (Walsingham, 1900) ツマオビホソハマキ

	2380	*Eugnosta ussuriana* (Caradja, 1926) ツマオビセンモンホソハマキ
	2381	*Eugnosta dives* (Butler, 1878) ギンモンホソハマキ
	2382	*Eupoecilia inouei* Kawabe, 1972 イノウエホソハマキ
	2383	*Eupoecilia angustana* (Hübner, 1799) ツマオビキホソハマキ
	2384	*Eupoecilia ambiguella* (Hübner, 1799) ブドウホソハマキ
	2385	*Eupoecilia citrinana* Razowski, 1960 フタオビホソハマキ
北	2386	*Aethes deutschiana* (Zetterstedt, 1840) ダイセツホソハマキ
	2387	*Aethes triangulana* (Treitschke, 1835) ツマギンスジナガバホソハマキ
	2388	*Aethes rectilineana* (Caradja, 1939) フタスジキホソハマキ
	2389	*Aethes hoenei* Razowski, 1964 チャモンキホソハマキ
	2390	*Aethes cnicana* (Westwood, 1854) ニセエダオビホソハマキ
千	----	*Aethes smeathmanniana* (Fabricius, 1781) 和名未定
	2391	*Cochylidia contumescens* (Meyrick, 1931) フトハスジホソハマキ
	2392	*Cochylidia subroseana* (Haworth, 1811) ナカハスジベニホソハマキ
	2393	*Cochylidia richteriana* (Fischer von Röslerstamm, 1837) ヨモギウストビホソハマキ
	2394	*Cochylidia heydeniana* (Herrich-Schäffer, 1851) ハスジチビホソハマキ
	2395	*Cochylis nana* (Haworth, 1811) ネグロホソハマキ
	2396	*Cochylis hybridella* (Hübner, 1813) トガリホソハマキ

▶▶▶ **Cnephasiini** ハイイロハマキガ族

	2397	*Cnephasia stephensiana* (Doubleday, 1850) ホソバハイイロハマキ
	2398	*Eana argentana* (Clerck, 1759) ギンムジハマキ
北	2399	*Eana incanana* (Stephens, 1852) キタハイイロハマキ
	2400	*Kawabeia ignavana* (Christoph, 1881) ウスオビハイイロフユハマキ
	2401	*Kawabeia nigricolor* Yasuda & Kawabe, 1980 ウスグロフユハマキ
	2402	*Doloploca praeviella* Erschoff, 1877 ヤチダモハマキ

▶▶▶ **Euliini** ボカシハマキガ族

	2403	*Eulia ministrana* (Linnaeus, 1758) ボカシハマキ
北	----	*Eulia dryonephela* Meyrick, 1932 和名未定 .... ［北海道から記載されたが、正体不明］

▶▶▶ **Sparganothini** テングハマキガ族

	2404	*Sparganothis pilleriana* (Denis & Schiffermüller, 1775) テングハマキ
	2405	*Sparganothis illustris* Razowski, 1975 アミメテングハマキ

▶▶▶ **Epitymbiini** ミナミハマキガ族

	2406	*Capua vulgana* (Frölich, 1828) ハイイロウスモンハマキ

▶▶▶ **Archipini** カクモンハマキガ族

	2407	*Dicanticinta diticinctana* (Walsingham, 1900) アオスジキハマキ
*	----	*Minutargyrotoza calvicaput* (Walsingham, 1900) ニセヒロバキハマキ
	2408	*Minutargyrotoza minuta* (Walsingham, 1900) ヒロバキハマキ
	2409	*Pseudargyrotoza conwagana* (Fabricius, 1775) マダラギンスジハマキ
	2410	*Gnorismoneura mesotoma* (Yasuda, 1975) トビモンハマキ
	2411	*Homonopsis foederatana* (Kennel, 1901) ツツリモンハマキ
	2412	*Homonopsis illotana* (Kennel, 1901) ツヤスジハマキ
	2413	*Pseudeulia asinana* (Hübner, 1799) オオハイジロハマキ
	2414	*Archips capsigerana* (Kennel, 1901) カタカケハマキ
	2415	*Archips audax* Razowski, 1977 アトキハマキ
	2416	*Archips ingentana* (Christoph, 1881) オオアトキハマキ
	2417	*Archips oporana* (Linnaeus, 1758) マツアトキハマキ
北	2418	*Archips betulana* (Hübner, 1787) コアトキハマキ
	2419	*Archips breviplicana* Walsingham, 1900 リンゴモンハマキ (ホソアトキハマキ)
	2420	*Archips semistructa* (Meyrick, 1937) ウスアトキハマキ
	2421	*Archips pulchra* (Butler, 1879) タテスジハマキ
	2422	*Archips abiephaga* (Yasuda, 1975) クロタテスジハマキ
	2423	*Archips issikii* Kodama, 1960 モミアトキハマキ

	2424	*Archips fumosa* Kodama, 1960 イチイオオハマキ
北	2425	*Archips viola* Falkovitsh, 1965 ムラサキカクモンハマキ
	2426	*Archips endoi* Yasuda, 1975 クロカクモンハマキ
	2427	*Archips xylosteana* (Linnaeus, 1758) カクモンハマキ
	2428	*Archips fuscocupreana* Walsingham, 1900 ミダレカクモンハマキ
	2429	*Archips nigricaudana* (Walsingham, 1900) シリグロハマキ
	2430	*Dentisociaria armata* Kuznetzov, 1970 オクハマキ
	2431	*Choristoneura diversana* (Hübner, 1817) コスジオビハマキ
	2432	*Choristoneura jezoensis* Yasuda & Suzuki, 1987 モミコスジオビハマキ
	2433	*Choristoneura adumbratana* (Walsingham, 1900) リンゴオオハマキ（オオフタスジハマキ）
	2434	*Choristoneura lafauryana* (Ragonot, 1875) ウスキカクモンハマキ
	2435	*Choristoneura longicellana* (Walsingham, 1900) アトボシハマキ
	2436	*Homona magnanima* Diakonoff, 1948 チャハマキ
	2437	*Homona issikii* Yasuda, 1962 スギハマキ
	2438	*Ptycholomoides aeriferana* (Herrich-Schäffer, 1851) カラマツイトヒキハマキ
	2439	*Ptycholoma lecheana* (Linnaeus, 1758) オオギンスジハマキ（オオギンスジアカハマキ）
	2440	*Ptycholoma imitator* (Walsingham, 1900) アミメキハマキ（アミメキイロハマキ）
	2441	*Pandemis cinnamomeana* (Treitschke, 1830) アカトビハマキ
	2442	*Pandemis chlorograpta* Meyrick, 1931 ウストビハマキ
	2443	*Pandemis corylana* (Fabricius, 1794) ウスアミメトビハマキ
	2444	*Pandemis monticolana* Yasuda, 1975 ヤマトビハマキ
	2445	*Pandemis heparana* (Denis & Schiffermüller, 1775) トビハマキ
	2446	*Pandemis dumetana* (Treitschke, 1835) スジトビハマキ（アミメトビハマキ）
	2447	*Syndemis musculana* (Hübner, 1799) ハイトビスジハマキ
	2448	*Lozotaenia kumatai* Oku, 1963 タカネハマキ
北	2449	*Lozotaenia forsterana* (Fabricius, 1781) コスギハマキ
	2450	*Lozotaenia coniferana* (Issiki, 1961) トウヒオオハマキ
北	2451	*Aphelia christophi* Obraztsov, 1968 ミヤマヒロバハマキ
千	----	*Aphelia paleana* (Hübner, 1793) 和名未定
北	2452	*Aphelia* sp. 和名未定
北	2453	*Aphelia septentrionalis* Obraztsov, 1959 リシリハマキ
北	2454	*Aphelia inumbratana* (Christoph, 1881) カゲハマキ
北	2455	*Aphelia* sp. of Jinbo, 2013 ネムロハマキ
千	----	*Aphelia viburniana* (Fabricius, 1787) 和名未定
	2456	*Neocalyptis lacernata* (Yasuda, 1975) ウストビモンハマキ
	2457	*Neocalyptis angustilineata* (Walsingham, 1900) コホソスジハマキ
	2458	*Neocalyptis liratana* (Christoph, 1881) フタモンコハマキ
	2459	*Diplocalyptis congruentana* (Kennel, 1901) トビモンコハマキ
	2460	*Diplocalyptis nigricana* (Yasuda, 1975) ニセトビモンコハマキ
	2461	*Clepsis rurinana* (Linnaeus, 1758) ウスモンハマキ
北	2462	*Clepsis insignata* Oku, 1963 ダイセツチビハマキ
	2463	*Clepsis aliana* Kawabe, 1965 ミヤマキハマキ
	2464	*Clepsis pallidana* (Fabricius, 1776) アカスジキイロハマキ
	2465	*Daemilus mutuurai* Yasuda, 1975 ムツウラハマキ
	2466	*Adoxophyes orana* (Fischer von Röslerstamm, 1834) リンゴコカクモンハマキ（リンゴノコカクモンハマキ）

▶ ▶ ▶ Ceracini ビロードハマキガ族

	2467	*Eurydoxa advena* Filipjev, 1930 ヒロバビロードハマキ

▶ ▶ Chlidanotinae マダラハマキガ亜科
▶ ▶ ▶ Hilarographini カザリマダラハマキガ族

	2468	*Charitographa mikadonis* (Stringer, 1930) オオナミモンマダラハマキ
	2469	*Thaumatographa decoris* (Diakonoff & Arita, 1976) クロモンベニマダラハマキ

▶ ▶ Olethreutinae ヒメハマキガ亜科
▶ ▶ ▶ Microcorsini ハラブトヒメハマキガ族

	2470	*Cryptaspasma marginifasciata* (Walsingham, 1900) ヘリオビヒメハマキ

2471　*Cryptaspasma trigonana* (Walsingham, 1900) クロサンカクモンヒメハマキ

Bactrini トガリバヒメハマキガ族

2472　*Bactra furfurana* (Haworth, 1811) イグサヒメハマキ
2473　*Bactra festa* Diakonoff, 1959 トガリバヒメハマキ
千　----　*Bactra lacteana* Caradja, 1916 和名未定
2474　*Endothenia atrata* (Caradja, 1926) オオクロマダラヒメハマキ
2475　*Endothenia nigricostana* (Haworth, 1811) クロマダラシンムシガ
2476　*Endothenia hebesana* (Walker, 1863) キヨサトヒメハマキ
2477　*Endothenia gentianaeana* (Hübner, 1799) ツマジロクロヒメハマキ
2478　*Endothenia remigera* Falkovitsh, 1970 シソフシガ（コクロヒメハマキ）
2479　*Endothenia austerana* (Kennel, 1916) ウンモンクロマダラヒメハマキ
2480　*Endothenia menthivora* (Oku, 1963) ハッカノネムシガ
北　2481　*Endothenia quadrimaculana* (Haworth, 1811) ニセハッカノネムシガ

Gatesclarkeanini クラークヒメハマキガ族

2482　*Ukamenia sapporensis* (Matsumura, 1931) サッポロヒメハマキ

Olethreutini ヒメハマキガ族

2483　*Eudemopsis purpurissatana* (Kennel, 1901) ツマムベニヒメハマキ
2484　*Eudemopsis pompholycias* (Meyrick, 1935) マエジロムラサキヒメハマキ
2485　*Eudemis brevisetosa* Oku, 2005 ツママルモンヒメハマキ
2486　*Eudemis porphyrana* (Hübner, 1799) サクラマルモンヒメハマキ
2487　*Eudemis lucina* Liu & Bai, 1982 ナカグロマルモンヒメハマキ
2488　*Phaecasiophora roseana* (Walsingham, 1900) ツマベニヒメハマキ
2489　*Statherotis towadaensis* Kawabe, 1978 オオヒロオビヒメハマキ
2490　*Neostatherotis nipponica* Oku, 1974 コブシヒメハマキ（マユミヒメハマキ）
2491　*Statherotmantis shicotana* (Kuznetzov, 1969) コシロヒメハマキ
2492　*Statherotmantis pictana* (Kuznetzov, 1969) キモンヒメハマキ
2493　*Aterpia flavipunctana* (Christoph, 1881) オカトラノオヒメハマキ（キマダラムラサキヒメハマキ）
2494　*Aterpia circumfluxana* (Christoph, 1881) サカモンヒメハマキ
2495　*Aterpia issikii* Kawabe, 1980 イッシキヒメハマキ
2496　*Phaecadophora fimbriata* Walsingham, 1900 スネブトヒメハマキ（アシブトヒメハマキ）
2497　*Saliciphaga acharis* (Butler, 1879) ヤナギサザナミヒメハマキ
2498　*Saliciphaga caesia* Falkovitsh, 1962 オオヤナギサザナミヒメハマキ
2499　*Pseudosciaphila branderiana* (Linnaeus, 1758) ドロヒメハマキ
2500　*Hedya auricristana* (Walsingham, 1900) グミオオウツマヒメハマキ
2501　*Hedya inornata* (Walsingham, 1900) オオサザナミヒメハマキ
2502　*Hedya dimidiana* (Clerck, 1759) シロモンヒメハマキ
2503　*Hedya ignara* Falkovitsh, 1962 ニセシロモンヒメハマキ
2504　*Hedya semiassana* (Kennel, 1901) オオウスヅマヒメハマキ
2505　*Hedya simulans* Oku, 2005 ナガウスヅマヒメハマキ
2506　*Hedya vicinana* (Ragonot, 1894) シラフオオヒメハマキ
2507　*Hedya walsinghami* Oku, 1974 バラギンオビヒメハマキ
北　2508　*Hedya ochroleucana* (Frölich, 1828) シベチャツマジロヒメハマキ
千　----　*Hedya designata* (Kuznetzov, 1970) 和名未定
2509　*Hedya atropunctana* (Zetterstedt, 1839) クロテンツマキヒメハマキ
2510　*Pseudohedya gradana* (Christoph, 1881) ナカオビナミスジキヒメハマキ
2511　*Pseudohedya cincinna* Falkovitsh, 1962 ツマキオオヒメハマキ
2512　*Pseudohedya retracta* Falkovitsh, 1962 オオナミスジキヒメハマキ
2513　*Pseudohedya dentata* Oku, 2005 ハイナミスジキヒメハマキ
2514　*Pseudohedya satoi* Kawabe, 1978 サトウヒメハマキ
2515　*Pseudohedya plumbosana* (Kawabe, 1972) ニセギンボシモトキヒメハマキ
----　*"Zeiraphera" luciferana* Kawabe, 1980 アサヒヒメハマキ
　　　　　　　　　　　　　　　　　　　　　　　　　［属は未確定。1964年に松前町で1♂が採集されたのみ］
2516　*Apotomis geminata* (Walsingham, 1900) グミツマジロヒメハマキ
北　2517　*Apotomis* sp. 和名未定

北	2518	*Apotomis betuletana* (Haworth, 1811) ツマジロヒメハマキ
	2519	*Apotomis capreana* (Hübner, 1817) ヤナギツマジロヒメハマキ
	2520	*Apotomis vaccinii* Kuznetzov, 1969 スノキツマジロヒメハマキ
	2521	*Apotomis jucundana* Kawabe, 1984 ナカグロツマジロヒメハマキ
北	2522	*Apotomis lineana* (Denis & Schiffermüller, 1775) エゾツマジロヒメハマキ
北	2523	*Apotomis vigens* Falkovitsh, 1966 キタツマジロヒメハマキ
	2524	*Apotomis lacteifascies* (Walsingham, 1900) グミウスツマヒメハマキ
	2525	*Apotomis basipunctana* (Walsingham, 1900) ネホシウスツマヒメハマキ
	2526	*Apotomis kusunokii* Kawabe, 1993 カワベタカネヒメハマキ
	2527	*Apotomis flavifasciana* (Kawabe, 1976) キオビヒメハマキ
	2528	*Cymolomia hartigiana* (Saxesen, 1840) トウヒヒメハマキ
北	2529	*Olethreutes concretana* (Wocke, 1862) コシモフリヒメハマキ
	2530	*Olethreutes lediana* (Linnaeus, 1758) イソツツジノメムシガ
	2531	*Olethreutes subretracta* (Kawabe, 1976) ナミスジキヒメハマキ
	2532	*Olethreutes captiosana* (Falkovitsh, 1960) モンギンスジヒメハマキ
	2533	*Olethreutes subtilana* (Falkovitsh, 1959) コモンギンスジヒメハマキ
	2534	*Olethreutes obovata* (Walsingham, 1900) クリオビキヒメハマキ
北	2535	*Olethreutes aviana* (Falkovitsh, 1959) シモツケチャイロヒメハマキ
	2536	*Olethreutes orthocosma* (Meyrick, 1931) コクリオビクロヒメハマキ
	2537	*Olethreutes pryerana* (Walsingham, 1900) キスジオビヒメハマキ
	2538	*Olethreutes siderana* (Treitschke, 1835) ギンボシモトキヒメハマキ
北	----	*Olethreutes opacalis* (Bae, 2000) カゲマダラヒメハマキ
	2539	*Olethreutes ineptana* (Kennel, 1901) イヌエンジュヒメハマキ
	2540	*Olethreutes bipunctana* (Fabricius, 1794) シロマダラヒメハマキ
	2541	*Olethreutes morivora* (Matsumura, 1900) コクワヒメハマキ
	2542	*Olethreutes mori* (Matsumura, 1900) クワヒメハマキ
	2543	*Olethreutes castaneana* (Walsingham, 1900) クリイロヒメハマキ
	2544	*Olethreutes dolosana* (Kennel, 1901) ウスクリモンヒメハマキ
*	----	*Olethreutes examinata* (Falkovitsh, 1966) オオツヤスジウンモンヒメハマキ ………[分布記録の詳細は不明]
	2545	*Olethreutes transversana* (Christoph, 1881) オオクリモンヒメハマキ
北	2546	*Olethreutes hokkaidana* (Bae, 2000) ガンコウランヒメハマキ
	2547	*Olethreutes schulziana* (Fabricius, 1777) タカネナガバヒメハマキ
北	2548	*Olethreutes metallicana* (Hübner, 1799) ホソギンスジヒメハマキ
北	2549	*Olethreutes dissolutana* (Stange, 1886) スギゴケヒメハマキ
	----	*Olethreutes exilis* Falkovitsh, 1966 マダラチビヒメハマキ
	2550	*Olethreutes semicremana* (Christoph, 1881) ウスキヒロオビヒメハマキ（ウワミズヒメハマキ）
	2551	*Olethreutes moderata* (Falkovitsh, 1962) ナツハゼヒメハマキ
	2552	*Olethreutes doubledayana* (Barret, 1872) クローバヒメハマキ
北	2553	*Olethreutes tephrea* (Falkovitsh, 1966) トドマツハイモンヒメハマキ
	2554	*Olethreutes cacuminana* (Kennel, 1901) ツヤスジウンモンヒメハマキ
北	2555	*Olethreutes lacunana* (Denis & Schiffermüller, 1775) ミヤマウンモンヒメハマキ
	2556	*Olethreutes hydrangeana* Kuznetzov, 1969 ゴトウヅルヒメハマキ
	2557	*Olethreutes aurofasciana* (Haworth, 1811) コケオビヒメハマキ
	----	*Rudisociaria* sp. 1 of Nasu, 2013 クリオビクロヒメハマキ
北	----	*Rudisociaria* sp. 2 of Nasu, 2013 チビクリオビヒメハマキ
	----	*Celypha cornigera* Oku, 1968 コウスクリイロヒメハマキ
	2558	*Celypha cespitana* (Hübner, 1817) ウスクリイロヒメハマキ
	2559	*Celypha flavipalpana* (Herrich-Schäffer, 1851) コキスジオビヒメハマキ
千	----	*Celypha kurilensis* (Oku, 1965) 和名未定
	2560	*Pristerognatha penthinana* (Guenée, 1845) キシタヒメハマキ
	2561	*Pristerognatha fuligana* (Denis & Schiffermüller, 1775) キツリフネヒメハマキ
北	2562	*Pseudohermenias abietana* (Fabricius, 1787) アミメモンヒメハマキ
北	2563	*Pseudohermenias ajaensis* Falkovitsh, 1966 ホソオビアミメモンヒメハマキ
	2564	*Piniphila bifasciana* (Haworth, 1811) アカマツハナムシガ
北	2565	*Orthotaenia undulana* (Denis & Schiffermüller, 1775) イラクサヒメハマキ
	----	*Orthotaenia secunda* Falkovitsh, 1962 ミヤマツヤスジウンモンヒメハマキ
	2566	*Lobesia reliquana* (Hübner, 1825) ホソバヒメハマキ

		2567	*Lobesia incystata* Liu & Yang, 1987 トドマツチビヒメハマキ
		2568	*Lobesia virulenta* Bae & Komai, 1991 カラマツホソバヒメハマキ
		2569	*Lobesia yasudai* Bae & Komai, 1991 ヤスダホソバヒメハマキ (ハマナスホソバヒメハマキ)
		2570	*Lobesia bicinctana* (Duponchel, 1844) ネギホソバヒメハマキ
		2571	*Lobesia macroptera* Liu & Bae, 1994 オオホソバヒメハマキ
		2572	*Lobesia coccophaga* Falkovitsh, 1970 スイカズラホソバヒメハマキ
千		----	*Capricornia boisduvaliana* (Duponchel, 1836) 和名未定

▶ ▶ ▶ ■ Enarmoniini カギバヒメハマキガ族

*		----	*Neoanathamna cerina* Kawabe, 1978 チャモンサザナミキヒメハマキ
		2573	*Neoanathamna nipponica* (Kawabe, 1976) ニセコシワヒメハマキ
		2574	*Sillybiphora devia* Kuznetzov, 1964 ハイマダラヒメハマキ
		2575	*Tetramoera flammeata* (Kuznetzov, 1971) コナミスジキヒメハマキ
		2576	*Ancylis laetana* (Fabricius, 1775) マダラカギバヒメハマキ
		2577	*Ancylis geminana* (Donovan, 1806) ナミモンカギバヒメハマキ (シロオビヒメハマキ)
		2578	*Ancylis nemorana* Kuznetzov, 1969 カギバヒメハマキ
		2579	*Ancylis partitana* (Christoph, 1881) カバカギバヒメハマキ
		2580	*Ancylis upupana* (Treitschke, 1835) コゲチャカギバヒメハマキ
北		2581	*Ancylis lotkini* Kuznetzov, 1969 コカギバヒメハマキ
北		2582	*Ancylis uncella* (Denis & Schiffermüller, 1775) ウスベニカギバヒメハマキ
		2583	*Ancylis kenneli* Kuznetzov, 1962 チャモンカギバヒメハマキ
		2584	*Ancylis obtusana* (Haworth, 1811) ウススジアカカギバヒメハマキ
		2585	*Ancylis myrtillana* (Treitschke, 1830) ミヤマカギバヒメハマキ
		2586	*Ancylis badiana* (Denis & Schiffermüller, 1775) セクロモンカギバヒメハマキ
		2587	*Ancylis limosa* Oku, 2005 オオセモンカギバヒメハマキ
		2588	*Ancylis paludana* (Barrett, 1871) ホソセモンカギバヒメハマキ
		2589	*Ancylis mandarinana* Walsingham, 1900 セモンカギバヒメハマキ
		2590	*Ancylis selenana* (Guenée, 1845) フタボシヒメハマキ
		2591	*Ancylis apicipicta* Oku, 2005 ツマアカカギバヒメハマキ
北		2592	*Ancylis unguicella* (Linnaeus, 1758) ニシベツヒメハマキ
北		2593	*Ancylis* sp. 和名未定
		2594	*Ancylis comptana* (Frölich, 1828) イチゴカギバヒメハマキ
北		2595	*Ancylis apicella* (Denis & Schiffermüller, 1775) タテスジカギバヒメハマキ
		2596	*Coenobiodes abietiella* (Matsumura, 1931) イチイヒメハマキ (マツチビヒメハマキ)
		2597	*Coenobiodes acceptana* Kuznetzov, 1973 ロッコウヒメハマキ
		2598	*Coenobiodes granitalis* (Butler, 1881) ヒノキカワモグリガ
		2599	*Enarmonia major* (Walsingham, 1900) ギンボシキヒメハマキ
		2600	*Enarmonia minuscula* Kuznetzov, 1981 エゾギンボシヒメハマキ
		2601	*Enarmonodes aeologlypta* (Meyrick, 1936) クロキマダラヒメハマキ
		2602	*Enarmonodes aino* Kuznetzov, 1968 アイノキマダラヒメハマキ
千		----	*Enarmonodes kunashirica* Kuznetzov, 1969 和名未定
千		----	*Enarmonodes recreantana* (Kennel, 1900) 和名未定
		2603	*Semnostola magnifica* (Kuznetzov, 1964) ニセハギカギバヒメハマキ
		2604	*Semnostola triangulata* Nasu & Kogi, 1997 セサンカクモンヒメハマキ
		----	*Pseudacroclita hapalaspis* (Meyrick, 1931) イチゴツツヒメハマキ

▶ ▶ ▶ ■ Eucosmini モグリヒメハマキガ族

		2605	*Kennelia xylinana* (Kennel, 1900) マゲバヒメハマキ
		2606	*Rhopalovalva lascivana* (Christoph, 1881) サザナミキヒメハマキ
		2607	*Rhopalovalva exartemana* (Kennel, 1901) ギンツマヒメハマキ
*		----	*Rhopalovalva amabilis* Oku, 1974 ブナヒメハマキ .... [分布記録の詳細は不明]
		2608	*Rhopalovalva pulchra* (Butler, 1879) キカギヒメハマキ
		2609	*Acroclita elaeagnivora* Oku, 1979 グミハイジロヒメハマキ
		2610	*Acroclita gumicola* Oku, 1979 グミシロテンヒメハマキ
		2611	"*Eucoenogenes*" *teliferana* (Christoph, 1881) キイロヒメハマキ .... [属は未確定]
		2612	*Fibuloides aestuosa* (Meyrick, 1912) クリミドリシンクイガ
		2613	*Fibuloides japonica* (Kawabe, 1978) モトゲヒメハマキ

	2614	*Spilonota eremitana* Moriuti, 1972 カラマツヒメハマキ
	2615	*Spilonota ocellana* (Denis & Schiffermüller, 1775) リンゴシロヒメハマキ
	2616	*Spilonota* sp. 1 of Oku, 2003 カンバシロヒメハマキ
	2617	*Spilonota albicana* (Motschulsky, 1866) ニセシロヒメシンクイ
	----	*Spilonota* sp. 3 of Oku, 2003 シロヒメシンクイ
	2618	*Spilonota semirufana* (Christoph, 1881) モトアカヒメハマキ
	2619	*Strepsicrates coriariae* Oku, 1979 ドクウツギヒメハマキ (ドクウツギツノエグリヒメハマキ)
	2620	*Gibberifera simplana* (Fischer von Röslerstamm, 1836) ウスキシロヒメハマキ
	2621	*Gibberifera hepaticana* Kawabe & Nasu, 1994 ニセウスキシロヒメハマキ
	2622	*Epinotia bicolor* (Walsingham, 1900) ヒロオビヒメハマキ
	2623	*Epinotia ulmicola* Kuznetzov, 1966 ニレコヒメハマキ
	2624	*Epinotia majorana* (Caradja, 1916) ハナウドモグリガ
北	2625	*Epinotia trigonella* (Linnaeus, 1758) フタシロモンヒメハマキ
	2626	*Epinotia maculana* (Fabricius, 1775) オオナガバヒメハマキ
	2627	*Epinotia brunnichana* (Linnaeus, 1767) ダケカンバヒメハマキ
北	2628	*Epinotia solandriana* (Linnaeus, 1758) セウスモンヒメハマキ
	2629	*Epinotia salicicolana* Kuznetzov, 1968 セシロモンヒメハマキ
	2630	*Epinotia ulmi* Kuznetzov, 1966 ニレチャイロヒメハマキ
	2631	*Epinotia signatana* (Douglas, 1845) ニレマダラヒメハマキ
	2632	*Epinotia rasdolnyana* (Christoph, 1882) セクロモンヒメハマキ
	2633	*Epinotia tetraquetrana* (Haworth, 1811) カンバウスモンヒメハマキ
北	2634	*Epinotia aciculana* Falkovitsh, 1965 トドマツヒメハマキ (アカトドマツヒメハマキ)
	2635	*Epinotia cruciana* (Linnaeus, 1761) ミヤマヤナギヒメハマキ
	2636	*Epinotia exquisitana* (Christoph, 1881) クロマダラシロヒメハマキ
	2637	*Epinotia contrariana* (Christoph, 1881) ミツシロモンヒメハマキ
	2638	*Epinotia pentagonana* (Kennel, 1901) イツカドモンヒメハマキ
北	2639	*Epinotia demarniana* (Fischer von Röslerstamm, 1839) ニセイツカドモンヒメハマキ
	2640	*Epinotia ramella* (Linnaeus, 1785) カギモンヒメハマキ
	2641	*Epinotia subsequana* (Haworth, 1811) ニセクシヒゲヒメハマキ
	----	*Epinotia pygmaeana* (Hübner, 1799) クシヒゲヒメハマキ
	2642	*Epinotia rubiginosana* (Herrich-Schäffer, 1851) マツヒメハマキ (マツノクロマダラヒメハマキ)
	2643	*Epinotia rubricana* Kuznetzov, 1968 ムモンハンノメムシガ
	2644	*Epinotia autumnalis* Oku, 2005 ツチイロヒメハマキ
	2645	*Epinotia tenerana* (Denis & Schiffermüller, 1775) ハンノメムシガ
	2646	*Epinotia autonoma* Falkovitsh, 1965 タマヒメハマキ
	2647	*Epinotia nisella* (Clerck, 1759) ヤナギメムシガ
北	2648	*Epinotia cinereana* (Haworth, 1811) ニセヤナギメムシガ
北	2649	*Epinotia aquila* Kuznetzov, 1968 クロツヅリヒメハマキ
	2650	*Epinotia piceae* (Issiki, 1961) トウヒツヅリヒメハマキ
	2651	*Epinotia pinicola* Kuznetzov, 1969 ハイマツコヒメハマキ
北	----	*Epinotia cineracea* Nasu, 1991 トウヒハイイロヒメハマキ
北	2652	*Epinotia densiuncaria* Kuznetzov, 1985 エゾハイイロヒメハマキ
北	2653	*Epinotia piceicola* Kuznetzov, 1970 トウヒシロスジヒメハマキ
	2654	*Epinotia albiguttata* (Oku, 1974) ヒカゲヒメハマキ
千	----	*Epinotia mercuriana* (Frölich, 1828) 和名未定
千	----	*Epinotia subocellana* (Donovan, 1806) 和名未定
	2655	*Zeiraphera argutana* (Christoph, 1881) ガレモンヒメハマキ
	2656	*Zeiraphera corpulentana* (Kennel, 1901) ハシドイヒメハマキ
	2657	*Zeiraphera subcorticana* (Snellen, 1883) ミドリモンヒメハマキ
	2658	*Zeiraphera caeruleumana* Kawabe, 1980 クロモンミズアオヒメハマキ
	2659	*Zeiraphera virinea* Falkovitsh, 1965 ミドリヒメハマキ
	2660	*Zeiraphera fulvomixtana* Kawabe, 1974 ニセミドリヒメハマキ
	2661	*Zeiraphera shimekii* Kawabe, 1974 マエジロミドリモンヒメハマキ
	2662	*Zeiraphera demutata* (Walsingham, 1900) シロマルモンヒメハマキ
	2663	*Zeiraphera rufimitrana* (Herrich-Schäffer, 1847) トドマツアミメヒメハマキ
北	2664	*Zeiraphera suzukii* Oku, 1968 コエゾマツアミメヒメハマキ
	2665	*Zeiraphera hiroshii* Kawabe, 1980 ヒロシヒメハマキ

	2666	*Zeiraphera griseana* (Hübner, 1799) ハイイロアミメヒメハマキ
	2667	*Zeiraphera lariciana* Kawabe, 1980 カラマツチャイロヒメハマキ
	----	*Phaneta bimaculata* (Kuznetzov, 1966) アトフタモンヒメハマキ
	2668	*Gypsonoma nitidulana* (Lienig & Zeller, 1846) ナカオビウスツヤヒメハマキ
北	2669	*Gypsonoma oppressana* (Treitschke, 1835) タテヤマヒメハマキ
	2670	*Gypsonoma bifasciata* Kuznetzov, 1966 コヤナギヒメハマキ
	2671	*Gypsonoma ephoropa* (Meyrick, 1931) ウスネグロヒメハマキ（ネグロシロマダラヒメハマキ）
	2672	*Gypsonoma dealbana* (Frölich, 1828) ネグロヒメハマキ
	2673	*Gypsonoma sociana* (Haworth, 1811) カオジロネグロヒメハマキ
	2674	*Gypsonoma attrita* Falkovitsh, 1965 ウスツヤハイイロヒメハマキ
	2675	*Gypsonoma holocrypta* (Meyrick, 1931) ムモンハイイロヒメハマキ
	2676	*Gypsonoma maritima* Kuznetzov, 1970 ウスモンハイイロヒメハマキ
北	2677	*Gypsonoma erubesca* Kawabe, 1978 アカムラサキヒメハマキ
	2678	*Gypsonoma kawabei* Nasu & Kusunoki, 1998 ムジシロチャヒメハマキ
	2679	*Gravitarmata margarotana* (Heinemann, 1863) マツトビマダラシンムシ（マツトビヒメハマキ）
	2680	*Rhyacionia dativa* Heinrich, 1928 マツアカシンムシ
	2681	*Rhyacionia washiyai* (Kono & Sawamoto, 1940) ワシヤシントメヒメハマキ（ハイマツアカシンムシ）
	2682	*Rhyacionia simulata* Heinrich, 1928 マツツマアカシンムシ
	2683	*Rhyacionia vernalis* Nasu & Kawahara, 2004 アトシロモンヒメハマキ
	2684	*Retinia cristata* (Walsingham, 1900) マツズアカシンムシ
北	2685	*Retinia jezoensis* Nasu, 1991 エゾズアカヒメハマキ
	2686	*Retinia monopunctata* (Oku, 1968) ツマクロテンヒメハマキ
北	2687	*Retinia impropria* (Meyrick, 1932) カラマツカサガ
千	----	*Retinia immanitana* (Kuznetzov, 1969) 和名未定
	2688	*Notocelia rosaecolana* (Doubleday, 1850) バラシロヒメハマキ
北	2689	*Notocelia plumbea* Nasu, 1980 ハマナスヒメハマキ
北	2690	*Notocelia incarnatana* (Hübner, 1799) エゾシロヒメハマキ
	2691	*Notocelia nimia* Falkovitsh, 1965 ニセバラシロヒメハマキ
	2692	*Lepteucosma huebneriana* (Koçak, 1980) キガシラアカネヒメハマキ
	2693	*Epiblema foenella* (Linnaeus, 1758) ヨモギネムシガ
	2694	*Epiblema inconspicua* (Walsingham, 1900) クロウンモンヒメハマキ
	2695	*Epiblema pryerana* (Walsingham, 1900) プライヤヒメハマキ
北	2696	*Epiblema quinquefasciana* (Matsumura, 1900) ギンスジアカチャヒメハマキ
	----	*Epiblema rimosana* (Christoph, 1881) ウンモンサザナミヒメハマキ
	2697	*Epiblema autolitha* (Meyrick, 1931) ウスシロモンヒメハマキ
	----	*Hendecaneura apicipictum* Walsingham, 1900 コツマキクロヒメハマキ
	2698	*Hendecaneura cervinum* Walsingham, 1900 ツマキクロヒメハマキ
	2699	*Hendecaneura impar* Walsingham, 1900 オオツマキクロヒメハマキ
	2700	*Eucosma rigidana* (Snellen, 1883) オオカバスソモンヒメハマキ
	2701	*Eucosma obumbratana* (Lienig & Zeller, 1846) マエグロスソモンヒメハマキ
	2702	*Eucosma cana* (Haworth, 1811) アザミスソモンヒメハマキ
	2703	*Eucosma yasudai* Nasu, 1982 コゲチャスソモンヒメハマキ
	2704	*Eucosma confunda* Kuznetzov, 1966 キガシラスソモンヒメハマキ
	2705	*Eucosma catharaspis* (Meyrick, 1922) ソトジロトガリヒメハマキ
	2706	*Eucosma campoliliana* (Denis & Schiffermüller, 1775) ニセモンシロスソモンヒメハマキ
北	2707	*Eucosma brachysticta* Meyrick, 1935 クロモンシロヒメハマキ
	2708	*Eucosma glebana* (Snellen, 1883) カバイロスソモンヒメハマキ
	2709	*Eucosma striatiradix* Kuznetzov, 1964 コカバスソモンヒメハマキ
	2710	*Eucosma aemulana* (Schläger, 1848) シロズスソモンヒメハマキ
	2711	*Eucosma aspidiscana* (Hübner, 1817) ミヤマスソモンヒメハマキ
	2712	*Eucosma metzneriana* (Treitschke, 1830) トビモンシロヒメハマキ
北	2713	*Eucosma tundrana* (Kennel, 1900) トビモンヒメハマキ
	2714	*Eucosma lacteata* (Treitschke, 1835) ホソバシロヒメハマキ
	2715	*Eucosma ommatoptera* Falkovitsh, 1965 スソクロモンアカチャヒメハマキ
北	2716	*Eucosma abacana* (Erschoff, 1877) スソクロモンヒメハマキ
	2717	*Pelochrista umbraculana* (Eversmann, 1844) フタオビチャヒメハマキ
	----	*Pelochrista notocelioides* Oku, 1972 コウンモンヒメハマキ

北	2718	*Pelochrista mollitana* (Zeller, 1847) オオウスシロモンヒメハマキ
北	2719	*Pelochrista decolorana* (Freyer, 1842) ウスマダラヒメハマキ
北	2720	*Eriopsela quadrana* (Hübner, 1813) ダイセツヒメハマキ
	2721	*Eriopsela kostyuki* (Kuznetzov, 1973) ドアイウンモンヒメハマキ
	2722	*Thiodia torridana* (Lederer, 1859) シロスジヒロバヒメハマキ
	2723	*Thiodia dahurica* (Falkovitsh, 1965) ノギクメムシガ
	2724	*Rhopobota kaempferiana* (Oku, 1971) ヤマツツジマダラヒメハマキ
	----	*Rhopobota shikokuensis* (Oku, 1971) チャオビマダラヒメハマキ

....[1980年に摩周岳で1♂が採集されたが、再確認が望まれる]

	2725	*Rhopobota relicta* (Kuznetzov, 1968) シロオビマダラヒメハマキ
	2726	*Rhopobota ustomaculana* (Curtis, 1831) セシロヒメハマキ
	2727	*Rhopobota ilexi* Kuznetzov, 1969 オオセシロヒメハマキ
	2728	*Rhopobota* sp. 1 of Oku, 2003 カドオビヒメハマキ
	2729	*Rhopobota naevana* (Hübner, 1817) クロネハイイロヒメハマキ
	2730	*Rhopobota* sp. 2 of Oku, 2003 アオダモヒメハマキ
	2731	*Rhopobota falcata* Nasu, 1999 マダラカマヒメハマキ
	2732	*Rhopobota* sp. 4 of Oku, 2003 ウドヒメハマキ
	2733	*Antichlidas holocnista* Meyrick, 1931 ツマキハイイロヒメハマキ

▶ ▶ ▶ **Grapholitini** シンクイヒメハマキガ族

北	2734	*Dichrorampha cancellatana* Kennel, 1901 ヘリホシヒメハマキ
	2735	*Dichrorampha albistriana* Komai, 1979 シロスジヘリホシヒメハマキ
	2736	*Dichrorampha interponana* (Danilevsky, 1960) アカムラサキヘリホシヒメハマキ
北	2737	*Dichrorampha petiverella* (Linnaeus, 1758) ホソキオビヘリホシヒメハマキ
	2738	*Dichrorampha latiflavana* Caradja, 1916 キオビヘリホシヒメハマキ
北	2739	*Dichrorampha vancouverana* McDunnough, 1935 コキオビヘリホシヒメハマキ
	2740	*Cryptophlebia ombrodelta* (Lower, 1898) アシブトヒメハマキ
	2741	*Cryptophlebia nota* Kawabe, 1978 クロモンアシブトヒメハマキ
	2742	*Cryptophlebia yasudai* Kawabe, 1972 オオアシブトヒメハマキ
	2743	*Matsumuraeses ussuriensis* (Caradja, 1916) クズヒメサヤムシガ (ニセアズキサヤヒメハマキ)
	2744	*Matsumuraeses azukivora* (Matsumura, 1910) アズキサヤムシガ (アズキサヤヒメハマキ)
	2745	*Matsumuraeses vicina* Kuznetzov, 1973 ヒロバヒメサヤムシガ (クロテンマメサヤヒメハマキ)
	2746	*Matsumuraeses falcana* (Walsingham, 1900) ダイズサヤムシガ (ニセマメサヤヒメハマキ)
	2747	*Matsumuraeses phaseoli* (Matsumura, 1900) マメヒメサヤムシガ (マメサヤヒメハマキ)
	2748	*Grapholita delineana* (Walker, 1863) ヨツスジヒメシンクイ
	2749	*Grapholita yasudai* Komai, 1999 ヤブマメヒメシンクイ
	2750	*Grapholita pallifrontana* Lienig & Zeller, 1846 フタスジヒメハマキ
	----	*Grapholita scintillana* Christoph, 1881 コスソキンモンヒメハマキ
	2751	*Grapholita latericia* Komai, 1999 ミドリバエヒメハマキ
	2752	*Grapholita okui* Komai, 1999 クロミドリバエヒメハマキ
	2753	*Grapholita jesonica* (Matsumura, 1931) エゾシタジロヒメハマキ
	2754	*Grapholita endrosias* (Meyrick, 1907) セシモフリヒメハマキ
	2755	*Grapholita molesta* (Busck, 1916) ナシヒメシンクイ
千	----	*Grapholita kurilana* Kuznetzov, 1976 和名未定
	2756	*Grapholita dimorpha* Komai, 1979 スモモヒメシンクイ (ボケヒメシンクイ)
	----	*Grapholita inopinata* Heinrich, 1928 リンゴコシンクイ
	2757	*Grapholita rosana* Danilevsky, 1968 ハマナスヒメシンクイ
	----	*Grapholita tenebrosana* Duponchel, 1843 イバラヒメシンクイ
	----	*Grapholita cerasivora* (Matsumura, 1917) サクラシンクイガ
	2758	*Pammene adusta* Kuznetzov, 1972 イバラモンヒメハマキ
	2759	*Pammene griseomaculana* Kuznetzov, 1960 アトハイジロヒメハマキ
	----	*Pammene grunini* (Kuznetzov, 1960) ホソシタジロヒメハマキ
	2760	*Pammene nemorosa* Kuznetzov, 1968 ネモロウサヒメハマキ
北	2761	*Pammene ignorata* Kuznetzov, 1968 アトモトジロヒメハマキ
千	----	*Pammene exscribana* Kuznetzov, 1986 和名未定
千	----	*Pammene aceris* Kuznetzov, 1968 和名未定
	2762	*Pammene obscurana* (Stephens, 1834) ウスグロヒメハマキ

	2763	*Pammene orientana* Kuznetzov, 1960 シタジロシロモンヒメハマキ
	2764	*Pammene ainorum* Kuznetzov, 1968 アイノセシロオビヒメハマキ
	2765	*Pammene flavicellula* Kuznetzov, 1971 ニセセキオビヒメハマキ
	----	*Pammene japonica* Kuznetzov, 1968 セキオビヒメハマキ
	2766	*Pammene germmana* (Hübner, 1799) ホソバヒメシンクイ
北	2767	*Pammene ochsenheimeriana* (Lienig & Zeller, 1846) トドマツコハマキ（コトドマツヒメハマキ）
北	2768	*Pammene piceae* Komai, 1999 トウヒコハマキ
	2769	*Pammene shicotanica* Kuznetzov, 1968 シコタンコハマキ
	2770	*Pammene aurana* (Fabricius, 1775) フタキモンヒメハマキ
北	----	*Pammene* sp. b of Komai, 1999 和名未定
	2771	*Pseudopammene fagivora* Komai, 1980 ブナヒメシンクイ
	2772	*Parapammene selectana* (Christoph, 1881) コスジオビキヒメハマキ
	2773	*Parapammene dichroramphana* (Kennel, 1900) スジオビクロヒメハマキ
	2774	*Parapammene glaucana* (Kennel, 1901) コスジオビクロヒメハマキ
	----	*Parapammene inobservata* Kuznetzov, 1962 ウススジヒメハマキ
	2775	*Parapammene aurifascia* Kuznetzov, 1981 フトキオビヒメハマキ
	----	*Parapammene petulantana* (Kennel, 1901) カエデミモグリガ
	----	*Parapammene* sp. a of Komai, 1999 和名未定
	----	*Parapammene* sp. e of Komai, 1999 和名未定
北	2776	*Strophedra magna* Komai, 1999 ムジヒメハマキ
	2777	*Strophedra nitidana* (Fabricius, 1794) カシワギンオビヒメハマキ
	2778	*Leguminivora glycinivorella* (Matsumura, 1898) マメシンクイガ（マメノヒメシンクイ）
	2779	*Cydia nigricana* (Fabricius, 1794) エンドウシンクイ
北	2780	*Cydia kamijoi* (Oku, 1968) トドマツカサガ
北	----	*Cydia strobilella* (Linnaeus, 1758) エゾマツカサガ
北	2781	*Cydia pactolana* (Zeller, 1840) トドマツミキモグリガ
北	2782	*Cydia laricicolana* (Kuznetzov, 1960) カラマツミキモグリガ
北	2783	*Cydia indivisa* (Danilevsky, 1963) シタウスキヒメハマキ
北	2784	*Cydia illutana* (Herrich-Schäffer, 1851) シロスジカサガ
	2785	*Cydia danilevskyi* (Kuznetzov, 1973) ヨツメヒメハマキ
	2786	*Cydia japonensis* Kawabe, 1980 シロアシヨツメモンヒメハマキ
	2787	*Cydia kurokoi* (Amsel, 1960) クリミガ
	2788	*Cydia glandicolana* (Danilevsky, 1968) サンカクモンヒメハマキ
	2789	*Cydia amurensis* (Danilevsky, 1968) シロツメヒメハマキ
	2790	*Cydia secretana* (Kuznetzov, 1973) エンジュヒメハマキ
	2791	*Cydia maackiana* (Danilevsky, 1963) イヌエンジュサヤモグリガ

Choreutoidea ハマキモドキガ上科

▶ Choreutidae ハマキモドキガ科
▶▶ Choreutinae ハマキモドキガ亜科

	2792	*Anthophila fabriciana* (Linnaeus, 1767) イラクサハマキモドキ
	2793	*Choreutis pariana* (Clerck, 1764) ニセリンゴハマキモドキ
	2794	*Choreutis vinosa* (Diakonoff, 1978) リンゴハマキモドキ
北	2795	*Choreutis atrosignata* (Christoph, 1888) ニレハマキモドキ
北	2796	*Choreutis diana* (Hübner, 1822) ダイアナハマキモドキ
	2797	*Prochoreutis myllerana* (Fabricius, 1794) シロヘリハマキモドキ
北	2798	*Prochoreutis ultimana* (Krulikowsky, 1909) ギンスジハマキモドキ
北	2799	*Prochoreutis sehestediana* (Fabricius, 1776) アトシロスジハマキモドキ
	2800	*Prochoreutis subdelicata* Arita, 1987 イワテギンボシハマキモドキ
北	2801	*Prochoreutis solaris* (Erschoff, 1877) シロオビハマキモドキ
	2802	*Tebenna bjerkandrella* (Thunberg, 1784) ギンボシハマキモドキ
北	2803	*Tebenna submicalis* Danilevsky, 1969 ヤマハハコハマキモドキ

Schreckensteinioidea ホソマイコガ上科

▶ Schreckensteiniidae ホソマイコガ科
  2804 *Schreckensteinia festaliella* (Hübner, 1819) タテジマホソマイコガ

Epermenioidea ササベリガ上科

▶ Epermeniidae ササベリガ科
▶▶ Epermeniinae ササベリガ亜科
  2805 *Epermenia fulviguttella* (Zeller, 1839) キモンクロササベリガ
  2806 *Epermenia pulchra* (Gaedike, 1993) トサカササベリガ
  2807 *Epermenia chasanica* (Gaedike, 1993) サビイロササベリガ（ウスグロヒメササベリガ）
北 ---- *Epermenia sugisimai* Kuroko & Gaedike, 2006 シロオビササベリガ
北 ---- *Epermenia ijimai* Kuroko & Gaedike, 2006 シベチャササベリガ
  2808 *Epermenia strictella* (Wocke, 1867) ハイイロオオササベリガ（ハイササベリガ）
  2809 *Epermenia sinjovi* Gaedike, 1993 シシウドササベリガ
  2810 *Epermenia thailandica* Gaedike, 1987 ヒメササベリガ

Alucitoidea ニジュウシトリバガ上科

▶ Alucitidae ニジュウシトリバガ科
  2811 *Alucita japonica* (Matsumura, 1931) ヤマトニジュウシトリバ
  2812 *Pterotopteryx spilodesma* (Meyrick, 1908) マダラニジュウシトリバ（ニジュウシトリバ）

Pterophoroidea トリバガ上科

▶ Pterophoridae トリバガ科
▶▶ Pterophorinae カマトリバガ亜科
  ---- *Tetraschalis mikado* (Hori, 1933) ミカドトリバ
  ---- *Tetraschalis cretalis* (Meyrick, 1908) トビモントリバ
  ---- *Platyptilia farfarellus* Zeller, 1867 エゾギクトリバ
  2813 *Platyptilia ainonis* Matsumura, 1931 アイノトリバ
  2814 *Platyptilia nemoralis* (Zeller, 1841) オオミヤマトリバ
  ---- *Platyptilia ignifera* Meyrick, 1908 ブドウオオトリバ
* ---- *Platyptilia isodactylus* (Zeller, 1852) トビイロトリバ
     [日本産からの除外が提案されている。1905年に北海道から記録されたが標本が失われている]
  ---- *Gillmeria scutata* (Yano, 1961) ハネナガトリバ
  2815 *Gillmeria pallidactyla* (Haworth, 1811) カラフトトリバ
千 ---- *Gillmeria melanoschista* (Fletcher, 1940) 和名未定
  2816 *Stenoptilodes taprobanes* (Felder & Rogenhofer, 1875) トキンソウトリバ
  2817 *Stenoptilia admiranda* Yano, 1963 マエクロモンオオトリバ
北 ---- *Stenoptilia nolckeni* (Tengström, 1870) ホソバネトリバ
  2818 *Stenoptilia saigusai* Yano, 1963 サイグサトリバ
* ---- *Stenoptilia pinarodactyla* (Erschoff, 1877) ウスジロトリバ
     [日本産からの除外が提案されている。1905年に北海道から記録されたが標本が失われている]
  2819 *Nippoptilia regulus* (Meyrick, 1906) イッシキブドウトリバ
  2820 *Amblyptilia punctidactyla* (Haworth, 1811) オダマキトリバ
* ---- *Asiaephorus longicucullus* Gielis, 2000 クロマダラトリバ
     [1969年に札幌市から1♂が記録されているが、それ以降記録はない]
  ---- *Sphenarches anisodactylus* (Walker, 1864) フジマメトリバ
  2821 *Cnaemidophorus rhododactyla* (Denis & Schiffermüller, 1775) ハマナストリバ（チョウセントリバ）
  2822 *Fuscoptilia emarginatus* (Snellen, 1884) ナカノホソトリバ
  2823 *Capperia jozana* (Matsumura, 1931) ジョウザンチビトリバ
北 2824 *Oxyptilus chrysodactyla* (Denis & Schiffermüller, 1775) オホーツクトリバ
  2825 *Stenodacma pyrrhodes* (Meyrick, 1889) キンバネチビトリバ
  2826 *Buckleria paludum* (Zeller, 1841) モウセンゴケトリバ（マダラトリバ）
  2827 *Pselnophorus vilis* (Butler, 1881) フキトリバ

北	2828	*Hellinsia osteodactylus* (Zeller, 1841) カムイカマトリバ
	2829	*Hellinsia distinctus* (Herrich-Schäffer, 1855) ハイモンカマトリバ
北	2830	*Hellinsia didactylites* (Ström, 1783) カワハラカマトリバ
北	2831	*Hellinsia tephradactyla* (Hübner, 1813) イノウエカマトリバ
	2832	*Hellinsia lienigianus* (Zeller, 1852) ヨモギトリバ
	----	*Hellinsia albidactylus* (Yano, 1963) シロカマトリバ
	2833	*Hellinsia gypsotes* (Meyrick, 1937) エゾトリバ
	2834	*Hellinsia ishiyamanus* (Matsumura, 1931) イシヤマカマトリバ
	2835	*Hellinsia kuwayamai* (Matsumura, 1931) クワヤマカマトリバ
	----	*Hellinsia lacteolus* (Yano, 1963) キスジカマトリバ
	2836	*Hellinsia nigridactylus* (Yano, 1961) クロカマトリバ
	----	*Hellinsia* sp. of Kameda, 2004　和名未定
	2837	*Oidaematophorus lithodactyla* (Treitschke, 1833) オオカマトリバ
	2838	*Oidaematophorus iwatensis* (Matsumura, 1931) イワテカマトリバ
	2839	*Emmelina argoteles* (Meyrick, 1922) ヒルガオトリバ
	2840	*Adaina microdactyla* (Hübner, 1813) ウスキヒメトリバ

Copromorphoidea マルバシンクイガ上科

▶ **Carposinidae シンクイガ科**

	2841	*Carposina sasakii* Matsumura, 1900 モモシンクイガ（モモノヒメシンクイ）
	2842	*Meridarchis excisa* (Walsingham, 1900) コブシロシンクイ
	2843	*Meridarchis jumboa* Kawabe, 1980 オオモンシロシンクイ
	2844	*Heterogymna ochrogramma* Meyrick, 1913 クロボシシロオシンクイ

Hyblaeoidea セセリモドキガ上科

▶ **Hyblaeidae セセリモドキガ科**

| | 2845 | *Hyblaea fortissima* Butler, 1881 ニホンセセリモドキ |

Thyridoidea マドガ上科

▶ **Thyrididae マドガ科**
▶▶ **Striglininae アカジママドガ亜科**

| | 2846 | *Striglina cancellata* (Christoph, 1881) アカジママドガ |

▶▶ **Thyridinae マドガ亜科**

| | 2847 | *Thyris usitata* Butler, 1879 マドガ |

▶▶ **Siculodinae マダラマドガ亜科**

| | 2848 | *Pyrinioides aureus* Butler, 1881 ハスオビマドガ |
| | 2849 | *Rhodoneura vittula* Guenée, 1877 マダラマドガ |

Pyraloidea メイガ上科

▶ **Pyralidae メイガ科**
▶▶ **Galleriinae ツヅリガ亜科**
▶▶▶ **Galleriini ツヅリガ族**

| | 2850 | *Galleria mellonella* (Linnaeus, 1758) ハチノスツヅリガ |
| | 2851 | *Achroia innotata* (Walker, 1864) ウスグロツヅリガ |

▶▶▶ **Tirathabini キイロツヅリガ族**

	2852	*Melissoblaptes zelleri* de Joannis, 1932 オオツヅリガ
	2853	*Aphomia sapozhnikovi* (Krulikowski, 1909) フタテンツヅリガ
	2854	*Lamoria glaucalis* Caradja, 1925 アカフツヅリガ
	2855	*Paralipsa gularis* (Zeller, 1877) ツヅリガ

▶ ▶ ▶ Megarthridiini ヒロバツヅリガ族
    2856   *Cataprosopus monstrosus* Butler, 1881 マエグロツヅリガ

▶ ▶ Pyralinae シマメイガ亜科
▶ ▶ ▶ Pyralini シマメイガ族
    2857   *Aglossa dimidiata* (Haworth, 1809) コメノシマメイガ（コメシマメイガ）
    2858   *Hypsopygia regina* (Butler, 1879) トビイロシマメイガ
*   ----   *Hypsopygia postflava* (Hampson, 1893) ウスムラサキシマメイガ
*   ----   *Hypsopygia kawabei* Yamanaka, 1965 ウスモンマルバシマメイガ
    2859   *Herculia jezoensis* Shibuya, 1928 エゾマメイガ
    2860   *Herculia orthogramma* Inoue, 1960 オオバシマメイガ
    2861   *Orthopygia glaucinalis* (Linnaeus, 1758) フタスジシマメイガ
    2862   *Orthopygia placens* (Butler, 1879) ツマキシマメイガ
    2863   *Pyralis farinalis* (Linnaeus, 1758) カシノシマメイガ
    2864   *Pyralis regalis* Denis & Schiffermüller, 1775 ギンモンシマメイガ
    2865   *Pyralis albiguttata* Warren, 1891 シロモンシマメイガ
    ----   *Arippara indicator* Walker, 1863 ツマグロシマメイガ
    2866   *Mimicia pseudolibatrix* (Caradja, 1925) ニシキシマメイガ
    2867   *Tegulifera bicoloralis* (Leech, 1889) マエモンシマメイガ
    2868   *Scenedra umbrosalis* (Wileman, 1911) ムラサキシマメイガ
    2869   *Sacada approximans* (Leech, 1889) クシヒゲシマメイガ
    2870   *Sacada fasciata* (Butler, 1878) オオクシヒゲシマメイガ

▶ ▶ ▶ Endotrichini トガリメイガ族
    2871   *Endotricha consocia* (Butler, 1879) ウスオビトガリメイガ
*   ----   *Endotricha minialis* (Fabricius, 1794) キベリトガリメイガ
    2872   *Endotricha olivacealis* (Bremer, 1864) ウスベニトガリメイガ
    2873   *Endotricha icelusalis* (Walker, 1859) オオウスベニトガリメイガ
    2874   *Endotricha kuznetzovi* Whalley, 1963 キモントガリメイガ
    2875   *Endotricha flavofascialis* Bremer, 1864 キオビトガリメイガ

▶ ▶ Epipaschiinae フトメイガ亜科
    2876   *Noctuides melanophius* Staudinger, 1892 ツマグロフトメイガ
    2877   *Lista ficki* (Christoph, 1881) ナカムラサキフトメイガ
    2878   *Lepidogma kiiensis* Marumo, 1920 キイフトメイガ
    ----   *Lepidogma melanobasis* Hampson, 1906 コネアオフトメイガ
                                                                                         ［1992年に函館市戸井町二見で1♀が採集されたのみ］
    2879   *Stericta kogii* Inoue & Sasaki, 1995 ネグロフトメイガ
    2880   *Stericta flavopuncta* Inoue & Sasaki, 1995 ミドリネグロフトメイガ
    2881   *Termioptycha nigrescens* (Warren, 1891) クロフトメイガ
    2882   *Termioptycha inimica* (Butler, 1879) ソトベニフトメイガ
    2883   *Termioptycha margarita* (Butler, 1879) ナカジロフトメイガ
    2884   *Salma amica* (Butler, 1879) オオフトメイガ
    2885   *Salma elegans* (Butler, 1881) ナカアオフトメイガ
    2886   *Orthaga achatina* (Butler, 1878) ナカトビフトメイガ
    2887   *Orthaga onerata* (Butler, 1879) ネアオフトメイガ
    2888   *Orthaga olivacea* (Warren, 1891) アオフトメイガ
    2889   *Locastra muscosalis* (Walker, 1866) トサカフトメイガ

▶ ▶ Phycitinae マダラメイガ亜科
▶ ▶ ▶ Phycitini マダラメイガ族
    2890   *Acrobasis squalidella* Christoph, 1881 ツマダラメイガ
    2891   *Acrobasis cymindella* (Ragonot, 1893) ウスグロツツマダラメイガ（ヒメツツマダラメイガ）
    2892   *Acrobasis frankella* (Roesler, 1975) オオアカオビマダラメイガ
    2893   *Acrobasis ferruginella* Wileman, 1911 アカフマダラメイガ
    2894   *Acrobasis malifoliella* Yamanaka, 2003 リンゴハマキマダラメイガ
    ----   *Acrobasis sasakii* Yamanaka, 2003 オオナシツヅリマダラメイガ

	2895	*Acrobasis curvella* (Ragonot, 1893) エゾアカオビマダラメイガ
	2896	*Acrobasis injunctella* (Christoph, 1881) シロオビマダラメイガ
	2897	*Acrobasis flavifasciella* Yamanaka, 1990 ウスキオビマダラメイガ
	2898	*Acrobasis encaustella* Ragonot, 1893 ウスアカマダラメイガ
	2899	*Acrobasis birgitella* (Roesler, 1975) ヒメアカオビマダラメイガ
	2900	*Acrobasis obrutella* (Christoph, 1881) オオトビネマダラメイガ
	2901	*Acrobasis rufilimbalis* (Wileman, 1911) ヒメトビネマダラメイガ
	2902	*Acrobasis rubrizonella* (Ragonot, 1893) ギンマダラメイガ
	2903	*Acrobasis bifidella* (Leech, 1889) アカオビマダラメイガ
	2904	*Acrobasis rufizonella* Ragonot, 1887 ホソアカオビマダラメイガ
	----	*Acrobasis fuscatella* Yamanaka, 2004 ウスグロアカオビマダラメイガ
	2905	*Acrobasis subflavella* (Inoue, 1982) ウスアカオビマダラメイガ
北	----	*Copamyntis martimella* Kirpichnikova & Yamanaka, 2002 シベチャマダラメイガ
		［1959年と1995年に標茶町で1♂2♀が採集されたのみ］
	----	*Furcata dichromella* (Ragonot, 1893) フタグロマダラメイガ ……… ［次種と確実に区別できる標本を見出せなかった］
	2906	*Furcata pseudodichromella* (Yamanaka, 1980) コフタグロマダラメイガ
	2907	*Furcata nipponella* (Yamanaka, 2000) ヤマトフタグロマダラメイガ
	2908	*Furcata hollandella* (Ragonot, 1893) トビネマダラメイガ
	2909	*Trisides fasciatellus* (Inoue, 1982) ウスアカスジマダラメイガ
	2910	*Ectomyelois pyrivorella* (Matsumura, 1899) ナシマダラメイガ
	2911	*Apomyelois bistriatella* (Hulst, 1887) フタスジクロマダラメイガ
	2912	*Myelois cribrella* (Hübner, 1796) ゴマダラメイガ
	2913	*Glyptoteles leucacrinella* Zeller, 1848 ウスオビクロマダラメイガ
	2914	*Neorufalda pullella* Yamanaka, 1986 アカウスグロマダラメイガ
	2915	*Mussidia pectinicornella* (Hampson, 1896) クシヒゲマダラメイガ
	2916	*Ceroprepes patriciella* Zeller, 1867 ウスアカネマダラメイガ
	2917	*Ceroprepes ophthalmicella* (Christoph, 1881) ウスアカモンクロマダラメイガ
	2918	*Ceroprepes nigrolineatella* Shibuya, 1927 スジグロマダラメイガ
	2919	*Selagia spadicella* (Hübner, 1796) フタクロテンマダラメイガ
	2920	*Actrix decolorella* (Yamanaka, 1986) ハイイロシロスジマダラメイガ
	2921	*Addyme confusalis* Yamanaka, 2006 ウスアカムラサキマダラメイガ
	2922	*Addyme obscuriella* (Inoue, 1959) ウスクロスジマダラメイガ
	2923	*Etielloides curvellus* Shibuya, 1928 イタヤマダラメイガ（ナシハマキマダラメイガ）
北	2924	*Etielloides sejunctellus* (Christoph, 1881) ニセイタヤマダラメイガ（ニセナシハマキマダラメイガ）
	2925	*Etielloides kogii* Yamanaka, 1998 コギマダラメイガ
	2926	*Etiella zinckenella* (Treitschke, 1832) シロイチモジマダラメイガ（シロイチモンジマダラメイガ）
	2927	*Asclerobia gilvaria* Yamanaka, 2006 ウスキマダラメイガ（ウスキヒメマダラメイガ）
	2928	*Protoetiella bipunctella* Inoue, 1959 マルモンマダラメイガ
	2929	*Salebriopsis albicilla* (Herrich-Schäffer, 1849) クチキハイイロマダラメイガ
	2930	*Salebriopsis monotonella* (Caradja, 1927) ハイイロマダラメイガ
	2931	*Matilella fusca* (Haworth, 1811) ウスグロマダラメイガ
	2932	*Ortholepis betulae* (Goeze, 1778) イイジマクロマダラメイガ
	2933	*Ortholepis atratella* (Yamanaka, 1986) ウスモンマダラメイガ
	2934	*Ortholepis infausta* (Ragonot, 1893) シロスジクロマダラメイガ
	2935	*Sciota maenamii* (Inoue, 1959) マエナミマダラメイガ
	----	*Sciota vinacea* (Inoue, 1959) オオクロモンマダラメイガ
	2936	*Sciota mikadella* (Ragonot, 1893) ミカドマダラメイガ
	2937	*Sciota manifestella* (Inoue, 1982) アカグロマダラメイガ
	2938	*Sciota adelphella* (Fischer von Röslerstamm, 1836) ヒメアカマダラメイガ
	2939	*Sciota fumella* (Eversmann, 1844) ウスグロアカマダラメイガ
北	2940	*Sciota cynicella* (Christoph, 1881) シロオビクロマダラメイガ
	2941	*Sciota furvicostella* (Ragonot, 1893) マエチャマダラメイガ（マエキマダラメイガ）
	2942	*Sciota intercisella* (Wileman, 1911) ヤマトマダラメイガ
	2943	*Dioryctria abietella* (Denis & Schiffermüller, 1775) マツノマダラメイガ
	2944	*Dioryctria sylvestrella* (Ratzeburg, 1840) マツノシンマダラメイガ
北	2945	*Dioryctria okui* Mutuura, 1958 ドイツトウヒマダラメイガ
北	2946	*Dioryctria juniperella* Yamanaka, 1990 ビャクシンマダラメイガ

		2947	*Dioryctria pryeri* Ragonot, 1893 マツアカマダラメイガ
北		----	*Phycitopsis hemileucella* Hampson, 1901 和名未定
		2948	*Pempelia formosa* (Haworth, 1811) ウスチャマダラメイガ
		2949	*Morosaphycita bilineatella* (Inoue, 1959) ウスジロフタスジマダラメイガ
		2950	*Stenopterix bicolorella* (Leech, 1889) ナカアカスジマダラメイガ
		2951	*Oncocera semirubella* (Scopoli, 1763) アカマダラメイガ
		2952	*Oncocera bitinctella* (Wileman, 1911) テンクロトビマダラメイガ
		2953	*Oncocera faecella* (Zeller, 1839) シモフリマダラメイガ（クロマダラメイガ）
		2954	*Spatulipalpia albistrialis* Hampson, 1912 ヒゲブトマダラメイガ
		2955	*Cryptoblabes loxiella* Ragonot, 1887 カラマツマダラメイガ
		2956	*Pseudacrobasis nankingella* Roesler, 1975 マエジロギンマダラメイガ
北		2957	*Pempeliella dilutella* (Denis & Schiffermüller, 1775) ウストビマダラメイガ
		2958	*Quasipuer colon* (Christoph, 1881) キバネチビマダラメイガ
		2959	*Assara terebrella* (Zincken, 1818) シロスジマダラメイガ
		2960	*Assara funerella* (Ragonot, 1901) マエジロクロマダラメイガ
		2961	*Assara korbi* (Caradja, 1910) フタシロテンホソマダラメイガ
		----	*Assara pallidella* Yamanaka, 1994 ウスマエジロマダラメイガ
		2962	*Assara formosana* Yoshiyasu, 1991 オオマエジロマダラメイガ
北		2963	*Assara* sp. 和名未定
		2964	*Euzophera batangensis* Caradja, 1939 フタモンマダラメイガ（クロフタモンマダラメイガ）
		2965	*Euzophera fumatella* Yamanaka, 1993 ウススジクロマダラメイガ
		2966	*Pseudocadra cuprotaeniella* (Christoph, 1881) ナカキチビマダラメイガ
千		----	*Pseudocadra obscurella* Roesler, 1965 和名未定
北		----	*Ancylosis oblitella* (Zeller, 1848) ハイイロウスモンマダラメイガ
北		2967	*Nyctegretis lineana* (Scopoli, 1786) ウスイロサンカクマダラメイガ
		2968	*Nyctegretis triangulella* Ragonot, 1901 サンカクマダラメイガ
		2969	*Hoeneodes vittatellus* (Ragonot, 1887) クロオビマダラメイガ
		2970	*Boeswarthia oberleella* Roesler, 1975 フタスジアカマダラメイガ
		2971	*Phycitodes subcretacellus* (Ragonot, 1901) マエジロホソマダラメイガ
		2972	*Phycitodes matsumurellus* (Shibuya, 1927) マツムラマダラメイガ
		2973	*Phycitodes binaevellus* (Hübner, 1813) ヒトスジホソマダラメイガ
		2974	*Phycitodes albatellus* (Ragonot, 1887) シロホソマダラメイガ
北		2975	*Phycitodes* sp. of Inoko, Komatsu & Kameda, 2002 ミサキホソマダラメイガ
		2976	*Patagoniodes nipponellus* (Ragonot, 1901) トビスジマダラメイガ
		2977	*Euzopherodes oberleae* Roesler, 1973 シロマダラメイガ
		2978	*Plodia interpunctella* (Hübner, 1813) ノシメマダラメイガ
		----	*Cadra cautella* (Walker, 1863) スジマダラメイガ
		----	*Ephestia elutella* (Hübner, 1796) チャマダラメイガ
		----	*Ephestia kuehniella* Zeller, 1879 スジコナマダラメイガ
		2979	*Rabiria rufimaculella* (Yamanaka, 1993) アカモンマダラメイガ

▶▶▶ **Anerastiini** ホソメイガ族

北		2980	*Anerastia lotella* (Hübner, 1813) ハマベホソメイガ

▶▶▶ **Peoriini** シマホソメイガ族

		2981	*Hypsotropa solipunctella* Ragonot, 1901 ヒトホシホソメイガ
		2982	*Toshitamia komatsui* Sasaki, 2012 クロミャクホソメイガ
		2983	*Polyocha diversella* Hampson, 1899 コマエジロホソメイガ
		2984	*Emmalocera venosella* (Wileman, 1911) マエジロホソメイガ
		2985	*Paraemmalocera gensanalis* (South, 1901) オオマエジロホソメイガ
		2986	*Maliarpha borealis* Sasaki, 2012 マダラホソメイガ
		----	*Arivaca gracilis* Sasaki, 2012 ヒメスジホソメイガ

▶ **Crambidae** ツトガ科
▶▶ **Crambinae** ツトガ亜科

		2987	*Glaucocharis exsectella* (Christoph, 1881) シロエグリツトガ
		2988	*Glaucocharis vermeeri* (Bleszynski, 1965) ミヤマエグリツトガ

		Miyakea raddeella (Caradja, 1910) ヒメソトモンツトガ
		[1991年に八雲町熊石泊川で1♂1♀が採集されたのみ]
北	----	*Miyakea ussurica* Ustjuzhanin & Schouten, 1995 キタソトモンツトガ
		[1985年にせたな町大成区臼別温泉で1♀が採集されたのみ]
	2989	*Microchilo inouei* Okano, 1962 チビツトガ
	2990	*Pseudargyria interruptella* (Walker, 1866) ホソスジツトガ
	2991	*Chilo phragmitellus* (Hübner, 1805) カバイロツトガ（キタヨシツトガ）
	2992	*Chilo luteellus* (Motschulsky, 1866) ヨシツトガ
	2993	*Chilo suppressalis* (Walker, 1863) ニカメイガ
	2994	*Chilo niponella* (Thunberg, 1788) ニカメイガモドキ
	2995	*Chilo christophi* Bleszynski, 1965 オオバツトガ
	2996	*Japonichilo bleszynskii* Okano, 1962 チャバネツトガ
	2997	*Pseudocatharylla simplex* (Zeller, 1877) マエキツトガ
	2998	*Calamotropha paludella* (Hübner, 1824) シロツトガ
	2999	*Calamotropha fulvifusalis* (Hampson, 1900) ヒメキテンシロツトガ
	3000	*Calamotropha aureliella* (Fischer von Röslerstamm, 1841) フタキスジツトガ
	3001	*Calamotropha yamanakai* Inoue, 1958 フタオレツトガ
	3002	*Calamotropha okanoi* Bleszynski, 1961 サツマツトガ
	3003	*Calamotropha brevistrigella* (Caradja, 1932) ヒメキスジツトガ
	3004	*Calamotropha nigripunctella* (Leech, 1889) キスジツトガ
北	3005	*Chrysoteuchia culmella* (Linnaeus, 1758) ツマスジツトガ
	3006	*Chrysoteuchia diplogramma* (Zeller, 1863) ウスクロスジツトガ
	3007	*Chrysoteuchia pseudodiplogramma* (Okano, 1962) ウスキバネツトガ
	3008	*Chrysoteuchia moriokensis* (Okano, 1958) モリオカツトガ
	3009	*Chrysoteuchia distinctella* (Leech, 1889) テンスジツトガ
	3010	*Chrysoteuchia porcelanella* (Motschulsky, 1860) ナカモンツトガ
北	3011	*Chrysoteuchia daisetsuzana* (Matsumura, 1927) ダイセツツトガ
千	----	*Chrysoteuchia gregorella* Bleszynski, 1965 和名未定
	3012	*Crambus pascuellus* (Linnaeus, 1758) ギントガリツトガ
	3013	*Crambus humidellus* Zeller, 1877 ギンスジツトガ
	3014	*Crambus silvellus* (Hübner, 1813) ヒメギンスジツトガ
北	3015	*Crambus uliginosellus* Zeller, 1850 サロベツツトガ
	----	*Crambus argyrophorus* Butler, 1878 シロスジツトガ
	3016	*Crambus pseudargyrophorus* Okano, 1960 ニセシロスジツトガ
	3017	*Crambus kuzakaiensis* Okano, 1960 フトシロスジツトガ
北	3018	*Crambus hamellus* (Thunberg, 1788) エダツトガ
	----	*Crambus sibiricus* Alphéraky, 1897 ホソエダツトガ
北	----	*Crambus* sp. of Kusunoki, Noda & Yasuda, 2004a　和名未定
	3019	*Crambus perlellus* (Scopoli, 1763) ウスギンツトガ
	3020	*Crambus hachimantaiensis* Okano, 1957 ミヤマウスギンツトガ
千	----	*Crambus alexandrus* Kirpichnikova, 1979 和名未定
	3021	*Agriphila aeneociliella* (Eversmann, 1844) シロフタスジツトガ
北	3022	*Agriphila sakayehamanus* (Matsumura, 1925) コギットガ
*	----	*Catoptria permiaca* (Petersen, 1924) ヒシモンツトガ
北	3023	*Catoptria pinella* (Linnaeus, 1758) キタヒシモンツトガ
	----	*Catoptria montivaga* (Inoue, 1955) フタテンツトガ
	----	*Catoptria amathusia* Bleszynski, 1965 ヒメフタテンツトガ
北	3024	*Catoptria submontivaga* Bleszynski, 1965 ニセフタテンツトガ
	3025	*Catoptria nana* Okano, 1959 シロモンツトガ
北	----	*Catoptria aurora* Bleszynski, 1965 エゾシロモンツトガ
		[1968年に札幌市小樽内川上流で1♂が採集されたのみ]
	3026	*Catoptria persephone* Bleszynski, 1965 ナカオビチビツトガ
北	3027	*Catoptria satakei* (Okano, 1962) ダイセツチビツトガ
	3028	*Flavocrambus striatellus* (Leech, 1889) クロスジツトガ
	3029	*Xanthocrambus lucellus* (Herrich-Schäffer, 1848) ウスグロツトガ
	3030	*Neopediasia mixtalis* (Walker, 1863) クロフタオビツトガ
北	3031	*Pediasia torikurai* Sasaki, 2011 エゾモクメツトガ

3032　*Parapediasia teterella* (Zincken, 1821) シバツトガ
3033　*Platytes ornatella* (Leech, 1889) ナガハマツトガ
3034　*Pseudobissetia terrestrella* (Christoph, 1885) クドウツトガ
3035　*Ancylolomia japonica* Zeller, 1877 ツトガ

▶ ▶ Scopariinae ヤマメイガ亜科
3036　*Scoparia nipponalis* Inoue, 1982 オオヤマメイガ
3037　*Scoparia yamanakai* Inoue, 1982 ヤマナカヤマメイガ
3038　*Scoparia congestalis* Walker, 1859 ホソバヤマメイガ
3039　*Scoparia spinata* Inoue, 1982 ノリクラヤマメイガ
3040　*Scoparia submolestalis* Inoue, 1982 ウスモンヤマメイガ
3041　*Scoparia tohokuensis* Inoue, 1982 トウホクヤマメイガ（オオモンヤマメイガ）
3042　*Scoparia latipennis* Sasaki, 1991 マダラヤマメイガ
3043　*Eudonia truncicolella* (Stainton, 1849) ヒラノヤマメイガ
3044　*Eudonia microdontalis* (Hampson, 1907) スジボソヤマメイガ
3045　*Eudonia puellaris* Sasaki, 1991 マルモンヤマメイガ
3046　*Eudonia persimilis* Sasaki, 1991 ウスグロヤマメイガ
北　3047　*Gesneria centuriella* (Denis & Schiffermüller, 1775) カラフトヤマメイガ

▶ ▶ Schoenobiinae オオメイガ亜科
3048　*Scirpophaga praelata* (Scopoli, 1763) ムモンシロオオメイガ
3049　*Scirpophaga xanthopygata* Schawerda, 1922 ニセムモンシロオオメイガ
----　*Scirpophaga parvalis* (Wileman, 1911) マエウスグロオオメイガ
　　　　［石狩市厚田区で1998年に1♂、苫小牧市静川で1990年に1♀が採集されている（小木広行氏、未発表）］
3050　*Schoenobius sasakii* Inoue, 1982 クロフキオオメイガ
3051　*Catagela subdodatella* Inoue, 1982 フタテンオオメイガ
北　3052　*Donacaula mucronella* (Denis & Schiffermüller, 1775) トガリオオメイガ

▶ ▶ Acentropinae ミズメイガ亜科
3053　*Elophila interruptalis* (Pryer, 1877) マダラミズメイガ
3054　*Elophila fengwhanalis* (Pryer, 1877) ネジロミズメイガ
3055　*Elophila orientalis* (Filipjev, 1934) ウスマダラミズメイガ
3056　*Elophila turbata* (Butler, 1881) ヒメマダラミズメイガ
3057　*Nymphula corculina* (Butler, 1879) ギンモンミズメイガ
3058　*Nymphula distinctalis* (Ragonot, 1894) ソトシロスジミズメイガ
3059　*Neoschoenobia testacealis* Hampson, 1900 ミドロミズメイガ
3060　*Parapoynx ussuriensis* (Rebel, 1910) ムナカタミズメイガ
3061　*Parapoynx vittalis* (Bremer, 1864) イネコミズメイガ
*　----　*Paracymoriza prodigalis* (Leech, 1889) ゼニガサミズメイガ
3062　*Potamomusa midas* (Butler, 1881) キオビミズメイガ
北　3063　*Potamomusa aquilonia* Yoshiyasu, 1985 キタキオビミズメイガ

▶ ▶ Musotiminae シダメイガ亜科
3064　*Musotima colonalis* (Bremer, 1864) ウスキシダメイガ（ウスキミズメイガ）
北　3065　*Musotima yamanakai* (Kirpichinikova, 1993) ヤマナカシダメイガ
北　3066　*Musotima* sp. 和名未定

▶ ▶ Cybalomiinae モンメイガ亜科
3067　*Hendecasis apiciferalis* (Walker, 1866) ツマグロモンメイガ（マエクロモンシロノメイガ）
3068　*Trichophysetis cretacea* (Butler, 1879) フタオビモンメイガ（フタオビノメイガ）
3069　*Trichophysetis rufoterminalis* (Christoph, 1881) トビマダラモンメイガ（トビモンシロノメイガ）

▶ ▶ Evergestinae ニセノメイガ亜科
3070　*Evergestis forficalis* (Linnaeus, 1758) ナニセノメイガ（ナノメイガ）
3071　*Evergestis extimalis* (Scopoli, 1763) ウスベニニセノメイガ（ウスベニノメイガ）
3072　*Evergestis junctalis* (Warren, 1892) フタモンキニセノメイガ（フタモンキノメイガ）
3073　*Evergestis holophaealis* (Hampson, 1913) ヘリジロカラスニセノメイガ（ヘリジロカラスノメイガ）

| 北 | 3074 | *Evergestis aenealis* (Denis & Schiffermüller, 1775) ウスイロニセノメイガ |

Odontiinae クルマメイガ亜科
| | 3075 | *Hemiscopis cinerea* Warren, 1892 ウスムラサキクルマメイガ（ウスムラサキスジノメイガ） |
| 北 | 3076 | *Atralata albofascialis* (Treitschke, 1829) シロスジクルマメイガ |

Glaphyriinae ハイマダラノメイガ亜科
| * | ---- | *Hellula undalis* (Fabricius, 1781) ハイマダラノメイガ |

［1974年の上川町白水川などの記録があるが、再確認が望まれる］

Pyraustinae ノメイガ亜科
Pyraustini ノメイガ族
*	----	*Torulisquama evenoralis* (Walker, 1859) セスジノメイガ
	3077	*Torulisquama obliquilinealis* (Inoue, 1982) ヒメセスジノメイガ
	3078	*Circobotys heterogenalis* (Bremer, 1864) キホソノメイガ
	3079	*Circobotys nycterina* Butler, 1879 カギバノメイガ
*	----	*Circobotys aurealis* (Leech, 1889) キベリハネボソノメイガ
北	3080	*Loxostege aeruginalis* (Hübner, 1796) シロスジクロモンノメイガ
	3081	*Loxostege turbidalis* (Treitschke, 1829) ウラクロモンノメイガ
	3082	*Sitochroa palealis* (Denis & Schiffermüller, 1775) ウラグロシロノメイガ
	3083	*Sitochroa verticalis* (Linnaeus, 1758) クロミャクノメイガ
	3084	*Sitochroa umbrosalis* (Warren, 1892) マエキシタグロノメイガ
	3085	*Margaritia sticticalis* (Linnaeus, 1761) ヘリキスジノメイガ
	3086	*Sclerocona acutella* (Eversmann, 1842) タテシマノメイガ
	3087	*Prodasycnemis inornata* (Butler, 1879) キムジノメイガ
	----	*Pronomis delicatalis* (South, 1901) ミカエリソウノメイガ
	3088	*Nomis albopedalis* Motschulsky, 1861 ホシオビホソノメイガ
	3089	*Paranomis sidemialis* Munroe & Mutuura, 1968 キタホシオビホソノメイガ
北	3090	*Eurrhypara hortulata* (Linnaeus, 1758) イラクサノメイガ
	3091	*Algedonia luctualis* (Hübner, 1796) ヨツメクロノメイガ
	3092	*Phlyctaenia coronata* (Hufnagel, 1767) タイリクキノメイガ
北	3093	*Phlyctaenia stachydalis* (Germar, 1821) クロマダラキノメイガ
	3094	*Phlyctaenia perlucidalis* (Hübner, 1809) クシガタノメイガ
	3095	*Mutuuraia terrealis* (Treitschke, 1829) スジマガリノメイガ
	3096	*Perinephela lancealis* (Denis & Schiffermüller, 1775) キイロノメイガ
	3097	*Paliga minnehaha* (Pryer, 1877) マエベニノメイガ
	3098	*Paliga auratalis* (Warren, 1895) ヘリジロキンノメイガ
	3099	*Paliga ochrealis* (Wileman, 1911) マエウスモンキノメイガ
北	3100	*Opsibotys fuscalis* (Denis & Schiffermüller, 1775) ウスグロノメイガ
*	----	*Opsibotys perfuscalis* Munroe & Mutuura, 1969 ミヤマウスグロノメイガ

［北海道における本種の記録は全て前種である可能性が高い］

	3101	*Proteurrhypara ocellalis* (Warren, 1892) ナカミツテンノメイガ
	3102	*Paratalanta ussurialis* (Bremer, 1864) フチグロノメイガ
	3103	*Paratalanta taiwanensis* Yamanaka, 1972 キイロフチグロノメイガ
	3104	*Paratalanta jessica* (Butler, 1878) ウスオビキノメイガ
	----	*Demobotys pervulgalis* (Hampson, 1913) トガリキノメイガ
*	----	*Crypsiptya coclesalis* (Walker, 1859) タケノメイガ
	3105	*Yezobotys dissimilis* (Yamanaka, 1958) ウスチャオビキノメイガ
	3106	*Udonomeiga vicinalis* (South, 1901) ウドノメイガ
	3107	*Nascia cilialis* (Hübner, 1796) スジモンカバノメイガ
	3108	*Pyrausta panopealis* (Walker, 1859) ベニフキノメイガ
	3109	*Pyrausta neocespitalis* Inoue, 1982 コチャオビノメイガ
	3110	*Pyrausta tithonialis* Zeller, 1872 ウチベニキノメイガ
	3111	*Pyrausta unipunctata* Butler, 1881 ヒトモンノメイガ
*	----	*Pyrausta pullatalis* (Christoph, 1881) マエキモンノメイガ
	3112	*Pyrausta limbata* (Butler, 1879) トモンノメイガ
*	----	*Pyrausta fuliginata* Yamanaka, 1978 ウスオビクロチビノメイガ

3113 *Pyrausta aurata* (Scopoli, 1763) ハッカノメイガ
3114 *Ecpyrrhorrhoe rubiginalis* (Hübner, 1796) アカミャクノメイガ
3115 *Anania verbascalis* (Denis & Schiffermüller, 1775) ヒメトガリノメイガ
---- *Anania egentalis* (Christoph, 1881) クロヒメトガリノメイガ
3116 *Anania albeoverbascalis* Yamanaka, 1966 ウスヒメトガリノメイガ
3117 *Anania funebris* (Ström, 1768) シロモンクロノメイガ
3118 *Psammotis orientalis* Munroe & Mutuura, 1968 ウスジロノメイガ
3119 *Ostrinia quadripunctalis* (Denis & Schiffermüller, 1775) ウスグロキモンノメイガ
3120 *Ostrinia palustralis* (Hübner, 1796) ユウグモノメイガ
3121 *Ostrinia latipennis* (Warren, 1892) ウスジロキノメイガ
3122 *Ostrinia ovalipennis* Ohno, 2003 マルバネキノメイガ
3123 *Ostrinia furnacalis* (Guenée, 1854) アワノメイガ
3124 *Ostrinia orientalis* Mutuura & Munroe, 1970 オナモミノメイガ
3125 *Ostrinia scapulalis* (Walker, 1859) アズキノメイガ
3126 *Ostrinia zaguliaevi* Mutuura & Munroe, 1970 フキノメイガ

▶ ▶ ▶ **Spilomelini** ヒゲナガノメイガ族
3127 *Acropentias aurea* (Butler, 1878) クロスジキノメイガ（クロスジキオオメイガ）
3128 *Diathrausta brevifascialis* (Wileman, 1911) シロテンノメイガ
3129 *Diathraustodes amoenialis* (Christoph, 1881) マエシロモンノメイガ
3130 *Piletocera sodalis* (Leech, 1889) コガタシロモンノメイガ
3131 *Camptomastix hisbonalis* (Walker, 1859) ハナダカノメイガ
3132 *Diplopseustis perieresalis* (Walker, 1859) エグリノメイガ
* ---- *Sufetula sunidesalis* Walker, 1859 シロスジエグリノメイガ
3133 *Massepha ohbai* Yoshiyasu, 1990 サザナミノメイガ
3134 *Mabra charonialis* (Walker, 1859) ミツテンノメイガ
3135 *Pycnarmon lactiferalis* (Walker, 1859) ゴマダラノメイガ
3136 *Pycnarmon cribrata* (Fabricius, 1794) マエモンノメイガ
3137 *Pycnarmon pantherata* (Butler, 1878) クロオビノメイガ
3138 *Spoladea recurvalis* (Fabricius, 1775) シロオビノメイガ
3139 *Eurrhyparodes accessalis* (Walker, 1859) アヤナミノメイガ
3140 *Agrotera nemoralis* (Scopoli, 1763) ウスムラサキノメイガ
3141 *Agrotera posticalis* Wileman, 1911 クロウスムラサキノメイガ
3142 *Pagyda arbiter* (Butler, 1879) フタマタノメイガ
3143 *Pagyda quinquelineata* Hering, 1903 マタスジノメイガ
3144 *Pagyda quadrilineata* Butler, 1881 ヨスジノメイガ
3145 *Cnaphalocrocis medinalis* (Guenée, 1854) コブノメイガ
3146 *Cnaphalocrocis stereogona* (Meyrick, 1886) ハカジモドキノメイガ
3147 *Bocchoris inspersalis* (Zeller, 1852) シロモンノメイガ
---- *Chabula telphusalis* (Walker, 1859) オオシロモンノメイガ
* ---- *Analthes semitritalis* Lederer, 1863 シロヒトモンノメイガ ……［1967年に帯広市から記録されたが、再確認が望まれる］
3148 *Analthes maculalis* (Leech, 1889) ハナナガキマダラノメイガ
* ---- *Analthes* sp. of Inoue, 1982 ホソバソトグロキノメイガ
3149 *Tyspanodes striatus* (Butler, 1879) クロスジノメイガ
3150 *Nacoleia commixta* (Butler, 1879) シロテンキノメイガ
3151 *Nacoleia sibirialis* (Millière, 1879) クロフキノメイガ
3152 *Nacoleia inouei* Yamanaka, 1980 イノウエノメイガ
---- *Nacoleia satsumalis* South, 1901 サツマキノメイガ
3153 *Nacoleia tampiusalis* (Walker, 1859) ネモンノメイガ
* ---- *Glycythyma chrysorycta* (Meyrick, 1884) シロモンコノメイガ
3154 *Dolicharthria bruguieralis* (Duponchel, 1833) ハイイロホソバノメイガ
3155 *Omiodes tristrialis* (Bremer, 1864) シロアシクロノメイガ
---- *Omiodes nipponalis* Yamanaka, 2005 ヤマトシロアシクロノメイガ
　　　　　　［北海道未記録。2014年に松前町館浜で1♀を採集（小松利民氏、未発表）］
3156 *Omiodes miserus* (Butler, 1879) ヒメクロミスジノメイガ
3157 *Omiodes indicatus* (Fabricius, 1775) マエウスキノメイガ
3158 *Omiodes noctescens* (Moore, 1888) キバラノメイガ

	3159	*Goniorhynchus clausalis* (Christoph, 1881) トビヘリキノメイガ
	3160	*Botyodes principalis* Leech, 1889 オオキノメイガ
	3161	*Botyodes diniasalis* (Walker, 1859) タイワンウスキノメイガ
	3162	*Pleuroptya balteata* (Fabricius, 1798) クロスジキンノメイガ
	3163	*Pleuroptya punctimarginalis* (Hampson, 1896) ウスイロキンノメイガ
	3164	*Pleuroptya brevipennis* Inoue, 1982 ヒメウコンノメイガ
	3165	*Pleuroptya ruralis* (Scopoli, 1763) ウコンノメイガ
	3166	*Pleuroptya deficiens* (Moore, 1887) シロハラノメイガ
	3167	*Pleuroptya inferior* (Hampson, 1898) コヨツメノメイガ
	3168	*Pleuroptya quadrimaculalis* (Kollar, 1844) ヨツメノメイガ
	3169	*Pleuroptya harutai* (Inoue, 1955) オオキバラノメイガ
	3170	*Pleuroptya chlorophanta* (Butler, 1878) ホソミスジノメイガ
	3171	*Pleuroptya expictalis* (Christoph, 1881) ウスキモンノメイガ
	3172	*Haritalodes basipunctalis* (Bremer, 1864) オオワタノメイガ (ワタヌキノメイガ)
	3173	*Conogethes punctiferalis* (Guenée, 1854) モモノゴマダラノメイガ
	3174	*Conogethes pinicolalis* Inoue & Yamanaka, 2006 マツノゴマダラノメイガ
*	----	*Syllepte taiwanalis* (Shibuya, 1928) タイワンモンキノメイガ
	3175	*Syllepte segnalis* (Leech, 1889) モンシロクロノメイガ
	3176	*Syllepte invalidalis* (South, 1901) ツチイロノメイガ
	3177	*Syllepte fuscoinvalidalis* Yamanaka, 1959 オオツチイロノメイガ
	3178	*Syllepte pallidinotalis* (Hampson, 1912) ホソオビツチイロノメイガ
	3179	*Lygropia yerburii* (Butler, 1886) ウスグロヨツモンノメイガ
	3180	*Palpita nigropunctalis* (Bremer, 1864) マエアカスカシノメイガ
	3181	*Diaphania indica* (Saunders, 1851) ワタヘリクロノメイガ
	3182	*Cydalima perspectalis* (Walker, 1859) ツゲノメイガ
	3183	*Glyphodes pryeri* Butler, 1879 スカシノメイガ
	3184	*Glyphodes onychinalis* (Guenée, 1854) シロマダラノメイガ
	3185	*Talanga quadrimaculalis* (Bremer & Grey, 1853) ヨツボシノメイガ
	3186	*Pygospila tyres* (Cramer, 1780) シロフクロノメイガ
	----	*Sinomphisa plagialis* (Wileman, 1911) キササゲノメイガ
	3187	*Cotachena alysoni* Whalley, 1961 クロスカシトガリノメイガ
	3188	*Maruca vitrata* (Fabricius, 1787) マメノメイガ
	3189	*Nomophila noctuella* (Denis & Schiffermüller, 1775) ワモンノメイガ
	3190	*Bradina atopalis* (Walker, 1859) シロテンウスグロノメイガ
*	----	*Bradina geminalis* Caradja, 1927 モンウスグロノメイガ
	3191	*Herpetogramma licarsisale* (Walker, 1859) クロオビクロノメイガ
	3192	*Herpetogramma phaeopterale* (Guenée, 1854) ケナシクロオビクロノメイガ
	3193	*Herpetogramma rude* (Warren, 1892) マエキノメイガ
	3194	*Herpetogramma fuscescens* (Warren, 1892) ウスオビクロノメイガ
	3195	*Herpetogramma magnum* (Butler, 1879) キモンウスグロノメイガ
	3196	*Herpetogramma pseudomagnum* Yamanaka, 1976 コキモンウスグロノメイガ
	3197	*Herpetogramma moderatale* (Christoph, 1881) クロフキマダラノメイガ
	3198	*Herpetogramma luctuosale* (Guenée, 1854) モンキクロノメイガ
*	----	*Paranacoleia lophophoralis* (Hampson, 1912) ヒロバウスグロノメイガ

[1970年に別海町で記録されたが、再確認が望まれる]

	3199	*Diasemia reticularis* (Linnaeus, 1761) シロアヤヒメノメイガ
	3200	*Diasemia accalis* (Walker, 1859) キアヤヒメノメイガ
	----	*Uresiphita prunipennis* (Butler, 1879) ウスベニオオノメイガ
	3201	*Uresiphita flavalis* (Denis & Schiffermüller, 1775) キノメイガ
	3202	*Uresiphita gracilis* (Butler, 1879) ウラジロキノメイガ
	3203	*Uresiphita suffusalis* (Warren, 1892) シュモンノメイガ
	3204	*Hemopsis dissipatalis* (Lederer, 1863) オオモンシロルリノメイガ
	3205	*Pseudebulea fentoni* Butler, 1881 モンスカシキノメイガ
	3206	*Udea orbicentralis* (Christoph, 1881) ルリノメイガ
	3207	*Udea nebulatalis* Inoue, Yamanaka & Sasaki, 2008 ウスグロルリノメイガ
	3208	*Udea proximalis* Inoue, Yamanaka & Sasaki, 2008 ヒメルリノメイガ
	3209	*Udea grisealis* Inoue, Yamanaka & Sasaki, 2008 ハイイロルリノメイガ

3210　*Udea intermedia* Inoue, Yamanaka & Sasaki, 2008 ニセハイイロルリノメイガ
3211　*Udea stigmatalis* (Wileman, 1911) チャモンノメイガ
3212　*Udea testacea* (Butler, 1879) クロモンキノメイガ
----　*Udea tritalis* (Christoph, 1881) オオマルモンノメイガ
3213　*Udea lugubralis* (Leech, 1889) ウスマルモンノメイガ
3214　*Udea stationalis* Yamanaka, 1988 チビマルモンノメイガ
3215　*Udea montensis* Mutuura, 1954 コマルモンノメイガ
3216　*Udea exigualis* (Wileman, 1911) ウスグロマルモンノメイガ

Lasiocampoidea カレハガ上科

▶ Lasiocampidae カレハガ科
▶▶ Poecilocampinae ウスズミカレハガ亜科
0139　*Poecilocampa tamanukii* Matsumura, 1928 ウスズミカレハ

▶▶ Lasiocampinae カレハガ亜科
0140　*Gastropacha clathrata* Bryk, 1949 ワタナベカレハ
0141　*Gastropacha orientalis* Sheljuzhko, 1943 カレハガ
0142　*Gastropacha populifolia* (Esper, 1783) ホシカレハ
0143　*Phyllodesma japonica* (Leech, 1889) ヒメカレハ
0144　*Cosmotriche lobulina* (Denis & Schiffermüller, 1775) タカムクカレハ
0145　*Euthrix albomaculata* (Bremer, 1861) タケカレハ
0146　*Euthrix potatoria* (Linnaeus, 1758) ヨシカレハ
0147　*Somadasys brevivenis* (Butler, 1885) ギンモンカレハ
0148　*Amurilla subpurpurea* (Butler, 1881) スカシカレハ
0149　*Odonestis pruni* (Linnaeus, 1758) リンゴカレハ
0150　*Dendrolimus spectabilis* (Butler, 1877) マツカレハ
0151　*Dendrolimus superans* (Butler, 1877) ツガカレハ
0152　*Kunugia undans* (Walker, 1859) クヌギカレハ
0153　*Takanea miyakei* Wileman, 1915 ミヤケカレハ
0154　*Malacosoma neustrium* (Linnaeus, 1758) オビカレハ

Bombycoidea カイコガ上科

▶ Eupterotidae オビガ科
▶▶ Eupterotinae オビガ亜科
0155　*Apha aequalis* (Felder, 1874) オビガ

▶ Bombycidae カイコガ科
▶▶ Prismostictinae スカシサン亜科
▶▶▶ Oberthueriini クワゴモドキ族
0156　*Oberthueria falcigera* (Butler, 1878) オオクワゴモドキ

▶▶ Bombycinae カイコガ亜科
▶▶▶ Bombycini カイコガ族
0157　*Bombyx mandarina* (Moore, 1872) クワコ

▶ Saturniidae ヤママユガ科
▶▶ Saturniinae ヤママユガ亜科
0158　*Samia cynthia* (Drury, 1773) シンジュサン
0159　*Antheraea yamamai* (Guérin-Méneville, 1861) ヤママユ
0160　*Saturnia jonasii* (Butler, 1877) ヒメヤママユ
0161　*Saturnia japonica* (Moore, 1872) クスサン
0162　*Rhodinia jankowskii* (Oberthür, 1880) クロウスタビガ
0163　*Rhodinia fugax* (Butler, 1877) ウスタビガ
0164　*Actias aliena* (Butler, 1879) オオミズアオ
0165　*Actias gnoma* (Butler, 1877) オナガミズアオ

▶▶ Agliinae エゾヨツメ亜科
    0166   *Aglia japonica* Leech, 1889 エゾヨツメ

▶ Brahmaeidae イボタガ科
    0167   *Brahmaea japonica* Butler, 1873 イボタガ

▶ Sphingidae スズメガ科
▶▶ Sphinginae スズメガ亜科
    0168   *Agrius convolvuli* (Linnaeus, 1758) エビガラスズメ
    0169   *Meganoton analis* (Felder, 1874) エゾシモフリスズメ
    0170   *Psilogramma increta* (Walker, 1865) シモフリスズメ
北 0171   *Sphinx ligustri* Linnaeus, 1758 エゾコエビガラスズメ
    0172   *Sphinx constricta* Butler, 1885 コエビガラスズメ
    0173   *Sphinx morio* (Rothschild & Jordan, 1903) マツクロスズメ
* ----   *Sphinx caliginea* (Butler, 1877) クロスズメ
    0174   *Sphinx crassistriga* (Rothschild & Jordan, 1903) オビグロスズメ
    0175   *Dolbina tancrei* Staudinger, 1887 サザナミスズメ
    0176   *Dolbina exacta* Staudinger, 1892 ヒメサザナミスズメ

▶▶ Smerinthinae ウチスズメ亜科
    0177   *Ambulyx sericeipennis* Butler, 1875 アジアホソバスズメ
    0178   *Ambulyx schauffelbergeri* Bremer & Grey, 1853 モンホソバスズメ
    0179   *Clanis bilineata* (Walker, 1866) トビイロスズメ
    0180   *Marumba gaschkewitschii* (Bremer & Grey, 1853) モモスズメ
    0181   *Marumba jankowskii* (Oberthür, 1880) ヒメクチバスズメ
    0182   *Marumba sperchius* (Ménétriès, 1857) クチバスズメ
* ----   *Parum colligata* (Walker, 1856) ギンボシスズメ   ［分布記録の詳細は不明］
    0183   *Mimas christophi* (Staudinger, 1887) ヒサゴスズメ
    0184   *Smerinthus tokyonis* Matsumura, 1921 コウチスズメ
北 0185   *Smerinthus caecus* Ménétriès, 1957 ヒメウチスズメ
    0186   *Smerinthus planus* Walker, 1856 ウチスズメ
    0187   *Callambulyx tatarinovii* (Bremer & Grey, 1853) ウンモンスズメ
    0188   *Laothoe amurensis* (Staudinger, 1892) ノコギリスズメ
    0189   *Phyllosphingia dissimilis* (Bremer, 1861) エゾスズメ

▶▶ Macroglossinae ホウジャク亜科
    0190   *Cephonodes hylas* (Linnaeus, 1771) オオスカシバ
    0191   *Hemaris radians* (Walker, 1856) スキバホウジャク
    0192   *Hemaris affinis* (Bremer, 1861) クロスキバホウジャク
    0193   *Ampelophaga rubiginosa* Bremer & Grey, 1853 クルマスズメ
    0194   *Acosmeryx naga* (Moore, 1858) ハネナガブドウスズメ
    0195   *Acosmeryx castanea* Rothschild & Jordan, 1903 ブドウスズメ
* ----   *Neogurelca himachala* (Butler, 1875) ホシヒメホウジャク
    0196   *Macroglossum stellatarum* (Linnaeus, 1758) ホウジャク
* ----   *Macroglossum bombylans* Boisduval, 1875 ヒメクロホウジャク
    0197   *Macroglossum pyrrhosticta* Butler, 1875 ホシホウジャク
    0198   *Macroglossum saga* Butler, 1878 クロホウジャク
    0199   *Hyles gallii* (Rottemburg, 1775) イブキスズメ
    0200   *Hyles livornica* (Esper, 1779) アカオビスズメ
    0201   *Deilephila elpenor* (Linnaeus, 1758) ベニスズメ
    0202   *Deilephila askoldensis* (Oberthür, 1879) ヒメスズメ
* ----   *Theretra oldenlandiae* (Fabricius, 1775) セスジスズメ
    0203   *Theretra japonica* (Boisduval, 1869) コスズメ

Calliduloidea イカリモンガ上科

▶ **Callidulidae** イカリモンガ科
▶ ▶ **Callidulinae** イカリモンガ亜科
　　0204　*Pterodecta felderi* (Bremer, 1864) イカリモンガ

Hesperionoidea セセリチョウ上科

▶ **Hesperiidae** セセリチョウ科
▶ ▶ **Coeliadinae** アオバセセリ亜科
　　0122　*Choaspes benjaminii* (Guérin-Ménéville, 1843) アオバセセリ
　　0123　*Burara aquilina* (Speyer, 1879) キバネセセリ

▶ ▶ **Pyrginae** チャマダラセセリ亜科
　　0124　*Daimio tethys* (Ménétriès, 1857) ダイミョウセセリ
　　0125　*Pyrgus maculatus* (Bremer & Grey, 1852) チャマダラセセリ
北　0126　*Pyrgus malvae* (Linnaeus, 1758) ヒメチャマダラセセリ
　　0127　*Erynnis montanus* (Bremer, 1861) ミヤマセセリ

▶ ▶ **Heteropterinae** チョウセンキボシセセリ亜科
　　0128　*Leptalina unicolor* (Bremer & Grey, 1852) ギンイチモンジセセリ
北　0129　*Carterocephalus silvicola* (Meigen, 1828) カラフトタカネキマダラセセリ

▶ ▶ **Hesperiinae** アカセセリ亜科
　　0130　*Thoressa varia* (Murray, 1875) コチャバネセセリ
　　0131　*Thymelicus lineola* (Ochsenheimer, 1808) カラフトセセリ
　　0132　*Thymelicus leoninus* (Butler, 1878) スジグロチャバネセセリ
　　0133　*Thymelicus sylvaticus* (Bremer, 1861) ヘリグロチャバネセセリ
　　0134　*Ochlodes ochraceus* (Bremer, 1861) ヒメキマダラセセリ
　　0135　*Ochlodes venatus* (Bremer & Grey, 1852) コキマダラセセリ
　　0136　*Potanthus flavus* (Murray, 1875) キマダラセセリ
　　0137　*Polytremis pellucida* (Murray, 1875) オオチャバネセセリ
　　0138　*Parnara guttata* (Bremer & Grey, 1852) イチモンジセセリ

Papilionoidea アゲハチョウ上科

▶ **Papilionidae** アゲハチョウ科
▶ ▶ **Parnassiinae** ウスバアゲハ亜科
▶ ▶ ▶ **Zerynthiini** タイスアゲハ族
　　0001　*Luehdorfia puziloi* (Erschoff, 1872) ヒメギフチョウ

▶ ▶ ▶ **Parnassiini** ウスバアゲハ族
　　0002　*Parnassius citrinarius* Motschulsky, 1866 ウスバシロチョウ（ウスバアゲハ）
北　0003　*Parnassius hoenei* Schweitzer, 1912 ヒメウスバシロチョウ（ヒメウスバアゲハ）
北　0004　*Parnassius eversmanni* Ménétriès, 1850 ウスバキチョウ（キイロウスバアゲハ）
＊　----　*Parnassius nomion* Fischer de Waldheim, 1823 オオアカボシウスバシロチョウ
　　　　　［1935年に十勝岳で採集され、新亜種として発表されたが、疑問視されている］
＊　----　*Parnassius bremeri* Bremer, 1864 アカボシウスバシロチョウ
　　　　　［1936年にトムラウシ岳麓の松山温泉付近で3♂採集され、新亜種として発表されたが、疑問視されている］

▶ ▶ **Papilioninae** アゲハチョウ亜科
▶ ▶ ▶ **Graphiini** アオスジアゲハ族
　　0005　*Graphium sarpedon* (Linnaeus, 1758) アオスジアゲハ

▶ ▶ ▶ **Papilionini** アゲハチョウ族
　　0006　*Papilio xuthus* Linnaeus, 1767 アゲハ
　　0007　*Papilio machaon* Linnaeus, 1758 キアゲハ

```
0008   Papilio memnon Linnaeus, 1758 ナガサキアゲハ
0009   Papilio helenus Linnaeus, 1758 モンキアゲハ
0010   Papilio polytes Linnaeus, 1758 シロオビアゲハ
0011   Papilio macilentus Janson, 1877 オナガアゲハ
0012   Papilio dehaanii C. & R. Felder, 1864 カラスアゲハ
0013   Papilio maackii Ménétriès, 1858 ミヤマカラスアゲハ
```

▶ Pieridae シロチョウ科
 ▶ ▶ Dismorphiinae トンボシロチョウ亜科
  ▶ ▶ ▶ Leptideini ヒメシロチョウ族

```
       0014   Leptidea amurensis (Ménétriès, 1858) ヒメシロチョウ
北     0015   Leptidea morsei (Fenton, 1882) エゾヒメシロチョウ
```

 ▶ ▶ Pierinae モンシロチョウ亜科
  ▶ ▶ ▶ Anthocharidini ツマキチョウ族

```
       0016   Anthocharis scolymus Butler, 1866 ツマキチョウ
```

  ▶ ▶ ▶ Pierini モンシロチョウ族

```
       0017   Pieris brassicae (Linnaeus, 1758) オオモンシロチョウ
       0018   Pieris rapae (Linnaeus, 1758) モンシロチョウ
       0019   Pieris dulcinea (Butler, 1882) エゾスジグロシロチョウ
       ----   Pieris nesis (Fruhstorfer, 1909) ヤマトスジグロシロチョウ
              ……[石狩低地帯より南のエゾスジグロシロチョウは遺伝子の違いから本種とされることもあるが、まだ分類が定まっていないので本書では区別していない]
       0020   Pieris melete (Ménétriès, 1857) スジグロシロチョウ
       0021   Pontia daplidice (Linnaeus, 1758) チョウセンシロチョウ
```

  ▶ ▶ ▶ Aporiini エゾシロチョウ族

```
北     0022   Aporia crataegi (Linnaeus, 1758) エゾシロチョウ
```

 ▶ ▶ Coliadinae モンキチョウ亜科
  ▶ ▶ ▶ Gonepterygini ヤマキチョウ族

```
       0023   Eurema mandarina (de l'Orza, 1869) キタキチョウ
```

  ▶ ▶ ▶ Coliadini モンキチョウ族

```
       0024   Colias fieldii Ménétriès, 1855 ダイダイモンキチョウ（フィールドモンキチョウ）
       0025   Colias erate (Esper, 1805) モンキチョウ
```

▶ Lycaenidae シジミチョウ科
 ▶ ▶ Miletinae アシナガシジミ亜科
  ▶ ▶ ▶ Miletini アシナガシジミ族

```
       0026   Taraka hamada (H. Druce, 1875) ゴイシシジミ
```

 ▶ ▶ Lycaeninae シジミチョウ亜科
  ▶ ▶ ▶ Theclini ミドリシジミ族

```
       0027   Artopoetes pryeri (Murray, 1873) ウラゴマダラシジミ
       0028   Shirozua jonasi (Janson, 1877) ムモンアカシジミ
       0029   Ussuriana stygiana (Butler, 1881) ウラキンシジミ
       0030   Japonica lutea (Hewitson, 1865) アカシジミ
       0031   Japonica onoi Murayama, 1953 カシワアカシジミ（キタアカシジミ）
       0032   Japonica saepestriata (Hewitson, 1865) ウラナミアカシジミ
       0033   Antigius attilia (Bremer, 1861) ミズイロオナガシジミ
       0034   Antigius butleri (Fenton, 1882) ウスイロオナガシジミ
       0035   Araragi enthea (Janson, 1877) オナガシジミ
       0036   Wagimo signatus (Butler, 1882) ウラミスジシジミ（ダイセンシジミ）
       0037   Iratsume orsedice (Butler, 1882) ウラクロシジミ
       0038   Sibataniozephyrus fujisanus (Matsumura, 1910) フジミドリシジミ
       0039   Favonius saphirinus (Staudinger, 1887) ウラジロミドリシジミ
```

```
       0040    Favonius ultramarinus (Fixsen, 1887) ハヤシミドリシジミ
       0041    Favonius jezoensis (Matsumura, 1915) エゾミドリシジミ
       0042    Favonius orientalis (Murray, 1875) オオミドリシジミ
*      ----    Favonius yuasai Shirozu, 1947 クロミドリシジミ
                        ┈┈┈┈┈┈┈┈┈┈┈┈［1970年に函館市(旧南茅部町尾札部村)で採集された1♂の参考記録例があり、再確認が望まれる］
       0043    Favonius taxila (Bremer, 1861) ジョウザンミドリシジミ
       0044    Neozephyrus japonicus (Murray, 1875) ミドリシジミ
       0045    Chrysozephyrus brillantinus (Staudinger, 1887) アイノミドリシジミ
       0046    Chrysozephyrus smaragdinus (Bremer, 1861) メスアカミドリシジミ
```

▶ ▶ ▶ **Eumaeini カラスシジミ族**
```
       0047    Fixsenia w-album (Knoch, 1782) カラスシジミ
       0048    Fixsenia mera (Janson, 1877) ミヤマカラスシジミ
北     0049    Fixsenia pruni (Linnaeus, 1758) リンゴシジミ
       0050    Callophrys ferrea (Butler, 1866) コツバメ
       0051    Rapala arata (Bremer, 1861) トラフシジミ
```

▶ ▶ ▶ **Lycaenini ベニシジミ族**
```
       0052    Lycaena phlaeas (Linnaeus, 1761) ベニシジミ
```

▶ ▶ ▶ **Polyommatini ヒメシジミ族**
```
       0053    Everes argiades (Pallas, 1771) ツバメシジミ
       0054    Celastrina argiolus (Linnaeus, 1758) ルリシジミ
       0055    Celastrina sugitanii (Matsumura, 1919) スギタニルリシジミ
       0056    Lampides boeticus (Linnaeus, 1767) ウラナミシジミ
       0057    Plebejus argus (Linnaeus, 1758) ヒメシジミ
       0058    Lycaeides subsolana (Eversmann, 1851) アサマシジミ
北     0059    Scolitantides orion (Pallas, 1771) ジョウザンシジミ
北     0060    Vacciniina optilete (Knoch, 1781) カラフトルリシジミ
       0061    Glaucopsyche lycormas (Butler, 1866) カバイロシジミ
       0062    Maculinea arionides (Staudinger, 1887) オオゴマシジミ
       0063    Maculinea teleius (Bergsträsser, 1779) ゴマシジミ
```

▶ **Nymphalidae タテハチョウ科**
▶ ▶ **Libytheinae テングチョウ亜科**
```
       0064    Libythea lepita Moore, 1858 テングチョウ
```

▶ ▶ **Nymphalinae タテハチョウ亜科**
▶ ▶ ▶ **Nymphalini タテハチョウ族**
```
北     0065    Araschnia levana (Linnaeus, 1758) アカマダラ
       0066    Araschnia burejana Bremer, 1861 サカハチチョウ
       0067    Vanessa cardui (Linnaeus, 1758) ヒメアカタテハ
       0068    Vanessa indica (Herbst, 1794) アカタテハ
       0069    Polygonia c-aureum (Linnaeus, 1758) キタテハ
       0070    Polygonia c-album (Linnaeus, 1758) シータテハ
       0071    Nymphalis l-album (Esper, 1781) エルタテハ
       0072    Nymphalis xanthomelas (Esper, 1781) ヒオドシチョウ
       0073    Nymphalis antiopa (Linnaeus, 1758) キベリタテハ
       0074    Aglais urticae (Linnaeus, 1758) コヒオドシ
       0075    Inachis io (Linnaeus, 1758) クジャクチョウ
       0076    Kaniska canace (Linnaeus, 1763) ルリタテハ
```

▶ ▶ ▶ **Kallimini コノハチョウ族**
```
       0077    Hypolimnas misippus (Linnaeus, 1764) メスアカムラサキ
       0078    Hypolimnas bolina (Linnaeus, 1758) リュウキュウムラサキ
```

Heliconiinae ドクチョウ亜科
Heliconiini ドクチョウ族

北	0079	*Clossiana thore* (Hübner, 1803-1804)	ホソバヒョウモン
北	0080	*Clossiana iphigenia* (Graeser, 1888)	カラフトヒョウモン
北	0081	*Clossiana freija* (Thunberg, 1791)	アサヒヒョウモン
	0082	*Brenthis ino* (Rottemburg, 1775)	コヒョウモン
	0083	*Brenthis daphne* (Bergsträsser, 1780)	ヒョウモンチョウ
	0084	*Argyronome laodice* (Pallas, 1771)	ウラギンスジヒョウモン
	0085	*Argyronome ruslana* (Motschulsky, 1866)	オオウラギンスジヒョウモン
	0086	*Nephargynnis anadyomene* (C. & R. Felder, 1862)	クモガタヒョウモン
	0087	*Damora sagana* (Doubleday, 1847)	メスグロヒョウモン
	0088	*Argynnis paphia* (Linnaeus, 1758)	ミドリヒョウモン
	0089	*Speyeria aglaja* (Linnaeus, 1758)	ギンボシヒョウモン
	0090	*Fabriciana adippe* (Denis & Schiffermüller, 1775)	ウラギンヒョウモン
*	----	*Fabriciana niobe* (Linnaeus, 1758)	ニオベウラギンヒョウモン
		………[2001年に幌加内町から2♂採集され、ssp. *tsubouchii* エゾウラギンヒョウモンという新亜種として記載されたが、疑問視されている]	
	0091	*Argyreus hyperbius* (Linnaeus, 1763)	ツマグロヒョウモン

Limenitidinae イチモンジチョウ亜科
Limenitidini イチモンジチョウ族

	0092	*Neptis philyra* Ménétriès, 1858	ミスジチョウ
	0093	*Neptis alwina* (Bremer & Grey, 1852)	オオミスジ
	0094	*Neptis rivularis* (Scopoli, 1763)	フタスジチョウ
	0095	*Neptis sappho* (Pallas, 1771)	コミスジ
	0096	*Ladoga camilla* (Linnaeus, 1764)	イチモンジチョウ
	0097	*Ladoga glorifica* (Fruhstorfer, 1909)	アサマイチモンジ
	0098	*Limenitis populi* (Linnaeus, 1758)	オオイチモンジ

Apaturinae コムラサキ亜科

	0099	*Hestina japonica* (C. & R. Felder, 1862)	ゴマダラチョウ
	0100	*Hestina assimilis* (Linnaeus, 1758)	アカボシゴマダラ
	0101	*Apatura metis* Freyer, 1829	コムラサキ
	0102	*Sasakia charonda* (Hewitson, 1863)	オオムラサキ

Satyrinae ジャノメチョウ亜科
Satyrini ジャノメチョウ族

	0103	*Erebia neriene* (Böber, 1809)	ベニヒカゲ
	0104	*Erebia ligea* (Linnaeus, 1758)	クモマベニヒカゲ
北	0105	*Oeneis melissa* (Fabricius, 1775)	ダイセツタカネヒカゲ
北	0106	*Coenonympha hero* (Linnaeus, 1761)	シロオビヒメヒカゲ
	0107	*Melanargia epimede* (Staudinger, 1892)	モリシロジャノメ
	0108	*Ypthima argus* Butler, 1866	ヒメウラナミジャノメ
	0109	*Mycalesis gotama* Moore, 1858	ヒメジャノメ
	0110	*Lopinga achine* (Scopoli, 1763)	ウラジャノメ
	0111	*Lasiommata deidamia* (Eversmann, 1851)	ツマジロウラジャノメ
	0112	*Kirinia fentoni* (Butler, 1877)	キマダラモドキ
	0113	*Ninguta schrenckii* (Ménétriès, 1858)	オオヒカゲ
	0114	*Minois dryas* (Scopoli, 1763)	ジャノメチョウ

Melanitini コノマチョウ族

	0115	*Melanitis leda* (Linnaeus, 1758)	ウスイロコノマチョウ
	0116	*Melanitis phedima* (Cramer, 1780)	クロコノマチョウ

Elymniini マネシヒカゲ族

	0117	*Lethe diana* (Butler, 1866)	クロヒカゲ
	0118	*Zophoessa callipteris* (Butler, 1877)	ヒメキマダラヒカゲ
	0119	*Neope goschkevitschii* (Ménétriès, 1857)	サトキマダラヒカゲ

0120　*Neope niphonica* Butler, 1881　ヤマキマダラヒカゲ

▶▶ Danainae マダラチョウ亜科
▶▶ Danaini マダラチョウ族
0121　*Parantica sita* (Kollar, 1844)　アサギマダラ

Drepanoidea カギバガ上科

▶ Drepanidae カギバガ科
▶▶ Drepaninae カギバガ亜科
0205　*Agnidra scabiosa* (Butler, 1877)　マエキカギバ
0206　*Pseudalbara parvula* (Leech, 1890)　ヒメハイイロカギバ
0207　*Nordstromia grisearia* (Staudinger, 1892)　エゾカギバ
0208　*Sabra harpagula* (Esper, 1786)　ウスオビカギバ
0209　*Drepana curvatula* (Borkhausen, 1790)　オビカギバ
*　----　*Callidrepana patrana* (Moore, 1866)　ギンモンカギバ
0210　*Callidrepana palleola* (Motschulsky, 1866)　ウスイロカギバ
0211　*Ditrigona virgo* (Butler, 1878)　フタテンシロカギバ
0212　*Callicilix abraxata* Butler, 1885　マダラカギバ
0213　*Auzata superba* (Butler, 1878)　ヒトツメカギバ
0214　*Oreta pulchripes* Butler, 1877　アシベニカギバ
0215　*Oreta turpis* Butler, 1877　クロスジカギバ

▶▶ Cyclidiinae オオカギバガ亜科
0216　*Cyclidia substigmaria* (Hübner, 1831)　オオカギバ
0217　*Mimozethes argentilinearia* (Leech, 1897)　ギンスジカギバ

▶▶ Thyatirinae トガリバガ亜科
0218　*Thyatira batis* (Linnaeus, 1758)　モントガリバ
0219　*Macrothyatira flavida* (Butler, 1885)　キマダラトガリバ
0220　*Monothyatira pryeri* (Butler, 1881)　ウスベニトガリバ
*　----　*Habrosyne aurorina* (Butler, 1881)　ヒメウスベニトガリバ
0221　*Habrosyne dieckmanni* (Graeser, 1888)　ウスベニアヤトガリバ
0222　*Habrosyne pyritoides* (Hufnagel, 1766)　アヤトガリバ
0223　*Habrosyne intermedia* (Bremer, 1864)　カラフトアヤトガリバ
0224　*Ochropacha duplaris* (Linnaeus, 1761)　フタテントガリバ
0225　*Tetheella fluctuosa* (Hübner, 1803)　ヒトテントガリバ
0226　*Tethea ampliata* (Butler, 1878)　オオバトガリバ
0227　*Tethea octogesima* (Butler, 1878)　ホソトガリバ
北　0228　*Tethea or* (Denis & Schiffermüller, 1775)　アカントガリバ
0229　*Tethea consimilis* (Warren, 1912)　オオマエベニトガリバ
0230　*Tethea trifolium* (Alphéraky, 1895)　マエベニトガリバ
0231　*Tethea albicostata* (Bremer, 1861)　マエジロトガリバ
0232　*Nemacerota* sp. 和名未定
0233　*Nemacerota tancrei* (Graeser, 1888)　ヒメナカジロトガリバ
0234　*Parapsestis albida* Suzuki, 1916　ウスジロトガリバ
0235　*Parapsestis argenteopicta* (Oberthür, 1879)　ギンモントガリバ
0236　*Mimopsestis basalis* (Wileman, 1911)　ネグロトガリバ
0237　*Kurama mirabilis* (Butler, 1879)　サカハチトガリバ
0238　*Epipsestis ornata* (Leech, 1889)　ムラサキトガリバ
0239　*Epipsestis nigropunctata* (Sick, 1941)　ウスムラサキトガリバ
0240　*Achlya longipennis* Inoue, 1972　キボシミスジトガリバ
北　0241　*Achlya flavicornis* (Linnaeus, 1758)　ミスジトガリバ
0242　*Neodaruma tamanukii* Matsumura, 1933　タマヌキトガリバ
0243　*Sugitaniella kuramana* Matsumura, 1933　クラマトガリバ
0244　*Demopsestis punctigera* (Butler, 1885)　ホシボシトガリバ
0245　*Neoploca arctipennis* (Butler, 1878)　マユミトガリバ

0246　*Mesopsestis undosa* (Wileman, 1911) ナミスジトガリバ
0247　*Betapsestis umbrosa* (Wileman, 1911) タケウチトガリバ

▶ Epicopeiidae アゲハモドキガ科
0248　*Epicopeia hainesii* Holland, 1889 アゲハモドキ

Geometroidea シャクガ上科

▶ Uraniidae ツバメガ科
▶▶ Epipleminae フタオガ亜科
0249　*Eversmannia exornata* (Eversmann, 1837) シロフタオ
0250　*"Epiplema" styx* (Butler, 1881) クロフタオ ································· ［属は未確定］
0251　*Dysaethria erasaria* (Christoph, 1881) マエモンフタオ
0252　*Dysaethria cretacea* (Butler, 1881) キスジシロフタオ
0253　*Dysaethria moza* (Butler, 1878) クロホシフタオ
0254　*Dysaethria illotata* (Christoph, 1880) ヒメクロホシフタオ
0255　*Oroplema plagifera* (Butler, 1881) クロオビシロフタオ

▶▶ Microniinae ギンツバメガ亜科
0256　*Acropteris iphiata* (Guenée, 1857) ギンツバメ

▶ Geometridae シャクガ科
▶▶ Archiearinae カバシャク亜科
0257　*Archiearis parthenias* (Linnaeus, 1761) カバシャク

▶▶ Ennominae エダシャク亜科
0258　*Abraxas grossulariata* (Linnaeus, 1758) スグリシロエダシャク
0259　*Abraxas flavisinuata* Warren, 1894 スギタニシロエダシャク
0260　*Abraxas sylvata* (Scopoli, 1763) キタマダラエダシャク
0261　*Abraxas niphonibia* Wehrli, 1935 ヒメマダラエダシャク
0262　*Abraxas satoi* Inoue, 1972 ヘリグロマダラエダシャク
0263　*Abraxas fulvobasalis* Warren, 1894 クロマダラエダシャク
0264　*Abraxas latifasciata* Warren, 1894 ヒトスジマダラエダシャク
0265　*Abraxas miranda* Butler, 1878 ユウマダラエダシャク
0266　*Lomaspilis marginata* (Linnaeus, 1758) シロオビヒメエダシャク
0267　*Peratophyga hyalinata* (Kollar, 1844) クロフヒメエダシャク
0268　*Myrteta punctata* (Warren, 1894) ホシスジシロエダシャク
0269　*Myrteta angelica* Butler, 1881 クロミスジシロエダシャク
0270　*Taeniophila unio* (Oberthür, 1880) ミスジシロエダシャク
*　----　*Lamprocabera candidaria* (Leech, 1897) フタオビシロエダシャク
0271　*Lomographa simplicior* (Butler, 1881) クロズウスキエダシャク
0272　*Lomographa bimaculata* (Fabricius, 1775) フタホシシロエダシャク
0273　*Lomographa temerata* (Denis & Schiffermüller, 1775) バラシロエダシャク
0274　*Lomographa subspersata* (Wehrli, 1939) ウスフタスジシロエダシャク
0275　*Lomographa nivea* (Djakonov, 1936) ウスオビシロエダシャク
0276　*Cabera insulata* Inoue, 1958 ミスジコナフエダシャク
0277　*Cabera schaefferi* Bremer, 1864 ヒラヤマシロエダシャク
0278　*Cabera purus* (Butler, 1878) コスジシロエダシャク
0279　*Cabera griseolimbata* (Oberthür, 1879) アトグロアミメエダシャク
0280　*Parabapta aetheriata* (Graeser, 1889) フタスジウスキエダシャク
0281　*Parabapta clarissa* (Butler, 1878) ウスアオエダシャク
0282　*Rhynchobapta cervinaria* (Moore, 1888) フタスジオエダシャク
----　*Plesiomorpha flaviceps* (Butler, 1881) マエキオエダシャク ················· ［2011年に松前町で1♀が採集された］
0283　*Nadagara prosigna* Prout, 1930 フタモントガリエダシャク
0284　*Pseudepione magnaria* (Wileman, 1911) ニッコウキエダシャク
0285　*Euchristophia cumulata* (Christoph, 1881) ウスオビヒメエダシャク
0286　*Synegia hadassa* (Butler, 1878) ハグルマエダシャク

	0287	*Synegia ichinosawana* (Matsumura, 1925) マルハグルマエダシャク
	0288	*Synegia limitatoides* Inoue, 1982 スジハグルマエダシャク
	0289	*Synegia esther* Butler, 1881 クロハグルマエダシャク
	----	*Ecpetelia albifrontaria* (Leech, 1891) シロズエダシャク ……… [2012年に松前町と乙部町で1♂2♀が採集された]
	0290	*Platycerota incertaria* (Leech, 1891) ツマキエダシャク
	0291	*Chiasmia defixaria* (Walker, 1861) フタテンオエダシャク
	0292	*Chiasmia hebesata* (Walker, 1861) ウスオエダシャク
	0293	*Chiasmia clathrata* (Linnaeus, 1758) ヒメアミメエダシャク
	0294	*Macaria shanghaisaria* Walker, 1861 シャンハイオエダシャク
	0295	*Macaria fuscaria* (Leech, 1891) シロオビオエダシャク
	0296	*Macaria signaria* (Hübner, 1809) シナノオエダシャク
	0297	*Macaria liturata* (Clerck, 1759) チャオビオエダシャク
	0298	*Oxymacaria normata* (Alphéraky, 1892) ウスキオエダシャク
	0299	*Luxiaria amasa* (Butler, 1878) トビカギバエダシャク
	0300	*Aporhoptrina semiorbiculata* (Christoph, 1881) アトムスジエダシャク
	0301	*Monocerotesa lutearia* (Leech, 1891) クロフキエダシャク
北	0302	*Glacies coracina* (Esper, 1805) ダイセツタカネエダシャク
	0303	*Bupalus vestalis* Staudinger, 1897 ヘリグロエダシャク
	0304	*Cystidia stratonice* (Stoll, 1782) トンボエダシャク
	0305	*Cystidia truncangulata* Wehrli, 1934 ヒロオビトンボエダシャク
	0306	*Cystidia couaggaria* (Guenée, 1858) ウメエダシャク
	0307	*Euryobeidia languidata* (Walker, 1862) シロジマエダシャク
	0308	*Metabraxas paucimaculata* Inoue, 1955 ウスゴマダラエダシャク
	0309	*Metabraxas clerica* Butler, 1881 オオシロエダシャク
	0310	*Arichanna albomacularia* Leech, 1891 シロホシエダシャク
	0311	*Arichanna tetrica* (Butler, 1878) キジマエダシャク
	0312	*Arichanna melanaria* (Linnaeus, 1758) キシタエダシャク
	0313	*Arichanna gaschkevitchii* (Motschulsky, 1861) ヒョウモンエダシャク
	0314	*Alcis angulifera* (Butler, 1878) ナカウスエダシャク
	0315	*Alcis medialbifera* Inoue, 1972 ヒメナカウスエダシャク
	0316	*Alcis jubata* (Thunberg, 1788) コケエダシャク
	0317	*Alcis pryeraria* (Leech, 1897) オオナカホシエダシャク
	0318	*Alcis picata* (Butler, 1881) シロシタオビエダシャク
	0319	*Alcis extinctaria* (Eversmann, 1851) イツスジエダシャク
	0320	*Pseuderannis lomozemia* (Prout, 1930) ウスバキエダシャク
	0321	*Rikiosatoa grisea* (Butler, 1878) フタヤマエダシャク
	0322	*Ramobia basifuscaria* (Leech, 1891) ネグロエダシャク
	0323	*Ramobia mediodivisa* Inoue, 1953 ナカジロネグロエダシャク
	0324	*Gigantalcis flavolinearia* (Leech, 1891) フタキスジエダシャク
	0325	*Apocleora rimosa* (Butler, 1879) クロクモエダシャク
	0326	*Deileptenia ribeata* (Clerck, 1759) マツオエダシャク
	0327	*Cleora cinctaria* (Denis & Schiffermüller, 1775) キタルリモンエダシャク
	0328	*Cleora insolita* (Butler, 1878) ルリモンエダシャク
	0329	*Cleora leucophaea* (Butler, 1878) シロテンエダシャク
	0330	*Ascotis selenaria* (Denis & Schiffermüller, 1775) ヨモギエダシャク
	0331	*Cusiala stipitaria* (Oberthür, 1880) セブトエダシャク
	0332	*Ectropis aigneri* Prout, 1930 ウストビスジエダシャク
	0333	*Ectropis excellens* (Butler, 1884) オオトビスジエダシャク
	0334	*Ectropis crepuscularia* (Denis & Schiffermüller, 1775) フトフタオビエダシャク
	----	*Ectropis* sp. of Sato, 2011 スギノキエダシャク ……… [2009年に北斗市で1♂が採集された]
	0335	*Ectropis obliqua* (Prout, 1915) ウスジロエダシャク
	0336	*Hypomecis roboraria* (Denis & Schiffermüller, 1775) ハミスジエダシャク
	0337	*Hypomecis lunifera* (Butler, 1878) オオバナミガタエダシャク
	0338	*Hypomecis akiba* (Inoue, 1963) アキバエダシャク
	0339	*Hypomecis punctinalis* (Scopoli, 1763) ウスバミスジエダシャク
	0340	*Hypomecis kuriligena* (Bryk, 1942) ヒメミスジエダシャク
	0341	*Hypomecis crassestrigata* (Christoph, 1881) フトオビエダシャク

	0342	*Calicha ornataria* (Leech, 1891) ソトシロオビエダシャク
	0343	*Microcalicha fumosaria* (Leech, 1891) クロオオモンエダシャク
	0344	*Microcalicha sordida* (Butler, 1878) シタクモエダシャク
	0345	*Paradarisa consonaria* (Hübner, 1799) シナトビスジエダシャク
	0346	*Racotis petrosa* (Butler, 1879) ナミスジエダシャク
	0347	*Heterarmia costipunctaria* (Leech, 1891) マエモンキエダシャク
	0348	*Heterarmia charon* (Butler, 1878) ナミガタエダシャク
	0349	*Protoboarmia simpliciaria* (Leech, 1897) オレクギエダシャク
	0350	*Protoboarmia faustinata* (Warren, 1897) ニセオレクギエダシャク
	0351	*Phanerothyris sinearia* (Guenée, 1858) ウスグロナミエダシャク
	0352	*Myrioblephara cilicornaria* (Püngeler, 1904) キバネトビスジエダシャク
	0353	*Myrioblephara nanaria* (Staudinger, 1897) チビトビスジエダシャク
	0354	*Aethalura ignobilis* (Butler, 1878) ハンノトビスジエダシャク
	0355	*Ophthalmitis albosignaria* (Bremer & Grey, 1853) ヨツメエダシャク
	0356	*Ophthalmitis irroraria* (Bremer & Grey, 1853) コヨツメエダシャク
	0357	*Parectropis similaria* (Hufnagel, 1767) シロモンキエダシャク
	0358	*Abaciscus albipunctata* (Inoue, 1955) シロテントビスジエダシャク
北	0359	*Arbognophos amoenaria* (Staudinger, 1897) スジグロエダシャク
北	0360	*Elophos vittaria* (Thunberg, 1788) コウノエダシャク
*	----	*Hirasa paupera* (Butler, 1881) クロスジハイイロエダシャク
*	----	*Jankowskia fuscaria* (Leech, 1891) チャノウンモンエダシャク
	0361	*Jankowskia pseudathleta* Sato, 1980 キタウンモンエダシャク
	0362	*Phthonosema tendinosaria* (Bremer, 1864) リンゴツノエダシャク
	0363	*Phthonosema invenustaria* (Leech, 1891) トビネオオエダシャク
	0364	*Xandrames latiferaria* (Walker, 1860) シロスジオオエダシャク
	0365	*Xandrames dholaria* Moore, 1868 ヒロオビオオエダシャク
	0366	*Amblychia insueta* (Butler, 1878) チャマダラエダシャク
	0367	*Duliophyle agitata* (Butler, 1878) ヒロオビエダシャク
	0368	*Scionomia anomala* (Butler, 1881) ツマキウスグロエダシャク
	0369	*Scionomia parasinuosa* Inoue, 1982 コツマキウスグロエダシャク
	0370	*Scionomia mendica* (Butler, 1879) ソトキクロエダシャク
	0371	*Thinopteryx crocoptera* (Kollar, 1844) キマダラツバメエダシャク
	0372	*Larerannis filipjevi* Wehrli, 1935 フタマタフユエダシャク
	0373	*Larerannis orthogrammaria* (Wehrli, 1927) ウスオビフユエダシャク
	0374	*Protalcis concinnata* (Wileman, 1911) トギレフユエダシャク（トギレエダシャク）
	0375	*Agriopis dira* (Butler, 1878) シロフフユエダシャク
	0376	*Pachyerannis obliquaria* (Motschulsky, 1861) クロスジフユエダシャク
	0377	*Erannis golda* Djakonov, 1929 チャバネフユエダシャク
	0378	*Erannis gigantea* Inoue, 1955 オオチャバネフユエダシャク
	0379	*Phigalia sinuosaria* Leech, 1897 シモフリトゲエダシャク
	0380	*Phigalia djakonovi* Moltrecht, 1933 ウスシモフリトゲエダシャク
	0381	*Phigalia verecundaria* (Leech, 1897) シロトゲエダシャク
	0382	*Nyssiodes lefuarius* (Erschoff, 1872) フチグロトゲエダシャク
	0383	*Apochima juglansiaria* (Graeser, 1889) オカモトトゲエダシャク
*	----	*Apochima excavata* (Dyar, 1905) クワトゲエダシャク・・・・・・・・・・・・・・・・・・［分布記録の詳細は不明］
	0384	*Lycia hirtaria* (Clerck, 1759) ムクゲエダシャク
	0385	*Biston stratata* (Hufnagel, 1767) チャオビトビモンエダシャク
*	----	*Biston thoracicaria* (Oberthür, 1884) フタオレウスグロエダシャク
	0386	*Biston betularia* (Linnaeus, 1758) オオシモフリエダシャク
	0387	*Biston robustum* Butler, 1879 トビモンオオエダシャク
	0388	*Biston regalis* (Moore, 1888) ハイイロオオエダシャク
	0389	*Biston panterinaria* (Bremer & Grey, 1853) キオビゴマダラエダシャク
	0390	*Amraica superans* (Butler, 1878) ウスイロオオエダシャク
	0391	*Mesastrape fulguraria* (Walker, 1860) アミメオオエダシャク
	0392	*Lassaba nikkonis* (Butler, 1881) ニッコウエダシャク
	0393	*Colotois pennaria* (Linnaeus, 1761) カバエダシャク
	0394	*Descoreba simplex* Butler, 1878 ハスオビエダシャク

	0395	*Pachyligia dolosa* Butler, 1878 アトジロエダシャク
	0396	*Angerona prunaria* (Linnaeus, 1758) スモモエダシャク
	0397	*Bizia aexaria* Walker, 1860 ツマトビキエダシャク
	0398	*Exangerona prattiaria* (Leech, 1891) オイワケエダシャク
	0399	*Menophra senilis* (Butler, 1878) ウスクモエダシャク
北	0400	*Phthonandria emaria* (Bremer, 1864) エゾウスクモエダシャク
	0401	*Phthonandria atrilineata* (Butler, 1881) クワエダシャク
	0402	*Cryptochorina amphidasyaria* (Oberthür, 1880) ヒゲマダラエダシャク
	0403	*Chariaspilates formosaria* (Eversmann, 1837) ギンスジエダシャク
	0404	*Megaspilates mundataria* (Stoll, 1782) フタスジギンエダシャク
*	----	*Psyra boarmiata* (Graeser, 1892) ミスジキリバエダシャク ………………………… [分布記録の詳細は不明]
	0405	*Epholca arenosa* (Butler, 1878) サラサエダシャク
	0406	*Proteostrenia leda* (Butler, 1878) シロモンクロエダシャク
	0407	*Proteostrenia pica* Wileman, 1911 モンキクロエダシャク
	0408	*Scardamia aurantiacaria* Bremer, 1864 ハスオビキエダシャク
	0409	*Nothomiza formosa* (Butler, 1878) マエキトビエダシャク
	0410	*Ennomos nephotropa* Prout, 1930 キリバエダシャク
北	0411	*Ennomos infidelis* (Prout, 1929) ヒメキリバエダシャク
北	0412	*Crocallis elinguaria* (Linnaeus, 1758) フタモンキバネエダシャク
	0413	*Odontopera bidentata* (Clerck, 1759) ウスグロノコバエダシャク
	0414	*Odontopera arida* (Butler, 1878) エグリヅマエダシャク
	0415	*Odontopera aurata* (Prout, 1915) キイロエグリヅマエダシャク
	0416	*Acrodontis fumosa* (Prout, 1930) オオノコメエダシャク
	0417	*Acrodontis kotshubeji* Sheljuzhko, 1944 ヒメノコメエダシャク
	0418	*Xerodes albonotaria* (Bremer, 1864) モンシロツマキリエダシャク
	0419	*Xerodes rufescentaria* (Motschulsky, 1861) ミスジツマキリエダシャク
	0420	*Xerodes semilutata* (Lederer, 1853) アカエダシャク
	0421	*Zanclidia testacea* (Butler, 1881) キマダラツマキリエダシャク
	0422	*Eilicrinia wehrlii* Djakonov, 1933 ミミモンエダシャク
	0423	*Auaxa sulphurea* (Butler, 1878) キエダシャク
	0424	*Ocoelophora lentiginosaria* (Leech, 1891) テンモンチビエダシャク
*	----	*Pareclipsis gracilis* (Butler, 1879) ツマキリウスキエダシャク
*	----	*Selenia adustaria* Leech, 1891 ウスムラサキエダシャク ………………………… [分布記録の詳細は不明]
	0425	*Selenia tetralunaria* (Hufnagel, 1767) ムラサキエダシャク
	0426	*Apeira syringaria* (Linnaeus, 1758) イチモジエダシャク
	0427	*Agaraeus parva* (Hedemann, 1881) コガタイチモジエダシャク
	0428	*Garaeus mirandus* (Butler, 1881) ナシモンエダシャク
	0429	*Garaeus specularis* Moore, 1868 キバラエダシャク
	0430	*Endropiodes abjecta* (Butler, 1879) ツマキリエダシャク
*	----	*Endropiodes indictinaria* (Bremer, 1864) モミジツマキリエダシャク
	0431	*Plagodis dolabraria* (Linnaeus, 1767) ナカキエダシャク
	0432	*Plagodis pulveraria* (Linnaeus, 1758) コナフキエダシャク
	0433	*Seleniopsis evanescens* (Butler, 1881) フタテンエダシャク
	0434	*Achrosis paupera* (Butler, 1881) フタマエホシエダシャク
	0435	*Cepphis advenaria* (Hübner, 1790) アトボシエダシャク
	0436	*Heterolocha stulta* (Butler, 1879) ベニスジエダシャク
	0437	*Heterolocha laminaria* (Herrich-Schäffer, 1852) ヒメウラベニエダシャク
	0438	*Heterolocha aristonaria* (Walker, 1860) ウラベニエダシャク
	0439	*Petrophora chlorosata* (Scopoli, 1763) シダエダシャク
北	0440	*Hypoxystis mandli* Schawerda, 1924 ウラモントガリエダシャク
	0441	*Spilopera debilis* (Butler, 1878) ツマトビシロエダシャク
*	----	*Corymica pryeri* (Butler, 1878) ウコンエダシャク
	0442	*Ourapteryx japonica* Inoue, 1993 フトスジツバメエダシャク
	0443	*Ourapteryx nivea* Butler, 1883 ウスキツバメエダシャク
	0444	*Ourapteryx obtusicauda* (Warren, 1894) コガタツバメエダシャク
	0445	*Ourapteryx subpunctaria* Leech, 1891 ヒメツバメエダシャク
	0446	*Ourapteryx maculicaudaria* (Motschulsky, 1866) シロツバメエダシャク

0447　*Tristrophis veneris* (Butler, 1878) トラフツバメエダシャク

Alsophilinae フユシャク亜科
0448　*Alsophila japonensis* (Warren, 1894) シロオビフユシャク
0449　*Alsophila inouei* Nakajima, 1989 ユキムカエフユシャク
0450　*Inurois membranaria* (Christoph, 1881) クロテンフユシャク
0451　*Inurois fletcheri* Inoue, 1954 ウスバフユシャク
0452　*Inurois nikkoensis* Nakajima, 1992 ヤマウスバフユシャク
0453　*Inurois asahinai* Inoue, 1974 フタスジフユシャク
0454　*Inurois tenuis* Butler, 1879 ホソウスバフユシャク
0455　*Inurois fumosa* (Inoue, 1944) ウスモンフユシャク

Orthostixinae ホシシャク亜科
0456　*Naxa seriaria* (Motschulsky, 1866) ホシシャク

Geometrinae アオシャク亜科
0457　*Pingasa pseudoterpnaria* (Guenée, 1857) コアヤシャク
0458　*Pingasa aigneri* Prout, 1930 ウスアオアヤシャク
0459　*Pachista superans* (Butler, 1878) オオアヤシャク
0460　*Dindica virescens* (Butler, 1878) ウスアオシャク
0461　*Agathia carissima* Butler, 1878 チズモンアオシャク
0462　*Aracima muscosa* Butler, 1878 アトヘリアオシャク
0463　*Geometra papilionaria* (Linnaeus, 1758) オオシロオビアオシャク
0464　*Geometra sponsaria* (Bremer, 1864) シロオビアオシャク
0465　*Geometra dieckmanni* Graeser, 1889 カギシロスジアオシャク
0466　*Geometra glaucaria* Ménétriès, 1859 コシロオビアオシャク
0467　*Neohipparchus vallata* (Butler, 1878) キマエアオシャク
0468　*Jodis lactearia* (Linnaeus, 1758) ナミガタウスキアオシャク
0469　*Jodis putata* (Linnaeus, 1758) ヒメウスアオシャク
0470　*Jodis praerupta* (Butler, 1878) マルモンヒメアオシャク
0471　*Jodis orientalis* Wehrli, 1923 コガタヒメアオシャク
0472　*Jodis dentifascia* Warren, 1897 オオナミガタアオシャク
0473　*Maxates albistrigata* (Warren, 1895) スジモンツバメアオシャク
0474　*Maxates fuscofrons* (Inoue, 1954) ズグロツバメアオシャク
0475　*Maxates grandificaria* (Graeser, 1890) ハガタツバメアオシャク
0476　*Aoshakuna lucia* (Thierry-Mieg, 1917) スジツバメアオシャク
0477　*Hemithea aestivaria* (Hübner, 1799) キバラヒメアオシャク
*　----　*Hemithea marina* (Butler, 1878) アオスジアオシャク
0478　*Chlorissa obliterata* (Walker, 1863) コウスアオシャク
*　----　*Chlorissa amphitritaria* (Oberthür, 1879) ハラアカアオシャク　⋯⋯⋯⋯⋯⋯⋯⋯⋯［分布記録の詳細は不明］
0479　*Chlorissa inornata* (Matsumura, 1925) ウスハラアカアオシャク
0480　*Chlorissa anadema* (Prout, 1930) ホソバハラアカアオシャク
0481　*Idiochlora ussuriaria* (Bremer, 1864) ナミスジコアオシャク
0482　*Idiochlora takahashii* (Inoue, 1982) ヒメアオシャク
0483　*Culpinia diffusa* (Walker, 1861) アカアシアオシャク
*　----　*Comibaena procumbaria* (Pryer, 1877) ヨツモンマエジロアオシャク
0484　*Comibaena amoenaria* (Oberthür, 1880) ヘリジロヨツメアオシャク
*　----　*Comibaena argentataria* (Leech, 1897) ギンスジアオシャク
0485　*Comibaena delicatior* (Warren, 1897) クロモンアオシャク
0486　*Comibaena ingrata* (Wileman, 1911) カラフトウスアオシャク
0487　*Thetidia albocostaria* (Bremer, 1864) ヨツメアオシャク
*　----　*Hemistola veneta* (Butler, 1879) コシロスジアオシャク　⋯⋯⋯⋯⋯⋯⋯⋯⋯［分布記録の詳細は不明］
0488　*Mujiaoshakua plana* (Wileman, 1911) チビムジアオシャク
0489　*Comostola subtiliaria* (Bremer, 1864) コヨツメアオシャク

Sterrhinae ヒメシャク亜科
0490　*Pylargosceles steganioides* (Butler, 1878) フタナミトビヒメシャク

	0491	*Timandra recompta* (Prout, 1930) ベニスジヒメシャク
	0492	*Timandra comptaria* Walker, 1863 コベニスジヒメシャク
	0493	*Timandra apicirosea* (Prout, 1935) フトベニスジヒメシャク
	0494	*Timandra dichela* (Prout, 1935) ウスベニスジヒメシャク
	0495	*Cyclophora albipunctata* (Hufnagel, 1767) ヨツメヒメシャク
	0496	*Problepsis plagiata* (Butler, 1881) ウススジオオシロヒメシャク
	0497	*Problepsis superans* (Butler, 1885) ヒトツメオオシロヒメシャク
	0498	*Somatina indicataria* (Walker, 1861) ウンモンオオシロヒメシャク
北	0499	*Scopula nivearia* (Leech, 1897) シロヒメシャク
	0500	*Scopula nigropunctata* (Hufnagel, 1767) マエキヒメシャク
	0501	*Scopula modicaria* (Leech, 1897) モントビヒメシャク
	0502	*Scopula apicipunctata* (Christoph, 1881) クロテンシロヒメシャク
	0503	*Scopula takao* Inoue, 1954 タカオシロヒメシャク
	0504	*Scopula umbelaria* (Hübner, 1813) スミレシロヒメシャク
	0505	*Scopula corrivalaria* (Kretschmar, 1862) ウラナミヒメシャク
	0506	*Scopula confusa* (Butler, 1878) ウスキトガリヒメシャク
	0507	*Scopula impersonata* (Walker, 1861) ハイイロヒメシャク
	0508	*Scopula ichinosawana* (Matsumura, 1925) ハスジトガリヒメシャク
	0509	*Scopula asthena* Inoue, 1943 キスジシロヒメシャク
北	0510	*Scopula supernivearia* Inoue, 1963 シベチャシロヒメシャク
	0511	*Scopula pudicaria* (Motschulsky, 1861) クロスジシロヒメシャク
	0512	*Scopula duplinupta* Inoue, 1982 マルバヒメシャク
	0513	*Scopula floslactata* (Haworth, 1809) ヤスジマルバヒメシャク
	0514	*Scopula tenuisocius* Inoue, 1942 アメイロヒメシャク
	0515	*Scopula subpunctaria* (Herrich-Schäffer, 1847) ウラテンシロヒメシャク
	0516	*Scopula prouti* Djakonov, 1935 ウラクロスジシロヒメシャク
	0517	*Scopula nupta* (Butler, 1878) サザナミシロヒメシャク
*	----	*Scopula superciliata* (Prout, 1913) ヨツボシウスキヒメシャク
	0518	*Scopula semignobilis* Inoue, 1942 ウスサカハチヒメシャク
	0519	*Scopula ignobilis* (Warren, 1901) ウスキクロテンヒメシャク
	0520	*Idaea muricata* (Hufnagel, 1767) ベニヒメシャク
	0521	*Idaea jakima* (Butler, 1878) フチベニヒメシャク
	0522	*Idaea foedata* (Butler, 1879) クロテントビヒメシャク
	0523	*Idaea terpnaria* (Prout, 1913) クロオビキヒメシャク
	0524	*Idaea nudaria* (Christoph, 1881) キヒメシャク
	0525	*Idaea auricruda* (Butler, 1879) ヨスジキヒメシャク
	0526	*Idaea remissa* (Wileman, 1911) ホソスジキヒメシャク
	0527	*Idaea nitidata* (Herrich-Schäffer, 1861) ウスキヒカリヒメシャク
	0528	*Idaea promiscuaria* (Leech, 1897) ウスジロヒカリヒメシャク
	0529	*Idaea denudaria* (Prout, 1913) ウスモンキヒメシャク
	0530	*Idaea imbecilla* (Inoue, 1955) オオウスモンキヒメシャク
	0531	*Idaea biselata* (Hufnagel, 1767) ウスキヒメシャク
	0532	*Idaea invalida* (Butler, 1879) オイワケヒメシャク
	0533	*Idaea trisetata* (Prout, 1922) ミジンキヒメシャク
	0534	*Idaea effusaria* (Christoph, 1881) モンウスキヒメシャク
北	0535	*Idaea aversata* (Linnaeus, 1758) エゾキヒメシャク

Larentiinae ナミシャク亜科

	0536	*Aplocera perelegans* (Warren, 1894) ツマアカナミシャク
	0537	*Acasis viretata* (Hübner, 1799) ルリオビナミシャク
	0538	*Acasis appensata* (Eversmann, 1842) テンモンナミシャク
	0539	*Acasis bellaria* (Leech, 1891) アヤコバネナミシャク
北	0540	*Trichopteryx polycommata* (Denis & Schiffermüller, 1775) ハネナガコバネナミシャク
	0541	*Trichopteryx fastuosa* Inoue, 1958 シロシタコバネナミシャク
	0542	*Trichopteryx hemana* (Butler, 1878) シタコバネナミシャク
	0543	*Trichopteryx ignorata* Inoue, 1958 ハイイロコバネナミシャク
	0544	*Trichopteryx terranea* (Butler, 1878) チャオビコバネナミシャク

	0545	*Trichopteryx microloba* Inoue, 1943 ヒメシタコバネナミシャク
	0546	*Trichopteryx misera* (Butler, 1879) クロシタコバネナミシャク
	0547	*Trichopteryx miracula* Inoue, 1942 ウスミドリコバネナミシャク
	0548	*Trichopteryx ussurica* (Wehrli, 1927) マダラコバネナミシャク
	0549	*Trichopteryx ustata* (Christoph, 1881) クロオビシロナミシャク
	0550	*Trichopteryx auricilla* Inoue, 1955 ホソクロオビシロナミシャク
	0551	*Esakiopteryx volitans* (Butler, 1878) ウスベニスジナミシャク
	0552	*Lobophora halterata* (Hufnagel, 1769) シロシタヒメナミシャク
	0553	*Epilobophora obscuraria* (Leech, 1891) アトスジグロナミシャク
	0554	*Otoplecta frigida* (Butler, 1878) クロフシロナミシャク
	0555	*Naxidia maculata* (Butler, 1879) ゴマダラシロナミシャク
	0556	*Carige cruciplaga* (Walker, 1861) ホシスジトガリナミシャク
	0557	*Stamnodes danilovi* Erschoff, 1877 モンクロキイロナミシャク
	0558	*Trichobaptria exsecuta* (Felder & Rogenhofer, 1875) シロオビクロナミシャク
	0559	*Trichodezia kindermanni* (Bremer, 1864) シラフシロオビナミシャク
	0560	*Baptria tibiale* (Esper, 1791) シロホソオビクロナミシャク
	0561	*Heterophleps confusa* (Wileman, 1911) コウスグモナミシャク
	0562	*Leptostegna tenerata* Christoph, 1881 アオナミシャク
	0563	*Tyloptera bella* (Butler, 1878) ホソバナミシャク
	0564	*Brabira artemidora* (Oberthür, 1884) キリバネホソナミシャク
＊	----	*Episteira nigrilinearia* (Leech, 1897) ウスミドリナミシャク ················[分布記録の詳細は不明]
	0565	*Xanthorhoe fluctuata* (Linneaus, 1758) クロモンミヤマナミシャク
北	0566	*Xanthorhoe sajanaria* (Prout, 1914) タカネナミシャク
	0567	*Xanthorhoe abraxina* (Butler, 1879) キアシシロナミシャク
	0568	*Xanthorhoe quadrifasciata* (Clerck, 1759) ヨスジナミシャク
北	0569	*Xanthorhoe separata* Inoue, 2004 キタミナミシャク
	0570	*Xanthorhoe dentipostmediana* Inoue, 1954 アカマダラシマナミシャク
	0571	*Xanthorhoe saturata* (Guenée, 1857) フトジマナミシャク
	0572	*Xanthorhoe biriviata* (Borkhausen, 1794) ナカシロスジナミシャク
	0573	*Xanthorhoe designata* (Hufnagel, 1767) トビスジコナミシャク
	0574	*Xanthorhoe purpureofascia* Inoue, 1982 ナカクロオビナミシャク
	0575	*Xanthorhoe hortensiaria* (Graeser, 1889) フタトビスジナミシャク
	0576	*Xanthorhoe muscicapata* (Christoph, 1881) ツマグロナミシャク
	0577	*Orthonama obstipata* (Fabricius, 1794) トビスジヒメナミシャク
	0578	*Costaconvexa caespitaria* (Christoph, 1881) ウスイロトビスジナミシャク
	0579	*Glaucorhoe unduliferaria* (Motschulsky, 1861) シラナミナミシャク
北	0580	*Euphyia unangulata* (Haworth, 1809) フタテンツマジロナミシャク
	0581	*Euphyia cineraria* (Butler, 1878) ハコベナミシャク
	0582	*Catarhoe yokohamae* (Butler, 1881) ムツテンナミシャク
	0583	*Amoebotricha grataria* (Leech, 1891) ニッコウナミシャク
	0584	*Pareulype consanguinea* (Butler, 1878) タテスジナミシャク
北	0585	*Pelurga comitata* (Linnaeus, 1758) チャイロナミシャク
	0586	*Pelurga taczanowskiaria* (Oberthür, 1880) クロアシナミシャク
	0587	*Pelurga onoi* (Inoue, 1965) ネスジナミシャク
	0588	*Electrophaes corylata* (Thunberg, 1792) キンオビナミシャク
	0589	*Electrophaes recens* Inoue, 1982 ヒメキンオビナミシャク
	0590	*Mesoleuca albicillata* (Linnaeus, 1758) イチゴナミシャク
北	0591	*Mesoleuca mandshuricata* (Bremer, 1864) チャオビマエモンナミシャク
	0592	*Epirrhoe hastulata* (Hübner, 1813) ヒトスジシロナミシャク
	0593	*Epirrhoe supergressa* (Butler, 1878) フタシロスジナミシャク
	0594	*Entephria amplicosta* Inoue, 1955 シロテンサザナミナミシャク
	0595	*Idiotephria evanescens* (Staudinger, 1897) ナカモンキナミシャク
	0596	*Idiotephria amelia* (Butler, 1878) モンキキナミシャク
	0597	*Idiotephria debilitata* (Leech, 1891) ギフウスキナミシャク
	0598	*Hydriomena furcata* (Thunberg, 1784) ヤナギナミシャク
	0599	*Hydriomena impluviata* (Denis & Schiffermüller, 1775) ヒロオビナミシャク
	0600	*Triphosa dubitata* (Linnaeus, 1767) ウスグロオオナミシャク

	0601	*Triphosa sericata* (Butler, 1879) マエモンオオナミシャク
	0602	*Triphosa vashti* (Butler, 1878) クロヤエナミシャク
	0603	*Rheumaptera neocervinalis* Inoue, 1982 キボシヤエナミシャク
	0604	*Rheumaptera undulata* (Linnaeus, 1758) ヤエナミシャク
	0605	*Rheumaptera flavipes* (Ménétriès, 1858) シロヤエナミシャク
*	----	*Rheumaptera latifasciaria* (Leech, 1891) オイワケヤエナミシャク
北	0606	*Rheumaptera hastata* (Linnaeus, 1758) オオシロオビクロナミシャク
	0607	*Rheumaptera hecate* (Butler, 1878) サカハチクロナミシャク
	0608	*Philereme corrugata* (Butler, 1884) エゾヤエナミシャク
	0609	*Photoscotosia atrostrigata* (Bremer, 1864) ネグロウスベニナミシャク
	0610	*Photoscotosia lucicolens* (Butler, 1878) オオネグロウスベニナミシャク
	0611	*Telenomeuta punctimarginaria* (Leech, 1891) テンヅマナミシャク
	0612	*Gandaritis evanescens* (Butler, 1881) マルモンシロナミシャク
	0613	*Gandaritis maculata* Swinhoe, 1894 オオナミシャク
	0614	*Gandaritis placida* (Butler, 1878) キベリシロナミシャク
	0615	*Gandaritis whitelyi* (Butler, 1878) ツマキシロナミシャク
	0616	*Gandaritis fixseni* (Bremer, 1864) キマダラオオナミシャク
	0617	*Gandaritis agnes* (Butler, 1878) キガシラオオナミシャク
	0618	*Callabraxas compositata* (Guenée, 1857) ナミガタシロナミシャク
	0619	*Eulithis prunata* (Linnaeus, 1758) チョウセンハガタナミシャク
北	0620	*Eulithis testata* (Linnaeus, 1761) キマダラナミシャク
	0621	*Eulithis ledereri* (Bremer, 1864) ウストビモンナミシャク
	0622	*Eulithis convergenata* (Bremer, 1864) ヨコジマナミシャク
	0623	*Eulithis pyropata* (Hübner, 1809) キジマソトグロナミシャク
	0624	*Lampropteryx minna* (Butler, 1881) アトクロナミシャク
	0625	*Lampropteryx otregiata* Metcalfe, 1917 チビアトクロナミシャク
北	0626	*Lampropteryx suffumata* (Denis & Schiffermüller, 1775) ヒダカアトクロナミシャク
	0627	*Lampropteryx jameza* (Butler, 1878) ナワメナミシャク
	----	*Evecliptopera illitata* (Wileman, 1911) セスジナミシャク

[1997年に苫小牧市で採集された1♀が存在する(小野決民〈故人〉、未発表)]

北	0628	*Ecliptopera silaceata* (Denis & Schiffermüller, 1775) ヒメハガタナミシャク
	0629	*Ecliptopera umbrosaria* (Motschulsky, 1861) オオハガタナミシャク
	0630	*Ecliptopera capitata* (Herrich-Schäffer, 1840) セキナミシャク
	0631	*Ecliptopera pryeri* (Butler, 1881) ソトキナミシャク
	0632	*Eustroma reticulata* (Denis & Schiffermüller, 1775) アミメナミシャク
	0633	*Eustroma aerosa* (Butler, 1878) ミヤマアミメナミシャク
	0634	*Eustroma japonica* Inoue, 1986 キアミメナミシャク
	0635	*Eustroma melancholica* (Butler, 1878) ハガタナミシャク
	0636	*Lobogonodes multistriata* (Butler, 1889) シロホソスジナミシャク

[1974年に斜里岳清岳荘で1♂が採集されたのみ]

	0637	*Lobogonodes erectaria* (Leech, 1897) キホソスジナミシャク
	0638	*Sibatania mactata* (Felder & Rogenhofer, 1875) ビロードナミシャク
	0639	*Plemyria rubiginata* (Denis & Schiffermüller, 1775) トビモンシロナミシャク
	0640	*Dysstroma cinereata* (Moore, 1867) フタテンナカジロナミシャク
	0641	*Dysstroma infuscata* (Tengström, 1869) ウスキナカジロナミシャク
	0642	*Dysstroma citrata* (Linnaeus, 1761) ツマキナカジロナミシャク
	0643	*Dysstroma korbi* Heydemann, 1929 マエキナカジロナミシャク
	0644	*Paradysstroma corussaria* (Oberthür, 1880) ネアカナカジロナミシャク
	0645	*Thera variata* (Denis & Schiffermüller, 1775) キオビハガタナミシャク
	0646	*Praethera praefecta* (Prout, 1914) オオクロオビナミシャク
北	0647	*Praethera* sp. 和名未定
	0648	*Pennithera comis* (Butler, 1879) クロオビナミシャク
	0649	*Pennithera abolla* (Inoue, 1943) ウスクロオビナミシャク
	0650	*Heterothera taigana* (Djakonov, 1926) ソウウンクロオビナミシャク
北	0651	*Heterothera serrataria* (Prout, 1914) マダラクロオビナミシャク
	0652	*Heterothera postalbida* (Wileman, 1911) シロシタビイロナミシャク
	0653	*Xenortholitha propinquata* (Kollar, 1844) フタクロテンナミシャク

	0654	*Operophtera brunnea* Nakajima, 1991 ナミスジフユナミシャク
	0655	*Operophtera relegata* Prout, 1908 クロオビフユナミシャク
	0656	*Operophtera crispifascia* Inoue, 1982 ヒメクロオビフユナミシャク
	0657	*Epirrita autumnata* (Borkhausen, 1794) アキナミシャク
	0658	*Epirrita viridipurpurescens* (Prout, 1937) ミドリアキナミシャク
	0659	*Nothoporinia mediolineata* (Prout, 1914) ナカオビアキナミシャク
*	----	*Solitanea defricata* (Püngeler, 1903) シロオビマルバナミシャク
	0660	*Venusia cambrica* Curtis, 1839 ミヤマナミシャク
	0661	*Venusia laria* Oberthür, 1893 クロスジカバイロナミシャク
	0662	*Venusia blomeri* (Curtis, 1832) キモンハイイロナミシャク
	0663	*Venusia semistrigata* (Christoph, 1881) マエモンハイイロナミシャク
*	----	*Venusia megaspilata* (Warren, 1895) フタモンコナミシャク
		[1926年7月と8月に層雲峡から記録されたが、本種は早春に出現するので誤同定と思われる]
	0664	*Venusia phasma* (Butler, 1879) ナナスジナミシャク
	0665	*Hydrelia sylvata* (Denis & Schiffermüller, 1775) キスジハイイロナミシャク
	0666	*Hydrelia gracilipennis* Inoue, 1982 ホソスジハイイロナミシャク
	0667	*Hydrelia shioyana* (Matsumura, 1927) チビヒメナミシャク
	0668	*Hydrelia adesma* Prout, 1930 カバイロヒメナミシャク
	0669	*Hydrelia nisaria* (Christoph, 1881) テンスジヒメナミシャク
	0670	*Hydrelia bicauliata* Prout, 1914 マダラウスナミシャク
	0671	*Hydrelia flammeolaria* (Hufnagel, 1767) キヒメナミシャク
	0672	*Euchoeca nebulata* (Scopoli, 1763) ハンノナミシャク
	0673	*Asthena amurensis* (Staudinger, 1897) ウステンシロナミシャク
	0674	*Asthena nymphaeata* (Staudinger, 1897) ムスジシロナミシャク
	0675	*Asthena hamadryas* Inoue, 1976 マンサクシロナミシャク
	0676	*Asthena corculina* Butler, 1878 キムジシロナミシャク
	0677	*Asthena sachalinensis* (Matsumura, 1925) カラフトシロナミシャク
	0678	*Asthena octomacularia* Leech, 1897 キマダラシロナミシャク
	0679	*Hastina subfalcaria* (Christoph, 1881) ハガタチビナミシャク
	0680	*Pseudostegania defectata* (Christoph, 1881) キイロナミシャク
	0681	*Laciniodes denigrata* Warren, 1896 セジロナミシャク
	0682	*Palpoctenidia phoenicosoma* (Swinhoe, 1895) アカモンコナミシャク
	0683	*Martania taeniata* (Stephens, 1831) ウスカバスジナミシャク
	0684	*Martania saxea* (Wileman, 1911) ヒメカバスジナミシャク
	0685	*Martania fulvida* (Butler, 1881) コカバスジナミシャク
	0686	*Martania minimata* (Staudinger, 1897) キオビカバスジナミシャク
	0687	*Gagitodes parvaria* (Leech, 1891) クロカバスジナミシャク
	0688	*Gagitodes sagittata* (Fabricius, 1787) ヤハズナミシャク
	0689	*Perizoma contrita* (Prout, 1913) ウスモンチビナミシャク
	0690	*Perizoma haasi* (Hedemann, 1881) フタオビカバナミシャク
	0691	*Eupithecia abietaria* (Goeze, 1781) オオクロテンカバナミシャク
	0692	*Eupithecia gigantea* Staudinger, 1897 フトオビヒメナミシャク
	0693	*Eupithecia rufescens* Butler, 1878 ウスアカチビナミシャク
	0694	*Eupithecia subbreviata* Staudinger, 1897 ナカオビカバナミシャク
	0695	*Eupithecia proterva* Butler, 1878 ウスカバナミシャク
	0696	*Eupithecia clavifera* Inoue, 1955 モンウスカバナミシャク
	0697	*Eupithecia signigera* Butler, 1879 ソトカバナミシャク
	0698	*Eupithecia melanolopha* Swinhoe, 1895 フタシロスジカバナミシャク
	0699	*Eupithecia jezonica* Matsumura, 1927 エゾチビナミシャク
	0700	*Eupithecia spadix* Inoue, 1955 シロモンカバナミシャク
	0701	*Eupithecia mandschurica* Staudinger, 1897 ヤスジカバナミシャク
	0702	*Eupithecia interpunctaria* Inoue, 1979 クロテンヤスジカバナミシャク
	0703	*Eupithecia absinthiata* (Clerck, 1759) ホソチビナミシャク
	0704	*Eupithecia quadripunctata* Warren, 1888 セアカカバナミシャク
	0705	*Eupithecia repentina* Vojnits & Laever, 1978 フタモンカバナミシャク
	0706	*Eupithecia subtacincta* Hampson, 1895 ハラキカバナミシャク
	0707	*Eupithecia addictata* Dietze, 1908 ミジンカバナミシャク

北	0708	*Eupithecia thalictrata* Püngeler, 1902 イイジマカバナミシャク
北	0709	*Eupithecia kurilensis* Bryk, 1942 ウスイロヤスジカバナミシャク
	0710	*Eupithecia scribai* Prout, 1938 ウラモンウストビナミシャク
	0711	*Eupithecia amplexata* Christoph, 1881 ウストビナミシャク
	0712	*Eupithecia pernotata* Guenée, 1857 オオウストビナミシャク
	0713	*Eupithecia veratraria* Herrich-Schäffer, 1848 アルプスカバナミシャク
	0714	*Eupithecia extensaria* (Freyer, 1844) シロマダラカバナミシャク
	0715	*Eupithecia insignioides* Wehrli, 1923 アミモンカバナミシャク
	0716	*Eupithecia caliginea* Butler, 1878 カラスナミシャク
	0717	*Eupithecia detritata* Staudinger, 1897 カメダカバナミシャク
	0718	*Eupithecia selinata* Herrich-Schäffer, 1861 オビカバナミシャク
	0719	*Eupithecia actaeata* Walderdorff, 1869 ウラモンカバナミシャク
	0720	*Eupithecia impavida* Vojnits, 1979 ミヤマカバナミシャク
	0721	*Eupithecia groenblomi* Urbahn, 1969 フジカバナミシャク
	0722	*Eupithecia takao* Inoue, 1955 ハネナガカバナミシャク
	0723	*Eupithecia tripunctaria* Herrich-Schäffer, 1855 シロテンカバナミシャク
	0724	*Eupithecia emanata* Dietze, 1908 クロテンカバナミシャク
	0725	*Eupithecia virgaureata* Doubleday, 1861 アザミカバナミシャク
	0726	*Eupithecia lariciata* (Freyer, 1842) ホソカバスジナミシャク
	0727	*Eupithecia tantilloides* Inoue, 1958 マダラカバスジナミシャク
	0728	*Eupithecia subfuscata* (Haworth, 1809) キナミウスグロナミシャク
	0729	*Eupithecia homogrammata* Dietze, 1908 ウススジヒメカバナミシャク
	0730	*Eupithecia maenamiella* Inoue, 1980 ムネシロテンカバナミシャク
	0731	*Eupithecia daemionata* Dietze, 1903 ナカグロチビナミシャク
北	0732	*Eupithecia pygmaeata* (Hübner, 1799) クロマダラカバナミシャク
北	0733	*Eupithecia zibellinata* Christoph, 1881 クロバネカバナミシャク
北	0734	*Eupithecia pseudassimilata* Viidalepp & Mironov, 1988 チャイロカバナミシャク
北	0735	*Eupithecia suboxydata* Staudinger, 1897 シロオビカバナミシャク
	0736	*Spiralisigna subpumilata* (Inoue, 1972) ホソバチビナミシャク
	0737	*Gymnoscelis esakii* Inoue, 1955 ケブカチビナミシャク
	0738	*Chloroclystis v-ata* (Haworth, 1809) クロスジアオナミシャク
	0739	*Pasiphila rectangulata* (Linnaeus, 1758) リンゴアオナミシャク
	0740	*Pasiphila chloerata* (Mabille, 1870) クロフウスアオナミシャク
	0741	*Pasiphila obscura* (West, 1929) ハラアカウスアオナミシャク
	0742	*Pasiphila debiliata* (Hübner, 1817) テンスジアオナミシャク
	0743	*Pasiphila subcinctata* (Prout, 1915) ウラモンアオナミシャク
	0744	*Pasiphila excisa* (Butler, 1878) ソトシロオビナミシャク
	0745	*Anticollix sparsata* (Treitschke, 1828) トラノオナミシャク
	0746	*Herbulotia agilata* (Christoph, 1881) マエフタテンナミシャク
*	----	*Horisme stratata* (Wileman, 1911) トガリバナミシャク
	0747	*Melanthia procellata* (Denis & Schiffermüller, 1775) ナカジロナミシャク

Noctuoidea ヤガ上科

▶ Notodontidae シャチホコガ科
▶▶ Pygaerinae ツマアカシャチホコ亜科

	0748	*Clostera anachoreta* (Denis & Schiffermüller, 1775) ツマアカシャチホコ
	0749	*Clostera albosigma* Fitch, 1855 ニセツマアカシャチホコ
	0750	*Clostera anastomosis* (Linnaeus, 1758) セグロシャチホコ
	0751	*Micromelalopha troglodyta* (Graeser, 1890) ヒナシャチホコ
	0752	*Gonoclostera timoniorum* (Bremer, 1861) クワゴモドキシャチホコ

▶▶ Notodontinae ウチキシャチホコ亜科
▶▶▶ Dicranurini モクメシャチホコ族

	0753	*Furcula bicuspis* (Borkhausen, 1790) ホシナカグロモクメシャチホコ
	0754	*Furcula furcula* (Clerck, 1759) ナガグロモクメシャチホコ
	0755	*Cerura felina* (Butler, 1877) モクメシャチホコ

0756　*Cerura erminea* (Esper, 1783) オオモクメシャチホコ
0757　*Harpyia umbrosa* (Staudinger, 1892) ギンシャチホコ
0758　*Gluphisia crenata* (Esper, 1785) コフタオビシャチホコ

▶▶▶ Notodontini ウチキシャチホコ族

0759　*Ptilodon robusta* (Matsumura, 1924) エグリシャチホコ
0760　*Ptilodon jezoensis* (Matsumura, 1919) エゾエグリシャチホコ
0761　*Ptilodon kuwayamae* (Matsumura, 1919) クワヤマエグリシャチホコ
0762　*Ptilodon hoegei* (Graeser, 1888) スジエグリシャチホコ
0763　*Ptilodon okanoi* (Inoue, 1958) クロエグリシャチホコ
0764　*Lophontosia cuculus* (Staudinger, 1887) ウスヅマシャチホコ
*　----　*Lophontosia pryeri* (Butler, 1879) プライヤエグリシャチホコ
　　　　　　　　　　　　　　　　[原記載に函館が含まれている（小林秀紀氏私信）が、その後道内での確実な記録はない]
0765　*Lophocosma sarantuja* Schintlmeister & Kinoshita, 1984 クロスジシャチホコ
0766　*Odontosia sieversii* (Ménétriès, 1856) シーベルスシャチホコ
北　0767　*Odontosia walakui* Kobayashi, 2006 ホッカイエグリシャチホコ
0768　*Leucodonta bicoloria* (Denis & Schiffermüller, 1775) モンキシロシャチホコ
0769　*Himeropteryx miraculosa* Staudinger, 1887 キレギシャチホコ
0770　*Ptilophora jezoensis* (Matsumura, 1920) エゾクシヒゲシャチホコ
0771　*Ptilophora nohirae* (Matsumura, 1920) クシヒゲシャチホコ
0772　*Zaranga permagna* (Butler, 1881) アオバシャチホコ
0773　*Phalerodonta manleyi* (Leech, 1889) オオトビモンシャチホコ
0774　*Spatalia jezoensis* Wileman & South, 1916 エゾギンモンシャチホコ
0775　*Spatalia dives* Oberthür, 1884 ギンモンシャチホコ
0776　*Spatalia doerriesi* Graeser, 1888 ウスイロギンモンシャチホコ
0777　*Fusapteryx ladislai* (Oberthür, 1880) シロスジエグリシャチホコ
0778　*Hagapteryx admirabilis* (Staudinger, 1887) ハガタエグリシャチホコ
0779　*Ellida arcuata* (Alphéraky, 1897) ユミモンシャチホコ
0780　*Ellida branickii* (Oberthür, 1880) クロテンシャチホコ
0781　*Ellida viridimixta* (Bremer, 1861) シロテンシャチホコ
0782　*Hupodonta corticalis* Butler, 1877 カバイロモクメシャチホコ
0783　*Hupodonta lignea* Matsumura, 1919 スジモクメシャチホコ
0784　*Nerice bipartita* Butler, 1885 ナカスジシャチホコ
0785　*Nerice shigerosugii* Schintlmeister, 2008 シロスジシャチホコ
0786　*Notodonta albicosta* (Matsumura, 1920) マエジロシャチホコ
0787　*Notodonta stigmatica* Matsumura, 1920 トビスジシャチホコ
0788　*Notodonta dembowskii* Oberthür, 1879 ウチキシャチホコ
0789　*Notodonta torva* (Hübner, 1803) トビマダラシャチホコ
0790　*Pheosia rimosa* Packard, 1864 シロジマシャチホコ

▶▶▶ Stauropini シャチホコガ族

0791　*Uropyia meticulodina* (Oberthür, 1884) ムラサキシャチホコ
0792　*Shachia circumscripta* (Butler, 1885) ニッコウシャチホコ
0793　*Cnethodonta grisescens* Staudinger, 1887 バイバラシロシャチホコ
*　----　*Cnethodonta japonica* Sugi, 1980 シロシャチホコ
0794　*Stauropus fagi* (Linnaeus, 1758) シャチホコガ
0795　*Stauropus basalis* (Moore, 1877) ヒメシャチホコ

▶▶▶ Dudusini フサオシャチホコ族

0796　*Tarsolepis japonica* Wileman & South, 1917 ギンモンスズメモドキ

Heterocampinae トビモンシャチホコ亜科
▶▶▶ Phalerini ツマキシャチホコ族

0797　*Phalera assimilis* (Bremer & Grey, 1853) ツマキシャチホコ
0798　*Phalera flavescens* (Bremer & Grey, 1853) モンクロシャチホコ
0799　*Neodrymonia delia* (Leech, 1889) フタジマネグロシャチホコ

*	0800	*Mesophalera sigmata* (Butler, 1877) クロシタシャチホコ
		［原記載に函館が含まれている（小林秀紀氏私信）が，その後道内での記録はない］
	0801	*Fentonia ocypete* (Bremer, 1861) ホソバシャチホコ

▶▶▶ Pydnini キシャチホコ族

	0802	*Mimopydna pallida* (Butler, 1877) ウスキシャチホコ
	0803	*Cutuza straminea* (Walker, 1865) キシャチホコ

▶▶▶ Heterocampini トビモンシャチホコ族

	0804	*Hexafrenum leucodera* (Staudinger, 1892) ツマジロシャチホコ
	0805	*Epinotodonta fumosa* Matsumura, 1919 ウスグロシャチホコ
	0806	*Pheosiopsis cinerea* (Butler, 1879) スズキシャチホコ
	0807	*Epodonta lineata* (Oberthür, 1880) ヤジシャチホコ
	0808	*Shaka atrovittatus* (Bremer, 1861) クビワシャチホコ
	0809	*Semidonta biloba* (Oberthür, 1880) カエデシャチホコ
	0810	*Pterostoma gigantinum* Staudinger, 1892 オオエグリシャチホコ
北	0811	*Pterostoma griseum* (Bremer, 1861) チョウセンエグリシャチホコ
	0812	*Togepteryx velutina* (Oberthür, 1880) タテスジシャチホコ
	0813	*Peridea gigantea* Butler, 1877 ナカキシャチホコ
	0814	*Peridea oberthueri* (Staudinger, 1892) ルリモンシャチホコ
	0815	*Peridea rotundata* (Matsumura, 1920) マルモンシャチホコ
*	----	*Peridea aliena* (Staudinger, 1892) ニトベシャチホコ ･･････ ［原記載には北海道は含まれていない（小林秀紀氏私信）］
	0816	*Peridea graeseri* (Staudinger, 1892) イシダシャチホコ
	0817	*Peridea lativitta* (Wileman, 1911) アカネシャチホコ
	0818	*Microphalera grisea* Butler, 1885 ハイイロシャチホコ
	0819	*Euhampsonia cristata* (Butler, 1877) セダカシャチホコ
	0820	*Euhampsonia splendida* (Oberthür, 1880) アオセダカシャチホコ
	0821	*Syntypistis punctatella* (Motschulsky, 1861) ブナアオシャチホコ
*	----	*Syntypistis pryeri* (Leech, 1899) プライヤアオシャチホコ
		［原記載にYessoが含まれている（小林秀紀氏私信）が，その後の記録は標本の再確認が望まれる］
	0822	*Syntypistis cyanea* (Leech, 1889) オオアオシャチホコ
*	----	*Rosama cinnamomea* Leech, 1888 ギンボシシャチホコ
		［北海道の記録の出所は不明。原記載には北海道は含まれていない（小林秀紀氏私信）］
	0823	*Rosama ornata* (Oberthür, 1884) トビギンボシシャチホコ

▶ Lymantriidae ドクガ科

	0824	*Calliteara argentata* (Butler, 1881) スギドクガ
	0825	*Calliteara pseudabietis* Butler, 1885 リンゴドクガ
	0826	*Calliteara lunulata* (Butler, 1877) アカヒゲドクガ
	0827	*Ilema eurydice* (Butler, 1885) ブドウドクガ
	0828	*Cifuna locuples* Walker, 1855 マメドクガ
北	0829	*Gynaephora rossii* (Curtis, 1835) ダイセツドクガ
	0830	*Telochurus recens* (Hübner, 1819) アカモンドクガ
	0831	*Orgyia thyellina* Butler, 1881 ヒメシロモンドクガ
	0832	*Laelia coenosa* (Hübner, 1808) スゲドクガ
	0833	*Arctornis l-nigrum* (Müller, 1764) エルモンドクガ
*	----	*Arctornis kumatai* Inoue, 1956 スカシドクガ
	0834	*Arctornis chichibense* (Matsumura, 1921) ヒメシロドクガ
	0835	*Leucoma salicis* (Linnaeus, 1758) ヤナギドクガ
	0836	*Leucoma candida* (Staudinger, 1892) ブチヒゲヤナギドクガ
	0837	*Ivela auripes* (Butler, 1877) キアシドクガ
	0838	*Ivela ochropoda* (Eversmann, 1847) ヒメキアシドクガ
	0839	*Numenes albofascia* (Leech, 1889) シロオビドクガ
	0840	*Kuromondokuga niphonis* (Butler, 1881) クロモンドクガ
	0841	*Parocneria furva* (Leech, 1889) ウチジロマイマイ
	0842	*Lymantria dispar* (Linnaeus, 1758) マイマイガ
	0843	*Lymantria monacha* (Linnaeus, 1758) ノンネマイマイ

*	----	*Lymantria lucescens* (Butler, 1881) オオヤママイマイ	
		································[北海道産からの除外が提案されている。1957年のドクガ科総説の誤りが正されずに続いてきたという]	
	0844	*Lymantria bantaizana* Matsumura, 1933 バンタイマイマイ	
	0845	*Lymantria mathura* (Moore, 1865) カシワマイマイ	
*	----	*Nygmia staudingeri* (Leech, 1889) フタホシドクガ ·····································[分布記録の詳細は不明]	
	0846	*Artaxa subflava* (Bremer, 1864) ドクガ	
	0847	*Kidokuga piperita* (Oberthür, 1880) キドクガ	
	0848	*Sphrageidus similis* (Fuessly, 1775) モンシロドクガ	

▶ Arctiidae ヒトリガ科
　▶▶ Lithosiinae コケガ亜科

	0849	*Pelosia ramosula* (Staudinger, 1887) クロミャクホソバ
	0850	*Pelosia noctis* (Butler, 1881) クロスジホソバ
	0851	*Pelosia angusta* (Staudinger, 1887) ネズミホソバ
	0852	*Pelosia muscerda* (Hufnagel, 1766) ホシホソバ
	0853	*Pelosia obtusa* (Herrich-Schäffer, 1852) ヒメクロスジホソバ
	0854	*Eilema vetusta* (Walker, 1854) キシタホソバ
北	0855	*Eilema griseola* (Hübner, 1803) ウスキシタホソバ
	0856	*Eilema okanoi* Inoue, 1961 ミヤマキベリホソバ
	0857	*Eilema deplana* (Esper, 1787) ムジホソバ
北	0858	*Eilema flavociliata* (Lederer, 1853) シタグロホソバ
*	----	*Eilema laevis* (Butler, 1877) ツマキホソバ
	0859	*Eilema japonica* (Leech, 1889) キマエホソバ
	0860	*Eilema gina* Okano, 1955 ヒメキマエホソバ
	0861	*Eilema degenerella* (Walker, 1863) シロホソバ
*	----	*Eilema fuscodorsalis* (Matsumura, 1930) ヤネホソバ
	0862	*Eilema nankingica* (Daniel, 1954) ニセキマエホソバ
*	----	*Eilema minor* Okano, 1955 ヒメツマキホソバ
	0863	*Eilema affineola* (Bremer, 1864) キムジホソバ
	0864	*Dolgoma cribrata* (Staudinger, 1887) ヒメキホソバ
	0865	*Macrobrochis staudingeri* (Alphéraky, 1897) クビワウスグロホソバ
	0866	*Ghoria collitoides* Butler, 1885 キマエクロホソバ
	0867	*Ghoria gigantea* (Oberthür, 1879) キベリネズミホソバ
	0868	*Lithosia quadra* (Linnaeus, 1758) ヨツボシホソバ
	0869	*Cyana hamata* (Walker, 1854) アカスジシロコケガ
	0870	*Siccia obscura* (Leech, 1889) ウスグロコケガ
*	----	*Aemene fukudai* (Inoue, 1965) クロテンシロコケガ
	0871	*Aemene altaica* (Lederer, 1855) ホシオビコケガ
	0872	*Melanaema venata* Butler, 1877 オオベニヘリコケガ
	0873	*Thumatha ochracea* (Bremer, 1861) クシヒゲコケガ
	0874	*Thumatha muscula* (Staudinger, 1887) クロスジコケガ
	0875	*Stigmatophora leacrita* (Swinhoe, 1894) ゴマダラキコケガ
	0876	*Stigmatophora rhodophila* (Walker, 1865) モンクロベニコケガ
	0877	*Nudina artaxidia* (Butler, 1881) フタホシキコケガ
	0878	*Barsine pulchra* (Butler, 1877) ゴマダラベニコケガ
	0879	*Barsine striata* (Bremer & Grey, 1853) スジベニコケガ
	0880	*Barsine aberrans* (Butler, 1877) ハガタベニコケガ
	0881	*Miltochrista calamina* Butler, 1877 ハガタキコケガ
	0882	*Miltochrista miniata* (Forster, 1771) ベニヘリコケガ
*	----	*Lyclene dharma* (Moore, 1879) ヒメホシキコケガ

▶ Arctiinae ヒトリガ亜科

	0883	*Nyctemera adversata* (Schaller, 1788) モンシロモドキ
	0884	*Utetheisa pulchelloides* Hampson, 1907 ベニゴマダラヒトリ
	0885	*Phragmatobia amurensis* Seitz, 1910 アマヒトリ
北	0886	*Hyphoraia aulica* (Linnaeus, 1758) リシリヒトリ
北	0887	*Grammia quenseli* (Paykull, 1793) ダイセツヒトリ

		0888	*Diacrisia irene* Butler, 1881 モンヘリアカヒトリ
		0889	*Parasemia plantaginis* (Linnaeus, 1758) ヒメキシタヒトリ
		0890	*Pericallia matronula* (Linnaeus, 1758) ジョウザンヒトリ
		0891	*Arctia caja* (Linnaeus, 1758) ヒトリガ
		0892	*Rhyparioides amurensis* (Bremer, 1861) ホシベニシタヒトリ
		0893	*Rhyparioides nebulosa* Butler, 1877 ベニシタヒトリ
		0894	*Rhyparioides metelkana* (Lederer, 1861) コベニシタヒトリ
		0895	*Hyphantria cunea* (Drury, 1773) アメリカシロヒトリ
		0896	*Chionarctia nivea* (Ménétriès, 1859) シロヒトリ
		0897	*Spilosoma punctarium* (Stoll, 1782) アカハラゴマダラヒトリ
		0898	*Spilosoma lubricipedum* (Linnaeus, 1758) キハラゴマダラヒトリ
北		0899	*Spilosoma urticae* (Esper, 1789) イラクサゴマダラヒトリ（新称）
		0900	*Spilarctia seriatopunctata* (Motschulsky, 1861) スジモンヒトリ
		0901	*Spilarctia lutea* (Hufnagel, 1766) キバネモンヒトリ
		0902	*Spilarctia obliquizonata* (Miyake, 1910) フトスジモンヒトリ
		0903	*Spilarctia bifasciata* Butler, 1881 フタスジヒトリ
*	----		*Spilarctia subcarnea* (Walker, 1855) オビヒトリ
		0904	*Lemyra inaequalis* (Butler, 1879) カクモンヒトリ
		0905	*Lemyra infernalis* (Butler, 1877) クロバネヒトリ
		0906	*Lemyra imparilis* (Butler, 1877) クワゴマダラヒトリ

Syntominae カノコガ亜科
0907　*Amata fortunei* (Orza, 1869) カノコガ

▶ Micronoctuidae アツバモドキガ科
0908　*Mimachrostia fasciata* Sugi, 1982 ウスオビアツバモドキ（ウスオビチビアツバ）

▶ Nolidae コブガ科
Nolinae コブガ亜科
0909　*Nolathripa lactaria* (Graeser, 1892) コマバシロコブガ（コマバシロキノカワガ）
0910　*Nola taeniata* Snellen, 1874 クロスジシロコブガ
0911　*Nola japonibia* (Strand, 1920) マエモンコブガ
0912　*Nola emi* (Inoue, 1956) ツマカバコブガ
0913　*Nola aerugula* (Hübner, 1793) カバイロコブガ
0914　*Nola confusalis* (Herrich-Schäffer, 1847) ヒメコブガ
0915　*Nola nami* (Inoue, 1956) ナミコブガ
0916　*Nola neglecta* Inoue, 1991 シロバネコブガ
0917　*Nola ebatoi* (Inoue, 1970) ウスカバスジコブガ
0918　*Nola kanshireiensis* (Wileman & South, 1916) シロオビコブガ
0919　*Nola trilinea* Marumo, 1923 ミスジコブガ
0920　*Nola kogii* Sasaki, 2013 コギコブガ
0921　*Manoba banghaasi* (West, 1929) スミコブガ
0922　*Manoba melancholica* (Wileman & West, 1928) ヨシノコブガ
0923　*Manoba microphasma* (Butler, 1885) シロフチビコブガ
0924　"*Meganola*" *gigas* (Butler, 1884) オオコブガ ································· [属は未確定]
0925　"*Meganola*" *mikabo* (Inoue, 1970) ミカボコブガ ························· [属は未確定]
0926　"*Meganola*" *gigantula* (Staudinger, 1878) キタオオコブガ ············· [属は未確定]
0927　"*Meganola*" *gigantoides* (Inoue, 1961) オオマエモンコブガ ·········· [属は未確定]
0928　"*Meganola*" *costalis* (Staudinger, 1887) ヘリグロコブガ ················ [属は未確定]
0929　"*Meganola*" *basisignata* Inoue, 1991 トウホクチビコブガ ············· [属は未確定]
0930　"*Meganola*" *strigulosa* (Staudinger, 1887) エチゴチビコブガ ·········· [属は未確定]
0931　"*Meganola*" *bryophilalis* (Staudinger, 1887) モトグロコブガ ·········· [属は未確定]
0932　"*Meganola*" *fumosa* (Butler, 1878) クロスジコブガ ······················ [属は未確定]
0933　"*Meganola*" *albula* (Denis & Schiffermüller, 1775) トビモンシロコブガ ·· [属は未確定]
0934　*Casminola pulchella* (Leech, 1889) ツマモンコブガ
0935　*Evonima mandschuriana* (Oberthür, 1880) リンゴコブガ

- Chloephorinae リンガ亜科
    - 0936 *Iragaodes nobilis* (Staudinger, 1887) マエキリンガ
    - 0937 *Kerala decipiens* (Butler, 1879) ハネモンリンガ
    - 0938 *Macrochthonia fervens* Butler, 1881 カマフリンガ
    - 0939 *Pseudoips prasinanus* (Linnaeus, 1758) アオスジアオリンガ
    - 0940 *Pseudoips sylpha* (Butler, 1879) アカスジアオリンガ
    - 0941 *Nycteola degenerana* (Hübner, 1799) ミヤマクロスジキノカワガ
    - 0942 *Nycteola asiatica* (Krulikowski, 1904) クロスジキノカワガ
    - 0943 *Nycteola dufayi* Sugi, 1982 クロテンキノカワガ
    - 0944 *Hypocarea conspicua* (Leech, 1900) カバイロリンガ
    - 0945 *Camptoloma interioratum* (Walker, 1865) サラサリンガ
    - 0946 *Gelastocera kotschubeji* Obraztsov, 1943 クロオビリンガ
    - 0947 *Gelastocera exusta* Butler, 1877 アカオビリンガ
    - 0948 *Ariolica argentea* (Butler, 1881) ギンボシリンガ
    - 0949 *Gabala argentata* Butler, 1878 ハイイロリンガ
    - 0950 *Sinna extrema* (Walker, 1854) アミメリンガ
- Eariadinae ワタリンガ亜科
    - 0951 *Earias pudicana* Staudinger, 1887 アカマエアオリンガ
    - 0952 *Earias roseifera* Butler, 1881 ベニモンアオリンガ
    - 0953 *Earias erubescens* Staudinger, 1887 ウスベニアオリンガ
- Bleninae キノカワガ亜科
    - 0954 *Blenina senex* (Butler, 1878) キノカワガ
- Risobinae リュウキュウキノカワガ亜科
    - 0955 *Risoba prominens* Moore, 1881 リュウキュウキノカワガ
- Collomeninae ナンキンキノカワガ亜科
    - 0956 *Negritothripa hampsoni* (Wileman, 1911) ネジロキノカワガ
- Subfamily incertae sedis 亜科所属不明
    - 0957 *Eligma narcissus* (Cramer, 1775) シンジュキノカワガ

► Noctuidae ヤガ科
- Rivulinae テンクロアツバ亜科
    - 0958 *Rivula sericealis* (Scopoli, 1763) テンクロアツバ
    - 0959 *Rivula sugii* Kishida, 2010 オオテンクロアツバ
    - 北 0960 *Rivula unctalis* Staudinger, 1892 キクビムモンアツバ
    - * ---- *Rivula inconspicua* (Butler, 1881) フタテンアツバ
- Boletobiinae ムラサキアツバ亜科
    - 0961 *Anatatha misae* Sugi, 1982 ヒメナミグルマアツバ
    - 0962 *Diomea cremata* (Butler, 1878) ムラサキアツバ
    - 0963 *Diomea jankowskii* (Oberthür, 1880) マエヘリモンアツバ
    - 0964 *Hypostrotia cinerea* (Butler, 1878) マエジロアツバ
    - 0965 *Oglasa bifidalis* (Leech, 1889) ソトキイロアツバ
    - 0966 *Rhesala imparata* Walker, 1858 マエテンアツバ
    - 0967 *Chibidokuga hypenodes* Inoue, 1979 チビクロアツバ
    - 0968 *Hypenomorpha calamina* (Butler, 1879) ヒロバチビトガリアツバ
    - 0969 *Hypenomorpha falcipennis* (Inoue, 1958) チビトガリアツバ
- Subfamily incertae sedis 亜科所属不明
    - 0970 *Anachrostis nigripunctalis* (Wileman, 1911) クロテンカバアツバ
    - * ---- *Neachrostia bipuncta* Sugi, 1982 フタテンチビアツバ
    - 0971 *Gynaephila maculifera* Staudinger, 1892 フタキボシアツバ

▶▶ Hypenodinae ミジンアツバ亜科
- 0972　*Schrankia costaestrigalis* (Stephens, 1834) クロスジヒメアツバ
- 0973　*Schrankia separatalis* (Herz, 1905) ハスオビヒメアツバ
- 0974　*Schrankia masuii* Inoue, 1979 ウスオビヒメアツバ
- 0975　*Schrankia kogii* Inoue, 1979 マルモンヒメアツバ
- 北　0976　*Hypenodes turfosalis* (Wocke, 1850) ハスジミジンアツバ
- 0977　*Hypenodes curvilineus* Sugi, 1982 マガリミジンアツバ
- 0978　*Protoschrankia ijimai* Sugi, 1979 キマダラチビアツバ

▶▶ Araeopteroninae ホソコヤガ亜科
- 0979　*Araeopteron amoenum* Inoue, 1958 アヤホソコヤガ
- 0980　*Araeopteron flaccidum* Inoue, 1958 シロホソコヤガ
- ----　*Araeopteron kurokoi* Inoue, 1958 クロモンホソコヤガ　　［2014年に七飯町で1♀が採集された（小松利民氏、未発表）］
- 0981　*Araeopteron fragmentum* Inoue, 1965 マダラホソコヤガ
- 0982　*Araeopteron nebulosum* Inoue, 1965 ウスグロホソコヤガ

▶▶ Eublemminae ベニコヤガ亜科
- 0983　*Enispa lutefascialis* (Leech, 1889) キジロコヤガ
- 0984　*Enispa bimaculata* (Staudinger, 1892) シラホシコヤガ
- 0985　*Aventiola pusilla* (Butler, 1879) クロハナコヤガ
- 0986　*Corgatha argillacea* (Butler, 1879) カバイロシマコヤガ
- 0987　*Corgatha costimacula* (Staudinger, 1892) モモイロシマコヤガ
- 0988　*Corgatha obsoleta* Marumo, 1932 ツマベニシマコヤガ
- 0989　*Shiraia tripartita* (Leech, 1900) ミイロコヤガ
- 0990　*Holocryptis ussuriensis* (Rebel, 1901) シロエグリコヤガ
- 0991　*Holocryptis nymphula* (Rebel, 1909) ベニエグリコヤガ
- 0992　*Autoba tristalis* (Leech, 1889) ツマトビコヤガ
- 0993　*Eublemma amasina* (Eversmann, 1842) ベニチラシコヤガ
- 0994　*Eublemma miasma* (Hampson, 1891) ハイマダラコヤガ
- 0995　*Honeyania ragusana* (Freyer, 1844) ツマテンコヤガ
- 0996　*Lophoruza pulcherrima* (Butler, 1879) モモイロツマキリコヤガ
- 0997　*Oruza mira* (Butler, 1879) アトキスジクルマコヤガ
- 0998　*Oruza submira* Sugi, 1982 アトテンクルマコヤガ
- 0999　*Oruza brunnea* (Leech, 1900) ウスキコヤガ
- 1000　*Trisateles emortualis* (Denis & Schiffermüller, 1775) シロオビクルマコヤガ
- 1001　*Eurocostra shibaharai* Kishida, 2010 シロコヤガ

▶▶ Hypeninae アツバ亜科
- 1002　*Harita belinda* (Butler, 1879) ナカジロアツバ
- 1003　*Hypena claripennis* (Butler, 1878) キシタアツバ
- 1004　*Hypena amica* (Butler, 1878) クロキシタアツバ
- 1005　*Hypena trigonalis* (Guenée, 1854) タイワンキシタアツバ
- 1006　*Hypena ella* Butler, 1878 ソトムラサキアツバ
- 1007　*Hypena proboscidalis* (Linnaeus, 1758) フタオビアツバ
- 1008　*Hypena* sp. 1 of Sugi, 1982　チャバネフタオビアツバ
- 1009　*Hypena tatorhina* Butler, 1879 ヒトスジアツバ
- ＊　----　*Hypena leechi* Sugi, 1982 和名未定　　［前種と同種の可能性が指摘されている］
- 1010　*Hypena strigata* (Fabricius, 1775) ナミテンアツバ
- 1011　*Hypena occata* Moore, 1882 オオトビモンアツバ
- 1012　*Hypena innocuoides* Poole, 1989 ウスチャモンアツバ
- ＊　----　*Hypena indicatalis* Walker, 1859 トビモンアツバ
- 1013　*Hypena* sp. 和名未定
- 1014　*Hypena subcyanea* Butler, 1880 アオアツバ
- 1015　*Hypena masurialis* Guenée, 1854 スジアツバ
- 1016　*Hypena whitelyi* Butler, 1879 ホソバアツバ
- 1017　*Hypena tristalis* Lederer, 1853 ミツボシアツバ

	1018	*Hypena narratalis* Walker, 1859 ムラサキミツボシアツバ
	1019	*Hypena kengkalis* Bremer, 1864 ソトウスナミガタアツバ
	1020	*Hypena similalis* Leech, 1889 ナミガタアツバ
*	----	*Bomolocha albopunctalis* (Leech, 1889) ナカシロテンアツバ
	1021	*Bomolocha stygiana* (Butler, 1878) ヤマガタアツバ
	1022	*Bomolocha squalida* (Butler, 1879) ハングロアツバ
	1023	*Bomolocha semialbata* Sugi, 1982 ミヤマソトジロアツバ
	1024	*Bomolocha bipartita* Staudinger, 1892 エゾソトジロアツバ
	1025	*Bomolocha zilla* (Butler, 1879) シラクモアツバ
	1026	*Bomolocha rivuligera* (Butler, 1881) アイモンアツバ
	1027	*Bomolocha bicoloralis* Graeser, 1889 マルモンウスヅマアツバ
	1028	*Bomolocha nigrobasalis* Herz, 1905 ホシムラサキアツバ

Phytometrinae ベニスジアツバ亜科

| | 1029 | *Colobochyla salicalis* (Denis & Schiffermüller, 1775) キンスジアツバ |

Aventiinae カギアツバ亜科

北	1030	*Laspeyria flexula* (Denis & Schiffermüller, 1775) カギアツバ
	1031	*Sophta subrosea* (Butler, 1881) ウスベニコヤガ
	1032	*Gonepatica opalina* (Butler, 1879) フタスジエグリアツバ
	1033	*Atuntsea kogii* (Sugi, 1977) クロシモフリアツバ
	1034	*Paragabara flavomacula* (Oberthür, 1880) キボシアツバ
	1035	*Paragabara ochreipennis* Sugi, 1962 チャバネキボシアツバ
	1036	*Paragona cleorides* Wileman, 1911 セニジモンアツバ
	1037	*Polysciera manleyi* (Leech, 1900) マンレイツマキリアツバ
	1038	*Amphitrogia amphidecta* (Butler, 1879) シロテンツマキリアツバ
	1039	*Lophomilia polybapta* (Butler, 1879) キマダラアツバ
	1040	*Lophomilia flaviplaga* (Warren, 1912) ミカドアツバ
	1041	*Scedopla diffusa* Sugi, 1959 ウスマダラアツバ
	1042	*Leiostola mollis* (Butler, 1879) トビフタスジアツバ

Pangraptinae ツマキリアツバ亜科

	1043	*Pangrapta perturbans* (Walker, 1858) ウンモンツマキリアツバ
	1044	*Pangrapta umbrosa* (Leech, 1900) シロモンツマキリアツバ
*	----	*Pangrapta porphyrea* (Butler, 1879) シロツマキリアツバ
	1045	*Pangrapta vasava* (Butler, 1881) ミツボシツマキリアツバ
	1046	*Pangrapta curtalis* (Walker, 1866) ムラサキツマキリアツバ
*	----	*Pangrapta flavomacula* Staudinger, 1888 キモンツマキリアツバ
	1047	*Pangrapta yoshinensis* Wileman & West, 1928 ヨシノツマキリアツバ
	1048	*Pangrapta lunulata* (Sterz, 1915) ツマジロツマキリアツバ
	1049	*Pangrapta costinotata* (Butler, 1881) マエモンツマキリアツバ
	1050	*Pangrapta obscurata* (Butler, 1879) リンゴツマキリアツバ
*	----	*Pangrapta minor* Sugi, 1982 アサマツマキリアツバ

Herminiinae クルマアツバ亜科

	1051	*Adrapsa simplex* (Butler, 1879) シラナミクロアツバ
	1052	*Edessena hamada* (Felder & Rogenhofer, 1874) オオシラホシアツバ
	1053	*Hadennia incongruens* (Butler, 1879) ハナマガリアツバ
*	----	*Hadennia obliqua* (Wileman, 1911) ソトウスアツバ
	1054	*Mosopia sordidum* (Butler, 1879) フサキバアツバ
	1055	*Paracolax albinotata* (Butler, 1879) シロモンアツバ
	1056	*Paracolax tristalis* (Fabricius, 1794) クルマアツバ
	1057	*Paracolax trilinealis* (Bremer, 1864) ミスジアツバ
	1058	*Paracolax pryeri* (Butler, 1879) シロテンムラサキアツバ
	1059	*Paracolax fascialis* (Leech, 1889) オビアツバ
	1060	*Paracolax angulata* (Wileman, 1915) ハグルマアツバ
	1061	*Paracolax fentoni* (Butler, 1879) ホソナミアツバ

	1062	*Idia quadra* (Graeser, 1889) キモンクロアツバ
	1063	*Idia curvipalpis* (Butler, 1879) シロホシクロアツバ
	1064	*Hydrillodes morosa* (Butler, 1879) ヒロオビウスグロアツバ
	1065	*Hydrillodes lentalis* Guenée, 1854 ソトウスグロアツバ
	1066	*Bertula bistrigata* (Staudinger, 1888) フタスジアツバ
	1067	*Bertula spacoalis* (Walker, 1859) シロスジアツバ
	1068	*Simplicia rectalis* (Eversmann, 1842) アカマエアツバ
	1069	*Simplicia niphona* (Butler, 1878) オオアカマエアツバ
	1070	*Mesoplectra griselda* (Butler, 1879) ツマオビアツバ
*	----	*Mesoplectra lilacina* Butler, 1879 ウスイロアツバ
	1071	*Zanclognatha lunalis* (Scopoli, 1763) コブヒゲアツバ
	1072	*Traudinges fumosa* (Butler, 1879) ウスグロアツバ
	1073	*Traudinges obliqua* (Staudinger, 1892) ハスオビアツバ
	1074	*Treitschkendia tarsipennalis* (Treitschke, 1835) ヒメコブヒゲアツバ
	1075	*Treitschkendia subgriselda* (Sugi, 1959) ヒメツマオビアツバ
	1076	*Treitschkendia helva* (Butler, 1879) キイロアツバ
	1077	*Adrapsoides reticulatis* (Leech, 1900) アミメアツバ
	1078	*Hypertrocon southi* (Owada, 1982) コウスグロアツバ
	1079	*Hypertrocon perfractalis* (Bryk, 1949) カサイヌマアツバ
	1080	*Hypertrocon violacealis* (Staudinger, 1892) ウラジロアツバ
	1081	*Pechipogo strigilata* (Linnaeus, 1758) カシワアツバ
	1082	*Polypogon gryphalis* (Herrich-Schäffer, 1851) ナガキバアツバ
千	----	*Polypogon tentacularia* Linnaeus, 1758 和名未定
	1083	*Protozanclognatha triplex* (Leech, 1900) ツマテンコブヒゲアツバ
	1084	*Herminia grisealis* (Denis & Schiffermüller, 1775) クロスジアツバ
	1085	*Herminia robiginosa* Staudinger, 1888 ヨスジカバイロアツバ
	1086	*Herminia tarsicrinalis* (Knoch, 1782) トビスジアツバ
	1087	*Herminia stramentacealis* Bremer, 1864 キタミスジアツバ ……… [1958年に Karusu spa. で1♂が採集されたのみ]
	1088	*Herminia arenosa* Butler, 1878 ウスキミスジアツバ
	1089	*Herminia dolosa* Butler, 1879 フシキアツバ
	1090	*Herminia innocens* Butler, 1879 シラナミアツバ
	1091	*Stenhypena nigripuncta* (Wileman, 1911) ムモンキイロアツバ
	1092	*Hipoepa fractalis* (Guenée, 1854) オオシラナミアツバ
	1093	*Sinarella aegrota* (Butler, 1879) ミツオビキンアツバ
	1094	*Sinarella punctalis* (Herz, 1905) ネグロアツバ
	1095	*Sinarella japonica* (Butler, 1881) クロミツボシアツバ

▶ ▶ ▶ Erebinae トモエガ亜科
▶ ▶ ▶ **Erebini** トモエガ族

	1096	*Erebus ephesperis* (Hübner, 1823) オオトモエ
	1097	*Metopta rectifasciata* (Ménétriès, 1863) シロスジトモエ

▶ ▶ ▶ **Hypopyrini** カキバトモエ族

	1098	*Erygia apicalis* Guenée, 1852 アカテンクチバ

▶ ▶ ▶ Calpinae エグリバ亜科
▶ ▶ ▶ **Calpini** エグリバ族

	1099	*Calyptra thalictri* (Borkhausen, 1790) ウスエグリバ
	1100	*Calyptra hokkaida* (Wileman, 1922) キタエグリバ
	1101	*Oraesia excavata* (Butler, 1878) アカエグリバ
	1102	*Plusiodonta casta* (Butler, 1878) マダラエグリバ
	1103	*Eudocima phalonia* (Linnaeus, 1763) ヒメアケビコノハ
	1104	*Eudocima tyrannus* (Guenée, 1852) アケビコノハ
	1105	*Eudocima salaminia* (Cramer, 1777) キマエコノハ

▶ ▶ ▶ **Hypocalini** キシタクチバ族

	1106	*Hypocala subsatura* Guenée, 1852 タイワンキシタクチバ

| | | 1107 | *Hypocala deflorata* (Fabricius, 1794) ムーアキシタクチバ |

Scoliopterygini キリバ族
		1108	*Cosmophila flava* (Fabricius, 1775) ワタアカキリバ
		1109	*Gonitis mesogona* (Walker, 1858) アカキリバ
		1110	*Gonitis involuta* (Walker, 1858) ヒメアカキリバ
		1111	*Rusicada privata* (Walker, 1865) オオアカキリバ
		1112	*Rusicada leucolopha* Prout, 1928 ムラサキオオアカキリバ
		1113	*Scoliopteryx libatrix* (Linnaeus, 1758) ハガタキリバ
		1114	*Dinumma deponens* Walker, 1858 ウスヅマクチバ

Catocalinae シタバガ亜科
Catocalini シタバガ族
		1115	*Catocala fraxini* (Linnaeus, 1758) ムラサキシタバ
		1116	*Catocala lara* Bremer, 1861 オオシロシタバ
		1117	*Catocala nupta* (Linnaeus, 1767) エゾベニシタバ
		1118	*Catocala electa* (Vieweg, 1790) ベニシタバ
		1119	*Catocala dula* Bremer, 1861 オニベニシタバ
		1120	*Catocala nivea* Butler, 1877 シロシタバ
		1121	*Catocala ella* Butler, 1877 ミヤマキシタバ
		1122	*Catocala deuteronympha* Staudinger, 1861 ケンモンキシタバ
北		1123	*Catocala fulminea* (Scopoli, 1763) キララキシタバ
		1124	*Catocala xarippe* Butler, 1877 ワモンキシタバ
		1125	*Catocala mabella* Holland, 1889 ハイモンキシタバ
		1126	*Catocala bella* Butler, 1877 ノコメキシタバ
		1127	*Catocala duplicata* Butler, 1885 マメキシタバ
		1128	*Catocala dissimilis* Bremer, 1861 エゾシロシタバ
		1129	*Catocala streckeri* Staudinger, 1888 アサマキシタバ
		1130	*Catocala nagioides* Wileman, 1924 ヒメシロシタバ
*		----	*Catocala actaea* Felder & Rogenhofer, 1874 コシロシタバ ……………… ［分布記録の詳細は不明］
		1131	*Catocala nubila* Butler, 1881 ゴマシオキシタバ
		1132	*Catocala connexa* Butler, 1881 ヨシノキシタバ
		1133	*Catocala patala* Felder & Rogenhofer, 1874 キシタバ
		1134	*Catocala praegnax* Walker, 1858 コガタキシタバ
		1135	*Catocala jonasii* Butler, 1877 ジョナスキシタバ

Lygephilini クビグロクチバ族
*		----	*Perinaenia accipiter* (Felder & Rogenhofer, 1874) モクメクチバ
		1136	*Autophila inconspicua* (Butler, 1881) ハイマダラクチバ
		1137	*Lygephila maxima* (Bremer, 1861) クビグロクチバ
北		1138	*Lygephila craccae* (Denis & Schiffermüller, 1775) ハイイロクビグロクチバ
		1139	*Lygephila viciae* (Hübner, 1822) ウスクビグロクチバ
北		1140	*Lygephila pastinum* (Treitschke, 1826) エゾクビグロクチバ
		1141	*Lygephila nigricostata* (Graeser, 1890) スミレクビグロクチバ
		1142	*Lygephila recta* (Bremer, 1864) ヒメクビグロクチバ
		1143	*Lygephila subrecta* Sugi, 1982 キタヒメクビグロクチバ

Acantholipini クロクモアツバ族
| | | 1144 | *Chrysorithrum amatum* (Bremer & Grey, 1853) カクモンキシタバ |
| | | 1145 | *Chrysorithrum flavomaculatum* (Bremer, 1861) ウンモンキシタバ |

Arytrurini ソトジロツマキリクチバ族
| | | 1146 | *Arytrura musculus* (Ménétriès, 1859) ソトジロツマキリクチバ |

Euclidini ツメクサキシタバ族
| | | 1147 | *Euclidia dentata* Staudinger, 1871 ツメクサキシタバ |
| | | 1148 | *Melapia electaria* (Bremer, 1864) ユミモンクチバ |

Erecheini シラホシモクメクチバ族
- 1149　*Erecheia umbrosa* Butler, 1881 モンムラサキクチバ

Ophiusini クチバ族
- 1150　*Ophiusa triphaenoides* (Walker, 1858) ヘリグロクチバ
- 1151　*Parallelia arctotaenia* (Guenée, 1852) ホソオビアシブトクチバ
- 1152　*Bastilla maturata* (Walker, 1858) ムラサキアシブトクチバ
- 1153　*Mocis undata* (Fabricius, 1775) オオウンモンクチバ
- 1154　*Mocis annetta* (Butler, 1878) ウンモンクチバ
- 1155　*Thyas juno* (Dalman, 1823) ムクゲコノハ
- 1156　*Artena dotata* (Fabricius, 1794) ツキワクチバ
- 1157　*Blasticorhinus ussuriensis* (Bremer, 1861) コウンモンクチバ

Sypnini シラフクチバ族
- 1158　*Sypnoides picta* (Butler, 1877) シラフクチバ
- 1159　*Sypnoides fumosus* (Butler, 1877) クロシラフクチバ
- 1160　*Sypnoides hercules* (Butler, 1881) アヤシラフクチバ
- 1161　*Hypersypnoides astrigera* (Butler, 1885) シロテンクチバ
- 1162　*Daddala lucilla* (Butler, 1881) ハガタクチバ

Hulodini ツマキオオクチバ族
- 1163　*Lacera procellosa* Butler, 1879 ルリモンクチバ

Catephiini チズモンクチバ族
- 1164　*Serrodes campanus* Guenée, 1852 ネジロフトクチバ

Euteliinae フサヤガ亜科
- 1165　*Eutelia geyeri* (Felder & Rogenhofer, 1874) フサヤガ
- 1166　*Eutelia adulatricoides* (Mell, 1943) コフサヤガ
- 1167　*Atacira grabczewskii* (Püngeler, 1903) ニッコウフサヤガ

Plusiinae キンウワバ亜科
Abrostolini マダラウワバ族
- 1168　*Abrostola triplasia* (Linnaeus, 1758) イラクサマダラウワバ
- 1169　*Abrostola major* Dufay, 1957 オオマダラウワバ
- 1170　*Abrostola ussuriensis* Dufay, 1958 エゾマダラウワバ
- 1171　*Abrostola pacifica* Dufay, 1960 ミヤマダラウワバ

Argyrogrammini イチジクキンウワバ族
- 1172　*Thysanoplusia intermixta* (Warren, 1913) キクキンウワバ
- 1173　*Trichoplusia ni* (Hübner, 1803) イラクサギンウワバ
- 1174　*Ctenoplusia albostriata* (Bremer & Grey, 1853) エゾギクキンウワバ
- 1175　*Acanthoplusia agnata* (Staudinger, 1892) ミツモンキンウワバ
- 1176　*Acanthoplusia ichinosei* (Dufay, 1965) ニシキキンウワバ
- 1177　*Chrysodeixis eriosoma* (Doubleday, 1843) イチジクキンウワバ
- 1178　*Chrysodeixis acuta* (Walker, 1857) ホソバネキンウワバ
- 1179　*Anadevidia hebetata* (Butler, 1889) モモイロキンウワバ
- 1180　*Anadevidia peponis* (Fabricius, 1775) ウリキンウワバ

Plusiini イネキンウワバ族
Autoplusiina ヒサゴキンウワバ亜族
- 1181　*Erythroplusia rutilifrons* (Walker, 1858) ギンスジキンウワバ
- 1182　*Erythroplusia pyropia* (Butler, 1879) セアカキンウワバ
- 1183　*Macdunnoughia confusa* (Stephens, 1850) キクギンウワバ
- 1184　*Macdunnoughia crassisigna* (Warren, 1913) オオキクギンウワバ
- 1185　*Macdunnoughia purissima* (Butler, 1878) ギンモンシロウワバ
- 1186　*Sclerogenia jessica* (Butler, 1878) ワイギンモンウワバ

	1187	*Antoculeora locuples* (Oberthür, 1880) ギンボシキンウワバ
	1188	*Diachrysia chryson* (Esper, 1789) オオキンウワバ
	1189	*Diachrysia leonina* (Oberthür, 1884) マガリキンウワバ
北	1190	*Diachrysia chrysitis* (Linnaeus, 1758) エゾヒサゴキンウワバ
	1191	*Diachrysia nadeja* (Oberthür, 1880) コヒサゴキンウワバ
	1192	*Diachrysia stenochrysis* (Warren, 1913) オオヒサゴキンウワバ
	1193	*Diachrysia zosimi* (Hübner, 1822) シロスジキンウワバ

Euchalciina エゾキンウワバ亜族

	1194	*Euchalcia sergia* (Oberthür, 1884) エゾキンウワバ
北	1195	*Polychrysia aurata* (Staudinger, 1888) アカキンウワバ
	1196	*Polychrysia splendida* (Butler, 1878) マダラキンウワバ
	1197	*Lamprotes mikadina* (Butler, 1878) シーモンキンウワバ
	1198	*Plusidia cheiranthi* (Tauscher, 1809) ムラサキウワバ

Plusiina イネキンウワバ亜族

	1199	*Autographa gamma* (Linnaeus, 1758) ガマキンウワバ
	1200	*Autographa nigrisigna* (Walker, 1857) タマナギンウワバ
	1201	*Autographa mandarina* (Freyer, 1846) ケイギンモンウワバ
	1202	*Autographa amurica* (Staudinger, 1892) オオムラサキキンウワバ
北	1203	*Autographa urupina* (Bryk, 1942) エゾムラサキキンウワバ
	1204	*Autographa excelsa* (Kretschmar, 1862) タンポキンウワバ
	1205	*Syngrapha ottolenguii* (Dyar, 1903) アルプスギンウワバ
	1206	*Syngrapha interrogationis* (Linnaeus, 1758) ホクトギンウワバ
	1207	*Syngrapha ain* (Hochenwarth, 1785) キシタギンウワバ
	1208	*Plusia festucae* (Linnaeus, 1758) イネキンウワバ

Eustrotiinae スジコヤガ亜科

	1209	*Maliattha signifera* (Walker, 1858) ヒメネジロコヤガ
	----	*Maliattha chalcogramma* (Bryk, 1949) ネジロコヤガ

..................[2014年に松前町館浜で再確認された（小松利民氏, 未発表）。過去の記録のほとんどは次種の誤認と思われる]

	1210	*Maliattha bella* (Staudinger, 1888) ソトムラサキコヤガ
	1211	*Maliattha khasanica* Zolotarenko & Dubatolov, 1995 ナカウスキコヤガ
	1212	*Micardia argentata* Butler, 1878 シロヒシモンコヤガ
	1213	*Micardia pulchra* Butler, 1878 フタホシコヤガ
	1214	*Deltote bankiana* (Fabricius, 1775) フタスジコヤガ
	1215	*Deltote uncula* (Clerck, 1759) スジコヤガ
	1216	*Deltote nemorum* (Oberthür, 1880) マダラコヤガ
	1217	*Protodeltote pygarga* (Hufnagel, 1766) シロフコヤガ
	1218	*Protodeltote distinguenda* (Staudinger, 1888) シロマダラコヤガ
	1219	*Protodeltote* sp. 和名未定
	1220	*Protodeltote wiscotti* (Staudinger, 1888) マガリスジコヤガ
	1221	*Protodeltote brunnea* (Leech, 1889) トビモンコヤガ
	1222	*Koyaga falsa* (Butler, 1885) スジシロコヤガ
	1223	*Koyaga numisma* (Staudinger, 1888) キモンコヤガ
北	1224	*Koyaga magnumisma* Ahn, 1998 オオキモンコヤガ
	1225	*Koyaga senex* (Butler, 1881) クロモンコヤガ
	1226	*Sugia stygia* (Butler, 1878) ウスシロフコヤガ
	1227	*Sugia erastroides* (Draudt, 1950) ニセシロフコヤガ
	1228	*Sugia idiostygia* (Sugi, 1938) ネモンシロフコヤガ
	1229	*Erastroides fentoni* (Butler, 1881) シロモンコヤガ
*	----	*Chorsia costimacula* (Oberthür, 1880) ウスチャマエモンコヤガ
	1230	*Chorsia noloides* (Butler, 1879) エゾコヤガ
	1231	*Chorsia sugii* (Tanaka, 1973) ナカキマエモンコヤガ
	1232	*Bryophilina mollicula* (Graeser, 1889) ウスアオモンコヤガ
	1233	*Hyperstrotia flavipuncta* (Leech, 1889) モンキコヤガ
	1234	*Phyllophila obliterata* (Rambur, 1833) ヨモギコヤガ

| | 1235 | *Naranga aenescens* Moore, 1881 フタオビコヤガ |

▶▶ Bagisarinae アオイガ亜科
	1236	*Sphragifera sigillata* (Ménétriès, 1859) マルモンシロガ
	1237	*Amyna punctum* (Fabricius, 1794) クロコサビイロコヤガ（クロコサビイロヤガ）
	1238	*Amyna axis* Guenée, 1852 ヒメシロテンヤガ（ヒメシロテンコヤガ）
	1239	*Amyna stellata* Butler, 1878 サビイロヤガ（サビイロコヤガ）

▶▶ Acontiinae キマダラコヤガ亜科
| | 1240 | *Acontia trabealis* (Scopoli, 1763) キマダラコヤガ |

▶▶ Aediinae ナカジロシタバ亜科
	1241	*Aedia leucomelas* (Linnaeus, 1758) ナカジロシタバ
	1242	*Aedia kumamotonis* (Matsumura, 1926) クマモトナカジロシタバ
	1243	*Chytonix albonotata* (Staudinger, 1892) ネグロヨトウ
	1244	*Chytonix subalbonotata* Sugi, 1959 ホソバネグロヨトウ

▶▶ Pantheinae ウスベリケンモン亜科
	1245	*Arcte coerula* (Guenée, 1852) フクラスズメ
	1246	*Anacronicta nitida* (Butler, 1878) ウスベリケンモン
	1247	*Anacronicta caliginea* (Butler, 1881) コウスベリケンモン
	1248	*Tambana plumbea* (Butler, 1881) ナマリケンモン
*	----	*Trichosea champa* (Moore, 1879) キバラケンモン ［1986年に3種が混合していることが明らかにされた。本種は北海道に分布しない可能性が高い］
	1249	*Trichosea ainu* (Wileman, 1911) ニセキバラケンモン
	1250	*Trichosea ludifica* (Linnaeus, 1758) キタキバラケンモン
	1251	*Panthea coenobita* (Esper, 1785) カラフトゴマケンモン
北	1252	*Colocasia mus* (Oberthür, 1884) ケブカネグロケンモン
	1253	*Colocasia jezoensis* (Matsumura, 1931) ネグロケンモン

▶▶ Balsinae ナナメヒメヨトウ亜科
| * | ---- | *Balsa leodura* (Staudinger, 1887) ナナメヒメヨトウ ［分布記録の詳細は不明］ |

▶▶ Acronictinae ケンモンヤガ亜科
	1254	*Belciades niveola* (Motschulsky, 1866) アオケンモン
	1255	*Moma alpium* (Osbeck, 1778) ゴマケンモン
	1256	*Moma kolthoffi* (Bryk, 1948) キクビゴマケンモン
	1257	*Nacna malachitis* (Oberthür, 1880) ニッコウアオケンモン
	1258	*Harrisimemna marmorata* Hampson, 1908 スギタニゴマケンモン
*	----	*Gerbathodes paupera* (Staudinger, 1892) シロフヒメケンモン
	1259	*Acronicta vulpina* (Grote, 1883) シロケンモン
	1260	*Acronicta major* (Bremer, 1861) オオケンモン
	1261	*Acronicta adaucta* (Warren, 1909) サクラケンモン
北	1262	*Acronicta strigosa* (Denis & Schiffermüller, 1775) エゾサクラケンモン
	1263	*Acronicta jozana* (Matsumura, 1926) ジョウザンケンモン
	1264	*Acronicta omorii* (Matsumura, 1926) オオモリケンモン
	1265	*Acronicta tegminalis* (Sugi, 1979) ハイイロケンモン
	1266	*Acronicta pruinosa* (Guenée, 1852) アサケンモン
	1267	*Acronicta subpurpurea* (Matsumura, 1926) ウスムラサキケンモン
	1268	*Acronicta sugii* (Kinoshita, 1990) ヒメリンゴケンモン
	1269	*Acronicta intermedia* (Warren, 1909) リンゴケンモン
	1270	*Acronicta cuspis* (Hübner, 1813) オオホソバケンモン
	1271	*Acronicta leucocuspis* (Butler, 1878) キハダケンモン
	1272	*Acronicta alni* (Linnaeus, 1758) ハンノケンモン
	1273	*Acronicta catocaloida* (Graeser, 1889) キシタケンモン
	1274	*Acronicta hercules* (Felder & Rogenhofer, 1874) シロシタケンモン
北	1275	*Acronicta concerpta* (Draudt, 1937) シベチャケンモン

	1276	*Acronicta rumicis* (Linnaeus, 1758) ナシケンモン	
	1277	*Acronicta lutea* (Bremer & Grey, 1852) ウスジロケンモン	
*	----	*Acronicta digna* (Butler, 1881) クビグロケンモン	［分布記録の詳細は不明］
	1278	*Simyra albovenosa* (Goeze, 1781) タテスジケンモン	
	1279	*Subleuconycta palshkovi* (Filipjev, 1937) ウスハイイロケンモン	
	1280	*Craniophora ligustri* (Denis & Schiffermüller, 1775) イボタケンモン	
	1281	*Craniophora praeclara* (Graeser, 1890) ニッコウケンモン	
	1282	*Craniophora pacifica* Filipjev, 1927 クシロツマジロケンモン	
	1283	*Cranionycta jankowskii* (Oberthür, 1880) クロフケンモン	
*	----	*Narcotica niveosparsa* (Matsumura, 1926) シロフクロケンモン	［分布記録の詳細は不明］

▶▶ **Agaristinae** トラガ亜科

	1284	*Mimeusemia persimilis* Butler, 1875 コトラガ
	1285	*Chelonomorpha japana* Motschulsky, 1861 トラガ
	1286	*Asteropetes noctuina* (Butler, 1878) ヒメトラガ
	1287	*Sarbanissa venusta* (Leech, 1889) ベニモントラガ
	1288	*Maikona jezoensis* Matsumura, 1928 マイコトラガ

▶▶ **Cuculliinae** セダカモクメ亜科

北	1289	*Cucullia artemisiae* (Hufnagel, 1766) トカチセダカモクメ
	1290	*Cucullia maculosa* Staudinger, 1888 ハイイロセダカモクメ
	1291	*Cucullia perforata* Bremer, 1861 セダカモクメ
	1292	*Cucullia fraudatrix* Eversmann, 1837 ホシヒメセダカモクメ
	1293	*Cucullia scopariae* Dorfmeister, 1853 ハマセダカモクメ
	1294	*Cucullia jankowskii* Oberthür, 1884 ギンモンセダカモクメ
	1295	*Cucullia pustulata* Eversmann, 1842 ホソバセダカモクメ
	1296	*Cucullia lucifuga* (Denis & Schiffermüller, 1775) ミヤマセダカモクメ
	1297	*Cucullia kurilullia* Bryk, 1942 キクセダカモクメ
	1298	*Cucullia elongata* Butler, 1880 タカネキクセダカモクメ

▶▶ **Oncocnemidinae** ツメヨトウ亜科

| 北 | 1299 | *Oncocnemis senica* (Eversmann, 1856) シレトコツメヨトウ |
| 北 | 1300 | *Sympistis funebris* (Hübner, 1809) クロダケタカネヨトウ |

▶▶ **Amphipyrinae** カラスヨトウ亜科

	1301	*Amphipyra pyramidea* (Linnaeus, 1758) シマカラスヨトウ	
	----	*Amphipyra monolitha* Guenée, 1852 オオシマカラスヨトウ	［2000年に松前小島で1♀が採集されたのみ］
	1302	*Amphipyra livida* (Denis & Schiffermüller, 1775) カラスヨトウ	
北	1303	*Amphipyra perflua* (Fabricius, 1787) ムラマツカラスヨトウ	
	1304	*Amphipyra erebina* Butler, 1878 オオウスヅマカラスヨトウ	
	1305	*Amphipyra schrenckii* Ménétriès, 1859 ツマジロカラスヨトウ	

▶▶ **Psaphidinae** モクメキリガ亜科
▶▶▶ **Psaphidini** モクメキリガ族

	1306	*Brachionycha nubeculosa* (Esper, 1785) エゾモクメキリガ
	1307	*Meganephria cinerea* (Butler, 1881) ハイイロハガタヨトウ
	1308	*Meganephria extensa* (Butler, 1879) ミドリハガタヨトウ
	1309	*Daseochaeta viridis* (Leech, 1889) ケンモンミドリキリガ

▶▶ **Heliothinae** タバコガ亜科

	1310	*Helicoverpa armigera* (Hübner, 1808) オオタバコガ	
	1311	*Helicoverpa assulta* (Guenée, 1852) タバコガ	
	1312	*Schinia scutosa* (Denis & Schiffermüller, 1775) ヨモギガ	
	1313	*Heliothis maritima* Graslin, 1855 ツメクサガ	
*	----	*Heliocheilus fervens* (Butler, 1881) ニセタバコガ	［分布記録の詳細は不明］
	1314	*Pyrrhia umbra* (Hufnagel, 1766) キタバコガ	
	1315	*Pyrrhia bifasciata* (Staudinger, 1888) ウスオビヤガ	

Condicinae ヒメヨトウ亜科
- 1316　*Niphonyx segregata* (Butler, 1878) チャオビヨトウ
- 1317　*Oligonyx vulnerata* (Butler, 1878) ベニモンヨトウ
- 1318　*Pyrrhidivalva sordida* (Butler, 1881) マエホシヨトウ
- 1319　*Chalconyx ypsilon* (Butler, 1879) ヒトテンヨトウ

Leuconyctini シマヨトウ族
- 1320　*Eucarta amethystina* (Hübner, 1803) マダラムラサキヨトウ
- 1321　*Eucarta fasciata* (Butler, 1878) シマヨトウ
- 1322　*Eucarta arctides* (Staudinger, 1888) ヒメシマヨトウ
- 1323　*Eucarta virgo* (Treitschke, 1835) ウスムラサキヨトウ
- 1324　*Dysmilichia gemella* (Leech, 1889) モンオビヒメヨトウ
- 1325　*Condica illecta* (Walker, 1865) オオホシミミヨトウ
- 1326　*Prospalta cyclica* (Hampson, 1908) シロテンクロヨトウ
- 1327　*Acosmetia biguttula* (Motschulsky, 1866) フタテンヒメヨトウ
- ＊　----　*Acosmetia chinensis* (Wallengren, 1860) サビイロヒメヨトウ
- 1328　*Prometopus flavicollis* (Leech, 1889) キクビヒメヨトウ

Eriopinae ツマキリヨトウ亜科
- 1329　*Callopistria juventina* (Stoll, 1782) ムラサキツマキリヨトウ
- 1330　*Callopistria repleta* Walker, 1858 マダラツマキリヨトウ
- 1331　*Callopistria albolineola* (Graeser, 1889) シロスジツマキリヨトウ
- 1332　*Callopistria argyrosticta* (Butler, 1881) ギンツマキリヨトウ

Bryophilinae キノコヨトウ亜科
- 1333　*Bryomoia melachlora* (Staudinger, 1892) マルモンキノコヨトウ
- 1334　*Bryophila granitalis* (Butler, 1881) イチモジキノコヨトウ
- 北　1335　*Bryophila orthogramma* (Boursin, 1954) シレトコキノコヨトウ
- 1336　*Cryphia bryophasma* Boursin, 1951 エゾキノコヨトウ
- ----　*Cryphia mitsuhashi* (Marumo, 1917) キノコヨトウ　［松前町白神岬と館浜で多数採集されている(小松利民氏, 未発表)］
- 1337　*Cryphia mediofusca* Sugi, 1959 スジキノコヨトウ
- 1338　*Cryphia griseola* (Nagano, 1918) ハイイロキノコヨトウ
- 1339　*Cryphia sugitanii* Boursin, 1961 マダラキノコヨトウ
- 1340　*Stenoloba oculata* Draudt, 1950 ヘリボシキノコヨトウ
- 1341　*Stenoloba clara* (Leech, 1889) ウスアオキノコヨトウ
- 1342　*Stenoloba assimilis* (Warren, 1909) アオキノコヨトウ
- 1343　*Stenoloba jankowskii* (Oberthür, 1885) シロスジキノコヨトウ

Xyleninae キリガ亜科
Pseudeustrotiini タデキリガ族
- 1344　*Pseudeustrotia candidula* (Denis & Schiffermüller, 1775) タデキリガ(タデコヤガ)
- 1345　*Anterastria atrata* (Butler, 1881) ビロードキリガ(ビロードコヤガ)

Prodeniini スジキリヨトウ族
- 1346　*Spodoptera litura* (Fabricius, 1775) ハスモンヨトウ
- 1347　*Spodoptera mauritia* (Boisduval, 1833) シロナヨトウ
- 1348　*Spodoptera exigua* (Hübner, 1808) シロイチモジヨトウ
- 1349　*Spodoptera depravata* (Butler, 1879) スジキリヨトウ

Elaphrini シラクモヤガ族
- 1350　*Elaphria venustula* (Hübner, 1790) シラクモヤガ(シラクモコヤガ)

Caradrinini フタホシヨトウ族
Caradrinina フタホシヨトウ亜族
- 1351　*Chilodes pacificus* Sugi, 1982 ヌマベウスキヨトウ

Athetisina ウスイロヨトウ亜族

- 1352 *Athetis furvula* (Hübner, 1808) オビウスイロヨトウ
- 1353 *Athetis gluteosa* (Treitschke, 1835) ヒメオビウスイロヨトウ
- 1354 *Athetis lapidea* Wileman, 1911 ヒメウスグロヨトウ
- 1355 *Athetis lepigone* (Möschler, 1860) コウスイロヨトウ
- 1356 *Athetis correpta* (Püngeler, 1907) エゾウスイロヨトウ
- 1357 *Athetis dissimilis* (Hampson, 1909) テンウスイロヨトウ
- 1358 *Athetis albisignata* (Oberthür, 1879) シロテンウスグロヨトウ
- 1359 *Athetis pallidipennis* Sugi, 1982 キバネシロテンウスグロヨトウ
- 1360 *Athetis stellata* (Moore, 1882) ヒメオビスジヨトウ
- 1361 *Athetis lineosa* (Moore, 1881) シロモンオビヨトウ

Dypterygiini クロモクメヨトウ族

- 1362 *Triphaenopsis lucilla* Butler, 1878 シロホシキシタヨトウ
- 1363 *Triphaenopsis jezoensis* Sugi, 1962 エゾキシタヨトウ
- 1364 *Triphaenopsis cinerescens* Butler, 1885 ウスキシタヨトウ
- 1365 *Triphaenopsis postflava* (Leech, 1900) ナカジロキシタヨトウ
- 1366 *Polyphaenis subviridis* (Butler, 1878) ウスアオヨトウ
- 1367 *Dypterygia andreji* Kardakoff, 1928 スジクロモクメヨトウ
- 1368 *Trachea atriplicis* (Linnaeus, 1758) シロスジアオヨトウ
- 1369 *Trachea punkikonis* Matsumura, 1927 オオシロテンアオヨトウ
- 1370 *Trachea melanospila* Kollar, 1844 ヒメシロテンアオヨトウ
- 1371 *Trachea tokiensis* (Butler, 1884) ハガタアオヨトウ
- 1372 *Dipterygina japonica* (Leech, 1889) コクロモクメヨトウ
- 1373 *Mormo muscivirens* Butler, 1878 アオバセダカヨトウ
- 1374 *Orthogonia sera* Felder & Felder, 1862 ノコメセダカヨトウ
- 1375 *Colocasidia albifera* Sugi, 1982 ソトシロフヨトウ

Actinotiini コモクメヨトウ族

- 北 1376 *Hyppa rectilinea* (Esper, 1788) カラフトシロスジヨトウ
- 1377 *Actinotia polyodon* (Clerck, 1759) ヒメモクメヨトウ
- 1378 *Actinotia intermediata* (Bremer, 1861) コモクメヨトウ

Phlogophorini アカガネヨトウ族

- 1379 *Euplexia lucipara* (Linnaeus, 1758) アカガネヨトウ
- 1380 *Euplexia koreaeplexia* Bryk, 1949 ムラサキアカガネヨトウ
- 1381 *Phlogophora illustrata* (Graeser, 1889) シラオビアカガネヨトウ
- 1382 *Phlogophora aureopuncta* (Hampson, 1908) モンキアカガネヨトウ
- 1383 *Phlogophora beatrix* Butler, 1878 キグチヨトウ
- 1384 *Euplexidia angusta* Yoshimoto, 1987 ホソバミドリヨトウ
- 1385 *Chandata bella* (Butler, 1881) コゴマヨトウ
- 1386 *Xenotrachea niphonica* Kishida & Yoshimoto, 1979 シロフアオヨトウ
- 1387 *Auchmis saga* (Butler, 1878) セプトモクメヨトウ
- 1388 *Karana laetevirens* (Oberthür, 1884) アオアカガネヨトウ

Apameini カドモンヨトウ族
Apameina カドモンヨトウ亜族

- 1389 *Sidemia bremeri* (Erschoff, 1867) クロビロードヨトウ
- 1390 *Apamea crenata* (Hufnagel, 1766) カドモンヨトウ
- 1391 *Apamea striata* Haruta, 1958 スジアカヨトウ
- 1392 *Apamea aquila* Donzel, 1837 アカモクメヨトウ
- 北 1393 *Apamea oblonga* (Haworth, 1809) イシカリヨトウ
- 北 1394 *Apamea anceps* (Denis & Schiffermüller, 1775) キタノハマヨトウ
- 1395 *Apamea remissa* (Hübner, 1809) マツバラシラクモヨトウ
- 1396 *Apamea veterina* (Lederer, 1853) エゾヘリグロヨトウ
- 1397 *Apamea lateritia* (Hufnagel, 1766) オオアカヨトウ
- 1398 *Apamea sordens* (Hufnagel, 1766) シロミミハイイロヨトウ

	1399	*Apamea hampsoni* Sugi, 1963 ネスジシラクモヨトウ
	1400	*Apamea commixta* (Butler, 1881) ヒメハガタキヨトウ
北	1401	*Apamea monoglypha* (Hufnagel, 1766) ユーラシアオホーツクヨトウ
	1402	*Loscopia scolopacina* (Esper, 1788) セスジヨトウ
	1403	*Pabulatrix pabulatricula* (Brahm, 1791) ウスクモヨトウ
	1404	*Leucapamea kawadai* (Sugi, 1955) マエアカシロヨトウ
*	----	*Leucapamea kyushuensis* (Sugi, 1958) キュウシュウマエアカシロヨトウ
	1405	*Leucapamea askoldis* (Oberthür, 1880) コマエアカシロヨトウ
	1406	*Lateroligia ophiogramma* (Esper, 1794) クサビヨトウ
	1407	*Oligia leuconephra* Hampson, 1908 シロミミチビヨトウ
	1408	*Mesoligia furuncula* (Denis & Schiffermüller, 1775) ヨコスジヨトウ
	1409	*Litoligia fodinae* (Oberthür, 1880) セアカヨトウ
	1410	*Photedes fluxa* (Hübner, 1809) ウスキモンヨトウ
	1411	*Mesapamea concinnata* Heinicke, 1959 ホシミミヨトウ
	1412	*Sapporia repetita* (Butler, 1885) サッポロチャイロヨトウ
	1413	*Resapamea hedeni* (Graeser, 1889) ミヤマチャイロヨトウ
	1414	*Xenapamea pacifica* Sugi, 1970 マダラヨトウ
	1415	*Anapamea incerta* (Staudinger, 1892) ヒメキイロヨトウ
	1416	*Bambusiphila vulgaris* (Butler, 1886) ハジマヨトウ
	1417	*Atrachea nitens* (Butler, 1878) ギシギシヨトウ
	1418	*Xylomoia graminea* (Graeser, 1889) クシロモクメヨトウ
*	----	*Xylomoia fusei* Sugi, 1976 イチモジヒメヨトウ
	1419	*Hydraecia petasitis* Doubleday, 1847 フキヨトウ
	1420	*Hydraecia ultima* Holst, 1965 キタヨトウ
北	1421	*Hydraecia mongoliensis* Urbahn, 1967 スギキタヨトウ
	1422	*Helotropha leucostigma* (Hübner, 1808) ショウブオオヨトウ
	1423	*Amphipoea asiatica* (Burrows, 1912) タカネショウブヨトウ
	1424	*Amphipoea ussuriensis* (Petersen, 1914) ショウブヨトウ
北	1425	*Amphipoea fucosa* (Freyer, 1830) キタショウブヨトウ
北	1426	*Amphipoea lucens* (Freyer, 1845) エゾショウブヨトウ
	1427	*Amphipoea burrowsi* (Chapman, 1912) ミヤマショウブヨトウ
	1428	*Gortyna fortis* (Butler, 1878) ゴボウトガリヨトウ
	1429	*Gortyna basalipunctata* Graeser, 1889 ヒメトガリヨトウ
	1430	*Coenobia orientalis* Sugi, 1982 テンスジウスキヨトウ
	1431	*Longalatedes elymi* (Treitschke, 1825) ホソバウスキヨトウ
北	1432	*Protarchanara brevilinea* (Fenn, 1864) スジグロウスキヨトウ
	1433	*Nonagria puengeleri* (Schawerda, 1923) オオチャバネヨトウ
	1434	*Rhizedra lutosa* (Hübner, 1803) ヨシヨトウ
	1435	*Archanara resoluta* Hampson, 1910 ハガタウスキヨトウ
	1436	*Capsula sparganii* (Esper, 1790) キスジウスキヨトウ
	1437	*Capsula aerata* (Butler, 1878) ガマヨトウ
	1438	*Sedina buettneri* (Hering, 1858) テンモントガリヨトウ
	1439	*Ctenostola sparganoides* (Bang-Haas, 1927) クシヒゲウスキヨトウ
	1440	*Plusilla rosalia* Staudinger, 1892 ギンモンアカヨトウ
	1441	*Xanthograpta basinigra* Sugi, 1982 モトグロヨトウ(モトグロコヤガ)

Sesamiina テンオビヨトウ亜族

	1442	*Sesamia turpis* (Butler, 1879) テンオビヨトウ
	1443	*Sesamia confusa* (Sugi, 1982) カバイロウスキヨトウ
	1444	*Sesamia inferens* (Walker, 1856) イネヨトウ
*	----	*Acrapex azumai* (Sugi, 1970) チビウスキヨトウ
	1445	*Virgo datanidia* (Butler, 1885) トガリヨトウ
	1446	*Virgo confusa* Kishida & Yoshimoto, 1991 ニセトガリヨトウ
	1447	*Doerriesa striata* (Staudinger, 1900) エゾスジヨトウ

▶ ▶ ▶ Xylenini キリガ族
　　Xylenina キリガ亜族
　1448　*Brachylomia viminalis* (Fabricius, 1777) ヌカビラネジロキリガ
　1449　*Dryobotodes intermissa* (Butler, 1886) ナカオビキリガ
　1450　*Dryobotodes pryeri* (Leech, 1900) プライヤオビキリガ
　1451　*Dryobotodes angusta* Sugi, 1980 ホソバオビキリガ
　1452　*Xylena fumosa* (Butler, 1878) アヤモクメキリガ
　1453　*Xylena formosa* (Butler, 1878) キバラモクメキリガ
　1454　*Lithomoia solidaginis* (Hübner, 1803) シロスジキリガ
　1455　*Lithophane ustulata* (Butler, 1878) ハンノキリガ
　1456　*Lithophane pruinosa* (Butler, 1878) カシワキボシキリガ
北　1457　*Lithophane lamda* (Fabricius, 1787) クモガタキリガ
　1458　*Lithophane consocia* (Borkhausen, 1792) シロクビキリガ
　1459　*Lithophane plumbealis* (Matsumura, 1926) モンハイイロキリガ
　1460　*Lithophane venusta* (Leech, 1889) ウスアオキリガ
　1461　*Lithophane rosinae* (Püngeler, 1906) カタハリキリガ
　1462　*Lithophane socia* (Hufnagel, 1766) ナカグロホソキリガ
　1463　*Lithophane remota* Hreblay & Ronkay, 1998 アメイロホソキリガ
　1464　*Eupsilia transversa* (Hufnagel, 1766) エゾミツボシキリガ
北　1465　*Eupsilia hidakaensis* Sugi, 1987 ヒダカミツボシキリガ
　1466　*Eupsilia boursini* Sugi, 1958 カバイロミツボシキリガ
　1467　*Eupsilia contracta* (Butler, 1878) ウスミミモンキリガ
　1468　*Hemiglaea costalis* (Butler, 1879) キマエキリガ
　1469　*Teratoglaea pacifica* Sugi, 1958 エグリキリガ
　1470　*Sugitania clara* Sugi, 1990 ヤマノモンキリガ
　1471　*Agrochola evelina* (Butler, 1879) フサヒゲオビキリガ
　1472　*Conistra grisescens* Draudt, 1950 ミヤマオビキリガ
　1473　*Conistra fletcheri* Sugi, 1958 テンスジキリガ
　1474　*Conistra albipuncta* (Leech, 1889) ホシオビキリガ
　1475　*Conistra castaneofasciata* (Motschulsky, 1861) ゴマダラキリガ
　1476　*Orbona fragariae* (Vieweg, 1790) イチゴキリガ
　1477　*Xanthia togata* (Esper, 1788) キイロキリガ
　1478　*Xanthia icteritia* (Hufnagel, 1766) モンキキリガ
　1479　*Xanthia tunicata* Graeser, 1889 オオモンキキリガ
　1480　*Tiliacea japonago* (Wileman & West, 1929) エゾキイロキリガ
　1481　*Jodia sericea* (Butler, 1878) ミスジキリガ
　1482　*Telorta edentata* (Leech, 1889) キトガリキリガ
　1483　*Telorta divergens* (Butler, 1879) ノコメトガリキリガ
　1484　*Antivaleria viridimacula* (Graeser, 1889) アオバハガタヨトウ
　1485　*Parastichtis suspecta* (Hübner, 1817) ハイイロヨトウ
　1486　*Pygopteryx suava* Staudinger, 1877 ヨスジアカヨトウ

　　Cosmiina コスミア亜族
　1487　*Cosmia affinis* (Linnaeus, 1767) ニレキリガ
　1488　*Cosmia unicolor* (Staudinger, 1892) ミヤマキリガ
　1489　*Cosmia cara* (Butler, 1881) ミカヅキキリガ
　1490　*Cosmia restituta* Walker, 1857 シラホシキリガ
　1491　*Cosmia spurcopyga* (Alphéraky, 1895) ヒメミカヅキキリガ
　1492　*Cosmia achatina* Butler, 1879 シマキリガ
　1493　*Cosmia camptostigma* (Ménétriès, 1859) シラオビキリガ
　1494　*Cosmia trapezina* (Linnaeus, 1758) イタヤキリガ
　1495　*Cosmia pyralina* (Denis & Schiffermüller, 1775) ナシキリガ
　1496　*Cosmia moderata* (Staudinger, 1888) キシタキリガ
　1497　*Xanthocosmia jankowskii* (Oberthür, 1884) ヤンコウスキーキリガ
　1498　*Dimorphicosmia variegata* (Oberthür, 1879) マダラキボシキリガ
　1499　*Ipimorpha retusa* (Linnaeus, 1761) ヤナギキリガ
　1500　*Ipimorpha subtusa* (Denis & Schiffermüller, 1775) ドロキリガ

1501　*Enargia paleacea* (Esper, 1788) ウスシタキリガ
1502　*Enargia flavata* Wileman & West, 1930 フタスジキリガ
1503　*Chasminodes albonitens* (Bremer, 1861) ハルタギンガ
1504　*Chasminodes bremeri* Sugi & Kononenko, 1981 ニセハルタギンガ
1505　*Chasminodes sugii* Kononenko, 1981 クロハナギンガ
1506　*Chasminodes aino* Sugi, 1956 アイノクロハナギンガ
1507　*Chasminodes pseudalbonitens* Sugi, 1955 ムジギンガ
1508　*Chasminodes unipunctus* Sugi, 1955 ヒメギンガ
1509　*Chasminodes nervosus* (Butler, 1881) ウラギンガ
1510　*Chasminodes cilia* (Staudinger, 1888) ウススジギンガ
1511　*Chasminodes atratus* (Butler, 1884) エゾクロギンガ
1512　*Brachyxanthia zelotypa* (Lederer, 1853) キイロトガリヨトウ

Antitypina ヒゲヨトウ亜族
1513　*Blepharita amica* (Treitschke, 1825) ムラサキハガタヨトウ
1514　*Mniotype melanodonta* (Hampson, 1906) オオハガタヨトウ
1515　*Mniotype bathensis* (Lutzau, 1901) ミヤマハガタヨトウ

Hadeninae ヨトウガ亜科
Orthosiini オルトシア族
1516　*Egira saxea* (Leech, 1889) ケンモンキリガ
1517　*Panolis japonica* Draudt, 1935 マツキリガ
1518　*Pseudopanolis azusa* Sugi, 1968 アズサキリガ
1519　*Clavipalpula aurariae* (Oberthür, 1880) キンイロキリガ
北　1520　*Perigrapha circumducta* (Lederer, 1855) シベチャキリガ
1521　*Perigrapha hoenei* Püngeler, 1914 スギタニキリガ
1522　*Anorthoa munda* (Denis & Schiffermüller, 1775) スモモキリガ
1523　*Anorthoa angustipennis* (Matsumura, 1926) ホソバキリガ
1524　*Orthosia incerta* (Hufnagel, 1766) ミヤマカバキリガ
1525　*Orthosia evanida* (Butler, 1879) カバキリガ
1526　*Orthosia aoyamensis* (Matsumura, 1926) アオヤマキリガ
1527　*Orthosia lizetta* Butler, 1878 クロミミキリガ
1528　*Orthosia paromoea* (Hampson, 1905) ブナキリガ
1529　*Orthosia ella* (Butler, 1878) ヨモギキリガ
1530　*Orthosia limbata* (Butler, 1879) シロヘリキリガ
1531　*Orthosia ijimai* Sugi, 1955 イイジマキリガ
1532　*Orthosia odiosa* (Butler, 1878) チャイロキリガ
1533　*Orthosia cedermarki* (Bryk, 1949) ウスベニキリガ
1534　*Orthosia satoi* Sugi, 1960 ナマリキリガ
1535　*Orthosia gothica* (Linnaeus, 1758) カシワキリガ
1536　*Orthosia carnipennis* (Butler, 1878) アカバキリガ
1537　*Dioszeghyana mirabilis* (Sugi, 1955) アトジロキリガ

Hadenini ヨトウガ族
北　1538　*Anarta (Calocestra) melanopa* (Thunberg, 1791) コイズミヨトウ
1539　*Anarta (Calocestra) trifolii* (Hufnagel, 1766) タイリクウスイロヨトウ
北　1540　*Coranarta carbonaria* (Christoph, 1893) ダイセツキシタヨトウ
1541　*Polia nebulosa* (Hufnagel, 1766) オオシラホシヨトウ
1542　*Polia goliath* (Oberthür, 1880) オオシモフリヨトウ
1543　*Polia bombycina* (Hufnagel, 1766) オオチャイロヨトウ
*　----　*Polia mortua* (Staudinger, 1888) クロヨトウ
1544　*Melanchra persicariae* (Linnaeus, 1761) シラホシヨトウ
1545　*Melanchra postalba* Sugi, 1982 アトジロシラホシヨトウ
北　1546　*Ceramica pisi* (Linnaeus, 1758) マメヨトウ
1547　*Mamestra brassicae* (Linnaeus, 1785) ヨトウガ
1548　*Lacanobia aliena* (Hübner, 1809) オイワケクロヨトウ
北　1549　*Lacanobia oleracea* (Linnaeus, 1758) シロスジヨトウ

	1550	*Lacanobia splendens* (Hübner, 1808) エゾチャイロヨトウ
	1551	*Lacanobia contigua* (Denis & Schiffermüller, 1775) ムラサキヨトウ
	1552	*Lacanobia contrastata* (Bryk, 1942) ミヤマヨトウ
	1553	*Dictyestra dissecta* (Walker, 1865) キミャクヨトウ
	1554	*Sideridis honeyi* (Yoshimoto, 1989) フサクビヨトウ
	1555	*Sideridis mandarina* (Leech, 1900) モモイロフサクビヨトウ
	1556	*Hadena (Anepia) aberrans* (Eversmann, 1856) コハイイロヨトウ
北	1557	*Hadena (Anepia) corrupta* (Herz, 1898) ヒメハイイロヨトウ
	1558	*Hadena variolata* (Smith, 1888) コグレヨトウ
	1559	*Hadena compta* (Denis & Schiffermüller, 1775) シロオビヨトウ

▶▶▶ **Leucanini キヨトウ族**

	1560	*Sarcopolia illoba* (Butler, 1878) シロシタヨトウ
	1561	*Mythimna turca* (Linnaeus, 1761) フタオビキヨトウ
	1562	*Mythimna matsumuriana* (Bryk, 1949) ミヤマフタオビキヨトウ
	1563	*Mythimna grandis* Butler, 1878 オオフタオビキヨトウ
	1564	*Mythimna divergens* Butler, 1878 ナガフタオビキヨトウ
*	----	*Mythimna placida* Butler, 1878 クロシタキヨトウ ········ [1930年に層雲峡で1♂が採集されたのみ]
	1565	*Mythimna rufipennis* Butler, 1878 アカバキヨトウ
	1566	*Mythimna conigera* (Denis & Schiffermüller, 1775) シロテンキヨトウ
	1567	*Mythimna pudorina* (Denis & Schiffermüller, 1775) ウスベニキヨトウ
	1568	*Mythimna pallens* (Linnaeus, 1758) タンポキヨトウ
北	1569	*Mythimna impura* (Hübner, 1808) ヨシノキヨトウ
	1570	*Mythimna radiata* (Bremer, 1861) フタテンキヨトウ
	1571	*Mythimna chosenicola* (Bryk, 1949) クロテンキヨトウ
	1572	*Mythimna striata* (Leech, 1900) スジシロキヨトウ
	1573	*Mythimna obsoleta* (Hübner, 1803) ノヒラキヨトウ
	1574	*Mythimna flammea* (Curtis, 1828) ナカスジキヨトウ
	1575	*Mythimna stolida* (Leech, 1889) マメチャイロキヨトウ
	1576	*Mythimna flavostigma* (Bremer, 1861) マダラキヨトウ
	1577	*Mythimna simplex* (Leech, 1889) ツマグロキヨトウ
	1578	*Mythimna separata* (Walker, 1865) アワヨトウ
	1579	*Mythimna loreyi* (Duponchel, 1827) クサシロキヨトウ
	1580	*Mythimna postica* (Hampson, 1905) アカスジキヨトウ
	1581	*Mythimna inanis* (Oberthür, 1880) ウスイロキヨトウ

▶▶▶ **Eriopygini オーロラヨトウ族**

北	1582	*Lasionycta skraelingia* (Herrich-Schäffer, 1852) オーロラヨトウ

▶▶ **Noctuinae モンヤガ亜科**
▶▶▶ **Agrotini カブラヤガ族**

	1583	*Peridroma saucia* (Hübner, 1808) ニセタマナヤガ
	1584	*Actebia praecox* (Linnaeus, 1758) ホソアオバヤガ
	1585	*Actebia praecurrens* (Staudinger, 1888) オオホソアオバヤガ
北	1586	*Actebia fennica* (Tauscher, 1806) アトウスヤガ
北	1587	*Protexarnis squalida* (Guenée, 1852) ポロシリモンヤガ
	1588	*Albocosta triangularis* (Moore, 1867) コキマエヤガ
	1589	*Euxoa sibirica* (Boisduval, 1832) ウスグロヤガ
	1590	*Euxoa ochrogaster* (Guenée, 1852) クモマウスグロヤガ
	1591	*Euxoa karschi* (Graeser, 1889) ムギヤガ
北	1592	*Euxoa nigricans* (Linnaeus, 1761) キタクロヤガ
	1593	*Agrotis ipsilon* (Hufnagel, 1766) タマナヤガ
	1594	*Agrotis segetum* (Denis & Schiffermüller, 1775) カブラヤガ
	1595	*Agrotis exclamationis* (Linnaeus, 1758) センモンヤガ
	1596	*Agrotis ruta* (Eversmann, 1851) ホッキョクモンヤガ
	1597	*Agrotis tokionis* Butler, 1881 オオカブラヤガ
北	1598	*Agrotis militaris* Staudinger, 1888 フルショウヤガ

Noctuini モンヤガ族

	1599	*Axylia putris* (Linnaeus, 1761) モクメヤガ（モクメヨトウ）
	1600	*Ochropleura plecta* (Linnaeus, 1761) マエジロヤガ
	1601	*Hermonassa arenosa* (Butler, 1881) ホシボシヤガ
	1602	*Hermonassa cecilia* Butler, 1878 クロクモヤガ
北	1603	*Pseudohermonassa melancholica* (Lederer, 1853) キタミモンヤガ
北	1604	*Pseudohermonassa velata* (Staudinger, 1888) エゾクシヒゲモンヤガ
*	----	*Chersotis cuprea* (Denis & Schiffermüller, 1775) ナカトビヤガ
	1605	*Chersotis deplanata* (Eversmann, 1843) ヒメカクモンヤガ
北	1606	*Spaelotis suecica* (Aurivillius, 1890) キタウスグロヤガ
	1607	*Spaelotis nipona* (Felder & Rogenhofer, 1874) アカマエヤガ
	1608	*Spaelotis ravida* (Denis & Schiffermüller, 1775) ヒメアカマエヤガ
	1609	*Spaelotis lucens* Butler, 1881 シロオビハイイロヤガ
	1610	*Sineugraphe exusta* (Butler, 1878) カバスジヤガ
	1611	*Sineugraphe bipartita* (Graeser, 1889) ウスイロカバスジヤガ
	1612	*Sineugraphe oceanica* (Kardakoff, 1928) オオカバスジヤガ
	1613	*Eugraphe sigma* (Denis & Schiffermüller, 1775) マエウスヤガ
北	1614	*Coenophila subrosea* (Stephens, 1829) ノコスジモンヤガ
北	1615	*Paradiarsia punicea* (Hübner, 1803) ナカオビチャイロヤガ
	1616	*Diarsia dahlii* (Hübner, 1813) エゾオバコヤガ
	1617	*Diarsia deparca* (Butler, 1879) コウスチャヤガ
	1618	*Diarsia nipponica* Ogata, 1957 ヤマトウスチャヤガ
	1619	*Diarsia canescens* (Butler, 1878) オオバコヤガ
	1620	*Diarsia brunnea* (Denis & Schiffermüller, 1775) ミヤマアカヤガ
	1621	*Diarsia dewitzi* (Graeser, 1889) モンキヤガ
	1622	*Diarsia pacifica* Boursin, 1943 アカフヤガ
	1623	*Diarsia ruficauda* (Warren, 1909) ウスイロアカフヤガ
	1624	*Xestia speciosa* (Hübner, 1813) アルプスヤガ
	1625	*Xestia albuncula* (Eversmann, 1851) ダイセツヤガ
*	----	*Xestia baja* (Denis & Schiffermüller, 1775) キミミヤガ
	1626	*Xestia ditrapezium* (Denis & Schiffermüller, 1775) タンポヤガ
	1627	*Xestia c-nigrum* (Linnaeus, 1758) シロモンヤガ
	1628	*Xestia kollari* (Lederer, 1853) ハコベヤガ
	1629	*Xestia stupenda* (Butler, 1878) マエキヤガ
	1630	*Xestia dilatata* (Butler, 1879) ウスチャヤガ
	1631	*Xestia fuscostigma* (Bremer, 1861) クロフトビイロヤガ
	1632	*Xestia undosa* (Leech, 1889) ナカグロヤガ
	1633	*Xestia efflorescens* (Butler, 1879) キシタミドリヤガ
	1634	*Xestia semiherbida* (Walker, 1857) ハイイロキシタヤガ
	1635	*Naenia contaminata* (Walker, 1865) クロギシギシヤガ
	1636	*Anaplectoides prasina* (Denis & Schiffermüller, 1775) アオバヤガ
	1637	*Anaplectoides virens* (Butler, 1878) オオアオバヤガ
	1638	*Eurois occulta* (Linnaeus, 1758) オオシラホシヤガ
	1639	*Cerastis pallescens* (Butler, 1878) カギモンヤガ
北	1640	*Cerastis rubricosa* (Denis & Schiffermüller, 1775) ネムロウスモンヤガ
	1641	*Cerastis leucographa* (Denis & Schiffermüller, 1775) ムラサキウスモンヤガ

主な参考文献

【蝶類】 猪又敏男（1990）原色蝶類検索図鑑、北隆館
　　　　木村辰正（1994）北見の図鑑シリーズ1 北見の蝶、北見市教育委員会
　　　　白水隆（2006）日本産蝶類標準図鑑、学習研究社
　　　　永盛拓行・永盛俊行・坪内純・辻規男（1986）北海道の蝶、北海道新聞社
　　　　日本チョウ類保全協会編（2012）フィールドガイド日本のチョウ、誠文堂新光社

【蛾類】 井上寛・杉繁郎・黒子浩・森内茂・川辺湛・大和田守（1982）日本産蛾類大図鑑、講談社
　　　　駒井古実・吉安裕・那須義次・斉藤寿久編（2011）日本の鱗翅類、東海大学出版会
　　　　神保宇嗣（2004-2008）日本産蛾類総目録、http://listmj.mothprog.com/
　　　　岸田泰則編（2011）日本産蛾類標準図鑑 I、学研教育出版
　　　　岸田泰則編（2011）日本産蛾類標準図鑑 II、学研教育出版
　　　　広渡俊哉・那須義次・坂巻祥孝・岸田泰則編（2013）日本産蛾類標準図鑑 III、学研教育出版
　　　　那須義次・広渡俊哉・岸田泰則編（2013）日本産蛾類標準図鑑 IV、学研教育出版

※これら以外にも、蝶と蛾、やどりが、Tinea、蛾類通信、誘蛾燈、Butterflies、*jezoensis*、うすばき、COENONYMPHA、SYLVICOLA、HORNET、エゾシロ等、多くの学会や同好会の機関誌や道内博物館等の刊行物の記録を参考にさせていただいた。

おわりに

　本図鑑では、北海道で確認されている鱗翅目3,216種を標本写真で紹介したが、紙面の都合で雌雄の差や個体変異を紹介できなかった種もある。北海道の鱗翅目相については、蝶類はほぼ出そろっていると考えられるが、蛾類に関してはまだまだ未解明の部分が多い。この図鑑を手にとったことを機会に、北海道の鱗翅目に興味を持ってくれる方が一人でも多く現れることを期待したい。蝶や蛾への興味をより深めるには、北海道昆虫同好会、日本鱗翅学会、日本蝶類学会、日本蛾類学会、誘蛾会などに入会して情報を得てほしい。そして、できるならば北海道の蝶や蛾の記録や生態を発表していただきたいと願っている。

　本図鑑のとりまとめでは、蝶類は原俊二さんに、蛾類は小木広行さん、小松利民さん、川原進さん、楠祐一さん、久万田敏夫さんに当初から全面的に協力いただいた。
　さらに、多くの方々と機関より標本の提供、図鑑製作の協力をいただいた。また北海道新聞社の三浦昌之さんと、西村章さんに大変お世話になった。皆様に、心よりお礼申し上げる。

◆協力いただいた個人
青山慎一、荒木哲、安細元啓、飯島一雄、石田裕一、井本暢正、大原昌宏、大村信一、小川浩太、奥俊夫、尾崎研一、亀田満、川田光政、岸田泰則、工藤広悦、倉谷重樹、黒田哲、小高密春、小西和彦、小林秀紀、榊原充隆、櫻井敏子、佐々木明夫、佐藤力夫、佐山勝彦、志津木眞理子、島谷光二、神保宇嗣、高木秀了、高橋雅彌、対馬誠、土屋慶丞、土肥隆、中島秀雄、西田貞二、林肇、日浦勉、福元昭男、古沢仁、堀敦巳、堀真由美、前田俊信、松本侑三、水谷穣、三田村敏正、村松詮士、保田信紀、柳谷卓彦、山内英治、横山透（五十音順、敬称略）

◆協力いただいた施設・機関
釧路市立博物館、札幌市博物館活動センター、斜里町立知床博物館、市立函館博物館、森林総合研究所北海道支所、北網圏北見文化センター、北海道開拓記念館、北海道大学総合博物館、北海道大学北方生物圏フィールド科学センター苫小牧研究林、北海道農業研究センター、(株)野生生物総合研究所

索引

種名は種番号、科・亜科などはページ数を示している。(　)内は別名。

ア

(アイカップマルハキバガ)	2030
アイヌキンモンホソガ	1820
アイノキマダラヒメハマキ	2602
アイノクロハナギンガ	1506
アイノセシロオビヒメハマキ	2764
アイノトリバ	2813
アイノミドリシジミ	0045
アイモンアツバ	1026
アオアカガネヨトウ	1388
アオアツバ	1014
アオイガ亜科	p. 181
アオキノコヨトウ	1342
アオケンモン	1254
アオシャク亜科	p. 124
アオスジアオリンガ	0939
アオスジアゲハ	0005
アオスジアゲハ族	p. 015
アオスジキハマキ	2407
アオセダカシャチホコ	0820
アオダモヒメハマキ	2730
アオナミシャク	0562
アオバシャチホコ	0772
アオバセセリ	0122
アオバセセリ亜科	p. 082
アオバセダカヨトウ	1373
アオバハガタヨトウ	1484
アオバヤガ	1636
アオビユツツミノガ	2090
アオフトメイガ	2888
アオヤマキリガ	1526
アカアシアオシャク	0483
アカイラガ	2268
アカウスグロマダラメイガ	2914
アカエグリバ	1101
アカエダシャク	0420
アカオビコスカシバ	2297
アカオビスズメ	0200
アカオビマダラメイガ	2903
アカオビリンガ	0947
アカガネアカバナキバガ	2107
アカガネヨトウ	1379
アカガネヨトウ族	p. 191
アカキリバ	1109
アカキンウワバ	1195
アカグロマダラメイガ	2937
アカザウスグロツツミノガ	2089
アカザフシガ	2065
アカシジミ	0030
アカシデキンモンホソガ	1803
アカジママドガ	2846
アカジママドガ亜科	p. 289
アカスジアオリンガ	0940
アカスジキイロハマキ	2464
アカスジキヨトウ	1580
アカスジシロコケガ	0869
アカセセリ亜科	p. 086
アカタテハ	0068
アカテンクチバ	1098
(アカトドマツヒメハマキ)	2634
アカトビハマキ	2441
アカネシャチホコ	0817
アカネハマキ	2338
アカバキヨトウ	1565
アカバキリガ	1536
アカバナキバガ科	p. 240
アカハラゴマダラヒトリ	0897
アカヒゲドクガ	0826
アカフツヅリガ	2854
アカフマダラメイガ	2893
アカフヤガ	1622
アカボシゴマダラ	0100
アカマエアオリンガ	0951
アカマエアツバ	1068
アカマエヤガ	1607
アカマダラ	0065
アカマダラシマナミシャク	0570
アカマダラメイガ	2951
アカマツハナムシガ	2564
アカミャクノメイガ	3114
アカムラサキヒメハマキ	2677
アカムラサキヘリホシヒメハマキ	2736
アカモクメヨトウ	1392
アカモンコナミシャク	0682
アカモンドクガ	0830
アカモンマダラメイガ	2979
アカントガリバ	0228
アキナミシャク	0657
アキノキリンソウツツミノガ	2088
アキバエダシャク	0338
アゲハ	0006
アゲハチョウ亜科	p. 015
アゲハチョウ科	p. 012
アゲハチョウ族	p. 016
アゲハモドキ	0248
アゲハモドキガ科	p. 109
アケビコノハ	1104
アサギマダラ	0121
アサケンモン	1266
アサダキンモンホソガ	1804
アサヒヒョウモン	0081
アサマイチモンジ	0097
アサマキシタバ	1129
アサマシジミ	0058
アザミカバナミシャク	0725

アザミクロツツミノガ	2080
アザミスソモンヒメハマキ	2702
アジアホソバスズメ	0177
アシナガシジミ亜科	p. 031
アシナガシジミ族	p. 031
アシブサトガリホソガ	2121
アシブトヒメハマキ	2740
（アシブトヒメハマキ）	2496
アシベニカギバ	0214
（アズキサヤヒメハマキ）	2744
アズキサヤムシガ	2744
アズキナミツツミノガ	2064
アズキノメイガ	3125
アズサアサギマルハキバガ	1974
アズサキリガ	1518
アズミノモグリチビガ	1661
アセビツバメスガ	1882
アツバモドキガ科	p. 157
アツバ亜科	p. 163
アトウスヤガ	1586
アトキクチブサガ(新称)	1914
アトキスジクルマコヤガ	0997
アトキハマキ	2415
アトキヒカリバコガ	1738
アトキヒロズコガ	1728
アトグロアミメエダシャク	0279
アトクロナミシャク	0624
アトジロエダシャク	0395
アトジロキリガ	1537
アトジロシラホシヨトウ	1545
アトシロズジハマキモドキ	2799
アトシロモンヒメハマキ	2683
アドスキテラシロオビクサモグリガ	1990
アトスジグロナミシャク	0553
アトテンクルマコヤガ	0998
アトハイジロヒメハマキ	2759
アトヒゲコガ科	p. 230
アトヘリアオシャク	0462
アトベリクチブサガ	1903
アトボシウスキヒゲナガ	1683
アトボシエダシャク	0435
アトボシハマキ	2435
アトボシメンコガ	1730
アトミスジホソハマキモドキ	1940
アトムスジエダシャク	0300
アトモトジロヒメハマキ	2761
アトモンナガ	1925
アトモンヒロズコガ	1718
アマヒトリ	0885
アミアツバ	1077
アミメオオエダシャク	0391
（アミメキイロハマキ）	2440
アミメキハマキ	2440
アミメシロメムシガ	1897
アミメテングハマキ	2405
（アミメトビハマキ）	2446
アミメナミシャク	0632
アミメホソハマキ	2373
アミメモンヒメハマキ	2562
アミメリンガ	0950
アミモンカバナミシャク	0715
アメイロヒメシャク	0514
アメイロホソキリガ	1463
アメリカシロヒトリ	0895
アヤコバネナミシャク	0539
アヤシラフクチバ	1160
アヤトガリバ	0222
アヤナミノメイガ	3139
アヤホソコヤガ	0979
アヤメオビマルハキバガ	2004
（アヤメマルハキバガ）	2004
アヤモクメキリガ	1452
アラスカヒゲナガ	1697
アルタイマガリガ	1703
アルプスカバナミシャク	0713
アルプスギンウワバ	1205
アルプスヤガ	1624
アワノメイガ	3123
アワヨトウ	1578

イ

イイジマカバナミシャク	0708
イイジマキリガ	1531
イイジマクロマダラメイガ	2932
イカリモンガ	0204
イカリモンガ亜科	p. 106
イカリモンガ科	p. 106
イグサキバガ	2143
イグサヒメハマキ	2472
イシガケモンハイイロキバガ	2192
イシカリヨトウ	1393
イシダシャチホコ	0816
イシヤマカマトリバ	2834
イソツツジツツミノガ	2057
イソツツジノメムシガ	2530
イタヤカエデモグリチビガ	1669
イタヤキリガ	1494
イタヤニセキンホソガ	1799
イタヤハマキホソガ	1752
イタヤマダラメイガ	2923
イタヤモグリチビガ	1654
イチイオオハマキ	2424
イチイヒメハマキ	2596
イチゴカギバヒメハマキ	2594
イチゴキリガ	1476
イチゴナミシャク	0590
イチジクキンウワバ	1177
イチジクキンウワバ族	p. 177
イチモジエダシャク	0426
イチモジキノコヨトウ	1334
イチモンジセセリ	0138
イチモンジチョウ	0096
イチモンジチョウ亜科	p. 064

イチモンジチョウ族	p. 064	ウスアカスジマダラメイガ	2909
イチモンジハマキヒナホソガ	1758	ウスアカチビナミシャク	0693
イツカドモンヒメハマキ	2638	ウスアカネマダラメイガ	2916
イッシキキンモンホソガ	1822	ウスアカマダラメイガ	2898
イッシキチビキバガ	2162	ウスアカムラサキマダラメイガ	2921
イッシキハマキホソガ	1767	ウスアカモンクロマダラメイガ	2917
イッシキヒメハマキ	2495	ウスアトキハマキ	2420
イッシキブドウトリバ	2819	ウスアミメキハマキ	2306
イッシキホソハマキ	2363	ウスアミメトビハマキ	2443
イッシキメスコバネキバガ	2008	ウスイロアカフヤガ	1623
(イッシキメスコバネマルハキバガ)	2008	ウスイロオオエダシャク	0390
イツスジエダシャク	0319	ウスイロオナガシジミ	0034
イヌイツツミノガ	2094	ウスイロカギバ	0210
イヌエンジュサヤモグリガ	2791	ウスイロカザリバ	2129
イヌエンジュヒメハマキ	2539	ウスイロカバスジヤガ	1611
イヌエンジュヒラタマルハキバガ	1959	ウスイロキヨトウ	1581
イヌツゲオビギンホソガ	1848	ウスイロキンノメイガ	3163
イネキンウワバ	1208	ウスイロギンモンシャチホコ	0776
イネキンウワバ亜族	p. 178	ウスイロクチブサガ	1911
イネキンウワバ族	p. 177	ウスイロコノマチョウ	0115
イネコミスメイガ	3061	ウスイロサンカクマダラメイガ	2967
イネヨトウ	1444	ウスイロトビスジナミシャク	0578
イノウエカマトリバ	2831	ウスイロニセノメイガ	3074
イノウエネマルハキバガ	2111	ウスイロネマルハキバガ	2108
イノウエノメイガ	3152	ウスイロヤスジカバナミシャク	0709
イノウエホソハマキ	2382	ウスイロヨトウ亜族	p. 189
イハラマルハキバガ	1965	ウスエグリバ	1099
イバラモンヒメハマキ	2758	ウスエダシャク	0292
イブキスズメ	0199	ウスオビアツバモドキ	0908
イブシギンハマキ	2308	ウスオビカギバ	0208
イボタガ	0167	ウスオビキノメイガ	3104
イボタガ科	p. 098	ウスオビクロノメイガ	3194
イボタケンモン	1280	ウスオビクロマダラメイガ	2913
イモキバガ	2225	ウスオビシロエダシャク	0275
イラガ	2265	(ウスオビチビアツバ)	0908
イラガ科	p. 249	ウスオビチャイロハマキ	2346
イラクサギンウワバ	1173	ウスオビトガリメイガ	2871
イラクサゴマダラヒトリ(新称)	0899	ウスオビハイイロフユハマキ	2400
イラクサノメイガ	3090	ウスオビヒメアツバ	0974
イラクサハマキモドキ	2792	ウスオビヒメエダシャク	0285
イラクサヒメハマキ	2565	ウスオビヒメマルハキバガ	2017
イラクサマダラウワバ	1168	ウスオビフユエダシャク	0373
イワテカマトリバ	2838	ウスオビヤガ	1315
イワテギンボシハマキモドキ	2800	ウスカバスジコブガ	0917
		ウスカバスジナミシャク	0683
ウ		ウスカバナミシャク	0695
		ウスキオエダシャク	0298
ウコンノメイガ	3165	ウスキオビマダラメイガ	2897
ウスアオアヤシャク	0458	ウスキカクモンハマキ	2434
ウスアオエダシャク	0281	ウスキクロテンヒメシャク	0519
ウスアオキノコヨトウ	1341	ウスキコヤガ	0999
ウスアオキリガ	1460	ウスキシタホソバ	0855
ウスアオシャク	0460	ウスキシダメイガ	3064
ウスアオハマキ	2354	ウスキシタヨトウ	1364
ウスアオモンコヤガ	1232	ウスキシャチホコ	0802
ウスアオヨトウ	1366	ウスキシロヒメハマキ	2620
ウスアカオビマダラメイガ	2905	ウスキツバメエダシャク	0443

ウスキトガリヒメシャク	0506	ウスゴマダラエダシャク	0308
ウスキナカジロナミシャク	0641	ウスサカハチヒメシャク	0518
ウスキバネツトガ	3007	ウスシタキリガ	1501
ウスキヒカリヒメシャク	0527	ウスシモフリトゲエダシャク	0380
ウスキヒゲナガ	1684	ウスジロエダシャク	0335
ウスキヒゲナガガ亜科	p. 215	ウスジロキノメイガ	3121
ウスキヒメシャク	0531	ウスジロケンモン	1277
ウスキヒメトリバ	2840	ウスジロトガリバ	0234
(ウスキヒメマダラメイガ)	2927	ウスジロノメイガ	3118
ウスキヒロオビヒメハマキ	2550	ウスジロハマキ	2355
ウスキホソハマキ	2366	ウスジロヒカリヒメシャク	0528
ウスキマダラキバガ	2147	ウスシロフコヤガ	1226
ウスキマダラメイガ	2927	ウスジロフタスジマダラメイガ	2949
ウスキミスジアツバ	1088	ウスジロホソキバガ	2040
(ウスキミズメイガ)	3064	ウスシロミャクツツミノガ	2084
ウスキモンノメイガ	3171	ウスシロモンヒメハマキ	2697
ウスキモンヨトウ	1410	ウススジアカカギバヒメハマキ	2584
ウスギンツトガ	3019	ウススジオオシロヒメシャク	0496
ウスキンモンマガリガ	1708	ウススジギンガ	1510
ウスクビグロクチバ	1139	ウススジクロマダラメイガ	2965
ウスクモエダシャク	0399	ウススジヒメカバナミシャク	0729
ウスクモヨトウ	1403	ウスズミカレハ	0139
ウスクリイロヒメハマキ	2558	ウスズミカレハガ亜科	p. 092
ウスクリモンヒメハマキ	2544	ウスタビガ	0163
ウスグロアカマダラメイガ	2939	ウスチャオビキノメイガ	3105
ウスグロアツバ	1072	ウスチャホソキバガ	2039
ウスグロオオナミシャク	0600	ウスチャマダラメイガ	2948
ウスクロオビキバガ	2181	ウスチャモンアツバ	1012
ウスクロオビナミシャク	0649	ウスチャヤガ	1630
ウスグロキバガ	2234	ウスヅマクチバ	1114
ウスグロキモンノメイガ	3119	ウスヅマシャチホコ	0764
ウスグロコケガ	0870	ウスヅマスジキバガ	2238
(ウスグロゴマダラキバガ)	2168	ウスツヤキバガ	2223
ウスグロゴマダラヒメキバガ	2166	ウスツヤハイイロヒメハマキ	2674
ウスグロシャチホコ	0805	ウステンシロナミシャク	0673
ウスクロスジトガ	3006	ウストビイラガ	2272
ウスクロスジマダラメイガ	2922	ウストビスジエダシャク	0332
ウスグロツマダラメイガ	2891	ウストビナミシャク	0711
ウスグロツヅリガ	2851	ウストビハマキ	2442
ウスグロットガ	3029	ウストビマダラメイガ	2957
ウスクロテンシロキバガ	2186	ウストビモンナミシャク	0621
ウスグロナミエダシャク	0351	ウストビモンハマキ	2456
ウスグロノコバエダシャク	0413	ウスネグロヒメハマキ	2671
ウスグロノメイガ	3100	(ウスバアゲハ)	0002
(ウスグロヒメササベリガ)	2807	ウスバアゲハ亜科	p. 012
ウスグロヒメスガ	1878	ウスバアゲハ族	p. 013
ウスグロヒメハマキ	2762	ウスハイイロケンモン	1279
ウスグロフユハマキ	2401	ウスバキエダシャク	0320
ウスグロホソコヤガ	0982	ウスバキチョウ	0004
ウスグロマダラ	2279	(ウスバクロマダラ)	2278
ウスグロマダラメイガ	2931	ウスバシロチョウ	0002
ウスグロマルモンノメイガ	3216	ウスバフユシャク	0451
ウスグロモグリチビガ	1667	ウスバミスジエダシャク	0339
ウスグロヤガ	1589	ウスハラアカアオシャク	0479
ウスグロヤマメイガ	3046	ウスヒメトガリノメイガ	3116
ウスグロヨツモンノメイガ	3179	ウスフタスジシロエダシャク	0274
ウスグロルリノメイガ	3207	ウスベニアオリンガ	0953

ウスベニアヤトガリバ	0221	ウラキンシジミ	0029
ウスベニカギバヒメハマキ	2582	ウラギンスジヒョウモン	0084
ウスベニキヨトウ	1567	ウラギンヒョウモン	0090
ウスベニキリガ	1533	ウラクロシジミ	0037
ウスベニコヤガ	1031	ウラグロシロノメイガ	3082
ウスベニスジナミシャク	0551	ウラクロスジシロヒメシャク	0516
ウスベニスジヒメシャク	0494	ウラクロモンノメイガ	3081
ウスベニトガリバ	0220	ウラゴマダラシジミ	0027
ウスベニトガリメイガ	2872	ウラジャノメ	0110
ウスベニニセノメイガ	3071	ウラジロアツバ	1080
（ウスベニノメイガ）	3071	ウラジロノメイガ	3202
ウスベニヒゲナガ	1702	ウラジロミドリシジミ	0039
ウスベリケンモン	1246	ウラテンシロヒメシャク	0515
ウスベリケンモン亜科	p. 182	ウラナミアカシジミ	0032
ウスボシフサキバガ	2230	ウラナミシジミ	0056
ウスマダラアツバ	1041	ウラナミヒメシャク	0505
ウスマダラオオヒロズコガ	1719	ウラベニエダシャク	0438
ウスマダラヒメハマキ	2719	ウラベニヒラタマルハキバガ	1957
ウスマダラヒラタマルハキバガ	1967	ウラミスジシジミ	0036
ウスマダラミズメイガ	3055	ウラモンアオナミシャク	0743
ウスマルモンノメイガ	3213	ウラモンウストビナミシャク	0710
ウスミドリコバネナミシャク	0547	ウラモンカバナミシャク	0719
ウスミミモンキリガ	1467	ウラモントガリエダシャク	0440
ウスムジヒゲナガマルハキバガ	2018	ウリカエデモグリチビガ	1655
ウスムラサキイラガ	2270	ウリキンウワバ	1180
ウスムラサキクルマメイガ	3075	（ウワミズヒメハマキ）	2550
ウスムラサキケンモン	1267	ウンモンオオシロヒメシャク	0498
（ウスムラサキスジノメイガ）	3075	ウンモンキシタバ	1145
ウスムラサキトガリバ	0239	ウンモンキハマキ	2320
ウスムラサキノメイガ	3140	ウンモンクチバ	1154
ウスムラサキヨトウ	1323	ウンモンクロマダラヒメハマキ	2479
ウスモンキヒメシャク	0529	ウンモンスズメ	0187
ウスモンチビナミシャク	0689	ウンモンツマキリアツバ	1043
ウスモンハイイロハマキ	2348		
ウスモンハイイロヒメハマキ	2676	**エ**	
ウスモンハマキ	2461		
ウスモンフユシャク	0455	エグリキバガ科	p. 241
ウスモンマダラメイガ	2933	エグリキリガ	1469
ウスモンヤマメイガ	3040	エグリシャチホコ	0759
ウスリーシイタケオオヒロズコガ	1720	エグリヅマエダシャク	0414
ウスリーノコメキバガ	2247	エグリノメイガ	3132
ウスリーハマキホソガ	1748	エグリハマキ	2335
ウチキシャチホコ	0788	エグリバ亜科	p. 169
ウチキシャチホコ亜科	p. 141	エグリバ族	p. 169
ウチキシャチホコ族	p. 141	エゾアカオビマダラメイガ	2895
ウチジロマイマイ	0841	エゾウスイロヨトウ	1356
ウチスズメ	0186	エゾウスクモエダシャク	0400
ウチスズメ亜科	p. 101	エゾウスグロマダラ	2278
ウチダキンモンホソガ	1824	エゾエグリシャチホコ	0760
ウチベニキノメイガ	3110	エゾオオバコヤガ	1616
ウツギアミメハマキ	2336	エゾカギバ	0207
ウドノメイガ	3106	エゾキイロキリガ	1480
ウドヒメハマキ	2732	エゾギクキンウワバ	1174
ウバメガシハマキキバガ	2191	エゾキシタヨトウ	1363
ウメエダシャク	0306	エゾキノコヨトウ	1336
ウメスカシクロバ	2280	エゾキバガ	2135
ウラギンガ	1509	エゾキヒメシャク	0535

エゾキンウワバ	1194
エゾキンウワバ亜族	p. 178
エゾギンボシヒメハマキ	2600
エゾキンモンシャチホコ	0774
エゾキンモンホソガ	1823
エゾクシヒゲシャチホコ	0770
エゾクシヒゲモンヤガ	1604
エゾクビグロクチバ	1140
エゾクロギンガ	1511
エゾコエビガラスズメ	0171
エゾコヤガ	1230
エゾサクラケンモン	1262
エゾシタジロヒメハマキ	2753
エゾシマメイガ	2859
エゾシモフリスズメ	0169
エゾショウブヨトウ	1426
エゾシロシタバ	1128
エゾシロチョウ	0022
エゾシロチョウ族	p. 028
エゾシロヒメハマキ	2690
エゾズアカヒメハマキ	2685
エゾスジグロシロチョウ	0019
エゾスジヨトウ	1447
エゾスズメ	0189
エゾソトジロアツバ	1024
エゾチビナミシャク	0699
エゾチャイロヨトウ	1550
エゾツマジロヒメハマキ	2522
エゾトリバ	2833
エゾハイイロヒメハマキ	2652
エゾヒサゴキンウワバ	1190
エゾヒメシロチョウ	0015
エゾフジアカバナキバガ	2105
エゾベニシタバ	1117
エゾヘリグロヨトウ	1396
エゾマエチャキバガ	2138
エゾマダラウワバ	1170
エゾミツボシキリガ	1464
エゾミドリシジミ	0041
エゾムラサキキンウワバ	1203
エゾムラサキツツジツツミノガ	2056
エゾモクメキリガ	1306
エゾモクメツガ	3031
エゾヤエナミシャク	0608
エゾヨツメ	0166
エゾヨツメ亜科	p. 098
エダシャク亜科	p. 110
エダツトガ	3018
エダモグリガ科	p. 240
エチゴチビコブガ	0930
エノキキンモンホソガ	1846
エビガラスズメ	0168
エルタテハ	0071
エルモンドクガ	0833
エンジュヒメハマキ	2790
エンドウシンクイ	2779

オ

オイワケキエダシャク	0398
オイワケクロヨトウ	1548
オイワケヒメシャク	0532
オオアオシャチホコ	0822
オオアオバヤガ	1637
オオアカオビマダラメイガ	2892
オオアカキリバ	1111
オオアカマエアツバ	1069
オオアカヨトウ	1397
オオアシブトヒメハマキ	2742
オオアトキハマキ	2416
オオアヤシャク	0459
オオイチモンジ	0098
オオウスアオハマキ	2356
オオウスシロモンヒメハマキ	2718
オオウスヅマカラスヨトウ	1304
オオウスヅマヒメハマキ	2504
オオウストビナミシャク	0712
オオウスベニトガリメイガ	2873
オオウスモンキヒメシャク	0530
オオウラギンスジヒョウモン	0085
オオウンモンクチバ	1153
オオウンモンホソハマキ	2364
オオエグリキバガ	2115
オオエグリシャチホコ	0810
(オオエグリヒラタマルハキバガ)	2115
オオカギバ	0216
オオカギバガ亜科	p. 106
オオカバスジヤガ	1612
オオカバスソモンヒメハマキ	2700
オオカブラヤガ	1597
オオカマトリバ	2837
オオクキンウワバ	1184
オオキクチブサガ	1912
オオキノメイガ	3160
オオキバラノメイガ	3169
オオキメムシガ	1894
オオキモンコヤガ	1224
オオキンウワバ	1188
(オオギンスジアカハマキ)	2439
オオギンスジヒマキ	2439
オオキンモンホソガ	1841
オオクシヒゲシマメイガ	2870
オオクリモンヒメハマキ	2545
オオクロビナミシャク	0646
オオクロテンカバナミシャク	0691
オオクロマダラヒメハマキ	2474
オオクロミャクマルハキバガ	1978
オオクワゴモドキ	0156
オオケンモン	1260
オオコブガ	0924
オオゴマシジミ	0062
オオゴマダラヒメキバガ	2168
オオサザナミヒメハマキ	2501
オオシモフリエダシャク	0386

オオシモフリヨトウ	1542
オオシラナミアツバ	1092
オオシラホシアツバ	1052
オオシラホシヤガ	1638
オオシラホシヨトウ	1541
オオシロエダシャク	0309
オオシロオビアオシャク	0463
オオシロオビクロナミシャク	0606
オオシロジスガ	1876
オオシロシタバ	1116
オオシロテンアオヨトウ	1369
オオシロホソハネキバガ	2163
オオスイコバネ	1646
(オオスカシクロバ)	2282
オオスカシバ	0190
オオセシロヒメハマキ	2727
オオセモンカギバヒメハマキ	2587
オオタバコガ	1310
オオチャイロヨトウ	1543
オオチャバネセセリ	0137
オオチャバネフユエダシャク	0378
オオチャバネヨトウ	1433
オオツチイロノメイガ	3177
オオツヅリガ	2852
オオツマキクロヒメハマキ	2699
オオテンクロアツバ	0959
オオトビスジエダシャク	0333
オオトビネマダラメイガ	2900
オオトビモンアツバ	1011
オオトビモンシャチホコ	0773
オオトモエ	1096
オオナガバヒメハマキ	2626
オオナカホシエダシャク	0317
オオナミガタアオシャク	0472
オオナミシャク	0613
オオナミスジキヒメハマキ	2512
オオナミモンマダラハマキ	2468
オオネグロウスベニナミシャク	0610
オオネメルハキバガ	2109
オオノコメエダシャク	0416
オオハイジロハマキ	2413
オオハガタナミシャク	0629
オオハガタヨトウ	1514
オオバコヤガ	1619
オオバシマメイガ	2860
オオバットガ	2995
オオバトガリバ	0226
オオバナミガタエダシャク	0337
オオバボダイジュホソガ	1788
オオヒカゲ	0113
オオヒゲナガ	1698
オオヒサゴキンウワバ	1192
オオヒロオビヒメハマキ	2489
オオヒロズコガ	1717
オオヒロズコガ亜科	p. 218
オオフタオビキヨトウ	1563
(オオフタスジハマキ)	2433
オオブドウキンモンツヤコガ	1681
オオフトメイガ	2884
オオベニヘリコケガ	0872
オオボクトウ	2301
オオボシオオスガ	1860
オオボシハイスガ	1866
オオボシミミヨトウ	1325
オオホソアオバヤガ	1585
オオホソバケンモン	1270
オオホソバヒメハマキ	2571
オオホソハマキモドキ	1934
オオマエジロホソメイガ	2985
オオマエジロマダラメイガ	2962
オオマエベニトガリバ	0229
オオマエモンコブガ	0927
オオマダラウワバ	1169
オオミズアオ	0164
オオミスジ	0093
オオミドリシジミ	0042
オオミヤマトリバ	2814
オオムラサキ	0102
オオムラサキキンウワバ	1202
オオメイガ亜科	p. 301
オオモクメシャチホコ	0756
オオモリケンモン	1264
オオモンキキリガ	1479
オオモンシロシンクイ	2843
オオモンシロチョウ	0017
オオモンシロルリノメイガ	3204
(オオモンヤマメイガ)	3041
オオヤナギサザナミヒメハマキ	2498
オオヤマフスマツツミノガ	2070
オオヤマメイガ	3036
オーロラヨトウ	1582
オーロラヨトウ族	p. 206
オオワタノメイガ	3172
オカトラノオヒメハマキ	2493
オカモトトゲエダシャク	0383
オクハマキ	2430
オシラベツマルハキバガ	1982
オスアトフサモグリチビガ	1660
オダマキトリバ	2820
オトギリモグリチビガ	1672
オドリキバガ	2237
オナガアゲハ	0011
オナガシジミ	0035
オナガミズアオ	0165
オナモミノメイガ	3124
オニシモツケツツミノガ	2063
オニベニシタバ	1119
オビアツバ	1059
オビウスイロヨトウ	1352
オビガ	0155
オビギバ	0209
オビカクバネヒゲナガキバガ	2036
オビカバナミシャク	0718
オビカレハ	0154

オビガ亜科	p. 094	カシワミスジキンモンホソガ	1807
オビガ科	p. 094	カシワモグリチビガ	1658
オビギンホソガ亜科	p. 226	カタアカマイコガ	2044
オビグロスズメ	0174	カタカケハマキ	2414
オビヒゲナガキバガ亜科	p. 236	カタキオビマルハキバガ	2002
オビマルハキバガ科	p. 234	（カタキマルハキバガ）	2002
オヒョウキンモンホソガ	1845	カタハリキリガ	1461
オホーツクトリバ	2824	カツラツツミノガ	2062
オメルコクロノコメキバガ	2246	カドオビヒメハマキ	2728
オルトシア族	p. 200	カドモンヨトウ	1390
オレクギエダシャク	0349	カドモンヨトウ亜族	p. 192
		カドモンヨトウ族	p. 192
カ		カニスササノクサモグリガ	1998
		カノコガ	0907
カイコガ亜科	p. 094	カノコガ亜科	p. 157
カイコガ科	p. 094	カバイロウスキヨトウ	1443
カイコガ族	p. 094	カバイロキバガ	2232
カエデキンモンホソガ	1834	カバイロコブガ	0913
カエデシャチホコ	0809	カバイロシジミ	0061
カオキメムシガ	1887	カバイロシマコヤガ	0986
カオジロネグロヒメハマキ	2673	カバイロソモンヒメハマキ	2708
カギアツバ	1030	カバイロットガ	2991
カギアツバ亜科	p. 165	カバイロヒメナミシャク	0668
カギシロスジアオシャク	0465	カバイロミツボシキリガ	1466
カギツマウスチャキバガ	2215	カバイロモクメシャチホコ	0782
カギツマクロキバガ	2216	カバイロリンガ	0944
カギツマスジキバガ	2213	カバエダシャク	0393
カギツマドウガネキバガ	2214	カバオフサキバガ	2229
カギバイラガ	2266	カバカギバヒメハマキ	2579
カギバガ亜科	p. 106	カバキリガ	1525
カギバガ科	p. 106	カバシャク	0257
カキバトモエ族	p. 168	カバシャク亜科	p. 110
カギバノメイガ	3079	カバスジヤガ	1610
カギバヒメハマキ	2578	カバノキンモンホソガ	1837
カギバヒメハマキガ族	p. 273	カバホシボシホソガ	1745
カギモンキバガ	2174	カブラヤガ	1594
カギモンヒメハマキ	2640	カブラヤガ族	p. 206
カギモンヤガ	1639	ガマキンウワバ	1199
カクモンキシタバ	1144	ガマズミキンモンホソガ	1815
カクモンハマキ	2427	ガマズミニセキンホソガ	1800
カクモンハマキガ族	p. 261	ガマトガリホソガ	2117
カクモンヒトリ	0904	カマトリバガ亜科	p. 286
カゲハマキ	2454	カマフリンガ	0938
カサイヌマアツバ	1079	ガマヨトウ	1437
カザリキバガ亜科	p. 247	カムイカマトリバ	2828
カザリバガ亜科	p. 241	カメダカバナミシャク	0717
カザリバガ科	p. 241	カモンジオビマルハキバガ	2003
カザリマダラハマキガ族	p. 267	（カモンジマルハキバガ）	2003
カシノシマメイガ	2863	カラカサバナマルハキバガ	1975
科所属不明	p. 231	カラコギカエデクチブサガ	1915
カシワアカシジミ	0031	カラコギカエデシロハモグリ	1950
カシワアツバ	1081	カラスアゲハ	0012
カシワキボシキリガ	1456	カラスシジミ	0047
カシワキリガ	1535	カラスシジミ族	p. 042
カシワギンオビヒメハマキ	2777	カラスナミシャク	0716
カシワピストルミノガ	2075	カラスヨトウ	1302
カシワマイマイ	0845	カラスヨトウ亜科	p. 186

カラフトアヤトガリバ	0223
カラフトウスアオシャク	0486
カラフトゴマケンモン	1251
カラフトシロスジヨトウ	1376
カラフトシロナミシャク	0677
カラフトセセリ	0131
カラフトタカネキマダラセセリ	0129
カラフトトリバ	2815
カラフトヒゲナガ	1696
カラフトヒョウモン	0080
カラフトヤマメイガ	3047
カラフトルリシジミ	0060
カラマツイトヒキハマキ	2438
カラマツカサガ	2687
カラマツチャイロヒメハマキ	2667
カラマツツツミノガ	2077
カラマツヒメハマキ	2614
カラマツホソバヒメハマキ	2568
カラマツマダラメイガ	2955
カラマツミキモグリガ	2782
カレハガ	0141
カレハガ亜科	p. 092
カレハガ科	p. 092
カレハミノキバガ	2030
カレハミノキバガ亜科	p. 236
ガレモンヒメハマキ	2655
カワハラカマトリバ	2830
カワベタカネヒメハマキ	2526
カワリノコメキバガ	2244
ガンコウランヒメハマキ	2546
カンバウスモンヒメハマキ	2633
カンバシモフリキバガ	2197
カンバシロヒメハマキ	2616
カンバハマキホソガ	1769
カンバマエジロツツミノガ	2053

キ

キアゲハ	0007
キアシシロナミシャク	0567
キアシドクガ	0837
キアミメナミシャク	0634
キアヤヒメノメイガ	3200
(キイチゴクロハモグリガ)	1715
キイチゴクロモンハモグリ	1715
キイフトメイガ	2878
キイロアツバ	1076
(キイロウスバアゲハ)	0004
キイロエグリヅマエダシャク	0415
キイロオオフサキトガ	2236
キイロオビマイコガ	2042
キイロキリガ	1477
キイロツヅリガ族	p. 289
キイロトガリヨトウ	1512
キイロナミシャク	0680
キイロノメイガ	3096
キイロヒメハマキ	2611
キイロフチグロノメイガ	3103
キイロモグリチビガ	1665
キエグリシャチホコ	0769
キエダシャク	0423
キエリヒメスガ	1877
キオビカバスジナミシャク	0686
キオビクロヒゲナガ	1687
キオビコヒゲナガ	1693
キオビゴマダラエダシャク	0389
キオビトガリメイガ	2875
キオビハガタナミシャク	0645
キオビヒメハマキ	2527
キオビヘリホシヒメハマキ	2738
キオビミズメイガ	3062
キカギヒメハマキ	2608
キガシラアカネヒメハマキ	2692
キガシラオオナミシャク	0617
キガシラソモンヒメハマキ	2704
キガシラヒラタマルハキバガ	1970
キガシラマルハキバガ	2027
キクキンウワバ	1172
キクギンウワバ	1183
キクセダカモクメ	1297
キグチヨトウ	1383
キクビゴマケンモン	1256
キクビスカシバ	2293
キクビヒメヨトウ	1328
キクビムモンアツバ	0960
ギシギシヨトウ	1417
キシタアツバ	1003
キシタエダシャク	0312
キシタキリガ	1496
キシタギンウワバ	1207
キシタクチバ族	p. 170
キシタケンモン	1273
キシタバ	1133
キシタヒメハマキ	2560
キシタホソバ	0854
キシタミドリヤガ	1633
キジマエダシャク	0311
キジマソトグロナミシャク	0623
キシャチホコ	0803
キシャチホコ族	p. 146
キスジウスキヨトウ	1436
キスジオビヒメハマキ	2537
キスジコヤガ	0983
キスジシロヒメシャク	0509
キスジシロフタオ	0252
キスジツトガ	3004
キスジハイイロナミシャク	0665
キスジハマキホソガ	1764
キスジホソハマキモドキ	1936
キスジホソマダラ	2276
(キタアカシジミ)	0031
キタウスグロヤガ	1606
キタウンモンエダシャク	0361
キタエグリバ	1100

キタオオコブガ	0926	キボシキバガ	2176
キタキオビミズメイガ	3063	キボシクロマルハキバガ	2031
キタキチョウ	0023	キボシミスジトガリバ	0240
キタキバラケンモン	1250	キボシヤエナミシャク	0603
キタグニマルハキバガ	1984	キホソスジナミシャク	0637
キタクロミノガ	1736	キホソノメイガ	3078
キタクロヤガ	1592	キマエアオシャク	0467
キタコウモリ	1648	キマエキリガ	1468
キタショウブヨトウ	1425	キマエクロホソバ	0866
キタスカシバ	2290	キマエコノハ	1105
キタセスジスカシバ	2288	キマエホソバ	0859
キタツマジロヒメハマキ	2523	キマダラアツバ	1039
キタテハ	0069	キマダラオオナミシャク	0616
キタノハマヨトウ	1394	キマダラコウモリ	1651
キタハイイロハマキ	2399	キマダラコヤガ	1240
キタバコガ	1314	キマダラコヤガ亜科	p. 181
キタヒシモンツトガ	3023	キマダラシロナミシャク	0678
キタヒメクビホソロクチバ	1143	キマダラセセリ	0136
キタホシオビホソノメイガ	3089	キマダラチビアツバ	0978
キタマダラエダシャク	0260	キマダラツバメエダシャク	0371
キタミスジアツバ	1087	キマダラツマキリエダシャク	0421
キタミナミシャク	0569	キマダラトガリバ	0219
キタミモンヤガ	1603	キマダラナミシャク	0620
(キタヨシツトガ)	2991	キマダラヒラタマルハキバガ	1986
キタヨトウ	1420	キマダラマガリガ	1704
キタルリモンエダシャク	0327	(キマダラムラサキヒメハマキ)	2493
キツリフネヒメハマキ	2561	キマダラモドキ	0112
キトガリキリガ	1482	キミャクツツミノガ	2068
キドクガ	0847	キミャクヨトウ	1553
キナミウスグロナミシャク	0728	キムジシロナミシャク	0676
キヌバコガ科	p. 234	キムジノメイガ	3087
キノカワガ	0954	キムジホソバ	0863
キノカワガ亜科	p. 160	キモンアカガネキバガ	2136
キノコヨトウ亜科	p. 188	キモンウスグロノメイガ	3195
キノメイガ	3201	キモンキバガ	2142
キバガ亜科	p. 243	キモンクロアツバ	1062
キバガ科	p. 242	キモンクロササベリガ	2805
キハダケンモン	1271	キモンクロマルハキバガ	2013
キバネシロテンウスグロヨトウ	1359	キモンコヤガ	1223
キバネセセリ	0123	キモントガリメイガ	2874
キバネチビマダラメイガ	2958	キモンハイイロナミシャク	0662
キバネトビスジエダシャク	0352	キモンヒメナミシャク	2492
キバネモンヒトリ	0901	キモンホソハマキモドキ	1941
キバラエダシャク	0429	キヨサトヒメハマキ	2476
キハラゴマダラヒトリ	0898	キヨトウ族	p. 204
キバラノメイガ	3158	キララキシタバ	1123
キバラヒメアオシャク	0477	キリガ亜科	p. 189
キバラモクメキリガ	1453	キリガ亜族	p. 195
キヒメシャク	0524	キリガ族	p. 195
キヒメナミシャク	0671	キリバエダシャク	0410
ギフウスキナミシャク	0597	キリバネホソナミシャク	0564
キベリシロナミシャク	0614	キリバ族	p. 170
キベリタテハ	0073	ギンイチモンジセセリ	0128
キベリネズミホソバ	0867	キンイロキリガ	1519
ギボウシアトモンコガ	1931	キンウワバ亜科	p. 176
キボシアツバ	1034	キンオビナミシャク	0588
キボシエグリハマキ	2333	キンケウスバイラガ	2274

(キンケミノウスバ)	2274	ギンモンマイコモドキ	2116
ギンシャチホコ	0757	ギンモンミズメイガ	3057
ギンスジアカガネキバガ	2137	ギンヨスジハマキ	2313

ク

ギンスジアカチャヒメハマキ	2696	クサシロキヨトウ	1579
キンスジアツバ	1029	クサビホソハマキ	2365
ギンスジエダシャク	0403	クサビヨトウ	1406
ギンスジカギバ	0217	クサフジキンモンホソガ	1833
ギンスジカバハマキ	2317	クサモグリガ科	p. 233
ギンスジキンウワバ	1181	クシガタノメイガ	3094
ギンスジクチブサガ	1917	クシヒゲウスキヨトウ	1439
ギンスジクロハマキ	2309	クシヒゲキヒロズコガ	1734
(キンスジコウモリ)	1649	クシヒゲコケガ	0873
ギンスジコウモリ	1649	クシヒゲシマメイガ	2869
キンスジシロホソガ	1821	クシヒゲシャチホコ	0771
ギンスジツトガ	3013	クシヒゲヒロズコガ亜科	p. 219
ギンスジハマキモドキ	2798	クシヒゲマダラメイガ	2915
ギンスジヒゲナガ	1691	クジャクチョウ	0075
ギンチビキバガ	2222	クシロツマジロケンモン	1282
ギンツバメ	0256	クシロモクメヨトウ	1418
ギンツバメガ亜科	p. 109	クスサン	0161
ギンツマキリヨトウ	1332	クズツヤホソガ	1795
ギンヅマヒメハマキ	2607	クズヒメサヤムシガ	2743
キンツヤクチブサガ	1907	クズホソガ	1791
キンツヤモグリチビガ	1662	クズマダラホソガ	1777
ギントガリツトガ	3012	クチキハイイロマダラメイガ	2929
キンバネチビトリバ	2825	クチバスズメ	0182
キンバネツツミノガ	2066	クチバ族	p. 174
キンピカクサモグリガ	1992	クチブサガ科	p. 229
ギンヒゲナガ	1688	クドウツトガ	3034
ギンボシアカガネキバガ	2134	クナシリモグリチビガ	1652
ギンボシキヒメハマキ	2599	クヌギカレハ	0152
ギンボシキンウワバ	1187	(クヌギキハモグリガ)	1714
ギンボシトビハマキ	2307	クヌギキンモンハモグリ	1714
ギンボシハマキモドキ	2802	クヌギクロモグリチビガ	1657
ギンボシヒョウモン	0089	クヌギハマキホソガ	1766
ギンボシモトキヒメハマキ	2538	クヌギモグリチビガ	1659
ギンボシリンガ	0948	クビグロクチバ	1137
キンマダラスイコバネ	1643	クビグロクチバ族	p. 173
ギンマダラメイガ	2902	クビワウスグロホソバ	0865
キンミズヒキモグリチビガ	1670	クビワシャチホコ	0808
ギンムジハマキ	2398	クマタシラホシキバガ	2141
ギンモンアカヨトウ	1440	クマモトナカジロシタバ	1242
ギンモンカバマルハキバガ	2024	グミウスツマヒメハマキ	2524
ギンモンカレハ	0147	グミオオツマヒメハマキ	2500
ギンモンカワホソガ	1792	グミシロテンヒメハマキ	2610
ギンモンクサモグリガ	1993	グミツマジロヒメハマキ	2516
ギンモンシマメイガ	2864	グミハイジロヒメハマキ	2609
ギンモンシャチホコ	0775	グミハモグリキバガ	2130
ギンモンシロウワバ	1185	クモガタキリガ	1457
ギンモンスズメモドキ	0796	クモガタヒョウモン	0086
ギンモンセダカモクメ	1294	クモマウスグロヤガ	1590
キンモンツヤコガ	1680	クモマベニヒカゲ	0104
ギンモンツヤホソガ	1793	クラークヒメハマキガ族	p. 268
ギンモントガリバ	0235	クラマトガリバ	0243
キンモンホソガ	1839		
キンモンホソガ亜科	p. 223		
ギンモンホソハマキ	2381		

クリイロヒメハマキ	2543
クリオビキヒメハマキ	2534
クリミガ	2787
クリミドリシンクイガ	2612
クルマアツバ	1056
クルマアツバ亜科	p. 166
クルマスズメ	0193
クルマメイガ亜科	p. 302
クルミキンモンホソガ	1829
クルミシントメキバガ	2217
クルミニセスガ	1898
クルミホソガ	1783
クロアシナミシャク	0586
クロウスタビガ	0162
クロウスムラサキノメイガ	3141
クロウンモンヒメハマキ	2694
クロエグリシャチホコ	0763
クロエリメンコガ	1731
クロオオモンエダシャク	0343
クローバヒメハマキ	2552
クロオビキヒメシャク	0523
クロオビクロノメイガ	3191
クロオビシロナミシャク	0549
クロオビシロフタオ	0255
クロオビナミシャク	0648
クロオビノメイガ	3137
クロオビハイキバガ	2190
クロオビハイチビキバガ	2165
クロオビフユナミシャク	0655
クロオビマダラメイガ	2969
クロオビリンガ	0946
クロカギヒラタマルハキバガ	1968
クロカクモンハマキ	2426
クロカバスジナミシャク	0687
クロカマトリバ	2836
クロギシギシヤガ	1635
クロキシタアツバ	1004
クロキマダラヒメハマキ	2601
クロギンスジトガリホソガ	2120
クロクモアツバ族	p. 174
クロクモエダシャク	0325
クロクモシロキバガ	2256
クロクモヒロズコガ	1733
クロクモマルハキバガ	1961
クロクモヤガ	1602
(クロコサビイロコヤガ)	1237
クロコサビイロヤガ	1237
クロコノマチョウ	0116
クロコハマキ	2328
クロサンカクモンヒメハマキ	2471
クロシタアオイラガ	2271
クロシタコバネナミシャク	0546
クロシタシャチホコ	0800
クロシモフリアツバ	1033
クロシラフチバ	1159
クロズウスキエダシャク	0271
クロスカシトガリノメイガ	3187
クロスキバホウジャク	0192
クロスジアオナミシャク	0738
クロスジアツバ	1084
クロスジイガ	1726
クロスジカギバ	0215
クロスジカバイロナミシャク	0661
(クロスジキオメイガ)	3127
クロスジキノカワガ	0942
クロスジキノメイガ	3127
クロスジコノメイガ	3162
クロスジコケガ	0874
クロスジコブガ	0932
クロスジシャチホコ	0765
クロスジシロコブガ	0910
クロスジシロヒメシャク	0511
クロスジツトガ	3028
クロスジノメイガ	3149
クロスジヒメアツバ	0972
クロスジフユエダシャク	0376
クロスジホソバ	0850
クロスヒロキバガ	1955
クロダケタカネヨトウ	1300
クロタテスジハマキ	2422
クロチビキバガ	2204
クロツヅリヒメハマキ	2649
クロツバラモグリチビガ	1656
クロツヤマガリガ	1711
クロテンカバアツバ	0970
クロテンカバナミシャク	0724
クロテンキクチブサガ	1913
クロテンキノカワガ	0943
クロテンキヨトウ	1571
クロテンシャチホコ	0780
クロテンシロヒメシャク	0502
クロテンツマキヒメハマキ	2509
クロテントビヒメシャク	0522
クロテンフユシャク	0450
(クロテンマメサヤヒメハマキ)	2745
クロテンヤスジカバナミシャク	0702
クロトラフハマキ	2312
クロナデシコキバガ	2171
クロネハイイロヒメハマキ	2729
クロハグルマエダシャク	0289
クロハナギンガ	1505
クロハナコヤガ	0985
クロバネカバナミシャク	0733
クロバネヒトリ	0905
クロバネモグリチビガ	1668
クロハマキホソガ	1749
クロヒカゲ	0117
クロビロードヨトウ	1389
クロフウスアオナミシャク	0740
クロフキエダシャク	0301
クロフキオメイガ	3050
クロフキノメイガ	3151
クロフキマダラノメイガ	3197
クロフケンモン	1283

クロフシロナミシャク ……………………… 0554
クロフタオ ………………………………… 0250
クロフタオビツトガ ………………………… 3030
(クロフタモンマダラメイガ) ……………… 2964
クロフトビイロヤガ ………………………… 1631
クロフトメイガ ……………………………… 2881
クロフヒメエダシャク ……………………… 0267
クロヘリキバガ ……………………………… 2239
クロホウジャク ……………………………… 0198
クロボシシロオオシンクイ ………………… 2844
クロボシハイキバガ ………………………… 2182
クロボシヒメホソハネキバガ ……………… 2164
クロホシフタオ ……………………………… 0253
クロマイコモドキ …………………………… 2029
クロマダライラガ …………………………… 2263
クロマダラエダシャク ……………………… 0263
クロマダラカバナミシャク ………………… 0732
クロマダラキノメイガ ……………………… 3093
クロマダラコキバガ ………………………… 2169
クロマダラシロヒメハマキ ………………… 2636
クロマダラシムシガ ………………………… 2475
(クロマダラメイガ) ………………………… 2953
クロマダラ亜科 …………………………… p. 250
クロミスジシロエダシャク ………………… 0269
クロミツボシアツバ ………………………… 1095
クロミドリバエヒメハマキ ………………… 2752
クロミミキリガ ……………………………… 1527
クロミャクノメイガ ………………………… 3083
クロミャクホソバ …………………………… 0849
クロミャクホソメイガ ……………………… 2982
クロミャクマルハキバガ …………………… 1985
クロムラサキスイコバネ …………………… 1645
クロモクメヨトウ族 ……………………… p. 190
クロモンアオシャク ………………………… 0485
クロモンアシブトヒメハマキ ……………… 2741
クロモンキノメイガ ………………………… 3212
クロモンコヤガ ……………………………… 1225
クロモンシロヒメハマキ …………………… 2707
クロモンツヤキバガ ………………………… 2227
クロモンドクガ ……………………………… 0840
クロモンノコメキバガ ……………………… 2249
クロモンベニマダラハマキ ………………… 2469
クロモンベニマルハキバガ ………………… 2012
クロモンミズアオヒメハマキ ……………… 2658
クロモンミヤマナミシャク ………………… 0565
クロヤエナミシャク ………………………… 0602
クワエダシャク ……………………………… 0401
クワコ ………………………………………… 0157
クワゴマダラヒトリ ………………………… 0906
クワゴモドキシャチホコ …………………… 0752
クワゴモドキ族 …………………………… p. 094
クワヒメハマキ ……………………………… 2542
クワヤマエグリシャチホコ ………………… 0761
クワヤマカマトリバ ………………………… 2835

ケ

ケイギンモンウワバ ………………………… 1201
ケナシクロオビクロノメイガ ……………… 3192
ケブカチビナミシャク ……………………… 0737
ケブカネグロケンモン ……………………… 1252
ケンモンキシタバ …………………………… 1122
ケンモンキリガ ……………………………… 1516
ケンモンミドリキリガ ……………………… 1309
ケンモンヤガ亜科 ………………………… p. 182

コ

コアトキハマキ ……………………………… 2418
コアミメチャハマキ ………………………… 2344
コアヤシャク ………………………………… 0457
ゴイシシジミ ………………………………… 0026
コイズミヨトウ ……………………………… 1538
コウガイゼキショウツツミノガ …………… 2099
コウスアオシャク …………………………… 0478
コウスアオハマキ …………………………… 2358
コウスイロヨトウ …………………………… 1355
コウスグモナミシャク ……………………… 0561
コウスグロアツバ …………………………… 1078
コウスチャヤガ ……………………………… 1617
コウスベリケンモン ………………………… 1247
コウチスズメ ………………………………… 0184
コウノエダシャク …………………………… 0360
コウボウムギクサモグリガ ………………… 1995
コウモリガ …………………………………… 1650
コウモリガ科 ……………………………… p. 212
コウンモンチバ ……………………………… 1157
コエゾマツアミメヒメハマキ ……………… 2664
コエビガラスズメ …………………………… 0172
コカギヒメハマキ …………………………… 2581
コガタイチモジエダシャク ………………… 0427
コガタキシタバ ……………………………… 1134
コガタシロモンノメイガ …………………… 3130
コガタツバメエダシャク …………………… 0444
コガタヒメアオシャク ……………………… 0471
コカバスジナミシャク ……………………… 0685
コカバスソモンヒメハマキ ………………… 2709
コカバフサキバガ …………………………… 2231
コキオビヘリホシヒメハマキ ……………… 2739
コギコブガ …………………………………… 0920
コキスジオビヒメハマキ …………………… 2559
コキツトガ …………………………………… 3022
コギベニマルハキバガ ……………………… 2026
コキマエヤガ ………………………………… 1588
コキマダラセセリ …………………………… 0135
コギマダラメイガ …………………………… 2925
コキモンウスグロノメイガ ………………… 3196
コクガ ………………………………………… 1721
コクガ亜科 ………………………………… p. 218
コクリオビクロヒメハマキ ………………… 2536
コグレヨトウ ………………………………… 1558
(コクロヒメハマキ) ………………………… 2478

コクロモクメヨトウ	1372	コブシロシンクイ	2842
コクワヒメハマキ	2541	コフタオビシャチホコ	0758
コケエダシャク	0316	コフタグロマダラメイガ	2906
コケガ亜科	p. 152	コブノメイガ	3145
コケキオビヒメハマキ	2557	コブヒゲアツバ	1071
コゲチャカギバヒメハマキ	2580	コベニシタヒトリ	0894
コゲチャスソモンヒメハマキ	2703	コベニスジヒメシャク	0492
コゲチャヒゲナガキバガ	2037	ゴボウトガリキバガ	2133
コケモモキンモンホソガ	1847	ゴボウトガリヨトウ	1428
コケモモマガリガ	1712	コホソスジハマキ	2457
コケモモモグリチビガ	1671	コホソハマキ	2375
コゴマヨトウ	1385	コマエアカシロヨトウ	1405
コシボソスカシバ	2289	コマエジロホソメイガ	2983
コシモフリヒメハマキ	2529	ゴマケンモン	1255
コシロオビアオシャク	0466	ゴマシオキシタバ	1131
コシロモンヒメハマキ	2491	ゴマシオコキバガ	2173
コスカシバ	2296	ゴマシジミ	0063
コスギハマキ	2449	ゴマダラウスチャキバガ	2183
コスジオビキヒメハマキ	2772	ゴマダラキコケガ	0875
コスジオビクロヒメハマキ	2774	ゴマダラキリガ	1475
コスジオビハマキ	2431	ゴマダラシロチビキバガ	2161
コスジシロエダシャク	0278	ゴマダラシロナミシャク	0555
コスズメ	0203	ゴマダラチョウ	0099
コスミア亜族	p. 198	ゴマダラノコメキバガ	2248
コチャオビノメイガ	3109	ゴマダラノメイガ	3135
コチャバネセセリ	0130	ゴマダラハイキバガ	2150
コツバメ	0050	ゴマダラベニコケガ	0878
コツマキウスグロエダシャク	0369	(コマバシロキノカワガ)	0909
ゴトウヅルヒメハマキ	2556	コマバシロコブガ	0909
コトサカハマキ	2337	ゴマフキイロキバガ	2188
(コトドマツヒメハマキ)	2767	(ゴマフシロキバガ)	2033
コトラガ	1284	ゴマフシロハビロキバガ	2033
コナガ	1922	ゴマフテングハマキ	2330
コナカオビホソハマキ	2369	ゴマフヒゲナガ	1686
コナガ科	p. 230	ゴマフヒメウスキヒゲナガ	1682
コナフキエダシャク	0432	ゴマフボクトウ	2303
コナミスジキヒメハマキ	2575	ゴマフボクトウ亜科	p. 252
コナラキバガ	2201	ゴマフミダレハマキ	2360
コナラクチブサガ	1906	ゴママダラメイガ	2912
コナラチビガ	1743	コマユミシロスガ	1862
コネマルハキバガ	2110	コマルモンノメイガ	3215
コノハチョウ族	p. 057	コミスジ	0095
コノマチョウ族	p. 078	コムラサキ	0101
コハイイロヨトウ	1556	コムラサキ亜科	p. 068
コハイジロキバガ	2254	(コメシマメイガ)	2857
コバネガ科	p. 212	コメツガクチブサガ	1905
コハモグリガ亜科	p. 226	コメノシマメイガ	2857
コヒオドシ	0074	コモクメヨトウ	1378
コヒサゴキンウワバ	1191	コモクメヨトウ族	p. 191
コヒョウモン	0082	コモンギンスジヒメハマキ	2533
コブガ亜科	p. 157	コヤナギヒメハマキ	2670
コブガ科	p. 157	コユビクサモグリガ	1991
コブガ科亜科所属不明	p. 160	コヨツメアオシャク	0489
コフサヤガ	1166	コヨツメエダシャク	0356
コブシハマキホソガ	1771	コヨツメノメイガ	3167
コブシヒメハマキ	2490		
コブシホソガ	1784		

サ

サイグサトリバ	2818
サカイマルハキバガ	2025
サカハチクロナミシャク	0607
サカハチチョウ	0066
サカハチトガリバ	0237
サカモンヒメハマキ	2494
サクラキバガ	2199
サクラキバガ亜科	p. 246
サクラクロテンキバガ	2153
サクラケンモン	1261
サクラスガ	1856
サクラソウキバガ	2140
サクラマルモンヒメハマキ	2486
ササザナミキヒメハマキ	2606
サザナミシロヒメシャク	0517
サザナミスズメ	0175
サザナミノメイガ	3133
ササノクサモグリガ	1999
ササベリガ亜科	p. 286
ササベリガ科	p. 286
サッポロカザリバ	2128
サッポロチャイロヨトウ	1412
サッポロネマルハキバガ	2113
サッポロヒゲナガ	1701
サッポロヒメハマキ	2482
サツマツトガ	3002
サトウヒメハマキ	2514
サトキマダラヒカゲ	0119
サハリンモグリチビガ	1653
(サビイロコヤガ)	1239
サビイロササベリガ	2807
サビイロヤガ	1239
サラサエダシャク	0405
サラサリンガ	0945
サロベツツトガ	3015
サワグルミキンモンホソガ	1835
サンカクマダラメイガ	2968
サンカクモンヒメハマキ	2788
サンザシキンモンホソガ	1818
サンショウヒラタマルハキバガ	0966

シ

シータテハ	0070
シーベルスシャチホコ	0766
シーモンキンウワバ	1197
シコタンコハマキ	2769
シシウドササベリガ	2809
シジミチョウ亜科	p. 031
シジミチョウ科	p. 031
シソフシガ	2478
シタウスキヒメハマキ	2783
シダエダシャク	0439
シタクモエダシャク	0344
シタグロホソバ	0858
シタコバネナミシャク	0542
シタジロシロモンヒメハマキ	2763
シタバガ亜科	p. 170
シタバガ族	p. 170
シダメイガ亜科	p. 302
シナトビスジエダシャク	0345
シナノオエダシャク	0296
シナノキチビガ	1741
シネフチビガ	1740
シノノメマルハキバガ	1958
シバットガ	3032
シベチャキリガ	1520
シベチャケンモン	1275
シベチャシロヒメシャク	0510
シベチャツマジロヒメハマキ	2508
シマカラスヨトウ	1301
シマキリガ	1492
シマホソメイガ族	p. 296
シママイガ亜科	p. 289
シママイガ族	p. 289
シマヨトウ	1321
シマヨトウ族	p. 187
シモツケチャイロヒメハマキ	2535
シモフリスズメ	0170
シモフリツツミノガ	2091
シモフリトゲエダシャク	0379
シモフリマダラメイガ	2953
シモフリミヤマキバガ	2156
シャクガ科	p. 110
シャクノマルハキバガ	1976
シャチホコガ	0794
シャチホコガ科	p. 140
シャチホコガ族	p. 145
ジャノメチョウ	0114
ジャノメチョウ亜科	p. 071
ジャノメチョウ族	p. 071
シャンハイオエダシャク	0294
シュモンノメイガ	3203
ジョウザンケンモン	1263
ジョウザンシジミ	0059
ジョウザンチビトリバ	2823
ジョウザンヒトリ	0890
ジョウザンミドリシジミ	0043
ショウブオオヨトウ	1422
ショウブヨトウ	1424
ジョナスキシタバ	1135
シラオビアカガネヨトウ	1381
シラオビキリガ	1493
シラカバツツミノガ	2050
シラカバピストルミノガ	2073
シラクモアツバ	1025
(シラクモコヤガ)	1350
シラクモヤガ	1350
シラクモヤガ族	p. 189
シラナミアツバ	1090
シラナミクロアツバ	1051
シラナミナミシャク	0579

シラフオオヒメハマキ	2506
シラフクチバ	1158
シラフクチバ族	p. 175
シラフシロオビナミシャク	0559
シラホシキリガ	1490
シラホシコヤガ	0984
シラホシミヤマヒロズコガ	1722
シラホシモクメクチバ族	p. 174
シラホシヨトウ	1544
シラヤマギクツツミノガ	2079
シリグロハマキ	2429
シレトコキノコヨトウ	1335
シレトコツメヨトウ	1299
シロアシクロノメイガ	3155
シロアシヨツモンヒメハマキ	2786
シロアヤヒメノメイガ	3199
シロイチモジマダラメイガ	2926
シロイチモジリガ	1348
（シロイチモンジマダラメイガ）	2926
シロエグリコヤガ	0990
シロエグリットガ	2987
シロオビアオシャク	0464
シロオビアゲハ	0010
シロオビオエダシャク	0295
シロオビカバナミシャク	0735
シロオビギンハマキ	2315
シロオビクルマコヤガ	1000
シロオビクロキバガ	2200
シロオビクロナガ	1926
シロオビクロナミシャク	0558
シロオビクロマダラメイガ	2940
シロオビコブガ	0918
シロオビドクガ	0839
シロオビノメイガ	3138
シロオビハイイロヤガ	1609
シロオビハマキ	2345
シロオビハマキモドキ	2801
シロオビヒメエダシャク	0266
（シロオビヒメハマキ）	2577
シロオビヒメヒカゲ	0106
シロオビヒロバクサモグリガ	1989
シロオビフユシャク	0448
シロオビホソハマキモドキ	1943
シロオビマダラヒメハマキ	2725
シロオビマダラメイガ	2896
シロオビミヤマキバガ	2157
シロオビヨトウ	1559
シロガシラホソキバガ	2038
シロクビキリガ	1458
シロクロキバガ	2175
シロケンモン	1259
シロコヤガ	1001
シロシタオビエダシャク	0318
シロシタケンモン	1274
シロシタコバネナミシャク	0541
シロシタトビイロナミシャク	0652
シロシタバ	1120

シロシタヒメナミシャク	0552
シロシタホタルガ	2284
シロシタヨトウ	1560
シロジネマルハキバガ	2112
シロジマエダシャク	0307
シロジマシャチホコ	0790
シロスジアオヨトウ	1368
シロスジアツバ	1067
シロスジエグリシャチホコ	0777
シロスジオオエダシャク	0364
シロスジカサガ	2784
シロスジキノコヨトウ	1343
シロスジキリガ	1454
シロスジキンウワバ	1193
シロスジクチブサガ	1916
シロスジクルマメイガ	3076
シロスジクロマダラメイガ	2934
シロスジクロモンノメイガ	3080
シロスジシャチホコ	0785
シロスジツマキリヨトウ	1331
シロスジトモエ	1097
シロスジヒロバヒメハマキ	2722
シロスジベニマルハキバガ	2022
シロスジヘリホシヒメハマキ	2735
シロスジホソガ	1776
シロスジマダラメイガ	2959
シロスジヨトウ	1549
シロズソモンヒメハマキ	2710
シロズホソハマキモドキ	1935
シロズメムシガ	1896
シロチョウ科	p. 022
シロトトガ	2998
シロツバメエダシャク	0446
シロツバメメスガ	1883
シロツメモンヒメハマキ	2789
シロテンウスグロノメイガ	3190
シロテンウスグロヨトウ	1358
シロテンエダシャク	0329
シロテンカバナミシャク	0723
シロテンキノメイガ	3150
シロテンキヨトウ	1566
シロテンクチバ	1161
シロテンクロキバガ	2208
シロテンクロマイコガ	2046
シロテンクロヨトウ	1326
シロテンサザナミナミシャク	0594
シロテンシャチホコ	0781
シロテンツマキリアツバ	1038
シロテントビスジエダシャク	0358
シロテンノメイガ	3128
シロテンムラサキアツバ	1058
シロトゲエダシャク	0381
シロナヨトウ	1347
シロノコメキバガ	2259
シロハネコブガ	0916
シロハマキホソガ	1747
シロハマグリガ亜科	p. 231

シロハラノメイガ	3166
シロヒシモンコヤガ	1212
シロヒトリ	0896
シロヒメシャク	0499
シロヒラタモグリガ	1673
シロフアオヨトウ	1386
シロフクロノメイガ	3186
シロフコヤガ	1217
シロフタオ	0249
シロフタスジツトガ	3021
シロフチビコブガ	0923
シロフフユエダシャク	0375
シロヘリキリガ	1530
シロヘリハマキモドキ	2797
シロホシエダシャク	0310
シロホシキシタヨトウ	1362
シロホシクロアツバ	1063
シロホシマルハキバガ	1972
シロホソオビクロナミシャク	0560
シロホソコヤガ	0980
シロホソスジナミシャク	0636
シロホソバ	0861
シロホソハマキモドキ	1944
シロホソマダラメイガ	2974
シロマダラカバナミシャク	0714
シロマダラコヤガ	1218
シロマダラノメイガ	3184
シロマダラヒメハマキ	2540
シロマダラメイガ	2977
シロマルモンヒメハマキ	2662
シロミミチビヨトウ	1407
シロミミハイイロヨトウ	1398
シロミャクツツミノガ	2083
シロムネクチブサガ	1908
シロモンアツバ	1055
シロモンオビヨトウ	1361
シロモンカバナミシャク	0700
シロモンキエダシャク	0357
シロモンキンメムシガ	1889
シロモンクロエダシャク	0406
シロモンクロキバガ	2207
シロモンクロノメイガ	3117
シロモンコヤガ	1229
シロモンシマメイガ	2865
シロモンツトガ	3025
シロモンツマキリアツバ	1044
シロモンノメイガ	3147
シロモンヒメハマキ	2502
シロモンヤガ	1627
シロヤエナミシャク	0605
シンクイガ科	p. 288
シンクイヒメハマキガ族	p. 282
シンジュノカワガ	0957
シンジュサン	0158
シンチュウモンメムシガ	1888

ス

スイカズラクチブサガ	1902
スイカズラホソバヒメハマキ	2572
スイコバネガ科	p. 212
スカシカレハ	0148
スカシサン亜科	p. 094
スカシノメイガ	3183
スカシバガ亜科	p. 251
スカシバガ科	p. 251
スガ亜科	p. 226
スガ科	p. 226
スギキタヨトウ	1421
スギゴケヒメハマキ	2549
スギタニキリガ	1521
スギタニゴマケンモン	1258
スギタニシロエダシャク	0259
スギタニルリシジミ	0055
スギドクガ	0824
スキバホウジャク	0191
スギハマキ	2437
スグリシロエダシャク	0258
ズグロツバメアオシャク	0474
スゲスゴモリキバガ(新称)	2041
スゲドクガ	0832
スジアカヨトウ	1391
スジアツバ	1015
スジウスキキバガ	2212
スジエグリシャチホコ	0762
スジエグリハマキ	2334
スジオビクロヒメハマキ	2773
スジキノコヨトウ	1337
スジキリヨトウ	1349
スジキリヨトウ族	p. 189
スジグロウスキヨトウ	1432
スジグロエダシャク	0359
スジグロシロチョウ	0020
スジグロチャバネセセリ	0132
スジグロハマキ	2326
スジグロマダラメイガ	2918
スジクロモクメヨトウ	1367
スジコヤガ	1215
スジコヤガ亜科	p. 179
スジシロキヨトウ	1572
スジシロコヤガ	1222
スジツバメアオシャク	0476
スジトビハマキ	2446
スジハグルマエダシャク	0288
スジベニコケガ	0879
スジボソヤマメイガ	3044
スジマガリノメイガ	3095
スジモクメシャチホコ	0783
スジモンカバノメイガ	3107
スジモンツバメアオシャク	0473
スジモンヒトリ	0900
ススキキオビカザリバ	2125
スズキシャチホコ	0806

スズメガ亜科	p. 099		ソトキクロエダシャク	0370
スズメガ科	p. 099		ソトキナミシャク	0631
スズメノヤリツツミノガ	2098		ソトシロオビエダシャク	0342
スソクロモンアカチャヒメハマキ	2715		ソトシロオビナミシャク	0744
スソクロモンヒメハマキ	2716		ソトシロスジミズメイガ	3058
スネブトヒメハマキ	2496		ソトジロツマキリクチバ	1146
スノキツツミノガ	2059		ソトジロツマキリクチバ族	p. 174
スノキツマジロヒメハマキ	2520		ソトジロトガリヒメハマキ	2705
スヒロキバガ科	p. 232		ソトシロフヨトウ	1375
ズマダラハイトビバガ	2185		ソトベニフトメイガ	2882
スミコブガ	0921		ソトムラサキアツバ	1006
ズミメムシガ	1890		ソトムラサキコヤガ	1210
スミレクビグロクチバ	1141		ソバカスキバガ	2149
スミレシロヒメシャク	0504			
スモモエダシャク	0396		**タ**	
スモモキリガ	1522		ダイアナハマキモドキ	2796
スモモヒメシンクイ	2756		タイスアゲハ族	p. 012
			ダイズサヤムシガ	2746
セ			ダイセツキシタヨトウ	1540
セアカバナミシャク	0704		ダイセツキバガ	2193
セアカキンウワバ	1182		ダイセツタカネエダシャク	0302
セアカヨトウ	1409		ダイセツタカネヒカゲ	0105
セウスイロハマキ	2322		ダイセツチビトガ	3027
セウスモンヒメハマキ	2628		ダイセツチビハマキ	2462
セキナミシャク	0630		ダイセツトガ	3011
セグロシャチホコ	0750		ダイセツドクガ	0829
セグロベニトゲアシガ	2047		ダイセツナガ	1923
セクロモンカギバヒメハマキ	2586		ダイセツヒトリ	0887
セクロモンヒメハマキ	2632		ダイセツヒメハマキ	2720
セサンカクモンヒメハマキ	2604		ダイセツホソハマキ	2386
セシモフリヒメハマキ	2754		ダイセツヤガ	1625
セジロトガリホソガ	2119		（ダイセンシジミ）	0036
セジロナミシャク	0681		ダイダイモンチョウ	0024
セジロヒメハマキ	2726		ダイミョウセセリ	0124
セジロホソハマキ	2362		タイリクウスイロヨトウ	1539
セジロメムシガ	1885		タイリクキノメイガ	3092
セシロモンヒメハマキ	2629		タイワンウスキノメイガ	3161
セスジヨトウ	1402		タイワンキシタアツバ	1005
セセリチョウ科	p. 082		タイワンキシタクチバ	1106
セセリモドキガ科	p. 289		タカオシロヒメシャク	0503
セダカシャチホコ	0819		タカギキンモンホソガ	1842
セダカモクメ	1291		タカネキクセダカモクメ	1298
セダカモクメ亜科	p. 185		タカネコケモモツツミノガ	2058
セニジモンアツバ	1036		タカネショウブヨトウ	1423
セブトエダシャク	0331		タカネナガバヒメハマキ	2547
セブトモクメヨトウ	1387		タカネナミシャク	0566
セモンカギバヒメハマキ	2589		タカネハマキ	2448
センモンヤガ	1595		タカムカクレハ	0144
			タカムクマルハキバガ	1964
ソ			タケウチトガリバ	0247
ソウウンクロオビナミシャク	0650		タケカレハ	0145
ソトウスグロアツバ	1065		ダケカンバキンモンホソガ	1828
ソトウスナミガタアツバ	1019		ダケカンバツツミノガ	2060
ソトカバナミシャク	0697		ダケカンバヒメハマキ	2627
ソトキイロアツバ	0965		ダケカンバミツコブキバガ	2155
			タデキボシホソガ	1774

タデキリガ	1344		チャハマキ	2436
タデキリガ族	p. 189		チャマダラエダシャク	0366
(タデコヤガ)	1344		チャマダラセセリ	0125
タテシマノメイガ	3086		チャマダラセセリ亜科	p. 083
タテジマホソマイコガ	2804		チャマダラハマキ	2323
タテスジカギバヒメハマキ	2595		チャマダラマルハキバガ	1977
タテスジケンモン	1278		チャモンカギバヒメハマキ	2583
タテスジシャチホコ	0812		チャモンキホソハマキ	2389
タテスジトガリホソガ	2122		チャモンギンハマキ	2314
タテスジナミシャク	0584		チャモンシロキバガ	2257
タテスジハマキ	2421		チャモンノメイガ	3211
タテハチョウ亜科	p. 051		チョウセンエグリシャチホコ	0811
タテハチョウ科	p. 050		チョウセンキボシセセリ亜科	p. 085
タテハチョウ族	p. 051		チョウセンシロチョウ	0021
タテヤマヒメハマキ	2669		(チョウセントリバ)	2821
タニガワツツミノガ	2097		チョウセンハガタナミシャク	0619
タバコガ	1311			
タバコガ亜科	p. 187		**ツ**	
タマナギンウワバ	1200			
タマナヤガ	1593		ツガカレハ	0151
タマヌキトガリバ	0242		ツガヒロバキバガ	2005
タマヒメハマキ	2646		ツキワクチバ	1156
ダンダラコガ	1928		ツゲノメイガ	3182
タンポキヨトウ	1568		ツタホソガ	1790
タンポキンウワバ	1204		ツチイロキバガ	2251
タンポヤガ	1626		ツチイロノメイガ	3176
			ツチイロヒメハマキ	2644
チ			ツツジキバガ	2202
			ツツジハマキ	2325
チシマシロスジコウモリ	1647		ツツジハマキホソガ	1761
チズモンアオシャク	0461		ツツジメムシガ	1895
チズモンクチバ族	p. 176		ツツマダラメイガ	2890
チビアトクロナミシャク	0625		ツツミノガ科	p. 237
チビガ科	p. 219		ツヅリガ	2855
チビクロアツバ	0967		ツヅリガ亜科	p. 289
チビツトガ	2989		ツヅリガ族	p. 289
チビトガリアツバ	0969		ツヅリモンハマキ	2411
チビトビスジエダシャク	0353		ツトガ	3035
チビヒメナミシャク	0667		ツトガ亜科	p. 297
チビホソハマキ	2377		ツトガ科	p. 297
チビマルモンノメイガ	3214		ツバメガ科	p. 109
チビムジアオシャク	0488		ツバメシジミ	0053
チャイロエダモグリガ	2103		ツバメスガ亜科	p. 228
チャイロカバナミシャク	0734		ツマアカカギバヒメハマキ	2591
チャイロキリガ	1532		ツマアカシャチホコ	0748
チャイロナミシャク	0585		ツマアカシャチホコ亜科	p. 140
チャイロヒラタモグリガモドキ	1988		ツマアカナミシャク	0536
チャオビオエダシャク	0297		ツマオビアツバ	1070
チャオビコバネナミシャク	0544		ツマオビキホソハマキ	2383
チャオビトビモンエダシャク	0385		ツマオビシロホソハマキ	2370
(チャオビハマキ)	2345		ツマオビセンモンホソハマキ	2380
チャオビマエモンナミシャク	0591		ツマオビホソハマキ	2379
チャオビヨトウ	1316		ツマカバコブガ	0912
チャバネキボシアツバ	1035		ツマキウスグロエダシャク	0368
チャバネトガ	2996		ツマキエダシャク	0290
チャバネフタオビアツバ	1008		ツマキオオクチバ族	p. 176
チャバネフユエダシャク	0377		ツマキオオヒメハマキ	2511

ツマキクロヒメハマキ	2698
ツマキシマメイガ	2862
ツマキシャチホコ	0797
ツマキシャチホコ族	p. 145
ツマキシロナミシャク	0615
ツマキチョウ	0016
ツマキチョウ族	p. 024
ツマキトガリホソガ	2118
ツマキナカジロナミシャク	0642
ツマキハイイロヒメハマキ	2733
ツマキヒラタモグリガ	1675
ツマキホソハマキモドキ	1933
ツマキリアツバ亜科	p. 165
ツマキリエダシャク	0430
ツマキリヨトウ亜科	p. 188
ツマギンスジナガバホソハマキ	2387
ツマグロキヨトウ	1577
ツマグロコホソハマキ	2371
ツマグロツヤキバガ	2226
ツマグロテンヒメハマキ	2686
ツマグロナミシャク	0576
ツマグロヒョウモン	0091
ツマグロフトメイガ	2876
ツマグロモンメイガ	3067
ツマジロウラジャノメ	0111
ツマジロカラスヨトウ	1305
ツマジロクロヒメハマキ	2477
ツマジロシャチホコ	0804
ツマジロツマキリアツバ	1048
ツマジロヒメハマキ	2518
ツマジロベニマルハキバガ	2023
ツマスジキバガ	2218
ツマスジキンモンホソガ	1838
ツマスジツトガ	3005
ツマスジヒラタモグリガ	1677
ツマテンコブヒゲアツバ	1083
ツマテンコヤガ	0995
ツマトビキエダシャク	0397
ツマトビコヤガ	0992
ツマトビシロエダシャク	0441
ツマベニシマコヤガ	0988
ツマベニヒメハマキ	2488
ツママルモンヒメハマキ	2485
ツマモンエグリハマキ	2332
ツマモンギンチビキバガ	2221
ツマモンコブガ	0934
ツマモンヒゲナガ	1699
ツマモンベニヒメハマキ	2483
ツメクサガ	1313
ツメクサキヨトバ	1147
ツメクサキシタバ族	p. 174
ツメヨトウ亜科	p. 186
ツヤオビキンモンホソガ	1840
ツヤコガ科	p. 215
ツヤスジウンモンヒメハマキ	2554
ツヤスジハマキ	2412
ツリバナスガ	1865

ツルウメモドキシロハモグリ	1948
ツルウメモドキスガ	1861
ツルギキンモンホソガ	1816
ツルマサキスガ	1868

テ

デコボコマルハキバガ	1980
テンウスイロヨトウ	1357
テンオビナミシャク	0538
テンオビヨトウ	1442
テンオビヨトウ亜族	p. 195
テングイラガ	2267
テングチョウ	0064
テングチョウ亜科	p. 050
テングハマキ	2404
テングハマキガ族	p. 260
テンクロアツバ	0958
テンクロアツバ亜科	p. 161
テンクロトビマダラメイガ	2952
テンスジアオナミシャク	0742
テンスジウスキヨトウ	1430
テンスジキリガ	1473
テンスジツトガ	3009
テンスジヒメナミシャク	0669
テンツマナミシャク	0611
テンモンチビエダシャク	0424
テンモントガリヨトウ	1438

ト

ドアイウンモンヒメハマキ	2721
ドイツトウヒマダラメイガ	2945
トウヒオオハマキ	2450
トウヒコハマキ	2768
トウヒシロスジヒメハマキ	2653
トウヒツヅリヒメハマキ	2650
トウヒヒメハマキ	2528
トウヒミヤマキバガ	2158
トウホクチビコブガ	0929
トウホクヤマメイガ	3041
トカチセダカモクメ	1289
トガリオオメイガ	3052
トガリバガ亜科	p. 107
トガリバヒメハマキ	2473
トガリバヒメハマキガ族	p. 267
トガリヒロバキバガ	2006
トガリホソハマキ	2396
トガリメイガ族	p. 290
トガリヨトウ	1445
ドギュンサンコキポシキバガ	2178
（トギレエダシャク）	0374
トギレフユエダシャク	0374
トキンソウトリバ	2816
（ドクウツギツノエグリヒメハマキ）	2619
ドクウツギヒメハマキ	2619
ドクガ	0846

ドクガ科	p. 148	ドロヒメハマキ	2499
ドクチョウ族	p. 058	トンボエダシャク	0304
ドクチョウ亜科	p. 058	トンボシロチョウ亜科	p. 022
トサカササベリガ	2806		
トサカハマキ	2343		
トサカフトメイガ	2889	**ナ**	
トドマツアミメヒメハマキ	2663	ナカアオフトメイガ	2885
トドマツカサガ	2780	ナカアカスジマダラメイガ	2950
トドマツコハマキ	2767	ナカウスエダシャク	0314
トドマツチビヒメハマキ	2567	ナカウスキコヤガ	1211
トドマツツツミノキバガ	2219	ナウウスヅマヒメハマキ	2505
トドマツハイモンヒメハマキ	2553	ナカオビアキナミシャク	0659
トドマツヒメハマキ	2634	ナカオビウスツヤヒメハマキ	2668
トドマツミキモグリガ	2781	ナカオビカバナミシャク	0694
トドマツメムシガ	1884	ナカオビキバガ	2252
トビイロシマメイガ	2858	ナカオビキリガ	1449
トビイロスズメ	0179	ナカオビキンモンホソガ	1813
トビイロミヤマキバガ	2159	ナカオビチビピットガ	3026
トビカギバエダシャク	0299	ナカオビチャイロヤガ	1615
トビギンボシシャチホコ	0823	ナカオビナミスジキヒメハマキ	2510
トビスジアツバ	1086	ナカキエダシャク	0431
トビスジイラガ	2275	ナカキシャチホコ	0813
トビスジコナミシャク	0573	ナカキチビマダラメイガ	2966
トビスジシャチホコ	0787	ナガキバアツバ	1082
トビスジヒメナミシャク	0577	ナカキマエモンコヤガ	1231
トビスジマダラメイガ	2976	ナカクロオビナミシャク	0574
トビネオオエダシャク	0363	ナカグロチビナミシャク	0731
トビネマダラメイガ	2908	ナカグロツマジロヒメハマキ	2521
トビハマキ	2445	ナカグロホソキリガ	1462
トビフタスジアツバ	1042	ナカグロマルモンヒメハマキ	2487
トビヘリキノメイガ	3159	ナカグロモクメシャチホコ	0754
トビマダラシャチホコ	0789	ナカグロヤガ	1632
トビマダラモンメイガ	3069	ナガサキアゲハ	0008
トビモンオオエダシャク	0387	ナカジロアツバ	1002
トビモンコハマキ	2459	ナカジロキシタヨトウ	1365
トビモンコヤガ	1221	ナカジロシタバ	1241
トビモンシャチホコ亜科	p. 145	ナカジロシタバ亜科	p. 181
トビモンシャチホコ族	p. 146	ナカシロスジナミシャク	0572
トビモンシロコブガ	0933	ナカジロナミシャク	0747
トビモンシロナミシャク	0639	ナカジロネグロエダシャク	0323
(トビモンシロノメイガ)	3069	ナカジロハマキ	2352
トビモンシロヒメハマキ	2712	ナカジロフトメイガ	2883
トビモンハマキ	2410	ナカスジキヨトウ	1574
トビモンヒメハマキ	2713	ナカスジシャチホコ	0784
トモエガ亜科	p. 168	ナカトビフトメイガ	2886
トモエガ族	p. 168	ナカノホソトリバ	2822
トモンノメイガ	3112	ナカハスジベニホソハマキ	2392
トラガ	1285	ナガバヒロズコガ	1723
トラガ亜科	p. 185	ナガハマツトガ	3033
トラノオナミシャク	0745	ナガフタオビキヨトウ	1564
トラフシジミ	0051	ナカボシキンモンホソガ	1802
トラフツバメエダシャク	0447	ナカミツテンノメイガ	3101
トラフハマキ	2311	ナカムラサキフトメイガ	2877
トラフモグリチビガ	1666	ナカモンキナミシャク	0595
トリバガ科	p. 286	(ナカモンキンホソガ)	1802
ドルリーカザリバ	2124	ナカモンツトガ	3010
ドロキリガ	1500	ナガユミモンマルハキバガ	1956

ナシイラガ	2264	ニセウスキシロヒメハマキ	2621
ナシキリガ	1495	ニセウギンスジキハマキ	2318
ナシケンモン	1276	ニセウスグロイガ	1727
(ナシハマキマダラメイガ)	2923	ニセウスグロヒメスガ	1879
ナシヒメシンクイ	2755	ニセウンモンキハマキ	2319
ナシマダラメイガ	2910	ニセエダオビホソハマキ	2390
ナシモンエダシャク	0428	ニセオレクギエダシャク	0350
ナツハゼヒメハマキ	2551	ニセキバラケンモン	1249
ナデシコカクレツミノガ	2102	ニセキボシクロキバガ	2177
ナデシコツツミノガ	2101	ニセキマエホソバ	0862
ナナカマドキンモンホソガ	1819	ニセギンボシモトキヒメハマキ	2515
ナナカマドメムシガ	1891	ニセクシヒゲヒメハマキ	2641
ナナスジナミシャク	0664	(ニセクヌギキハモグリガ)	1713
ナナホシヒロキバガ	1954	ニセクヌギキムンホモグリ	1713
ナニセノメイガ	3070	ニセクヌギキンモンホソガ	1806
ナニワズハリキバガ	2028	ニセクロクモシロキバガ	2255
(ナノメイガ)	3070	ニセコクマルハキバガ	2019
ナマリキリガ	1534	ニセコシワヒメハマキ	2573
ナマリケンモン	1248	ニセコロスジットガ	3016
ナミガタアツバ	1020	ニセシロヒメシンクイ	2617
ナミガタウスキアオシャク	0468	ニセシロフコヤガ	1227
ナミガタエダシャク	0348	ニセシロモンヒメハマキ	2503
ナミガタシロナミシャク	0618	ニセスガ科	p. 228
ナミコブガ	0915	ニセセキオビヒメハマキ	2765
ナミシャク亜科	p. 129	ニセタマナヤガ	1583
ナミスジエダシャク	0346	ニセツマアカシャチホコ	0749
ナミスジキヒメハマキ	2531	ニセトガリヨトウ	1446
ナミスジコアオシャク	0481	ニセトビモンコハマキ	2460
ナミスジトガリバ	0246	(ニセナシハマキマダラメイガ)	2924
ナミスジフユナミシャク	0654	ニセノメイガ亜科	p. 302
ナミテンアツバ	1010	ニセハイイロリノメイガ	3210
ナミモンカギバヒメハマキ	2577	ニセハギカギバヒメハマキ	2603
ナラウススジハマキホソガ	1773	ニセハッカネムシガ	2481
ナラキンモンホソガ	1809	ニセバラシロハマキ	2691
ナラクロオビキバガ	2187	ニセハルタギンガ	1504
ナラクロテンキバガ	2152	ニセフタテンツトガ	3024
ナラコハマキ	2350	ニセマイコガ科	p. 236
ナラツツミノガ	2049	(ニセマメサヤヒメハマキ)	2746
ナワメナミシャク	0627	ニセミドリヒメハマキ	2660
ナンキンキノカワガ亜科	p. 160	ニセムモンシロオオメイガ	3049
		ニセモンシロスソモンヒメハマキ	2706
ニ		ニセヤチツツミノガ	2096
		(ニセヤナギハマキ)	2323
ニガキギンホソガ	1782	ニセヤナギメムシガ	2648
ニカメイガ	2993	ニセリンゴハマキモドキ	2793
ニカメイガモドキ	2994	ニッコウアオケンモン	1257
ニシキギスガ	1863	ニッコウエダシャク	0392
ニシキキンウワバ	1176	ニッコウキエダシャク	0284
ニシキシマメイガ	2866	ニッコウケンモン	1281
ニシベツヒメハマキ	2592	ニッコウシャチホコ	0792
(ニジュウシトリバ)	2812	ニッコウナミシャク	0583
ニジュウシトリバガ科	p. 286	ニッコウフサヤガ	1167
(ニセアズキサヤヒメハマキ)	2743	ニッポンクサモグリガ	2001
ニセイグサキバガ	2144	ニホンセセリモドキ	2845
ニセイタヤマダラメイガ	2924	ニレキリガ	1487
ニセイツカドモンヒメハマキ	2639	ニレキンモンホソガ	1843
ニセイボタコスガ	1872	ニレコツツミノガ	2055

ニレコヒメハマキ	2623	ノギクメムシガ	2723
ニレチャイロヒメハマキ	2630	ノコギリスズメ	0188
ニレナガツツミノガ	2054	ノコギリソウツツミノガ	2086
ニレハマキ	2353	ノコスジモンヤガ	1614
ニレハマキホソガ	1765	ノコヒゲクチブサガ	1909
ニレハマキモドキ	2795	ノコメキシタバ	1126
ニレマダラヒメハマキ	2631	ノコメセダカヨトウ	1374
		ノコメトガリキリガ	1483

ヌ

		ノコンギクハナツツミノガ	2087
		ノシメマダラメイガ	2978
ヌカビラネジロキリガ	1448	ノヒラキヨトウ	1573
ヌスビトハギツヤホソガ	1796	ノメイガ亜科	p. 303
ヌスビトハギマダラホソガ	1778	ノメイガ族	p. 303
ヌマベウスキヨトウ	1351	ノリクラヤマメイガ	3039
ヌルデギンホソガ	1781	ノンネマイマイ	0843

ネ

ハ

ネアオフトメイガ	2887	ハイイロアカバナキバガ	2106
ネアカナカジロナミシャク	0644	ハイイロアミヒメハマキ	2666
ネウスハマキ	2316	ハイイロウスモンハマキ	2406
ネギコガ	1930	ハイイロオオエダシャク	0388
ネギホソバヒメハマキ	2570	ハイイロオオササベリガ	2808
ネグロアツバ	1094	ハイイロキシタヤガ	1634
ネグロウスベニナミシャク	0609	ハイイロキノコヨトウ	1338
ネグロエダシャク	0322	ハイイロクビグロクチバ	1138
ネグロケンモン	1253	ハイイロケンモン	1265
(ネグロシロマダラヒメハマキ)	2671	ハイイロコバネナミシャク	0543
ネグロトガリバ	0236	ハイイロゴマダラヒメキバガ	2167
ネグロハマキ	2349	ハイイロシャチホコ	0818
ネグロヒメハマキ	2672	ハイイロシロスジマダラメイガ	2920
ネグロフトメイガ	2879	ハイイロセダカモクメ	1290
ネグロホソハマキ	2395	ハイイロニセスガ	1899
ネグロヨトウ	1243	ハイイロハガタヨトウ	1307
ネコヤナギコハモグリ	1852	ハイイロハマキガ族	p. 260
ネジロキノカワガ	0956	ハイイロハマキホソガ	1750
ネジロキンモンホソガ	1808	ハイイロヒメシャク	0507
ネジロナカグロキバガ	2184	ハイイロボクトウ	2304
ネジロフトクチバ	1164	ハイイロホソバノメイガ	3154
ネジロマルハキバガ	1969	ハイイロマダラノコメキバガ	2245
ネジロミズメイガ	3054	ハイイロマダラメイガ	2930
ネスジシラクモヨトウ	1399	ハイイロヨトウ	1485
ネスジナミシャク	0587	ハイイロリンガ	0949
ネズミホソバ	0851	ハイイロルリノメイガ	3209
ネブトキンバネツツミノガ	2067	ハイクチブサガ	1910
ネホウスツマヒメハマキ	2525	(ハイササベリガ)	2808
ネマルハキバガ亜科	p. 241	ハイジロオオキバガ	2253
ネマルハキバガ科	p. 241	ハイトビスジハマキ	2447
ネムロウスモンヤガ	1640	ハイナミスジキヒメハマキ	2513
ネムロハマキ	2455	ハイバラシロシャチホコ	0793
ネムロウサヒメハマキ	2760	ハイマダラキバガ	2206
ネモンシロフコヤガ	1228	ハイマダラクチバ	1136
ネモンノメイガ	3153	ハイマダラコヤガ	0994
		ハイマダラヒメハマキ	2574

ノ

		(ハイマツアカシンムシ)	2681
		ハイマツコヒメハマキ	2651
ノギククロツツミノガ	2081	ハイミダレモンハマキ	2347

ハイモンカマトリバ	2829		ハマセダカモクメ	1293
ハイモンキシタバ	1125		ハマナスツツミノガ	2048
ハカジモドキノメイガ	3146		ハマナストリバ	2821
ハガタアオヨトウ	1371		ハマナスヒメシンクイ	2757
ハガタウスキヨトウ	1435		ハマナスヒメハマキ	2689
ハガタエグリシャチホコ	0778		（ハマナスホソバヒメハマキ）	2569
ハガタキコケガ	0881		ハマベホソメイガ	2980
ハガタキリバ	1113		ハミスジエダシャク	0336
ハガタクチバ	1162		ハモグリガ亜科	p. 231
ハガタチビナミシャク	0679		ハモグリガ科	p. 231
ハガタツバメアオシャク	0475		ハモグリキバガ亜科	p. 242
ハガタナミシャク	0635		ハヤシミドリシジミ	0040
ハガタベニコケガ	0880		ハラアカウスアオナミシャク	0741
ハギツヤホソガ	1797		ハラキカバナミシャク	0706
ハギノシロオビキバガ	2211		バラギンオビヒメハマキ	2507
ハギノマルハキバガ	1963		バラシロエダシャク	0273
ハギマダラホソガ	1779		バラシロヒメハマキ	2688
ハグルマアツバ	1060		ハラナガキマダラノメイガ	3148
ハグルマエダシャク	0286		ハラブトヒメハマキガ族	p. 267
ハコベナミシャク	0581		バラモンハマキ	2324
ハコベハナツツミノガ	2085		ハリキバガ亜科	p. 235
ハコベヤガ	1628		ハリギリオビギンホソガ	1849
ハシドイコスガ	1873		ハリギリマイコガ	1945
ハシドイハイオビホソガ	1850		ハルタギンガ	1503
ハシドイヒメハマキ	2656		ハルニレキバガ	2180
ハジマヨトウ	1416		ハングロアツバ	1022
ハスオビアツバ	1073		バンタイマイマイ	0844
ハスオビエダシャク	0394		ハンノキスイコバネ	1644
ハスオビキエダシャク	0408		ハンノキツツミノガ	2061
ハスオビヒメアツバ	0973		ハンノキミダレモンハマキ	2341
ハスオビマダガ	2848		ハンノキリガ	1455
ハスオビヤナギキンモンホソガ	1830		ハンノキンモンホソガ	1825
ハスジチビホソハマキ	2394		ハンノケンモン	1272
ハスジトガリヒメシャク	0508		ハンノチビキンモンホソガ	1801
ハスジミジンアツバ	0976		ハンノトビスジエダシャク	0354
ハスモンヨトウ	1346		（ハンノナガホソガ）	1767
ハチノスツヅリガ	2850		ハンノナミシャク	0672
ハチノスヒロズコガ	1725		ハンノハマキホソガ	1768
ハッカノネムシガ	2480		ハンノホシボシホソガ	1746
ハッカノメイガ	3113		ハンノマイコガ	2043
ハナウドモグリガ	2624		ハンノメムシガ	2645
ハナダカノメイガ	3131			
ハナツヅリマルハキバガ	1981		**ヒ**	
ハナヒリノキハマキホソガ	1762			
ハナマガリアツバ	1053		ヒオドシチョウ	0072
ハネナガカバナミシャク	0722		ヒカゲハマキ	2342
ハネナガコバネナミシャク	0540		ヒカゲヒメハマキ	2654
ハネナガブドウスズメ	0194		ヒガシノホソエダモグリガ	2104
（ハネビロキバガ）	2253		ヒカリバコガ科	p. 219
ハネモンリンガ	0937		ヒカリバホソガ	1780
ハビロキバガ亜科	p. 236		ヒゲナガガ亜科	p. 216
ハマキガ亜科	p. 253		ヒゲナガガ科	p. 215
ハマキガ科	p. 253		ヒゲナガキバガ科	p. 236
ハマキガ族	p. 253		ヒゲナガノメイガ族	p. 306
ハマキホソガ類	p. 220		ヒゲブトマダラメイガ	2954
ハマキモドキガ亜科	p. 285		ヒゲマダラエダシャク	0402
ハマキモドキガ科	p. 285		ヒゲヨトウ亜族	p. 200

ヒサゴキンウワバ亜族	p. 177	ヒメキリバエダシャク	0411
ヒサゴスズメ	0183	ヒメキンオビナミシャク	0589
ヒダカアトクロナミシャク	0626	ヒメギンガ	1508
ヒダカハマキホソガ	1755	ヒメギンスジツトガ	3014
ヒダカミツボシキリガ	1465	ヒメキンツヤモグリチビガ	1663
ヒトスジアツバ	1009	ヒメキンモンホソガ	1810
ヒトスジコスカシバ	2300	ヒメクチバスズメ	0181
ヒトスジシロナミシャク	0592	ヒメクビグロクチバ	1142
ヒトスジホソマダラメイガ	2973	ヒメクロオビフユナミシャク	0656
ヒトスジマガリガ	1709	ヒメクロスジホソバ	0853
ヒトスジマダラエダシャク	0264	ヒメクロバ	2277
ヒトツメオオシロヒメシャク	0497	ヒメクロホシフタオ	0254
ヒトツメカギバ	0213	ヒメクロミスジノメイガ	3156
ヒトテントガリバ	0225	ヒメコスカシバ	2299
ヒトテンヨトウ	1319	ヒメコブガ	0914
ヒトホシホソメイガ	2981	ヒメコブヒゲアツバ	1074
ヒトモンノメイガ	3111	ヒメサザナミスズメ	0176
ヒトリガ	0891	ヒメササベリガ	2810
ヒトリガ亜科	p. 154	ヒメサビスジヨトウ	1360
ヒトリガ科	p. 152	ヒメシジミ	0057
ヒトリシズカコハモグリ	1853	ヒメシジミ族	p. 044
ヒナシャチホコ	0751	ヒメシタコバネナミシャク	0545
ヒノキカワモグリガ	2598	ヒメシマヨトウ	1322
ヒノキハモグリガ	1893	ヒメシャク亜科	p. 126
ヒメアオシャク	0482	ヒメシャチホコ	0795
ヒメアカオビマダラメイガ	2899	ヒメジャノメ	0109
ヒメアカキリバ	1110	ヒメシロジスガ	1875
ヒメアカタテハ	0067	ヒメシロシタバ	1130
ヒメアカマエヤガ	1608	ヒメシロスジホソハマキモドキ	1938
ヒメアカマダラメイガ	2938	ヒメシロチョウ	0014
ヒメアケビコノハ	1103	ヒメシロチョウ族	p. 022
ヒメアミメエダシャク	0293	ヒメシロテンアオヨトウ	1370
ヒメウコンノメイガ	3164	(ヒメシロテンコヤガ)	1238
ヒメウスアオシャク	0469	ヒメシロテンヤガ	1238
ヒメウスグロヨトウ	1354	ヒメシロドクガ	0834
(ヒメウスバアゲハ)	0003	ヒメシロモンドクガ	0831
ヒメウスバシロチョウ	0003	ヒメスカシバガ亜科	p. 251
ヒメウチスズメ	0185	ヒメスズメ	0202
ヒメウラナミジャノメ	0108	ヒメセスジスカシバ	2287
ヒメウラベニエダシャク	0437	ヒメセスジノメイガ	3077
ヒメオビウスイロヨトウ	1353	ヒメチャマダラセセリ	0126
ヒメカクモンヤガ	1605	(ヒメツマダラメイガ)	2891
ヒメカバスジナミシャク	0684	ヒメツバメエダシャク	0445
ヒメカラフトミノガ	1737	ヒメツマオビアツバ	1075
ヒメカレハ	0143	ヒメトウヒミヤマキバガ	2160
ヒメキアシドクガ	0838	ヒメトガリノメイガ	3115
ヒメキイロヨトウ	1415	ヒメトガリヨトウ	1429
ヒメキシタヒトリ	0889	ヒメトビネマダラメイガ	2901
ヒメキスジツトガ	3003	ヒメトラガ	1286
ヒメキスジホソハマキモドキ	1937	ヒメナカウスエダシャク	0315
ヒメキテンシロトツガ	2999	ヒメナカジロトガリバ	0233
ヒメギフチョウ	0001	ヒメナミグルマアツバ	0961
ヒメキホソバ	0864	ヒメネジロコヤガ	1209
ヒメキマエホソバ	0860	ヒメノコメエダシャク	0417
ヒメキマダラキバガ	2148	ヒメハイイロカギバ	0206
ヒメキマダラセセリ	0134	ヒメハイイロヨトウ	1557
ヒメキマダラヒカゲ	0118	ヒメハガタナミシャク	0628

ヒメハガタヨトウ	1400
ヒメハマキガ亜科	p. 267
ヒメハマキ族	p. 268
ヒメヒラタモグリガ	1676
ヒメフタオビマガリガ	1706
(ヒメホソバネマガリガ)	1707
ヒメマダラエダシャク	0261
ヒメマダラミズメイガ	3056
ヒメマルバクロヘリキバガ	2210
ヒメミカヅキキリガ	1491
ヒメミスジエダシャク	0340
ヒメミノガ	1735
ヒメモクメヨトウ	1377
ヒメヤママユ	0160
ヒメヨトウ亜科	p. 187
ヒメリンゴケンモン	1268
ヒメルリノメイガ	3208
ビャクシンマダラメイガ	2946
ヒョウタンボクモグリガ	1987
ヒョウモンエダシャク	0313
ヒョウモンチョウ	0083
ヒラズササノクサモグリガ	2000
ヒラタマルハキバガ科	p. 232
ヒラタモグリガ科	p. 215
ヒラノヤマメイガ	3043
ヒラヤマシロエダシャク	0277
ヒルガオトリバ	2839
ヒルガオハモグリガ	1946
ヒルガオハモグリガ科	p. 231
ビロードキリガ	1345
(ビロードコヤガ)	1345
ビロードスカシバ	2294
ビロードナミシャク	0638
ビロードハマキガ族	p. 267
ビロードマダライラガ	2262
ヒロオビウスグロアツバ	1064
ヒロオビエダシャク	0367
ヒロオビオエダシャク	0365
ヒロオビトンボエダシャク	0305
ヒロオビナミシャク	0599
ヒロオビヒメハマキ	2622
ヒロシヒメハマキ	2665
ヒロズイラガ	2273
ヒロズコガ亜科	p. 218
ヒロズコガ科	p. 218
ヒロズコガ科亜科所属不明	p. 219
ヒロバキバガ科	p. 234
ヒロバキハマキ	2408
ヒロバコナガ	1924
ヒロバチビトガリアツバ	0968
ヒロバツヅリガ族	p. 289
ヒロバヒメサヤムシガ	2745
ヒロバビロードハマキ	2467

フ

(フィールドモンキチョウ)	0024
フキトリバ	2827
フキノメイガ	3126
(フキヒラタマルハキバガ)	1957
フキヨトウ	1419
フクラスズメ	1245
フサオシャチホコ族	p. 145
フサキバアツバ	1054
フサキバガ亜科	p. 247
フサクチヒロズコガ亜科	p. 218
フサクビヨガ	1554
フサヒゲオビキリガ	1471
フサヤガ	1165
フサヤガ亜科	p. 176
フジカバナミシャク	0721
フシキアツバ	1089
フジサワベニマルハキバガ	2021
フジフサキリガ	2228
フジミドリシジミ	0038
フタイロギンシビキバガ	2220
フタイロツツミノガ	2052
フタオガ亜科	p. 109
フタオビアツバ	1007
フタオビカバナミシャク	0690
フタオビキヨトウ	1561
フタオビキンモンホソガ	1844
フタオビコヤガ	1235
フタオビチャヒメハマキ	2717
(フタオビノメイガ)	3068
フタオビホソハマキ	2385
フタオビマガリガ	1705
フタオビモンメイガ	3068
フタオレットガ	3001
フタキスジエダシャク	0324
フタキスジットガ	3000
フタキボシアツバ	0971
フタキモンヒメハマキ	2770
フタクロテンナミシャク	0653
フタクロテンマダラメイガ	2919
(フタクロボシキバガ)	2032
フタクロボシハビロキバガ	2032
フタクロモンキバガ	2241
フタジマネグロシャチホコ	0799
フタシロスジカバナミシャク	0698
フタシロスジナミシャク	0593
フタシロテンホソマダラメイガ	2961
フタシロモンヒメハマキ	2625
フタスジアカマダラメイガ	2970
フタスジアツバ	1066
フタスジウスキエダシャク	0280
フタスジエグリアツバ	1032
フタスジオエダシャク	0282
フタスジキホソハマキ	2388
フタスジキリガ	1502
フタスジギンエダシャク	0404
フタスジクリイロハマキ	2327
フタスジクロマダラメイガ	2911
フタスジコスカシバ	2298

フタスジコヤガ	1214	フトシロスジツトガ	3017
フタスジシマメイガ	2861	フトスジツバメエダシャク	0442
フタスジチョウ	0094	フトスジモンヒトリ	0902
フタスジヒトリ	0903	フトハスジホソハマキ	2391
フタスジヒメハマキ	2750	フトフタオビエダシャク	0334
フタスジフユシャク	0453	フトベニスジヒメシャク	0493
フタテンエダシャク	0433	フトメイガ亜科	p. 291
フタテンオエダシャク	0291	フトモンコスカシバ	2295
フタテンオオメイガ	3051	ブナアオシャチホコ	0821
フタテンキヨトウ	1570	ブナキリガ	1528
フタテンシロカギバ	0211	ブナキンモンホソガ	1812
フタテンツヅリガ	2853	ブナヒメシンクイ	2771
フタテンツマジロナミシャク	0580	フユシャク亜科	p. 124
フタテントガリバ	0224	ブライヤオビキリガ	1450
フタテンナカジロナミシャク	0640	ブライヤハマキ	2351
フタテンハビロキバガ	2034	ブライヤヒメハマキ	2695
フタテンヒメヨトウ	1327	フルショウヤガ	1598

へ

フタテンヒラタマルハキバガ	1962	ベニエグリコヤガ	0991
(フタテンヒロバキバガ)	2034	ベニオビヒゲナガ	1690
フタテンホソハマキ	2361	ベニゴマダラヒトリ	0884
フタトビスジナミシャク	0575	ベニコヤガ亜科	p. 162
フタナミトビヒメシャク	0490	ベニシジミ	0052
フタホシコケガ	0877	ベニシジミ族	p. 044
フタホシコヤガ	1213	ベニシタバ	1118
フタホシシロエダシャク	0272	ベニシタヒトリ	0893
フタボシヒメハマキ	2590	ベニスジアツバ亜科	p. 165
フタホシヨトウ亜族	p. 189	ベニスジエダシャク	0436
フタホシヨトウ族	p. 189	ベニスジヒメシャク	0491
フタマエホシエダシャク	0434	ベニスズメ	0201
フタマタノメイガ	3142	ベニチラシコヤガ	0993
フタマタフユエダシャク	0372	ベニヒカゲ	0103
フタモンカバナミシャク	0705	ベニヒメシャク	0520
フタモンキニセノメイガ	3072	ベニフキノメイガ	3108
(フタモンキノメイガ)	3072	ベニヘリコケガ	0882
フタモンキバガ	2242	ベニモンアオリンガ	0952
フタモンキバネエダシャク	0412	ベニモントラガ	1287
フタモンコハマキ	2458	ベニモンマダラ	2286
フタモントガリエダシャク	0283	ベニモンヨトウ	1317
フタモンマガリガ	1710	ヘリオビヒメハマキ	2470
フタモンマダラメイガ	2964	ヘリキスジノメイガ	3085
フタヤマエダシャク	0321	ヘリグロウスキキバガ	2224
フチグロトゲエダシャク	0382	ヘリグロエダシャク	0303
フチグロノメイガ	3102	ヘリグロクチバ	1150
ブチヒゲヤナギドクガ	0836	ヘリグロコブガ	0928
フチベニヒメシャク	0521	ヘリグロコマルハキバガ	2016
ブドウキンモンツヤコガ	1679	ヘリグロチャバネセセリ	0133
ブドウコハモグリ	1854	ヘリグロホソハマキモドキ	1942
ブドウスカシクロバ	2283	ヘリグロマダラエダシャク	0262
ブドウスズメ	0195	ヘリクロモンキイロキバガ	2240
ブドウドクガ	0827	ヘリジロカラスニセノメイガ	3073
ブドウホソハマキ	2384	(ヘリジロカラスノメイガ)	3073
フトオビエダシャク	0341	ヘリジロキンノメイガ	3098
フトオビキンモンホソガ	1832	ヘリジロヨツメアオシャク	0484
フトオビヒメナミシャク	0692	ヘリボシキノコヨトウ	1340
フトオビホソハマキ	2368		
フトキオビヒメハマキ	2775		
フトジマナミシャク	0571		

ヘリホシヒメハマキ	2734
ヘリングハマキホソガ	1757
ヘルマンアカザキバガ	2131
ベンケイソウスガ	1870

ホ

ホウジャク	0196
ホウジャク亜科	p. 104
ホウノキホソガ	1785
ホーニッヒチャマダラキバガ	2146
ボカシハマキ	2403
ボカシハマキガ族	p. 260
ボクトウガ	2302
ボクトウガ亜科	p. 252
ボクトウガ科	p. 252
ホクトギンウワバ	1206
(ボケヒメシンクイ)	2756
ホシウスジロキバガ	2250
ホシオビキリガ	1474
ホシオビコケガ	0871
ホシオビホソノメイガ	3088
ホシカレハ	0142
ホシギンスジキハマキ	2321
ホシシャク	0456
ホシシャク亜科	p. 124
ホシスジシロエダシャク	0268
ホシスジトガリナミシャク	0556
ホシナカグロモクメシャチホコ	0753
ホシヌルデハマキホソガ	1760
ホシヒメセダカモクメ	1292
ホシベニシタヒトリ	0892
ホシホウジャク	0197
ホシボシトガリバ	0244
ホシボシホソガ	1744
ホシボシホソガ類	p. 220
ホシボシヤガ	1601
ホシホソバ	0852
ホシミミヨトウ	1411
ホシムラサキアツバ	1028
ホソアオバヤガ	1584
ホソアカオビマダラメイガ	2904
(ホソアトキハマキ)	2419
ホソウスバフユシャク	0454
ホソオビアシブトクチバ	1151
ホソオビアミメモンヒメハマキ	2563
ホソオビキマルハキバガ	2015
ホソオビツチイロノメイガ	3178
ホソオビヒゲナガ	1689
ホソカバスジナミシャク	0726
ホソガ亜科	p. 220
ホソガ科	p. 220
ホソキオビヘリホシヒメハマキ	2737
ホソキバガ科	p. 236
ホソギンスジヒメハマキ	2548
ホソクロオビシロナミシャク	0550
ホソコヤガ亜科	p. 162

ホソスガ	1871
ホソスジキヒメシャク	0526
(ホソスジキンモンホソガ)	1822
ホソスジツトガ	2990
ホソスジハイイロナミシャク	0666
ホソセモンカギバヒメハマキ	2588
ホソチビナミシャク	0703
ホソトガリクチブサガ	1919
ホソトガリバ	0227
ホソナミアツバ	1061
ホソナミアツバ	1016
ホソバウスキヨトウ	1431
ホソバオビキリガ	1451
(ホソバキホリマルハキバガ)	2020
ホソバキリガ	1523
ホソバコスガ	1874
ホソバシャチホコ	0801
ホソバシロヒメハマキ	2714
ホソバセダカモクメ	1295
ホソバチビナミシャク	0736
ホソバナミシャク	0563
ホソバネキンウワバ	1178
ホソバネグロヨトウ	1244
ホソバネマガリガ	1707
ホソバハイイロハマキ	2397
ホソバハラアカアオシャク	0480
ホソバヒメシンクイ	2766
ホソバヒメハマキ	2566
ホソバヒョウモン	0079
ホソハマキガ族	p. 258
ホソハマキモドキガ亜科	p. 230
ホソハマキモドキガ科	p. 230
ホソバミドリヨトウ	1384
ホソバヤマメイガ	3038
ホソヒゲマガリガ科	p. 217
ホソフタオビヒゲナガ	1692
ホソマイコガ科	p. 285
ホソマダラハイイロハマキ	2310
ホソミスジノメイガ	3170
ホソメイガ族	p. 296
ホソモンホソハマキモドキ	1939
ホタルガ亜科	p. 250
ホッカイエグリシャチホコ	0767
ホッキョクモンヤガ	1596
ホノホハマキ	2339
ポプラキバガ	2198
ポプラシロハモグリ	1951
ポロシリモンヤガ	1587

マ

マイコガ科	p. 231
マイコトラガ	1288
マイコモドキ亜科	p. 241
マイマイガ	0842
マエアカシロヨトウ	1404
マエアカスカシノメイガ	3180

項目	番号	項目	番号
マエウスキノメイガ	3157	マガリミジンアツバ	0977
マエウスノコメキバガ	2258	マゲバヒメハマキ	2605
マエウスモンキノメイガ	3099	マサキスガ	1867
マエウスヤガ	1613	マタスジノメイガ	3143
マエキカギバ	0205	マダライラガ	2261
マエキシタグロノメイガ	3084	マダラウスナミシャク	0670
マエキツトガ	2997	マダラウワバ族	p. 176
マエキトビエダシャク	0409	マダラエグリバ	1102
マエキナカジロナミシャク	0643	マダラカギバ	0212
マエキノメイガ	3193	マダラカギバヒメハマキ	2576
マエキハマキ	2340	マダラカバスジナミシャク	0727
マエキヒメシャク	0500	マダラカマヒメハマキ	2731
（マエキマダラメイガ）	2941	マダラガ亜科	p. 251
マエキヤガ	1629	マダラガ科	p. 250
マエキリンガ	0936	マダラキノコヨトウ	1339
マエグロソソモンヒメハマキ	2701	マダラキボシキリガ	1498
マエグロツブリガ	2856	マダラキバガ	1576
マエクロモンオオトリバ	2817	マダラキンウワバ	1196
（マエクロモンシロノメイガ）	3067	マダラギンスジハマキ	2409
マエジロアツバ	0964	マダラキンモンホソガ	1836
マエジロキバガ	2205	マダラクサモグリガ	1997
マエジロギンマダラメイガ	2956	マダラクロオビナミシャク	0651
マエジロクロマダラメイガ	2960	マダラコキバガ	2172
マエジロシャチホコ	0786	マダラコバネナミシャク	0548
マエジロトガリバ	0231	マダラコヤガ	1216
マエジロヒラタマルハキバガ	1979	マダラチョウ族	p. 082
マエジロホソマダラメイガ	2971	マダラチョウ亜科	p. 082
マエジロホソメイガ	2984	マダラツマキリヨトウ	1330
マエジロミドリモンヒメハマキ	2661	（マダラトリバ）	2826
マエジロムラサキヒメハマキ	2484	マダラニジュウシトリバ	2812
マエシロモンノメイガ	3129	マダラハマキガ亜科	p. 267
マエジロヤガ	1600	マダラハマキホソガ	1770
マエチャオオヒロキバガ	2035	マダラホソガ類	p. 222
（マエチャオオヒロバキバガ）	2035	マダラホソヤガ	0981
マエチャキバガ	2139	マダラホソメイガ	2986
マエチャマダラメイガ	2941	マダラマガリガ亜科	p. 217
マエテンアツバ	0966	マダラマドガ	2849
マエナミマダラメイガ	2935	マダラマドガ亜科	p. 289
マエフタテンナミシャク	0746	マダラマルハヒロズコガ	1724
マエベニトガリバ	0230	マダラミズメイガ	3053
マエベニノメイガ	3097	マダラムラサキヨトウ	1320
マエヘリモンアツバ	0963	マダラメイガ亜科	p. 291
マエホショトウ	1318	マダラメイガ族	p. 291
マエモンオオナミシャク	0601	マダラヤマメイガ	3042
マエモンキエダシャク	0347	マダラヨトウ	1414
マエモンクロヒロズコガ	1729	マツアカシンムシ	2680
マエモンコブガ	0911	マツアカマダラメイガ	2947
マエモンシマメイガ	2867	マツアトキハマキ	2417
マエモンシロハマキ	2359	マツオオエダシャク	0326
マエモンツマキリアツバ	1049	マツカレハ	0150
マエモンノコメキバガ	2260	マツキリガ	1517
マエモンノメイガ	3136	マツクロスズメ	0173
マエモンハイイロナミシャク	0663	マツズアカシンムシ	2684
マエモンフタオ	0251	マツダキンモンホソガ	1811
マガリガ科	p. 217	（マッチビヒメハマキ）	2596
マガリキンウワバ	1189	マツツマアカシンムシ	2682
マガリスジコヤガ	1220	（マットビヒメハマキ）	2679

マツトビマダラシンムシ	2679	ミサキホソマダラメイガ	2975
マツノカワホソガ	1789	ミジンアツバ亜科	p. 161
マツノクロボシキバガ	2194	ミジンカバナミシャク	0707
(マツノクロマダラヒメハマキ)	2642	ミジンキヒメシャク	0533
マツノゴマダラノメイガ	3174	ミズイロオナガシジミ	0033
マツノシンマダラメイガ	2944	ミズギボウシアトモンコガ	1932
マツノマダラメイガ	2943	ミスジアツバ	1057
マツバラシラクモヨトウ	1395	ミスジキリガ	1481
マツヒメハマキ	2642	ミスジキンモンホソガ	1805
マツブサハマキホソガ	1772	ミスジクチブサガ	1920
マツムラマダラメイガ	2972	ミスジコナフエダシャク	0276
マドガ	2847	ミスジコブガ	0919
マドガ亜科	p. 289	ミスジシロエダシャク	0270
マドガ科	p. 289	ミスジチョウ	0092
マネシヒカゲ族	p. 079	ミスジツマキリエダシャク	0419
マメカザリバ	2123	ミスジトガリバ	0241
マメキシタバ	1127	ミスジマルバハマキ	2305
(マメサヤヒメハマキ)	2747	ミズナラキンモンホソガ	1814
マメシンクイガ	2778	ミズナラハマキホソガ	1763
マメチャイロキヨトウ	1575	ミズメイガ亜科	p. 301
マメドクガ	0828	ミゾソバキバガ	2145
(マメノヒメシンクイ)	2778	ミダレカクモンハマキ	2428
マメノメイガ	3188	ミダレモンホソハマキ	2372
マメヒメサヤムシガ	2747	ミチノクスカシバ	2292
マメヨトウ	1546	ミツオビキンアツバ	1093
マユミオオクチブサガ	1918	ミツオビツヤホソガ	1794
マユミオオスガ	1859	ミツコブキバガ	2154
マユミシロスガ	1858	ミツシロモンヒメハマキ	2637
マユミトガリバ	0245	ミッテンノメイガ	3134
マユミハイスガ	1864	ミツホコモグリチビガ族	p. 214
(マユミヒメハマキ)	2490	ミツボシアツバ	1017
マルハキバガ亜科	p. 235	ミツボシキバガ	2114
マルハキバガ科	p. 235	ミツボシキバガ科	p. 241
マルハグルマエダシャク	0287	ミツボシツマキリアツバ	1045
マルバクロヘリキバガ	2209	ミツモンキンウワバ	1175
マルバネキノメイガ	3122	ミドリアキナミシャク	0658
マルバヒメシャク	0512	ミドリシジミ	0044
マルモンウスヅマアツバ	1027	ミドリシジミ族	p. 031
マルモンキノコヨトウ	1333	ミドリネグロフトメイガ	2880
マルモンシャチホコ	0815	ミドリバエヒメハマキ	2751
マルモンシロガ	1236	ミドリハガタヨトウ	1308
マルモンシロナミシャク	0612	ミドリヒゲナガ	1685
マルモンヒメアオシャク	0470	ミドリヒメハマキ	2659
マルモンヒメアツバ	0975	ミドリヒョウモン	0088
マルモンマダラメイガ	2928	ミドリモンヒメハマキ	2657
マルモンヤマメイガ	3045	ミドロミズメイガ	3059
マンサクシロナミシャク	0675	ミナミハマキガ族	p. 261
マンネングサヒメスガ	1880	ミニフサキバガ	2233
マンレイツマキリアツバ	1037	ミニホソハマキ	2376
		ミノウスバ	2285
ミ		ミノガ科	p. 219
		ミノドヒラタモグリガ	1674
ミイロコヤガ	0989	ミミモンエダシャク	0422
ミカヅキキリガ	1489	ミヤケカレハ	0153
ミカドアツバ	1040	ミヤマアカヤガ	1620
ミカドマダラメイガ	2936	ミヤマアミメナミシャク	0633
ミカボコブガ	0925	ミヤマウスギンツトガ	3020

ミヤマウンモンヒメハマキ	2555	ムモンキイロアツバ	1091
ミヤマエグリットガ	2988	ムモンシロオメイガ	3048
ミヤマオオクロキバガ	2243	ムモンツヤモグリチビガ	1664
ミヤマオビキリガ	1472	ムモンニセスガ	1901
ミヤマカギバヒメハマキ	2585	ムモンハイイロヒメハマキ	2675
ミヤマカバキリガ	1524	ムモンハモグリガ科	p. 218
ミヤマカバナミシャク	0720	ムモンハンノメムシガ	2643
ミヤマガマズミニセスガ	1900	ムモンホソガ	1775
ミヤマカラスアゲハ	0013	ムラサキアカガネヨトウ	1380
ミヤマカラスシジミ	0048	ムラサキアシブトクチバ	1152
ミヤマキシタバ	1121	ムラサキアツバ	0962
ミヤマキハマキ	2463	ムラサキアツバ亜科	p. 161
ミヤマキベリホソバ	0856	ムラサキイラガ	2269
ミヤマキリガ	1488	ムラサキウスモンヤガ	1641
ミヤマキンモンホソガ	1826	ムラサキウワバ	1198
ミヤマクロスジキノカワガ	0941	ムラサキエダシャク	0425
ミヤマコヒゲナガ	1694	ムラサキオオアカキリバ	1112
(ミヤマシモフリキバガ)	2156	ムラサキカクモンハマキ	2425
ミヤマショウブヨトウ	1427	ムラサキクチブサガ	1921
(ミヤマシロオビキバガ)	2157	ムラサキシタバ	1115
ミヤマスカシクロバ	2282	ムラサキシマメイガ	2868
ミヤマスソモンヒメハマキ	2711	ムラサキシャチホコ	0791
ミヤマセセリ	0127	ムラサキツマキリアツバ	1046
ミヤマセダカモクメ	1296	ムラサキツマキリヨトウ	1329
ミヤマソトジロアツバ	1023	ムラサキツヤコガ	1678
ミヤマチャイロヨトウ	1413	ムラサキトガリバ	0238
ミヤマナミシャク	0660	ムラサキハガタヨトウ	1513
ミヤマハガタヨトウ	1515	ムラサキハマキホソガ	1754
ミヤマハマキホソガ	1759	ムラサキミツボシアツバ	1018
ミヤマピストルミノガ	2074	ムラサキヨトウ	1551
ミヤマヒメスガ	1881	ムラマツカラスヨトウ	1303
ミヤマヒロバハマキ	2451		
ミヤマフタオビキヨトウ	1562	**メ**	
ミヤマママダラウワバ	1171		
ミヤマミダレモンハマキ	2329	メイガ科	p. 289
ミヤマメスコバネキバガ	2010	メスアカミドリシジミ	0046
(ミヤマメスコバネマルハキバガ)	2010	メスアカムラサキ	0077
ミヤマヤナギヒメハマキ	2635	メスグロヒョウモン	0087
ミヤマヨトウ	1552	メスコバネキバガ	2009
		メスコバネキバガ科	p. 234
ム		(メスコバネマルハキバガ)	2009
		メドハギキバガ(新称)	2203
ムーアキシタクチバ	1107	メノコクチブサガ	1904
ムギヤガ	1591	メムシガ亜科	p. 228
ムクゲエダシャク	0384	メンコガ亜科	p. 219
ムクゲコノハ	1155		
ムジギンガ	1507	**モ**	
ムジシロチャヒメハマキ	2678		
ムジヒメハマキ	2776	モウセンゴケトリバ	2826
ムジホソバ	0857	モクメキリガ科	p. 187
ムスジシロナミシャク	0674	モクメキリガ族	p. 187
ムツウラハマキ	2465	モクメシャチホコ	0755
ムツテンナミシャク	0582	モクメシャチホコ族	p. 141
ムツモンアカザキバガ	2132	モクメヤガ	1599
ムナカタミズメイガ	3060	(モクメヨトウ)	1599
ムネシロテンカバナミシャク	0730	モグリキバガ亜科	p. 242
ムモンアカシジミ	0028	モグリチビガ亜科	p. 214

モグリチビガ科	p. 214
モグリチビガ族	p. 214
モグリヒメハマキガ族	p. 274
モグリホソガ類	p. 222
モチツツジメムシガ	1892
モトアカヒメハマキ	2618
モトキスガ	1869
モトキハマキ	2331
モトキマイコガ	2045
モトグロコブガ	0931
(モトグロコヤガ)	1441
(モトグロヨトウ)	1441
モトゲヒメハマキ	2613
モミアトキハマキ	2423
モミコスジオビハマキ	2432
モミジニセキンホソガ	1798
モミジハマキホソガ	1753
モモイロキンウワバ	1179
モモイロシマコヤガ	0987
モモイロツマキリコヤガ	0996
モモイロフサクビヨトウ	1555
モモシンクイガ	2841
モモスズメ	0180
モモノゴマダラノメイガ	3173
(モモノヒメシンクイ)	2841
モモブトスカシバ	2291
モリオカツガ	3008
モリシロジャノメ	0107
モンウスイロハマキ	2357
モンウスカバナミシャク	0696
モンウスキヒメシャク	0534
モンオオフサキバガ	2235
モンオビヒメヨトウ	1324
モンキアカガネヨトウ	1382
モンキアゲハ	0009
モンキキナミシャク	0596
モンキキリガ	1478
モンキクロエダシャク	0407
モンキクロノメイガ	3198
モンキコヤガ	1233
モンキシロシャチホコ	0768
モンキチョウ	0025
モンキチョウ亜科	p. 029
モンキチョウ族	p. 029
モンキバガ亜科	p. 244
モンキヤガ	1621
モンギンスジヒメハマキ	2532
モンクロキイロナミシャク	0557
モンクロシャチホコ	0798
モンクロベニコケガ	0876
モンクロクロノメイガ	3175
モンシロチョウ	0018
モンシロチョウ亜科	p. 024
モンシロチョウ族	p. 024
モンシロツマキリエダシャク	0418
モンシロドクガ	0848
モンシロヒラタマルハキバガ	1973
モンシロモドキ	0883
モンスカシキノメイガ	3205
モントガリバ	0218
モントビヒメシャク	0501
モンハイイロキリガ	1459
モンフタオビコバネ	1642
モンヘリアカヒトリ	0888
モンホソバスズメ	0178
モンムラサキクチバ	1149
モンメイガ亜科	p. 302
モンヤガ亜科	p. 206
モンヤガ族	p. 207

ヤ

ヤエナミシャク	0604
ヤガ科	p. 161
ヤガ科亜科所属不明	p. 161
ヤシャブシキホリマルハキバガ	2020
ヤスジカバナミシャク	0701
ヤスジシャチホコ	0807
ヤスジマルバヒメシャク	0513
ヤスダハマキホソガ	1756
ヤスダホソバヒメハマキ	2569
ヤチダモハマキ	2402
ヤチチャマダラクサモグリガ	1996
ヤチツツミノガ	2095
ヤチヤナギキバガ	2189
ヤナギウスグロキバガ	2151
ヤナギキリガ	1499
ヤナギキンモンホソガ	1831
ヤナギコハモグリ	1851
ヤナギサザナミヒメハマキ	2497
ヤナギツマジロヒメハマキ	2519
ヤナギドクガ	0835
ヤナギナミシャク	0598
(ヤナギハマキ)	2325
ヤナギハマキホソガ	1751
ヤナギピストルミノガ	2071
ヤナギメムシガ	2647
ヤハズナミシャク	0688
ヤブマメヒメシンクイ	2749
ヤマウコギヒラタマルハキバガ	1960
ヤマウスバフユシャク	0452
ヤマガタアツバ	1021
ヤマキチョウ族	p. 029
ヤマキマダラヒカゲ	0120
ヤマツツジマダラヒメハマキ	2724
ヤマトウスチャヤガ	1618
ヤマトキンモンホソガ	1827
ヤマトニジュウシトリバ	2811
ヤマトビハマキ	2444
ヤマトフタグロマダラメイガ	2907
ヤマトマダラメイガ	2942
ヤマナカシダメイガ	3065
ヤマナカヤマメイガ	3037
ヤマノイモコガ	1929

ヤマノモンキリガ	1470	ヨモギガ	1312
ヤマハギシロハモグリ	1949	ヨモギキリガ	1529
ヤマハハコハマキモドキ	2803	ヨモギギンオビツツミノガ	2076
ヤマハハコホソガ	1787	ヨモギケブカツツミノガ	2092
(ヤマハンノキキンモンホソガ)	1801	ヨモギコヤガ	1234
ヤマブキトラチビガ	1742	ヨモギシロハナツツミノガ	2100
ヤママユ	0159	ヨモギセジロマルハキバガ	1983
ヤママユガ亜科	p. 095	ヨモギチビガ	1739
ヤママユガ科	p. 095	ヨモギツミノガ	2082
ヤマメイガ亜科	p. 300	ヨモギトリバ	2832
ヤンコウスキーキリガ	1497	ヨモギネムシガ	2693
		ヨモギハナツツミノガ	2093

ユ

ヨモギハモグリコガ	1927
ヨモギヒラタマルハキバガ	1971
ユウグモノメイガ	3120
ヨモギホソガ	1786
ユウマダラエダシャク	0265
ヨモギホソツツミノガ	2069
ユウヤミキバガ	2170
ヨモギムモンツツミノガ	2078
ユーラシアオホーツクヨトウ	1401

リ

ユキムカエフユシャク	0449
ユズリハコハモグリ	1855
ユミモンクチバ	1148	リシリハマキ	2453
ユミモンシャチホコ	0779	リシリヒトリ	0886

リュウキュウキノカワガ	0955
リュウキュウキノカワガ亜科	p. 160

ヨ

リュウキュウムラサキ	0078
リンガ亜科	p. 158
ヨコジマナミシャク	0622	リンゴアオナミシャク	0739
ヨコスジヨトウ	1408	リンゴオオハマキ	2433
ヨシウスオビカザリバ	2126	リンゴカレハ	0149
ヨシカザリバ	2127	リンゴケンモン	1269
ヨシカレハ	0146	リンゴコカクモンハマキ	2466
ヨシツトガ	2992	リンゴコブガ	0935
ヨシノキシタバ	1132	リンゴシジミ	0049
ヨシノキヨトウ	1569	リンゴシロヒメハマキ	2615
ヨシノコブガ	0922	リンゴスガ	1857
ヨシノツマキリアツバ	1047	リンゴツツミノガ	2051
ヨシヨトウ	1434	リンゴツノエダシャク	0362
ヨスジアカヨトウ	1486	リンゴツマキリアツバ	1050
ヨスジカバイロアツバ	1085	リンゴドクガ	0825
ヨスジキヒメシャク	0525	(リンゴノコカクモンハマキ)	2466
ヨスジナミシャク	0568	リンゴハマキクロバ	2281
ヨスジノメイガ	3144	リンゴハマキマダラメイガ	2894
ヨツスジヒメシンクイ	2748	リンゴハマキモドキ	2794
ヨツボシノメイガ	3185	リンゴハモグリガ	1947
ヨツボシホソバ	0868	リンゴピストルミノガ	2072
ヨツメアオシャク	0487	リンゴヒメシンクイ	1886
ヨツメエダシャク	0355	リンゴモンハマキ	2419
ヨツメクロノメイガ	3091	リンドウホソハマキ	2374
ヨツメノメイガ	3168
ヨツメヒメシャク	0495

ル

ヨツメヒメヒマキ	2785
ヨツモンキヌバコガ	2007
ヨトウガ	1547	ルリオビナミシャク	0537
ヨトウガ亜科	p. 200	ルリシジミ	0054
ヨトウガ族	p. 202	ルリタテハ	0076
ヨモギウストビホソハマキ	2393	ルリノメイガ	3206
ヨモギエダシャク	0330	ルリモンエダシャク	0328
ヨモギオオソハマキ	2378	ルリモンクチバ	1163

索引 | 421

ルリモンシャチホコ ……………………… 0814

ロ

ロッコウヒメハマキ ……………………… 2597

ワ

ワイギンモンウワバ ……………………… 1186
ワカヤマヒゲナガ ………………………… 1700
ワシヤシントメヒメハマキ ……………… 2681
ワタアカキリバ …………………………… 1108
ワタナベカレハ …………………………… 0140
ワタナベキンモンホソガ ………………… 1817
ワタナベクロオビキバガ ………………… 2179
(ワタヌキノメイガ) ……………………… 3172
ワタヘリクロノメイガ …………………… 3181
ワタリンガ亜科 ………………………… p. 160
ワモンキシタバ …………………………… 1124
ワモンノメイガ …………………………… 3189
(ワレモコウツヤハモグリガ) …………… 1716
ワレモコウツヤムモンハモグリ ………… 1716

和名未定

Ancylis sp. ……………………………… 2593
Aphelia sp. ……………………………… 2452
Apotomis sp. …………………………… 2517
Assara sp. ……………………………… 2963
Cochylimorpha sp. ……………………… 2367
Denisia stipella ………………………… 2014
Elachista sp. …………………………… 1994
Gen. sp. 1 ………………………………… 1952
Gen. sp. 2 ………………………………… 1953
Gen. sp. 3 ………………………………… 2011
Gen. sp. 4 ………………………………… 2195
Gen. sp. 5 ………………………………… 2196
Hypena sp. ……………………………… 1013
Musotima sp. …………………………… 3066
Nemacerota sp. ………………………… 0232
Nemophora sp. ………………………… 1695
Opogona sp. …………………………… 1732
Praethera sp. …………………………… 0647
Protodeltote sp. ………………………… 1219

著者略歴

堀 繁久（ほり・しげひさ）＊蝶類を担当

1961年札幌市生まれ。琉球大学理学部生物学科卒業、環境科学研究センター、北海道開拓記念館などをへて、現在、北海道博物館学芸主幹。主な所属学会は日本昆虫学会、日本甲虫学会、日本蛾類学会など。研究対象は、北海道を中心に離島を含めた日本周辺の昆虫全般。現在は、子どもや一般に北海道に生息する昆虫類への関心を持ってもらうための活動に取り組んでいる。主な著書に、『沖縄昆虫野外観察図鑑』（共著、沖縄出版）、『日本産コガネムシ図説①食糞群』（共著、六本脚）、『探そう！ほっかいどうの虫』（北海道新聞社）、『森と水辺の甲虫誌』（分担執筆、東海大学出版会）など。

櫻井 正俊（さくらい・まさとし）＊大蛾類と小蛾類を担当

1951年苫小牧市生まれ。北海道大学水産学部水産化学科卒業、（株）野生生物総合研究所主任研究員を経て、現在は独立して環境調査に従事するとともに、北海道の蛾類相解明に取り組んでいる。所属学会等は日本蛾類学会、日本鱗翅学会、誘蛾会。

昆虫図鑑　北海道の蝶と蛾

発行日　2015年3月25日　初版1刷発行
著　者　堀繁久・櫻井正俊
発行者　松田敏一
発行所　北海道新聞社
〒060-8711　札幌市中央区大通西3丁目6
　　　　　　出版センター
　　　　　　（編集）TEL (011) 210-5742
　　　　　　（営業）TEL (011) 210-5744
　　　　　　http://shop.hokkaido-np.co.jp/book/

ブックデザイン　佐々木正男（佐々木デザイン事務所）
印刷　中西印刷株式会社
製本　有限会社岳総合製本所

落丁・乱丁本は出版センター（営業）にご連絡ください。
お取り換えいたします。
本書全体、または一部の無断複製、転載を禁じます。

©Shigehisa HORI & Masatoshi SAKURAI 2015. Printed in Japan
ISBN 978-4-89453-776-7

昆虫図鑑
北海道の
蝶と蛾